Lothar Kusch · MATHEMATIK · BAND 1

MATHEMATIK

für Schule und Beruf

Band 1: Arithmetik

Algebra · Reihenlehre · Nomographie

von

Lothar Kusch

Vierzehnte Auflage

Cornelsen
GIRARDET

Das Buch enthält 580 Beispiele mit rechnerischen und zeichnerischen Lösungen von Zahlen- und Textgleichungen, ca. 4000 Übungsaufgaben, ca. 200 Wiederholungsfragen.

1. Auflage 1950
2. Auflage 1953
3. Auflage 1956
Nachdruck 1957
4. Auflage 1958
5. Auflage 1960
1. Nachdruck 1961
2. Nachdruck 1962
6. Auflage 1963
7. Auflage 1966
8. Auflage 1969
Nachdruck 1971
9. Auflage 1971
Nachdruck 1972
10. Auflage 1973
11. Auflage 1974
12. Auflage 1975
Nachdruck 1977
13. Auflage 1978
14. Auflage 1983

Bestellnummer 827718
14. Auflage
Druck 9 8 7 / 92 91 90 89
Alle Drucke derselben Auflage sind im Unterricht parallel verwendbar.

Vertrieb: Cornelsen Verlagsgesellschaft, Bielefeld
Druck: Cornelsen Druck, Berlin
Bindearbeiten: Fritzsche/Ludwig, Berlin

ISBN 3-590-82771-8

Vorwort zur ersten bis vierzehnten Auflage

Seit langem wird in aufbauenden Bildungseinrichtungen Mathematikunterricht erteilt. Die von ganz anderen Voraussetzungen ausgehenden und auf eine vier- bis siebenjährige Unterrichtszeit zugeschnittenen mathematischen Unterrichtswerke sind für diesen Zweck nur sehr bedingt geeignet, weil überwiegend theoretische Überlegungen im Mittelpunkt ihrer Betrachtung stehen. Ein Buch, das in Schulen benutzt wird, die auf einen Beruf vorbereiten, muß in viel weiterem Umfang die Erfordernisse der Technik und ihrer Berufe berücksichtigen. Dieser schon früher empfundene Wunsch macht sich besonders bemerkbar, nachdem der im Rahmen des beruflichen Schulwesens verlaufende, bis zur Hochschulreife führende zweite Bildungsweg in allen Bundesländern geöffnet worden ist. Die mathematischen Lehrgebiete nehmen bei diesen Unterrichtseinrichtungen einen verhältnismäßig breiten Raum ein. Für diesen Zweck wurde das vorliegende Werk geschaffen. Es vermittelt mathematisches Grundwissen und erscheint in zwei Bänden. Band 1 umfaßt die Arithmetik und die Algebra, Band 2 die Geometrie. Der Verfasser geht bewußt einen neuen Weg. Der erklärende Text wurde von der mathematischen Ausrechnung getrennt, die nun dem Leser so dargeboten wird, wie sie in der praktischen Durchführung aussehen soll. Jede Stufe behandelt zunächst nur ein mathematisches Problem. Den Ausgangspunkt bilden bestimmte Zahlen und ihre Regeln. Dann folgt der Übergang zu den Variablen. Hieran schließen sich methodisch geordnete Beispiele an. Die streng logische Beweisführung der einzelnen Sätze mit Hilfe von Variablen ist *mit Absicht* an einigen Stellen weggelassen worden, um die Übersichtlichkeit der *Verfahrensweisen* nicht zu gefährden und den Umfang in überschaubaren Grenzen zu halten. Das besagt natürlich *nicht*, daß sie auch im Unterricht weggelassen werden soll. Dieses Buch legt auf die *Anwendung* der Sätze und nicht auf deren Herleitung das Hauptgewicht. Wenn als Ergebnis aber nur das Beherrschen von Verfahrensweisen und Rechentechniken und kein echtes mathematisches Verstehen vorhanden ist, dann ist ein *verfehlter* mathematischer Unterricht nebenhergegangen. Der hier befolgte pädagogische Grundsatz „Vom Bekannten zum Unbekannten" und der streng durchgeführte methodische Gang „Von der Anschauung über die Erkenntnis zur Anwendung" bieten Gewähr dafür, daß im Hinblick auf den Schülerkreis und die besonderen Verhältnisse des Unterrichts das erstrebte Ziel erreicht wird. Eine reichhaltige Sammlung von rund 4000 Aufgaben enthält ausreichenden Stoff für die Vertiefung und Übung. Soweit irgend möglich, wurden dabei technische und berufliche Probleme berücksichtigt. Besonderer Wert wurde darauf gelegt, daß jede Stufe auf dem vorher behandelten Stoff aufbaut und ihn einschließt, um so eine ständige Wiederholung zu ermöglichen. Der II. Abschnitt, die Lehre von den Gleichungen, wurde so gestaltet, daß er auch im Zusammenhang mit dem I. Abschnitt, Rechenarten, behandelt werden kann. Ein Vorschlag für die Durcharbeitung der einzelnen Stoffgebiete folgt nach dem Inhaltsverzeichnis.

Das vorliegende Buch will nicht nur mathematisches Wissen und Können vermitteln. Es soll darüber hinaus auch der formalen Bildung dienen und vor allem das logische Denken anregen und schulen. Damit will es einen Beitrag zur Erreichung des Erziehungszieles leisten, das ganz besonders heute allen Schulformen gesetzt ist: mit den Unterrichtsfächern und Bildungsstoffen der verschiedenen Schulformen zu wirklich menschlicher Bildung beizutragen.

Möge das Buch in der vorliegenden Form weiterhin günstige Aufnahme finden und sich viele neue Freunde erwerben.

Lothar Kusch

INHALTSVERZEICHNIS

II. Die Lehre von den Gleichungen (Algebra)

III. Reihenlehre

IV. Anhang

Vorschlag für die Durcharbeitung der einzelnen Stoffgebiete

Wie schon im Vorwort erwähnt, wurde der II. Abschnitt des Buches, die Lehre von den Gleichungen (Algebra), so gestaltet, daß er auch in Verbindung mit dem I. Abschnitt, den Rechenarten, behandelt werden kann.

Nachfolgendes Schema soll zeigen, in welcher Reihenfolge die einzelnen Kapitel nebeneinander durchgearbeitet werden können.

Kap.	Rechenarten	Kap.	Algebra
1.	Zahlen	—	—
2. 3.	Addieren Subtrahieren	—	—
4.	Addieren und Subtrahieren	12. 12.1. 12.3.	Gleichungen mit einer Variablen Zahlengleichungen Textgleichungen
5.	Das Rechnen mit Klammern	12.2.	Zahlengleichungen mit Klammern
6.	Multiplizieren	12.4. 12.5.	Zahlengleichungen mit Produkten Textgleichungen mit Produkten
7.	Dividieren (Bruchrechnung)	12.6. 12.7. 13. 14. 15. 15.1. 15.2. 15.2.1. 15.2.2. 15.3. 15.4.	Zahlengleichungen mit Brüchen Textgleichungen mit Brüchen Proportionen Gleichungen mit mehreren Variablen Einführung in die Funktionenlehre Zahlentafeln und Schaubilder Graphische Darstellung von Funktionen Deutung empirischer Funktionen Graphische Darstellung von linearen Funktionen Graphische Lösung von Gleichungen mit einer Variablen Graphische Lösung von Gleichungen mit zwei Variablen
8.	Potenzieren	12.8. 15.5. 15.5.1. 15.5.2.	Zahlengleichungen mit Potenzen Graphische Darstellung von Potenzfunktionen Graphische Darstellung von Parabeln Graphische Darstellung von Hyperbeln
9. 11. 25.	Radizieren Zahlen- und Rechenarten Komplexe Zahlen	15.5.3. 16. 17. 18.	Graphische Darstellung von Wurzelfunktionen Wurzelgleichungen Gleichungen II. Grades mit einer Variablen Gleichungen II. Grades mit zwei Variablen
10.	Logarithmieren	15.6. 15.7. 19. 20.	Graphische Darstellung von Exponentialfunktionen Graphische Darstellung von logarithmischen Funktionen Exponentialgleichungen Übersicht über die Arten der Gleichungen

21. . . 24. 26.	Reihenlehre mit Anwendungen Nomographie

Einleitung

Die Mathematik besteht aus vielen Teilgebieten. Die drei wichtigsten sind: Arithmetik (Lehre von den Zahlengrößen), Algebra (Lehre von den Gleichungen), Geometrie (Lehre von den Raumgrößen). Unser heutiges technisches Zeitalter wäre ohne die Mathematik nicht denkbar, deshalb ist sie die Grundlage für alle technischen Berufe. Die Lehre von den Zahlengrößen (Arithmetik) gliedert sich in:

1. das Rechnen mit bestimmten Zahlen, die im allgemeinen durch die arabischen Ziffern dargestellt werden (1; 2; 3; 4; ...)
2. das Rechnen mit Variablen, die üblicherweise durch Buchstaben dargestellt werden (a; b; c; ...)

Die Lehre von den Raumgrößen gliedert sich in:

1. Die Lehre von den ebenen Flächen (Planimetrie)
2. Die Lehre von den Körpern (Stereometrie)
3. Die Berechnung von Dreiecken (Trigonometrie)

Die Grundlage dieses Gebäudes ist die menschliche Vernunft; das heißt, die Mathematik baut auf Grundsätzen (Axiome) auf, die beweislos vorausgesetzt werden. Einige lauten:

1. Jede Größe ist sich selbst gleich.
2. Werden gleiche Größen gleich behandelt, so ergeben sich gleiche Größen.
3. Sind zwei Größen einer dritten gleich, so sind sie auch untereinander gleich.

Alle anderen mathematischen Aussagen (Lehrsätze) müssen bewiesen werden, d. h. man muß sie auf bekannte Lehrsätze oder Grundsätze zurückführen.

Mathematische Zeichen

nach DIN 1302

$+$	plus, und	$3 + 4 = 7$
$-$	minus, weniger	$5 - 3 = 2$
$\times\ \cdot$	mal, multipliziert	$2 \cdot 6 = 12;\ 2 \times 6 = 12$
$/\ -\ :$	geteilt durch, dividiert	$^{12}/_{3} = 4;\ \frac{12}{3} = 4;\ 12:3 = 4$
$=$	gleich	$11 = 3 + 8$
$\equiv$	identisch gleich	$5 \equiv 5$
$\neq$	ungleich, nicht gleich	$6 \neq 4$
$\approx$	nahezu gleich, rund, etwa	$\frac{1}{3} \approx 0{,}33$
∞	unendlich	
$<$	kleiner als	$5 < 8$
$\leq$	kleiner als oder gleich	$a \leq b$
$>$	größer als	$6 > 2$
$\vert\ \vert$	absoluter Betrag von	$\vert 5 \vert$
$\hat{=}$	entspricht	$1\ \text{cm} \hat{=} 500\ \text{kg}$ (z. B. in einer Zeichnung)
$\sqrt{\ }$	Wurzel aus	$\sqrt{9} = 3$
$\sum$	Summe	$\sum_{i=1}^{4} a_i = a_1 + a_2 + a_3 + a_4$

Formelzeichen

A	Flächeninhalt	ϱ	Dichte
G	Gewicht	γ	Wichte
F_G	Gewichtskraft	W, E	Energie
s	Weg	F	Kraft
V	Rauminhalt	A, W	Arbeit
t	Zeit	P	Leistung
l	Länge	η	Wirkungsgrad
d	Durchmesser	σ_z	Zugspannung
v	Geschwindigkeit	σ_d	Druckspannung
a	Beschleunigung	c	spezifische Wärmekapazität

Verwendung der Begriffe Masse und Gewicht

(DIN 1305)

1. Masse

Die physikalische Größe Masse kennzeichnet die Eigenschaft eines Körpers, die sich sowohl als Trägheit gegenüber einer Änderung seines Bewegungszustandes als auch in der Anziehung zu anderen Körpern äußert. Die Masse eines Körpers wird durch Vergleich mit Körpern bekannter Masse bestimmt.

2. Gewicht

Das Wort Gewicht wird vorwiegend in drei verschiedenen Bedeutungen gebraucht:

2.1. als Größe von der Art einer *Kraft*, und zwar für das Produkt der Masse eines Körpers und der örtlichen Fallbeschleunigung;

2.2. als Größe von der Art einer *Masse* bei der Angabe von Mengen im Sinne eines Wägeergebnisses;

2.3. als Name für Verkörperungen von Masseneinheiten sowie deren Vielfachen oder Teilen.

3. Empfehlungen

3.1. Es wird empfohlen, an Stelle des Wortes Gewicht im Sinne von Abschnitt 2.1. das Wort Gewichtskraft — die auf den Körper wirkende Fallkraft — zu verwenden; diese Größe wird in Krafteinheiten (siehe DIN 1301) angegeben.

3.2. Es wird empfohlen, an Stelle des Wortes Gewicht im Sinne von Abschnitt 2.2. das Wort Masse zu verwenden; diese Größe wird in Masseneinheiten (siehe DIN 1301) angegeben.

3.3. Es wird empfohlen, an Stelle des Wortes Gewicht im Sinne von Abschnitt 2.3. das Wort Gewichtstück oder auch Wägestück zu verwenden.

Die im geschäftlichen Bereich weitgehend gebräuchliche Bezeichnung „Gewicht“ für die Größe Masse ist weiterhin zugelassen.

Gewichtsangaben im Buch von der Art einer Masse im Sinne eines Wägeergebnisses wurden mit kg (g, t) bezeichnet. Zur Masse gehört die Dichte ϱ (g/cm^3).

Treten bei irgendeiner Aufgabe Kräfte auf, so wurde in diesem Falle die Bezeichnung N (kN, MN) gewählt. Zur Kraft gehört die Wichte γ (N/dm^3).

Allen verwendeten Einheiten liegt das Gesetz über Einheiten im Meßwesen vom 2. 7. 1969 sowie die Ausführungsverordnung zum Gesetz über Einheiten im Meßwesen vom 26. 6. 1970 zugrunde. Diese Einheiten werden von der Norm DIN 1301 (Einheiten, Einheitennamen, Einheitenzeichen) berücksichtigt und schließen sich an das Internationale Einheitensystem (Système International d'Unités, Abk. SI) an.

I. RECHENARTEN

1. Zahlen

1.1. Natürliche Zahlen — Bruchzahlen

Mit Hilfe der zehn arabischen Ziffern kann man alle natürlichen Zahlen darstellen.

arabische Ziffern	*Zahlen*
1; 2; 3; 4; 5;	2; 51; 120
6; 7; 8; 9; 0	425; 799; 7894

Man kann die natürlichen Zahlen auch durch eine Zeichnung (graphisch) darstellen. Dazu wählt man eine geeignete Strecke als Maßeinheit. Dieser Strecke ordnet man die Zahl 1 zu und schreibt sie an das Ende der Strecke. Der Endpunkt der Strecke ist dann der Bildpunkt der Zahl 1. Durch wiederholtes Aneinanderreihen der Maßeinheit entstehen die weiteren Bildpunkte der natürlichen Zahlen 2, 3 usw. Der Anfangspunkt ist das Bild der Zahl Null (Nullpunkt). Auf diese Weise entsteht der *Zahlenstrahl*. Jeder natürlichen Zahl entspricht jetzt eine Strecke (oder ein Punkt). Zur besseren Übersicht zeichnet man die Bildpunkte der Zahlen (1, 2, 3, ...) auf den Zahlenstrahl. Der Zahlenstrahl kann waagerecht oder lotrecht verlaufen. Er kann aber auch jede andere Richtung haben.

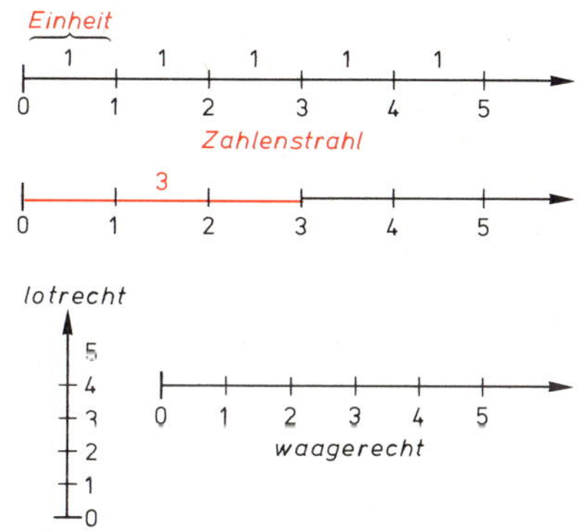

Außer den natürlichen Zahlen und der Zahl Null kennen wir schon Zahlen, die zwischen den natürlichen Zahlen auf dem Zahlenstrahl liegen. Solche Zahlen nennt man Brüche. Einen Bruch kann man durch Kürzen und Erweitern verändern; dadurch entstehen gleich große Brüche, die zu einer *Klasse* zusammengefaßt werden. Solche Brüche nennt man *gleichwertig*. Alle solchen gleichwertigen Brüche heißen *Bruchzahlen*. In der Regel gibt man als Vertreter dieser Klasse den vollständig gekürzten Bruch an. Auf dem Zahlenstrahl stehen gleichwertige Brüche übereinander.

$$\left\{\frac{4}{5};\ \frac{8}{10};\ \frac{12}{15};\ \frac{16}{20};\ \frac{20}{25};\ \ldots\right\}$$

$$\left\{\boxed{\frac{4}{5}\cdot\frac{1}{1}};\ \boxed{\frac{4}{5}\cdot\frac{2}{2}};\ \boxed{\frac{4}{5}\cdot\frac{3}{3}};\ \boxed{\frac{4}{5}\cdot\frac{4}{4}};\ \boxed{\frac{4}{5}\cdot\frac{5}{5}};\ \ldots\right\}$$

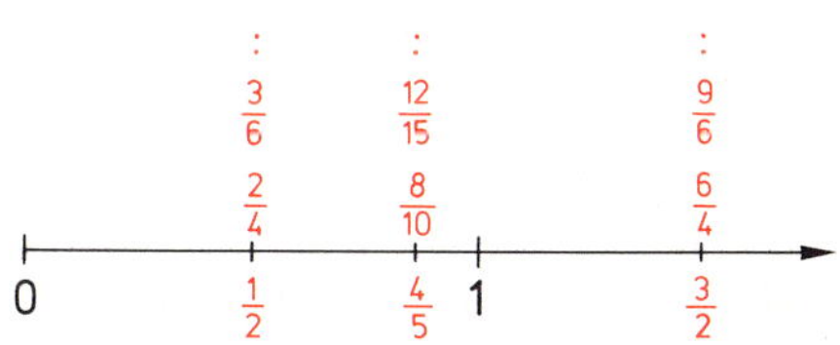

Brüche: $\frac{1}{5}, \frac{3}{8}, \frac{7}{5}, \ldots$

Jeder Bruch besteht aus einem Zähler und einem Nenner (die durch einen Bruchstrich voneinander getrennt sind). Der Nenner darf niemals Null sein (Kapitel 7.1.)

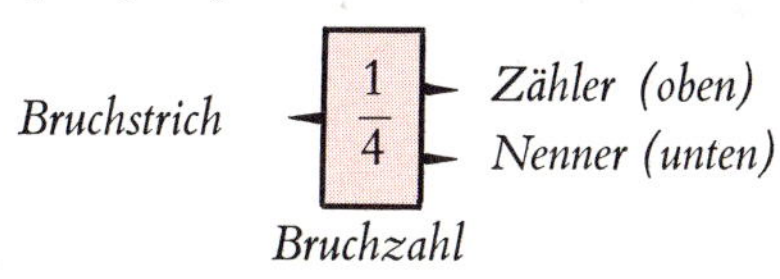

Brüche mit dem Zähler 1 heißen Stammbrüche.

$\frac{1}{2}, \frac{1}{5}, \frac{1}{12}$ *Stammbrüche*

Bei echten Brüchen sind die Zähler kleiner als die Nenner.

$\frac{3}{4}, \frac{4}{9}, \frac{11}{12}$ *echte Brüche*

Bei unechten Brüchen sind die Zähler größer als die Nenner.

$\frac{7}{5}, \frac{4}{3}, \frac{17}{7}$ *unechte Brüche*

Unechte Brüche kann man in gemischte Zahlen umwandeln und umgekehrt. Eine gemischte Zahl besteht aus einer ganzen Zahl und einem echten Bruch. Es ist dabei zu beachten, daß

$$1\frac{1}{3} = 1 + \frac{1}{3}$$

ist. Das Pluszeichen wird nicht geschrieben.

$$\frac{7}{5} = 1\frac{2}{5}$$
$$\frac{4}{3} = 1\frac{1}{3}$$
$$\frac{17}{7} = 2\frac{3}{7}$$

gemischte Zahlen

Dezimalbrüche

Bei Dezimalbrüchen, soweit sie nicht einer ganzen Zahl gleichwertig sind, werden die ganzen Zahlen von den Dezimalstellen durch ein Komma getrennt.

0,5
4,45
9,56735
53,276

Dezimalbrüche

Einen Bruch wandelt man in einen Dezimalbruch um, indem der Zähler durch den Nenner dividiert wird.

$$\frac{1}{4} = 1 : 4 = \underline{\underline{0{,}25}}$$

Der auf diese Weise entstehende Dezimalbruch ist endlich oder unendlich (periodisch unendlich).

$$\frac{3}{11} = \underline{\underline{0{,}\overline{27}\ldots}}$$ *periodisch unendlich*

Umgekehrt kann man einen Dezimalbruch in einen Bruch umwandeln. Brüche oder Dezimalbrüche können ebenso wie die natürlichen Zahlen auch bildlich (graphisch) durch Punkte auf einem Zahlenstrahl dargestellt werden.

$$0{,}875 = \frac{875}{1000} = \underline{\underline{\frac{7}{8}}}$$

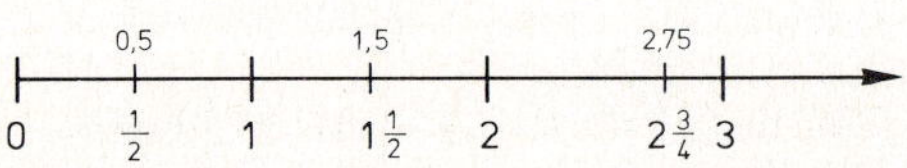

Die Brüche oder Dezimalbrüche liegen zwischen den ganzen Zahlen.

Die natürlichen Zahlen und die positiven Bruchzahlen nennt man zusammen „*positive rationale Zahlen*“.

$1;\ 2;\ 7;\ \ldots$

$\frac{2}{3};\ 3\frac{1}{5};\ 5{,}89;\ \ldots$

positive rationale Zahlen

1.2. Größen

Viele Angaben bestehen aus einer Zahl und einer Maßeinheit. Zählt man z. B. nebenstehende Gewichte, so erhält man als Ergebnis 3mal ein Kilogramm oder kurz 3 kg.

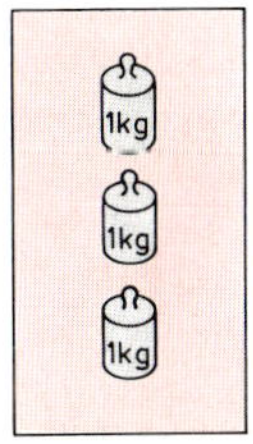

3mal ein Kilogramm
oder
3 kg

Dieses Ergebnis besteht aus 2 Teilen, dem Zahlenwert 3 und der Einheit Kilogramm. Man nennt das Ergebnis „*Größe*".

3	Kilogramm
Maßzahl	*Maßeinheit*

Größe

Größen entstehen durch Messen von Längen, Flächen, Körpern, Temperaturen, Zeiten, Gewichten usw.

15 cm
7 kg
20 min
12 m²
297 K

Größen

Sind die Einheiten von verschiedenen Größen gleich, so nennt man die Größen „gleichartige Größen".

5 DM
3 DM
10 DM

gleichartige Größen

Sind die Einheiten von verschiedenen Größen ungleich, so nennt man die Größen „ungleichartige Größen".

3 DM
2 m
5 min

ungleichartige Größen

1.3. Symbole für Zahlen (Zahlzeichen)

Die bisher benutzten Zahlen und Größen hatten alle einen bestimmten Wert.

$0; 1; 12; 3\frac{1}{2}; 3{,}5$	$3\,\text{kg}; 2\,\text{DM}; 3\,\text{cm}^2$
Zahlen	Größen

Um den Flächeninhalt eines Rechtecks zu berechnen, werden immer Länge und Breite miteinander multipliziert. Diese Gesetzmäßigkeit kann man auch durch Symbole, z. B. Buchstaben, ausdrücken:

$$A = a \cdot b$$

A steht für Flächeninhalt
a steht für die Länge } Rechteckseiten
b steht für die Breite }

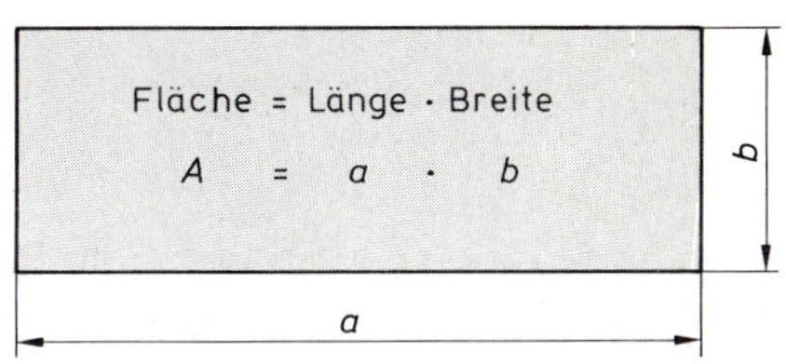

Diese Gesetzmäßigkeit gilt für alle Rechtecke, gleichgültig, wie lang die Seiten a und b sind. Die Buchstaben a und b stehen hier also an Stelle von Größen (Längen). Man nennt diese Buchstaben deshalb auch „Platzhalter", „Stellvertreter" oder „Variablen". Wir wollen sie in Zukunft immer *„Variablen"* nennen. Aus Zweckmäßigkeitsgründen benutzt man in der Regel für die Variablen die kleinen Buchstaben des Alphabets, es sind aber auch andere Symbole möglich. *Die Variablen (Buchstaben) oder anderen Symbole stehen also stellvertretend für bestimmte Zahlen oder Größen.*

a
b
c
d
usw.
x
y
z

Symbole für Zahlen (Zahlzeichen)

A; B; C oder α; β; ...

andere Symbole für Zahlen

Mit Hilfe der Variablen kann man Gesetzmäßigkeiten ganz allgemein als Rechenregeln oder als Formeln ausdrücken. *Bei der Rechenregel stehen die Variablen an Stelle von Zahlen, bei den Formeln an Stelle von Größen.*

Beispiele:

$$\text{Fläche Dreieck} = \frac{\text{Grundseite} \cdot \text{Höhe}}{2}$$

Umfang Rechteck = 2 · Länge + 2 · Breite

$$A = \frac{c \cdot h}{2}$$ *Flächeninhalt Dreieck*

$$U = 2 \cdot a + 2 \cdot b$$ *Umfang Rechteck*

Kommt eine bestimmte Variable bei einer Rechenregel (Formel) öfter vor, so ist sie immer Platzhalter für die gleiche Zahl (Größe).

Bei der Berechnung des Flächeninhalts des Quadrats gilt die Formel: $A = a \cdot a$. Wenn wir wissen, daß eine Seite 5 cm lang ist, so muß in die Aufgabe für jedes a die Größe 5 cm eingesetzt werden. Folglich ist $A = 5\text{ cm} \cdot 5\text{ cm}$.

$$\begin{aligned} A &= a \cdot a & A &= \textit{Flächeninhalt Quadrat} \\ &= 5\text{ cm} \cdot 5\text{ cm}; & a &= 5\text{ cm } \textit{(Seite)} \\ &= \underline{\underline{25\text{ cm}^2}} \end{aligned}$$

Die praktische Berechnung der Formeln führt man meist nur mit den Maßzahlen der Größen durch.

Merke: *Die Variablen selbst sind keine Zahlen. An ihrer Stelle können Zahlen (bei Formeln Größen) eingesetzt werden. Alle Rechenregeln mit Variablen beziehen sich stets auf die Zahlen, die durch sie vertreten werden. Wenn man von der Zahl a spricht, so meint man, die Variable a steht an Stelle einer Zahl (Größe).*

Übungen

1.1. Natürliche Zahlen

Kommen in den folgenden Übungen dieses Buches Sätze vor, in denen Wörter fehlen, so übertragen Sie diese Sätze in das Heft und ergänzen die fehlenden Wörter.

1. Zum Zählen benutzt man ......

2. Jede Zahl besteht aus einer oder mehreren ......

3. Schreiben Sie die zehn Ziffern nebeneinander auf.

4. Man nennt die Zahlen, die man zum Zählen der Dinge benutzt, ... Zahlen.

5. Natürliche Zahlen sind immer . . . . . . Zahlen.

6. Bruchzahlen (sind, sind keine) . . . . . . natürliche(n) Zahlen.

7. Dezimalbrüche (sind, sind keine) . . . . . . natürliche(n) Zahlen.

8. 0,52 (ist eine, ist keine) . . . . . . natürliche Zahl.

9. 29 (ist eine, ist keine) . . . . . . natürliche Zahl.

10. $\frac{5}{6}$ (ist eine, ist keine) . . . . . . natürliche Zahl.

11. 5170 (ist eine, ist keine) . . . . . . natürliche Zahl.

12. Welche Zahlen von: 0,3; 121; $\frac{5}{7}$; $2\frac{1}{5}$; $\frac{1}{9}$; 3; 5600 sind natürliche Zahlen?

13. Welche Zahlen von: 17; $2\frac{1}{3}$; 4,24; $\frac{9}{10}$; 317; 1,002; 1500 sind keine natürlichen Zahlen?

14. Die Zahl 317 hat . . . . . . Ziffern, sie ist also eine . . . . . .stellige Zahl.

15. Die Zahleneinheit ist die Zahl . . . . . .

16. Die Zahleneinheit 1 ist die . . . . . . natürliche Zahl.

17. Geht man von der natürlichen Zahl 1 aus und bildet alle nachfolgenden natürlichen Zahlen, so entsteht die Z. . . . . . der natürlichen Zahlen.

18. Die Zahlenfolge der natürlichen Zahlen ist (begrenzt, unbegrenzt) . . . . . .

19. Wie heißt die erste oder kleinste natürliche Zahl?

20. Es gibt (begrenzt, unbegrenzt) . . . . . . viele natürliche Zahlen.

21. Welche Zahlen von: 15; 3,4; $3\frac{1}{2}$; 0,01; 151; $\frac{1}{6}$; 9 sind keine natürlichen Zahlen?

22. Eine bildliche Darstellung von Zahlen nennt man auch . . . . . . Darstellung.

23. Stellen Sie auf einer Geraden mit Hilfe einer beliebigen Längeneinheit die Zahlenfolge von 1 bis 7 graphisch dar:

0

24. Stellen Sie auf einer Geraden die Zahlenfolge von 58 bis 66 graphisch dar:

57

1.2. Größen

1. Zahlen in Verbindung mit Einheiten heißen . . . . . .

2. Eine Größe, z. B. „12 cm", besteht aus zwei Teilen. Man nennt 12 . . . . . . und cm . . . . . .

3. Die Größe „7 kg" hat die Einheit . . . . . .

4. Die Größe „24 DM" hat den Zahlenwert . . . . . .

5. Bei der Größe „3,5 min" ist die Einheit . . . . . . und der Zahlenwert . . . . . .

6. Größen entstehen durch Messen, z. B.:

15 cm; 12 kg; 20 min; 15 m^2; 284 K

Welche Angaben von:

8 Tische; 15 dm^2; 7 m; 19 Bücher; 6,5 kg; 14 m^3

sind durch Messen entstanden?

7. Geben Sie von: 7 DM; 5 kg; 17 cm; 16 kg; 278 K die gleichartigen Größen an.

8. Die Angabe $3\frac{1}{2}$ ist eine ...... (Zahl, Größe).

9. Die Angabe 17 cm ist eine (Zahl, Größe)........

10. Unterscheiden Sie von: 0,12; 9 cm^2; 3 min; $3\frac{1}{5}$; 41 DM; 11,2; 283 K; 1200

Größen: ......; Zahlen: ......

1.3. Symbole für Zahlen (Zahlzeichen)

1. Die Zahlen: $\frac{1}{7}$; 4 min; 15,6 cm; 16 heißen ...... Zahlen.

2. Die Zahlzeichen: a; b; c; d usw. nennt man ......

3. Welche Zahlen von: 4 DM; 15; $5\frac{1}{2}$; P; x; 0,12; 4 m^2; β; a sind Variablen?

4. Für den Rauminhalt eines Zimmers gilt:

Rauminhalt = Länge · Breite · Höhe

Drücken Sie diese Gesetzmäßigkeiten durch Variablen aus.

Es sollen bedeuten: Rauminhalt = V

Länge = a

Breite = b

Höhe = h

5. Berechnen Sie: $A = \frac{c \cdot h}{2}$ für $c = 15$ und $h = 6$.

6. Berechnen Sie: $a + b + a + c + b =$

Setzen Sie für $a = 5$; $b = 6$; $c = 8$

7. Berechnen Sie: $x + y + a + x + z + y =$

Setzen Sie für $x = 5$; $y = 3$; $a = 4$; $z = 7$

2. Addieren (Zusammenzählen)

2.1. Addieren von gleichartigen Zahlen

Genauso wie die natürlichen Zahlen und Bruchzahlen kann man auch die Variablen auf einem Zahlenstrahl mit Hilfe von Strecken darstellen. Zur Variablen *a* gehört nun die Strecke auf dem Zahlenstrahl, deren Anfangspunkt 0 und deren Endpunkt der Bildpunkt der Variablen *a* ist. Die Strecke der Zahl 3*a* entsteht, wenn man die Strecke *a* dreimal aneinandersetzt. Jeder Zahl ist auf diese Weise ein Punkt auf dem Zahlenstrahl zugeordnet. Die dabei entstehenden Zahlen haben alle die gleiche Variable. Wir wollen sie *gleichartige Zahlen* nennen. Sie bestehen aus der Beizahl oder Vorzahl (Koeffizient) und der Variablen.

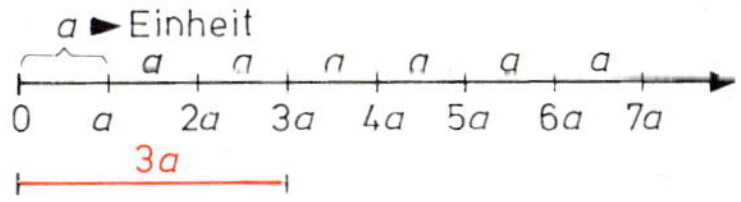

$a;\ 2a;\ 3a;\ \dots$ *gleichartige Zahlen*

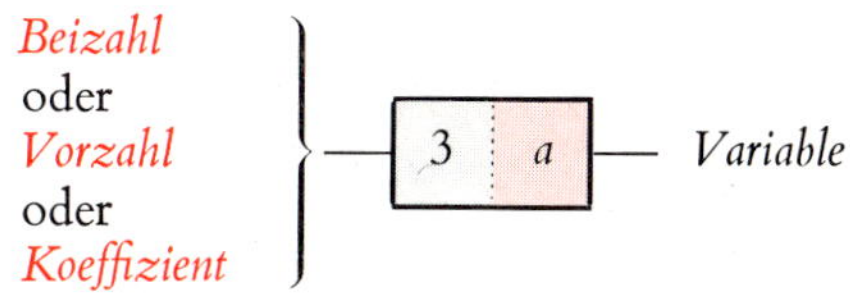

Die Zahl 3*a* entsteht also, wenn man die Einheit *a* dreimal auf dem Zahlenstrahl abträgt. Ein Malzeichen zwischen Beizahl und Variabler darf man weglassen. Die Beizahl 1 läßt man immer weg.

$a + a + a = 3\text{mal } a$

$3\text{mal } a = 3 \cdot a = 3a$

$1a = a$

$1b = b$

Läßt man bei der Aufgabe $3 \cdot 5 = 15$ das Malzeichen weg, so wird aus $3 \cdot 5$ die Zahl 35 und aus der wahren Aussage $3 \cdot 5 = 15$ die falsche Aussage $35 = 15$.
Man schreibt dafür
35 ungleich 15 oder $35 \neq 15$.
Das Zeichen ($\neq$) bedeutet ungleich.

Merke: Ein Malzeichen zwischen bestimmten Zahlen darf man nicht weglassen.

$3 \cdot 5 = 15; \rightarrow 35 \neq 15$

$12 \cdot 10 = 120; \rightarrow 1210 \neq 120$

Die Glieder einer Additionsaufgabe heißen Summanden. Mehrere Summanden bilden eine Summe (arithmetische Summe).

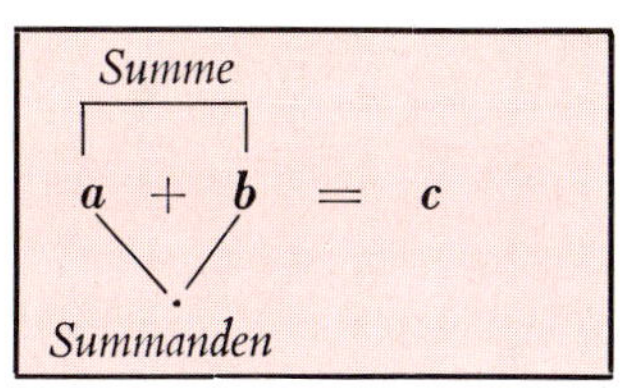

Man kann das Addieren auch graphisch veranschaulichen. Zahlen werden dabei durch Strecken dargestellt.

Zu einer Zahl *a* eine Zahl *b* addieren bedeutet, man soll an die Strecke *a* die Strecke *b* antragen. Das Ergebnis ist die Strecke $a + b$.

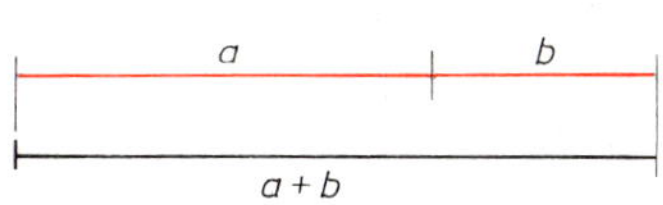

Welches Rechengesetz kann man aus nebenstehenden Beispielen ablesen?

$3 + 4 = 4 + 3$

$5{,}4 + 3{,}1 = 3{,}1 + 5{,}4$

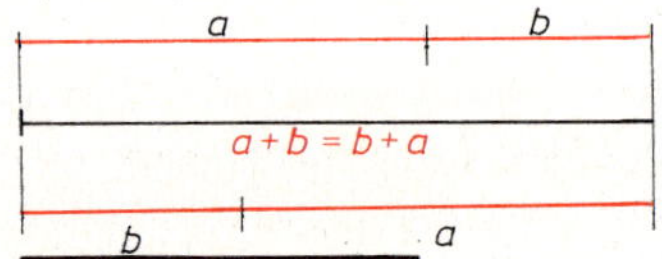

$$\boxed{a + b = b + a}$$

Merke: *In einer Summe darf man die Summanden vertauschen.*
(Kommutativgesetz)

Welches Rechengesetz kann man aus nebenstehenden Beispielen ablesen?

$(3 + 7) + 2 = 3 + (7 + 2)$

$$\frac{1}{2} + \left(\frac{1}{5} + \frac{2}{3}\right) = \left(\frac{1}{2} + \frac{1}{5}\right) + \frac{2}{3}$$

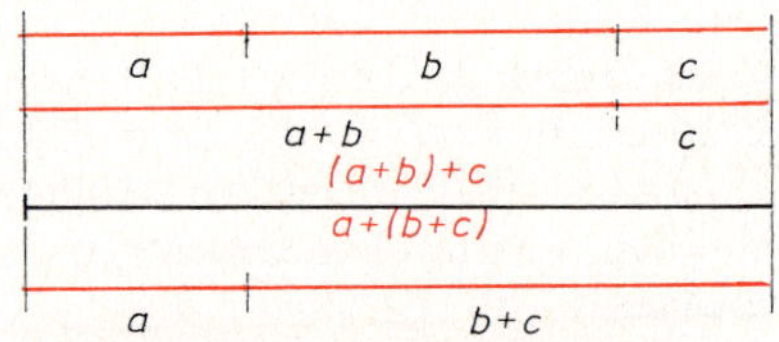

$$\boxed{(a + b) + c = a + (b + c)}$$

Merke: *Beim Addieren darf man die Summanden zu Teilsummen zusammenfassen.*
(Assoziativgesetz)

Addiert man zu einer Zahl die Null, so wird die Zahl nicht geändert. Die Null ist das „neutrale Element" der Addition.

$3 + 0 = 0 + 3 = 3$

$$\boxed{a + 0 = 0 + a = a}$$

$0 + 0 = 0$

Bei nebenstehender Aufgabe werden gleichartige Zahlen addiert. Welchen Lösungsgang kann man aus diesem Beispiel ablesen?

$$4a = \overset{1}{a} + \overset{2}{a} + \overset{3}{a} + \overset{4}{a}$$

$$+ \quad 2a = \overset{1}{a} + \overset{2}{a}$$

$$\begin{aligned} 4a + 2a &= (a + a + a + a) + (a + a) \\ &= \underline{\underline{6a}} \end{aligned}$$

$$\boxed{4a + 2a = (4 + 2) \cdot a = 6a}$$

Merke: *Gleichartige Zahlen werden addiert, indem man die Beizahlen addiert.*

Beispiele:

1. Beim Addieren der Beizahlen gelten die Regeln des gewöhnlichen Rechnens.

1. $3a + a + 2a = \underline{\underline{6a}}$

2. Die Summanden können auch aus zwei oder mehr Variablen bestehen.

2. $ax + 2ax + ax = \underline{\underline{4ax}}$

3. Man darf die Reihenfolge der Summanden ändern, um das Addieren zu vereinfachen.

3. $2n + 100n + 4n + 98n$
$= 2n + 98n + 100n + 4n$
$= \underline{\underline{204n}}$

4. u. 5. Die Variablen können auch ein Kennzeichen (Index) haben, z. B. b_1 oder d_2.

4. $2b_1 + 5b_1 + 7b_1 = \underline{\underline{14b_1}}$

5. $d_2 + 5d_2 + 6d_2 = \underline{\underline{12d_2}}$

6. u. 7. Dezimalbrüche unterliegen den gleichen arithmetischen Gesetzen wie ganze Zahlen.

6. $1{,}4a + 3{,}7a = \underline{\underline{5{,}1a}}$

7. $3ax + 5ax + 2{,}5ax = \underline{\underline{10{,}5ax}}$

8. Sind die Beizahlen Bruchzahlen, so ist zu beachten, daß z. B.

$\frac{a}{5} = \frac{1}{5}a$ und

$\frac{3a}{5} = \frac{3}{5}a$ ist.

8. $\frac{a}{5} + \frac{3a}{5} + \frac{2a}{5} = \frac{1}{5}a + \frac{3}{5}a + \frac{2}{5}a$
$= \frac{6}{5}a$
$= \underline{\underline{1\frac{1}{5}a}}$

9. Sind die Beizahlen ungleichnamige Bruchzahlen, so muß man den Hauptnenner suchen und vor dem Zusammenzählen alle Bruchzahlen gleichnamig machen.

9. $\frac{x}{5} + \frac{x}{3} + \frac{x}{15} = \frac{3}{15}x + \frac{5}{15}x + \frac{1}{15}x$
$= \frac{9}{15}x$
$= \underline{\underline{\frac{3}{5}x}}$

2.2. Addieren von ungleichartigen Zahlen

Ungleichbenannte Größen und ungleichartige Zahlen kann man nicht addieren. Man verbindet die Zahlen nur durch ein Rechenzeichen (+).

3 kg + 2 min = 3 kg + 2 min

$3a + 2b = 3a + 2b$

Merke: In einer Summe lassen sich immer nur gleichartige Summanden addieren.

$\underbrace{2a + 3a} + \underbrace{5b + 4b} = 5a + 9b$

Beispiele:

1. Vor dem Addieren die Glieder der Summe nach gleichartigen Summanden (alphabetisch) ordnen.

1. $5a + 6x + 4a + 3b + 5x$
$= \underbrace{5a + 4a} + 3b + \underbrace{6x + 5x}$
$= \underline{\underline{9a + 3b + 11x}}$

2. Kommen in der Summe Zahlen ohne Variable vor (2 und 5), so setzt man sie an den Anfang oder an das Ende der Zeile.

3. Dezimalbrüche werden wie ganze Zahlen behandelt. Nach dem Ordnen faßt man die Beizahlen von gleichartigen Summanden zusammen.

4. Zunächst wird die Summe geordnet, das heißt, gleichartige Summanden werden nebeneinandergeschrieben. Danach werden für gleichartige Zahlen die Hauptnenner gesucht. Nach dem Zusammenfassen entstehen unechte Bruchzahlen, die man in gemischte Zahlen umwandeln kann.

5. Bei Größen kann man ungleichbenannte Summanden in die gleiche Grundeinheit (z. B. Meter) umwandeln und diese dann addieren.

6. Stehen die Variablen für eine Gesetzmäßigkeit, wie z. B. bei den Formeln in der Raumlehre, so werden für bestimmte Aufgaben die angegebenen Zahlenwerte an die Stelle der Variablen gesetzt. Denken Sie daran, daß $2a$ eigentlich $2 \cdot a$ heißt. Man darf das Malzeichen nicht weglassen, wenn bestimmte Zahlen eingesetzt werden.

7. Für die Variablen werden die entsprechenden Zahlen eingesetzt. Das Malzeichen darf man dann nicht fortlassen. Der Summenwert ist eine Zahl.

2.
$$\begin{aligned} & 9x + 3y + 2 + 5x + 7y + 5 \\ &= 2 + 5 + 9x + 5x + 3y + 7y \\ &= 7 + 14x + 10y \\ &= \underline{\underline{14x + 10y + 7}} \end{aligned}$$

3.
$$\begin{aligned} & 8{,}7a + 21{,}2n + 5{,}3a + 11{,}4n \\ &= 8{,}7a + 5{,}3a + 21{,}2n + 11{,}4n \\ &= \underline{\underline{14a + 32{,}6n}} \end{aligned}$$

4.
$$\begin{aligned} & \frac{4}{5}a + \frac{3}{4}c + \frac{2}{3}a + 6ac + \frac{1}{2}c \\ &= \frac{4}{5}a + \frac{2}{3}a + \frac{3}{4}c + \frac{1}{2}c + 6ac \\ &= \frac{12}{15}a + \frac{10}{15}a + \frac{3}{4}c + \frac{2}{4}c + 6ac \\ &= \frac{22}{15}a + \frac{5}{4}c + 6ac \\ &= \underline{\underline{1\frac{7}{15}a + 1\frac{1}{4}c + 6ac}} \end{aligned}$$

m = Meter, dm = Dezimeter,
cm = Zentimeter, mm = Millimeter

5.
$$\begin{aligned} & 4\text{ m} + 21\text{ cm} + 3\text{ dm} + 15\text{ mm} \\ &= 4\text{ m} + 0{,}21\text{ m} + 0{,}3\text{ m} + 0{,}015\text{ m} \\ &= \underline{\underline{4{,}525\text{ m}}} \end{aligned}$$

6. Setzen Sie in der folgenden Aufgabe für $a = 10$ cm und für $b = 8$ cm ein, und berechnen Sie den Umfang U des Rechtecks.

$$\begin{aligned} U\text{ Rechteck} &= 2a + 2b \\ U &= 2 \cdot 10\text{ cm} + 2 \cdot 8\text{ cm} \\ U &= 20\text{ cm} + 16\text{ cm} \\ \underline{\underline{U}} &\underline{\underline{= 36\text{ cm}}} \end{aligned}$$

7. Schreiben Sie für $a = 3$; $b = 2$; $x = 0{,}5$

$$\begin{aligned} & 4a + 5b + 6a + 3b + x \\ &= 4 \cdot 3 + 5 \cdot 2 + 6 \cdot 3 + 3 \cdot 2 + 0{,}5 \\ &= 12 + 10 + 18 + 6 + 0{,}5 \\ &= \underline{\underline{46{,}5}} \end{aligned}$$

Nachfolgende Summe besteht aus vielen Summanden.

$$9a + 3ax + 4c + 5a + 2{,}3c + 1{,}5ax + 1{,}7c + 2{,}5ax + 7a + 2 =$$

Merke: *Viele Summanden werden addiert, indem man gleichartige Glieder (Summanden) untereinanderschreibt und diese addiert.*

Dieser Lösungsweg ist eine Anwendung des Assoziativgesetzes.

$$\begin{array}{r|l} & 9a + 4{,}0c + 3{,}0ax \\ + & 5a + 2{,}3c + 1{,}5ax \\ & 7a + 1{,}7c + 2{,}5ax + 2 \\ \hline & 21a + 8{,}0c + 7{,}0ax + 2 \end{array}$$

Beispiel: $3\frac{1}{3}a + 10\frac{2}{5}c + 5\frac{1}{2}b + 6\frac{2}{15}c + 6\frac{3}{4}b + 2\frac{2}{5}a =$

Gleichartige Glieder untereinanderschreiben und vor dem Addieren Bruchzahlen gleichnamig machen.

$$\begin{array}{r|l} + & 3\frac{1}{3}a + 5\frac{1}{2}b + 10\frac{2}{5}c \\ & 2\frac{2}{5}a + 6\frac{3}{4}b + 6\frac{2}{15}c \\ \hline + & 3\frac{5}{15}a + 5\frac{2}{4}b + 10\frac{6}{15}c \\ & 2\frac{6}{15}a + 6\frac{3}{4}b + 6\frac{2}{15}c \\ \hline & 5\frac{11}{15}a + 12\frac{1}{4}b + 16\frac{8}{15}c \end{array}$$

Übungen

2.1. Addieren von gleichartigen Zahlen

1. Zeichnen Sie den Zahlenstrahl ab, und ergänzen Sie die fehlenden Zahlen.

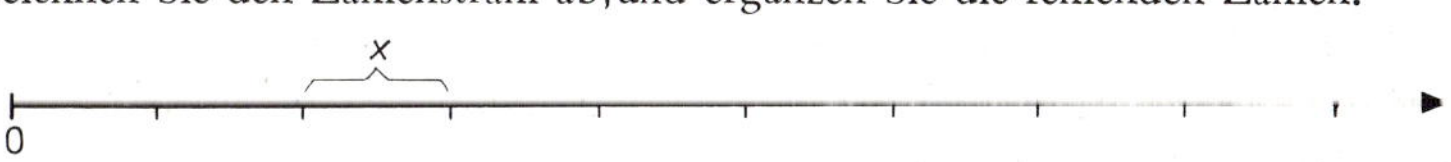

2. Welche Zahl entsteht, wenn man die Einheit c 15mal auf dem Zahlenstrahl abträgt?

3. Die Zahlen: $5x$; $7A$; $9a$ sind (gleichartige, ungleichartige) ...... Zahlen.

4. Die Zahlen: $15a$; $4a$; $3a$ sind (gleichartige, ungleichartige) ...... Zahlen.

5. Unterscheiden Sie von: $3d$; $75c$; $15x$; $7P$; $5{,}2c$; $9n$

gleichartige Zahlen: ......; ungleichartige Zahlen: ......

6. Schreiben Sie kürzer für: $1b =$ ......; $1A =$ ......

7. Bei der Zahl $25x$ wird 25 ...... genannt.

8. Ein Malzeichen zwischen bestimmten Zahlen darf man ...... weglassen.

9. $37 \neq 21$ bedeutet, 37 ist ...... 21.

10. Zu der Zahl $5a$ die Zahl $3a$ addieren heißt, auf dem Zahlenstrahl um die betreffenden Einheiten ...... zählen.

11. Man darf die Glieder einer Additionsaufgabe ......

12. Zu welcher Zahl kommt man, wenn man auf dem Zahlenstrahl zu der Zahl $8a$ die Zahl $3a$ addiert?
$8a + 3a =$

13. Schreiben Sie eine andere Reihenfolge für: $7x + 5x =$

14. Die Glieder einer Additionsaufgabe nennt man ......

15. Mehrere Summanden, die addiert werden, bilden eine ......

16. Der Wert einer Summe heißt ......

17. Bei der Aufgabe $5a + 2a + 7a = 14a$ nennt man:
$5a$; $2a$; $7a$ ► ......; $5a + 2a + 7a$ ► ......; $14a$ ► ......

18. $a + a + a + a = \underline{\underline{4a}}$

19. $c + c + c + c + c + c$

20. $bu + bu + bu$

21. $xyz + xyz + xyz + xyz$

22. $7a + 9a + 15a$

23. $2x + 15x + x + 3x$

24. $6y + 4y + 7y + 3y$

25. $11nx + 4nx + 8nx + 20nx$

26. $19ab + 13ab + 6ab + 17ab$

27. $173cy + 32cy + 64cy + 23cy$

28. $16a_3 + 14a_3 + 7a_3 + a_3$

29. $3{,}2a + 4{,}5a + 1{,}8a + 2{,}7a$

30. $5{,}5r + 4{,}8r + 9{,}6r + 8{,}9r + 0{,}8r$

31. $2{,}97ax + 15{,}32ax + 0{,}21ax$

32. $15{,}53abc + 3{,}7abc + 1{,}3abc$

33. $\frac{3a}{5} + \frac{a}{5} + \frac{2a}{5} + \frac{4a}{5}$

34. $2\frac{1}{3}n + 5\frac{1}{5}n + \frac{4}{15}n$

35. $\frac{1}{4}ax + 4\frac{1}{5}ax + ax + 17ax + 2{,}25ax$

36. $2{,}5a + 7{,}6a + 9{,}3a + 2\frac{1}{5}a + 19\frac{3}{4}a$

37. $4{,}5AB + 3{,}7AB + 15{,}2AB + 19\frac{2}{5}AB$

38. $19{,}7a_1b_2 + 17{,}5a_1b_2 + 10{,}2a_1b_2 + 7\frac{3}{5}a_1b_2$

2.2. Addieren von ungleichartigen Zahlen

1. Welche Zahlen von: $6a$; $7bn$; $16x$; $7b$; $2bn$ sind gleichartig?

2. In einer Summe kann man nur ...... Summanden addieren.

3. $5a + 26a + 11b + 15b = \underline{\underline{31a + 26b}}$

4. $19a + 17a + 3x + 6x + 4x$

5. $2ab + 9ab + 6ab + 6c + 13c + 7 + 6$

6. $12N + 7N + 3R + 17R + 18R + 60$

7. $9\alpha + 5\alpha + 4\beta + 6\beta + 13\beta + 16$

8. $7x_1 + 8x_1 + 4x_2 + 29x_2 + 17x_2 + 4$

9. $4ab_1 + 3ab_1 + 5ab + 7ab + 3ab$

10. $15AC + 3BC + 7AC + 9BC + 17AC$

11. $178x + 89n + 120x + 60x + 17n$

12. $6y + 3x + 5a + 3x + 6a + 10y$

13. $8{,}7a + 21{,}4n + 5{,}3a + 11{,}4n$

14. $15{,}4ab + 17{,}8ad + 3ac + 6ad + 0{,}1ac$

15. $1{,}3x + 0{,}6y + 2{,}7x + 0{,}1y + 10$

16. $0{,}3a + 2{,}5b + 0{,}7a + 3{,}5b$

17. $10{,}2bx + 9{,}6ax + 0{,}8bx + 0{,}1ax$

18. $95{,}7c + 53{,}94b + 18{,}5c + 3{,}01b$

19. $2a + 3b + 4c + 5a + 6b + 7{,}2c$

20. $2{,}7xz + 9{,}3z + 4{,}3x + 4{,}7xz + z$

21. $2x + \frac{2}{3}y + \frac{1}{4}x + 1\frac{1}{2}y = \underline{\underline{2\frac{1}{4}x + 2\frac{1}{6}y}}$

22. $\frac{3}{4}b + 21 + 1\frac{1}{4}b$

23. $\frac{1}{4}y + \frac{1}{5}x + \frac{7}{10}y + \frac{3}{4}x$

24. $37\frac{2}{9}a + 11\frac{5}{7}b + 7\frac{1}{7}a + 15\frac{2}{3}a + 28\frac{2}{3}b$

25. $3\frac{1}{2}ax + 6\frac{2}{3}ab + 1\frac{1}{6}ax + 5\frac{1}{2}ab$

26. $2\frac{1}{8}c + 4\frac{1}{4}d + 2\frac{3}{8}c + 3\frac{3}{4}d + 2\frac{1}{4}c$

27. $5\frac{1}{3}x + 6{,}3xz + x + 0{,}1xz$

28. $0{,}6by + 6\frac{1}{2}bx + 1{,}3by + 6bx$

29. $15\frac{1}{2}a + 1{,}3ax + 61{,}2a + \frac{ax}{2}$

30. $10xy + \frac{x}{4} + 3\frac{1}{2}x + 0{,}7xy$

31. $16ax + 0{,}9ab + 5\frac{2}{3}ab + \frac{ax}{3}$

32. 5,1 kg + 25 g + 1,25 kg + 7 g = ... kg

33. 750 g + $3\frac{1}{4}$ kg + 200 g = ... kg

34. 4 m + 32 dm + 18 cm + 12 dm = ... m

35. 10 cm³ + 15 m³ + 15 l + 5 dm³ = ... m³

36. $4\frac{1}{2}$ cm² + $3\frac{2}{3}$ m² + 25 mm² = ... m²

37. 13 min + 2,5 h + 200 s + 1 h 2 min
 = ...h ...min ... s

38. 85 g + 4,75 kg + 300 g = ... g

39. 7 m + 19 dm + 16 cm + 7 dm = ... m

40. $3\frac{1}{4}$DM + $5\frac{1}{2}$DM + 65 Pf = ... DM

41. 15 min + 3,55 h + 300 s + 1 h 15 min
 = ... min

Setzen Sie in den folgenden Aufgaben (Nr. 43...47) für $a = 3$; $b = 2$; $x = \frac{1}{2}$.

42. $4a + 5b + 6a + 3b = \underline{\underline{46}}$

43. $9b + 3a + 4b + 3x$

44. $10ab + 4bx + 5ax$

45. $1{,}3a + 4{,}7x + 2{,}5b$

46. $1\frac{1}{3}a + 2\frac{1}{6}b + 3\frac{1}{4}x$

47. $1{,}4ab + 3\frac{1}{2}x + 5abx$

48. $6a + 2b + 9c + 4d + 8a + 2b + 4c + d$

49. $6x + 4y + 3z + 7ab + 2x + 3y + 1{,}5z + 1{,}7ab$

50. $9a + 4b + 8c + d + 9d + c + b + 3a + 4d + 6c + 2b + 4a + 4b + 8a + d$

51. $5{,}4a + 3{,}5b + 8{,}2c + 12{,}2x + 7{,}2a + 10{,}2b + 9{,}6c + 14{,}5x$

52. $6\frac{1}{2}a + 5\frac{5}{12}b + 11\frac{2}{3}c + 7\frac{1}{4}a + 6\frac{5}{6}b + 15\frac{7}{9}c$

53. $5\frac{1}{3}a + 4\frac{1}{2}b + 6\frac{1}{4}c + 10\frac{2}{5}x + 6\frac{2}{5}a + 5\frac{3}{4}b + 7\frac{3}{8}c + 11\frac{3}{11}x$

54. $2{,}7ax + 19{,}3ab + 2\frac{1}{2}bx + 1{,}9ax + ab + 2\frac{1}{6}bx + 0{,}8ax + 0{,}7ab + \frac{2}{4}bx + 9{,}4ax + 10ab + 5\frac{1}{3}bx$

55. Berechnen Sie den Umfang U des Grundstücks:
a) mit Variablen, b) für $a = 5$ m

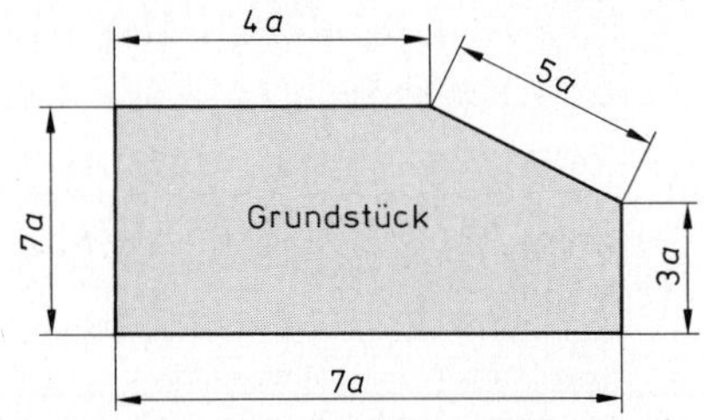

56. Berechnen Sie den Umfang U des Blumenbeetes:
a) mit Variablen, b) für $a = 1{,}5$ m und $d = 4$ m

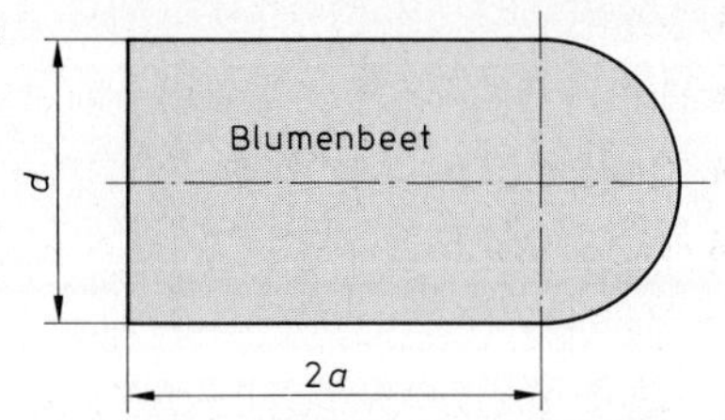

57. Berechnen Sie den Umfang U der Schablone:
a) mit Variablen, b) für $a = 65$ mm

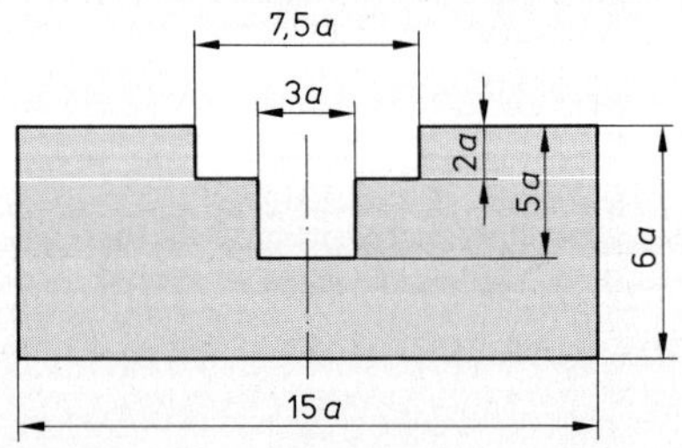

58. Berechnen Sie die Länge l der Welle:
a) mit Variablen, b) für $a = 35$ mm und $b = 50$ mm

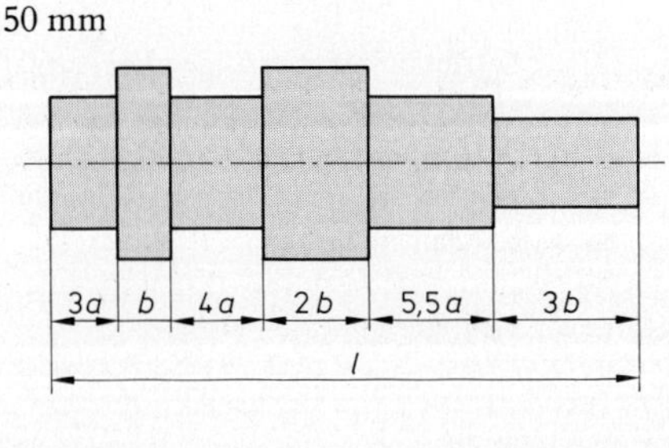

Vermischte Aufgaben zur Wiederholung von 2.

1. $8x + 4x + 6x + x + 10\,x = \underline{\underline{29x}}$

2. $12a + 5a + 3a + 10a$

3. $4{,}7b + 1{,}9b + 2{,}7b$

4. $6{,}7r + 5{,}8r + 7{,}6r + 8{,}9r + 0{,}8r$

5. $3{,}2x + 4{,}5x + 1{,}8x + 2{,}7x$

6. $2\frac{1}{3}c + 1\frac{3}{4}c + 3\frac{5}{8}c + 7\frac{5}{6}c$

7. $\frac{3}{8}dx + \frac{7}{10}dx + \frac{1}{2}dx + \frac{5}{12}dx + \frac{5}{6}dx$

8. $7t_1 + 2\frac{3}{4}t_1 + 0{,}75t_1 + 7\frac{1}{3}t_1$

9. $3{,}4P + 7{,}6P + 8{,}4P + 2\frac{1}{5}P + 21\frac{3}{4}P$

10. Berechnen Sie die Länge l der Welle:
a) allgemein, mit Hilfe von Variablen,
b) für $a = 30$ mm

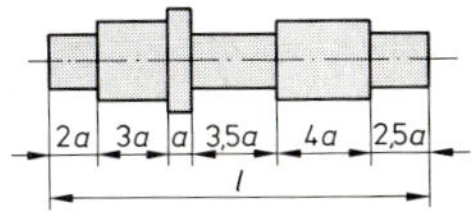

11. Berechnen Sie den Umfang U des Bleches:
a) allgemein, mit Hilfe von Variablen,
b) für $a = 50$ mm

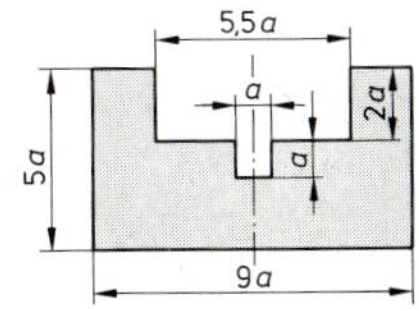

12. $3a + 15b + 7b + 2a + 11b = \underline{\underline{5a + 33b}}$

13. $9x + 6y + 4x + 7y + 33y + 12x$

14. $3b + 8a + b + 5c + 7b + 12a + 10c$

15. $1{,}4ab + 1{,}9c + 0{,}7ab + bc + 3c + 0{,}5bc$

16. $17{,}4n + 29{,}6xy + 48{,}2n + 14{,}7xy + 3{,}7n$

17. $9\frac{1}{5}xz + 7\frac{1}{10}xy + 5\frac{4}{5}xz + 8\frac{1}{2}xy + 4\frac{2}{5}xz$

18. $3\frac{1}{4}c + 4\frac{1}{3}dx + 7\frac{1}{4}n + 1\frac{1}{4}c + 3\frac{1}{3}dx$

19. $2\frac{1}{5}z + 1\frac{1}{2}x + 0{,}4z + 2{,}3xz + 3\frac{1}{4}x + 0{,}2xz$

20. Berechnen Sie die Länge l der Welle:
a) allgemein, mit Hilfe von Variablen,
b) für $a = 25$ mm, $b = 35$ mm

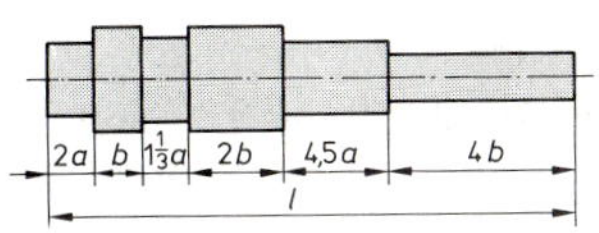

21. Berechnen Sie den Umfang U der Blechschablone:
a) allgemein, mit Hilfe von Variablen,
b) für $a = 80$ mm, $b = 65$ mm, $c = 43$ mm

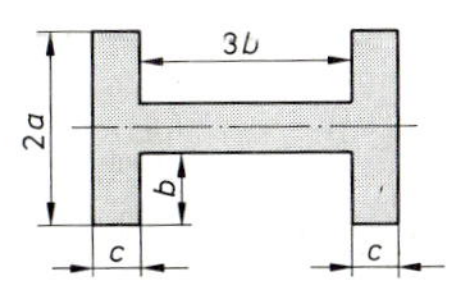

22. Der Umfang nebenstehender Holzplatte soll mit Messingband beschlagen werden. Berechnen Sie die Länge l des Messingbandes:
a) allgemein, mit Hilfe von Variablen,
b) für $a = 250$ mm, $b = 120$ mm, $c = 90$ mm, $d = 235$ mm

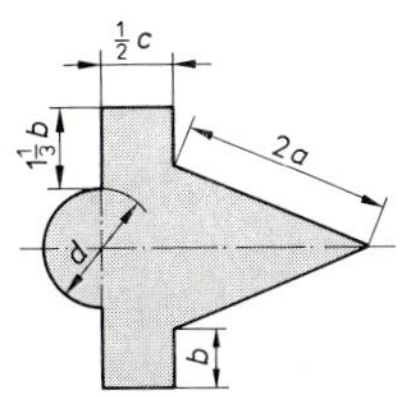

Wiederholungsfragen über 2.

1. *Nennen Sie bestimmte Zahlen.*
2. *Nennen Sie Variablen.*
3. *Was ist eine Beizahl?*
4. *Was muß man über die Beizahl 1 wissen?*
5. *Wann darf man das Malzeichen weglassen, wann nicht?*
6. *Wie heißen die Glieder einer Summe?*
7. *Wie werden gleichartige Summanden addiert?*
8. *Welche Rechenoperationen lassen sich mit den Summanden ausführen?*
9. *Welche Summanden lassen sich nur addieren?*
10. *Was bedeutet: die Glieder ordnen?*
11. *Welche Regeln gelten für die Beizahlen?*
12. *Auf welche Weise wird eine Summe mit vielen Summanden addiert?*
13. *Nennen Sie die zwei Grundgesetze der Addition.*

3. Subtrahieren (Abziehen)

3.1. Subtrahieren von gleichartigen Zahlen

Zum Addieren ist die entgegengesetzte Rechenart das *Subtrahieren*. Die Zeichen + und — sind entgegengesetzte Rechenzeichen.

$6 + 2 = 8$ *Addieren*

$6 = 8 - 2$ *Subtrahieren*

$2 = 8 - 6$

Da die Subtraktion die Umkehrung der Addition ist, kann man die Addition als Probe für die Subtraktion verwenden.

$121 - 31 = 90$

Probe: $31 + 90 = 121$

Zwei durch ein Minuszeichen verbundene Zahlen bilden eine *Differenz* (Unterschied). Die Glieder heißen *Minuend* und *Subtrahend*.

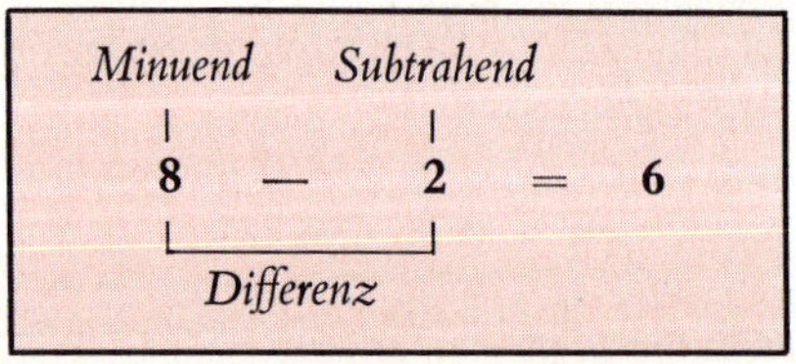

Von einer Zahl (z. B. 4) eine andere (z. B. 3) abziehen (subtrahieren) heißt, um die entsprechenden Einheiten (3) auf dem waagerechten Zahlenstrahl nach links gehen. Der neue Punkt ist dann das Ergebnis (1).

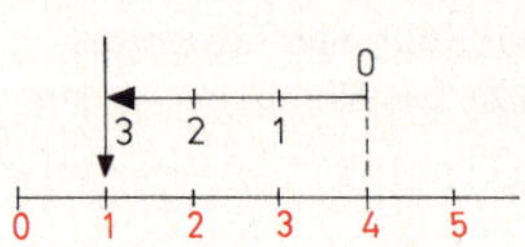

$4 - 3 = 1$

Subtrahiert man zwei gleich große Zahlen (4 — 4), so kommt man zu dem Punkt Null, dem Anfangspunkt des Zahlenstrahles.

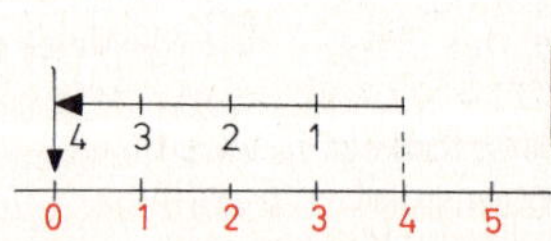

$4 - 4 = 0$

Subtrahiert man von einer Zahl eine größere Zahl (z. B. 4 — 5) und will diese Aufgabe auf dem Zahlenstrahl darstellen, so liegt das Ergebnis links außerhalb des Zahlenstrahls. Um das Ergebnis trotzdem darstellen zu können, müssen wir den Zahlenstrahl nach links über die Null hinaus zur *Zahlengeraden* erweitern, indem wir links von der Null die gleichen Einheiten abtragen wie rechts. Auch auf der linken Seite beginnen wir mit Eins zu zählen. Zur Unterscheidung versehen wir die neuen Zahlen mit einem Minuszeichen. Diese neuen Zahlen heißen *negative Zahlen*. Im Gegensatz dazu nennen wir die uns bisher bekannten Zahlen positive Zahlen und versehen sie zur besseren Kennzeichnung mit einem Pluszeichen, das aber in der Regel nicht geschrieben wird.

Zahlenstrahl

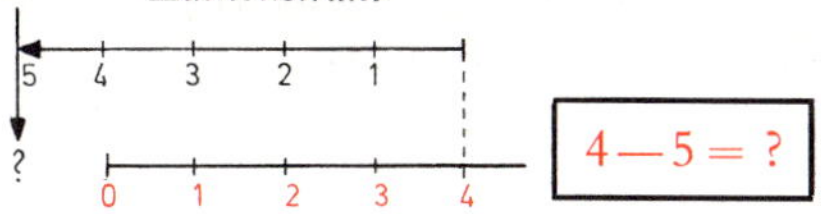

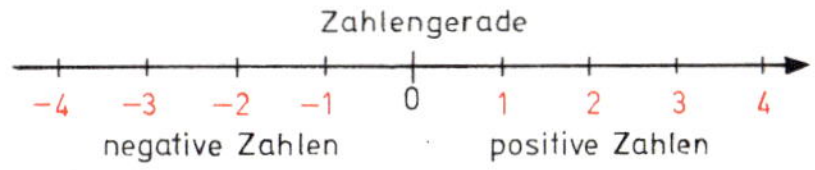

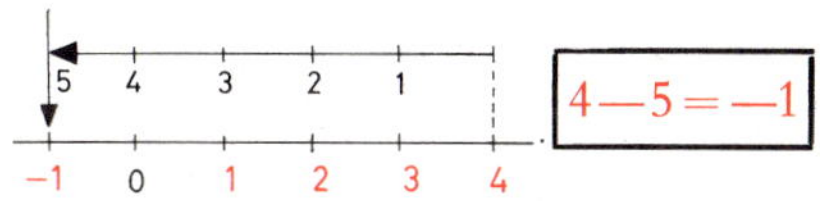

3; 7; $2\frac{1}{2}$; 1,03	*positive Zahlen*
—2; —8; $-5\frac{1}{3}$; —2,12	*negative Zahlen*

Zwei Zahlen, die sich nur durch das Vorzeichen unterscheiden, sind gleich weit vom Nullpunkt entfernt. Man nennt sie entgegengesetzte Zahlen oder auch *Gegenzahlen*.

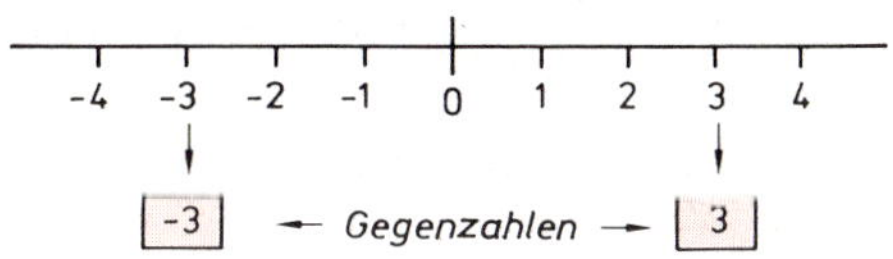

Die Gegenzahl von a ist $-a$. Setzt man für $a = 5$, so sind die Gegenzahlen 5 und —5. Setzt man für $a = -5$, so sind die Gegenzahlen —5 und —(—5). Die Gegenzahl von —5 ist aber +5. Folglich ist:

$$-(-5) = 5 \quad \text{oder}$$

$$-(-a) = a$$

	Gegenzahlen	
	a	$-a$
für $a = 5$	5	—5
für $a = -5$	—5	—(—5)
	—5	+5

$-(-a) = a$ $a > 0$

Die positiven und die negativen ganzen Zahlen und Bruchzahlen und die Null ergeben zusammen die *rationalen Zahlen*. Auch die rationalen Zahlen können auf der Zahlengeraden graphisch dargestellt werden.

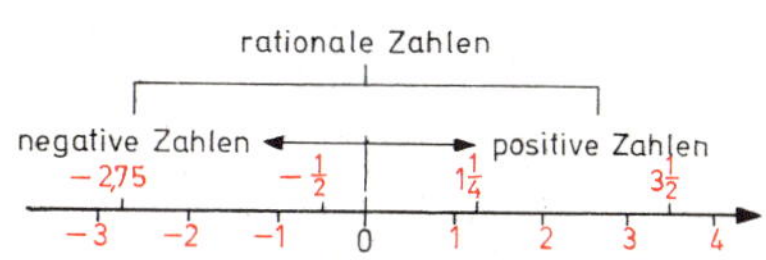

Zahlengerade mit rationalen Zahlen

Rationale Zahlen sind also alle positiven und negativen ganzen Zahlen und Bruchzahlen und die Null.

—4;	5;	—2,4	*rationale Zahlen*
7,5;	$-\frac{1}{3}$;	0	

Hat eine Zahl kein Vorzeichen, so ist immer eine positive Zahl gemeint.

$5 = +5$
$a = +a$
$3b = +3b$

Die Null ist weder positiv noch negativ, sie zählt aber zu den ganzen Zahlen. Für das Rechnen mit rationalen Zahlen gelten auch das Kommutativ- und das Assoziativgesetz.

Von zwei Zahlen ist die rechts auf der Zahlengeraden stehende immer die größere. Für die Bezeichnung „größer als" benutzt man das

Symbol „$>$".

Die Zahl 5 steht rechts von der Zahl 3, also ist

5 größer als 3

Symbol: $5 > 3$

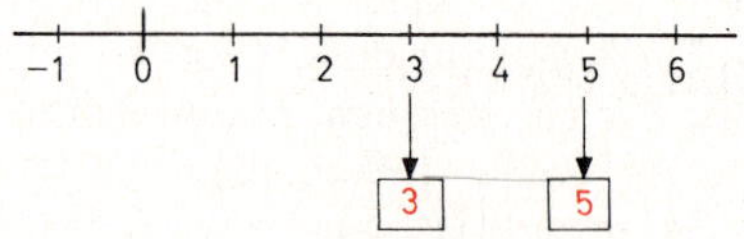

$5 > 3$

Von zwei Zahlen ist die links auf der Zahlengeraden stehende immer die kleinere. Für die Bezeichnung „kleiner als" benutzt man das

Symbol „$<$".

Die Zahl 2 steht links von der Zahl 4, also ist

2 kleiner als 4

Symbol: $2 < 4$

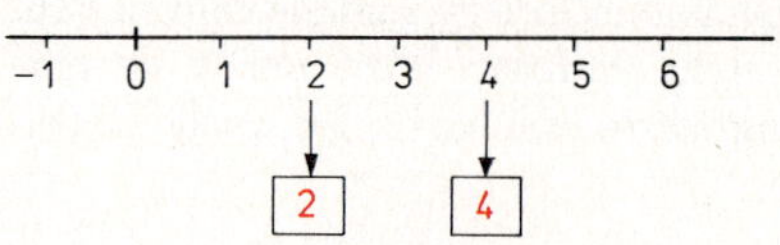

$2 < 4$

Für die Symbole $>$ oder $<$ ist allein maßgebend, an welcher Stelle die Zahlen auf der Zahlengeraden stehen.

Die Spitze des Symbols zeigt immer zur kleineren Zahl. Die offene Seite des Symbols zeigt immer zur größeren Zahl.

1. 5 steht rechts von 2, also ist
   5 größer als 2.
   2 steht links von 5, also ist
   2 kleiner als 5.

5. $2a$ steht rechts von $-4a$, also ist
   $2a$ größer als $-4a$.
   $-4a$ steht links von $2a$, also ist
   $-4a$ kleiner als $2a$.

Beispiele:

1. $5 > 2$ *oder* $2 < 5$
2. $3 > 0$ *oder* $0 < 3$
3. $1 > -1$ *oder* $-1 < 1$
4. $-2 > -5$ *oder* $-5 < -2$
5. $2a > -4a$ *oder* $-4a < 2a$ $(a > 0)$

Die ganzen Zahlen 3 und —3 stehen auf der Zahlengeraden auf verschiedenen Seiten der Null. Sie sind aber beide um die gleichen Einheiten (Betrag oder Wert) vom Nullpunkt entfernt. Im mathematischen Sprachgebrauch sagt man, die Zahlen 3 und —3 haben beide den gleichen absoluten Betrag. Will man den absoluten Betrag einer Zahl angeben, so schreibt man sie zwischen senkrechte Striche.

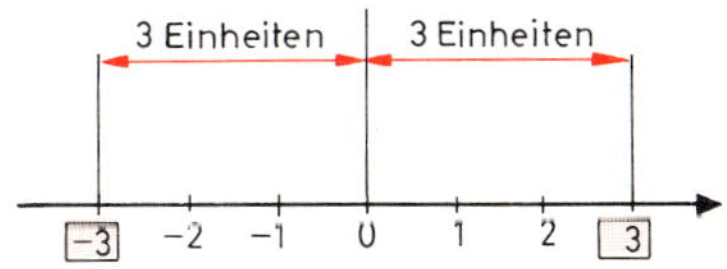

$|a|$ ► Betrag von a oder a absolut.

$|3| = 3$

$|—3| = 3$

Merke: $|a| = a$ für $a > 0$

$|a| = 0$ für $a = 0$

$|a| = —a$ für $a < 0$

$a > 0$ ► $|4| = \underline{\underline{4}}$

$a = 0$ ► $|0| = \underline{\underline{0}}$

$a < 0$ ► $|—4| = —(—4) = \underline{4}$

Folgerung: $|a| = |—a|$

$\pm a \leqq |a|$

$|4| = |—4| = \underline{\underline{4}}$

Beispiele:

1. $|—2b| = 2b$ *für* $b > 0$

2. $|3x| = 3x$ *für* $x > 0$

3. $|2| < |—10|$ *denn* $2 < 10$

$|—7| > |2|$ *denn* $7 > 2$

4. Beim Addieren und Subtrahieren von absoluten Beträgen immer nur die Beträge addieren oder subtrahieren.

4. $|4| + |—3| = 4 + 3 = \underline{\underline{7}}$

$|4| — |—3| = 4 — 3 = \underline{\underline{1}}$

Die bisherigen Überlegungen kann man auf gleichartige Zahlen ausdehnen.

$5a — 2a = 3a$

Probe: $2a + 3a = 5a$

Merke: Man subtrahiert gleichartige Zahlen, indem man die Beizahlen voneinander subtrahiert.

$$\boxed{5a — 2a = (5 — 2)a = 3a} \quad a > 0$$

Beispiele:

1. $8{,}5b — 3{,}2b = (8{,}5 — 3{,}2)\,b = \underline{\underline{5{,}3b}}$

2. Ist der Subtrahend größer als der Minuend, so subtrahiert man zweckmäßig die absolut kleinere Zahl von der absolut größeren Zahl (5,6 — 3,2) und setzt das Ergebnis negativ (—2,4). Man kann sich diesen Vorgang am Zahlenstrahl deutlich machen.

2. $3{,}2ax — 5{,}6ax = \underline{\underline{—2{,}4ax}}$

3. $1\frac{3}{4}\,\text{m} — 2\frac{2}{5}\,\text{m} = 1\frac{15}{20}\,\text{m} — 2\frac{8}{20}\,\text{m}$

$= \underline{\underline{—\frac{13}{20}\,\text{m}}}$

3.2. Subtrahieren von ungleichartigen Zahlen

Man kann ungleichartige Zahlen nicht voneinander subtrahieren.

$5a - 3b = 5a - 3b$

Merke: Nur gleichartige Zahlen lassen sich voneinander subtrahieren.

$8a - 2a - 3b = 6a - 3b$ $a, b > 0$

Beispiele:

1. $7{,}5b - 1{,}2b - 10{,}1c = \underline{\underline{6{,}3b - 10{,}1c}}$

Glieder vor dem Subtrahieren ordnen.

2. $64x - 1{,}9a - 0{,}6x = 64x - 0{,}6x - 1{,}9a = \underline{\underline{63{,}4x - 1{,}9a}}$

3. $1{,}7n - 2{,}9n - 12 = \underline{\underline{-1{,}2n - 12}}$

Übungen

(Alle Variablen stehen stellvertretend für positive Zahlen)

3.1. Subtrahieren von gleichartigen Zahlen

Folgende Aufgaben sind erst abzuschreiben und dann zu lösen. In dieses Buch sollen keine Lösungen eingetragen werden.

1. Eine Zahl von einer anderen subtrahieren heißt, auf dem Zahlenstrahl um die betreffenden Einheiten nach ...... gehen.

2. Subtrahiert man zwei gleich große Zahlen (sind Minuend und Subtrahend gleich groß), so kommt man zu dem Punkt ......

3. Ist der Subtrahend größer als der Minuend, so kann man das Ergebnis nur noch auf der Zahlengeraden darstellen. Das Ergebnis ist eine ...... Zahl.

4. Negative Zahlen stehen ...... von der Null.

5. Positive Zahlen stehen ...... von der Null.

6. Die Zahlen: -3; -7; $-\frac{1}{3}$; $-1{,}05$ sind ...... Zahlen.

7. Die Zahlen: 4; 21; $3\frac{1}{5}$; $15{,}092$ sind ...... Zahlen.

8. Erweitern Sie folgenden Zahlenstrahl zur Zahlengeraden. Denken Sie daran, daß die Einheiten links genau so groß sein müssen wie rechts.

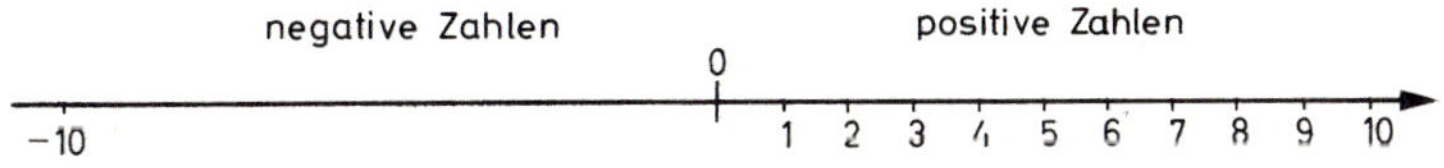

9. $9 - 12$ **10.** $13 - 24$ **11.** $65 - 98$ **12.** $7{,}8 - 15{,}6$ **13.** $2\frac{1}{3} - 5\frac{5}{6}$

14. Die positiven und negativen ganzen Zahlen und Bruchzahlen nennt man ...... Zahlen.

15. Unterscheiden Sie von den Zahlen: -4; 5; $-\frac{1}{3}$; $3{,}5$; -2

positive Zahlen:...... negative Zahlen: ......

16. Die rationalen Zahlen kann man auf der ...... graphisch darstellen.

17. Welche Beziehung in bezug auf das Vorzeichen gilt für die Zahl Null?

18. Ordnen Sie die Zahlen: $-2a$; $3\frac{1}{2}b$; $5a$; $-6b$; $-\frac{1}{2}a$ nach gleichartigen Zahlen:

a) ...... b) ......

19.

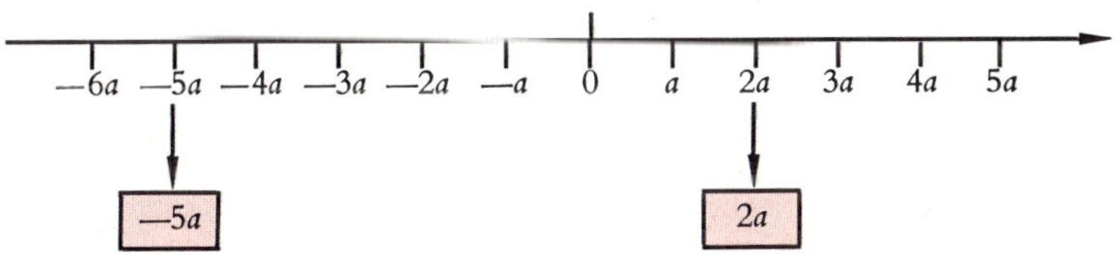

Welche Zahl ist größer?

20.

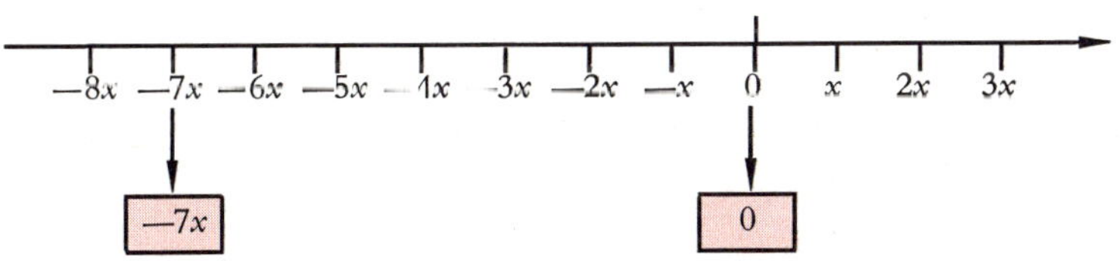

Welche Zahl ist kleiner?

21.

	8	7	a	$-2x$	y	$-3b$	$3b$	$-5a$	0	$-8y$	0
	2	9	$-3a$	$3x$	$-y$	0	$-4b$	$-7a$	$-2x$	$-y$	c
größere Zahl	8										

alle Variablen sind positiv

22.

	-5	4	x	$-4b$	0	$-8x$	$4b$	$2a$	0	$-4c$	0	$-3x$	$-3b$
	-3	-3	$2x$	$-b$	$-a$	$-4x$	$-2b$	0	$-c$	$-7c$	$2a$	0	$2b$
kleinere Zahl	-5												

alle Variablen sind positiv

23. Bedeutung der Symbole: $<$: ......

$>$: ......

24. Setzen Sie zwischen die Zahlen die Symbole $>$ oder $<$. Die offene Seite des Zeichens zeigt immer zur größeren Zahl. Die Spitze zeigt immer zur kleineren Zahl.

kleinere Zahl ◄— $<$ —► größere Zahl

größere Zahl —► $>$ —► kleinere Zahl

4 $\quad$ 6	$5a$ $\quad$ $8a$	$7a$ $\quad$ a	-3 $\quad$ -5	$-\frac{a}{4}$ $\quad$ $-\frac{a}{2}$

$a > 0$

4 $\quad$ 0	0 $\quad$ -4	$-8a$ $\quad$ $-6a$	$-0{,}2$ $\quad$ $-0{,}3$	$-0{,}1$ $\quad$ 0

25. Setzen Sie zwischen die Zahlen die Symbole $>$ oder $<$. Die offene Seite des Zeichens zeigt immer zur größeren Zahl. Die Spitze zeigt immer zur kleineren Zahl.

5 $\quad$ 3	$7b$ $\quad$ $4b$	x $\quad$ $6x$	-3 $\quad$ -1	$-\frac{a}{3}$ $\quad$ $-\frac{a}{4}$

$a, b, x > 0$

0 $\quad$ 5	-2 $\quad$ 0	$7a$ $\quad$ $-3a$	$-0{,}1$ $\quad$ $-0{,}2$	0 $\quad$ $-0{,}1$

26. $|x|$ heißt ...... oder ......

27. Die mathematische Schreibweise für „*c* absolut" ist ......

28. Wie groß ist der absolute Betrag folgender Zahlen?

$|5|$ $\qquad$ $|-3{,}5|$ $\qquad$ $|3xy|$ $\qquad$ $|4b|$ $\qquad$ $|-12b|$ $\qquad$ $|-2BT|$

$\left|\frac{x}{3}\right|$ $\qquad$ $|-0{,}2c|$ $\qquad$ $|15\alpha|$ $\qquad$ $\left|3\frac{1}{2}a\right|$ $\qquad$ $\left|-\frac{n}{3}\right|$ $\qquad$ $\left|-1\frac{1}{7}a\right|$

29. Wie groß ist der absolute Betrag folgender Zahlen?

$|3|$ $\qquad$ $|-9|$ $\qquad$ $|4ab|$ $\qquad$ $|6|$ $\qquad$ $|-12|$ $\qquad$ $|-6xy|$

$|2a|$ $\qquad$ $|-2b|$ $\qquad$ $|-3T|$ $\qquad$ $\left|\frac{1}{3}x\right|$ $\qquad$ $\left|-\frac{a}{5}\right|$ $\qquad$ $\left|1\frac{2}{3}c\right|$

30. Schreiben Sie folgende Aufgaben ab, und setzen Sie zwischen die absoluten Beträge der Zahlen die Symbole < oder >. Beachten Sie, daß man dabei nur die Beträge der Zahlen vergleicht.

$|-4| \ldots\ldots |2|$; $|-5| \ldots\ldots |-3|$; $|-3| \ldots\ldots |0|$

$|-5| \ldots\ldots |3|$; $|4| \ldots\ldots |-7|$; $|1| \ldots\ldots |0|$

$|-3| \ldots\ldots |4|$; $|-4| \ldots\ldots |-5|$; $|-9| \ldots\ldots |10|$

31. Setzen Sie zwischen die absoluten Beträge der Zahlen die Symbole < oder >. Beachten Sie, daß man dabei nur die Beträge der Zahlen vergleicht.

$|-9| \ldots\ldots |4|$; $|-8| \ldots\ldots |-10|$; $|-2| \ldots\ldots |0|$

$|3| \ldots\ldots |-5|$; $|-10| \ldots\ldots |2|$; $|0| \ldots\ldots |1|$

$|6| \ldots\ldots |-2|$; $|-2| \ldots\ldots |-7|$; $|-5| \ldots\ldots |3|$

32. Lösen Sie folgende Aufgaben:

$|4| + |-3|$; $|-3x| + |x|$; $|-10| - |-5|$; $|2a| - |3a|$

$|-5| - |10|$; $|6b| + |-b|$; $|4| + |-9|$; $|-7c| - |3c|$

33. Lösen Sie folgende Aufgaben:

$|1| + |-1|$; $|-3a| + |4a|$; $|-5| + |-10|$; $|-8b| - |-7b|$

$|-2| + |5|$; $|x| - |3x|$; $|9| - |-8|$; $|-8c| + |3c|$

34. $16a - 15a = \underline{\underline{a}}$

35. $12x - 5x$

36. $36ax - ax$

37. $7a - 4a - a$

38. $8ab - 3ab - ab$

39. $10{,}8x - 0{,}9x$

40. $11{,}4x - 0{,}3x - 1{,}6x$

41. $0{,}6a - 0{,}4a - 0{,}1a$

42. $46{,}3ab - 13{,}7ab - 3{,}2ab$

43. $96{,}7c - 43{,}8c - 4{,}9c$

44. $\frac{5}{9}ab - \frac{1}{3}ab$

45. $3\frac{2}{3}xy - 1\frac{3}{4}xy$

46. $9\frac{4}{5}n - 6\frac{2}{10}n - \frac{1}{5}n$

47. $6\frac{3}{4}d - 3\frac{1}{3}d - \frac{1}{6}d$

48. $16{,}7ax - 5ax - 3\frac{1}{4}ax - 1{,}3ax$

49. $47a - 58a = \underline{\underline{-11a}}$

50. $x - 20x$

51. $15ab - 28ab$

52. $19d - 21d$

53. $18x - 50x$

54. $12{,}7ax - 12{,}8ax$

55. $19{,}16b - 27{,}46b$

56. $17\frac{5}{9}n - 58\frac{1}{3}n$

57. $4\frac{1}{8}ac - 15\frac{2}{3}ac$

58. $10{,}2\text{ cm} - 11\frac{3}{4}\text{ cm}$

59. $10{,}5ab - 3{,}7ab - 7{,}2ab - 2ab$

60. $11{,}7xy - 3{,}7xy - 15{,}2xy$

61. $21\frac{1}{2}cx - 7\frac{2}{3}cx - 18\frac{1}{6}cx$

62. $34\frac{3}{4}ad - 15\frac{2}{3}ad - 19\frac{5}{12}ad$

63. $72\frac{1}{2}x - 17{,}75x - 15\frac{3}{4}x - 61{,}15x$

3.2. Subtrahieren von ungleichartigen Zahlen

1. $8a - 5a - 3b = \underline{\underline{3a - 3b}}$
2. $9{,}6x - 3{,}6b - 1{,}8x$
3. $11{,}2ab - 3{,}5x - 4{,}6ab$
4. $16\frac{1}{3}y - 5\frac{1}{3}ay - 10\frac{5}{6}y$
5. $4{,}7adx - 2{,}7ad - 3{,}01adx$
6. $3{,}7x - 4{,}6a - 2\frac{1}{3}x$
7. $8b - 3c - 9b = \underline{\underline{-b - 3c}}$
8. $102ax - 3{,}1a - 193ax$
9. $12{,}7ab - 10{,}2ac - 13{,}4ab$
10. $23\frac{2}{3}a - 8\frac{1}{4}b - 25\frac{1}{5}a$
11. $5\frac{1}{3}bx - 3{,}4c - 5\frac{8}{9}bx$
12. $47\frac{5}{9}b - 1{,}2a - 48{,}4b$
13. $5\frac{1}{10}cx - 3{,}01c - \frac{9}{10}cx$
14. 3,2 kg — 100 g — 0,6 kg
15. 3,5 m — 15 dm — 12,8 cm

Wiederholungsfragen über 3.

1. *Wie werden gleichartige Zahlen subtrahiert?*
2. *Was ist eine Differenz?*
3. *Wie heißen die Glieder einer Differenz?*
4. *Auf welche Weise wird eine größere Zahl von einer kleineren subtrahiert?*
5. *Kann man ungleichartige Zahlen subtrahieren?*
6. *Was sind rationale Zahlen?*

4. Addieren und Subtrahieren

Alle Variablen stehen stellvertretend für positive Zahlen.

4.1. Addieren und Subtrahieren von Zahlen mit verschiedenen Vorzeichen

Eine Zahl mit Vorzeichen wird zweckmäßig in eine Klammer eingeschlossen.

Zum Addieren und Subtrahieren von Zahlen benutzt man die Rechenzeichen + und —. Werden Zahlen mit Vorzeichen addiert oder subtrahiert, so muß man zwischen *Vorzeichen* und *Rechenzeichen* (Operationszeichen) unterscheiden.

Ein positives Rechenzeichen wird in der Regel nicht geschrieben.

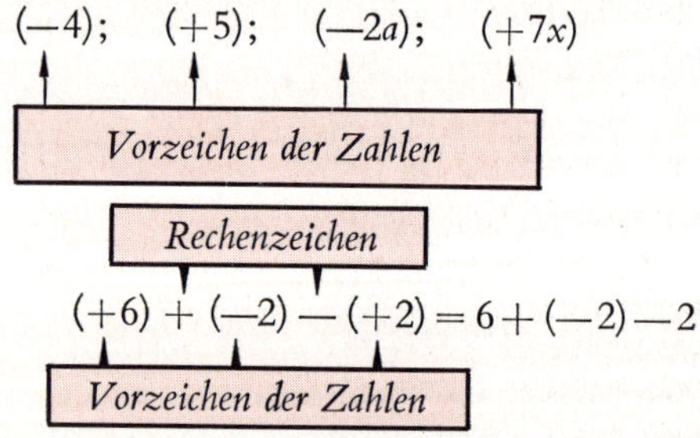

Die rationalen Zahlen haben wir bisher als Punkte auf der Zahlengeraden veranschaulicht. Man kann sie aber auch als Pfeile darstellen. Alle Pfeile haben einen Anfang und eine Spitze und verlaufen parallel zur Zahlengeraden, sie haben also die gleiche Richtung.

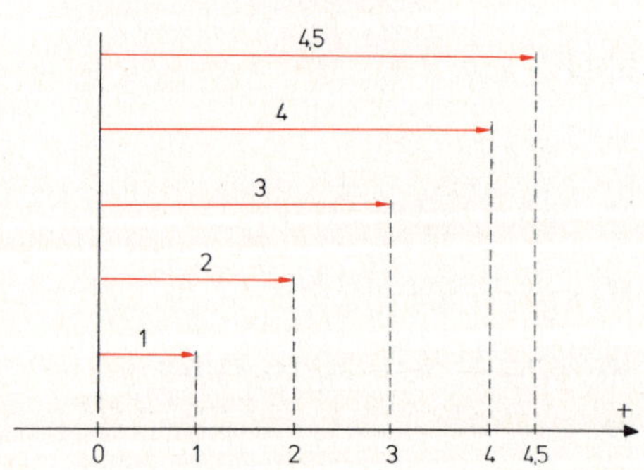

Die Pfeile brauchen nicht im Nullpunkt zu beginnen und sind beliebig verschiebbar. Pfeile, die durch Verschiebung ineinander übergeführt werden können oder durch Verschiebung auseinander hervorgehen, gehören der gleichen „*Pfeilklasse*", die man *Vektor* nennt, an.

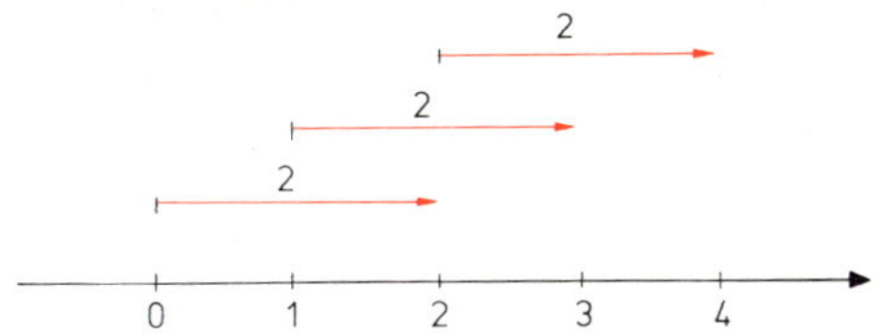

Zu einem Vektor gleicher Richtung gehören zwei Angaben:

1. Der Betrag der Zahl wird durch die Länge des Vektors dargestellt.
2. Die Vorzeichen + oder — der Zahl werden durch den Richtungssinn des Vektors veranschaulicht.

Das Addieren und Subtrahieren von Vektoren soll dem Addieren und Subtrahieren von Zahlen entsprechen.

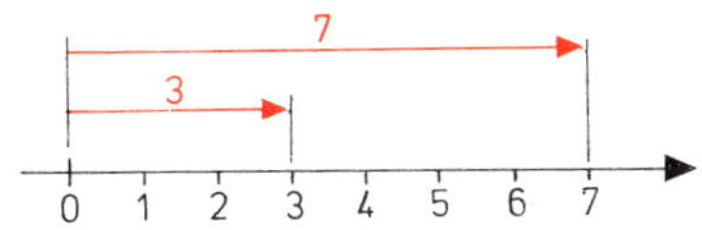

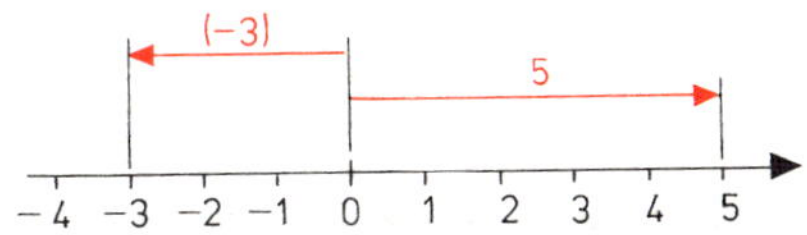

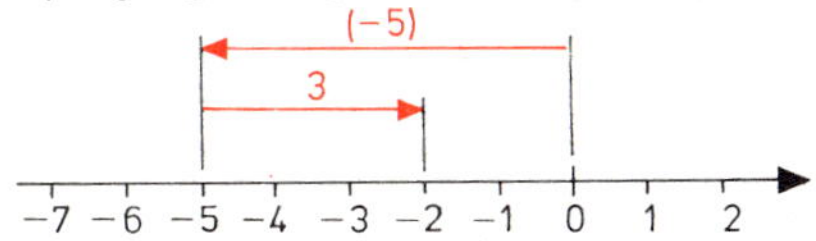

Das Addieren und Subtrahieren von Zahlen mit Vorzeichen kann man auch mit den Begriffen Gewinn oder Reinvermögen und Verlust oder Schulden verdeutlichen. Positive Zahlen sind hierbei Gewinn (Vermögen), negative Zahlen Verlust (Schulden).

3 ► *Gewinn (Reinvermögen)*

(—4) ► *Verlust (Schulden)*

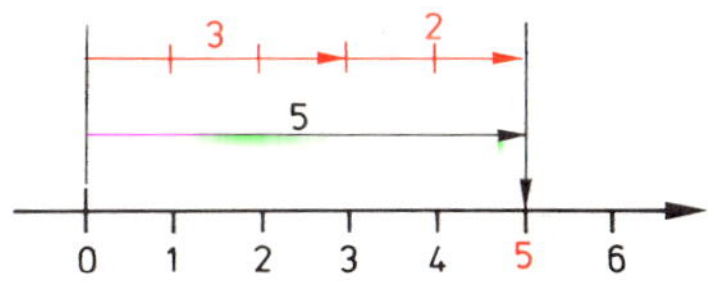

Die Aufgabe 3 + 2 = ? kann man mit Hilfe von Vektoren graphisch darstellen. Man addiert zwei Vektoren, indem man einen Vektor an den anderen anträgt. Die Länge beider Vektoren ist das Ergebnis 5. Zwei negative Zahlen addieren bedeutet, Schulden addieren.

$3 + 2 = +(3 + 2) = \underline{\underline{5}}$

$$(+a) + (+b) = +(a + b) \qquad a > 0,\; b > 0$$

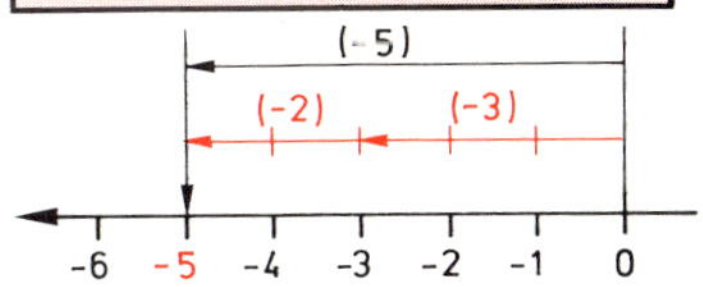

$(-3) + (-2) = -(3 + 2) = \underline{\underline{-5}}$

$$(-a) + (-b) = -(a + b) \qquad a, b > 0$$

Merke: Zwei positive oder negative Zahlen werden addiert, indem man ihre Beträge addiert und der Summe das gemeinsame Vorzeichen gibt.

Beträge der Zahlen addieren und der Summe das gemeinsame Vorzeichen geben.

Beispiele:

1. $3x + 5x = +(3x + 5x) = \underline{\underline{8x}}$

2. $(-5a) + (-7a) = -(5a + 7a) = \underline{\underline{-12a}}$

Die Aufgabe $5 + (-3) = ?$ auf der Zahlengeraden graphisch dargestellt bedeutet, zu einem Vektor 5 den Vektor (-3) addieren, d. h. nach links gehen. Beim Addieren von Vektoren wird ein Vektor, der eine Zahl mit negativem Vorzeichen darstellt, nach links angetragen. Man kommt zum Punkt 2.

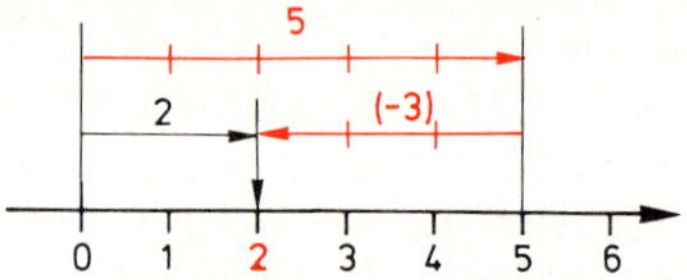

$$5 + (-3) = +(5 - 3) = \underline{\underline{2}}$$

Ist die negative Zahl, die addiert wird, absolut genommen größer als die positive Zahl, so erhält man ein negatives Ergebnis.

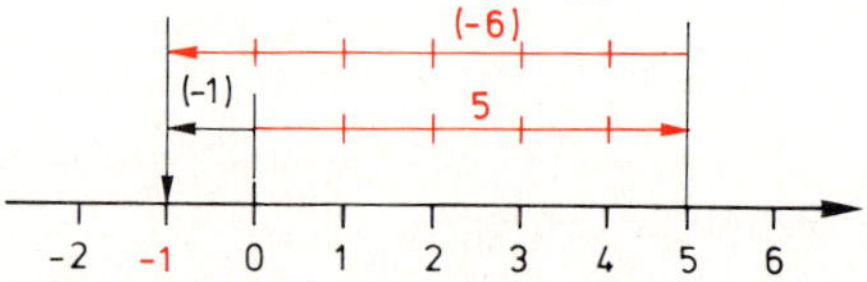

$$5 + (-6) = -(6 - 5) = \underline{\underline{-1}}$$

Merke: Zu einer positiven Zahl wird eine negative Zahl addiert, indem man vom Betrag der größeren Zahl den Betrag der kleineren Zahl subtrahiert und der Differenz das Vorzeichen derjenigen Zahl gibt, die den größeren Betrag hat.

$$(+a) + (-b) = +(a - b) \qquad |a| > |b|$$
$$(+a) + (-b) = -(b - a) \qquad |b| > |a|$$

$$a, b > 0$$

Beispiele:

1. Der Betrag der negativen Zahl ist kleiner.

1. $17 + (-12) = +(17 - 12) = \underline{\underline{5}}$

2. Man addiert erst die beiden ersten Zahlen und dann zum Ergebnis die dritte Zahl.

2. $19 + (-8{,}5) + (-7{,}5)$
$= +(19 - 8{,}5) + (-7{,}5)$
$= 10{,}5 + (-7{,}5)$
$= +(10{,}5 - 7{,}5) = \underline{\underline{3}}$

3. Der Betrag der negativen Zahl ist größer.

3. $25 + (-33) = -(33 - 25) = \underline{\underline{-8}}$

4. $3a + (-7a) = -(7a - 3a) = \underline{\underline{-4a}}$

Die Aufgabe $5 - (+3) = ?$ auf der Zahlengeraden graphisch dargestellt bedeutet, vom Vektor 5 den Vektor 3 subtrahieren.

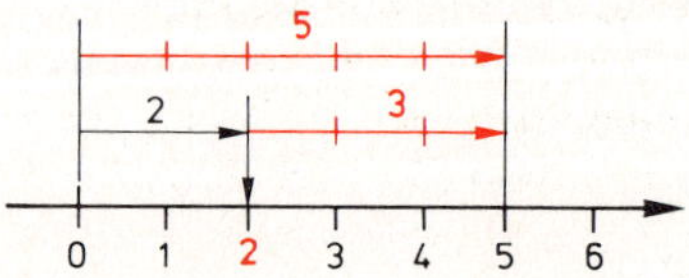

Beim Subtrahieren werden die Spitzen der Vektoren an dieselbe Bezugslinie gesetzt.

$$5 - (+3) = +(5 - 3) = \underline{\underline{2}}$$

Ist die positive Zahl, die subtrahiert wird, absolut genommen größer, so erhält man ein negatives Ergebnis.

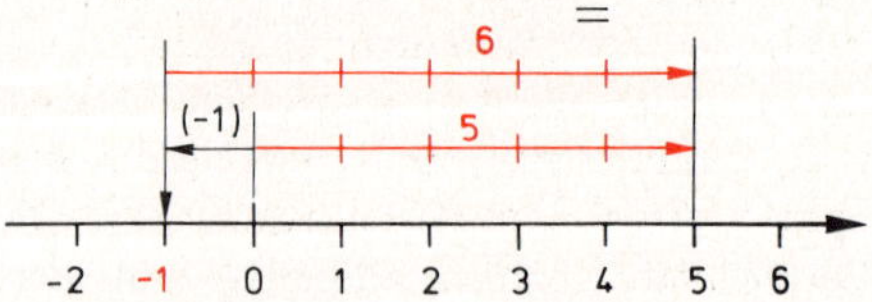

$$5 - (+6) = -(6 - 5) = \underline{\underline{-1}}$$

Merke: *Von einer positiven Zahl wird eine positive Zahl subtrahiert, indem man vom Betrag der größeren Zahl den Betrag der kleineren Zahl subtrahiert. Hat der Minuend den größeren Betrag, so ist die Differenz positiv, hat der Subtrahend den größeren Betrag, so ist die Differenz negativ.*

$(+a) - (+b) = +(a - b)$	$\lvert a\rvert > \lvert b\rvert$
$(+a) - (+b) = -(b - a)$	$\lvert b\rvert > \lvert a\rvert$

$a, b > 0$

Beispiele:

1. Der Betrag des Subtrahenden ist kleiner.

1. $15 - (+12) = +(15 - 12) = \underline{\underline{3}}$

2. Man subtrahiert zuerst die beiden ersten Zahlen und dann vom Ergebnis die dritte Zahl.

2. $18 - (+8{,}5) - (+7{,}5)$
$= +(18 - 8{,}5) - (+7{,}5)$
$= 9{,}5 - (+7{,}5) = +(9{,}5 - 7{,}5) = \underline{\underline{2}}$

3. Der Betrag des Subtrahenden ist größer.

3. $5a - (+17a) = -(17a - 5a) = \underline{\underline{-12a}}$

Die Aufgabe $3 - (-2) = ?$ auf der Zahlengeraden graphisch dargestellt bedeutet, vom Vektor 3 den Vektor (—2) subtrahieren. Beim Subtrahieren werden die Spitzen der Vektoren an dieselbe Bezugslinie gesetzt. Man kommt zum Punkt 5.

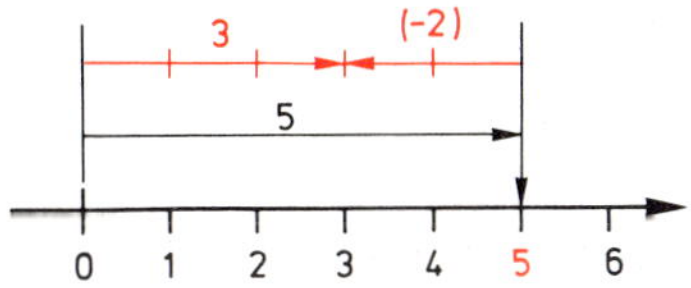

$3 - (-2) = +(3 + 2) = \underline{\underline{5}}$

Merke: *Von einer positiven Zahl wird eine negative Zahl subtrahiert, indem man die Beträge beider Zahlen addiert und der Summe ein positives Vorzeichen gibt.*

$(+a) - (-b) = +(a + b)$	$a, b > 0$

Beispiele:

1. Beträge der Zahlen addieren.

1. $9 - (-2) = +(9 + 2) = \underline{\underline{11}}$

2. Man subtrahiert zuerst die beiden ersten Zahlen und dann die dritte Zahl.

2. $3x - (-2x) - (-6x)$
$= +(3x + 2x) - (-6x)$
$= 5x - (-6x) = +(5x + 6x) = \underline{\underline{11x}}$

Die Aufgabe $(-5) - (-3) = ?$ auf der Zahlengeraden graphisch dargestellt bedeutet, vom Vektor (—5) den Vektor (—3) subtrahieren. Auch hier werden die Spitzen der Vektoren an dieselbe Bezugslinie gesetzt.

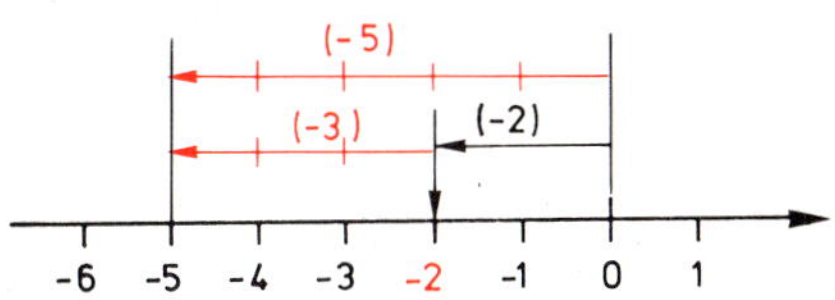

$(-5) - (-3) = -(5 - 3) = \underline{\underline{-2}}$

Ist die negative Zahl (—7), die subtrahiert wird, absolut genommen größer, so erhält man ein positives Ergebnis.

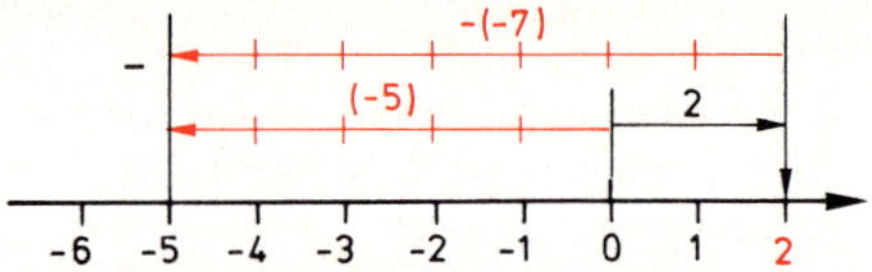

$(-5) - (-7) = +(7 - 5) = \underline{\underline{2}}$

Merke: *Von einer negativen Zahl wird eine negative Zahl subtrahiert, indem man vom Betrag der größeren Zahl den Betrag der kleineren Zahl subtrahiert. Hat der Minuend den größeren Betrag, so ist die Differenz negativ, hat der Subtrahend den größeren Betrag, so ist die Differenz positiv.*

$(-a) - (-b) = -(a - b)$	$\lvert a\rvert > \lvert b\rvert$
$(-a) - (-b) = +(b - a)$	$\lvert b\rvert > \lvert a\rvert$

$a, b > 0$

Beispiele:

1. Der Minuend hat den größeren Betrag.

1. $(-9b) - (-7b) = -(9b - 7b) = \underline{\underline{-2b}}$

2. Der Subtrahend hat den größeren Betrag.

2. $(-13x) - (-21x) = +(21x - 13x) = \underline{\underline{8x}}$

Die Zusammenfassung aller Regeln ergibt:

Merke: Für alle $a, b > 0$ gilt:

1.	$(+a) + (+b) = +(a + b)$	**8.**	$(-a) - (-b) = -(a - b);\ \lvert a\rvert > \lvert b\rvert$
2.	$(-a) + (-b) = -(a + b)$	**9.**	$(-a) - (-b) = +(b - a);\ \lvert b\rvert > \lvert a\rvert$
3.	$(+a) + (-b) = +(a - b);\ \lvert a\rvert > \lvert b\rvert$	**10.**	$(-a) - (+b) = -(a + b)$
4.	$(+a) + (-b) = -(b - a);\ \lvert b\rvert > \lvert a\rvert$	**11.**	$(-a) + (+b) = -(a - b);\ \lvert a\rvert > \lvert b\rvert$
5.	$(+a) - (-b) = +(a + b)$	**12.**	$(-a) + (+b) = +(b - a);\ \lvert b\rvert > \lvert a\rvert$
6.	$(+a) - (+b) = +(a - b);\ \lvert a\rvert > \lvert b\rvert$		
7.	$(+a) - (+b) = -(b - a);\ \lvert b\rvert > \lvert a\rvert$		

Vorteilhaft ist folgende kurze Merkregel:

Merke: 1. *Sind Vorzeichen und Rechenzeichen gleich, so wird der absolute Betrag der Zahl addiert.*

2. *Sind Vorzeichen und Rechenzeichen ungleich, so wird der absolute Betrag der Zahl subtrahiert.*

$a + (+b) = a + b$
$a - (-b) = a + b$

$a + (-b) = a - b$
$a - (+b) = a - b$

$a, b > 0$

1. Erst bestimmen, ob die Zahl addiert oder subtrahiert wird, dann die Glieder zusammenfassen.
2. Steht eine Zahl mit Vorzeichen am Anfang, so sind Klammern nicht notwendig, da keine Verwechslung zwischen Rechenzeichen und Vorzeichen möglich ist. In diesem Falle ist immer ein Vorzeichen gemeint.
3. Bei dieser Aufgabe können nur gleichartige Glieder addiert und subtrahiert werden.

   Vorher Bruchzahlen gleichnamig machen.

Beispiele:

1. $5a + (-6a) + 2a = 5a - 6a + 2a$

$= \underline{\underline{a}}$

2. $-3x - 7x - (-14x)$

$= -3x - 7x + 14x$

$= -10x + 14x$

$= \underline{\underline{4x}}$

3. $\frac{a}{5} - \frac{a}{10} - \left(-\frac{ax}{3}\right) + \frac{a}{15} + \left(-\frac{ax}{9}\right)$

$= \frac{a}{5} - \frac{a}{10} + \frac{ax}{3} + \frac{a}{15} - \frac{ax}{9}$

$= \frac{6}{30}a - \frac{3}{30}a + \frac{2}{30}a + \frac{3}{9}ax - \frac{1}{9}ax$

$= \frac{5}{30}a + \frac{2}{9}ax$

$= \underline{\underline{\frac{1}{6}a + \frac{2}{9}ax}}$

4.2. Addieren und Subtrahieren von Zahlen

Die Zeichen + und — bei nebenstehender Aufgabe sind Rechenzeichen.

Die einzelnen Zahlen haben positive Vorzeichen, die man weglassen kann. Ein negatives Vorzeichen am Anfang einer Summe darf man aber nicht weglassen.

Wie schon erwähnt, kann man die Rechenzeichen und die Vorzeichen + und — miteinander vertauschen.

Auf diese Weise läßt sich jede Differenz als Summe schreiben.

Man gibt daher Summen und Differenzen oft den gemeinsamen Namen *„algebraische Summe“*. Eine algebraische Summe kann also positive und negative Zahlen enthalten.

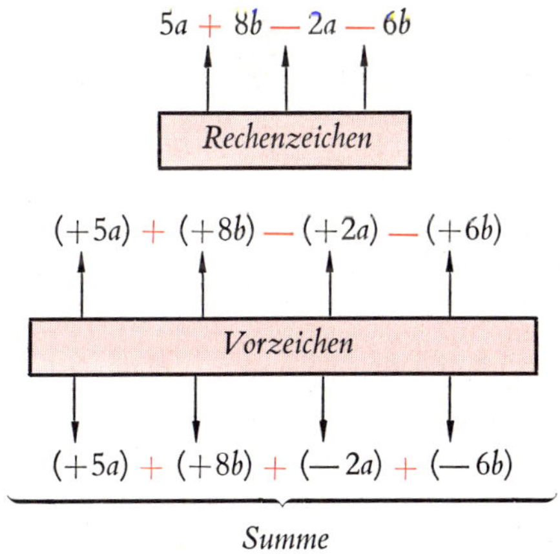

$5a + 8b - 2a - 6b = 5a + 8b + (-2a) + (-6b)$

$5a + 8b - 2a - 6b$	*algebraische Summe*

Hat die algebraische Summe nur gleichartige Glieder, so ordnet man zunächst die Summanden nach Gliedern, die addiert werden sollen, und Gliedern, die subtrahiert werden sollen.

$$3a - 2a + 4a - 3a$$
$$= \underbrace{3a + 4a}_{+7a} \underbrace{- 2a - 3a}_{-5a}$$

Man faßt darauf die Glieder, die addiert werden sollen, und die Glieder, die subtrahiert werden sollen, zusammen. Man erhält die Zahl $7a$, von der die Zahl $5a$ subtrahiert werden soll. Da beide Zahlen gleichartig sind, erhält man als Lösung $2a$.

$$= 7a - 5a$$
$$= \underline{\underline{2a}}$$

Auf der Zahlengeraden graphisch dargestellt bedeutet es: Gehe zunächst um die Einheiten $3a$ und $4a$ nach rechts und vom Endpunkt $7a$ um die Einheiten $2a$ und $3a$ nach links.

Als Ergebnis kann man $2a$ ablesen.

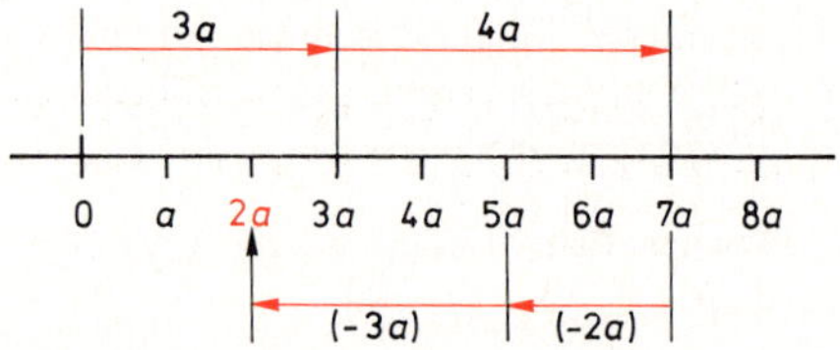

Beispiele:

1. Glieder, die addiert werden sollen, an den Anfang setzen, danach die Glieder, die subtrahiert werden sollen.

1. $$50c - 16c - 32c - 18c + 27c$$
$$= \underbrace{50c + 27c}_{77c} \underbrace{- 16c - 32c - 18c}_{-66c}$$
$$= 77c - 66c = \underline{\underline{11c}}$$

2. Glieder nach gleichen Rechenzeichen ordnen. Da eine größere Zahl von einer kleineren abgezogen wird, ist das Ergebnis negativ.

2. $$30a - 15a + 10a - 45a + 17a$$
$$= 30a + 10a + 17a - 15a - 45a$$
$$= 57a - 60a$$
$$= \underline{\underline{-3a}}$$

3. Auch hier ist die Zahl, die abgezogen werden soll, größer.

3. $$8a - 5a - 10a = 8a - 15a = \underline{\underline{-7a}}$$

4. Hat eine algebraische Summe nicht nur gleichartige Summanden (Glieder), so muß man sie vorher nach gleichartigen Zahlen ordnen. Die gleichartigen Glieder ordnet man anschließend nach Gliedern mit gleichen Rechenzeichen, die man zusammenfassen kann. Anschließend werden die Differenzen ausgerechnet.

4. $$24x + 15a - 4x - 4a - 2x - 9a + 12x + 6a$$
$$= \underbrace{24x - 4x - 2x + 12x}_{\text{gleichartige Glieder}} \underbrace{+ 15a - 4a - 9a + 6a}_{\text{gleichartige Glieder}}$$
$$= \underbrace{24x + 12x}_{36x} \underbrace{- 4x - 2x}_{-6x} \underbrace{+ 15a + 6a}_{+21a} \underbrace{- 4a - 9a}_{-13a}$$
$$= \underbrace{36x - 6x}_{30x} \underbrace{+ 21a - 13a}_{+8a} = \underline{\underline{30x + 8a}}$$

5. a) Glieder nach gleichartigen Summanden ordnen.
   b) Gleichartige Glieder nach gleichen Rechenzeichen ordnen.
   c) Gleichartige Glieder mit gleichem Rechenzeichen zusammenfassen.
   d) Differenzen ausrechnen.

5.

$$8b - 3c - 5b + 4c + 2b \qquad \text{a)}$$
$$= 8b - 5b + 2b - 3c + 4c \qquad \text{b)}$$
$$= 8b + 2b - 5b + 4c - 3c \qquad \text{c)}$$
$$= 10b - 5b + 4c - 3c \qquad \text{d)}$$
$$= \underline{\underline{5b + c}}$$

6. Man kann immer nur gleichartige Zahlen addieren und subtrahieren.

6.

$$-24x + 10 + 4x + 5a - 2 - 3a + 4y - 4a$$
$$= 5a - 3a - 4a + 4x - 24x + 4y + 10 - 2$$
$$= 5a - 7a + 4x - 24x + 4y + 8$$
$$= \underline{\underline{-2a - 20x + 4y + 8}}$$

7. Beim Ordnen der Summanden ist es zweckmäßig, die schon geordneten Zahlen mit einem Zeichen zu versehen (z. B. ein kleiner Strich über der Zahl). Nach dem Ordnen müssen alle Zahlen dieses Zeichen haben. Auf diese Weise wird es verhindert, eine Zahl zu vergessen.

7.

$$7,\overline{9}a - 6,\overline{9}b + \overline{4,2}b + \overline{0,9}c - \overline{b} + \overline{2,3}a - \overline{1,7}c$$
$$= 7,9a + 2,3a - 6,9b + 4,2b - b + 0,9c - 1,7c$$
$$= 7,9a + 2,3a + 4,2b - 6,9b - b + 0,9c - 1,7c$$
$$= 10,2a + 4,2b - 7,9b + 0,9c - 1,7c$$
$$= \underline{\underline{10,2a - 3,7b - 0,8c}}$$

8. Auch wenn die Beizahlen Bruchzahlen sind, ist der Lösungsgang der gleiche wie bei ganzen Zahlen. Vor dem Zusammenfassen von gleichartigen Gliedern werden die Bruchzahlen gleichnamig gemacht.

8.

$$\frac{1}{3}b + \frac{1}{2}a - \frac{1}{6}a - \frac{2}{5}b + \frac{1}{3}a$$
$$= \frac{1}{2}a - \frac{1}{6}a + \frac{1}{3}a + \frac{1}{3}b - \frac{2}{5}b$$
$$= \frac{1}{2}a + \frac{1}{3}a - \frac{1}{6}a + \frac{1}{3}b - \frac{2}{5}b$$
$$= \frac{3}{6}a + \frac{2}{6}a - \frac{1}{6}a + \frac{5}{15}b - \frac{6}{15}b$$
$$= \frac{5}{6}a - \frac{1}{6}a + \frac{5}{15}b - \frac{6}{15}b$$
$$= \frac{4}{6}a - \frac{1}{15}b = \underline{\underline{\frac{2}{3}a - \frac{1}{15}b}}$$

9. Sind die Beizahlen gemischte Zahlen, so muß man nach dem Ordnen den Hauptnenner suchen und danach gleichartige Glieder zusammenfassen (d. h. addieren und subtrahieren).

9. $2\frac{1}{4}b - 3\frac{3}{4}c - 2\frac{3}{8}b - 4\frac{1}{3}c + 3\frac{1}{2}b$

$= 2\frac{1}{4}b - 2\frac{3}{8}b + 3\frac{1}{2}b - 3\frac{3}{4}c - 4\frac{1}{3}c$

$= 2\frac{1}{4}b + 3\frac{1}{2}b - 2\frac{3}{8}b - 3\frac{3}{4}c - 4\frac{1}{3}c$

$= 2\frac{2}{8}b + 3\frac{4}{8}b - 2\frac{3}{8}b - 3\frac{9}{12}c - 4\frac{4}{12}c$

$= 5\frac{6}{8}b - 2\frac{3}{8}b - 7\frac{13}{12}c = \underline{\underline{3\frac{3}{8}b - 8\frac{1}{12}c}}$

Die Benennungen sind Maßeinheiten.

10. Zunächst Summanden nach gleicher Benennung ordnen und zusammenfassen. Sind die Benennungen Maßeinheiten, so kann man sie in eine gleiche Einheit (z. B. Gramm) umwandeln und dann zusammenfassen. Anschließend ist ein Umwandeln in jede andere entsprechende Maßeinheit (z. B. kg) möglich.

10. $1\frac{2}{5}\text{kg} - 4\frac{1}{3}\text{kg} + 4\frac{1}{2}\text{g} + 10\frac{1}{2}\text{kg} - 2\frac{3}{8}\text{kg}$

$= 1\frac{2}{5}\text{kg} - 4\frac{1}{3}\text{kg} + 10\frac{1}{2}\text{kg} - 2\frac{3}{8}\text{kg} + 4\frac{1}{2}\text{g}$

$= 1\frac{48}{120}\text{kg} - 4\frac{40}{120}\text{kg} + 10\frac{60}{120}\text{kg} - 2\frac{45}{120}\text{kg} + 4\frac{1}{2}\text{g}$

$= 5\frac{23}{120}\text{kg} + 4\frac{1}{2}\text{g}$

$= 5191{,}667\ \text{g} + 4{,}5\ \text{g}$

$= \underline{\underline{5196{,}167\ \text{g}}} = \underline{\underline{5{,}196\ \text{kg}}}$

11. Auch bei dieser Aufgabe zunächst Glieder ordnen und gleiche Glieder zusammenfassen. Danach die Maßeinheiten in die gleiche Grundeinheit (cm) umwandeln und zusammenfassen.

Es ist auch möglich, zunächst alle Glieder in die gleiche Grundeinheit umzuwandeln. Das Ordnen und Zusammenfassen erfolgt anschließend.

11. $19\frac{2}{3}\text{m} + 75\frac{1}{6}\text{cm} - 64\text{dm} + 2\frac{1}{3}\text{cm} - 60\text{mm}$

$= 19\frac{2}{3}\text{m} + 75\frac{1}{6}\text{cm} + 2\frac{1}{3}\text{cm} - 64\text{dm} - 60\text{mm}$

$= 19\frac{2}{3}\text{m} + 77\frac{1}{2}\text{cm} - 64\text{dm} - 60\text{mm}$

$= 1966{,}67\ \text{cm} + 77{,}5\ \text{cm} - 640\ \text{cm} - 6\ \text{cm}$

$= 2044{,}17\ \text{cm} - 646\ \text{cm}$

$= \underline{\underline{1398{,}17\ \text{cm}}} = \underline{\underline{13{,}9817\ \text{m}}}$

12. $9a - 4b + 8c + d + b - 9d - 3a + 4d - 6c + 2b - 4a - 8a - 4b - 9c - d =$

Merke: *Besteht eine algebraische Summe aus vielen Summanden, so schreibt man gleichartige Glieder zweckmäßig untereinander und addiert sie.*

Man faßt die Glieder der senkrechten Spalten zusammen und schreibt die Ergebnisse unter den waagerechten Strich.

$$\begin{array}{c|rrrr} & 9a & -4b & +8c & +d \\ + & -3a & +b & & -9d \\ & -4a & +2b & -6c & +4d \\ & -8a & -4b & -9c & -d \\ \hline & -6a & -5b & -7c & -5d \end{array}$$

$$9a - 3a - 4a - 8a = 9a - 15a$$
$$= \underline{\underline{-6a}}$$

$$-4b + b + 2b - 4b = b + 2b - 4b - 4b$$
$$= 3b - 8b$$
$$= \underline{\underline{-5b}}$$

$$8c - 6c - 9c = 8c - 15c$$
$$= \underline{\underline{-7c}}$$

$$d - 9d + 4d - d = d + 4d - 9d - d$$
$$= 5d - 10d$$
$$= \underline{\underline{-5d}}$$

13. In einem großen Kreis mit dem Durchmesser D ist ein kleiner Kreis mit dem Durchmesser d gezeichnet.

Berechnen Sie das Maß x!

a) mit Hilfe der Variablen a; d und D

b) für $D = 144$ mm
$d = 66$ mm
$a = 20$ mm

13.

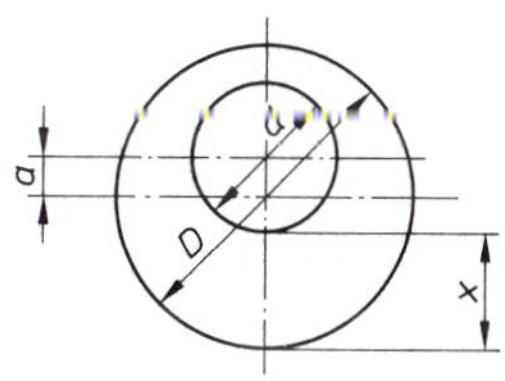

Lösungsgang:

a) Auf Grund der Zeichnung ist

$$x = \frac{D}{2} + a - \frac{d}{2}$$

b) Setzt man für D, a und d die gegebenen Werte ein, so erhält man x in mm

$$x = \frac{144}{2}\,\text{mm} + 20\,\text{mm} - \frac{66}{2}\,\text{mm}$$
$$= 72\,\text{mm} + 20\,\text{mm} - 33\,\text{mm}$$
$$= \underline{\underline{59\,\text{mm}}}$$

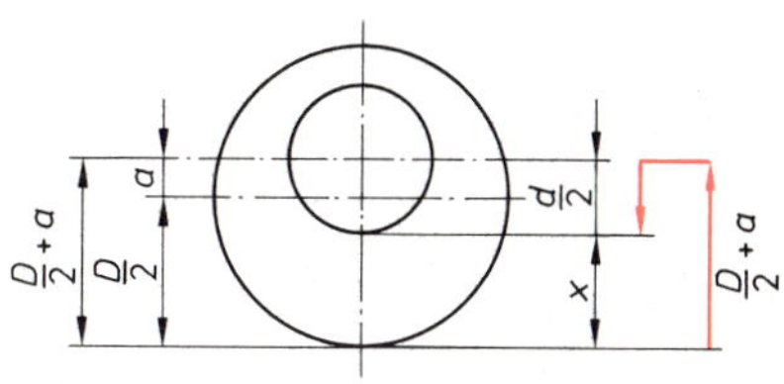

$$\boxed{x = \frac{D}{2} + a - \frac{d}{2}}$$

Übungen

4.1. Addieren und Subtrahieren von Zahlen mit verschiedenen Vorzeichen

1. $3a + (-4a) = \underline{\underline{-a}}$
2. $5a + (-2a)$
3. $4a + 7a$
4. $-15b + 20b$
5. $-7b + (-3b)$
6. $3x - x$
7. $7n - 4n$
8. $-8a - 10a$
9. $7xy - (-8xy)$
10. $x + (-y)$
11. $4a - (-5a)$
12. $-6x - 5x$
13. $-3z - (-4z)$
14. $2{,}6b - 6b$
15. $-6{,}2a - (-3{,}9a)$
16. $-1{,}7c - 3{,}8c$
17. $-1{,}5x - 1{,}2x$
18. $2{,}8a + (-6{,}4a)$
19. $-3a - (-4a) - 2a$
20. $5a + (-6a) + 2y$
21. $-2x - 7x - (-4y)$
22. $6{,}3n - (-4{,}8n) - (-5{,}2a)$
23. $-0{,}1x - (-0{,}7b) - 1{,}2x - 0{,}2b$
24. $1{,}5a + 2{,}1a + (-a)$
25. $2\frac{1}{2}d - \left(-6\frac{1}{3}d\right) + \left(-4\frac{1}{2}d\right)$
26. $-\frac{4}{3}b + \frac{7}{8}b + \left(-3\frac{1}{2}a\right) - 2a$
27. $2\frac{1}{2}h + \left(-1\frac{1}{5}h\right) + \frac{2}{3}h$
28. $-\frac{x}{5} + \frac{x}{10} - \frac{ax}{3} - \left(-\frac{x}{15}\right) + \left(-\frac{ax}{9}\right)$
29. $a - 1\frac{3}{4}b + \left(-2\frac{1}{3}c\right) - 3\frac{1}{2}b - \left(-3\frac{5}{6}c\right) - \left(-1\frac{1}{5}a\right) - \left(-4\frac{2}{3}c\right)$
30. $12\frac{11}{24}a + \left(-11\frac{4}{5}b\right) + \left(-2\frac{3}{8}a\right) - \left(-5\frac{5}{12}a\right) - 25{,}24b - \left(-38\frac{5}{8}b\right)$

4.2. Addieren und Subtrahieren von Zahlen

1. $30a - 15a + 10a - 45a + 17a = \underline{\underline{-3a}}$
2. $18x - 19x + 27x - 45x + 99x$
3. $-32b - 15b + 55b - 11b$
4. $7x - 15x + 20x - 2x + 3x$
5. $13a - 5a - 4a + ax$
6. $8b - 3c - 7b + 3c - b$
7. $17x - 3n - 11x + 15 + 8n$
8. $3a - 12b + 8b + 7c - d + 4a - 3c + 5d$
9. $a + 2b - 5a + 6b + 7a - 12b$
10. $12b + 14c + 14b - 12c$
11. $15a + 16b - 12c - 8a - 15b + 12c$
12. $12b + 9a - 4b + 3a - 2b - 2a$
13. $x - 4y + 2y - 6x + 12y + 15x$
14. $10{,}4x + 0{,}8y + 16{,}5z - 18{,}2z + 4{,}5x - 0{,}1y$
15. $7{,}9a - 6{,}9b + 4{,}2b + 0{,}9c - d + 2{,}3a - 1{,}7c$
16. $0{,}3a + 2{,}6b - 1{,}8a - 0{,}7b$
17. $2{,}7x + 0{,}6y + 0{,}8x - 1{,}3y$
18. $5{,}5c - 6{,}2d - 2{,}8c + 4{,}6d$
19. $3{,}2x + 7{,}6z + 7{,}6y - 4{,}4x - 6{,}6z -$
    $- 5{,}4y + 3{,}3x$
20. $33{,}05c - 19{,}95c - 3{,}125b - 5{,}23a +$
    $+ 12{,}48a + 23{,}875b$
21. $13\frac{1}{2}a + 25\frac{2}{5}b - 6\frac{2}{3}a - 5\frac{1}{5}b$
22. $1\frac{2}{5}\text{kg} - 4\frac{5}{6}\text{kg} + 4\frac{6}{7}\text{g} + 10\frac{1}{2}\text{kg} - 2\frac{3}{8}\text{kg}$
23. $3\frac{1}{2}ab - \frac{1}{4}ab + 1\frac{1}{3}ab - 1\frac{3}{4}ab$
24. $\frac{1}{3}b + \frac{1}{2}a - \frac{1}{6}a + \frac{2}{3}b + \frac{1}{3}a$
25. $2\frac{1}{4}b - 3\frac{3}{4}c - 2\frac{3}{8}b - 4\frac{1}{4}c + 3\frac{1}{8}b$
26. $3\frac{3}{4}a - 4\frac{4}{5}b - 5\frac{5}{6}c + 2\frac{1}{2}a + 7\frac{3}{4}b + 6\frac{2}{3}c$

27. $39\frac{1}{3}x - 74\frac{5}{8} - 27\frac{3}{4}y + 80\frac{5}{12} - 69x + 85\frac{1}{6}y$

28. $19\frac{2}{3}\,\text{m} + 75\frac{1}{6}\,\text{cm} - 64\,\text{dm} + 29\frac{1}{3}\,\text{cm} - 27\frac{3}{4}\,\text{m} + 60\,\text{mm} + 59\,\text{m}$

29. $15{,}375ab + 2{,}33ac - 14{,}75ad - 6\frac{1}{4}ab - 5\frac{5}{6}ac + 17\frac{1}{5}ad$

30. $3\frac{1}{2}\,\text{h} - 35{,}2\,\text{min} + 87\frac{1}{2}\,\text{min} + 30{,}5\,\text{s} - 67\frac{1}{3}\text{min}$

31. $19b - 7a - 18x + 4 - 3a - 20b + 28x - 3 - 10a + 7b + 5 - 8a - 3x - 15$

32. $x - 5m - 9n - 4p - 9m - 9n + 8p + 9x + m + n + p - x + 2m + 2n - 3p + 6x$

33. $-7y - 3a - 6{,}2 + 1{,}3y - 4{,}7a + 4{,}9$

34. $5{,}3a + 3{,}4b + 8{,}1c + 12{,}1d - 7{,}1a - 10{,}2b + 9{,}6c - 14{,}5d$

35. $0{,}35a - 5{,}4b + 5{,}7c - 3{,}44d - 5x - 0{,}65a - 4{,}3b + 7{,}5c + 9{,}38d + 1{,}7x$

36. $5{,}3a + 4{,}5b + 8{,}3c - 11{,}2d - 7{,}2a + 8{,}4b - 3{,}6c + 14{,}5d$

37. $2{,}3x + 5{,}1y - 2{,}7a + 3\frac{1}{2}ab - 1{,}4x - 2{,}7y + 1{,}6a - 1\frac{1}{3}ab + 6{,}3x + 1{,}3y - 2{,}7a + 5\frac{5}{6}ab$

Vermischte Aufgaben zur Wiederholung von 4.

1. $38x + 47y - 19x + 13y - 18x - 59y + 12z - 13x - 19z$

2. $\frac{b}{6} - \frac{c}{2} + \frac{a}{3} + \frac{c}{3} - \frac{b}{5} + \frac{c}{4} + \frac{a}{2} - \frac{b}{3} + \frac{a}{6}$

3. $15{,}11a - 9{,}98c - 7{,}87a + 5{,}66b + 11{,}47b + 12{,}07c$

4. $2{,}8 - 1{,}5xy - 12{,}3 + 3{,}8uv + 1{,}7xy + 9 - uv + 0{,}8xy$

5. $674{,}01a - 63b + 723{,}29c - 948{,}75b - 412{,}53c - 216{,}57a - 94{,}07d + 1319{,}84b$

6. $265\frac{1}{6}y + 694\frac{5}{8}x + 459\frac{7}{15}z - 269\frac{5}{6}b - 219\frac{5}{9}y - 318\frac{3}{10}x - 142\frac{4}{5}z + 375\frac{2}{3}b$

7. $58\frac{5}{6}n + 7\frac{5}{28}c + 8\frac{5}{9}a + 7\frac{11}{15}b + 189\frac{1}{2}c - 152\frac{2}{3}n - 758\frac{3}{8} + 45\frac{1}{6}a + 89\frac{1}{2}b + 643\frac{5}{6} +$

$+ 86\frac{5}{8}n - 210\frac{5}{7}c + 73\frac{4}{5}b - 59\frac{2}{3}a$

8. $39x - 62y + (-365z) - (-369y) - 19x - (-570z) + (-192y)$

9. $2\frac{1}{4}a + \left(-4\frac{1}{3}b\right) - \left(-6\frac{1}{2}x\right) - \left(-13\frac{2}{3}b\right) + \left(-3\frac{1}{4}a\right) - 6\frac{1}{3}b$

10. $\left(-19\frac{1}{2}P\right) + \left(-7\frac{1}{2}Q\right) - \frac{5}{8}P - \left(-\frac{3}{8}R\right) + \left(-\frac{5}{12}P\right) + 3\frac{1}{6}Q$

11. $46\frac{3}{10}a + \left(-65\frac{1}{8}b\right) - \left(-133\frac{1}{2}c\right) + 155\frac{1}{4}b - 37{,}5a + (-22{,}6c)$

12. $21{,}76g - (-132{,}05t) + (-231{,}26m) + (-178{,}8g) - \left(-154\frac{3}{25}m\right) + \left(-87\frac{1}{10}t\right)$

13. Berechnen Sie Aufgabe 12 für $g = 2{,}1$; $t = 1{,}7$; $m = 3{,}8$.

14. $2\frac{1}{2}a_1 - \left(-4\frac{1}{3}a_2\right) + \left(-5\frac{1}{6}a_2\right) + \left(-2\frac{3}{4}a_1\right) - 3\frac{1}{4}a_2 - \left(-1\frac{1}{2}a_3\right)$

15. $22{,}5x + (-18{,}85y) - 132\frac{4}{5}x - \left(-36\frac{5}{8}y\right) + (-14{,}32x)$

16. $(-42{,}055u) + \left(-4\frac{5}{12}v\right) - \left(-243\frac{7}{8}u\right) + 11\frac{11}{24}v + \left(-15\frac{4}{5}u\right) - 2\frac{3}{8}v$

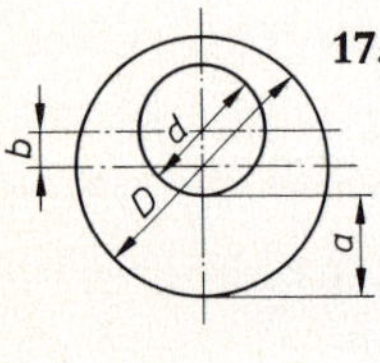

17. Berechnen Sie den Abstand a der außermittigen Bohrung:
a) mit Hilfe von Variablen,
b) für $D = 144$ mm,
$d = 72$ mm,
$b = 20$ mm.

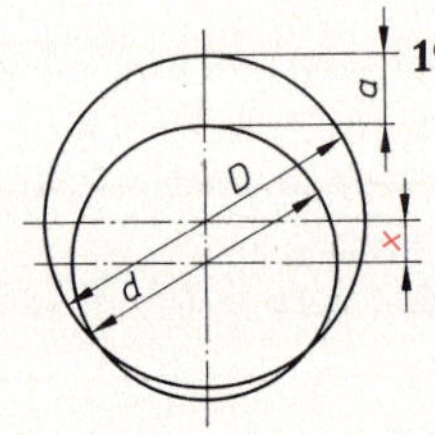

19. Berechnen Sie den Abstand x der sich überdeckenden Scheiben:
a) mit Hilfe von Variablen,
b) für $D = 241$ mm,
$d = 190$ mm,
$a = 99$ mm.

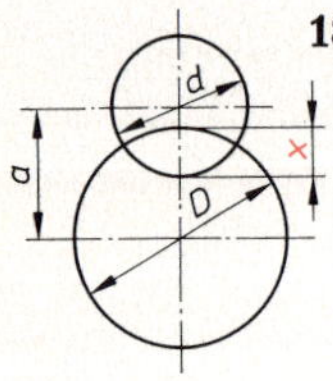

18. Berechnen Sie den Abstand x:
a) mit Hilfe von Variablen,
b) für $D = 162$ mm,
$d = 131$ mm,
$a = 109$ mm,

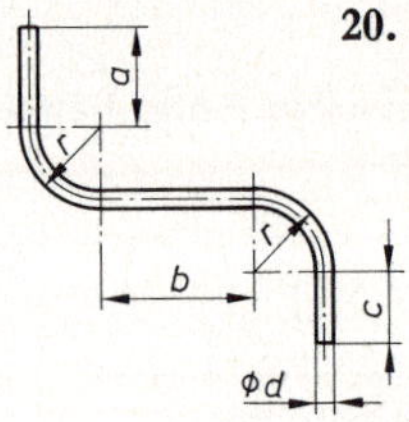

20. Berechnen Sie die Rohrlänge l des Rohres:
a) mit Hilfe von Variablen,
b) für $a = 140$ mm,
$b = 225$ mm,
$c = 103$ mm,
$r = 120$ mm,
$d = 12$ mm ϕ.

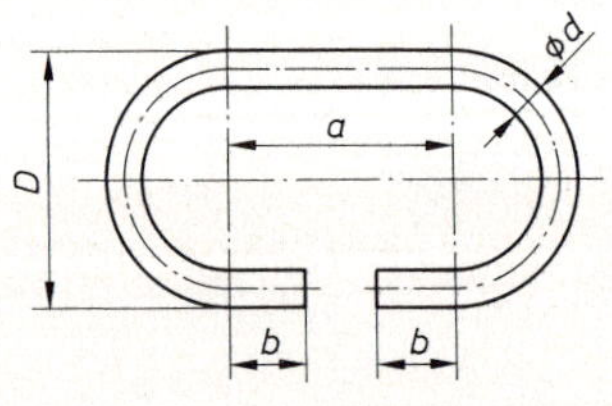

21. Berechnen Sie die Zuschnittlänge l des Kettengliedes:
a) mit Hilfe von Variablen,
b) für $a = 32$ mm,
$b = 11$ mm,
$d = 5$ mm,
$D = 30$ mm.

Wiederholungsfragen über 4.

1. *Was ist eine algebraische Summe?*
2. *Wie werden gleichartige Zahlen addiert und subtrahiert?*
3. *Nennen Sie die Regeln über das Addieren und Subtrahieren von Zahlen mit verschiedenen Vorzeichen.*
4. *Auf welche Weise werden Summen addiert, die aus vielen Summanden bestehen?*

5. Das Rechnen mit Klammern

5.1. Ein Pluszeichen steht vor einer Klammer

Mehrere Summanden bilden eine Summe.

$7 + 3 - 2$ ► *Summe*

Soll eine Summe als geschlossenes Ganzes behandelt werden, so schließt man sie in Klammern ein.

$(7 + 3 - 2)$ ► *Summe*

Wird zu einer Zahl eine Summe addiert, so gibt es zwei Lösungsmöglichkeiten:

1. Man addiert zu der Zahl den Wert der Summe.
2. Man addiert zu der Zahl jedes einzelne Glied der Summe.

1. $6 + \underbrace{(7 + 3 - 2)}_{8}$

$6 + 8 = \underline{\underline{14}}$

2. $6 + (7 + 3 - 2)$

$6 + (+7) + (+3) + (-2)$

$6 + 7 + 3 - 2 = \underline{\underline{14}}$

Unter Beachtung der Regeln von Rechenzeichen und Vorzeichen kann man die Aufgabe lösen. Man kann sehen, daß sich die Rechenzeichen der Ausgangsaufgabe nach Wegfall der Klammer nicht verändert haben.

Merke: Steht ein Pluszeichen vor einer Klammer, so darf man sie weglassen, ohne daß sich die Rechenzeichen in der Klammer verändern.

$$a + (b + c - d) = a + b + c - d$$

Beispiel:

Nach dem Weglassen der Klammer werden gleiche Glieder zusammengefaßt.

$$7a + (3b + 5a - 6c + 2b)$$
$$= 7a + 3b + 5a - 6c + 2b$$
$$= 7a + 5a + 3b + 2b - 6c$$
$$= \underline{\underline{12a + 5b - 6c}}$$

Wir haben gesehen, daß man eine Klammer weglassen darf, wenn ein Pluszeichen vor ihr steht, ohne daß sich die Rechenzeichen in der Klammer verändern.

$$7a + (3b - 6c) = 7a + 3b - 6c$$

Umgekehrt darf man in einer algebraischen Summe Glieder immer in eine Klammer einschließen, wenn ein Pluszeichen vor ihr steht, ohne daß sich die Rechenzeichen in der Klammer verändern.

$$a + b + c - d = a + (b + c - d)$$
$$= (a + b) + c - d$$
$$= (a + b + c) - d$$
$$= a + b + (c - d)$$

Beispiel:

Setzen Sie in der Summe eine Klammer so, daß vor ihr ein Pluszeichen steht. Wie viele Möglichkeiten gibt es?

Am Anfang einer Summe wird das Pluszeichen nicht geschrieben.

Es gibt fünf Möglichkeiten bei dieser Summe, die verlangte Klammer zu setzen. Dabei wird kein Rechenzeichen verändert.

$75a + 15b + 12a - 3b$

1. $(75a + 15b) + 12a - 3b$
2. $(75a + 15b + 12a) - 3b$
3. $75a + 15b + (12a - 3b)$
4. $75a + (15b + 12a - 3b)$
5. $75a + (15b + 12a) - 3b$

5.2. Ein Minuszeichen steht vor einer Klammer

Soll von einer Zahl eine Summe subtrahiert werden, so gibt es zwei Möglichkeiten:

1. Man subtrahiert von der Zahl den Wert der Summe.
2. Man subtrahiert von der Zahl jedes einzelne Glied der Summe. Nach dem Zusammenfassen von Rechenzeichen und Vorzeichen kann man die Aufgabe lösen.

$15 - (7 + 3 - 2)$

1. $15 - \underbrace{(7 + 3 - 2)}$

$15 - \quad 8 \quad = \underline{\underline{7}}$

2. $15 - (7 + 3 - 2)$

$15 - (+7) - (+3) - (-2)$

$15 - 7 - 3 + 2 = \underline{\underline{7}}$

Betrachtet man bei der zweiten Lösungsmöglichkeit die Aufgabe nach Wegfall der Klammer, so erkennt man, daß die Rechenzeichen der Glieder in der Klammer sich umgekehrt haben. Das gleiche gilt auch, wenn an Stelle der bestimmten Zahlen Variablen stehen.

$15 - (7 + 3 - 2) = \underline{\underline{7}}$

$15 - 7 - 3 + 2 = \underline{\underline{7}}$

Merke: Läßt man in einer Summe eine Klammer weg, vor der ein Minuszeichen steht, so muß man die Rechenzeichen aller Glieder in der Klammer umkehren.

$$a - (b + c - d) = a - b - c + d$$

Beispiele:

1. Läßt man die Klammer bei dieser Aufgabe weg, so muß man die Rechenzeichen der Glieder in der Klammer umkehren.

1. $7x - (3x + 5b - 6c)$

$= 7x - 3x - 5b + 6c$

$= \underline{\underline{4x - 5b + 6c}}$

2. Es können in einer Aufgabe auch mehrere Klammern vorkommen. Bei ihrer Auflösung müssen die Rechenzeichen vor der Klammer beachtet werden. Ist das Rechenzeichen vor einer Klammer positiv (+), so kann man die Klammer einfach weglassen.

2. $15a - (3b + 7c - 5a) + (b - 3c)$
$= 15a - 3b - 7c + 5a + b - 3c$
$= 15a + 5a - 3b + b - 7c - 3c$
$= \underline{\underline{20a - 2b - 10c}}$

3. Am Anfang einer Aufgabe wird ein positives Rechenzeichen nicht geschrieben. Das erste Glied in der zweiten Klammer ($-5a$) ist negativ. Es wird nach Wegfall der Klammer positiv.

3. $(3a - 4b) - (-5a + 7b)$
$= 3a - 4b + 5a - 7b$
$= 3a + 5a - 4b - 7b$
$= \underline{\underline{8a - 11b}}$

4. Am Anfang einer Aufgabe darf man ein negatives Rechenzeichen nicht weglassen.

4. $-(9x + 3y) - (-15x - 7y)$
$= -9x - 3y + 15x + 7y$
$= 15x - 9x + 7y - 3y$
$= \underline{\underline{6x + 4y}}$

Läßt man bei nebenstehender Summe die Klammer weg, so müssen die Rechenzeichen der Glieder in der Klammer umgekehrt werden.

$3a - (4b - 5c + 3x)$
$= 3a - 4b + 5c - 3x$

Schließt man umgekehrt in der so entstandenen Summe die letzten drei Glieder in eine Klammer ein, so müssen alle Rechenzeichen der Glieder in der Klammer umgekehrt werden, da vor der Klammer dann ein Minuszeichen steht. Man stellt also den ursprünglichen Zustand wieder her.

$3a - 4b + 5c - 3x$
$= 3a - (4b - 5c + 3x)$

Wenn man eine Klammer setzt, vor der ein Minuszeichen steht, müssen die Rechenzeichen aller Glieder in der Klammer umgekehrt werden.

Beispiele:

1. Schließen Sie die letzten drei Glieder in eine Klammer ein.

$75a - 15b + 12ab - 3bc$

$\underline{\underline{75a - (15b - 12ab + 3bc)}}$

2. Schließen Sie die letzten vier Glieder in eine Klammer ein.

$1{,}8x + 3{,}4b - 2{,}7x + 8{,}4b + 7{,}6x - 5b$

$\underline{\underline{1{,}8x + 3{,}4b - (2{,}7x - 8{,}4b - 7{,}6x + 5b)}}$

5.3. Klammern in Klammern

Sind in einer Summe Klammerausdrücke von anderen Klammern umschlossen, so löst man unter Beachtung der Rechenzeichen zunächst die inneren Klammern auf und dann nacheinander die äußeren Klammern.

$$\begin{aligned} & a - \{b + [c - (d + e)]\} \\ = & a - \{b + [c - d - e]\} \\ = & a - \{b + c - d - e\} \\ = & a - b - c + d + e \end{aligned}$$

Stehen mehrere Klammern direkt nebeneinander, so gilt das Rechenzeichen nur für die erste (geschwungene) Klammer. Vor den anderen Klammern steht ein positives Rechenzeichen, das man nicht schreibt.

Die beiden inneren Klammern können also wegfallen, ohne daß Rechenzeichen verändert werden.

$$\begin{aligned} & a - \{[(b + c) - d] + e\} \\ & a - \{[b + c - d] + e\} \\ & a - \{b + c - d + e\} \\ & \underline{\underline{a - b - c + d - e}} \end{aligned}$$

Beispiele:

1. Vor beiden Klammern stehen negative Rechenzeichen. Läßt man sie weg, so muß man die Rechenzeichen in der Klammer verändern.

1. $$\begin{aligned} & 2x - [4y - (2x - 3y) - 4x] - 6y \\ = & 2x - [4y - 2x + 3y - 4x] - 6y \\ = & 2x - 4y + 2x - 3y + 4x - 6y \\ = & 2x + 2x + 4x - 4y - 3y - 6y \\ = & \underline{\underline{8x - 13y}} \end{aligned}$$

2. Das Minuszeichen vor der eckigen Klammer gilt nur für die eckige Klammer

2. $$\begin{aligned} & 25a - [(14a - 9b + 3c) - (9a + 13b)] \\ = & 25a - [14a - 9b + 3c - 9a - 13b] \\ = & 25a - 14a + 9b - 3c + 9a + 13b \\ = & 25a - 14a + 9a + 9b + 13b - 3c \\ = & \underline{\underline{20a + 22b - 3c}} \end{aligned}$$

3. Ein Minuszeichen darf man vor der runden Klammer nicht weglassen.

3. $$\begin{aligned} & 18a - [-(14a - 8b) + 3a - 4b] \\ = & 18a - [-14a + 8b + 3a - 4b] \\ = & 18a + 14a - 8b - 3a + 4b \\ = & 18a + 14a - 3a - 8b + 4b \\ = & \underline{\underline{29a - 4b}} \end{aligned}$$

4. a) runde Klammern auflösen,
   b) eckige Klammern auflösen,
   c) geschwungene Klammern auflösen,
   d) gleichartige Glieder zusammenfassen.

Beim Auflösen der Klammern immer auf die Rechenzeichen vor der Klammer achten.

4. $$\begin{aligned} & 15a - \{6a - (3b + 5c - 2a) + [3c - (5a + 7b)]\} \\ = & 15a - \{6a - 3b - 5c + 2a + [3c - 5a - 7b]\} \\ = & 15a - \{6a - 3b - 5c + 2a + 3c - 5a - 7b\} \\ = & 15a - 6a + 3b + 5c - 2a - 3c + 5a + 7b \\ = & 15a - 6a - 2a + 5a + 3b + 7b + 5c - 3c \\ = & \underline{\underline{12a + 10b + 2c}} \end{aligned}$$

Verfolgen Sie genau den Gang der nachfolgenden Aufgabe.

5. $6\frac{1}{3}a - \left\{-\left[4\frac{1}{2} + \left(5\frac{1}{3}b + 4\frac{3}{5}\right) + 1\frac{3}{4}a\right] - 3\frac{1}{6}b - \left(3\frac{1}{2}a - 1\frac{1}{4}b\right)\right\}$

$= 6\frac{1}{3}a - \left\{-\left[4\frac{1}{2} + 5\frac{1}{3}b + 4\frac{3}{5} + 1\frac{3}{4}a\right] - 3\frac{1}{6}b - 3\frac{1}{2}a + 1\frac{1}{4}b\right\}$

$= 6\frac{1}{3}a - \left\{-4\frac{1}{2} - 5\frac{1}{3}b - 4\frac{3}{5} - 1\frac{3}{4}a - 3\frac{1}{6}b - 3\frac{1}{2}a + 1\frac{1}{4}b\right\}$

$= 6\frac{1}{3}a + 4\frac{1}{2} + 5\frac{1}{3}b + 4\frac{3}{5} + 1\frac{3}{4}a + 3\frac{1}{6}b + 3\frac{1}{2}a - 1\frac{1}{4}b$

$= 6\frac{1}{3}a + 1\frac{3}{4}a + 3\frac{1}{2}a + 5\frac{1}{3}b + 3\frac{1}{6}b - 1\frac{1}{4}b + 4\frac{1}{2} + 4\frac{3}{5}$

$= 6\frac{4}{12}a + 1\frac{9}{12}a + 3\frac{6}{12}a + 5\frac{4}{12}b + 3\frac{2}{12}b - 1\frac{3}{12}b + 4\frac{5}{10} + 4\frac{6}{10}$

$= 10\frac{19}{12}a + 7\frac{3}{12}b + 8\frac{11}{10}$

$= \underline{\underline{11\frac{7}{12}a + 7\frac{1}{4}b + 9\frac{1}{10}}}$

Übungen

Alle Variablen stehen stellvertretend für positive Zahlen.

5.1. Ein Pluszeichen steht vor einer Klammer

1. $a + (8 + 9a) = \underline{\underline{10a + 8}}$
2. $2c + (3c + 6)$
3. $x + 7 + (2x + 5)$
4. $30x + (5x - 2y)$
5. $0{,}2a + (2b + 0{,}5a) - b$
6. $\frac{1}{5}x + \frac{7}{10}y + \left(\frac{3}{5}y - \frac{1}{4}x\right)$
7. $(2a - 2b) + (3a + 4b) + (5a - 6b)$
8. $(8x - 3y) + 9z + (y + 4x - 3z)$
9. $\frac{2}{4}b + \left(19 + 2\frac{1}{2}b\right) - 3$
10. $1{,}3x + \left(4\frac{1}{2}b - 3\frac{1}{2}x\right) + (1{,}7b - 2x)$

5.2. Ein Minuszeichen steht vor einer Klammer

1. $a + b - (a - b) = a + b - a + b = \underline{\underline{2b}}$
2. $2a + 4b - (4a - 5b)$
3. $6a - 2b + 5c - (-7b + 4c)$
4. $x + 2ax + a - (x - 2ax + a)$
5. $3a - b + 7c - (3a - 5c) - (-9a - b + 3c)$

6. $a + b - (12x + 6b) - (4x + 8b - 10x + 10b)$

7. $5a - (13a + 15b) + (13b - 7a)$

8. $16a - (3b + 8c - 5a) - (b - 3c)$

9. $3a - 4b - (-5a + 7b) + (-9a - 10b)$

10. $-ab + 7a - 13 - (-4ab + 8a - 25) + (-8ab + a - 21)$

11. $10{,}5r - (5{,}7r + 3{,}6s) + (6{,}2r - 5{,}4s)$

12. $50x - (20y + 24z) + (20x + 23y) - (45x + 11z - 32y)$

13. $(22{,}5a - 6{,}9b + 8{,}3c) - (7{,}8a - 27{,}2c - 8{,}5b)$

14. $(8{,}4a - 2{,}9x) - (7{,}3a - 12{,}5x)$

15. $50\frac{2}{3}a - \left(20\frac{3}{4}a + 14\frac{1}{6}b\right) + \left(40\frac{7}{12}a - 4\frac{5}{6}b\right)$

16. $15\frac{2}{7}x + 14\frac{5}{9}y - \left(13\frac{1}{5}x - 29\frac{1}{4}z\right) - \left(14\frac{4}{5}x - 10\frac{2}{3}y - 1\frac{7}{8}z\right)$

17. $\frac{3}{4}a + \frac{1}{3}b - \left(\frac{7}{8}a - \frac{9}{10}b - \frac{4}{5}c\right) - \left(\frac{7}{12}a - \frac{3}{4}c - \frac{11}{12}b\right) - \left(-\frac{2}{5}a\right)$

18. $\frac{5}{6}n - \frac{4}{7}x + \frac{3}{8}a - \left(\frac{2}{5}n - x\right) - \left(\frac{x}{4} + \frac{3}{4}a\right) - \left(-\frac{4}{5}x\right)$

1. Setzen Sie hinter das Minuszeichen eine Klammer! 2. Rechnen Sie die Ausdrücke aus!

19. $75a - 15b + 12a - 3b = 75a - (15b - 12a + 3b) = \underline{\underline{87a - 18b}}$

20. $1{,}8x + 3{,}4b - 2{,}7x + 8{,}4b + 7{,}6x - 3{,}1b$

21. $1\frac{1}{3}ab - 2\frac{1}{4}ax + 3\frac{1}{2}ab - 2\frac{1}{3}ax$

22. $5\frac{1}{3}a + 4b - 3\frac{1}{3}c + 1\frac{1}{6}a + 2\frac{1}{2}b + 3c - 6$

23. $1{,}23d + 1\frac{1}{2}x - 2\frac{1}{10}d + 1{,}01x + 2\frac{1}{5}dx + 7\frac{2}{5}d + 4\frac{7}{25}x + 4\frac{2}{3}dx - 2{,}13d$

5.3. Klammern in Klammern

1. $16a - [6b + (9a - 3b + c + 5a - 2c + b) + 2b]$
$= 16a - 6b - 9a + 3b - c - 5a + 2c - b - 2b = \underline{\underline{2a - 6b + c}}$

2. $25a - [36b - (19a - 11b) - 12a]$

3. $18a - [(14a - 8b + 2c) - (8a + 12b - 3c)]$

4. $a + b + c + d - [(d + a) - (b + c - a)]$

5. $6m + 5n - (8p + 6q) - [5m - 3n + (7p + 4q)]$

6. $7x - 4y + 7z - [3x + 6y - (12x - 5z) - 2x]$

7. $24a - [(13a - 8b + 2c) - (9a + 12b - 3c)]$

8. $37a + [22b - (17c + 12b - 11a) + 25c] - [18a - (7b - 3c)]$

9. $1\frac{1}{2}x - \left[4\frac{2}{3}y - \left(3x - 2\frac{1}{2}y\right) - 1\frac{1}{3}x\right] - 6y$

10. $3\frac{3}{4}x + \left[\left(1\frac{1}{2}x - 4\frac{7}{8}y\right) - \left(1\frac{5}{6}x + 9\frac{2}{3}y\right)\right]$

11. $2{,}7ab - \{2ab - (20x + 12ab + 4c) - [2c - (3x + 3{,}5ab)] - 19ab\}$

12. $11a - [(5a + 3b) - 5b - (4a + 5b)]$

13. $3\frac{1}{2}x - \left[4\frac{2}{3}a - \left(2x - 3\frac{1}{2}a\right) - 2\frac{1}{6}x\right]$

14. $\frac{x}{6} - \left\{\frac{y}{3} - \left[\frac{2a}{4} + \left(\frac{x}{3} - \frac{3a}{4}\right) - \left(\frac{x}{2} + \frac{y}{3}\right) + \frac{x}{12}\right] - 1\frac{1}{2}a\right\}$

15. $6\frac{1}{3}a - \left\{\left[4\frac{1}{2} + \left(5\frac{1}{3}b + 4\frac{3}{5}\right) + 1\frac{3}{4}a\right] - 3\frac{1}{6}b - \left(3\frac{1}{2}a - 1\frac{1}{4}b\right)\right\}$

16. $1{,}3x - (0{,}5y - 0{,}4z) - \{0{,}6y - [0{,}1z - (1{,}2x - 1{,}3y) - 0{,}5y] - 0{,}6z\}$

17. $1{,}7a - \left(2\frac{1}{5}b - 1\frac{1}{2}c\right) - \left\{[0{,}3b - (2{,}3a + 2b)] - \left[\left(4a - 2\frac{1}{4}b\right) - 8{,}3c\right]\right\}$

Vermischte Aufgaben zur Wiederholung von 5.

1. $(4a - 3b) - (9b - 3a) - (5a - 10b) - 12a + 7b$

2. $10x + 15a - (9 - 4x) - (7 + 5a) - (12x - 18a - 14)$

3. $10{,}12a - (4{,}1a - 2{,}4b + 1{,}8c) + (3{,}16b + 1{,}08c - 2{,}5a) - (0{,}6a + 5{,}21b)$

4. $3\frac{3}{5}x + 5\frac{2}{3}y - \left(8\frac{2}{5}x + 4\frac{5}{6}y\right) - \left(3\frac{1}{4}y - 7\frac{7}{10}x\right)$

5. $5\frac{3}{4}a + 1\frac{1}{2}b - \left(4\frac{1}{2}a - \frac{3}{4}b\right) - \left(5\frac{1}{3}b - 1\frac{2}{3}a\right)$

6. $\frac{d}{2} + \left(\frac{d}{5} + \frac{e}{4}\right) - \left(\frac{d}{10} - \frac{e}{8} - 38\frac{4}{5}\right) - 1\frac{1}{5}d - 17\frac{3}{20}$

7. $\frac{x}{4} + \frac{y}{2} + \frac{z}{8} - \left(3\frac{1}{5}x - \frac{2}{5}y\right) - \left(1\frac{3}{4}x - 5\frac{1}{6}z\right)$

8. $(x - y) + \{z + [2x - 3y + (2z - 3x) + p] - y\}$

9. $[(4r - 2s) - (5s - 2t)] - \{6s - [5t - (3r + 5t)] - 9s\}$

10. $7 - \{[(26x + 37y - 25z) + 19y - 16a] - 8x + 9z + 6\}$

11. $[(-3cd + 5) - 25] - [18 - (7 + 3cd)] + [6 - (ay + 10) - (3ay - 9)]$

12. $(3a + 4x) - \{6a - [5x - (9a - 8x)] + 13a\}$

13. $4x + 6y - \{6x - [7y - (5x + 3y) - (6y - 8x) - 3x] - 3x\}$

14. $4xy - 8xz - \{2yz - [3xy - (5xz + 6yz) + 7yz] - 2xy\}$

15. $a - \{[(b - 3ab) - (a + 3ab)] - (6a - 3b)\}$

16. $\{[4c-(5cd+d)]-[7d-(c-2cd)]\}-(c+d)$

17. $0{,}3x-\left[y-\left(\frac{1}{5}x+\frac{3}{4}z-\frac{1}{2}x\right)-0{,}25y\right]$

18. $\left[15\frac{3}{4}a-\left(10\frac{1}{71}b-6\frac{24}{29}a\right)\right]-\left[7\frac{24}{29}a-\left(10\frac{1}{71}-15\frac{3}{4}a\right)\right]$

19. $-\left[7\frac{1}{6}t+\left(4\frac{3}{8}r-3\frac{1}{4}t\right)\right]+\left(6\frac{5}{6}r-4\frac{2}{3}s\right)-\left(3\frac{1}{2}r-6\frac{5}{12}s\right)$

20. $\left\{\left[4\frac{1}{2}xy-\left(6\frac{3}{4}ab-4\frac{3}{8}rs\right)\right]-\left(3\frac{1}{4}xy+8\frac{1}{4}ab\right)\right\}-\left[\left(16\frac{1}{4}rs-2\frac{1}{2}xy\right)-9\frac{1}{8}ab\right]$

21. $4{,}4a-7{,}57b-\{6{,}8-[7{,}35a-(8{,}1-5{,}3b)]-(6{,}04a-3{,}78b)\}-$

$$-\{-4b+[-3{,}25a+(8{,}4a-6{,}73b)+(-9{,}7+5{,}68b)]-15{,}3\}$$

22. Berechnen Sie das Maß x:

a) allgemein (mit Hilfe von Variablen),

b) für $a = 6$ mm,
$b = 22$ mm,
$c = 10$ mm,
$d = 20$ mm,
$l = 140$ mm.

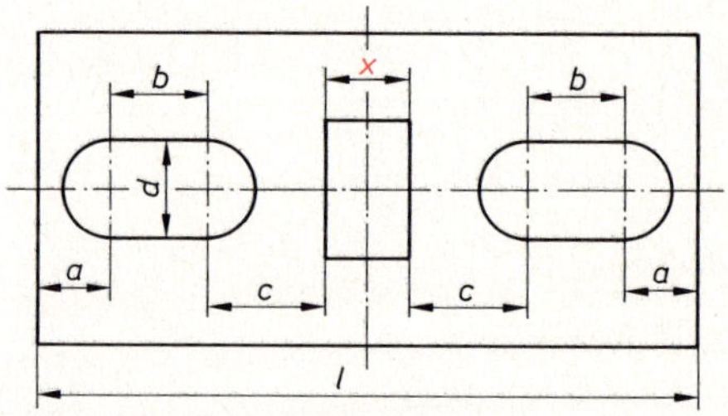

Wiederholungsfragen über 5.

Was ist zu beachten, wenn:

1. *ein Pluszeichen vor der Klammer steht;*
2. *ein Minuszeichen vor der Klammer steht;*
3. *man Klammern setzen will;*
4. *runde Klammern von eckigen Klammern eingeschlossen sind?*

6. Multiplizieren (Malnehmen)

6.1. Einführung

Eine Summe kann auch aus lauter gleichen Summanden bestehen.

Summanden

$7+7+7+7 = \underline{\underline{28}}$

Summe

Enthält eine Summe die Zahl 7 viermal als Summand, so kann man dafür kürzer $7 \cdot 4$ schreiben. Man nennt diese Schreibweise „Produkt". Die Glieder eines Produktes heißen „Faktoren".

$7+7+7+7 = 7 \cdot 4 = \underline{\underline{28}}$

Faktoren

$7 \cdot 4 = \underline{\underline{28}}$

Produkt

Die gleichen Überlegungen gelten auch für Variablen. Der zweite Faktor (4) gibt an, wie oft der erste Faktor (a) Summand ist. Der gleichbleibende Summand a heißt *Multiplikand*, die Summandenanzahl 4 ist *der Multiplikator*. Zwischen Faktoren steht immer ein Malzeichen.

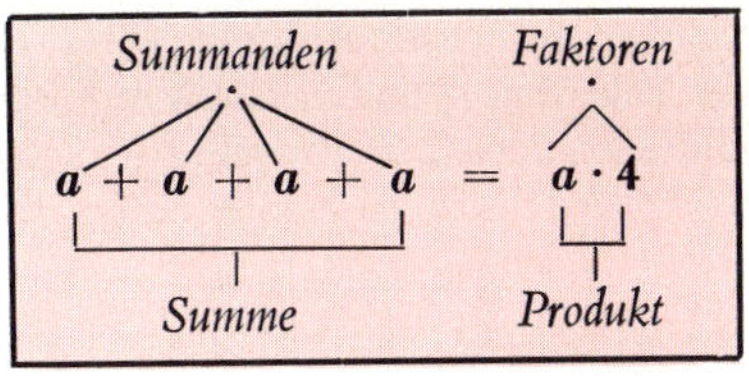

Aus einer wiederholten Addition der gleichen Zahl wird als kürzere Schreibweise die Multiplikation eingeführt.

$$\underbrace{a + a + a + a}_{\text{Addition}} = \underbrace{a \cdot 4}_{\text{Multiplikation}}$$

Beispiele:

1. u. 2. An Stelle der Summe kann man ein Produkt schreiben.

1. $d + d + d + d + d = \underline{\underline{d \cdot 5}}$

2. $x_1 y + x_1 y + x_1 y = \underline{\underline{x_1 y \cdot 3}}$

3. An Stelle eines Produktes kann man eine Summe schreiben. Der Faktor x wird sechsmal Summand.

3. $x \cdot 6 = x + x + x + x + x + x$

Merke: *Das Malzeichen zwischen den Faktoren kann man da, wo kein Mißverständnis auftreten kann, weglassen.*

$$a \cdot b = ab$$
$$12 \cdot a \cdot b = 12ab$$

Sind die Faktoren bestimmte Zahlen, so darf man das Malzeichen nicht weglassen. Man kann das Produkt von bestimmten Zahlen ausrechnen.

$$7 \cdot 8 = 7 \cdot 8 \qquad \text{denn } 7 \cdot 8 \neq 78$$
$$7 \cdot 8 = \underline{\underline{56}}$$
$$5 \cdot 2 \cdot 6 = 10 \cdot 6 = \underline{\underline{60}}$$

Merke: *In einem Produkt kann man die Faktoren vertauschen (Kommutativgesetz).*

$$4 \cdot 8 \cdot 3 = 3 \cdot 4 \cdot 8 = \underline{\underline{96}}$$

$$b \cdot a \cdot c = a \cdot b \cdot c = abc$$

Zweckmäßig setzt man an den Anfang die bestimmten Zahlen und danach in alphabetischer Reihenfolge die Variablen, das bedeutet, man ordnet das Produkt.

$$b \cdot a \cdot c \cdot 3 \cdot 4 = 3 \cdot 4 \cdot a \cdot b \cdot c = 12abc$$

Merke: *Ist in einem Produkt mindestens ein Faktor Null, so ist das ganze Produkt Null.*

$$3 \cdot 0 = 0$$
$$a \cdot 0 = 0$$
$$10 \cdot a \cdot 0 \cdot b = 0$$

Das Produkt „$n4$" ist die kürzere Schreibweise für eine Summe mit den vier Summanden n.

$$n4 = \overset{1}{n} + \overset{2}{n} + \overset{3}{n} + \overset{4}{n}$$

Der zweite Faktor gibt immer an, wie oft der erste Faktor Summand ist.

Das Produkt „$4n$" entsteht durch Vertauschen der Faktoren 4 und n. Das Produkt „$4n$" ist die kürzere Schreibweise für eine Summe mit den gleichen Summanden 4.

Die Anzahl der Summanden ist n, also eine Variable. Nebenstehende Schreibweise ist dafür üblich. Die Punkte bedeuten, es geht immer so weiter, „n"-mal. Der zweite Faktor n gibt an, wie oft der erste Faktor 4 Summand ist.

$$4n = \underbrace{\overset{1}{4} + \overset{2}{4} + \overset{3}{4} + \ldots + \overset{n}{4}}_{n\text{-mal}}$$

Ein Produkt kann auch nur aus Variablen bestehen. Das Produkt „na" z. B. ist die kürzere Schreibweise für eine Summe mit den Summanden n. Die Anzahl der Summanden ist a, also auch eine Variable.

$$na = \overset{1}{n} + \overset{2}{n} + \overset{3}{n} + \ldots + \overset{a}{n}$$

Umgekehrt kann man eine Summe mit n gleichen Summanden c in ein Produkt cn umwandeln.

$$\overset{1}{c} + \overset{2}{c} + \overset{3}{c} + \ldots + \overset{n}{c} = cn$$

Beispiele:

1. Das Produkt $8n$ kann in eine Summe mit n gleichen Summanden zerlegt werden.
2. Bei dem Produkt $y_a x$ ist die Anzahl der Summanden x.
3. Diese Summe kann in das Produkt $5n$ umgewandelt werden.

1. $8n = \overset{1}{8} + \overset{2}{8} + \overset{3}{8} + \ldots + \overset{n}{8}$

2. $y_a x = \overset{1}{y_a} + \overset{2}{y_a} + \overset{3}{y_a} + \ldots + \overset{x}{y_a}$

3. $\overset{1}{5} + \overset{2}{5} + \overset{3}{5} + \ldots + \overset{n}{5} = 5n$

6.2. Multiplizieren von Produkten

Ein Produkt besteht aus Faktoren, und die Faktoren kann man vertauschen, das heißt, man ordnet das Produkt. Bestimmte Zahlen setzt man an den Anfang, dahinter in alphabetischer Reihenfolge die Variablen.

$$bx7ca = 7 \cdot a \cdot b \cdot c \cdot x = \underline{\underline{7abcx}}$$

Merke: Beim Multiplizieren darf man Faktoren vertauschen und zu Teilprodukten zusammenfassen (Assoziativgesetz der Multiplikation).

$$\begin{aligned} 4a \cdot 5b &= 4 \cdot a \cdot 5 \cdot b \\ &= 4 \cdot 5 \cdot a \cdot b \\ &= 20 \cdot a \cdot b \\ &= \underline{\underline{20ab}} \end{aligned}$$

Beispiele:

1. Es ist zweckmäßig, die Faktoren, die bei dieser Aufgabe aus bestimmten Zahlen bestehen, so zu ordnen, daß man die Aufgabe leichter ausrechnen kann.

1. $\begin{aligned} 8 \cdot 36 \cdot 1{,}25 &= 8 \cdot 1{,}25 \cdot 36 \\ &= 10 \cdot 36 \\ &= \underline{\underline{360}} \end{aligned}$

2. bis 4.

Lösungsgang:

a) Produkte in Faktoren zerlegen,
b) Faktoren ordnen,
c) Faktoren aus bestimmten Zahlen multiplizieren,
d) Malzeichen weglassen.

2. $9c \cdot 3ab = 9 \cdot c \cdot 3 \cdot a \cdot b$
$= 9 \cdot 3 \cdot a \cdot b \cdot c$
$= 27 \cdot a \cdot b \cdot c$
$= \underline{\underline{27abc}}$

3. $0{,}8c \cdot 4{,}5b \cdot d = 0{,}8 \cdot c \cdot 4{,}5 \cdot b \cdot d$
$= 0{,}8 \cdot 4{,}5 \cdot b \cdot c \cdot d$
$= 3{,}6 \cdot b \cdot c \cdot d$
$= \underline{\underline{3{,}6bcd}}$

4. $1\frac{1}{2}ax \cdot 0{,}4d \cdot \frac{1}{6}b$
$= \frac{3}{2} \cdot a \cdot x \cdot \frac{4}{10} \cdot d \cdot \frac{1}{6} \cdot b$
$= \frac{3 \cdot 4 \cdot 1}{2 \cdot 10 \cdot 6} \cdot a \cdot b \cdot d \cdot x$
$= \frac{1}{10} \cdot a \cdot b \cdot d \cdot x$
$= \underline{\underline{0{,}1abdx}}$

5. Nebenstehende Summe besteht aus zwei Summanden. Jeder Summand besteht aus Faktoren, die miteinander multipliziert werden sollen. Das Ergebnis sind gleichartige Summanden, die zusammengefaßt werden können.

Summanden

5. $2 \cdot 4{,}5a \cdot 3bc + 4ac \cdot 3b$
$= 2 \cdot 4{,}5 \cdot 3 \cdot a \cdot b \cdot c + 4 \cdot 3 \cdot a \cdot b \cdot c$
$= 27abc + 12abc$
$= \underline{\underline{39abc}}$

6. Die drei Summanden dieser Summe bestehen aus Faktoren, die erst ausgerechnet werden müssen. Punktrechnen (Multiplizieren) geht vor Strichrechnen (Addieren und Subtrahieren). Das Ergebnis sind drei gleichartige Summanden, die zusammengefaßt werden können.

6. $4\frac{1}{2}ab \cdot 8x - 2\frac{1}{2}ax \cdot 9b + 5bx \cdot 2a$
$= 4{,}5 \cdot 8 \cdot abx - 2{,}5 \cdot 9 \cdot abx + 5 \cdot 2 \cdot abx$
$= 36abx - 22{,}5abx + 10abx$
$= \underline{\underline{23{,}5abx}}$

6.3. Das Vorzeichen beim Multiplizieren

Das Produkt $2 \cdot 3$ ist die verkürzte Schreibweise für eine Summe, in der der Summand 2 dreimal addiert werden soll. Man erhält ein positives Ergebnis.

$2 \cdot 3 = 2 + 2 + 2$
$= \underline{\underline{6}}$

Auf der Zahlengeraden bildlich veranschaulicht bedeutet es:

Der Vektor 2 soll dreimal gestreckt werden.

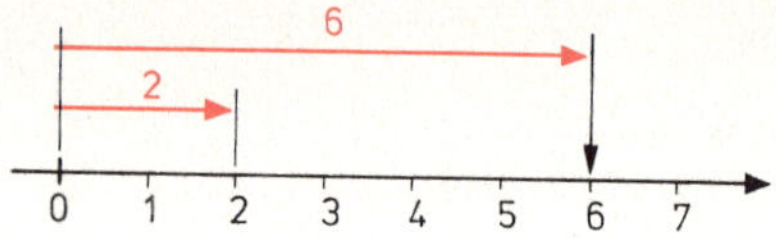

Merke: *Das Produkt von Zahlen mit positiven Vorzeichen ist positiv.*

$$2 \cdot 3 = 6$$

$$a \cdot b = ab \qquad a, b > 0$$

Beispiele:

1. Wenn die Faktoren eines Produktes positive Vorzeichen haben, so ist das Ergebnis immer positiv.

1. $3 \cdot 4 \cdot 5 = \underline{\underline{60}}$

2. Das positive Vorzeichen und die Klammer am Anfang kann man weglassen.

2. $3ab \cdot 2cx \cdot d = 3 \cdot 2 \cdot abcdx = \underline{\underline{6abcdx}}$

3. Der zweite und dritte Summand der Summe sind ein Produkt, das aus Faktoren besteht. Diese Faktoren kann man multiplizieren.

3. $\overset{1}{\overline{65ax}} + \overset{2}{\overline{3a \cdot 2x}} - \overset{3}{\overline{5x \cdot 4a}}$

$= 65ax + (3 \cdot 2 \cdot a \cdot x) - (5 \cdot 4 \cdot a \cdot x)$

$= 65ax + 6ax - 20ax$

$= \underline{\underline{51ax}}$

Das Produkt $(-2) \cdot 3$ ist die verkürzte Schreibweise für eine Summe, in der der Summand (-2) dreimal addiert werden soll. Nach dem Zusammenfassen von Rechenzeichen und Vorzeichen erhält man ein negatives Ergebnis.

$(-2) \cdot 3 = (-2) + (-2) + (-2)$

$= -2 - 2 - 2$

$= \underline{\underline{-6}}$

Da beim Multiplizieren das Vertauschungsgesetz gilt, hat das Produkt $3 \cdot (-2)$ den gleichen Wert.

$3 \cdot (-2) = (-2) \cdot 3$

$= \underline{\underline{-6}}$

Das Produkt $(-2) \cdot 3$ auf der Zahlengeraden bildlich dargestellt bedeutet:

Der Vektor (-2) soll dreimal addiert werden. Der Vektor (-2), der nach links gerichtet ist, wird also dreimal gestreckt.

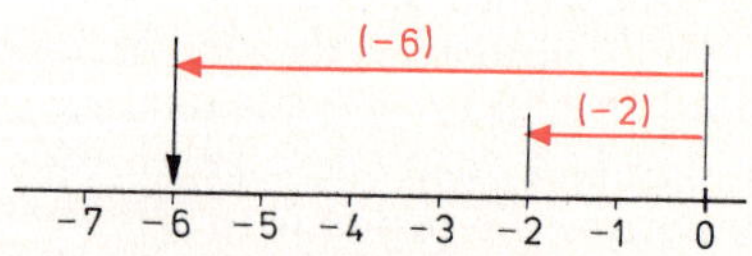

$$(-2) \cdot 3 = -6$$

Merke: *Das Produkt zweier Zahlen mit verschiedenen Vorzeichen ist negativ.*

$$(-a) \cdot b = -(ab)$$
$$a \cdot (-b) = -(ab) \qquad a, b > 0$$

Beispiele:

Das Produkt zweier Zahlen mit ungleichen Vorzeichen ist negativ.

1. $(-4) \cdot 3 = \underline{\underline{-12}}$

2. $2ab \cdot (-3c) = 2 \cdot (-3) \cdot ab \cdot c$

$= \underline{\underline{-6abc}}$

Wie lautet die Multiplikationsregel für zwei negative Faktoren?

$(-a) \cdot (-b) = \ ?$

Bekannt ist die Gleichung

$a \cdot (-b) = (-a) \cdot b$

An Stelle von a wird auf beiden Seiten der Gleichung $(-a)$ gesetzt. Man erhält einen positiven Wert für das Produkt.

$(-a) \cdot (-b) = \underbrace{(-(-a))}_{} \cdot b$

$(-a) \cdot (-b) = a \cdot b = ab$

Das Produkt $(-2) \cdot (-3)$ auf der Zahlengeraden bildlich dargestellt bedeutet:

Der Vektor (-2) soll nach Vereinbarung dreimal gestreckt und umgekehrt werden.

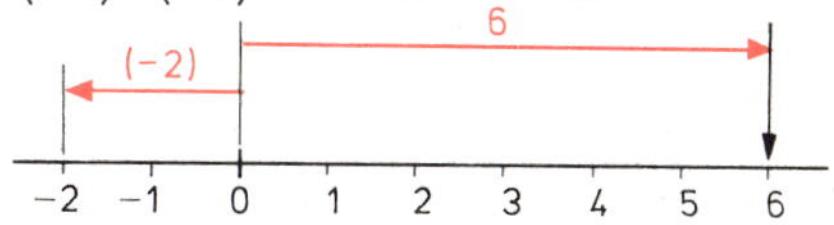

$$(-2) \cdot (-3) = 6$$

Merke: *Das Produkt zweier Zahlen mit negativen Vorzeichen ist positiv.*

$$(-a) \cdot (-b) = ab \qquad a, b > 0$$

Beispiele:

Die Faktoren haben negative Vorzeichen, also ist das Produkt positiv.

1. $(-5) \cdot (-3) = 3 \cdot 5$

$= \underline{\underline{15}}$

2. $(-4ab) \cdot (-2cx) = 4 \cdot 2 \cdot abcx$

$= \underline{\underline{8abcx}}$

Zusammenfassend kann man sagen:

Merke: *Das Produkt zweier Zahlen mit gleichen Vorzeichen ist positiv, das Produkt zweier Zahlen mit verschiedenen Vorzeichen ist negativ.*

$$\begin{aligned} a \cdot b &= ab \\ (-a) \cdot (-b) &= ab \\ (-a) \cdot b &= -(ab) \\ a \cdot (-b) &= -(ab) \end{aligned} \qquad a, b > 0$$

Beispiele:

1. Besteht ein Produkt aus mehr als zwei Faktoren, so bestimmt man zunächst das Vorzeichen des Produktes, indem man gliedweise vorgeht. Danach multipliziert man die absoluten Werte der Faktoren.

1. $(-2) \cdot 5 \cdot (-7) = 2 \cdot 5 \cdot 7$

$= \underline{\underline{70}}$

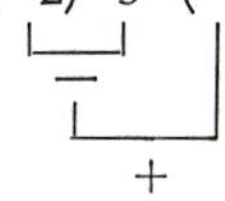

2. Die drei negativen Vorzeichen der Faktoren ergeben ein negatives Vorzeichen für das ganze Produkt.

2. $(-3a) \cdot (-5b) \cdot (-2c) = -(3 \cdot 5 \cdot 2 \cdot abc)$
$= \underline{\underline{-30abc}}$

3. Die vier Vorzeichen der Faktoren ergeben zusammengefaßt ein negatives Vorzeichen für das ganze Produkt.

3. $(-a) \cdot b \cdot (-c) \cdot (-d) = \underline{\underline{-abcd}}$

6.4. Multiplizieren von Summen

Beim Produkt $(a + b) \cdot 3$ ist der Faktor $(a + b)$ eine Summe. Der Faktor 3 besagt, daß der Faktor $(a + b)$ dreimal Summand sein soll. Nach dem Zusammenfassen von gleichen Summanden erhält man das Ergebnis.

$$(a + b) \cdot 3$$

$$\begin{aligned} &= \overset{1}{(a + b)} + \overset{2}{(a + b)} + \overset{3}{(a + b)} \\ &= a + b + a + b + a + b \\ &= a + a + a + b + b + b \\ &= \underline{\underline{3a + 3b}} \end{aligned}$$

Schneller kommt man zum gleichen Ergebnis, wenn man den Faktor 3 mit jedem Glied der Summe multipliziert, denn jedes Glied der Summe kommt ja dreimal als Summand vor (siehe vorherige Aufgabe).

$$\begin{aligned} (a + b) \cdot 3 &= 3 \cdot a + 3 \cdot b \\ &= \underline{\underline{3a + 3b}} \end{aligned}$$

Bekanntlich kann man bei einem Produkt die Faktoren vertauschen. Man erhält das gleiche Ergebnis.

$$\begin{aligned} 3 \cdot (a + b) &= 3 \cdot a + 3 \cdot b \\ &= \underline{\underline{3a + 3b}} \end{aligned}$$

Merke: *Man multipliziert eine Zahl mit einer Summe, indem man unter Berücksichtigung der Vorzeichenregeln jedes Glied der Summe mit der Zahl multipliziert (Verteilungs- oder Distributivgesetz).*

$$\begin{aligned} a \cdot (x + y) &= a \cdot x + a \cdot y \\ &= \underline{\underline{ax + ay}} \end{aligned}$$

Beispiele:

1.…4.

Jedes Glied der Summe wird mit dem anderen Faktor (der Zahl) multipliziert, und die Ergebnisse werden addiert.

1. $7 \cdot (a + 3) = 7 \cdot a + 7 \cdot 3$
$= \underline{\underline{7a + 21}}$

2. $5 \cdot (a + b) = 5 \cdot a + 5 \cdot b$
$= \underline{\underline{5a + 5b}}$

3. $6 \cdot (3x + 6y) = 6 \cdot 3x + 6 \cdot 6y$
$= \underline{\underline{18x + 36y}}$

4. $4x \cdot (3a + 6b) = 4x \cdot 3a + 4x \cdot 6b$
$= \underline{\underline{12ax + 24bx}}$

5. Wenn bei einem Produkt ein Faktor eine Summe ist, darf man das Malzeichen zwischen beiden Faktoren weglassen, da die Summe in eine Klammer eingeschlossen ist. Es können keine Irrtümer auftreten.

5. $4 \cdot (a + 2c) = 4(a + 2c)$
$= 4 \cdot a + 4 \cdot 2c$
$= \underline{\underline{4a + 8c}}$

6. Die Faktoren darf man immer vertauschen.

6. $(3c + 7) \cdot 4 = 4(3c + 7)$
$= 4 \cdot 3c + 4 \cdot 7$
$= \underline{\underline{12c + 28}}$

7. Ist der Faktor vor der Klammer negativ, dann achte man besonders genau auf die Vorzeichen.

7. $(-a) \cdot (3b + 2c) = (-a) \cdot 3b + (-a) \cdot 2c$
$= -3ab + (-2ac)$
$= \underline{\underline{-3ab - 2ac}}$

Jede algebraische Summe kann man bekanntlich in eine Summe mit nur positiven Rechenzeichen umwandeln.

$b + c - d = b + c + (-d)$

Daher gilt unter Berücksichtigung der Vorzeichenregeln nebenstehende Ableitung (Verteilungsgesetz).

$a(b + c - d) = a[b + c + (-d)]$
$= a \cdot b + a \cdot c + a \cdot (-d)$
$= ab + ac + (-ad)$
$= \underline{\underline{ab + ac - ad}}$

Merke: Man multipliziert eine Zahl mit einer algebraischen Summe, indem man jedes Glied der algebraischen Summe unter Beachtung der Vorzeichenregeln mit der Zahl multipliziert.

$$a \cdot (b + c - d) = ab + ac - ad$$

Beispiele:

1. Die Zahl wird mit jedem Glied der algebraischen Summe unter Beachtung der Vorzeichen multipliziert.

1. $3 \cdot (6x - 4y - 3c)$

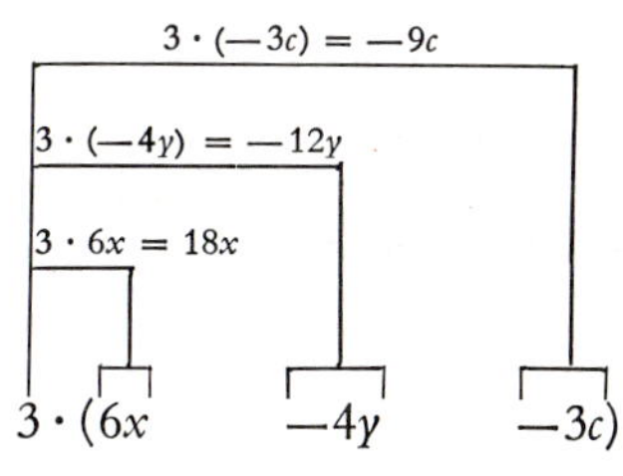

$= \underline{\underline{18x - 12y - 9c}}$

2. Diese Summe besteht aus zwei Produkten. Man berechnet zunächst beide Produkte und addiert gleichartige Glieder.

Punktrechnen geht vor Strichrechnen.

2. 1. Produkt 2. Produkt

$$6 \cdot (a + b) + 4 \cdot (a - b)$$

$$= 6 \cdot a + 6 \cdot b + 4 \cdot a - 4 \cdot b$$
$$= 6a + 6b + 4a - 4b$$
$$= 6a + 4a + 6b - 4b$$
$$= \underline{\underline{10a + 2b}}$$

Kommen in einer Aufgabe Bruchzahlen vor, so muß man besonders sorgfältig rechnen. Verfolgen Sie genau den Lösungsgang der nächsten Aufgabe.

3. $$12\left(4\frac{2}{3}a - 5\frac{2}{9}b + 11\frac{5}{6}c\right) - 15\,(2{,}2a + 4{,}75b)$$

$$= \overbrace{12 \cdot 4\frac{2}{3}a}^{1} - \overbrace{12 \cdot 5\frac{2}{9}b}^{2} + \overbrace{12 \cdot 11\frac{5}{6}c}^{3} - (\overbrace{15 \cdot 2{,}2a}^{4} + \overbrace{15 \cdot 4{,}75b}^{5})$$

$$= \overbrace{12 \cdot \frac{14}{3}a}^{1} - \overbrace{12 \cdot \frac{47}{9}b}^{2} + \overbrace{12 \cdot \frac{71}{6}c}^{3} - \overbrace{15 \cdot 2{,}2a}^{4} - \overbrace{15 \cdot 4{,}75b}^{5}$$

$$= 56a - \frac{188}{3}b + 142c - 33a - 71{,}25b$$

$$= 56a - 33a - 62\frac{2}{3}b - 71\frac{1}{4}b + 142c$$

$$= \underline{\underline{23a - 133\frac{11}{12}b + 142c}}$$

Nebenstehendes Produkt besteht aus zwei Summen. Wenn man die Glieder der ersten Summe addiert, läßt sich die Aufgabe leicht lösen.

Produkt

Summe I Summe II

$$(3 + 2) \cdot (c + d) = 5 \cdot (c + d)$$
$$= \underline{\underline{5c + 5d}}$$

Werden die Glieder der ersten Summe nicht addiert, so muß man diese Aufgabe anders lösen. An Stelle von $(c + d)$ schreibt man a und wendet das Verteilungsgesetz an. Anschließend schreibt man wieder

$$a = c + d.$$

$$(3 + 2) \cdot (c + d) = \,?$$

$$c + d = a$$

$$\begin{aligned}(3 + 2) \cdot a &= 3a + 2a\\ &= 3(c + d) + 2(c + d)\\ &= 3c + 3d + 2c + 2d\\ &= \underline{\underline{5c + 5d}}\end{aligned}$$

Wie man aus der vorhergehenden Ableitung ersehen kann, wird immer jedes Glied der ersten Summe mit jedem Glied der zweiten Summe multipliziert.

$$\begin{aligned}(3 + 2) \cdot (c + d) &= 3c + 3d + 2c + 2d\\ &= 3c + 2c + 3d + 2d\\ &= \underline{\underline{5c + 5d}}\end{aligned}$$

Merke: Zwei algebraische Summen werden miteinander multipliziert, indem man unter Beachtung der Vorzeichenregeln jedes Glied der einen Summe mit jedem Glied der anderen Summe multipliziert.

1. $(a + b)(c + d) = ac + ad + bc + bd$

2. $(a - b)(c + d) = ac + ad - bc - bd$

3. $(a + b)(c - d) = ac - ad + bc - bd$

4. $(a - b)(c - d) = ac - ad - bc + bd$

Die Regeln 2. und 4. sind schon in 1. enthalten, denn man kann schreiben:

$$(a - b)(c - d) = [a + (-b)] \cdot [c + (-d)].$$

Beispiele:

1. Jedes Glied der einen Summe wird mit jedem Glied der anderen Summe multipliziert.

$2b \cdot (-x) = -2bx$

$2b \cdot 6 = 12b$

1. $(7a + 2b) \cdot (6 - x)$

$7a \cdot 6 = 42a$

$7a \cdot (-x) = -7ax$

$$= \underline{\underline{42a - 7ax + 12b - 2bx}}$$

2. Die Glieder der Summen können auch Bruchzahlen sein. Das Malzeichen zwischen den Faktoren (Klammern) kann man weglassen.

2. $$\left(0{,}75m - \frac{3}{8}a\right)\left(1\frac{1}{3}b + 2\frac{2}{3}x\right)$$

$$= \frac{3}{4}m \cdot \frac{4}{3}b + \frac{3}{4}m \cdot \frac{8}{3}x - \frac{3}{8}a \cdot \frac{4}{3}b - \frac{3}{8}a \cdot \frac{8}{3}x$$

$$= \underline{\underline{bm + 2mx - \frac{1}{2}ab - ax}}$$

3. Auch wenn die Klammern mehr als zwei Summanden besitzen, wird jedes Glied der einen Summe mit jedem Glied der anderen Summe multipliziert.

3.

$b \cdot x$; $b \cdot (-d)$; $b \cdot c$

$$(a+b)\cdot(c-d+x) = \underline{\underline{ac-ad+ax+bc-bd+bx}}$$

$a \cdot c$; $a \cdot (-d)$; $a \cdot x$

Besteht ein Produkt aus drei oder mehr Faktoren, so werden zunächst zwei Faktoren miteinander multipliziert.

$2b \cdot 5d$; $2b \cdot 3c$

4. $(4a + 2b) \cdot (3c + 5d) \cdot (4n - x) = (12ac + 20ad + 6bc + 10bd) \cdot (4n - x)$

$4a \cdot 3c$; $4a \cdot 5d$

$(-x) \cdot 10bd$; $(-x) \cdot 6bc$; $(-x) \cdot 20ad$; $(-x) \cdot 12ac$

$$= (4n - x) \cdot (12ac + 20ad + 6bc + 10bd)$$

$4n \cdot 12ac$; $4n \cdot 20ad$; $4n \cdot 6bc$; $4n \cdot 10bd$

$$= \underline{\underline{48acn + 80adn + 24bcn + 40bdn - 12acx - 20adx - 6bcx - 10bdx}}$$

5. Diese Aufgabe ist eine Differenz, welche aus zwei Produkten besteht. Man berechnet zunächst beide Produkte und addiert danach gleichartige Glieder. Achten Sie dabei auf das Minuszeichen vor dem zweiten Produkt.

Das zweite Produkt ergibt eine algebraische Summe, welche subtrahiert werden soll, deshalb muß man eine Klammer schreiben.

Schreiben Sie beim Addieren gleichartige Glieder untereinander.

5.

$$\begin{aligned} &(4a + 8b - 5c)\,6x - (5a - 3b + 7c)\,5x \\ &= 24ax + 48bx - 30cx - (25ax - 15bx + 35cx) \\ &= 24ax + 48bx - 30cx - 25ax + 15bx - 35cx \end{aligned}$$

$$\begin{array}{rrrr} & 24ax & + 48bx & - 30cx \\ + & -25ax & + 15bx & - 35cx \\ \hline & \underline{\underline{-ax}} & \underline{\underline{+ 63bx}} & \underline{\underline{- 65cx}} \end{array}$$

Nachfolgendes Produkt besteht aus zwei Faktoren. Der zweite Faktor ist eine Summe, die wiederum aus Produkten besteht. Lösen Sie die Klammer von innen nach außen auf, und verfolgen Sie genau den Gang der Lösung.

6.

$$\overbrace{\underbrace{12}_{\text{Faktor I}} \cdot \underbrace{\left\{5\,(a+b) - 4\,[3b\,(3+a) - 5a\,(4-b)] + 5a\right\}}_{\text{Faktor II}}}^{\text{Produkt}}$$

$$= 12 \cdot \left\{5a + 5b - 4\,[9b + 3ab - 20a + 5ab] + 5a\right\}$$

$$= 12 \cdot \left\{5a + 5b - 36b - 12ab + 80a - 20ab + 5a\right\}$$

$$= 60a + 60b - 432b - 144ab + 960a - 240ab + 60a$$

$$= 60a + 960a + 60a + 60b - 432b - 144ab - 240ab$$

$$= \underline{\underline{1080a - 372b - 384ab}}$$

6.5. Zerlegen in Faktoren (Ausklammern)

Eine Summe (Klammer) wird mit der Zahl 3 multipliziert, indem man jedes Glied der Summe mit der Zahl 3 multipliziert. Jeder Summand hat dann den gleichen Faktor 3.

gleicher Faktor

$$3 \cdot (a+b) = 3a + 3b$$

Umgekehrt kann man aus nebenstehender Summe den gleichen Faktor 3 ausklammern, das heißt, man setzt den gleichen Faktor vor die Summe, die in einer Klammer steht. Die Glieder der Summe enthalten nicht mehr den gemeinsamen Faktor. Man stellt also den Zustand vor der Ausrechnung der Klammer wieder her. Aus der Summe entsteht ein Produkt, welches aus zwei Faktoren besteht.

$$\underbrace{3a + 3b}_{\text{Summe}} = \overbrace{\underbrace{3}_{\text{Faktor}} \cdot \underbrace{(a+b)}_{\text{Faktor}}}^{\text{Produkt}}$$

Merke: *Haben mehrere Glieder einer Summe einen gemeinsamen Faktor, so kann man ihn ausklammern. Die Summe wird dadurch in ein Produkt umgewandelt.*

$$an + bn - cn = n(a + b - c)$$

1. Man kann den gemeinsamen Faktor 12 ausklammern und dadurch die Aufgabe leichter lösen.

2. Alle Summanden haben den Faktor m gemeinsam, den man ausklammern kann.

3. und 4. Die Summanden können auch mehrere Faktoren gemeinsam haben, die man ausklammern kann.

Führt die Probe zur ursprünglichen Summe, so war das Produkt richtig.

5. Bei dieser Aufgabe haben die Summanden den Faktor b gemeinsam. Denken Sie beim Ausklammern immer daran, daß $b = 1b$ ist.

Beim Ausmultiplizieren der Klammer muß die ursprüngliche Summe entstehen.

6. Bei bestimmten Zahlen ist es zweckmäßig, diese, wenn möglich, erst in Faktoren zu zerlegen. Man kann dann erkennen, welche Faktoren die Glieder der Summe gemeinsam haben.

7. Klammert man einen negativen Faktor aus, so müssen die Vorzeichen der Glieder in der Klammer umgekehrt werden.

Die Probe zeigt, ob man richtig ausgeklammert hat.

8. Die gleichen Faktoren, die man ausklammert, können auch Summen sein. Der gemeinsame Faktor heißt bei dieser Aufgabe $(x + 1)$.

Beispiele:

1. $12 \cdot 5 + 12 \cdot 4 - 12 \cdot 2 = 12 \cdot (5 + 4 - 2)$
$= 12 \cdot 7$
$= \underline{\underline{84}}$

2. $am + bm - cm + xm = \underline{\underline{m(a + b - c + x)}}$

3. $6bx + 6ab - 6bn = \underline{\underline{6b(x + a - n)}}$

4. $\frac{\pi sD}{2} + \frac{\pi sd}{2} = \underline{\underline{\frac{\pi s}{2}(D + d)}}$

Probe:

$\frac{\pi s}{2}(D + d) = \underline{\underline{\frac{\pi sD}{2} + \frac{\pi sd}{2}}}$

5. $bx - b = bx - 1b$
$= \underline{\underline{b \cdot (x - 1)}}$

6. $21abx - 6by + 15bz$
$= 3 \cdot 7abx - 3 \cdot 2by + 3 \cdot 5bz$
$= 3b \cdot 7ax - 3b \cdot 2y + 3b \cdot 5z$
$= \underline{\underline{3b(7ax - 2y + 5z)}}$

7. $-2a - 3ab + 4ac$
$= \underline{\underline{(-a)(2 + 3b - 4c)}}$

Probe: $(-a)(2 + 3b - 4c)$
$= \underline{\underline{-2a - 3ab + 4ac}}$

8. $a(x + 1) + b(x + 1) = \underline{\underline{(x + 1) \cdot (a + b)}}$

9. Bei diesem Beispiel klammert man den gemeinsamen Faktor $(x + y)$ aus.

Die restlichen Faktoren sind Summen, die subtrahiert werden müssen.

Achten Sie dabei auf das Minuszeichen vor der zweiten Klammer.

9. $(4a-2b)\cdot(x+y)-(3a+4b)\cdot(x+y)$
$= (x + y)\cdot[(4a - 2b) - (3a + 4b)]$
$= (x + y)\cdot[4a - 2b - 3a - 4b]$
$= \underline{\underline{(x + y)\cdot(a - 6b)}}$

10. Die Summe $3a + 4b$ kann auch in der Form $1\cdot(3a + 4b)$ geschrieben werden, ohne daß sich ihr Wert verändert.

Man kann dann den Faktor $(3a + 4b)$ ausklammern.

10. $x(3a + 4b) + 3a + 4b$
$= x(3a + 4b) + 1\cdot(3a + 4b)$
$= \underline{\underline{(3a + 4b)\cdot(x + 1)}}$

11. Bei dieser Aufgabe erhält man die gleichen Faktoren $(x + y)$, wenn man die ersten beiden Summanden in der Form $1\cdot(x + y)$ schreibt und bei den zweiten beiden Summanden a ausklammert.

11. $x + y + ax + ay$
$= 1\cdot(x + y) + a(x + y)$
$= \underline{\underline{(x + y)\cdot(1 + a)}}$

12. Um bei dieser Aufgabe zu gleichen Faktoren zu kommen, muß man aus den letzten beiden Summanden -1 ausklammern. Der gleiche Faktor, den man dann ausklammern kann, heißt $(x-2)$.

12. $3a\cdot(x - 2) - x + 2$
$= 3a\cdot(x - 2) - 1\cdot(x - 2)$
$\underline{\underline{(x - 2)\cdot(3a - 1)}}$

13. Die Glieder nebenstehender Summe haben keinen gemeinsamen Faktor, aber man kann aus je zwei Gliedern die Faktoren $2a$ und $3b$ ausklammern. Die Glieder der neuen Summe haben den gemeinsamen Faktor $(x + y)$, den man wiederum ausklammern kann. Auf diese Weise entsteht ein Produkt.

13. $2ax + 2ay + 3bx + 3by$
$= 2a(x + y) + 3b(x + y)$
$= \underline{\underline{(x + y)\cdot(2a + 3b)}}$

14. *Lösungsgang:*

a) Den gemeinsamen Faktor (2) ausklammern.

b) Die Glieder in der Klammer ordnen.

14. $2ax-2ay+2bx-2by-2cx+2cy$

a) $= 2\cdot(ax-ay+bx-by-cx+cy)$

b) $= 2\cdot(ax+bx-cx-ay-by+cy)$

c) Aus den ersten drei Gliedern den gemeinsamen Faktor (x) und aus den letzten drei Gliedern den gemeinsamen Faktor ($-y$) ausklammern. Nur wenn man ($-y$) ausklammert, entstehen zwei gleiche Faktoren ($a + b - c$).

c) $= 2 \cdot [x(a+b-c) - y(a+b-c)]$

d) Aus der Summe in der Klammer kann man durch Ausklammern von ($a + b - c$) ein Produkt bilden.

d) $= 2 \cdot [(a+b-c) \cdot (x-y)]$

e) Die eckige Klammer kann wegfallen, weil das Ergebnis aus drei Faktoren besteht.

e) $= \underline{\underline{2 \cdot (a+b-c) \cdot (x-y)}}$

Die Glieder dieser Summe haben keinen gemeinsamen Faktor. Man kann nur aus zwei oder drei Gliedern gemeinsame Faktoren ausklammern. Man kann diese Summe also nicht in ein Produkt umwandeln.

$4ax + 5x + 7cdx - cd$ *algebr. Summe*

$= \underline{\underline{x(4a + 5 + 7cd) - cd}}$

oder

$= \underline{\underline{x(4a + 5) + cd(7x - 1)}}$

Übungen

Alle Variablen stehen stellvertretend für positive Zahlen.

6.1. Einführung

Schreiben Sie an Stelle folgender Summen Produkte:

1. $4 + 4 + 4 + 4 + 4$

2. $c + c + c + c + c + c$

3. $19 + 19 + 19 + 19$

4. $ab_1 + ab_1 + ab_1 + ab_1 + ab_1$

5. $12 + 12 + 12 + 12 + 12$

6. $n + n + n + n + n$

7. $\overset{1}{8} + \overset{2}{8} + \overset{3}{8} + \ldots + \overset{x}{8}$

8. $\overset{1}{c} + \overset{2}{c} + \overset{3}{c} + \ldots + \overset{b}{c}$

9. $\overset{1}{P} + \overset{2}{P} + \overset{3}{P} + \ldots + \overset{n}{P}$

Schreiben Sie an Stelle folgender Produkte Summen:

10. $7 \cdot 3$

11. $12 \cdot 6$

12. $ac \cdot 4$

13. $x \cdot 5$

14. $9 \cdot x$

15. $a \cdot b$

16. $a_1 \cdot 5$

17. $5a_1$

Schreiben Sie die Produkte in der kürzesten Form und geordnet:

18. $3 \cdot a$

19. $3 \cdot 17$

20. $3 \cdot 7 \cdot a \cdot b$

21. $a \cdot b \cdot 5 \cdot 2 \cdot 3$

22. $c \cdot d \cdot 7$

23. $5 \cdot x \cdot y \cdot z$

24. $5 \cdot a \cdot 0$

25. $9 \cdot 6 \cdot a \cdot x \cdot y \cdot 5$

26. $17 \cdot 2 \cdot R \cdot 7$

27. $c \cdot a \cdot b \cdot 5 \cdot x \cdot 7$

28. $17 \cdot 93{,}5 \cdot 0 \cdot a \cdot 5$

29. $A \cdot P \cdot 5 \cdot 0 \cdot a$

6.2. Multiplizieren von Produkten

1. $2 \cdot 36 \cdot 5 = 2 \cdot 5 \cdot 36 = 10 \cdot 36 = \underline{\underline{360}}$
2. $50 \cdot 43 \cdot 4$
3. $4 \cdot 17 \cdot 25$
4. $250 \cdot 37 \cdot 4$
5. $5 \cdot 12 \cdot 8$
6. $8 \cdot 12 \cdot 125$
7. $6a \cdot 3$
8. $8 \cdot 3x$
9. $4 \cdot 3b$
10. $3a \cdot 9$
11. $6a \cdot 4b$
12. $9x \cdot 2b$
13. $5c \cdot 3a$
14. $7ab \cdot 3c$
15. $10x \cdot 8ab$
16. $9ax \cdot 2cy$
17. $8a \cdot 9b \cdot 25c \cdot 11d$
18. $3a \cdot 5y \cdot 6c \cdot 2b$
19. $4ab \cdot 3y \cdot 5cd \cdot 11$
20. $5xy \cdot 6ab \cdot 3n \cdot 9$
21. $5 \cdot 6a \cdot 13xyz \cdot 3b$
22. $0{,}4n \cdot 4{,}6b \cdot 0{,}1$
23. $2{,}5y \cdot 3{,}6x \cdot 1{,}1a$
24. $0{,}8c \cdot 0{,}5ab \cdot nx$
25. $4d \cdot 3{,}2abx \cdot 1{,}2$
26. $3{,}2a \cdot 4xy \cdot 14{,}2z$
27. $2{,}5a \cdot 9b \cdot 4c$
28. $1{,}25x \cdot 18y \cdot 16z$
29. $3{,}25a \cdot 1{,}25b \cdot 8c$
30. $2 \cdot 25b \cdot 3{,}5c \cdot 4a$
31. $2 \cdot 4{,}5a \cdot 3bc - 4ac \cdot 3b$
32. $4\frac{1}{5}\,ab \cdot 8x - 2\frac{1}{2}ax \cdot 9b$
33. $\frac{4}{5} \cdot 5c$
34. $16\frac{1}{3}ac \cdot 0{,}5bx$
35. $6\frac{1}{2}b \cdot 1\frac{5}{11}a \cdot \frac{5}{9}c$
36. $2\frac{1}{2}ab \cdot \frac{1}{8}x \cdot 3\frac{1}{3}y$
37. $5\frac{1}{3}n \cdot 1{,}75x \cdot \frac{a}{4}$
38. $2\frac{1}{7}a \cdot 0{,}7b \cdot \frac{x}{5}$
39. $1{,}1 \cdot 3x \cdot 4\frac{1}{2}ab \cdot 3y$
40. $2{,}9abc \cdot 5\frac{1}{3}x \cdot \frac{y}{4}$
41. $15{,}3 \cdot \frac{d}{5} \cdot 0{,}1a \cdot \frac{1}{2}ny$
42. $abc \cdot 3 \cdot xyz \cdot 3\frac{1}{2} \cdot 4\frac{1}{6}d$

6.3. Das Vorzeichen beim Multiplizieren

1. $(-3a) \cdot 5 = \underline{\underline{-15a}}$
2. $9 \cdot (-5x)$
3. $6 \cdot (-7ac)$
4. $4b \cdot (-d)$
5. $7a \cdot (-2x)$
6. $(-10a) \cdot (-11x)$
7. $8n \cdot (-5m)$
8. $(-5x) \cdot (-3y)$
9. $(-ab) \cdot (-c)$
10. $(-12n) \cdot (-10ac)$
11. $4ab \cdot (-5c)$
12. $4{,}7a \cdot (-1{,}2b)$
13. $5\frac{1}{2}a \cdot \left(-3\frac{1}{3}b\right)$
14. $(-n) \cdot (-m) \cdot (-a)$
15. $16a \cdot (-7b) \cdot (-3c)$
16. $3x \cdot 2y \cdot (-3z)$
17. $(-2x) \cdot 3y \cdot (-3z)$
18. $(-3x) \cdot (-2y) \cdot (-2z)$
19. $(-2a) \cdot (-2b) \cdot (-4c)$
20. $(-x) \cdot (-0{,}2y) \cdot (-0{,}5z)$
21. $30x \cdot (-2a) \cdot (-3b) \cdot 7c \cdot (-5d)$
22. $\left(-\frac{1}{2}x\right) \cdot \left(-\frac{1}{3}y\right) \cdot \left(-\frac{3}{4}z\right)$
23. $0{,}5x \cdot (-0{,}3y) \cdot 5$
24. $7 \cdot (-1{,}2x) \cdot (-4)$
25. $\left(-1\frac{3}{4}x\right) \cdot \left(-4\frac{1}{3}y\right)$
26. $0{,}4a \cdot \left(-1\frac{1}{4}b\right) \cdot x \cdot 5$
27. $\frac{a}{2} \cdot -\left(-\frac{b}{4}\right) \cdot \frac{c}{3}$
28. $20ab + \left(-\frac{1}{2}b\right) \cdot \left(-\frac{4}{3}c\right) - \frac{2}{3}c \cdot \frac{3}{4}b - (-2a) \cdot \frac{1}{2}b$
29. $20ab - \frac{1}{2}b \cdot \frac{4}{3}c + \left(-\frac{2}{3}c\right) \cdot \left(-\frac{3}{4}b\right) + 2a \cdot \left(-\frac{1}{2}b\right)$
30. $12{,}5xy - 2{,}5y \cdot 5{,}2x + 3{,}7x \cdot (-7{,}3y) + \left(-\frac{1}{2}x\right) \cdot \left(-\frac{1}{5}y\right)$
31. $12{,}5xy + (-2{,}5y) \cdot (-5{,}2x) - (-3{,}7x) \cdot 7{,}3y - \frac{1}{2}x \cdot \frac{1}{5}y$

6.4. Multiplizieren von Summen

1. $8 \cdot (3x + 4) = \underline{\underline{24x + 32}}$

2. $(a + 3) \cdot 7$

3. $(a - 5) \cdot 4$

4. $(a - b) \cdot 8$

5. $(2x + 6y) \cdot 5$

6. $y \cdot (11x + 30)$

7. $(3c - 7) \cdot 4$

8. $(9a - 3b) \cdot 5$

9. $c \cdot (a + 1)$

10. $4x \cdot (3a + 6b)$

11. $8 \cdot (2a - 5b + 7)$

12. $(x + y - 4) \cdot 6$

13. $(8a + 8b - c) \cdot 12$

14. $(5a + b - 4c) \cdot 5x$

15. $n \cdot (3ab + b - c)$

16. $(-a - 3b) \cdot 3\frac{1}{2}$

17. $(-x + 1{,}6y) \cdot (-5)$

18. $\left(-1\frac{1}{2}x\right) \cdot (-5y - 6z)$

19. $(-2xy) \cdot (-4a + 7b)$

20. $(9 + 4x - a) \cdot (-4)$

21. $(3a + 7 - b) \cdot (-c)$

22. $(4x - 4y) \cdot (-3a)$

23. $(-5i) \cdot (18a + 12b - 14c + 15x)$

24. $(a + b) \cdot 6 + 4 \cdot (a - b)$

25. $8 \cdot (x - y) + 11 \cdot (x + y)$

26. $3 \cdot (a - b) - 2 \cdot (a + b)$

27. $4 \cdot (5x - 2xy) - 3 \cdot (3x - y - 3)$

28. $3a + (2a + 3b) \cdot 2c + 4bc$

29. $7x \cdot (2a - 3b - 4c) \cdot 2y$

30. $(7{,}5a - 8{,}3b + 11{,}4c) \cdot (-1{,}2)$

31. $24 \cdot (3{,}3a + 2{,}5b) - 40 \cdot (1{,}7a - 10{,}2b)$

32. $\left(5\frac{1}{2}x + 2\frac{1}{2}y\right) \cdot 1\frac{3}{4}z$

33. $\left(4\frac{1}{2}a - 7\frac{4}{5}b + 8\frac{1}{3}c\right) \cdot \left(-20\right)$

34. $12 \cdot \left(4\frac{2}{3}a - 5\frac{2}{9}b + 11\frac{5}{6}c\right) - 15 \cdot \left(2\frac{1}{5}a + 4\frac{3}{4}b\right)$

35. $(a + 2) \cdot (b + 1) = \underline{\underline{ab + a + 2b + 2}}$

36. $(y - 9) \cdot (x - 4)$

37. $(n - 3) \cdot (a + 5)$

38. $(3a + 4) \cdot (b - 11)$

39. $(6a + 2b) \cdot (9 - x)$

40. $(5a + 4b) \cdot (6x - 7y)$

41. $(3{,}6x + 2{,}3y) \cdot (1{,}2a - 3{,}2b)$

42. $(1{,}2a + 0{,}5b) \cdot (0{,}5c - 1{,}2d)$

43. $(x - 5) \cdot \left(4 - \frac{1}{a}\right)$

44. $(x + 18) \cdot (a + 20) \cdot 3$

45. $\left(\frac{3m}{4} - \frac{3a}{8}\right) \cdot \left(\frac{4b}{3} + \frac{8x}{3}\right)$

46. $(2a + 3{,}1b + c) \cdot (10 + 4x)$

47. $(4x + 8) \cdot (8 + 2y) - 5 \cdot (2x - 5y + 4)$

48. $(2x + y) \cdot (3m + n) + (2x + y) \cdot (m - 3n)$

49. $(2x - y) \cdot (3m - n) - (2x - y) \cdot (m + 3n)$

50. $(a + b) \cdot (4x - 5y) - (a - b) \cdot (5x + 3y)$

51. $(2m + 4n) \cdot (5a + 6b - 8c) + (3m + 4n) \cdot (9a - 6b + 7c)$

52. $(3a - 5b) \cdot (6x - 7y + 9z) - (5x - 8y + 8z) \cdot (4a - 5b)$

53. $(3a + 5b) \cdot (6x + 7y - 9z) + (5x + 8y - 8z) \cdot (4a + 5b)$

54. $(4y + 6x) \cdot (3a - 5b) - [(2x - 6y) \cdot (2a + 3b)]$

55. $(4a + 3b - 5c) \cdot 7x - [(5a - 4b + 6c) \cdot 3x]$

56. $(4a - 5x) \cdot (5c + 4b) \cdot 4n$

57. $(3x - 9y) \cdot 5a \cdot (2b - 3c)$

58. $3xy \cdot (a - b) \cdot (4 - 5c)$

59. $6ax \cdot (6d - c) \cdot (4b + 4y) \cdot 3n$

60. $(4 + 2a - 3c) \cdot (12 - 2d - 5b) - [(12d - 6b) \cdot 9a]$

61. $(2a - 6c) \cdot (4b - 2d) - [(2a - 6c) \cdot (5b - 3d) \cdot (-3x)]$

62. $(3a - 2b) \cdot (2c - 4d) \cdot (5x - 2y)$

6.5. Zerlegen in Faktoren (Ausklammern)

1. $5 \cdot 12 + 4 \cdot 12 - 2 \cdot 12 = 12 \cdot (5 + 4 - 2) = \underline{\underline{84}}$

2. $25 \cdot 11 + 15 \cdot 25 - 2 \cdot 25$

3. $3 \cdot 15 \cdot 8 + 5 \cdot 15 \cdot 8 - 2 \cdot 15 \cdot 8$

4. $19 \cdot 3{,}2 \cdot 4{,}3 + 5 \cdot 3{,}2 \cdot 4{,}3 - 20 \cdot 4{,}3 \cdot 3{,}2$

5. $\frac{1}{3} \cdot 25 \cdot 2{,}4 + 2\frac{1}{2} \cdot 25 \cdot 2{,}4 + \frac{1}{6} \cdot 2{,}4 \cdot 25$

6. $bx - b$

7. $ax - 4az + 5ay$

8. $21abx - 6by + 15bz$

9. $24ab - 12bc + 48ab$

10. $5bx - bx - 15bx$

11. $25ab + 125ac + 75ax$

12. $am + bm - cm + xm$

13. $(a + b) \cdot n + (a + b) \cdot m$

14. $(a - b) \cdot x + (a - b) \cdot y$

15. $(b - c) \cdot z + b - c$

16. $m + n + x \cdot (m + n)$

17. $(4n + 3m) \cdot b + 4n + 3m$

18. $a \cdot (x + y) \cdot b - x - y$

19. $3x \cdot (a - b) - a + b$

20. $(c + 3d) \cdot 4a - c - 3d$

21. $(4a - 2b) \cdot (x + y) - (3a + 4b) \cdot (x + y)$

22. $(5m + 2n) \cdot (x - y) + (3m + 2n) \cdot (x - y)$

23. $(15xy + 12bx) \cdot (a - c) - (5bx + 10xy) \cdot (a - c)$

24. $6 \cdot (3x - 5y) - (3x - 5y) \cdot (5 - 3a) - 2 \cdot (3x - 5y) \cdot a$

25. $2n \cdot (3x + z) - (2n + 3) \cdot (3x + z) - 3x - z$

26. $ax - bx + ay - by$

27. $mx + my - nx - ny$

28. $axnd - axnc + abnd - abnc$

29. $2ax + 2ay + 3bx + 3by$

30. $6bd + 2bn + 3dc + nc$

31. $2ax + ay + az - 2bx - by - bz$

32. $2ax - 2ay + bx - by - cx + cy$

33. $2dx + 2ax + 2nx - dy - ay - ny$

Wandeln Sie nachfolgende Aufgaben in Produkte um:

34. $d \cdot s \cdot \pi + s \cdot s \cdot \pi = \underline{\underline{\pi s (d + s)}}$

35. $\frac{\pi\, s\, D}{2} + \frac{\pi\, s\, d}{2}$ (Kegelstumpfmantel)

36. $\frac{Q}{4} \cdot \frac{1}{2} - \frac{Q}{4} \cdot \frac{d}{2}$

37. $x \cdot \frac{9 \cdot \pi}{4} \cdot 32 \cdot 1{,}5 - \frac{9 \cdot \pi}{4} \cdot 32 \cdot x$

38. $\frac{H}{3} \cdot \pi \cdot r + \frac{h}{9} \cdot r \cdot \pi$

39. $\frac{2 \cdot D\, \pi\, h}{12} + \frac{\pi\, h\, d}{12}$

40. $\frac{R\, \pi\, h}{2} + \frac{r\, \pi\, h}{2} + \frac{\pi\, h}{6}$

41. $\frac{b}{2}(x - y) \cdot \frac{r}{2} + \frac{r}{2}(x - y) \cdot b$

Vermischte Aufgaben zur Wiederholung von 6.

1. $7{,}25a \cdot 11b \cdot 0{,}4c = 7{,}25 \cdot 11 \cdot 0{,}4 \cdot a \cdot b \cdot c = \underline{\underline{31{,}9abc}}$

2. $49{,}6n \cdot 53l \cdot 8{,}5k \cdot \frac{2}{11}r \cdot \frac{33}{106}a$

3. $125x \cdot \frac{3}{4}y \cdot \frac{16}{75}z \cdot \frac{5}{2}a$

4. $4a \cdot 25bc + 5b \cdot 15ac - 8c \cdot 12ab + 7abc$

5. $3\frac{1}{2}a \cdot 5b \cdot 1\frac{1}{3}c + 7a \cdot 3\frac{1}{6}b \cdot \frac{5}{12}c$

6. $4\frac{3}{4}x \cdot 5y \cdot 2\frac{1}{3}z + 2{,}15x \cdot 8y \cdot 0{,}1z$

7. $7\frac{1}{12}mn \cdot 3\frac{1}{5}a - a \cdot 6\frac{2}{9}m \cdot 2\frac{3}{5}n$

8. $9\frac{1}{5}u \cdot 2\frac{1}{20}v \cdot \frac{1}{3}w - uv \cdot 2\frac{1}{2}w + 7\frac{1}{5}uvw$

9. $8a \cdot (-2b) \cdot (-4c) \cdot (-9d) = -(8 \cdot 2 \cdot 4 \cdot 9) \cdot (a \cdot b \cdot c \cdot d) = \underline{\underline{-576abcd}}$

10. $\left(-\frac{4}{5}y\right) \cdot \left(\frac{1}{2}x\right) \cdot \left(-3\frac{1}{3}a\right) \cdot \left(-2\frac{1}{4}b\right)$

11. $3b \cdot (-11a) - 5b \cdot (-12a) - (-7b) \cdot (-11a)$

12. $(-20n) \cdot 25u + (-8u) \cdot (-50n) - 4u \cdot (-18n)$

13. $(-4df) \cdot b \cdot \left(-\frac{a}{2}\right)$

14. $\left(-\frac{a}{3}\right) \cdot \left(-\frac{cx}{2}\right) \cdot \left(\frac{2}{9}yz\right)$

15. $\frac{z}{5} \cdot \frac{rt}{7} \cdot \left(-\frac{x}{2}\right) \cdot \left(-\frac{u}{2}\right)$

16. $2\frac{1}{2}x \cdot (-5y) \cdot \frac{3}{11}z + 3\frac{1}{5}x \cdot (-4y) \cdot 1\frac{1}{3}z$

17. $3ab \cdot \left(-1\frac{1}{2}c\right) + \left(-\frac{8}{10}a\right) \cdot (-6bc) - 4a \cdot (-1{,}7b) \cdot (-c)$

18. $0{,}5x \cdot (-1{,}4ay) + (-8ax) \cdot 0{,}2y + 0{,}6x \cdot (-4ay) - \left(-\frac{3}{7}ax\right) \cdot 2\frac{1}{3}y$

19. $4a - 3(2b - a) = 4a - 6b + 3a = \underline{\underline{7a - 6b}}$

20. $3a(4b - 3x + 5c) + 6ac$

21. $7(3{,}2m - 2{,}4n + 6{,}8r) - 6(9{,}3r - 2{,}5 + 9{,}1m)$

22. $20\left(3\frac{3}{8}x - 4\frac{3}{20}y - 8\frac{3}{4}z\right) - 42\left(21\frac{5}{6}x - 3\frac{1}{8}y + 4\frac{5}{12}z\right)$

23. $3[7(8a + 2b) + 5(4b - 9a)] - 2[6(4b - 3a) - 2(a - b)]$

24. $3\left\{5(a + b) - 4[3b(3 + a) - 5a(4 - b)] + 5a\right\} \cdot 4$

25. $3x\left\{[2a + b(a - c) - 2a(b - c)] - bc - ac - ab\right\}$

26. $2x(4y - 3) - 3[4(5y - x) - 5(3x + 2y)] - 5xy$

27. $3{,}5\left\{3{,}8a - 1{,}2b[1{,}8 - (1{,}4a - 1{,}7)] + 2{,}6\right\} - 6{,}2(1{,}15a - 0{,}25b + 1{,}5ab)$

28. $3\frac{2}{3}n\left[1\frac{1}{4}r - \left(2\frac{7}{8}x - 10\frac{3}{4}\right)\right] - \left[4\frac{2}{3}nr - \left(5\frac{5}{7}nx - 5\frac{1}{6}n\right)\right] \cdot 5\frac{2}{5}$

29. $2\frac{1}{2}b\left\{1\frac{2}{3}cd - \left[2\frac{3}{4}c - 3\frac{1}{3}\left(4\frac{1}{4}c - 5\frac{3}{4}\right) + 4\frac{3}{8}c\right] \cdot 4\frac{4}{5}d\right\} - 2\frac{2}{7}b\left(8\frac{1}{3}cd - 2\frac{3}{8}d\right) - 4\frac{37}{56}bd$

30. $2[(x - 2y) \cdot (a + 3b)] = 2[ax + 3bx - 2ay - 6by] = \underline{\underline{2ax + 6bx - 4ay - 12by}}$

31. $(3a - 4b) \cdot (5x + 2y) - (a - b) \cdot (6x - 7y) + (4b - a) \cdot (12x - 9y)$

32. $(x + 8) \cdot (a - 4) - (x - 3) \cdot (a + 6) + (x - 4) \cdot (a - 5)$

33. $(3a + 26x) \cdot (3y + b) + (6a + 4x) \cdot (3y - 5b) - (8y - 10b) \cdot (3a + 8x)$

34. $(4a + 2x) \cdot [(6x - y) \cdot (4c + 2d) - (2x - y) \cdot (12c + 6d)]$

35. $\left(3\frac{1}{2}a - 7\frac{3}{4}b + d\right) \cdot [4x(3y - 4b + 3c) - 2(6xy - 8bx + 5cx)]$

Verwandeln Sie in ein Produkt (Nr. 36 ... 48):

36. $(a - b) \cdot (2x + 3y) - (a - b) \cdot (2x - y) + (a - b) \cdot (x - 3y)$
$= (a - b) \cdot (2x + 3y - 2x + y + x - 3y) = \underline{\underline{(a - b) \cdot (x + y)}}$

37. $57xy + 19ax - 38xz$

38. $77ab + 28ad - 84ac - 91ah$

39. $6x(2a - 3b) - 5y(2a - 3b) - 4x(2a - 3b)$

40. **a)** $ax + bx + ay + by$ **b)** $ab - cb - ad + cd$

41. $7(2x - 3y) + 7a(2x - 3y) - 8b(2x - 3y)$

42. $(2a + 3b) \cdot (4 - y) - (2a + 3b) \cdot (3y + 5)$

43. **a)** $xy - x - y + 1$ **b)** $3ab - a - 3b + 1$

44. $120bx + 72ax + 30ay + 50by$

45. $5mr + 2np - 5nr + n - 2mp - m$

46. $xz - x - yz + y - z + 1$

47. $20ax + 16bx - 4cx - 30ay - 24by + 6cy$

48. $7\frac{1}{9}a + 5\frac{5}{7}bc + 8\frac{8}{9}ac + 4\frac{4}{7}b$

49. Ein Blechstreifen soll zu Wellblech von der Länge *a* geformt werden. Berechnen Sie die Blechstreifenlänge *l*:

a) allgemein (mit Hilfe von Variablen),

b) für $a = 4$ m.

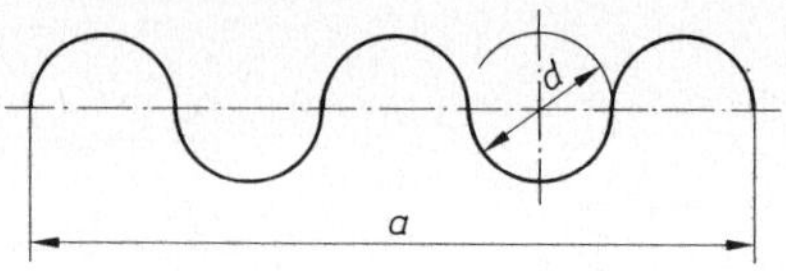

50. Ein Flachstahl soll 49 Löcher erhalten. Berechnen Sie die Werkstücklänge *l*:

a) allgemein (mit Hilfe von Variablen),

b) für $a = 25$ mm,
$e = 55$ mm.

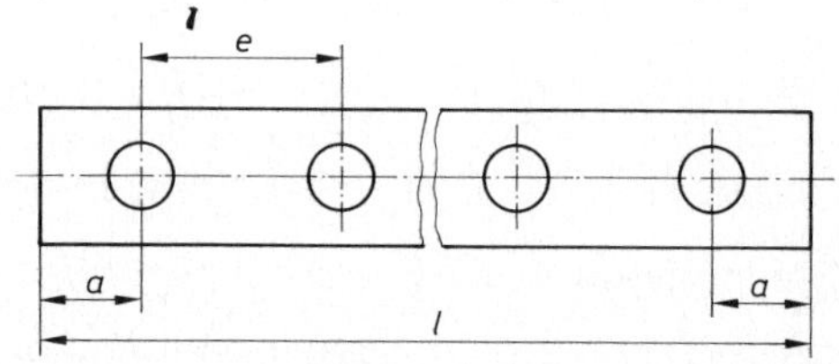

51. Berechnen Sie für den Profilstahl den Querschnittsflächeninhalt *A* (Abrundungen vernachlässigen):

a) allgemein (mit Hilfe von Variablen),

b) für $h = 140$ mm,
$b = 66$ mm,
$d = 5{,}7$ mm,
$t = 8{,}6$ mm.

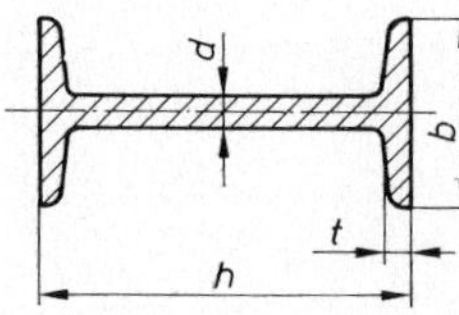

Wiederholungsfragen über 6.

1. *Wie entsteht ein Produkt?*
2. *Wie nennt man die Glieder eines Produktes?*
3. *Wann darf man bei Faktoren das Malzeichen weglassen?*
4. *Geben Sie die Reihenfolge der Faktoren an.*
5. *Wie groß ist das Produkt, wenn ein Faktor Null ist?*
6. *Wie multipliziert man Produkte?*
7. *Nennen Sie die Vorzeichenregel beim Multiplizieren.*
8. *Wie wird eine Zahl mit einer Summe multipliziert?*
9. *Nennen Sie die Regel über das Multiplizieren von Summen.*
10. *Wann kann man Faktoren ausklammern?*
11. *Worauf ist zu achten, wenn man einen negativen Faktor ausklammert?*

7. Dividieren (Teilen)

(Das Rechnen mit Bruchzahlen)

7.1. Einführung

Das Dividieren ist die Umkehrung vom Multiplizieren.

Dividieren	Multiplizieren
$6 : 2 = 3$	$3 \cdot 2 = 6$

Doppelpunkt und Bruchstrich sind gleichbedeutende Rechenzeichen.

$$6 : 2 = \frac{6}{2} = 3$$

Die Teilungszahl (Zähler) heißt Dividend, der Teiler (Nenner) Divisor. Beide zusammen bilden einen Quotienten. Jeder Bruch ist ein Quotient, und jeder Quotient ist ein Bruch.

Dividend ⟶ a

Divisor ⟶ b

$$\underbrace{\frac{a}{b}} = \underbrace{a : b} = c$$

Quotient (Bruch)

$b \neq 0$

Ist a ein Vielfaches von b, so bedeutet der Term $\frac{a}{b}$ eine ganze Zahl.

$$\frac{8}{2} = 4; \quad \frac{27}{3} = 9$$

Ist a kein Vielfaches von b, so entsteht eine neue Zahl, *Bruchzahl* genannt. Eine Bruchzahl ist ein Quotient ganzer Zahlen.

$\frac{a}{b} = \frac{2}{3}$ ⟶ *Bruchzahl (Bruch)*

Ganze Zahlen und Bruchzahlen haben den gemeinsamen Namen *rationale Zahlen*

$-5;\ -1;\ 0;\ 2;\ 15$	*rationale Zahlen*
$\frac{1}{5};\ -\frac{2}{3};\ \frac{7}{9};\ \frac{29}{30}$	

Vertauscht man Zähler und Nenner, so entsteht der Kehrwert der Bruchzahl.

$\frac{5}{3} \neq \frac{3}{5}$ *Kehrwert (Kehrzahl)*

Der Kehrwert einer Bruchzahl hat einen anderen Wert als die Bruchzahl.

$\frac{a}{b} \neq \frac{b}{a}$ *Kehrwert (Kehrzahl)*

Wird bei gleichem Zähler der Nenner immer größer, so wird der Wert der Bruchzahl immer kleiner.

$$\frac{3}{10} = 0{,}3$$

$$\frac{3}{100} = 0{,}03$$

Wird bei einer Bruchzahl $\frac{a}{b}$ der Nenner immer größer, so wird der Wert der Bruchzahl immer kleiner. Strebt der Nenner nach Unendlich (geschrieben: $b \longrightarrow \infty$), so strebt der Wert der Bruchzahl nach Null (geschrieben: $\frac{a}{b} \longrightarrow 0$).

$$\frac{3}{1000} = 0{,}003$$

$\vdots \quad \vdots$

für $b \longrightarrow \infty$ *geht* $\frac{a}{b} \longrightarrow 0$

Wird bei gleichem Zähler der Nenner im positiven Bereich immer kleiner, so wird der Wert der Bruchzahl immer größer.

$$\frac{3}{0{,}1} = 30$$

$$\frac{3}{0{,}01} = 300$$

$$\vdots \qquad \vdots$$

Wird bei einer Bruchzahl $\frac{a}{b}$ der Nenner im positiven Bereich immer kleiner und strebt nach Null (geschrieben: $b \longrightarrow 0$), so strebt der Wert der Bruchzahl nach Unendlich $\left(\text{geschrieben: } \frac{a}{b} \longrightarrow \infty\right)$.

für $b \longrightarrow 0$ *geht* $\frac{a}{b} \longrightarrow \infty$

Sonderfälle von Bruchzahlen:

Eine Bruchzahl mit dem Zähler Null hat den Wert Null.

Umkehrung: Hat eine Bruchzahl den Wert Null, so ist ihr Zähler Null.

$$\boxed{\frac{0}{a} = 0}$$

denn $0 \cdot a = 0$
$a \neq 0$

Eine Bruchzahl mit dem Nenner 1 ist gleich ihrem Zähler (1 nennt man neutrales Element).

$$\boxed{\frac{a}{1} = a}$$

denn $a = a \cdot 1$

Jede ganze Zahl kann als Bruchzahl mit dem Nenner 1 aufgefaßt werden.

$$\frac{5}{1} = 5; \quad \frac{21}{1} = 21$$

Eine Bruchzahl, bei der Zähler und Nenner gleich sind, hat den Wert 1.

$$\boxed{\frac{a}{a} = 1}$$

denn $a = 1 \cdot a$

Merke: Die Division durch Null ist nicht erlaubt.

$$\boxed{\frac{a}{0} \quad \text{ist nicht erlaubt}}$$

Beweis: Angenommen, es wäre $\frac{a}{0} = b; \qquad a \neq 0$

so folgt $0 \cdot b = a$

oder $0 \cdot b \neq 0$

Es entsteht ein Widerspruch zum folgenden Satz: Ist in einem Produkt ein Faktor Null, so ist das ganze Produkt gleich Null.

7.2. Dividieren von Zahlen mit Vorzeichen

Die Division ist die Umkehrung der Multiplikation. Deshalb gelten sinngemäß die gleichen Vorzeichenregeln wie für die Multiplikation.

$$\frac{a}{b} = +\frac{a}{b} = \frac{a}{b} \qquad a, b > 0$$

$$\frac{-a}{-b} = +\frac{a}{b} = \frac{a}{b} \qquad \frac{-8}{-4} = 2 \text{ denn } 2 \cdot (-4) = -8$$

$$\frac{a}{-b} = -\frac{a}{b} \qquad \frac{8}{-4} = -2 \text{ denn } (-2) \cdot (-4) = 8$$

$$\frac{-a}{b} = -\frac{a}{b} \qquad \frac{-8}{4} = -2 \text{ denn } (-2) \cdot 4 = -8$$

Merke: *Der Quotient zweier Zahlen mit gleichen Vorzeichen ist positiv, der Quotient zweier Zahlen mit ungleichen Vorzeichen ist negativ.*

Folgerung:

1. Die Vorzeichen von Zähler und Nenner können vertauscht werden.
2. Ein Vorzeichen vor dem Bruchstrich kann in den Zähler oder in den Nenner gebracht werden.

$$\frac{a}{-b} = \frac{-a}{b} = -\frac{a}{b}$$

$$-\frac{a}{b} = \frac{-a}{b} = \frac{a}{-b}$$

Beispiele:

1. Der Bruch läßt sich durch 8 kürzen.

1. $(-56ax) : (8by) = \frac{-56ax}{8by} = -\frac{7ax}{by}$

2. Das Minuszeichen vor dem Bruchstrich wird zweckmäßig in den Zähler gebracht, der dadurch positiv wird. Danach kann man den Bruch durch 3 kürzen.

2. $-\frac{-48ab}{3c} = \frac{-(-48ab)}{3c} = \frac{48ab}{3c} = \frac{16ab}{c}$

7.3. Der größte gemeinsame Teiler von Zahlen (ggT)

Der größte gemeinsame Teiler (ggT) der Zahlen 48; 84 und 120 ist die größte Zahl, die in den drei Zahlen als Faktor enthalten ist. Um sie zu finden, zerlegt man die Zahlen zunächst nach nebenstehendem Schema in Primfaktoren. Links schreibt man die Zahlen untereinander, oben waagerecht die Primzahlen.

Eine Primzahl ist nur durch sich selbst oder durch 1 teilbar.

Merke: *Den größten gemeinsamen Teiler erhält man aus dem Produkt der gemeinsamen Primfaktoren der Zahlen.*

48   84   120

	2	3	5	7
48	2 · 2 · 2 · 2	3		
84	2 · 2	3		7
120	2 · 2 · 2	3	5	
ggT	2 · 2 · 3 = 12			

Bei unserem Beispiel haben die Zahlen die Primfaktoren

$$2 \cdot 2 \cdot 3 = 12 \text{ gemeinsam.}$$

Für die Zahlen 48; 84 und 120 ist 12 der größte gemeinsame Teiler.

In der Zahl 48 ist die 12 viermal enthalten.

$$\frac{48}{12} = \underline{\underline{4}}$$

In der Zahl 84 ist die 12 siebenmal enthalten.

$$\frac{84}{12} = \underline{\underline{7}}$$

In der Zahl 120 ist die 12 zehnmal enthalten.

$$\frac{120}{12} = \underline{\underline{10}}$$

Auch für Variablen und Kombinationen aus Variablen und bestimmten Zahlen gelten die gleichen Überlegungen.

60*abcx*	120*ax*	140*abx*

Die Zahlen 60*abcx*; 120*ax* und 140*abx* haben als gemeinsame Primfaktoren die Zahlen

$$2 \cdot 2 \cdot 5 \cdot a \cdot x$$

Die Variablen a und x können als Primzahlen in dem Sinne angesehen werden, daß sie sich nicht weiter in Faktoren zerlegen lassen.

Der größte gemeinsame Teiler ist dann 20*ax*.

	2	3	5	7	*a*	*b*	*c*	*x*
60*abcx*	2 · 2	3	5		*a*	*b*	*c*	*x*
120*ax*	2 · 2 · 2	3	5		*a*			*x*
140*abx*	2 · 2		5	7	*a*	*b*		*x*
ggT	$2 \cdot 2 \cdot 5 \cdot a \cdot x = \underline{\underline{20ax}}$							

Beispiele:

1. Berechnen Sie den ggT von:

54*aby*	45*by*	63*ab*

1. Wenn man die Zahlen in Primfaktoren zerlegt, ist es zweckmäßig, gleiche Primfaktoren untereinanderzuschreiben.

   Die drei Zahlen haben die Primfaktoren $3 \cdot 3 \cdot b$ gemeinsam.

   Der größte gemeinsame Teiler ist dann 9*b*.

	2	3	5	7	*a*	*b*	*y*
54*aby*	2	3 · 3 · 3			*a*	*b*	*y*
45*by*		3 · 3	5			*b*	*y*
63*ab*		3 · 3		7	*a*	*b*	
ggT	$3 \cdot 3 \cdot b = \underline{\underline{9b}}$						

2. Bei diesem Beispiel muß man die Summe $4ab + 4ac$ durch Ausklammern in Faktoren zerlegen.

$$4ab + 4ac = 4a(b + c)$$

Nach dem Zerlegen in Primfaktoren kann man erkennen, daß die Zahlen die Primfaktoren

$2 \cdot 2 \cdot a$ gemeinsam haben.

2. Berechnen Sie den ggT von:

$4ab + 4ac$ | $12ab$ | $36ac$

	2	3	a	b	c	$(b+c)$
$4a(b+c)$	$2 \cdot 2$		a			$(b+c)$
$12ab$	$2 \cdot 2$	3	a	b		
$36ac$	$2 \cdot 2$	$3 \cdot 3$	a		c	
ggT	$2 \cdot 2 \cdot a = 4a$					

3. Die drei Summen dieser Aufgabe müssen erst durch Ausklammern in Faktoren zerlegt werden.

Anschließend werden die Faktoren in Primfaktoren zerlegt.

Die gemeinsamen Primfaktoren sind

$2 \cdot 2 \cdot 3 \cdot (2a + b)$

3. Berechnen Sie den ggT von:

$48ax + 24bx$ | $120an + 60bn$ | $24az + 12bz$

	2	3	5	xnz	$(2a+b)$
$24x(2a+b)$	$2 \cdot 2 \cdot 2$	3		x	$(2a+b)$
$60n(2a+b)$	$2 \cdot 2$	3	5	n	$(2a+b)$
$12z(2a+b)$	$2 \cdot 2$	3		z	$(2a+b)$
ggT	$2 \cdot 2 \cdot 3 \cdot (2a+b) = 12(2a+b)$				

7.4. Das kleinste gemeinsame Vielfache von Zahlen (kgV)

Das kleinste gemeinsame Vielfache (kgV) der Zahlen 18 und 6 und 12 ist die kleinste Zahl, in der diese drei Zahlen als Faktoren enthalten sind.

Bei nebenstehendem Beispiel ist das

kgV = 36

Die Zahl 36 ist die kleinste Zahl, in der die drei Zahlen 18 und 6 und 12 ganzzahlig als Faktoren enthalten sind.

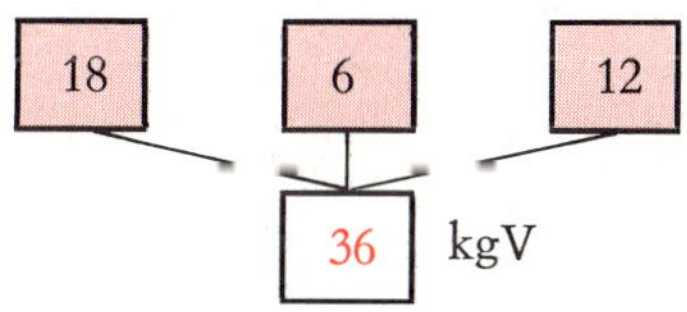

$\frac{36}{18} = 2$ *mal ist die 18 in 36 enthalten*

$\frac{36}{6} = 6$ *mal ist die 6 in 36 enthalten*

$\frac{36}{12} = 3$ *mal ist die 12 in 36 enthalten*

Um das kgV mehrerer Zahlen systematisch zu finden, zerlegt man zunächst laut nebenstehendem Schema die Zahlen in Primfaktoren. Von jeder vorkommenden Primzahl sucht man die größte Anzahl heraus.

Bei nebenstehender Aufgabe sind es die Primfaktoren $2 \cdot 2$ und $3 \cdot 3$. Das Produkt dieser Primfaktoren $2 \cdot 2 \cdot 3 \cdot 3 = 36$ ergibt das kgV.

	2	3
18	2	$3 \cdot 3$
6	2	3
12	$2 \cdot 2$	3
kgV	$2 \cdot 2 \cdot 3 \cdot 3 = 36$	

1. Man zerlegt die Zahlen zunächst, nach dem Schema, in Primfaktoren. Danach sucht man die größte Anzahl von jeder einzelnen Primzahl heraus. Von der Primzahl 3 ist die größte Anzahl 2. Die Primzahl 5 kommt nur einmal vor, ebenso die Primzahl 7. Das Produkt dieser Faktoren $3 \cdot 3 \cdot 5 \cdot 7 = 315$ ergibt das kgV von den Zahlen 9 und 15 und 21. Die Zahl 315 ist die kleinste Zahl, in der die drei gegebenen Zahlen als Faktoren enthalten sind. Die 9 ist 35mal, die 15 ist 21mal und die 21 ist 15mal in der 315 enthalten.

2. Auch für Variablen und Kombinationen aus Variablen und bestimmten Zahlen gelten bei der Berechnung des kgV die gleichen Überlegungen. Jede Variable muß im kgV einmal vorkommen.

   Neben den bestimmten Primzahlen $2 \cdot 2 \cdot 2 \cdot 3 \cdot 7$ sind auch die Variablen a, b und x im kgV enthalten. Im kgV $168abx$ sind die drei Zahlen $8ab$; $12bx$ und $14ax$ enthalten.

   $8ab$ – $21x$ mal, denn $8ab \cdot 21x = 168abx$
   $12bx$ – $14a$ mal, denn $12bx \cdot 14a = 168abx$
   $14ax$ – $12b$ mal, denn $14ax \cdot 12b = 168abx$

3. Auch bei diesem Beispiel zerlegt man zunächst die Zahlen in Primfaktoren. Ein Faktor mit der Bedeutung eines Primfaktors ist die Summe $(x + y)$. Dieser Faktor muß ebenfalls bei der Berechnung des kgV berücksichtigt werden.

4. Die Summen dieser Aufgabe müssen erst in Faktoren zerlegt werden. Um auch bei der zweiten Summe den Faktor $(2a - 3b)$ zu erhalten, muß man die Summanden vertauschen.

Beispiele:

1. Berechnen Sie das kgV von:

9 15 21

	3	5	7
9	$3 \cdot 3$		
15	3	5	
21	3		7
kgV	$3 \cdot 3 \cdot 5 \cdot 7 = \underline{\underline{315}}$		

2. Berechnen Sie das kgV von:

$8ab$ $12bx$ $14ax$

	2	3	7	a	b	x
$8ab$	$2 \cdot 2 \cdot 2$			a	b	
$12bx$	$2 \cdot 2$	3			b	x
$14ax$	2		7	a		x
kgV	$2 \cdot 2 \cdot 2 \cdot 3 \cdot 7 \cdot abx = \underline{\underline{168abx}}$					

3. Berechnen Sie das kgV von:

$12a(x + y)$ $4ab(x + y)$

	2	3	a	b	$(x + y)$
$12a(x + y)$	$2 \cdot 2$	3	a		$(x + y)$
$4ab(x + y)$	$2 \cdot 2$		a	b	$(x + y)$
kgV	$2 \cdot 2 \cdot 3 \cdot ab(x + y) = \underline{\underline{12ab(x + y)}}$				

4. Berechnen Sie das kgV von:

$30a - 45b$ $-15b + 10a$

	3	5	$(2a - 3b)$
$15(2a - 3b)$	3	5	$(2a - 3b)$
$5(2a - 3b)$		5	$(2a - 3b)$
kgV	$3 \cdot 5 \cdot (2a - 3b) = \underline{\underline{15(2a - 3b)}}$		

5. Soll man von mehreren Summen das kgV berechnen, so muß man die Summen zunächst in Faktoren zerlegen.

Das Produkt aus allen verschiedenen Faktoren ergibt das kgV.

Im kgV $(x-1)(x+2)(y-1)$ sind beide Summen enthalten. Sind die Faktoren des kgV Summen, so läßt man sie unausgerechnet stehen.

5. Berechnen Sie das kgV von:

$xy - x - y + 1$ | $xy + 2y - x - 2$

$(y-1)(x-1)$ | $(y-1)(x+2)$

	$(x-1)$	$(x+2)$	$(y-1)$
$(y-1)(x-1)$	$(x-1)$		$(y-1)$
$(y-1)(x+2)$		$(x+2)$	$(y-1)$
kgV	$(x-1)$	$(x+2)$	$(y-1)$

6. Bei dieser Aufgabe braucht man nur die jeweils ersten beiden Summen in Faktoren zu zerlegen. Kommt ein Faktor mehrmals vor, so darf er nur einmal zur Bildung des kgV verwendet werden.

6. Berechnen Sie das kgV von:

$2ax+3ay+2bx+3by$ | $4ax+6ay+2bx+3by$

$(a+b)(2a+b)$

	$(a+b)$	$(2x+3y)$	$(2a+b)$
$(a+b)(2x+3y)$	$(a+b)$	$(2x+3y)$	
$(2a+b)(2x+3y)$		$(2x+3y)$	$(2a+b)$
$(a+b)(2a+b)$	$(a+b)$		$(2a+b)$
kgV	$(a+b)$	$(2x+3y)$	$(2a+b)$

7.5. Kürzen von Brüchen

Sind im Zähler und Nenner eines Bruches gleiche Faktoren, so kann man sie kürzen. Wenn man Faktoren kürzt, bleibt immer der Faktor 1 stehen.

$$\frac{3\cdot\cancel{5}}{\cancel{5}\cdot 4}=\frac{3\cdot 1}{1\cdot 4}=\frac{3}{4}$$

Merke: *Einen Bruch kürzen heißt, Zähler und Nenner durch die gleiche Zahl teilen.*

Der Wert des Bruches ändert sich durch das Kürzen nicht.

$$\frac{\cancel{3}\cdot a\cdot\cancel{b}}{\cancel{3}\cdot\cancel{b}\cdot c}=\frac{a}{c}$$

Beispiele:

1. Bei diesem Bruch kann man Zähler und Nenner durch *ax* kürzen.

1. $\frac{\cancel{a}\cancel{x}by}{\cancel{a}\cancel{x}}=\frac{by}{1}=by$

2. Vor dem Kürzen zerlegt man zweckmäßig die Zahlen in Primfaktoren.

2. $\frac{49ax}{7bx}=\frac{\cancel{7}\cdot 7\cdot a\cdot\cancel{x}}{\cancel{7}\cdot b\cdot\cancel{x}}$

$$=\frac{7a}{b}$$

3. Nach dem Zerlegen in Primfaktoren kann man erkennen, daß der Bruch durch

7, 23, a und x

gekürzt werden kann.

4. Bei diesem Bruch darf die 1 im Zähler nach dem Kürzen nicht vergessen werden.

3. $$\frac{322abx}{483ax} = \frac{2 \cdot \not{7} \cdot \not{23} \cdot \not{a} \cdot b \cdot \not{x}}{3 \cdot \not{7} \cdot \not{23} \cdot \not{a} \cdot \not{x}} = \frac{2b}{3} = \frac{2}{3}b$$

4. $$\frac{30ax}{150abx} = \frac{\not{30} \cdot \not{a} \cdot \not{x}}{5 \cdot \not{30} \cdot \not{a} \cdot b \cdot \not{x}} = \frac{1 \cdot 1 \cdot 1}{5 \cdot 1 \cdot 1 \cdot b \cdot 1} = \frac{1}{5b}$$

Der Zähler des nebenstehenden Bruches ist eine Summe, die aus den zwei Summanden ab und ac besteht. Auf welche Weise wird solch ein Bruch gekürzt?

$$\frac{ab + ac}{a} = ?$$

Man kann dieses Problem am einfachsten an einer Aufgabe mit natürlichen Zahlen überlegen. Für a, b und c setzt man natürliche Zahlen ein. Ohne zu kürzen, erhält man als Ergebnis 8. Dieses Ergebnis ist in jedem Fall richtig.

$a = 2;\ b = 3;\ c = 5$

$$\frac{2 \cdot 3 + 2 \cdot 5}{2} = \frac{6 + 10}{2} = \frac{16}{2} = 8$$

Kürzt man bei der gleichen Aufgabe nur einen Summanden gegen den Nenner, so erhält man ein falsches Ergebnis (13).

$$\frac{\not{2} \cdot 3 + 2 \cdot 5}{\not{2}} = 3 + 2 \cdot 5 = 13 \text{ ► } \textit{falsch}$$

Merke: *Man darf niemals bei einem Bruch einzelne Summanden einer Summe kürzen.*

Kürzt man beide Summanden gegen den Nenner, so ist das Ergebnis richtig.

$$\frac{\not{2} \cdot 3 + \not{2} \cdot 5}{\not{2}} = 3 + 5 = 8$$

Merke: *Sind bei einem Bruch Zähler und Nenner Summen, so muß man alle Summanden durch die gleiche Zahl kürzen.*

$$\frac{\not{a}b + \not{a}c}{\not{a}} = b + c$$

$$\frac{\not{a}b + \not{a}d}{\not{a}x + \not{a}y} = \frac{b + d}{x + y}$$

$a, x, y \neq 0$

Man erhält das gleiche Ergebnis, wenn man vor dem Kürzen die Summen von Zähler und Nenner durch Ausklammern von gemeinsamen Faktoren in Produkte umwandelt. Danach kann man gleiche Faktoren kürzen. Dieser Weg ist übersichtlicher.

Merke: *Sind Zähler und Nenner Summen, so muß man, wenn möglich, gemeinsame Faktoren ausklammern und kann dann gleiche Faktoren kürzen.*

$$\frac{ab + ac}{a} = \frac{\cancel{a}(b + c)}{\cancel{a}} = \underline{\underline{b + c}}$$

$$\frac{ab + ad}{ax + ay} = \frac{\cancel{a}(b + d)}{\cancel{a}(x + y)} = \underline{\underline{\frac{b + d}{x + y}}} \qquad a, x, y \neq 0$$

Beispiele:

1. Durch Ausklammern von xz kann man den Zähler in ein Produkt umwandeln. Die gleichen Faktoren xz kann man kürzen.

$$\frac{axz + bxz - cxz}{axz} = \frac{\cancel{xz}(a + b - c)}{a\cancel{xz}} = \underline{\underline{\frac{a + b - c}{a}}}$$

2. Man kann diesen Bruch nur kürzen, wenn man im Zähler -4 ausklammert. Achten Sie dabei genau auf die Vorzeichen. Man schreibt den Summanden $3c$ und nicht den Summanden $-5a$ an den Anfang. Es ist zweckmäßig, immer einen positiven Summanden an den Anfang zu stellen.

$$\frac{20a + 8b - 12c}{-4} = \frac{-\cancel{4}(-5a - 2b + 3c)}{-\cancel{4}} = \underline{\underline{3c - 5a - 2b}}$$

3. Bei diesem Bruch kann man im Zähler und Nenner den gemeinsamen Faktor $2a$ ausklammern und kürzen.

$$\frac{4ax - 2ab}{6ax + 10ab} = \frac{\cancel{2a}(2x - b)}{\cancel{2a}(3x + 5b)} = \underline{\underline{\frac{2x - b}{3x + 5b}}}$$

4. Die zu kürzenden Faktoren können auch Summen sein. Jede alleinstehende Summe oder Differenz kann man mit 1 multiplizieren und damit in ein Produkt umwandeln.

$$\frac{ax - bx + ay - by}{a - b} = \frac{(x + y)\,\cancel{(a - b)}}{\cancel{(a - b)} \cdot 1} = \frac{x + y}{1} = \underline{\underline{x + y}}$$

5. Ein Minuszeichen vor dem Bruch kann in den Zähler oder in den Nenner gebracht werden.

Bei diesem Beispiel sieht man, daß Zähler und Nenner gleich sind und gekürzt werden können.

$$-\frac{b - 2}{2 - b} = \frac{-(b - 2)}{2 - b} = \frac{-b + 2}{2 - b} = \frac{\cancel{2 - b}}{\cancel{2 - b}} = \underline{\underline{1}}$$

Ein Bruch mit gleichem Zähler und Nenner hat immer den Wert 1.

6. Zähler und Nenner kann man in Produkte umwandeln, deren Faktoren wiederum Summen sind. Da zwei Faktoren (Summen) gleich sind, kann man sie kürzen.

6. $$\frac{ax - a + 2x - 2}{ax + a + 2x + 2} = \frac{\cancel{(a+2)}(x-1)}{\cancel{(a+2)}(x+1)} = \underline{\underline{\frac{x-1}{x+1}}}$$

7.6. Erweitern von Brüchen

Merke: *Einen Bruch erweitern heißt, Zähler und Nenner mit der gleichen Zahl multiplizieren.*

$$\frac{3}{5} \text{ erweitert mit } 2 \blacktriangleright \frac{3 \cdot 2}{5 \cdot 2} = \underline{\underline{\frac{6}{10}}}$$

$$\frac{a}{b} \text{ erweitert mit } c \blacktriangleright \frac{a \cdot c}{b \cdot c} = \underline{\underline{\frac{ac}{bc}}}$$

Das Erweitern von Bruchzahlen ist das Gegenteil vom Kürzen.

Der Wert des Bruches ändert sich durch das Erweitern nicht.

Beispiele: *Erweitern Sie folgende Brüche:*

1. Der Zähler und der Nenner werden mit $5c$ multipliziert.

1. $$\frac{3ax}{4by} \text{ mit } 5c \blacktriangleright \frac{3ax \cdot 5c}{4by \cdot 5c} = \frac{15acx}{20bcy}$$

2. Achten Sie beim Erweitern auch auf das Vorzeichen.

2. $$\frac{3b}{7a} \text{ mit } (-2x) \blacktriangleright \frac{3b \cdot (-2x)}{7a \cdot (-2x)} = \frac{-6bx}{-14ax} = \underline{\underline{\frac{6bx}{14ax}}}$$

3. Bei einer Summe müssen alle Summanden erweitert werden.

3. $$\frac{a}{b+c} \text{ mit } d \blacktriangleright \frac{a \cdot d}{(b+c) \cdot d} = \underline{\underline{\frac{ad}{bd + cd}}}$$

4. Da bei diesem Beispiel Zähler und Nenner Summen sind, werden beide in Klammern gesetzt.

4. $$\frac{a + b - d}{a - b} \text{ mit } 3x$$

$$\frac{(a + b - d) \cdot 3x}{(a - b) \cdot 3x} = \underline{\underline{\frac{3ax + 3bx - 3dx}{3ax - 3bx}}}$$

5. Auch bei diesem Beispiel müssen Sie Zähler und Nenner in Klammern setzen. Achten Sie beim Multiplizieren auf die Vorzeichen.

5. $\frac{3a - 4b + 5c}{3x - 2y}$ *mit* $(-7d)$

$$\frac{(3a - 4b + 5c) \cdot (-7d)}{(3x - 2y) \cdot (-7d)} = \frac{-21ad + 28bd - 35cd}{-21dx + 14dy}$$

6. Ein Bruch kann auch mit einer algebraischen Summe erweitert werden.

6. $\frac{2a - 3b}{5a}$ *mit* $(x + y)$

$$\frac{(2a - 3b) \cdot (x + y)}{5a \cdot (x + y)} = \frac{2ax + 2ay - 3bx - 3by}{5ax + 5ay}$$

7. Achten Sie darauf, daß Summen immer in Klammern gesetzt werden.

7. $\frac{2a - c}{5x + 3y}$ *mit* $(3b + 2d)$

$$\frac{(2a - c) \cdot (3b + 2d)}{(5x + 3y) \cdot (3b + 2d)} = \frac{6ab + 4ad - 3bc - 2cd}{15bx + 10dx + 9by + 6dy}$$

Erweitern Sie folgende Brüche auf den neuen Nenner.

Beispiele:

1. Der Bruch $\frac{6y}{2x}$ soll so erweitert werden, daß er nach dem Erweitern den Nenner $14x$ besitzt. Um den Erweiterungsfaktor zu finden, dividiert man den neuen Nenner durch den alten Nenner.

Im nebenstehenden Beispiel heißt der Faktor 7.

Der Bruch wird nun mit 7 erweitert. Nach dem Erweitern hat er den verlangten Nenner $14x$.

1. $\frac{6y}{2x} = \frac{\quad}{14x}$

$$\frac{14x}{2x} = \frac{\cancel{2} \cdot 7 \cdot \cancel{x}}{\cancel{2} \cdot \cancel{x}} = 7 \quad \text{(Erweiterungsfaktor)}$$

$$\frac{6y}{2x} = \frac{6y \cdot 7}{2x \cdot 7} = \frac{42y}{14x}$$

2. Der neue Nenner soll $-36yz$ heißen. Auch hierbei findet man den Erweiterungsfaktor, indem man den neuen Nenner durch den alten Nenner dividiert.

Der Erweiterungsfaktor ist $-4z$.

2. $\frac{5x}{9y} = \frac{\quad}{-36yz}$

$$\frac{-36yz}{9y} = \frac{-2 \cdot 2 \cdot \cancel{3} \cdot \cancel{3} \cdot \cancel{y} \cdot z}{\cancel{3} \cdot \cancel{3} \cdot \cancel{y}} = -2 \cdot 2 \cdot z = -4z \quad \text{(Erweiterungsfaktor)}$$

$$\frac{5x \cdot (-4z)}{9y \cdot (-4z)} = \frac{-20xz}{-36yz} = \frac{20xz}{36yz}$$

3. Der neue Nenner soll $-42abn$ lauten. Die Division des neuen Nenners durch den alten Nenner ergibt den Erweiterungsfaktor $-6bn$.

$$\frac{5x-6y}{7a}=\frac{\quad}{-42abn}$$

$$\frac{-42abn}{7a}=\frac{-2\cdot 3\cdot \cancel{7}\cdot \cancel{a}\cdot b\cdot n}{\cancel{7}\cdot \cancel{a}}$$

$$=\underline{\underline{-6bn}}\quad \text{(Erweiterungsfaktor)}$$

Im Zähler zweckmäßig die Summanden vertauschen, damit ein positiver Summand am Anfang steht.

$$\frac{(5x-6y)\cdot(-6bn)}{7a\cdot(-6bn)}=\frac{-30bnx+36bny}{-42abn}$$

$$=\underline{\underline{\frac{36bny-30bnx}{-42abn}}}$$

4. Bei diesem Beispiel sind beide Nenner Summen.

$$\frac{3a-2b}{4x+2y}=\frac{\quad}{8cx+4cy}$$

Nach dem Ausklammern und Kürzen erhält man den Erweiterungsfaktor $2c$.

$$\frac{8cx+4cy}{4x+2y}=\frac{2\cdot 2\cdot c\cancel{(2x+y)}}{2\cdot\cancel{(2x+y)}}$$

$$=\underline{\underline{2c}}\quad \text{(Erweiterungsfaktor)}$$

$$\frac{(3a-2b)\cdot 2c}{(4x+2y)\cdot 2c}=\underline{\underline{\frac{6ac-4bc}{8cx+4cy}}}$$

5. Der neue Nenner ist ein Produkt von zwei Summen.

$$\frac{15n}{5x+2b}=\frac{\quad}{(5x+2b)(a+2c)}$$

Nach dem Kürzen erhält man den Erweiterungsfaktor $a+2c$.

$$\frac{\cancel{(5x+2b)}(a+2c)}{\cancel{(5x+2b)}}=\underline{\underline{a+2c}}$$

$$\frac{15n\cdot(a+2c)}{(5x+2b)\cdot(a+2c)}=\underline{\underline{\frac{15an+30cn}{(5x+2b)(a+2c)}}}$$

6. Um bei diesem Beispiel den Erweiterungsfaktor zu finden, zerlegt man vor dem Kürzen den neuen Nenner in Faktoren:

$$2ac-2bc+5ax-5bx=(2c+5x)(a-b).$$

Nach dem Kürzen erhält man den Erweiterungsfaktor $a-b$.

$$\frac{3c-7y}{2c+5x}=\frac{\quad}{2ac-2bc+5ax-5bx}$$

$$\frac{\cancel{(2c+5x)}(a-b)}{\cancel{2c+5x}}=\underline{\underline{a-b}}$$

$$\frac{(3c-7y)\cdot(a-b)}{(2c+5x)\cdot(a-b)}=\underline{\underline{\frac{3ac-3bc-7ay+7by}{2ac-2bc+5ax-5bx}}}$$

7.7. Addieren und Subtrahieren von gleichnamigen Brüchen

Merke: *Gleichnamige Brüche werden addiert (subtrahiert), indem man die Zähler addiert (subtrahiert) und den gemeinsamen Nenner beibehält.*

$$\frac{3}{8}+\frac{7}{8}-\frac{5}{8}=\frac{3+7-5}{8}$$

$$=\frac{5}{8}$$

$$\frac{a}{c}+\frac{b}{c}-\frac{d}{c}=\frac{a+b-d}{c} \qquad c \neq 0$$

Beispiele:

1. Bilden Sie die Summe der Zähler, und kürzen Sie das Ergebnis durch gemeinsame Faktoren.

$$\frac{5a}{12}+\frac{7a}{12}-\frac{4a}{12}=\frac{5a+7a-4a}{12}$$

$$=\frac{8a}{12}$$

$$=\frac{\cancel{2}\cdot\cancel{2}\cdot 2\cdot a}{\cancel{2}\cdot\cancel{2}\cdot 3}$$

$$=\frac{2}{3}a$$

Um das Endergebnis zu vereinfachen, müssen Brüche soweit wie möglich gekürzt werden.

2.

$$\frac{4x}{3b}-\frac{18x}{3b}+\frac{20x}{3b}=\frac{4x-18x+20x}{3b}$$

$$=\frac{6x}{3b}$$

$$=\frac{2\cdot\cancel{3}\cdot x}{\cancel{3}\cdot b}$$

$$=\frac{2x}{b}$$

3. Die Zähler der Brüche können auch Summen sein. Auch hier werden beide Zähler addiert und durch den gemeinsamen Nenner dividiert.

$$\frac{n+x}{4}+\frac{n-x}{4}=\frac{n+x+n-x}{4}$$

$$=\frac{n+n+x-x}{4}$$

$$=\frac{\cancel{2}n}{\cancel{2}\cdot 2}$$

$$=\frac{n}{2}$$

4. Der ganze Zähler vom zweiten Bruch soll subtrahiert werden. Da der Zähler eine Summe ist, muß man ihn in eine Klammer einschließen, wenn beide Brüche auf einen gemeinsamen Bruchstrich geschrieben werden. Sind die Brüche getrennt, so ist eine Klammer nicht notwendig. Das ist nur wichtig, wenn ein Minuszeichen vor einem Bruchstrich steht.

4. $$\frac{a+b}{a} - \frac{a-b+c}{a} = \frac{a+b-(a-b+c)}{a} = \frac{a+b-a+b-c}{a} = \frac{a-a+b+b-c}{a} = \underline{\underline{\frac{2b-c}{a}}}$$

5. Die Zähler und Nenner der Brüche können Summen sein. Wenn man beide Zähler addiert, kann man erkennen, daß sich der neue Zähler in ein Produkt verwandeln läßt und ein Faktor gegen den Nenner gekürzt werden kann.

5. $$\frac{ax+ay}{a+n} + \frac{nx+ny}{a+n} = \frac{ax+ay+nx+ny}{a+n} = \frac{a(x+y)+n(x+y)}{a+n} = \frac{(x+y)\cancel{(a+n)}}{\cancel{a+n}} = \frac{x+y}{1} = \underline{\underline{x+y}}$$

6. Beim Nenner des zweiten Bruches sind die Vorzeichen vertauscht. Um gleiche Nenner zu erhalten, muß man den zweiten Bruch mit (—1) erweitern. Nach dem Erweitern ist zu beachten, daß $-b+a=a-b$ ist. Vergessen Sie nicht, die Zähler vom zweiten und dritten Bruch in Klammern zu setzen, wenn Sie einen gemeinsamen Bruchstrich schreiben.

6. $$\frac{2a-3b}{a-b} - \frac{5a+2b}{b-a} - \frac{3a+3b}{a-b}$$
$$= \frac{2a-3b}{a-b} - \frac{(5a+2b)\cdot(-1)}{(b-a)\cdot(-1)} - \frac{3a+3b}{a-b}$$
$$= \frac{2a-3b}{a-b} - \frac{-5a-2b}{a-b} - \frac{3a+3b}{a-b}$$
$$= \frac{2a-3b-(-5a-2b)-(3a+3b)}{a-b}$$
$$= \frac{2a-3b+5a+2b-3a-3b}{a-b}$$
$$= \frac{2a+5a-3a-3b+2b-3b}{a-b}$$
$$= \frac{4a-4b}{a-b}$$
$$= \frac{4\cancel{(a-b)}}{\cancel{a-b}}$$
$$= \frac{4}{1} = \underline{\underline{4}}$$

7.8. Addieren und Subtrahieren von ungleichnamigen Brüchen

Merke: *Brüche mit ungleichen Nennern (ungleichnamige Brüche) muß man vor dem Addieren und Subtrahieren gleichnamig machen.*

$$\frac{5}{6} + \frac{3}{4} - \frac{1}{2} = \ ?$$

Brüche gleichnamig machen heißt, daß in dem neuen Nenner, dem Hauptnenner, alle vorhandenen Nenner enthalten sind.

Merke: *Der Hauptnenner ist das kleinste gemeinsame Vielfache (kgV) der Einzelnenner.*

Lösungsgang:

a) Man bestimmt den Hauptnenner (kgV).

a) Bestimmen des Hauptnenners

	2	3
6	2	3
4	2 · 2	
2	2	

Hauptnenner (kgV)

$2 \cdot 2 \cdot 3 = \underline{\underline{12}}$

b) Man bestimmt den Erweiterungsfaktor für die einzelnen Nenner. Dividiert man den Hauptnenner durch die Nenner der Brüche, so erhält man den Erweiterungsfaktor.

b) Bestimmen des Erweiterungsfaktors

Nenner	*Erweiterungsfaktor*
6	$\frac{12}{6} = 2$
4	$\frac{12}{4} = 3$
2	$\frac{12}{2} = 6$

c) Die einzelnen Brüche werden durch Erweitern gleichnamig gemacht.

c) Brüche erweitern

$$\frac{5 \cdot 2}{6 \cdot 2} + \frac{3 \cdot 3}{4 \cdot 3} - \frac{1 \cdot 6}{2 \cdot 6}$$

$$= \frac{10}{12} + \frac{9}{12} - \frac{6}{12}$$

d) Die gleichnamigen Brüche werden addiert und subtrahiert.

d) Brüche addieren und subtrahieren

$$= \frac{10 + 9 - 6}{12}$$

$$= \frac{13}{12}$$

$$= \underline{\underline{1\frac{1}{12}}}$$

1. Die Zähler dieser ungleichnamigen Brüche sind natürliche Zahlen und Variablen.

Lösungsgang:

a) Hauptnenner bestimmen, Nenner in Primfaktoren zerlegen.

b) Erweiterungsfaktor berechnen.

Man findet den Erweiterungsfaktor, indem man den Hauptnenner 24 durch die Nenner der Brüche dividiert:

$$\frac{24}{3} = \frac{2 \cdot 2 \cdot 2 \cdot \not{3}}{\not{3}} = 2 \cdot 2 \cdot 2 = \underline{\underline{8}}$$

An diesem Beispiel kann man erkennen, daß man die Erweiterungsfaktoren erhält, wenn man die Primzahlen des Hauptnenners durch die Primzahlen der Nenner dividiert.

c) Brüche erweitern.

d) Brüche zusammenfassen.

2. Die Zähler dieser ungleichnamigen Brüche sind algebraische Summen.

Der Hauptnenner kann bei dieser Aufgabe sofort angegeben werden.

Beim Erweitern der Brüche ist darauf zu achten, daß die Zähler Summen sind.

Da vor dem letzten Bruch ein Minuszeichen steht, muß man den Zähler $14a + 2b$ in eine Klammer einschließen, wenn man alle Zähler auf einen gemeinsamen Bruchstrich schreibt.

Beispiele:

1. $\frac{2b}{3} - \frac{7b}{8} + \frac{11b}{12} + \frac{3b}{4}$

	2	3	*Erweiterungsfaktor*
3		3	$2 \cdot 2 \cdot 2 = 8$
8	$2 \cdot 2 \cdot 2$		3
12	$2 \cdot 2$	3	2
4	$2 \cdot 2$		$2 \cdot 3 = 6$
Hauptnenner: $2 \cdot 2 \cdot 2 \cdot 3 = \underline{\underline{24}}$			

$$= \frac{2b \cdot 8}{3 \cdot 8} - \frac{7b \cdot 3}{8 \cdot 3} + \frac{11b \cdot 2}{12 \cdot 2} + \frac{3b \cdot 6}{4 \cdot 6}$$

$$= \frac{16b}{24} - \frac{21b}{24} + \frac{22b}{24} + \frac{18b}{24}$$

$$= \frac{16b - 21b + 22b + 18b}{24}$$

$$= \frac{35b}{24} = \underline{\underline{1\frac{11}{24}b}}$$

2. $\frac{3a - 4b}{3} + \frac{a + 6b}{4} - \frac{7a + b}{6}$

Hauptnenner: $\underline{\underline{12}}$

$$= \frac{(3a - 4b) \cdot 4}{3 \cdot 4} + \frac{(a + 6b) \cdot 3}{4 \cdot 3} - \frac{(7a + b) \cdot 2}{6 \cdot 2}$$

$$= \frac{12a - 16b}{12} + \frac{3a + 18b}{12} - \frac{14a + 2b}{12}$$

$$= \frac{12a - 16b + 3a + 18b - (14a + 2b)}{12}$$

$$= \frac{12a - 16b + 3a + 18b - 14a - 2b}{12}$$

$$= \frac{12a + 3a - 14a - 16b + 18b - 2b}{12}$$

$$= \underline{\underline{\frac{a}{12}}}$$

3. Die Brüche dieser Aufgabe sind ungleichnamig und haben im Zähler und Nenner natürliche Zahlen und Variablen.

Lösungsgang:

a) Hauptnenner bestimmen.

b) Erweiterungsfaktor berechnen.

3. $\frac{5a}{2x} + \frac{3a}{8x} - \frac{7a}{12b}$

	2	3	b	x	*Erweiterungsfaktor*
$2x$	2			x	$2 \cdot 2 \cdot 3 \cdot b = 12b$
$8x$	$2 \cdot 2 \cdot 2$			x	$3 \cdot b = 3b$
$12b$	$2 \cdot 2$	3	b		$2 \cdot x = 2x$

Hauptnenner: $2 \cdot 2 \cdot 2 \cdot 3 \cdot b \cdot x = 24bx$

c) Brüche erweitern.

$$= \frac{5a \cdot 12b}{2x \cdot 12b} + \frac{3a \cdot 3b}{8x \cdot 3b} - \frac{7a \cdot 2x}{12b \cdot 2x}$$

$$= \frac{60ab}{24bx} + \frac{9ab}{24bx} - \frac{14ax}{24bx}$$

d) Brüche zusammenfassen.

$$= \frac{60ab + 9ab - 14ax}{24bx}$$

$$= \underline{\underline{\frac{69ab - 14ax}{24bx}}}$$

4. Die Brüche dieser Aufgabe sind ungleichnamig. Die Zähler bestehen aus algebraischen Summen. Der Hauptnenner kann sofort angegeben werden.

Achten Sie beim Erweitern der Brüche auf die Summen in den Zählern. Der ganze Zähler muß immer erweitert werden.

Ist der Zähler eine Summe, so muß man ihn beim Schreiben eines gemeinsamen Bruchstriches in Klammern setzen. Das ist besonders dann wichtig, wenn ein Minuszeichen vor dem Bruch steht.

4. $\frac{2x + 4n}{2x} - \frac{2x - 4n}{6x} - \frac{2x - n}{12x}$

Hauptnenner: $\underline{\underline{12x}}$

$$= \frac{(2x + 4n) \cdot 6}{2x \cdot 6} - \frac{(2x - 4n) \cdot 2}{6x \cdot 2} - \frac{2x - n}{12x}$$

$$= \frac{12x + 24n}{12x} - \frac{4x - 8n}{12x} - \frac{2x - n}{12x}$$

$$= \frac{12x + 24n - (4x - 8n) - (2x - n)}{12x}$$

$$= \frac{12x + 24n - 4x + 8n - 2x + n}{12x}$$

$$= \frac{12x - 4x - 2x + 24n + 8n + n}{12x}$$

$$= \frac{6x + 33n}{12x}$$

Kürzen Sie den Bruch immer soweit wie möglich.

$$= \frac{\not{3}(2x + 11n)}{\not{3} \cdot 4x}$$

$$= \underline{\underline{\frac{2x + 11n}{4x}}}$$

5. Die Nenner dieser ungleichnamigen Brüche sind Summen.

Lösungsgang:

a) Hauptnenner bestimmen.

b) Erweiterungsfaktor berechnen.

c) Brüche erweitern.

d) Brüche zusammenfassen.

e) Bruch kürzen.

5. $$\frac{5a}{3a-9b}+\frac{3b}{4a-12b}-\frac{2}{3}$$

$$=\frac{5a}{3(a-3b)}+\frac{3b}{4(a-3b)}-\frac{2}{3}$$

Nenner	2	3	$(a-3b)$	*Erweiterungs-faktor*
$3(a-3b)$		3	$(a-3b)$	4
$4(a-3b)$	$2\cdot 2$		$(a-3b)$	3
3		3		$4(a-3b)$
Hauptnenner: $2\cdot 2\cdot 3\cdot(a-3b)=12(a-3b)$				

$$=\frac{5a\cdot 4}{3(a-3b)\cdot 4}+\frac{3b\cdot 3}{4(a-3b)\cdot 3}-\frac{2\cdot 4(a-3b)}{3\cdot 4(a-3b)}$$

$$=\frac{20a}{12(a-3b)}+\frac{9b}{12(a-3b)}-\frac{8(a-3b)}{12(a-3b)}$$

$$=\frac{20a+9b-(8a-24b)}{12(a-3b)}$$

$$=\frac{20a+9b-8a+24b}{12(a-3b)}$$

$$=\frac{12a+33b}{12(a-3b)}$$

$$\frac{\not{3}(4a+11b)}{\not{3}\cdot 4(a-3b)}=\frac{4a+11b}{4(a-3b)}$$

6. Zähler und Nenner dieser ungleichnamigen Brüche sind Summen. Der Hauptnenner kann sofort angegeben werden.

Der Lösungsgang ist der gleiche wie bei obiger Aufgabe.

6. $$\frac{7x-2}{4x-2}-\frac{10x-3}{6x-3}$$

$$=\frac{7x-2}{2(2x-1)}-\frac{10x-3}{3(2x-1)}$$

Hauptnenner: $6(2x-1)$

$$=\frac{(7x-2)\cdot 3}{2(2x-1)\cdot 3}-\frac{(10x-3)\cdot 2}{3(2x-1)\cdot 2}$$

$$=\frac{21x-6}{6(2x-1)}-\frac{20x-6}{6(2x-1)}$$

$$=\frac{21x-6-(20x-6)}{6(2x-1)}$$

$$=\frac{21x-20x-6+6}{6(2x-1)}$$

$$=\frac{x}{6(2x-1)}$$

Verfolgen Sie genau den Gang der nächsten Aufgabe.

7. $\dfrac{8a - 5b}{4a + 6b} - \dfrac{5x + 3y}{3x + 3y} + \dfrac{-2ay}{2ax + 2ay + 3bx + 3by}$

$= \dfrac{8a - 5b}{2(2a + 3b)} - \dfrac{5x + 3y}{3(x + y)} + \dfrac{-2ay}{(2a + 3b)(x + y)}$

Nenner	2	3	$(2a + 3b)$	$(x + y)$	*Erweiterungsfaktor*
$2(2a + 3b)$	2		$(2a + 3b)$		$3(x + y) = 3x + 3y$
$3(x + y)$		3		$(x + y)$	$2(2a + 3b) = 4a + 6b$
$(2a + 3b)(x + y)$			$(2a + 3b)$	$(x + y)$	6
Hauptnenner: $2 \cdot 3 \cdot (2a + 3b)(x + y) = 6(2a + 3b)(x + y)$					

$= \dfrac{(8a - 5b) \cdot (3x + 3y)}{2(2a + 3b) \cdot 3(x + y)} - \dfrac{(5x + 3y) \cdot (4a + 6b)}{3(x + y) \cdot 2(2a + 3b)} + \dfrac{-2ay \cdot 6}{(2a + 3b)(x + y) \cdot 6}$

$= \dfrac{24ax + 24ay - 15bx - 15by}{6(2a + 3b)(x + y)} - \dfrac{20ax + 30bx + 12ay + 18by}{6(2a + 3b)(x + y)} + \dfrac{-12ay}{6(2a + 3b)(x + y)}$

$= \dfrac{24ax + 24ay - 15bx - 15by - (20ax + 30bx + 12ay + 18by) - 12ay}{6(2a + 3b)(x + y)}$

$= \dfrac{24ax + 24ay - 15bx - 15by - 20ax - 30bx - 12ay - 18by - 12ay}{6(2a + 3b)(x + y)}$

$= \dfrac{24ax - 20ax + 24ay - 12ay - 12ay - 15bx - 30bx - 15by - 18by}{6(2a + 3b)(x + y)}$

$= \underline{\underline{\dfrac{4ax - 45bx - 33by}{6(2a + 3b)(x + y)}}}$

7.9. Multiplizieren von Brüchen

Merke: Bruchzahlen werden multipliziert, indem das Produkt der Zähler durch das Produkt der Nenner dividiert wird.

Ganze Zahlen haben den Nenner 1 (Scheinbrüche).

$\dfrac{2}{3} \cdot \dfrac{4}{5} \cdot 3 = \dfrac{2 \cdot 4 \cdot \cancel{3}}{\cancel{3} \cdot 5 \cdot 1} = \dfrac{8}{5} = \underline{\underline{1\dfrac{3}{5}}}$

$\boxed{\dfrac{a}{b} \cdot \dfrac{c}{d} \cdot x = \dfrac{a \cdot c \cdot x}{b \cdot d \cdot 1} = \dfrac{acx}{bd}}$ $b, d \neq 0$

Beispiele:

1. Man multipliziert die Zähler miteinander und die Nenner miteinander. Um kürzen zu können, zerlegt man Zähler und Nenner in Faktoren.

   Es müssen nicht unbedingt Primfaktoren sein. Die 8 braucht man nicht weiter zu zerlegen, weil sie im Zähler und Nenner vorkommt. Man kann sie auch unzerlegt kürzen.

1. $$\frac{7a}{8}\cdot\frac{48}{14}=\frac{7a\cdot 48}{8\cdot 14}$$

$$=\frac{\cancel{7}\cdot a\cdot\cancel{2}\cdot 3\cdot\cancel{8}}{\cancel{8}\cdot\cancel{2}\cdot\cancel{7}}$$

$$=\underline{\underline{3a}}$$

2. *Lösungsgang:*

   a) Vorzeichen bestimmen.

   b) Gemischte Zahlen in unechte Brüche umwandeln.

   c) Zähler und Nenner in Faktoren zerlegen.

   d) Gleiche Faktoren kürzen.

   e) Zähler und Nenner multiplizieren.

2. $$\underbrace{\left(-\frac{341\,a}{36\,c}\right)\cdot\left(-8\frac{8}{17}b\right)}_{+}=\frac{341}{36}\cdot\frac{a}{c}\cdot\frac{144}{17}\cdot\frac{b}{1}$$

$$=\frac{341\cdot a\cdot 144\cdot b}{36\cdot c\cdot 17\cdot 1}$$

$$=\frac{11\cdot 31\cdot a\cdot 4\cdot\cancel{36}\cdot b}{\cancel{36}\cdot c\cdot 17\cdot 1}$$

$$=\frac{11\cdot 31\cdot 4\cdot a\cdot b}{c\cdot 17}$$

$$=\underline{\underline{\frac{1364ab}{17c}}}$$

3. Zerlegen Sie Zähler und Nenner in Faktoren, und kürzen Sie den Bruch immer soweit es geht.

3. $$\frac{12ab}{16xy}\cdot\frac{32x}{48a}=\frac{12ab\cdot 32x}{16xy\cdot 48a}$$

$$=\frac{\cancel{12a}b\cdot\cancel{2}\cdot\cancel{16x}}{\cancel{16x}y\cdot\cancel{2}\cdot 2\cdot\cancel{12a}}$$

$$=\underline{\underline{\frac{b}{2y}}}$$

4. Die Faktoren von Zähler und Nenner können auch Summen sein.

   Beim Nenner des ersten Bruches die Klammer nicht vergessen, wenn man die Brüche auf einen gemeinsamen Bruchstrich schreibt.

4. $$\frac{3(a-b)}{n+x}\cdot\frac{4(n+x)}{12(a-b)}=\frac{3\cancel{(a-b)}\cdot 4\cancel{(n+x)}}{\cancel{(n+x)}\cdot 12\cancel{(a-b)}}$$

$$=\frac{\cancel{3}\cdot\cancel{4}}{\cancel{3}\cdot\cancel{4}}$$

$$=\underline{\underline{1}}$$

5. Die Zähler und Nenner der Brüche kann man in Faktoren zerlegen. Danach gleiche Faktoren kürzen. Nach dem Kürzen bleibt im Zähler nur die Variable x übrig.

5. $\frac{3ax+6bx}{5x-15y}\cdot\frac{10x-30y}{6a+12b}=\frac{3x(a+2b)}{5(x-3y)}\cdot\frac{10(x-3y)}{6(a+2b)}$

$=\frac{\cancel{3}x\cancel{(a+2b)}\cdot\cancel{2}\cdot\cancel{5}\cancel{(x-3y)}}{\cancel{5}\cancel{(x-3y)}\cdot\cancel{2}\cdot\cancel{3}\cancel{(a+2b)}}$

$=\frac{x}{1}$

$=\underline{\underline{x}}$

6. *Lösungsgang:*

a) Zähler und Nenner der Brüche in Faktoren zerlegen.

b) Die Zähler und die Nenner miteinander multiplizieren, jedoch vorerst noch ohne sie auszurechnen.

c) Gleiche Faktoren kürzen.

6. $\frac{4x+6y}{3x}\cdot\frac{3a+3b}{2a}\cdot\frac{7ab}{2ax+2bx+3ay+3by}$

$=\frac{2(2x+3y)}{3x}\cdot\frac{3(a+b)}{2a}\cdot\frac{7ab}{(2x+3y)\,(a+b)}$

$=\frac{\cancel{2}\cancel{(2x+3y)}\cdot\cancel{3}\cancel{(a+b)}\cdot 7\cancel{a}b}{\cancel{3}x\cdot\cancel{2a}\cdot\cancel{(2x+3y)}\,\cancel{(a+b)}}$

$=\underline{\underline{\frac{7b}{x}}}$

7. Eine Summe, d. h. ein mehrgliedriger Faktor, soll mit einem eingliedrigen Faktor multipliziert werden.

Achten Sie beim Multiplizieren auf die Brüche und auf die Vorzeichen.

Kürzen Sie jeden Bruch soweit wie möglich.

Gleichartige Glieder der entstehenden Summe kann man zusammenfassen.

7. $\left(\frac{2a}{x}+4a-\frac{5a}{6x}\right)\cdot\left(-\frac{3x}{a}\right)$

$=\frac{2a}{x}\cdot\left(-\frac{3x}{a}\right)+4a\cdot\left(-\frac{3x}{a}\right)-\frac{5a}{6x}\cdot\left(-\frac{3x}{a}\right)$

$=-\frac{2\cancel{a}\cdot 3\cancel{x}}{\cancel{x}\cdot\cancel{a}}-\frac{4\cancel{a}\cdot 3x}{\cancel{a}}+\frac{5\cancel{a}\cdot\cancel{3x}}{2\cdot\cancel{3x}\cdot\cancel{a}}$

$=-6-12x+\frac{5}{2}$

$=-6+2{,}5-12x$

$=\underline{\underline{-3{,}5-12x}}$

8. Bei dieser Aufgabe ist es zweckmäßig, die Brüche in der ersten Klammer auf den Hauptnenner zu bringen. Der Hauptnenner ist $12x$.

Es entstehen zwei Brüche, die miteinander multipliziert werden. Danach kürzen Sie gleiche Faktoren.

8. $\left(\frac{5a}{12x}-\frac{5b}{6x}+\frac{5c}{4x}\right)\cdot\left(\frac{6x}{5a-10b+15c}\right)$

$=\left(\frac{5a}{12x}-\frac{5b\cdot 2}{6x\cdot 2}+\frac{5c\cdot 3}{4x\cdot 3}\right)\cdot\left(\frac{6x}{5a-10b+15c}\right)$

$=\left(\frac{5a}{12x}-\frac{10b}{12x}+\frac{15c}{12x}\right)\cdot\left(\frac{6x}{5a-10b+15c}\right)$

$=\left(\frac{5a-10b+15c}{12x}\right)\cdot\left(\frac{6x}{5a-10b+15c}\right)$

$=\frac{\cancel{(5a-10b+15c)}\cdot\cancel{6x}}{2\cdot\cancel{6x}\cancel{(5a-10b+15c)}}$

$=\underline{\underline{\frac{1}{2}}}$

9. Verfolgen Sie genau den Gang der Aufgabe.

Wenn Sie die Summen miteinander multiplizieren, achten Sie auf die Brüche. Als Ergebnis erhält man ungleichnamige Brüche, die man stehen läßt. Das Ergebnis wäre komplizierter, wenn man sie gleichnamig machen würde.

Wenn nicht etwas anderes gefordert wird, so betrachtet man die einfachste Form als Lösung der Aufgabe.

9. $$\left(\frac{3a}{5b}-\frac{2x}{3y}\right)\cdot\left(\frac{10b}{15a}+\frac{9y}{8x}\right)$$

$$=\frac{3\not{a}\cdot 10\not{b}}{5\not{b}\cdot 15\not{a}}+\frac{3a\cdot 9y}{5b\cdot 8x}-\frac{2x\cdot 10b}{3y\cdot 15a}-\frac{2\not{x}\cdot 9\not{y}}{3\not{y}\cdot 8\not{x}}$$

$$=\frac{\not{3}\cdot 2\cdot\not{5}}{\not{5}\cdot\not{3}\cdot 5}+\frac{27ay}{40bx}-\frac{\not{5}\cdot 4bx}{\not{5}\cdot 9ay}-\frac{\not{2}\cdot\not{3}\cdot 3}{\not{3}\cdot\not{2}\cdot 4}$$

$$=\frac{2}{5}+\frac{27ay}{40bx}-\frac{4bx}{9ay}-\frac{3}{4}$$

$$=\frac{27ay}{40bx}-\frac{4bx}{9ay}+\frac{8}{20}-\frac{15}{20}$$

$$=\underline{\underline{\frac{27ay}{40bx}-\frac{4bx}{9ay}-\frac{7}{20}}}$$

Verfolgen Sie genau den Gang nachfolgender Aufgabe.

10. $$\left(\frac{1}{x}+\frac{1}{y}\right)\cdot(x-y)-(x+y)\left(\frac{1}{x}-\frac{1}{y}\right)$$ ► *Klammern multiplizieren*

$$=\frac{1}{x}\cdot x-\frac{1}{x}\cdot y+\frac{1}{y}\cdot x-\frac{1}{y}\cdot y-\left(x\cdot\frac{1}{x}-x\cdot\frac{1}{y}+y\cdot\frac{1}{x}-y\cdot\frac{1}{y}\right)$$ ► *Summanden vereinfachen*

$$=\frac{x}{x}-\frac{y}{x}+\frac{x}{y}-\frac{y}{y}-\left(\frac{x}{x}-\frac{x}{y}+\frac{y}{x}-\frac{y}{y}\right)$$ ► *Klammer auflösen*

$$=1-\frac{y}{x}+\frac{x}{y}-1-1+\frac{x}{y}-\frac{y}{x}+1$$ ► *Glieder ordnen*

$$=1-1-1+1-\frac{y}{x}-\frac{y}{x}+\frac{x}{y}+\frac{x}{y}$$ ► *gleichartige Glieder zusammenfassen*

$$=\frac{-y-y}{x}+\frac{x+x}{y}$$ ► *Zähler zusammenfassen*

$$=\frac{-2y}{x}+\frac{2x}{y}$$ ► *Minuszeichen des 1. Bruches vor den Bruchstrich schreiben*

$$=-\frac{2y}{x}+\frac{2x}{y}$$ ► *das positive Glied an den Anfang setzen*

$$=\underline{\underline{\frac{2x}{y}-\frac{2y}{x}}}$$

Multipliziert man eine Summe mit einem Bruch $\left(\frac{5}{6}\right)$, so enthält jeder Summand diesen Bruch als Faktor.

$$\frac{5}{6}\left(\frac{a}{x}+\frac{b}{y}\right)=\frac{5a}{6x}+\frac{5b}{6y}$$

Umgekehrt kann man aus einer Summe gleiche, in allen Summanden enthaltene Faktoren ausklammern $\left(\frac{5}{6}\right)$.

Die gemeinsamen Faktoren der Summe können also auch Brüche sein.

Aus der Summe entsteht auf diese Weise ein Produkt.

$$\frac{5a}{6x} + \frac{5b}{6y} = \frac{5}{6}\left(\frac{a}{x} + \frac{b}{y}\right)$$

Summe — *Faktor* *Faktor* — *Produkt*

Beispiele:

Zerlegen Sie in Faktoren:

1. Um gemeinsame Faktoren zu finden, zerlegt man die Zahlen in Faktoren. Man kann dann erkennen, daß der Faktor $\frac{4}{5}$ in allen Summanden vorkommt.

1. $$\frac{4x}{5y} + \frac{12n}{15m} - \frac{16a}{20c}$$
$$= \frac{4x}{5y} + \frac{3 \cdot 4n}{3 \cdot 5m} - \frac{4 \cdot 4a}{4 \cdot 5c}$$
$$= \frac{4}{5}\left(\frac{x}{y} + \frac{n}{m} - \frac{a}{c}\right)$$

2. Die Summanden dieser Summe enthalten viele gemeinsame Faktoren, die man ausklammern kann. Gemeinsame Faktoren sind rot gekennzeichnet.

Um die Richtigkeit der Umformung zu überprüfen, kann man die Aufgabe durch Multiplizieren in die ursprüngliche Form zurückführen.

2. $$\frac{18(x+y) \cdot an}{15(a+b) \cdot bc} + \frac{54(x+y) \cdot a}{35(a+b) \cdot c}$$
$$= \frac{18an(x+y)}{3b \cdot 5c(a+b)} + \frac{3 \cdot 18a(x+y)}{7 \cdot 5c(a+b)}$$
$$= \frac{18a(x+y)}{5c(a+b)} \cdot \left(\frac{n}{3b} + \frac{3}{7}\right)$$

7.10. Dividieren von Brüchen

Merke: Bruchzahlen werden dividiert, indem man vom 2. Bruch den Kehrwert bildet und die Bruchzahlen dann miteinander multipliziert.

Ganze Zahlen haben den Nenner 1 (Scheinbrüche).

1. 2.

$$\frac{2}{3} : \frac{4}{5} = \frac{2}{3} \cdot \frac{5}{4} = \frac{2 \cdot 5}{3 \cdot 4} = \frac{5}{6}$$

Variablen werden ebenso behandelt wie bestimmte Zahlen.

$$\frac{a}{b} : \frac{c}{d} = \frac{a}{b} \cdot \frac{d}{c} = \frac{ad}{bc}$$

$b, c, d \neq 0$

Beispiele:

1. Man bildet vom zweiten Bruch den Kehrwert und multipliziert beide Brüche miteinander.

   Durch Kürzen von Zähler und Nenner kann man den entstandenen Bruch vereinfachen.

1.
$$\frac{18x}{15y} : \frac{3b}{5a} = \frac{18x}{15y} \cdot \frac{5a}{3b}$$
$$= \frac{2 \cdot \cancel{3} \cdot \cancel{3}x \cdot \cancel{5}a}{\cancel{3} \cdot \cancel{5}y \cdot \cancel{3}b}$$
$$= \underline{\underline{\frac{2ax}{by}}}$$

2. *Lösungsgang:*

   a) Vorzeichen bestimmen.

   b) Gemischte Zahlen in unechte Brüche umwandeln.

   c) Vom zweiten Bruch den Kehrwert bilden.

   d) Brüche miteinander multiplizieren.

   e) Zähler und Nenner in Faktoren zerlegen.

   f) Gleiche Faktoren kürzen.

   g) Zähler und Nenner multiplizieren.

2.
$$\left(-8\frac{8}{17}b\right) : \frac{243a}{34c} = -\frac{144}{17}b : \frac{243a}{34c}$$
$$= -\frac{144b}{17} \cdot \frac{34c}{243a}$$
$$= -\frac{\cancel{9} \cdot 16b \cdot 2 \cdot \cancel{17}c}{\cancel{17} \cdot \cancel{9} \cdot 27a}$$
$$= -\frac{16 \cdot 2 \cdot b \cdot c}{27a}$$
$$= \underline{\underline{-\frac{32bc}{27a}}}$$

3. Bilden Sie vom zweiten Bruch den Kehrwert, und multiplizieren Sie beide Brüche.

   Bruch immer soweit wie möglich kürzen.

3.
$$\frac{16ax}{5b} : \frac{4a}{15bc} = \frac{16ax}{5b} \cdot \frac{15bc}{4a}$$
$$= \frac{4 \cdot \cancel{4a} \cdot x \cdot 3 \cdot \cancel{5b} \cdot c}{\cancel{5b} \cdot \cancel{4a}}$$
$$= 4x \cdot 3c$$
$$= \underline{\underline{12cx}}$$

4. Die Faktoren von Zähler und Nenner können auch Summen sein.

   Auch gleiche Summen kann man kürzen, wenn sie die Eigenschaften von Faktoren haben.

4.
$$\frac{12(x+y)}{9(a+b)} : \frac{8(x-y)}{3(a+b)} = \frac{12(x+y)}{9(a+b)} \cdot \frac{3(a+b)}{8(x-y)}$$
$$= \frac{\cancel{3} \cdot \cancel{4}(x+y) \cdot \cancel{3(a+b)}}{\cancel{3} \cdot \cancel{3(a+b)} \cdot 2 \cdot \cancel{4}(x-y)}$$
$$= \underline{\underline{\frac{x+y}{2(x-y)}}}$$

5. Die Zähler und Nenner der Brüche kann man in Faktoren zerlegen. Im weiteren Rechnungsgang kann man dadurch die Brüche kürzen.

5. $$\frac{6a-2b}{3x+15}:\frac{4c}{6x+30}=\frac{2(3a-b)}{3(x+5)}:\frac{4c}{6(x+5)}=\frac{2(3a-b)\cdot 6\cancel{(x+5)}}{3\cancel{(x+5)}\cdot 4c}=\frac{\cancel{2}\cdot\cancel{2}\cdot\cancel{3}\cdot(3a-b)}{\cancel{3}\cdot\cancel{2}\cdot\cancel{2}\cdot c}=\underline{\underline{\frac{3a-b}{c}}}$$

6. Lösen Sie die Klammern auf, und multiplizieren Sie die dann entstehenden Brüche. Durch Kürzen wird das Ergebnis in die einfachste Form umwandelt.

6. $$\left[\left(\frac{12an(a+b)}{5bx}:\frac{4cn}{20b}\right):\frac{3ax+3bx}{5x}\right]:15a=\frac{12\cancel{a}\cancel{n}\cancel{(a+b)}\cdot 20\cancel{b}\cdot\cancel{5}\cancel{x}\cdot 1}{\cancel{5}\cancel{b}\cancel{x}\cdot 4c\cancel{n}\cdot 3x\cancel{(a+b)}\cdot 15\cancel{a}}=\frac{12\cdot 20}{4c\cdot 3x\cdot 15}=\frac{\cancel{3}\cdot\cancel{4}\cdot 2\cdot 2\cdot\cancel{5}}{\cancel{4}c\cdot 3x\cdot\cancel{3}\cdot\cancel{5}}=\underline{\underline{\frac{4}{3cx}}}$$

Verfolgen Sie genau den Gang nachfolgender Aufgabe.

7. $$\frac{x}{a(x+y)}:bc+\frac{x}{ab(x+y)}:c+\frac{2y}{abc(x+y)}=\frac{x}{a(x+y)}\cdot\frac{1}{bc}+\frac{x}{ab(x+y)}\cdot\frac{1}{c}+\frac{2y}{abc(x+y)}$$
$$=\frac{x}{a(x+y)bc}+\frac{x}{ab(x+y)\cdot c}+\frac{2y}{abc(x+y)}$$
$$=\frac{x}{abc(x+y)}+\frac{x}{abc(x+y)}+\frac{2y}{abc(x+y)}$$
$$=\frac{x+x+2y}{abc(x+y)}$$
$$=\frac{2x+2y}{abc(x+y)}=\frac{2\cancel{(x+y)}}{abc\cancel{(x+y)}}=\underline{\underline{\frac{2}{abc}}}$$

8. Wenn der Zähler und der Nenner (oder einer von beiden) eines Bruches wieder Brüche sind, so spricht man von einem *Doppelbruch*. Dabei kann der Hauptbruchstrich durch einen Doppelpunkt ersetzt werden.

8. $$\frac{\frac{6m}{5a}}{\frac{18n}{10a}}=\frac{6m}{5a}:\frac{18n}{10a}=\frac{6m\cdot 10\cancel{a}}{5\cancel{a}\cdot 18n}=\frac{\cancel{6}\cdot m\cdot 2\cdot\cancel{5}}{\cancel{5}\cdot 3\cdot\cancel{6}\cdot n}=\underline{\underline{\frac{2m}{3n}}}$$

9. Besteht die Aufgabe aus einem Doppelbruch und sind Zähler und Nenner Summen, so ist folgender Lösungsgang zweckmäßig:

a) Brüche auf den gemeinsamen Nenner bringen.

b) An Stelle des mittleren Bruchstrichs Teilzeichen setzen.

c) Divisionsregel anwenden.

d) Brüche kürzen.

9. $$\frac{\frac{1}{x}+\frac{1}{y}}{\frac{1}{x}-\frac{1}{y}}=\frac{\frac{1\cdot y}{x\cdot y}+\frac{1\cdot x}{x\cdot y}}{\frac{1\cdot y}{x\cdot y}-\frac{1\cdot x}{x\cdot y}}$$

$$=\frac{\frac{y}{xy}+\frac{x}{xy}}{\frac{y}{xy}-\frac{x}{xy}}$$

$$=\frac{\frac{y+x}{xy}}{\frac{y-x}{xy}}$$

$$=\frac{y+x}{xy}:\frac{y-x}{xy}$$

$$=\frac{y+x}{xy}\cdot\frac{xy}{y-x}$$

$$=\frac{(y+x)\cdot \cancel{xy}}{\cancel{xy}\cdot(y-x)}$$

$$=\underline{\underline{\frac{y+x}{y-x}}}$$

10. *Lösungsgang*

a) Brüche auf den gemeinsamen Nenner bringen.

b) Klammern multiplizieren.

c) Brüche mit dem Kehrwert multiplizieren.

d) Gleiche Faktoren von Zähler und Nenner kürzen.

10. $$\frac{\frac{5a-3b}{15x}-\frac{9a-8b}{12y}}{\frac{4y-9x}{4b}-\frac{3y-10x}{5a}}$$

$$=\frac{\frac{4y(5a-3b)-5x(9a-8b)}{60xy}}{\frac{5a(4y-9x)-4b(3y-10x)}{20ab}}$$

$$=\frac{\frac{20ay-12by-45ax+40bx}{60xy}}{\frac{20ay-45ax-12by+40bx}{20ab}}$$

$$=\frac{\cancel{(20ay-12by-45ax+40bx)}\cdot \cancel{20}ab}{3\cdot \cancel{20}xy\cancel{(20ay-45ax-12by+40bx)}}$$

$$=\underline{\underline{\frac{ab}{3xy}}}$$

7.11. Dividieren von einer Summe durch eine Zahl

Merke: Eine Summe wird durch eine Zahl dividiert, indem man jeden Summanden durch die Zahl dividiert und die erhaltenen Quotienten je nach Rechenzeichen addiert oder subtrahiert.

Diese Regel ist die Umkehrung vom Addieren und Subtrahieren gleichnamiger Brüche.

$$\frac{2-6+8}{4}=\frac{2}{4}-\frac{6}{4}+\frac{8}{4}$$

$$=\frac{1}{2}-\frac{3}{2}+2$$

$$=\underline{\underline{1}}$$

Probe: $\frac{2-6+8}{4}=\frac{4}{4}=\underline{\underline{1}}$

$$\boxed{\frac{a+b-c}{x}=\frac{a}{x}+\frac{b}{x}-\frac{c}{x}}$$

$$x \neq 0$$

Beispiele:

1. Dividieren Sie jedes Glied des Zählers durch den Nenner.

   Die entstehenden Brüche kürzen.

$$\frac{6ab+3ac-18ad}{3a}=\frac{6\cancel{a}b}{3\cancel{a}}+\frac{\cancel{3}\cancel{a}c}{3\cancel{a}}-\frac{18\cancel{a}d}{3\cancel{a}}$$

$$=\frac{2\cdot\cancel{3}b}{\cancel{3}}+c-\frac{\cancel{3}\cdot 6d}{\cancel{3}}$$

$$=\frac{2\cdot b}{1}+c-\frac{1\cdot 6d}{1}$$

$$=\underline{\underline{2b+c-6d}}$$

Andere Lösung der Aufgabe:

An Stelle eines Bruchstrichs kann man auch Teilungszeichen schreiben. Da der Zähler eine Summe ist, muß er in eine Klammer eingeschlossen werden.

$$(6ab+3ac-18ad):3a=\frac{6ab}{3a}+\frac{3ac}{3a}-\frac{18ad}{3a}$$

$$=\underline{\underline{2b+c-6d}}$$

2. An Stelle eines Bruchstrichs kann man auch Teilungszeichen schreiben.

   Achten Sie bei dieser Aufgabe genau auf die Rechen- und Vorzeichen, z. B.

$$+\frac{5by}{-13y}=-\frac{5by}{13y}$$

   Da Rechenzeichen und Vorzeichen verschieden sind, entsteht beim Zusammenfassen ein negatives Rechenzeichen.

$$(-39ay+5by-91cy):(-13y)$$

$$=\frac{-39ay}{-13y}+\frac{5by}{-13y}-\frac{91cy}{-13y}$$

$$=\frac{3\cdot\cancel{13}a\cancel{y}}{\cancel{13}\cancel{y}}-\frac{5b\cancel{y}}{13\cancel{y}}+\frac{7\cdot\cancel{13}c\cancel{y}}{\cancel{13}\cancel{y}}$$

$$=\underline{\underline{3a-\frac{5b}{13}+7c}}$$

3. Besteht die Summe aus Brüchen, so muß die Divisionsregel beachtet werden.

3. $$\left(\frac{3x}{4c}-\frac{5b}{3d}+3\right):15bx$$

$$=\frac{\frac{3x}{4c}}{15bx}-\frac{\frac{5b}{3d}}{15bx}+\frac{3}{15bx}$$

$$=\frac{3\cancel{x}\cdot 1}{4c\cdot 15b\cancel{x}}-\frac{5\cancel{b}\cdot 1}{3d\cdot 15\cancel{b}x}+\frac{\cancel{3}}{\cancel{3}\cdot 5bx}$$

$$=\frac{\cancel{3}}{4c\cdot\cancel{3}\cdot 5b}-\frac{\cancel{5}}{3d\cdot 3\cdot\cancel{5}x}+\frac{1}{5bx}$$

$$=\frac{1}{20bc}-\frac{1}{9dx}+\frac{1}{5bx}$$

4. Dividieren Sie jedes Glied der Summe durch $\frac{5x}{4y}$.

Wenden Sie danach die Divisionsregel an.

4. $$\left(\frac{25ax}{16by}+\frac{10bx}{8ay}\right):\frac{5x}{4y}$$

$$=\frac{25ax}{16by}:\frac{5x}{4y}+\frac{10bx}{8ay}:\frac{5x}{4y}$$

$$=\frac{25a\cancel{x}\cdot 4\cancel{y}}{16b\cancel{y}\cdot 5\cancel{x}}+\frac{10b\cancel{x}\cdot 4\cancel{y}}{8a\cancel{y}\cdot 5\cancel{x}}$$

$$=\frac{\cancel{5}\cdot 5a\cdot\cancel{4}}{\cancel{4}\cdot 4b\cdot\cancel{5}}+\frac{\cancel{2}\cdot\cancel{5}b\cdot\cancel{4}}{\cancel{2}\cdot\cancel{4}a\cdot\cancel{5}}$$

$$=\frac{5a}{4b}+\frac{b}{a}$$

7.12. Dividieren von einer Zahl durch eine Summe

Eine Zahl darf man durch die einzelnen Summanden einer Summe *nicht* dividieren.

Man kann nur, wenn möglich, kürzen.

$$\frac{4}{2+6+8}=\frac{4}{16}=\frac{1}{4}$$ *oder*

$$\frac{4}{2+6+8}=\frac{2\cdot 2}{2(1+3+4)}=\frac{2}{8}=\frac{1}{4}$$

$$\frac{nx}{an+bn-cn}=\frac{\cancel{n}x}{\cancel{n}(a+b-c)}=\frac{x}{a+b-c}$$

Nenner $\neq 0$

Im Nenner der Aufgabe kann man den Faktor $2x$ ausklammern.

Der Bruch läßt sich dann durch Kürzen vereinfachen.

Beispiel:

$$\frac{6ax}{2ax+12bx-6cx}=\frac{\cancel{2}\cdot 3a\cancel{x}}{\cancel{2x}(a+6b-3c)}$$

$$=\frac{3a}{a+6b-3c}$$

7.13. Dividieren von Summen

Wenn man die Zahl 384 durch 12 dividiert, erhält man 32.

Dividend (384) und Divisor (12) kann man in Summen zerlegen:

$$\begin{aligned} 384 &= 300 + 80 + 4 \\ 12 &= 10 + 2 \end{aligned}$$

Summen werden dividiert, indem man das erste Glied des Dividenden (300) durch das erste Glied des Divisors (10) dividiert. Den erhaltenen Quotienten (30) multipliziert man mit dem ganzen Divisor ($30 \cdot 10$ und $30 \cdot 2$). Die sich ergebenden Produkte (300 und 60) subtrahiert man vom Dividenden ($300 - 300 = 0$ und $80 - 60 = 20$).

$$\begin{array}{r} 300 + 80 \\ -\,(300 + 60) \\ \hline \end{array} \longrightarrow \qquad \begin{array}{r} 300 + 80 \\ -\,300 - 60 \\ \hline 0 + 20 \end{array}$$

Mit dem verbleibenden Rest ($20 + 4$) verfährt man ebenso.

$$\begin{array}{r} +20 + 4 \\ -\,(+20 + 4) \\ \hline \end{array} \longrightarrow \qquad \begin{array}{r} 20 + 4 \\ -\,20 - 4 \\ \hline 0 \quad 0 \end{array}$$

Man dividiert das erste Glied des Dividenden (20) durch das erste Glied des Divisors (10). Mit dem erhaltenen Quotienten (2) multipliziert man den Divisor ($2 \cdot 10$ und $2 \cdot 2$) und subtrahiert die Produkte (20 und 4) vom Dividenden. Es bleibt kein Rest.

Wir kommen zum gleichen Ergebnis 32.

$$384 : 12 = \underline{\underline{32}}$$

Dividend *Divisor* *Quotient*

$$\begin{array}{l} (300 + 80 + 4) : (10 + 2) = 30 + 2 = \underline{\underline{32}} \\ \underline{-\,(300 + 60)} \\ \quad\; 0 + 20 + 4 \\ \quad\; \underline{-\,(+20 + 4)} \\ \qquad\quad\; 0 \quad 0 \end{array}$$

Dividieren ist nicht nur eine Frage des Teilens, sondern auch eine Frage des Enthaltenseins. Man stellt also fest, wie oft der Anfang des Divisors im Anfang des Dividenden enthalten ist. Die Antwort hierauf ist der Anfang des Ergebnisses.

Formell verfährt man dann weiter so wie bei jeder schriftlich gerechneten größeren Divisionsaufgabe.

Bestimmte Zahlen wird man natürlich nicht in Summen zerlegen, wenn man sie dividieren will. Wir haben das hier nur getan, um ein Verfahren zu finden, mit dem man Summen dividieren kann. Bestehen die Summen zum Beispiel aus Variablen, so kann man sie nur mit Hilfe dieses Verfahrens dividieren.

Beispiele:

1. Man dividiert die erste Zahl des Dividenden ($32ab$) durch die erste Zahl des Divisors ($4b$).

$$\frac{32ab}{4b} = \frac{4 \cdot 8a \cdot b}{4b} = \underline{\underline{8a}} \text{ (Quotient)}$$

1.

$$\begin{array}{l} (32ab + 16ac) : (4b + 2c) = \underline{\underline{8a}} \\ \underline{-\,(32ab + 16ac)} \\ \qquad\; 0 \qquad\; 0 \end{array}$$

Den erhaltenen Quotienten ($8a$) multipliziert man mit dem ganzen Divisor

$$8a \cdot 4b = 32ab$$
$$8a \cdot 2c = 16ac$$

Die sich ergebenden Produkte ($32ab$ und $16ac$) subtrahiert man vom Dividenden.

$$\begin{array}{rl} 32ab + 16ac & \\ -(32ab + 16ac) & \leftarrow \text{Klammer auflösen} \\ \hline + \left| \begin{array}{r} 32ab + 16ac \\ -32ab - 16ac \end{array} \right. & \Big\} \text{ Glieder zusammenfassen} \\ \hline 0 \quad 0 & \end{array}$$

Es bleibt kein Rest.

2. u. 3. Das zweite und dritte Beispiel werden ebenso gelöst.

   Die Probe zeigt, ob man richtig gerechnet hat.

   Beim 3. Beispiel ist der Quotient (Ergebnis) $50c$.

   Multipliziert man den Quotienten mit dem Divisor ($1{,}4a + 1{,}8b$), so erhält man als Ergebnis den Dividenden.

4. Man teilt zunächst

   $$\frac{39n}{3n} = 13$$

   Der ganze Divisor wird mit 13 multipliziert und vom Dividenden subtrahiert. Es bleibt kein Rest.

5. Zähler und Nenner haben den gemeinsamen Faktor $2n$, den man kürzen kann.

   Danach dividiert man

   $$\frac{20cx}{5x} = 4c$$

   Der ganze Divisor wird mit $4c$ multipliziert und vom Dividenden subtrahiert. Es bleibt kein Rest.

   Man erhält das gleiche Ergebnis, wenn man den Zähler in ein Produkt umwandelt, indem man $4c$ ausklammert. Gleiche Faktoren im Zähler und Nenner kann man dann kürzen.

2.

$$\begin{array}{l} (36x + 54z) : (4x + 6z) = \underline{\underline{9}} \\ \underline{-(36x + 54z)} \\ \quad 0 \qquad 0 \end{array}$$

3.

$$\begin{array}{l} (70ac + 90bc) : (1{,}4a + 1{,}8b) = \underline{\underline{50c}} \\ \underline{-(70ac + 90bc)} \\ \quad 0 \qquad 0 \end{array}$$

Probe:

$$50c\underbrace{(1{,}4a + 1{,}8b)} = \underline{\underline{70ac + 90bc}}$$

$$\textit{Quotient} \times \textit{Divisor} = \textit{Dividend}$$

4.

$$\begin{array}{l} (39n + 26x - 91z) : (3n + 2x - 7z) = \underline{\underline{13}} \\ \underline{-(39n + 26x - 91z)} \\ \quad 0 \qquad 0 \qquad 0 \end{array}$$

5.

$$\frac{40cnx + 48acn - 24bcn}{10nx + 12an - 6bn}$$

$$= \frac{\cancel{2n}(20cx + 24ac - 12bc)}{\cancel{2n}(5x + 6a - 3b)}$$

$$= \frac{20cx + 24ac - 12bc}{5x + 6a - 3b}$$

$$\begin{array}{l} (20cx + 24ac - 12bc) : (5x + 6a - 3b) = \underline{\underline{4c}} \\ \underline{-(20cx + 24ac - 12bc)} \\ \quad 0 \qquad 0 \qquad 0 \end{array}$$

andere Lösung:

$$\frac{20cx + 24ac - 12bc}{5x + 6a - 3b} = \frac{4c\cancel{(5x + 6a - 3b)}}{\cancel{5x + 6a - 3b}} = \underline{\underline{4c}}$$

6. *Lösungsgang:*

a) $\frac{18ax}{6a} = \underline{\underline{3x}}$

(erstes Glied des Ergebnisses)

b) $(6a + 3) \cdot 3x = 18a + 9x$
vom Dividenden subtrahieren.

c) $\frac{36a}{6a} = \underline{\underline{6}}$

(zweites Glied des Ergebnisses)

d) $(6a + 3) \cdot 6 = 18 + 36a$
vom Dividenden subtrahieren.

Es bleibt kein Rest.

Mit der Probe kann man das Ergebnis überprüfen.

6. $(18ax+9x+36a+18) : (6a+3) = \underline{\underline{3x+6}}$

$$\begin{array}{l} -(18ax+9x) \\ \hline \quad 0 \quad\; 0 \\ \qquad\qquad -(36a+18) \\ \hline \qquad\qquad\quad 0 \quad\; 0 \end{array}$$

Probe:

$(3x+6)(6a+3) = \underline{\underline{18ax+9x+36a+18}}$

7. $(2abx + 2aby - 3ax - 3ay) : (x + y) = \underline{\underline{2ab - 3a}}$

$$\begin{array}{l} -(2abx + 2aby) \\ \hline \quad 0 \qquad\quad 0 \\ \qquad\qquad -(-3ax - 3ay) \\ \hline \qquad\qquad\quad 0 \qquad 0 \end{array}$$

Lösungsgang:

a) $\frac{2abx}{x} = \underline{\underline{2ab}}$ *(erstes Glied des Ergebnisses).*

b) $(x + y) \cdot 2ab = 2abx + 2aby$ *vom Dividenden subtrahieren.*

c) $\frac{-3ax}{x} = \underline{\underline{-3a}}$ *(zweites Glied des Ergebnisses).*

d) $(x + y) \cdot (-3a) = -3ax + 3ay$ *vom Dividenden subtrahieren.*

Es bleibt kein Rest.

8. $(0{,}1bx - 0{,}2cx - 0{,}5by + cy) : (0{,}1b - 0{,}2c) = \underline{\underline{x - 5y}}$

$$\begin{array}{l} -(0{,}1bx - 0{,}2cx) \\ \hline \quad 0 \qquad\quad 0 \\ \qquad\qquad -(-0{,}5by + cy) \\ \hline \qquad\qquad\quad 0 \qquad 0 \end{array}$$

Lösungsgang:

a) $\frac{0{,}1bx}{0{,}1b} = \underline{\underline{x}}$ *(erstes Glied des Ergebnisses).*

b) $(0{,}1b - 0{,}2c) \cdot x = 0{,}1bx - 0{,}2cx$ *vom Dividenden subtrahieren.*

c) $\frac{-0{,}5by}{0{,}1b} = \underline{\underline{-5y}}$ *(zweites Glied des Ergebnisses).*

d) $(0{,}1b - 0{,}2c) \cdot (-5y) = -0{,}5by + cy$ *vom Dividenden subtrahieren.*

Wichtig: Achten Sie vor dem Dividieren immer darauf, daß die Glieder in der ersten Summe die gleiche Folge der Variablen haben wie die Glieder in der zweiten Summe. Die Folge der Variablen im Divisor ist *b; c*. Die Folge der Variablen im Dividenden muß also auch sein *b; c*, so wie bei der vorhergehenden Aufgabe.

9. *Lösungsgang:*

a) $\frac{6a}{5b} : \frac{2}{5c} = \frac{6a \cdot \cancel{5}c}{\cancel{5}b \cdot 2} = \frac{6ac}{2b} = \frac{3ac}{b}$

b) $\left(\frac{2}{5c} - \frac{5b}{6ax}\right) \cdot \frac{3ac}{b} = \frac{2 \cdot 3ac}{5c \cdot b} - \frac{5b \cdot 3ac}{6ax \cdot b}$

$= \frac{6a}{5b} - \frac{5c}{2x}$

Wird vom Dividenden subtrahiert.

Man erhält das gleiche Ergebnis, wenn man die Brüche in den Klammern gleichnamig macht und die dann entstehenden Brüche dividiert.

Der erste Lösungsgang ist in den allermeisten Fällen der günstigere.

9. $\left(\frac{6a}{5b} - \frac{5c}{2x}\right) : \left(\frac{2}{5c} - \frac{5b}{6ax}\right) = \underline{\underline{\frac{3ac}{b}}}$

$-\left(\frac{6a}{5b} - \frac{5c}{2x}\right)$

$\quad 0 \quad 0$

andere Lösung:

$\left(\frac{6a}{5b} - \frac{5c}{2x}\right) : \left(\frac{2}{5c} - \frac{5b}{6ax}\right)$

$= \frac{6a \cdot 2x - 5c \cdot 5b}{10bx} : \frac{2 \cdot 6ax - 5b \cdot 5c}{30acx}$

$= \frac{12ax - 25bc}{10bx} : \frac{12ax - 25bc}{30acx}$

$= \frac{\cancel{(12ax - 25bc)} \cdot 30ac\cancel{x}}{10b\cancel{x}\cancel{(12ax - 25bc)}}$

$= \frac{30ac}{10b} = \underline{\underline{\frac{3ac}{b}}}$

10. $\left(\frac{24c}{2x} + \frac{16bc}{2ay} - \frac{12ad}{2b} - \frac{4dx}{y}\right) : \left(\frac{3a}{b} + \frac{6x}{3y}\right) =$

$\left(\frac{12c}{x} + \frac{8bc}{ay} - \frac{6ad}{b} - \frac{4dx}{y}\right) : \left(\frac{3a}{b} + \frac{2x}{y}\right) = \underline{\underline{\frac{4bc}{ax} - 2d}}$

$-\left(\frac{12c}{x} + \frac{8bc}{ay}\right)$

$\quad 0 \quad 0$

$-\left(-\frac{6ad}{b} - \frac{4dx}{y}\right)$

$\quad 0 \quad 0$

Lösungsgang:

a) Brüche kürzen.

b) $\frac{12c}{x} : \frac{3a}{b} = \frac{12c \cdot b}{x \cdot 3a} = \underline{\underline{\frac{4bc}{ax}}}$ (*erstes Glied des Ergebnisses*).

c) $\left(\frac{3a}{b} + \frac{2x}{y}\right) \cdot \frac{4bc}{ax} = \frac{3\cancel{a} \cdot 4\cancel{b}c}{\cancel{b} \cdot \cancel{a}x} + \frac{2\cancel{x} \cdot 4bc}{y \cdot a\cancel{x}}$

$= \frac{12c}{x} + \frac{8bc}{ay}$ *(vom Dividenden subtrahieren).*

d) $-\frac{6ad}{b} : \frac{3a}{b} = -\frac{2 \cdot \cancel{3}\cancel{a}d \cdot \cancel{b}}{\cancel{b} \cdot \cancel{3}\cancel{a}}$

$= \underline{\underline{-2d}}$ *(zweites Glied des Ergebnisses).*

e) $\left(\frac{3a}{b} + \frac{2x}{y}\right) \cdot (-2d) = -\frac{3a \cdot 2d}{b} - \frac{2x \cdot 2d}{y}$

$= -\frac{6ad}{b} - \frac{4dx}{y}$ *vom Dividenden subtrahieren.*

11. $(20a - 8ax - 4cx + 10c - 31b + 12{,}4bx) : (10 - 4x) =$

Die Glieder des Dividenden müssen in der Reihenfolge nach dem Divisor geordnet werden. Der Divisor besteht aus zwei Gliedern, wobei an zweiter Stelle ein x-Glied steht. Die Glieder der ersten Klammer muß man also auch in Zweiergruppen ordnen, bei denen an zweiter Stelle ein x-Glied steht.

$$\begin{array}{l}
(20a - 8ax - 31b + 12{,}4bx + 10c - 4cx) : (10 - 4x) = \underline{\underline{2a - 3{,}1b + c}} \\
\underline{-(20a - 8ax)} \\
\quad 0 \quad 0 \\
\qquad\qquad \underline{-(-31b + 12{,}4bx)} \\
\qquad\qquad\qquad 0 \qquad 0 \; \underline{-(+10c - 4cx)} \\
\qquad\qquad\qquad\qquad\qquad\quad 0 \qquad 0
\end{array}$$

Lösungsgang:

a) Summanden in der ersten Klammer nach der zweiten Klammer ordnen.

b) $\frac{20a}{10} = \underline{\underline{2a}}$ *(erstes Glied des Ergebnisses).*

c) $(10 - 4x) \cdot 2a = 20a - 8ax$ *von den entsprechenden Gliedern des Dividenden subtrahieren.*

d) $\frac{-31b}{10} = \underline{\underline{-3{,}1b}}$ *(zweites Glied des Ergebnisses).*

e) $(10 - 4x) \cdot (-3{,}1b) = -31b + 12{,}4bx$ *von den entsprechenden Gliedern des Dividenden subtrahieren.*

f) $\frac{10c}{10} = \underline{\underline{+c}}$ *(drittes Glied des Ergebnisses).*

g) $(10 - 4x) \cdot c = 10c - 4cx$ *von den entsprechenden Gliedern des Dividenden subtrahieren.*

12. $(12ax + 16bx - 15ay - 25by) : (3a + 4b) = \underline{\underline{4x - 5y - \frac{5by}{3a + 4b}}}$

$$\begin{array}{l} -(12ax + 16bx) \\ \quad 0 \quad\quad 0 \\ \quad\quad\quad -(-15ay - 20by) \\ \quad\quad\quad\quad 0 \quad - 5by \\ \quad\quad\quad\quad\quad \text{Rest} \end{array}$$

Lösungsgang:

a) $\frac{12\not{a}x}{3\not{a}} = \underline{\underline{4x}}$ *(erstes Glied des Ergebnisses).*

b) $(3a + 4b) \cdot 4x = 12ax + 16bx$ *vom Dividenden subtrahieren.*

c) $\frac{-15\not{a}y}{3\not{a}} = \underline{\underline{-5y}}$ *(zweites Glied des Ergebnisses).*

d) $(3a + 4b) \cdot (-5y) = -15ay - 20by$ *vom Dividenden subtrahieren.*

e) *Den verbleibenden Rest* $-5by$ *durch den Divisor teilen.*

$\frac{-5by}{3a + 4b} = \underline{\underline{-\frac{5by}{3a + 4b}}}$ *(drittes Glied des Ergebnisses).*

Übungen

7.1. Einführung

Die Variablen in folgenden Aufgaben stehen stellvertretend für positive Zahlen.

Das Dividieren ist die Umkehrung vom Multiplizieren. Bilden Sie die Umkehrung folgender Divisionsaufgaben:

1. $15 : 3 = 5$

2. $42 : 7 = 6$

3. $1 : 5 = 0{,}2$

4. $a : b = c$

5. $3a : 2b = x$

6. $20a : 4x = 5c$

7. Geben Sie an, wie die einzelnen Teile der Aufgabe $\frac{a}{b} = c$ bezeichnet werden.

8. Ein Bruch hat den Zähler x und den Nenner y. Wie groß wird der Wert des Bruches, wenn der Nenner y nach Unendlich geht? Drücken Sie diese Aufgabe in der mathematischen Zeichensprache aus.

9. Ein Bruch hat den Zähler c und den Nenner n. Wie groß wird der Wert des Bruches, wenn der Nenner n nach Null geht?
Drücken Sie diese Aufgabe in der mathematischen Zeichensprache aus.

10. Welchen Wert haben folgende Brüche:

a) $\frac{0}{5}$ **b)** $\frac{0}{1}$ **c)** $\frac{0}{x}$ **d)** $\frac{2}{1}$ **e)** $\frac{b}{1}$ **f)** $\frac{c}{c}$?

7.2. Dividieren von Zahlen mit Vorzeichen

Berechnen Sie den Wert folgender Brüche:

1. $\frac{-27}{9}$

2. $\frac{15}{-5}$

3. $\frac{-25}{-5}$

4. $-\frac{-24}{6}$

5. $\frac{-3a}{5b}$

6. $\frac{15an}{-3b}$

7. $\frac{-20xy}{-4ab}$

8. $-\frac{-9ab}{3xy}$

9. $(-180a) : 3c$

10. $-\frac{16x}{6b}$

11. $-\frac{-36bc}{-8xz}$

12. $-\frac{15ax}{-3bc}$

13. $(-24xy) : (-8n)$

7.3. Der größte gemeinsame Teiler von Zahlen (ggT)

Zerlegen Sie folgende Zahlen in Primfaktoren:

1. 24

2. $84a$

3. 40

4. $132cd$

5. $495axy$

Berechnen Sie den ggT:

6. 70, 42, 56

7. $28abx$, $112acx$, $224adx$, $336ax$

8. 180, 210, 270, 300

9. $306xyz$, $170yz$, $136xz$, $204z$

10. $2a + 2b$, $16x$, $28cx$

11. $4x + 4y$, $8a + 4b$

12. $3a + 3b$, $ax + bx$

13. $18cx + 54ac$, $24ac$, $36bc$

14. $24ax + 12cx$, $120axy + 60cxy$

15. $4b + 2c$, $8b + 4c$, $12b + 6c$

16. $36ax - 24ay$, $48bx - 32by$, $72abx - 48aby$

17. $3ax + 6cx$, $9ax + 18cx$, $12ax + 24cx$

18. $5ax + 25bx$, $15axy + 75bxy$, $25acx + 125bcx$

7.4. Das kleinste gemeinsame Vielfache von Zahlen (kgV)

Berechnen Sie das kgV:

1. 2, 5, 9

2. 4, 7, 28

3. 6, 9, 24

4. 24, 36, 40

5. 3, 4, 12, 15, 20

6. 3, 17, 51, 102

7. 16, 24, 49, 56

8. 66, 396, 714, 924

9. 44, 45, 484, 594

10. $5x$
    $35cx$
    $15c$

11. abx
    acx
    bcx

12. $12a$
    $15b$
    $16ac$

13. $6x$
    $8x$
    $5xz$
    $12x$
    $108xy$

14. $3a$
    $16b$
    $14ab$

15. $4mn$
    $6mp$
    $8np$
    $10m$
    $24p$

16. $4(a + 1)$
    $2(a + 1)$
    $15(a + 1)$

17. cd
    $a + b$
    d

18. $5a(a + b)$
    $20b(a + b)$
    $15ab(a + b)$

19. cy
    $2cy$
    $n + x$

20. $4x - 2$
    $6x - 3$

21. $4x + 2y$
    $6x + 3y$
    $8x + 4y$

22. $x(x - c)$
    $x(x - d)$
    $(x - c)(x - d)$

23. $6x + 6$
    $2x + 2$

24. $2x - 5$
    $4x - 10$
    $27x + 21$

25. $24a$
    $4a - 2b$
    $-8b + 16a$
    $12a - 6b$

26. $4a - 2b$
    $15a$
    $6a - 3b$
    $-4b + 8a$

27. $(4x - 8y)(b - 3a)$
    $(6a - 2b)(2y - x)$

28. $(6a - 2)(2x - 8)$
    $(12a - 4)(2x - 8)$
    $(2 - 6a)(4 - x)$

29. $(4x - 2b)(3y - 6a)$
    $(6x - 3b)(2y - 4a)$
    $(8x - 4b)(3y - 6a)$

30. $ab - a + b - 1$
    $ab - 2a + b - 2$

31. $ax - 2x + 2a - 4$
    $3x + 6$

32. $ay + by + 2a + 2b$
    $ay - by + 2a - 2b$

33. $bc + c + b + 1$
    $bc + c - b - 1$
    $(c + 1)(c - 1)$

34. $xy - x - y + 1$
    $xy + 2y - x - 2$
    $xy + y - x - 1$

35. $mn + m - 2n - 2$
    $mn - m - 2n + 2$
    $mn + 2m - 2n - 4$

36. $9a + 6b$
    $3ax + 3ay + 2bx + 2by$
    $3x + 3y$
    $3a + 2b$

37. $8x - 20y$
    $2ax + 2cx - 5ay - 5cy$
    $2a + 2c$
    $16x - 40y$

7.5. Kürzen von Brüchen

1. $\frac{axby}{ax} = by$
2. $\frac{49ax}{7bx}$
3. $\frac{48n}{12bn}$
4. $\frac{54ax}{9x}$
5. $\frac{3abcd}{bc}$
6. $\frac{0{,}01ab}{0{,}1a}$
7. $\frac{18adx}{6bdx}$
8. $\frac{144cb}{12cd}$
9. $\frac{20 \cdot 18 \cdot 4 \cdot x}{30 \cdot 6 \cdot a}$
10. $\frac{24 \cdot 6 \cdot 4 \cdot ab}{12 \cdot 8}$
11. $\frac{6a + 6b}{6}$
12. $\frac{8x - 8y}{8}$
13. $\frac{ax + bx}{x}$
14. $\frac{36a - 12b + 18c}{6}$
15. $\frac{anx + bnx + cnx}{nx}$
16. $\frac{26a + 65b - 39x}{13}$
17. $\frac{8ac - 4adx - 2a}{2a}$
18. $\frac{24ad - 48bd + 96cd}{12d}$
19. $\frac{39abd - 12acd}{3a}$
20. $\frac{20a + 8b - 12c}{-4}$
21. $\frac{-6a + 2a - 8x}{-4ax}$
22. $\frac{5ab}{15ac - 20ab}$
23. $\frac{6n + 3x}{12n + 15x}$
24. $\frac{(a + n)3x}{15ax(a + n)}$
25. $\frac{15a - 6ab}{20c - 8bc}$
26. $\frac{14ab + 7ac + 42ab}{70ab + 14ac + 7ab}$
27. $-\frac{b - 2}{2 - b}$
28. $-\frac{-a + x}{a - x}$
29. $-\frac{(3a + n) \cdot (b - c)}{c - b}$
30. $-\frac{(5x - b) \cdot (2a + c)}{-c - 2a}$

31. $\frac{3(a+b)}{5(a+b)}$

32. $\frac{3ab - 6ac}{3bx - 6cx}$

33. $\frac{ax + ay}{bx + by}$

34. $\frac{15x - 6bx}{20c - 8bc}$

35. $\frac{-4xz}{2bxz - 2axz}$

36. $\frac{5x(a+n)}{(a+n)\,15bx}$

37. $-\frac{x-a}{a-x}$

38. $\frac{25ab - 5az}{15bx - 3xz - 5ab + az}$

39. $\frac{2ax + 2cx - 5ay - 5cy}{3a + 3c}$

40. $\frac{2ab + 3ay - 2bx - 3xy}{2bc + 3cy - 2bx - 3xy}$

41. $\frac{15AN + 10AP - 3BN - 2BP}{15AN + 3BN + 10AP + 2BP}$

7.6. Erweitern von Brüchen

1. $\frac{15ax}{7bn}$ mit $(2c) = \frac{30acx}{14bcn}$
2. $\frac{3b}{7a}$ mit $(-2x)$
3. $\frac{3c}{3x + 7a}$ mit (-1)
4. $\frac{8c + 4b}{x}$ mit $(3a)$
5. $\frac{2ab + 3ad - 7ac}{5ab + 7ac}$ mit $(-2x)$
6. $\frac{1{,}3x + 3{,}2a - 1{,}8b}{1{,}4a - 3{,}6x}$ mit $(-0{,}2n)$

Bringen Sie alle nachfolgenden Brüche auf den neben dem Bruch in Klammern stehenden Nenner:

7. $\frac{6x}{2y}\,(14y);\; \frac{6x \cdot 7}{2y \cdot 7} = \frac{42x}{14y}$
8. $\frac{4x}{3a}$ $(21ab)$
9. $\frac{7a}{-3b}$ $(\;\; 21bc)$
10. $\frac{-3x}{5y}$ $(-25y)$
11. $\frac{-9a}{-7b}$ $(28bc)$
12. $\frac{5x}{9y}$ $(-36yz)$
13. $\frac{x - y}{-3y}$ $(-12ay)$
14. $\frac{2x + 3y}{4a}$ $(32ab)$
15. $\frac{5x - 6y}{7z}$ $(-42abz)$
16. $\frac{9a - 7b}{-5c}$ $(-35cx)$
17. $\frac{3a - 2b}{4x + 2y}$ $(8cx + 4cy)$
18. $\frac{a + 3b}{3x - 1}$ (6x [illegible] 2)

Erweitern Sie folgende Brüche auf den neuen Nenner.

19. $\frac{4x}{3a} = \frac{\quad}{21a}$ Erweiterungsfaktor?

Lösung: $\frac{21a}{3a} = \frac{3 \cdot 7 \cdot a}{3 \cdot a}$

Erweiterungsfaktor: 7

$\frac{4x \cdot 7}{3a \cdot 7} = \frac{28x}{21a}$

20. $\frac{5ab}{7xy} = \frac{\quad}{35cxy}$ Erweiterungsfaktor?
21. $\frac{7a}{-3b} = \frac{\quad}{-21bc}$ Erweiterungsfaktor?
22. $\frac{-3x}{5y} = \frac{\quad}{-25y}$ Erweiterungsfaktor?
23. $\frac{-9a}{-7b} = \frac{\quad}{28bc}$ Erweiterungsfaktor?
24. $\frac{5x}{9y} = \frac{\quad}{-36yz}$ Erweiterungsfaktor?
25. $\frac{2x - 3y}{5ab} = \frac{\quad}{35abn}$ Erweiterungsfaktor?
26. $\frac{x - y}{3y} = \frac{\quad}{12ay}$ Erweiterungsfaktor?

27. $\dfrac{a + 3b}{3x - 1} = \dfrac{\qquad\qquad}{6x - 2}$ Erweiterungsfaktor?

28. $\dfrac{2x + 3y}{-4a} = \dfrac{\qquad\qquad}{32ab}$ Erweiterungsfaktor?

29. $\dfrac{5x - 6y}{7z} = \dfrac{\qquad\qquad}{-42abz}$ Erweiterungsfaktor?

30. $\dfrac{9a - 7b}{5c + 3x} = \dfrac{\qquad\qquad}{15cy + 9xy}$ Erweiterungsfaktor?

31. $\dfrac{3c + 2d}{5a - 3b} = \dfrac{\qquad\qquad}{35axy - 21bxy}$ Erweiterungsfaktor?

32. $\dfrac{5x - y}{3a - 2b} = \dfrac{\qquad\qquad}{6am - 9an - 4bm + 6bn}$ Erweiterungsfaktor?

33. $\dfrac{7x}{a + n} = \dfrac{\qquad\qquad}{(a + n)(3b + c)}$ Erweiterungsfaktor?

34. $\dfrac{5x - 3a}{2y - d} = \dfrac{\qquad\qquad}{8cy - 4cd + 6by - 3bd}$ Erweiterungsfaktor?

35. $\dfrac{3a + b}{m - 1} = \dfrac{\qquad\qquad}{mx - m - x + 1}$ Erweiterungsfaktor?

36. $\dfrac{4c + 3d}{3a - 4b} = \dfrac{\qquad\qquad}{9ax - 12ay - 12bx + 16by}$ Erweiterungsfaktor?

7.7. Addieren und Subtrahieren von gleichnamigen Brüchen

1. $\dfrac{6}{a} + \dfrac{5}{a} = \underline{\underline{\dfrac{11}{a}}}$

2. $\dfrac{4}{x} - \dfrac{2}{x}$

3. $\dfrac{5b}{x} - \dfrac{3b}{x}$

4. $\dfrac{5a}{11} + \dfrac{2a}{11} - \dfrac{4a}{11} + \dfrac{8a}{11}$

5. $\dfrac{16ab}{3a} - \dfrac{14ac}{3a} + \dfrac{15ac}{3a}$

6. $\dfrac{4x}{3b} - \dfrac{18bx}{3b} + \dfrac{20x}{3b}$

7. $\dfrac{n + x}{3} + \dfrac{n - x}{3}$

8. $\dfrac{n + x}{4} - \dfrac{n - x}{4}$

9. $\dfrac{6ab + x}{5c} - \dfrac{ab - x}{5c}$

10. $\dfrac{2 + a}{x} - \dfrac{2 - 2a + 5b}{x}$

11. $\dfrac{3a + 5b}{a} - \dfrac{5b + 8a}{a}$

12. $\dfrac{x + y}{2} - \dfrac{x - y}{2}$

13. $\dfrac{ab + c}{2a} - \dfrac{ab - c}{2a}$

14. $\dfrac{xy + y}{5} - \dfrac{xy - y}{5}$

15. $\dfrac{x + 7}{-2} + \dfrac{3}{-2} - \dfrac{x - 6}{-2}$

16. $\dfrac{5a + b}{-5} - \dfrac{a + b}{+5} - \dfrac{a + 7b}{-5}$

17. $\dfrac{11b + ab}{5b} - \dfrac{2b - 4ab}{5b} - \dfrac{4b - 5ab}{5b}$

18. $\dfrac{3 + a}{7a} - \dfrac{6 - a}{-7a} + \dfrac{7a - 5}{-7a}$

19. $\dfrac{4x + 5y + 6z}{3a} - \dfrac{3x - 6y - 6z}{3a}$

20. $\dfrac{1 + a}{b} - \dfrac{1 - 2a + 5b}{b}$

21. $\dfrac{mx + my}{m + n} + \dfrac{nx + ny}{n + m}$

22. $\dfrac{mx - my}{m + n} + \dfrac{nx - ny}{m + n}$

23. $\frac{ax+y}{a+n}+\frac{nx-y}{a+n}$

24. $\frac{ax+ay}{a+n}+\frac{nx+ny}{a+n}$

25. $\frac{3x-2y}{a+b}-\frac{3x+2y}{a+b}$

26. $\frac{ax-ay}{a+n}+\frac{nx-ny}{n+a}$

27. $\frac{17ax-5ab}{5x+2b}-\frac{2ax-11ab}{5x+2b}$

28. $\frac{11by+18ax}{x-y}+\frac{7ax-2by}{x-y}-\frac{7ax-4by}{x-y}$

29. $\frac{5c+4d}{c+d}-\frac{8c-13d}{c+d}+\frac{9c-11d}{c+d}$

30. $\frac{9a}{a+b}+\frac{9b}{a+b}$

31. $\frac{7x}{x+1}+\frac{7}{x+1}$

32. $\frac{7x-5y}{x-y}+\frac{8x+3y}{x-y}-\frac{8x-9y}{x-y}$

33. $\frac{17ax-5ab}{5x+2b}-\frac{2ax-11ab}{5x+2b}$

34. $\frac{5c+4d}{c+d}-\frac{13d-8c}{-d-c}+\frac{9c-11d}{c+d}$

35. $\frac{7x-5y}{x-y}-\frac{8x+3y}{y-x}-\frac{8x+5y}{x-y}$

36. $\frac{11ay+18ax}{x+y}+\frac{7ax-2ay}{x+y}-\frac{7ax-9ay}{x+y}$

7.8. Addieren und Subtrahieren von ungleichnamigen Brüchen

1. $\frac{a}{6}+\frac{a}{12}=\frac{2a}{12}+\frac{a}{12}=\frac{3a}{12}=\underline{\underline{\frac{a}{4}}}$

2. $\frac{3x}{6}+\frac{5x}{9}$

3. $\frac{4a}{9}-\frac{8b}{27}$

4. $\frac{7b}{10}-\frac{9a}{20}+\frac{12c}{30}$

5. $\frac{3a-4b}{4}+\frac{a+6b}{3}-\frac{7a+b}{6}$

6. $\frac{4x-8y+5z}{2}-\frac{3x+7y-2z}{6}$

7. $\frac{2a+3b-c}{5}-\frac{5a+b+4c}{3}-3a$

8. $\frac{3ax-4bx-5cx}{3}-\frac{7ax-4bx}{15}+2cx$

9. $\frac{48ab+61ac}{6}-\frac{56ab-74ac}{7}$

10. $\frac{28y+25x}{5}+\frac{36x-35y}{7}$

11. $\frac{16ac+12ab}{4}-\frac{20ac+26ab}{5}$

12. $\frac{a+3b}{2}+\frac{3a-b}{4}+\frac{2a-5y}{8}$

Machen Sie folgende ungleichnamige Brüche gleichnamig (Nr. 13...15):

13. $a+b;\ \frac{2c}{6a-9b};\ \frac{3d}{15b-10a};$

$$\begin{aligned} 6a-9b &= 3(2a-3b)\\ 15b-10a &= (-5)(2a-3b)\\ \hline H:\ & 3\cdot(-5)(2a-3b) \end{aligned}$$

$\frac{(a+b)(-15)(2a-3b)}{-15(2a-3b)};\quad \frac{-10c}{(-15)(2a-3b)};\quad \frac{9d}{(-15)(2a-3b)}$

14. a) $\frac{5x}{12a};\ \frac{8x}{15b}$. b) $\frac{7b}{12a};\ \frac{9d}{16c}$. c) $\frac{5a}{6x};\ \frac{3b}{8x};\ \frac{4a}{5x};\ \frac{7b}{12x};\ \frac{2a}{108x}$

15. a) $\frac{5x}{4x-2};\ \frac{2x}{6x-3}$ b) $\frac{2a}{4x-2y};\ \frac{3b}{6x-3y};\ \frac{4c}{8x-4y}$

c) $\frac{3c+1}{(2x-4y)\cdot(b-3a)};\ \frac{4c-1}{(6a-2b)\cdot(2y-x)}$

16. $\frac{5x+3y}{3a}-\frac{2x+5y}{6b}-\frac{8x+6y}{6ab}$

17. $\frac{8x+7y}{10x}-\frac{9x-5y}{15x}-\frac{2}{3}$

18. $\frac{3a-4b}{2}-\frac{5a-10b}{10}-\frac{10ab-30b-8}{15}$

19. $\frac{4a-3b}{6n}+\frac{3a-8}{7n}-\frac{1}{2}$

20. $\frac{3x}{4b}+\frac{3ax}{8ab}-\frac{6x}{12a}$

21. $\frac{n-x}{4a}-\frac{n+x}{5a}+\frac{n+x}{3a}$

22. $\frac{2x+4n}{2x}+\frac{2x-4n}{6x}-\frac{x}{12x}$

23. $\frac{4}{a}+\frac{3}{b+c}$

24. $\frac{3}{4}-\frac{b}{a-b}$

25. $\frac{a}{y-c}+\frac{a}{x+b}$

26. $\frac{4x}{4c-3d}-\frac{3x}{3a-4b}$

27. $\frac{5x}{a+b}-\frac{3y}{cd}+\frac{4x}{a+b}+\frac{8y}{cd}+\frac{x}{cd}$

28. $\frac{12b}{n+x}+\frac{3a}{cy}-\frac{3b}{n+x}+\frac{4a}{cy}+\frac{b}{2cy}$

29. $\frac{7a-4}{4(a+1)}-\frac{a-2}{2(a+1)}$

30. $\frac{5x-2}{2(2x-1)}-\frac{2x-3}{3(2x-1)}$

31. $\frac{4x+4y}{6a-2}-\frac{x+3y}{3a-1}+\frac{4y}{9a-3}$

32. $\frac{3x}{4x+2b}+\frac{5b}{16x+8b}-\frac{13}{24}-\frac{2x}{12x+6b}$

33. $\frac{5a+7b}{12a+6b}-\frac{a+b}{2a+b}$

34. $\frac{2x+5}{4x-4}+\frac{5x-3}{6x-6}-\frac{2x+1{,}5}{2x-2}$

35. $\frac{4a-2}{2a+4}-\frac{8a-7}{6a+12}-\frac{2a-5}{10a+20}$

36. $\frac{4c+2d}{6c+6d}+\frac{3c}{8c+8d}-\frac{3}{2}$

37. $\frac{3a-b}{4a-2b}-\frac{2a+3b}{6a-3b}+\frac{5a+2b}{8a-4b}-1$

38. $\frac{2n-3x}{3a+3}-\frac{5x+2n}{5b-5}+\frac{ax+bx}{ab-a+b-1}$

39. $\frac{5a-7b}{9a+6b}-\frac{3x+5y}{6x+6y}+\frac{8by+ax-3ay-10bx}{2(3ax+3ay+2bx+2by)}$

40. $\frac{5x-4y}{8x-20y}-\frac{3a+c}{2a+2c}+\frac{14ax-52ay-22cy+2cx}{8(2ax+2cx-5ay-5cy)}$

41. $\frac{7x+3y}{10x+5y}-\frac{9a+2b}{14a+21b}-\frac{381bx+159by+20ay}{105(4ax+6bx+2ay+3by)}$

7.9. Multiplizieren von Brüchen

1. $\frac{6a}{5y}\cdot\frac{15x}{9ab}=\frac{6a\cdot 15x}{5y\cdot 9ab}$

$=\frac{2\cdot\cancel{3a}\cdot\cancel{3}\cdot\cancel{5x}}{\cancel{5y}\cdot\cancel{3}\cdot\cancel{3a}b}$

$=\underline{\underline{\frac{2x}{by}}}$

2. $\frac{6x}{bc}\cdot\frac{bc}{18x}$

3. $\frac{125bx}{10ay}\cdot\frac{30ay}{25xz}$

4. $\frac{12a}{5b}\cdot 9\frac{1}{3}b\cdot\frac{15x}{14a}$

5. $\frac{21abc}{34xyz}\cdot\left(\frac{35z}{4n}\right)\cdot\left(-\frac{68y}{49bc}\right)$

6. $\left(-\frac{15ab}{76xy}\right)\cdot\left(-\frac{4x}{5b}\right)\cdot\left(-7\frac{3}{5}y\right)$

7. $\frac{a-b}{5}\cdot 20\cdot\frac{10}{a-b}$

8. $\frac{6ab}{5(x+y)}\cdot\frac{25(x+y)}{3b}$

9. $\frac{m+n}{a-b}\cdot\frac{a-b}{a-x}\cdot\frac{x-a}{m-n}$

10. $\frac{x-5}{6b}\cdot\frac{4x}{5-x}\cdot\left(-4\frac{1}{8}b\right)$

11. $\frac{a+b}{4x+4y}\cdot\frac{5x+5y}{a-b}$

12. $\frac{3a+3b}{5x-5y}\cdot\frac{10x-10y}{9a+9b}$

13. $\frac{4a+8}{12b-6} \cdot \frac{3a-6}{4b+2} \cdot \frac{5+10b}{a+2}$

14. $\frac{3c-2a}{15ab} \cdot \frac{5x+2b}{3c} \cdot \frac{9bc}{15cx+6bc-10ax-4ab}$

15. $\frac{4x-3y}{a-3b} \cdot \frac{3b-a}{36x-27y}$

16. $\frac{5n-15m}{105abc} \cdot \frac{3x+6y}{6a} \cdot \frac{84ab}{nx+2ny-3mx-6my}$

17. $\left(\frac{5ax}{c}+\frac{3}{4}-\frac{7a}{4c}\right)\frac{2c}{x}$

18. $\frac{20a}{3b}\left(\frac{9b}{8a}-\frac{6b}{25a}+3b\right)$

19. $\left(-\frac{8rs}{9yz}\right)\left(\frac{9yz}{4rs}-\frac{3yz}{32rs}-\frac{5z}{64s}\right)$

20. $\left(\frac{3ax}{5b+14c-40m}\right)\left(\frac{5b}{24a}+\frac{7c}{12a}-\frac{5m}{3a}\right)$

21. $\left(\frac{7ab}{8cx}-\frac{5a}{16x}+\frac{3b}{4c}\right)\left(\frac{32acx}{14ab-5ac+12bx}\right)$

22. $\left(\frac{a-b}{x+y}-\frac{3(a-b)}{2(x+y)}+\frac{1}{6d}\right)\left(-\frac{2(x+y)}{3(a-b)}\right)$

23. $\left(\frac{x}{3}+\frac{y}{4}\right)\left(\frac{9}{x}-\frac{8}{y}\right)$

24. $\left(\frac{3y}{10x}-\frac{6b}{15a}\right)\left(\frac{5x}{18y}-\frac{3a}{4b}+\frac{5ax}{9by}\right)$

25. $\left(\frac{1}{x}+\frac{1}{y}\right)\cdot(x-y)+(x+y)\cdot\left(\frac{1}{x}-\frac{1}{y}\right)$

26. $7\frac{1}{2}x\left(\frac{5}{3x}-\frac{a}{15}\right)-\frac{4}{20x}\left(2x-3\frac{1}{4}bx\right)$

27. $\left(\frac{a-b}{6(x+y)}-\frac{3(a-b)}{2(x+y)}\right)\left(\frac{x+y}{a-b}-\frac{2(x+y)}{3(a-b)}\right)$

28. $\left(\frac{3a}{x}+2a-\frac{4a}{6x}\right)\left(-\frac{2x}{3a}\right)$

29. $\left(\frac{a+b}{x+y}+\frac{3(a+b)}{2(x+y)}+\frac{1}{6d}\right)\left(-\frac{2(x+y)}{3(a+b)}\right)$

30. $\frac{a+c}{ac} \cdot \frac{a-c}{x} \cdot \frac{by}{a+c} \cdot \frac{cx}{a-c}$

31. $\frac{a+b}{n} \cdot \frac{c+d}{a-b} \cdot \frac{nx}{a+b} \cdot \frac{a-b}{c+d}$

Verwandeln Sie in Produkte (Nr. 32. . . . 40):

32. $\frac{5a}{6x}+\frac{5b}{6y}=\frac{5}{6}\left(\frac{a}{x}+\frac{b}{y}\right)$

33. $\frac{2a}{3b}+\frac{5ac}{4bd}$

34. $\frac{7ad}{5c}-\frac{3d}{8c}$

35. $\frac{8axy}{20dn}-\frac{12ady}{36nx}$

36. $\frac{ap}{nx}+\frac{ar}{ns}-\frac{ax}{ny}$

37. $\frac{4x}{5y}+\frac{12n}{15m}-\frac{16a}{20c}$

38. $\frac{4x}{5y}+\frac{12nx}{15my}-\frac{16ax}{20cy}$

39. $\frac{14ax}{27bn}-\frac{63adx}{10bn}+\frac{84ax}{54bn}$

40. $\frac{7ac(a-b)}{16nx(a+b)}+\frac{21a(a-b)bc}{28x(a+b)y}-\frac{35a(a-b)ny}{12cx(a+b)}$

7.10. Dividieren von Brüchen

1. $\frac{9x}{5b}:3a=\frac{9x}{5b}\cdot\frac{1}{3a}$
$=\frac{\cancel{3}\cdot 3x\cdot 1}{5b\cdot\cancel{3}a}$
$=\underline{\underline{\frac{3x}{5ab}}}$

2. $\frac{144abx}{3c}:12ax$

3. $3\frac{5}{7}a:\frac{39a}{14b}$

4. $\frac{3a}{4b}:\frac{6ad}{2b}$

5. $\left(-6\frac{3}{5}x\right):\frac{55x}{10a}$

6. $\frac{34a}{35b}:\frac{85x}{63b}$

7. $\frac{11{,}8ab}{5{,}9xy}:\frac{0{,}2b}{3{,}5x}$

8. $\left(-18xy\right):\left(-\frac{9y}{3a}\right)$

9. $9a:\left(-\frac{18ab}{2c}\right)$

10. $\frac{a}{a+b}:\frac{x}{a+b}$

11. $\frac{ax+bx}{a-b}:(a+b)$

12. $\frac{6x+3y}{4a-4b}:\frac{12ax+6ay}{7ax-7bx}$

13. $\frac{8m+8n}{3a-3b}:\frac{4m+4n}{9a-9b}$

14. $\frac{6(x+y)}{15(x-y)}:\frac{3(x+y)}{5(x-y)}$

15. $\frac{6(x+y)}{54(a+b)}:\frac{12(x+y)}{27(a-b)}$

16. $\left[\left(\frac{2x}{4}:\frac{1}{3}\right):\frac{x}{5}\right]:4a$

17. $\left(\frac{3ax}{4bc}:\frac{6ad}{8c}\right):\frac{18x}{2b}$

18. $\left(\frac{12bx - 12by}{5bx} : \frac{27b - 27c}{4cn}\right) : \frac{16bx - 16by}{5bx - 5cx}$

21. $\left(\frac{3cnx - 3bcx}{5ab} : \frac{9nx - 9bx}{20bx + 20by}\right) : \frac{4cx + 4cy}{3ad}$

19. $\left(\frac{8ax(a+b)}{5n} : \frac{2ax(a+b)}{25n(c-n)}\right) : \frac{c-n}{2b}$

22. $\left(\frac{2x - 4}{by - 3b} : \frac{6 - 3x}{xy + 3x}\right) : \frac{y+3}{3b - by}$

20. $\left(\frac{3(a-1)}{a(x-1)} : \frac{5(1-a)}{a(x+1)}\right) : \frac{1}{15(1-x)}$

23. $\frac{3ab(a+b)}{5xy(c-d)} : \frac{3a+3b}{5c-5d} + \frac{5ab(b+c)}{4dx} : \frac{5by+5cy}{16d} - \frac{ab(3a+b)}{5cx} : \frac{y(6a+2b)}{10c}$

24. $\frac{\frac{m}{a}}{\frac{n}{a}}$ 25. $\frac{1+\frac{b}{a}}{1+\frac{a}{b}}$ 26. $\frac{\frac{x}{3}}{\frac{y}{2}}$ 27. $\frac{\frac{18ab}{25xy}}{\frac{9b}{5y}}$ 28. $\frac{x+\frac{x}{b}}{1+\frac{1}{b}}$ 29. $\frac{c-\frac{d}{a}}{c+\frac{d}{a}}$

30. $\frac{\frac{a}{b}-\frac{x}{y}}{\frac{a}{b}+\frac{x}{y}}$ 31. $\frac{\frac{1}{x}+y}{\frac{1}{x}-y}$ 32. $\frac{\frac{3a}{b}\left(\frac{2x}{y}-\frac{x}{6y}\right)}{\frac{2x}{y}\left(\frac{a}{2b}+\frac{4a}{3b}\right)}$ 33. $\frac{\frac{2m-3n}{3r}-\frac{m+4n}{2t}}{\frac{4t-3r}{6n}-\frac{t+2r}{m}}$ 34. $\frac{\frac{4a-5b}{5x}-\frac{2a-3b}{3y}}{\frac{12y-10x}{15b}-\frac{y-x}{a}}$

7.11. Dividieren von einer Summe durch eine Zahl

1. $(35abc + 28abc - 21abc) : 7bcd = \frac{5a}{d} + \frac{4a}{d} - \frac{3a}{d} = \frac{6a}{d}$
2. $(8ac - 4adx - a) : 2a$
3. $(30ac - 15bcd + 35cx) : 5c$
4. $(39abd - 12acd + 45bcd) : 3d$
5. $(24nx - 12bx + 16cx) : (-4x)$
6. $(36ab - 12ac - 24ax) : (-6a)$
7. $(96x - 64y + 16z) : (-16)$
8. $(25a + 60b - 125c) : (-5)$
9. $(-39ay + 5by - 91cy) : (-13y)$
10. $(-42ab + 28ax - 56bx) : (-14abx)$
11. $\left(\frac{25cx}{16by} + \frac{5bx}{8cy}\right) : \frac{5x}{4y}$
12. $\left(\frac{18bc}{5x} + \frac{21abc}{2y} - \frac{12ab}{5c}\right) : 3ab$
13. $\left(\frac{15x}{28ab} - \frac{20x}{21b} + \frac{10x}{7a}\right) : \frac{5x}{7a}$
14. $\left(\frac{22pq}{39n} - \frac{99ps}{25v} + \frac{55ps}{17w}\right) : 11pq$
15. $(24ab + 36ac - 60bc) : \frac{12abc}{23x}$
16. $\left(-\frac{15ab}{8xy} - \frac{25ac}{12x} + \frac{5a}{16y}\right) : \left(-\frac{25ab}{6xy}\right)$
17. $\left(\frac{35ab}{12cx} - \frac{30b}{x} + \frac{45a}{8c}\right) : \left(-\frac{5ab}{2c}\right)$

7.12. Dividieren von einer Zahl durch eine Summe

1. $bn : (abn - bnx) = \frac{bn}{abn - bnx} = \frac{\cancel{bn}}{\cancel{bn}(a-x)} = \frac{1}{a-x}$
2. $18ax : (9ac - 36ad + 18ax)$
3. $bn : (abn - bnx)$
4. $2ab : (abx - cbx + b)$
5. $48abc : (12acx - 36acy + 48ac)$

7.13. Dividieren von Summen

1. $(8a + 4b) : (2a + b) = \underline{\underline{4}}$

$\underline{-(8a + 4b)}$

$\quad 0 \quad 0$

a) $\frac{8a}{2a} = 4$

b) $4(2a + b) = 8a + 4b$

2. $(36x - 54z) : (4x - 6z)$

3. $(70ac - 90bc) : (14a - 18b)$

4. $(39n + 26x - 91z) : (3n + 2x - 7z)$

5. $(cx + cy + dx + dy) : (x + y)$

6. $(24ax + 32bx - 30ay - 40by) : (6a + 8b)$

7. $(18ax - 9x - 36a + 18) : (6a - 3)$

8. $(16xy + 32xz + 24by + 48bz) : (4y + 8z)$

9. $(150ab - 54b - 200a + 72) : (6b - 8)$

10. $(30ax - 12ay - 40bx + 16by) : (10x - 4y)$

11. $(15cx - 12bx + 8by - 10cy) : (-4b + 5c)$

12. $(45ax - 36bx + 30ay - 24by) : (15a - 12b)$

13. $(2ax + ay + 2bx + by) : (2x + y)$

14. $(60ac + 80bc + 72ad + 96bd) : (12a + 16b)$

15. $\frac{153px - 72py - 340qx + 160qy}{17x - 8y}$

16. $\left(\frac{1}{8}bx + \frac{1}{12}by - \frac{1}{10}cx - \frac{1}{15}cy\right) : \left(\frac{1}{2}x + \frac{1}{3}y\right)$

17. $(56ac + 77bc + 48av + 66bv) : (8a + 11b)$

18. $(0{,}1bx - 0{,}2cx - 0{,}5by + cy) : (0{,}1b - 0{,}2c)$

19. $\frac{8ax + 16bx - 24cx - 10ay - 20by + 30cy}{2a + 4b - 6c}$

20. $\frac{14ax + 10bx - 6cx - 21ap - 15bp + 9cp}{7a + 5b - 3c}$

21. $\left(\frac{126ax}{8b} - \frac{27nx}{4b} + \frac{14ab}{12x} - \frac{bn}{2x}\right) : \left(\frac{18x}{2b} + \frac{4b}{6x}\right)$

22. $\left(\frac{10b}{6} - \frac{175mnxy}{36acd} + \frac{24abcd}{10xy} - 7mn\right) : \left(\frac{50xy}{18a} + 4cd\right)$

23. $\left(\frac{24c}{2x} + \frac{16bc}{2ay} - \frac{12ad}{2b} - \frac{4dx}{y}\right) : \left(\frac{3a}{b} + \frac{6x}{3y}\right)$

24. $\left(0{,}5ax - \frac{4{,}5abx}{3c} + \frac{25}{0{,}5} - \frac{150b}{c}\right) : (2{,}5c - 7{,}5b)$

25. $(15ax - 10ac + 5ad - 6bx + 4bc - 2bd) : (5a - 2b)$

26. $(8ay + 12by - 2cy + 10az + 15bz - 2{,}5cz) : (4y + 5z)$

27. $\frac{12ac + 20ax + 8ay - 18bc - 30bx - 12by}{4a - 6b}$

28. $\frac{16bx + 8ax - 24cx - 20by - 10ay + 30cy}{2a + 4b - 6c}$

29. $\frac{28ax + 20bx - 12cx - 42ap - 30bp + 18cp}{14a + 10b - 6c}$

30. $(30ax - 12ay - 40bx + 20by) : (10x - 4y)$

31. $\frac{45ax - 36bx + 30ay - 27by}{15a - 12b}$

32. $\frac{30ax + 24bx - 35ay - 30by}{5a + 4b}$

Vermischte Aufgaben zur Wiederholung von 7.

Berechnen Sie den Wert folgender Brüche (Nr. 1...8):

1. $-\frac{-32bc}{8x}$ **3.** $\frac{-42xz}{-7ab}$ **5.** $-\frac{45ax}{-9bc}$ **7.** $\frac{-16}{-4}$

2. $-\frac{-60PN}{-12B}$ **4.** $\frac{25ab}{-5x}$ **6.** $\frac{-36ab}{9c}$ **8.** $-\frac{-12ab}{-4xy}$

Zerlegen Sie folgende Zahlen in Primfaktoren (Nr. 9...12):

9. $396xyz$ **10.** $462abn$ **11.** $204bcx$ **12.** $420ady$

Berechnen Sie den ggT von (Nr. 13...16):

13. $180abc$, $252ac$, $300acx$, $588acd$

14. $168axy$, $210ay$, $441xy$, $735axy$

15. $24bx + 16ab$, $74cx + 48ac$, $120bcx + 80abc$

16. $108ax + 36ac$, $36bx + 12bc$, $72abx + 24abc$

Berechnen Sie das kgV von (Nr. 17...22):

17. $315aby$, $140axy$, $210by$, $700ab$

18. $330xyz$, $220xz$, $132yz$, $792xy$

19. $48ax - 72ay$, $-36aby + 24abx$

20. $12ax - 30bx$, $-10bc + 4ac$

21. $2ax + 3bx - 2ay - 3by$, $4ax + 6bx + 2ay + 3by$, $(x - y)(2x + y)$

22. $3am + 5mx + 3an + 5nx$, $6ay + 10xy - 3ab - 5bx$, $2my - bm + 2ny - bn$

Kürzen Sie folgende Brüche (Nr. 23...36):

23. $\frac{ac + ad}{cx + dx} = \frac{a(c + d)}{x(c + d)} = \frac{a}{x}$

24. $\frac{24mr - 16ms}{4m}$

25. $\frac{4x + 12y}{8x + 2y}$

26. $\frac{2x - 8y}{3x - 12y}$

27. $\frac{ax - bx}{am - bm}$

28. $\frac{14c - 28}{21c - 42}$

29. $\frac{18a - 30b}{12a - 20b}$

30. $\frac{5b + 15c}{14b + 42c}$

31. $\frac{55ay - 66by}{45ax - 54bx}$

32. $\frac{35rx - 49rt}{25sx - 35st}$

33. $\frac{3abm - 4cdm - 3abn + 4cdn}{6abx - 8cdx}$

34. $\frac{2acx - 2acy - 3bx + 3by}{6ac - 9b}$

35. $\frac{2ab - 3ay + 2bx - 3xy}{2ab - 3ay - 2bx + 3xy}$

36. $\frac{mx - m - nx + n}{am - bm - an + bn}$

Bringen Sie folgende Brüche auf einen anderen Nenner (Nr. 37...45):

37. $\frac{1}{3} = \frac{}{12x + 12y};\ \frac{1 \cdot 4 \cdot (x + y)}{3 \cdot 4 \cdot (x + y)} = \frac{4(x + y)}{12x + 12y}$

38. $\frac{3a-13b}{5}=\frac{}{15x-15y}$ 40. $\frac{3x-5y}{2y}=\frac{}{8ay+8by}$ 42. $\frac{1}{a-b}=\frac{}{ac-bc}$

39. $\frac{7x+8y}{4}=\frac{}{8a+8b}$ 41. $\frac{1}{a-b}=\frac{}{b-a}$ 43. $\frac{1}{a-b}=\frac{}{5\,(b-a)}$

44. $\frac{9x-3y}{2a-3b}=\frac{}{10acd-2am-15bcd+3bm}$

45. $\frac{3x-4d}{a+b}=\frac{}{5acy-7az+5bcy-7bz}$

Suchen Sie den Hauptnenner, und erweitern Sie die Brüche (Nr. 46...53):

46. $\frac{2x}{3y};\ \frac{5x}{6y};\ \frac{3x}{12a+12b}$.

$$\begin{aligned} 3y &= \phantom{2\cdot{}} 3 \cdot y \\ 6y &= 2 \cdot 3 \cdot y \\ 12a+12b &= 2\cdot 2\cdot 3\cdot (a+b) \\ \hline H\colon & \ 2\cdot 2\cdot 3\cdot y\cdot (a+b) \end{aligned}$$

$\frac{2x\cdot 4(a+b)}{3y\cdot 4(a+b)};\quad \frac{5x\cdot 2(a+b)}{6y\cdot 2(a+b)};\quad \frac{3x\cdot y}{(12a+12b)\cdot y}$

47. $\frac{3a}{4b};\ \frac{5x}{6y}$ 49. $\frac{6a}{7b};\ \frac{4x}{5y}$ 51. $\frac{2}{4x+4y};\ \frac{1}{2a}$ 53. $\frac{7x-11a}{30x+21a};\ \frac{12x-35a}{70x+49a}$

48. $\frac{5x}{12y};\ \frac{7x}{8y}$ 50. $\frac{2a}{5x};\ \frac{3a}{7x};\ \frac{7a}{10x}$ 52. $\frac{5a-b}{21a-28b};\ \frac{a-3b}{9a+12b}$

Addieren und subtrahieren Sie folgende Brüche (Nr. 54...76):

54. $$\begin{aligned}\frac{16ab}{5x}-\frac{20ab}{5x}+\frac{13ab}{5x}-\frac{4ab}{5x}&=\frac{16ab-20ab+13ab-4ab}{5x}\\ &=\frac{16ab+13ab-20ab-4ab}{5x}\\ &=\frac{29ab-24ab}{5x}\\ &=\frac{5ab}{5x}\\ &=\underline{\underline{\frac{ab}{x}}}\end{aligned}$$

55. $\frac{3a+5b}{2c}-\frac{2-2b+8a}{2c}+\frac{7a-3b+6}{2c}$

56. $\frac{34x}{3ab}-\frac{16x}{3ab}+\frac{14x}{3ab}-\frac{20x}{3ab}$

57. $\frac{4x+5y+6z}{3a}-\frac{3x-6y-6z}{3a}+\frac{2x+y}{3a}$

58. $\frac{5c+4d}{c+d}-\frac{13d-8c}{-c-d}+\frac{9c-11d}{c+d}$

59. $\frac{23x-20y}{x-y}+\frac{7x-3y}{y-x}-\frac{8x-9y}{x-y}$

60. $\frac{15x+a}{3}-\frac{7x-3a}{4}+\frac{3x+4a}{12}+\frac{5x-10a}{15}$

61. $\frac{3a-4b}{2}-\frac{7a-10b}{10}-\frac{10a-9b}{15}+\frac{3a-8b}{12}$

62. $\frac{5a+4b}{3y}-\frac{6a-7b}{9y}+\frac{8b-3a}{36y}$

63. $\frac{2x+5n}{2x}-\frac{2x-3n}{6x}+\frac{n}{12x}$

64. $\frac{3a}{2x-6} - \frac{10a}{3x-9} + \frac{a}{6x-30}$

$$2x - 6 = 2 \cdot (x-3)$$
$$3x - 9 = 3 \cdot (x-3)$$
$$6x - 30 = 2 \cdot 3 \cdot (x-5)$$
$$H\colon 2 \cdot 3 \cdot (x-3) \cdot (x-5)$$

$$\frac{3a \cdot 3(x-5)}{H:} - \frac{10a \cdot 2(x-5)}{H:} + \frac{a(x-3)}{H:}$$

$$\frac{9ax - 45a - 20ax + 100a + ax - 3a}{2 \cdot 3(x-3)(x-5)} = \frac{52a - 10ax}{2 \cdot 3(x-3)(x-5)} = \frac{26a - 5ax}{3(x-3)(x-5)}$$

65. $\frac{2(b+y)}{27by} + \frac{3(a-x)}{9ay}$

66. $\frac{4}{3x} - \frac{5}{6y} - \frac{7}{8xy} + \frac{x - 11xy}{12xy(a-b)}$

67. $\frac{20b}{a-3} - \frac{19b}{c-4} + \frac{b}{d-5}$

68. $\frac{x-y}{x+1} + \frac{x-y}{3x+3} - \frac{x+y}{9x+9}$

69. $\frac{6x-8}{20y+12} - \frac{6x+5}{15y-6}$

70. $\frac{5y}{4x-4y} + \frac{x+y}{3x-3y} - \frac{2x}{7x-7y}$

71. $\frac{2x+5}{4x-4} + \frac{5x-3}{6x-6} - \frac{2x+1{,}5}{2x-2}$

72. $\frac{3a-b}{4a-2b} - \frac{2a+3b}{6a-3b} + \frac{5a+2b}{8a-4b} - 1$

73. $\frac{3+4a}{2a-3} - \frac{3x-5}{5x-1} + \frac{18-14ax-6a}{10ax-2a-15x+3}$

74. $\frac{8+5n}{n+1} - \frac{7a+3}{5a-3} + \frac{18n+27-15a}{5an-3n+5a-3}$

75. $\frac{3x-2y}{14x+21y} - \frac{3a+2b}{8a+8b} + \frac{35ay+8ax+24by}{24(2ax+2bx+3ay+3by)}$

76. $\frac{5c-7d}{12c+18d} - \frac{12a+15b}{5a+5b} + \frac{2{,}5bd-12{,}5bc+5{,}5ad+74{,}5ac}{15(2ac+2bc+3ad+3bd)}$

77. $6\frac{1}{7}ab \cdot 2\frac{3}{5}ac \cdot \frac{7x}{39ab} = \frac{43\cancel{ab} \cdot \cancel{13}ac \cdot \cancel{7}x}{\cancel{7} \cdot 5 \cdot \cancel{39}\cancel{ab}_{\,3}} = \frac{43}{15}acx = 2\frac{13}{15}acx$

78. $10bz \cdot \frac{8ax}{30by}$

79. $\frac{10abc}{6} \cdot \frac{12}{abc}$

80. $\frac{8x}{60y} \cdot 12ay$

81. $\frac{3x}{16y} \cdot (-4z)$

82. $\frac{4a+8b}{15c} \cdot \frac{21x}{a+2b}$

83. $\frac{4x-3y}{a-3b} \cdot \frac{3b-a}{36x-27y}$

84. $\frac{2ac}{gh} \cdot \frac{6abd}{ce} \cdot \left(-\frac{cg}{3a}\right)$

85. $\left(-\frac{a}{x}\right) \cdot \left(-\frac{x}{t}\right) \cdot \frac{3tx}{4a}$

86. $\frac{a+b}{4x+4y} \cdot \frac{5x+5y}{a-b}$

87. $\frac{5a}{7x} \cdot \frac{a-x}{15a} \cdot \frac{14ax}{a-x}$

88. $\frac{4a+8}{12b-6} \cdot \frac{3a-6}{4b+2} \cdot \frac{5+10b}{a+2}$

89. $\left(\frac{1}{x} + \frac{1}{y}\right) \cdot (x-y) + (x+y) \cdot \left(\frac{1}{x} - \frac{1}{y}\right)$

90. $\left(-\frac{3(a-b)}{2(x+y)}\right) \cdot \left(\frac{x+y}{a-b} - \frac{2(x+y)}{3(a-b)} + 6d\right)$

91. $7\frac{1}{2}x\left(\frac{5}{3x} - \frac{a}{15}\right) - \frac{4}{26x}\left(2x - 3\frac{1}{4}bx\right)$

Verwandeln Sie in Produkte (Nr. 92...96):

92. $\frac{Q}{T} \cdot (x-y) \cdot a + \frac{aQ}{T} \cdot (x-y) \cdot P = \frac{Qa}{T} \cdot (x-y) \cdot (1+P)$

93. $\frac{4abc}{5xy} - \frac{24acx}{15y}$

94. $\frac{24ab}{30} - \frac{16n}{20m} + \frac{8x}{10y}$

95. $\frac{14ax}{27bc} - \frac{63adx}{18bn} + \frac{84anx}{54bn}$

96. $\frac{18(x+y) \cdot an}{15(a+b) \cdot bc} + \frac{54(x+y) \cdot a}{35(a+b) \cdot c}$

97. $\frac{xyz(a-b)}{a} : \frac{xz(a-b)}{a} : 2y = \frac{\cancel{x}\cancel{y}\cancel{z}\cancel{(a-b)} \cdot \cancel{a}}{\cancel{a} \cdot \cancel{x}\cancel{z}\cancel{(a-b)} \cdot 2\cancel{y}} = \underline{\underline{\frac{1}{2}}}$

98. $4\frac{1}{3}ab : 2\frac{1}{4}ac$

99. $3\frac{2}{3}ax : 2\frac{1}{2}ay$

100. $\frac{9a}{8b} : \frac{a}{b}$

101. $\frac{12a}{25x} : \frac{24a}{5x}$

102. $\frac{am + an}{m} : \frac{ax + ay}{x}$

103. $\frac{5a - 25b}{8a + 40b} : \frac{6a - 30b}{7a + 35b}$

104. $\dfrac{\frac{1}{x} + \frac{1}{y}}{\frac{1}{x} - \frac{1}{y}}$

105. $\dfrac{\frac{a}{b} - \frac{x}{y}}{\frac{a}{b} + \frac{x}{y}}$

106. $\dfrac{\frac{3a}{b}\left(\frac{2x}{y} - \frac{x}{6y}\right)}{\frac{2x}{y}\left(\frac{a}{2b} + \frac{4a}{3b}\right)}$

107. $\dfrac{\frac{2m - 3n}{3r} - \frac{m + 4n}{2t}}{\frac{4t - 3r}{6n} - \frac{t + 2r}{m}}$

108. $\dfrac{\frac{5a - 3b}{15x} - \frac{9a - 8b}{12y}}{\frac{4y - 9x}{4b} - \frac{3y - 10x}{5a}}$

109. $\left(-\frac{4}{3}abc - \frac{3}{2}ac + \frac{2}{3}abc\right) : \left(-\frac{2}{3}ac\right) = 2b + \frac{9}{4} - b = \underline{\underline{\frac{9}{4} + b}}$

110. $(12ab - 18bc - 30bx) : 6b$

111. $(4ab - 2ac + 6a) : 2a$

112. $(20xz - 5yz) : 5z - (2{,}4tx + 3{,}6ty) : (-12t)$

113. $(3ab + 4b - 33a - 44) : (3a + 4) = \underline{\underline{b - 11}}$

$\underline{-(3ab + 4b)}$

$0 \qquad 0 \; \underline{-(-33a - 44)}$

$\qquad\qquad 0 \qquad 0$

114. $\frac{54a + 18b - 6ax - 2bx}{6a + 2b}$

115. $\frac{30ax + 24bx - 35ay - 28by}{5a + 4b}$

116. $\frac{4{,}32ax + 2{,}76ay - 11{,}52bx - 7{,}36by}{3{,}6x + 2{,}3y}$

117. $\frac{0{,}6ac + 0{,}25bc - 1{,}44ad - 0{,}6bd}{1{,}2a + 0{,}5b}$

118. $\dfrac{4x - 20 - \frac{x}{a} + \frac{5}{a}}{x - 5}$

119. $\dfrac{bm - \frac{1}{2}ab + 2mx - ax}{\frac{3m}{4} - \frac{3a}{8}}$

120. $(20a + 31b + 10c + 8ax + 12{,}4bx + 4cx) : (10 + 4x)$

121. $\left(\frac{8c}{25} + \frac{28}{15bd} - \frac{3bcd}{5} - 3\frac{1}{2}\right) : \left(\frac{4x}{5ad} - \frac{3bx}{2a}\right)$

122. $\left(\frac{5b}{3} - \frac{175mnxy}{36acd} + \frac{12abcd}{5xy} - 7mn\right) : \left(\frac{3ab}{5xy} - \frac{7mn}{4cd}\right)$

123. $\left(\frac{12c}{x} + \frac{8bc}{ay} - \frac{6ad}{b} - \frac{2dx}{\frac{1}{2}y}\right) : \left(\frac{4bc}{ax} - 2d\right)$

124. Berechnen Sie den Abstand x der Bohrungen im Flachstahl:

a) allgemein, mit Hilfe von Variablen, bei n Bohrungen,

b) für $a = 20$ mm,
$b = 25$ mm,
$d = 12$ mm,
$n = 14$,
$l = 610$ mm.

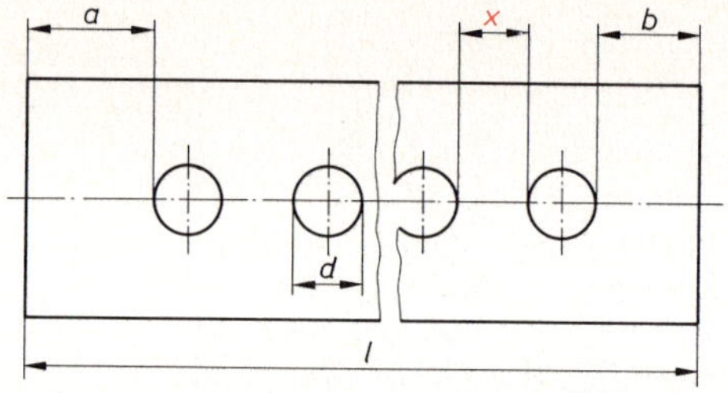

125. Ein Flachstahl hat Bohrungen mit gleichem Mittenabstand. Berechnen Sie den Mittenabstand e zweier Bohrungen:

a) allgemein, mit Hilfe von Variablen, für n Bohrungen,

b) für $a = 50$ mm,
$l = 580$ mm,
$n = 13$.

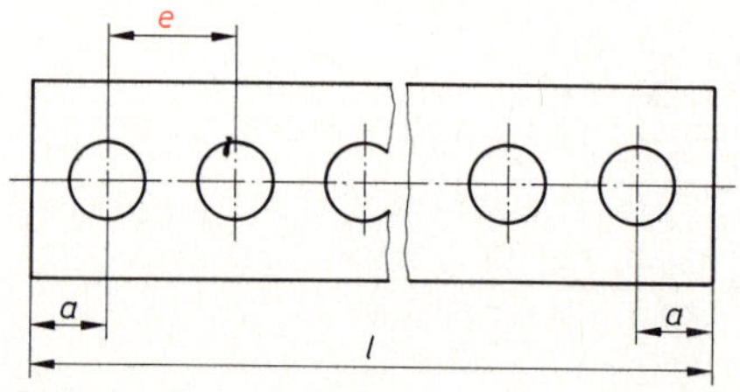

126. Eine Blechplatte ist siebartig nach nebenstehender Zeichnung mit Bohrungen versehen. Berechnen Sie die Gesamtzahl n aller Bohrungen:

a) allgemein, mit Hilfe von Variablen,

b) für $e_1 = 20$ mm,
$e_2 = 15$ mm,
$a = 25$ mm,
$b = 15$ mm,
$A = 330$ mm,
$B = 195$ mm.

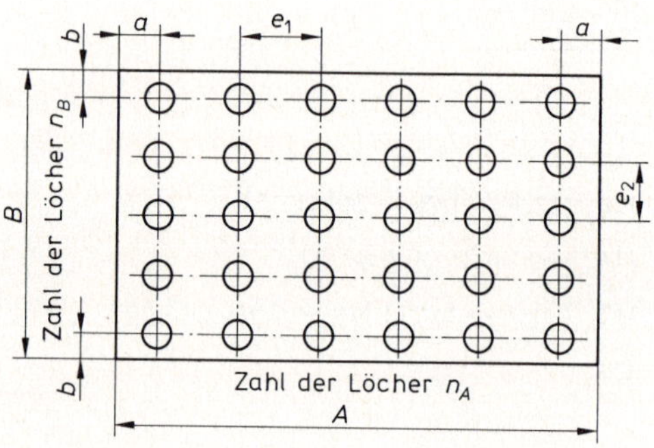

Wiederholungsfragen über 7.

1. *Wie heißen die Glieder einer Divisionsaufgabe?*
2. *Wie bildet man den Kehrwert eines Bruches?*
3. *Was ist ein Scheinbruch?*
4. *Was muß man über die Null beim Dividieren wissen?*
5. *Nennen Sie die Vorzeichenregel beim Dividieren.*
6. *Was wissen Sie über das Kürzen von Brüchen?*
7. *Wie wird ein Bruch erweitert?*
8. *Wie werden gleichnamige Brüche addiert und subtrahiert?*
9. *Auf welche Weise addiert und subtrahiert man ungleichnamige Brüche?*
10. *Was wissen Sie über den Hauptnenner?*
11. *Auf welche Weise werden Brüche multipliziert?*
12. *Wie dividiert man Brüche?*
13. *Kann man eine Summe durch eine Zahl dividieren?*
14. *Was wissen Sie über das Dividieren von Summen?*

8. Potenzieren

8.1. Einführung

Besteht ein *Produkt* aus lauter gleichen Faktoren, so drückt man es verkürzt als *Potenz* aus. Der *Exponent* (Hochzahl) gibt an, wie oft die *Basis* (Grundzahl) als *Faktor* gesetzt werden soll (sprich: „*a* hoch *n*“).

$3 \cdot 3 \cdot 3 \cdot 3 = 3^4 = 81$

n Faktoren — *Basis* — *Exponent*

$$\underbrace{a \cdot a \cdot a \cdot \ldots \cdot a}_{\text{Produkt}} = \underbrace{a^n}_{\text{Potenz}}$$

Basis und Exponent dürfen bei einer Potenz nicht vertauscht werden.

$2^3 = 2 \cdot 2 \cdot 2 = \underline{\underline{8}}$

$3^2 = 3 \cdot 3 = \underline{\underline{9}}$

Nach vorhergehender Definition ist a^1 nicht erklärt. Wir setzen deshalb fest: $a^1 = a$.

$$\boxed{a^1 = a}$$

8.2. Das Vorzeichen beim Potenzieren

Merke: Eine Potenz mit positiver Basis ist positiv.

$3^2 = 3 \cdot 3 = 9$

$3^3 = 3 \cdot 3 \cdot 3 = 27$

$$\boxed{a^n = b} \quad a, b > 0; \quad n \to 2, 3, 4, \ldots$$

Eine Potenz mit negativer Basis ist positiv, wenn der Exponent eine gerade Zahl ist; sie ist negativ, wenn der Exponent eine ungerade Zahl ist.

$(-3)^2 = (-3) \cdot (-3) = 9$

$(-3)^3 = (-3) \cdot (-3) \cdot (-3) = -27$

$$\boxed{\begin{aligned} (-a)^{2n} &= a^{2n} \\ (-a)^{2n-1} &= -(a^{2n-1}) \end{aligned}} \quad \begin{aligned} &a > 0 \\ &2n \to \text{gerade Zahl} \\ &2n - 1 \to \text{ungerade Zahl} \end{aligned}$$

Beispiele:

Negative Basis mit ungerader Zahl als Exponent ergibt negativen Potenzwert, mit gerader Zahl als Exponent positiven Potenzwert.

1. $(-2ax)^3 = (-2ax) \cdot (-2ax) \cdot (-2ax) = \underline{\underline{-8a^3x^3}}$

2. $(-3nx)^4 = (-3nx) \cdot (-3nx) \cdot (-3nx) \cdot (-3nx) = \underline{\underline{81n^4x^4}}$

3. $6 \cdot \left(-\frac{1}{3}\right)^3 + 5\left(-\frac{2}{3}\right)^2 = 6 \cdot \left(-\frac{1}{27}\right) + 5 \cdot \frac{4}{9} = -\frac{6}{27} + \frac{20}{9} = -\frac{2}{9} + \frac{20}{9} = \frac{18}{9} = \underline{\underline{2}}$

8.3. Addieren und Subtrahieren von Potenzen

Merke: Potenzen mit gleichen Exponenten und gleichen Basen (gleiche Potenzen) werden addiert oder subtrahiert, indem man nur ihre Beizahlen addiert oder subtrahiert und die Potenz beibehält.

$$\boxed{\begin{aligned} 3a^2 + 2a^2 - a^2 &= (3 + 2 - 1) \cdot a^2 \\ &= 4a^2 \end{aligned}}$$

Potenzen mit ungleichen Exponenten und gleichen Basen können nicht addiert oder subtrahiert werden.

Vor dem Zusammenfassen ist zu ordnen.

$$6a^4 + 5a^2 + 8a^4 - 2a^2$$
$$= 6a^4 + 8a^4 + 5a^2 - 2a^2$$
$$= 14a^4 + 3a^2$$

Zunächst ordnen, dann gleiche Glieder zusammenfassen.

Beispiel:

$$20a^2b^3 + 6a^3b^2 + 4a^3b^2 + 2a^3c^2 - 12a^2b^3$$
$$= 6a^3b^2 + 4a^3b^2 + 2a^3c^2 + 20a^2b^3 - 12a^2b^3$$
$$= \underline{\underline{10a^3b^2 + 8a^2b^3 + 2a^3c^2}}$$

8.4. Multiplizieren von Potenzen

Merke: *Potenzen mit gleichen Basen werden multipliziert, indem man die Exponenten addiert und die Basis mit der Summe der Exponenten potenziert.*

$$2^3 \cdot 2^4 = 8 \cdot 16 = 128 \quad \textit{oder}$$

$$\underbrace{(\overset{1}{2} \cdot \overset{2}{2} \cdot \overset{3}{2})}_{2^3} \cdot \underbrace{(\overset{4}{2} \cdot \overset{5}{2} \cdot \overset{6}{2} \cdot \overset{7}{2})}_{2^4} = 2^7 = 128$$
$$= 2^{3+4} = 2^7 = 128$$

Umkehrung: Eine Potenz kann in ein Produkt von Potenzen umgewandelt werden.

$$\boxed{a^m \cdot a^n = a^{m+n}} \quad m, n \text{ – natürl. Zahlen}$$

$$3^2 \cdot 4^2 = 9 \cdot 16 = \underline{\underline{144}}$$

$$3^2 \cdot 4^2 = (3 \cdot 4)^2 = 12^2 = \underline{\underline{144}}$$

Potenzen mit gleichen Exponenten werden miteinander multipliziert, indem man das Produkt der Basen mit dem gemeinsamen Exponenten potenziert.

Umkehrung: Ein Produkt wird potenziert, indem man jeden Faktor potenziert.

$$\boxed{a^n \cdot b^n = (a \cdot b)^n} \quad n \text{ – natürl. Zahl}$$

Beispiele:

1. Es lassen sich hier nur Potenzen mit gleicher Basis multiplizieren.
2. Bei einem Produkt wird jeder Faktor potenziert.
3. Exponenten addieren.

1. $4a^3x^7 \cdot 5a^4x^2 = 4 \cdot 5 \cdot a^3 \cdot a^4 \cdot x^7 \cdot x^2$
$= \underline{\underline{20a^7x^9}}$

2. $(3ab)^3 = 3^3 \cdot a^3 \cdot b^3 = \underline{\underline{27a^3b^3}}$

3. $b^{5-x} \cdot b^{x+n} = b^{5-x+x+n} = \underline{\underline{b^{5+n}}}$

8.5. Dividieren von Potenzen

Merke: *Potenzen mit gleichen Basen werden dividiert, indem man die Basis mit der Differenz der Exponenten potenziert.*

$$\frac{2^5}{2^3} = \frac{32}{8} = 4$$

$$\frac{2^5}{2^3} = \frac{\cancel{2} \cdot \cancel{2} \cdot \cancel{2} \cdot 2 \cdot 2}{\cancel{2} \cdot \cancel{2} \cdot \cancel{2}} = 4 \textit{ oder } 2^{5-3} = 2^2 = 4$$

Umkehrung: Ist der Exponent einer Potenz eine Differenz, so kann man dafür einen Bruch schreiben.

$$\boxed{\frac{a^m}{a^n} = a^{m-n}} \quad m > n \qquad \boxed{\frac{a^m}{a^n} = \frac{1}{a^{n-m}}} \quad m < n$$

m, n – natürl. Zahlen, a ≠ 0

Merke: *Potenzen mit gleichen Exponenten werden dividiert, indem man den Quotienten der Basen mit dem gemeinsamen Exponenten potenziert.*

$$\frac{6^2}{2^2} = \frac{36}{4} = 9$$

$$\left(\frac{6}{2}\right)^2 = 3^2 = 9$$

Umkehrung: Ein Quotient (Bruch) wird potenziert, indem man Zähler und Nenner potenziert.

$$\boxed{\frac{a^n}{b^n} = \left(\frac{a}{b}\right)^n}$$

$b \neq 0$

n ▸ *natürliche Zahl*

Jede Potenz von 1 ist immer 1. Die Potenz einer positiven Zahl, die größer ist als 1, wächst mit steigender Hochzahl; ist die Zahl kleiner als 1, so wird der Potenzwert mit steigender Hochzahl immer kleiner.

$$1^4 = 1 \cdot 1 \cdot 1 \cdot 1 = 1$$

$$3^4 = 3 \cdot 3 \cdot 3 \cdot 3 = 81$$

$$\left(\frac{1}{3}\right)^4 = \frac{1}{3} \cdot \frac{1}{3} \cdot \frac{1}{3} \cdot \frac{1}{3} = \frac{1}{81}$$

Ist der Exponent des Nenners größer als der des Zählers, so kann die Lösung auf zweierlei Art gefunden werden.

$$\frac{a^3}{a^5} = \frac{\not a \cdot \not a \cdot \not a}{\not a \cdot \not a \cdot \not a \cdot a \cdot a} = \frac{1}{a^2}$$

$$\frac{a^3}{a^5} = a^{3-5} = a^{-2} = \frac{1}{a^2} = \frac{1}{a^{5-3}}$$

$$\boxed{\frac{a^m}{a^n} = \frac{1}{a^{n-m}}}$$

$m < n$

$a \neq 0$

Eine Potenz mit negativem Exponenten ist gleich dem reziproken Wert der gleichen Potenz mit positivem Exponenten.

$$\boxed{a^{-b} = \frac{1}{a^b}}$$

b ▸ *natürliche Zahl*

$a \neq 0$

Folgerung: Wird eine Potenz vom Zähler in den Nenner oder vom Nenner in den Zähler gebracht, so muß man die Vorzeichen der Exponenten umkehren. Die Exponenten der Potenzen können also beliebige ganze Zahlen sein.

$$\boxed{\frac{a^{-x}}{b^n} = \frac{b^{-n}}{a^x} = \frac{1}{a^x \cdot b^n}}$$

n, x ▸ *natürliche Zahlen*

$a, b \neq 0$

Beispiele:

Man subtrahiert immer den kleineren Exponenten vom größeren.

1. $\frac{12a^3b^4c^7}{3a^2b^5c^6} = \frac{4ac}{b}$

2. $\left(\frac{4ax}{3bn}\right)^2 = \frac{(4ax)^2}{(3bn)^2} = \frac{16a^2x^2}{9b^2n^2}$

Merke: *Jede Potenz mit dem Exponenten Null hat den Wert 1 ($a \neq 0$).*

3. $\frac{a^3}{a^3} = a^{3-3} = a^0 = 1$

Beim Ausrechnen genau auf die Vorzeichen achten.

4. $\frac{a^{n+1} \cdot c^x}{a^n \cdot c^{x-1}} = a^{n+1-n} \cdot c^{x-(x-1)} = ac$

Lösungsgang:

Negative Exponenten beseitigen

$$5.\quad \frac{a^{-2}\cdot x^4\cdot y^{-6}}{b^3\cdot c^{-4}\cdot d^{-5}} : \frac{a^{-3}\cdot b^{-3}\cdot x^3}{c^{-5}\cdot y^6\cdot d^{-6}}$$

Brüche dividieren

$$= \frac{x^4c^4d^5}{a^2b^3y^6} : \frac{x^3c^5d^6}{y^6a^3b^3} = \frac{x^4c^4d^5\cdot y^6a^3b^3}{a^2b^3y^6\cdot x^3c^5d^6}$$

Brüche kürzen

$$= \underline{\underline{\frac{ax}{cd}}}$$

Das Dividieren dieser Summen erfolgt nach den Regeln von 7.10. unter Beachtung der Potenzregeln.

$$6.\quad \frac{24a^{c+x} + 28a^xb^x - 36a^cb^r - 42b^{x+r}}{6a^c + 7b^x}$$

$$= \underline{\underline{4a^x - 6b^r}}$$

8.6. Potenzieren von Potenzen

Merke: *Eine Potenz wird potenziert, indem man die Basis mit dem Produkt der Exponenten potenziert.*

$$(2^3)^2 = (2\cdot 2\cdot 2)^2 = (\overset{1}{2}\cdot\overset{2}{2}\cdot\overset{3}{2})\cdot(\overset{4}{2}\cdot\overset{5}{2}\cdot\overset{6}{2}) = 2^6$$

$$(2^3)^2 = 2^{3\cdot 2} = 2^6 = 64$$

Umkehrung: Ist der Exponent einer Potenz ein Produkt, so kann man dafür eine Potenz setzen, die mit einem der Faktoren potenziert wird.

$$\boxed{(a^m)^n = a^{m\cdot n}}$$ m, n – *natürliche Zahlen*

Folgerung: Man kann die Exponenten vertauschen.

$$\boxed{(a^m)^n = (a^n)^m = a^{m\cdot n}}$$

Beispiele:

Zähler und Nenner werden mit 3 potenziert.

$$1.\quad \left(\frac{3a^2}{2x^3}\right)^3 = \frac{3^3\cdot a^6}{2^3\cdot x^9} = \frac{27a^6}{8x^9}$$

Beim Auflösen der Klammern von innen nach außen gehen.

$$2.\quad [(2a^3x^4)^2]^3 = [2^2\cdot a^6\cdot x^8]^3 = 2^6\cdot a^{18}\cdot x^{24} = \underline{\underline{64a^{18}x^{24}}}$$

Die Klammer bestimmt die Reihenfolge.

$$3.\quad (a^3)^3 = \underline{\underline{a^9}};\qquad a^{(3^3)} = \underline{\underline{a^{27}}}$$

8.7. Potenzieren von Summen

Merke: *Eine Summe oder Differenz wird potenziert, indem man die Potenz in ein Produkt umwandelt und das Produkt dann berechnet. Eine algebraische Summe aus zwei Gliedern nennt man ein Binom.*

$$(3+4)^2 = 7^2 = 49 \text{ oder}$$

$$(3+4)\cdot(3+4) = 9+12+12+16 = 49$$

Viel gebrauchte werden nebenstehende Formeln. Schreibt man die Koeffizienten der einzelnen Summanden von $(a+b)^n$ für $n = 0, 1, 2, 3, 4, 5, \ldots$ untereinander, so erhält man das *Pascalsche Dreieck*.

$$\begin{aligned}(a+b)^2 &= (a+b)\cdot(a+b)\\ &= a^2+2ab+b^2\\ (a-b)^2 &= (a-b)\cdot(a-b)\\ &= a^2-2ab+b^2\\ (a\pm b)^3 &= a^3\pm 3a^2b+3ab^2\pm b^3\\ (a\pm b)^4 &= a^4\pm 4a^3b+6a^2b^2\pm 4ab^3+b^4\end{aligned}$$

$$(a+b)^0 = 1$$
$$(a+b)^1 = 1 \cdot a + 1 \cdot b$$
$$(a+b)^2 = a^2 + 2ab + b^2$$
$$(a+b)^3 = a^3 + 3a^2b + 3ab^2 + b^3$$
$$(a+b)^4 = a^4 + 4a^3b + 6a^2b^2 + 4ab^3 + b^4$$
$$(a+b)^5 =$$
$$(a+b)^6 =$$
$$(a+b)^7 =$$
$$(a+b)^8 =$$
$$(a+b)^9 =$$
$$(a+b)^{10} =$$
$$(a+b)^{11} =$$

1
1 1
1 2 1
1 3 3 1
1 4 6 4 1
1 5 10 10 5 1
1 6 15 20 15 6 1
1 7 21 35 35 21 7 1
1 8 28 56 70 56 28 8 1
1 9 36 84 126 126 84 36 9 1
1 10 45 120 210 252 210 120 45 10 1
1 11 55 165 330 462 462 330 165 55 11 1

Auf Grund dieser Aufstellung lassen sich folgende Gesetzmäßigkeiten ablesen:

1. Die Koeffizienten der einzelnen Summanden von $(a+b)^n$ bilden eine Reihe (Zeile) des Pascalschen Dreiecks. Am Anfang und am Ende einer jeden Zeile steht die Ziffer 1.
2. Die nächste Reihe entsteht dadurch, daß man die Koeffizienten der darüberliegenden Reihe addiert.
3. Die Formeln sind nach fallenden Potenzen des ersten Gliedes (a) und nach steigenden Potenzen des zweiten Gliedes (b) geordnet.
4. Bei jedem Summanden ist die Summe der Exponenten (ohne Koeffizient) gleich dem Exponenten von $(a+b)$.
5. Ist das Binom eine Differenz, so wechseln die Vorzeichen ab. Das erste Glied hat immer ein positives Vorzeichen.

$$(a+b)^3 = a^3 + 3a^2b + 3ab^2 + b^3$$

1 — 3 — 3 — 1

1 3 3 1
1 4 6 4 1

$$a^3 + 3a^2b + 3ab^2 + b^3$$

1. $a^n \; \ldots \; a^2 \; \ldots \; a$
2. $b \; \ldots \; b^2 \; \ldots \; b^3$

$$a^3 \; \ldots \; a^2b \; \ldots \; ab^2 \; \ldots \; b^3$$

3 = 3 = 3 = 3 = 3

$$(a+b)^3 = a^3 + 3a^2b^1 + 3a^1b^2 + b^3$$
$$(a-b)^3 = a^3 - 3a^2b + 3ab^2 - b^3$$
$$+ \; - \qquad + \qquad -$$

Lösungsgang:

1. Man berechnet zunächst die Koeffizienten der entsprechenden Zeile des Pascalschen Dreiecks.
2. Man schreibt die fallenden Potenzen des ersten Gliedes und die steigenden Potenzen des zweiten Gliedes so untereinander, daß die Summe der Exponenten beider Glieder immer gleich 5 ist.
3. Man multipliziert die Zahlen jeder Spalte miteinander.
4. Man verbindet die einzelnen Glieder mit wechselnden Vorzeichen.

Beispiel:

$$(a-b)^5 =$$

1	5	10	10	5	1
a^5	a^4	a^3	a^2	a	
	b	b^2	b^3	b^4	b^5
a^5	$5a^4b$	$10a^3b^2$	$10a^2b^3$	$5ab^4$	b^5

$$a^5 - 5a^4b + 10a^3b^2 - 10a^2b^3 + 5ab^4 - b^5$$

8.8. Zerlegen in Faktoren

Wie schon unter 6.5. erwähnt, kann man aus mehreren Gliedern gemeinsame Faktoren ausklammern.

Beispiele:

1. $9x^4 + 12x^3 = \underline{\underline{3x^3 (3x + 4)}}$

Der gemeinsame Faktor kann auch eine Summe oder eine Differenz sein.

2. $3a^2(5b^2 + 4n) + 2x(5b^2 + 4n)$
$= \underline{\underline{(5b^2 + 4n) \cdot (3a^2 + 2x)}}$

Oft kommt man zum Ziel, wenn man aus mehreren Summanden einen gemeinsamen Faktor ausklammert und die Summe dann in ein Produkt umwandelt.

3. $42a^2y + 18by^2 - 28a^3 - 12aby$
$= 6y(7a^2 + 3by) - 4a(7a^2 + 3by)$
$= \underline{\underline{(7a^2 + 3by) \cdot (6y - 4a)}}$

4. $15a^2b^2 + 12a^2n + 5b^2 + 4n$
$= 3a^2(5b^2 + 4n) + 5b^2 + 4n$
$= \underline{\underline{(5b^2 + 4n) \cdot (3a^2 + 1)}}$

Auch die Differenz zweier Quadrate kann man nach nebenstehender Formel in ein Produkt umwandeln. Die Probe erfolgt in jedem Falle durch Zurückmultiplizieren.

$$a^2 - b^2 = (a + b) \cdot (a - b)$$

Beispiele:

1. $16x^2 - 9a^2 = \underline{\underline{(4x + 3a) \cdot (4x - 3a)}}$

2. $4a^2b^2 - 1 = \underline{\underline{(2ab - 1) \cdot (2ab + 1)}}$

Bei diesem Beispiel ist das erste Quadrat eine Summe $a^2 \longrightarrow (4x + 2y)^2$, man muß also an Stelle von $a \longrightarrow 4x + 2y$ schreiben.

3. $(4x + 2y)^2 - 9y^2$
$= (4x + 2y - 3y) \cdot (4x + 2y + 3y)$
$= \underline{\underline{(4x - y) \cdot (4x + 5y)}}$

Hierbei ist $a^2 \longrightarrow (a - b)^2$, $b^2 \longrightarrow (x + b)^2$

4. $(a - b)^2 - (x + b)^2$
$= (a - b + x + b) \cdot (a - b - x - b)$
$= \underline{\underline{(a + x) \cdot (a - 2b - x)}}$

Ist die Differenz zweier Quadrate mit einem Faktor multipliziert, so muß man ihn vorher ausklammern.

5. $72a^2b^2y - 50x^2y$
$= 2y(36a^2b^2 - 25x^2)$
$= \underline{\underline{2y \cdot (6ab + 5x) \cdot (6ab - 5x)}}$

Diese Formel erlaubt es, die Differenz $a^4 - b^4$ in ein Produkt umzuwandeln.

$$\begin{aligned} a^4 - b^4 &= (a^2)^2 - (b^2)^2 \\ &= (a^2 + b^2) \cdot (a^2 - b^2) \\ &= (a^2 + b^2) \cdot (a + b) \cdot (a - b) \end{aligned}$$

Beispiele:

Die Zerlegung von Faktoren ist immer dann von Vorteil, wenn statt Summe oder Differenz Faktoren gebraucht werden, die man kürzen kann. Auf diese Weise wird der Ausdruck vereinfacht.

1. $x^4 - 81 = (x^2 + 9) \cdot (x^2 - 9)$
$= \underline{\underline{(x^2 + 9) \cdot (x + 3) \cdot (x - 3)}}$

2. $\frac{c^4}{81} - \frac{x^4}{16} = \left(\frac{c^2}{9} + \frac{x^2}{4}\right) \cdot \left(\frac{c^2}{9} - \frac{x^2}{4}\right)$
$= \underline{\underline{\left(\frac{c^2}{9} + \frac{x^2}{4}\right) \cdot \left(\frac{c}{3} + \frac{x}{2}\right) \cdot \left(\frac{c}{3} - \frac{x}{2}\right)}}$

Einen Ausdruck, den man in ein Produkt von zwei gleichen Faktoren der Form $(a + b) \cdot (a + b)$ oder $(a - b) \cdot (a - b)$ zerlegen kann, nennt man ein vollständiges Quadrat.

$$\begin{aligned} (a + b)^2 &= (a + b) \cdot (a + b) \\ &= a^2 + 2ab + b^2 \\ (a - b)^2 &= (a - b) \cdot (a - b) \\ &= a^2 - 2ab + b^2 \end{aligned}$$

Beispiele:

Das erste und das dritte Glied ergeben die beiden Glieder der Klammer, vom mittleren Glied erhält man das Vorzeichen. Ist ein Vielfaches von $(a \pm b)^2$ vorhanden, so klammert man zunächst den entsprechenden Faktor aus.

1. $25a^2 - 30ab + 9b^2 = \underline{\underline{(5a - 3b)^2}}$

2. $9x^2 + 6x + 1 = \underline{\underline{(3x + 1)^2}}$

3. $96a^3x + 48a^2x^2 + 6ax^3$
$= 6ax\,(16a^2 + 8ax + x^2)$
$= \underline{\underline{6ax\,(4a + x)^2}}$

Oft sind bei einem viergliedrigen Ausdruck zwei mittlere Glieder zusammengefaßt, es fehlt also ein Mittelglied. In diesem Falle kann man den Ausdruck mit nebenstehender Formel in ein Produkt verwandeln.

$$\begin{aligned} &x^2 + ax + bx + ab \\ &= x^2 + (a + b)\,x + ab \\ &= (x + a) \cdot (x + b) \\ &\qquad \text{denn} \\ &(x + a) \cdot (x + b) \\ &= x^2 + ax + bx + ab \\ &= x(x + a) + b(x + a) \\ &= (x + a) \cdot (x + b) \end{aligned}$$

Beispiele:

1. Bei diesem Beispiel sollen die unbekannten Glieder a und b folgende Bedingungen erfüllen:

   $a + b = 8;$ $\qquad a \cdot b = 15$

   Diese Bedingungen erfüllen die Zahlen $a = 3$ und $b = 5$, $8d$ wird also zerlegt in $3d + 5d$.

1. $$d^2 + \underset{\underset{(a+b)}{\downarrow}}{8d} + \underset{\underset{ab}{\downarrow}}{15} = \;?$$

$d^2 + 3d + 5d + 15$
$= d(d + 3) + 5(d + 3)$
$= \underline{\underline{(d + 3) \cdot (d + 5)}}$

2. Hierbei erfüllen die Bedingungen

   $a + b = 17$
   $a \cdot b \;\;= 60$

   die Zahlen 5 und 12, man muß also das mittlere Glied $-17y$ in die zwei Glieder $-5y\, -12y$ zerlegen.

2. $y^2 - 17y + 60 = \;?$

$1 \cdot 60$	$1 + 60 = 61$
$2 \cdot 30$	$2 + 30 = 32$
$3 \cdot 20$	$3 + 20 = 23$
$4 \cdot 15$	$4 + 15 = 19$
$\underline{\underline{5 \cdot 12}}$	$5 + 12 = \underline{\underline{17}}$

Beim Ausklammern von -12 darauf achten, daß in der Klammer das Vorzeichen umgekehrt wird.

$y^2 - 5y - 12y + 60$
$= y(y - 5) - 12(y - 5)$
$= \underline{\underline{(y - 5) \cdot (y - 12)}}$

3. Bevor man vorstehende Formel anwenden kann, muß zunächst der gemeinsame Faktor $2a$ ausgeklammert werden. Die Bedingungen

$$a + b = 9$$
$$a \cdot b = 20$$

erfüllen die Zahlen 4 und 5.

3. $2an^2 - 18anx + 40ax^2$
$= 2a(n^2 - 9nx + 20x^2)$
$= 2a(n^2 - 4nx - 5nx + 20x^2)$
$= 2a[n(n - 4x) - 5x(n - 4x)]$
$= 2a[(n - 4x) \cdot (n - 5x)]$
$= \underline{\underline{2a(n - 4x) \cdot (n - 5x)}}$

4. Ein Ausdruck läßt sich auch dann in ein Produkt verwandeln, wenn man das erste und letzte Glied so in Faktoren zerlegen kann, daß die Summe der Produkte entsprechender Faktoren das mittlere Glied ergeben. Dabei genau auf die Vorzeichen der einzelnen Faktoren achten. Das mittlere Glied zerlegt man dann in die so erhaltenen zwei Summanden.

4. $\underbrace{36a^2}_{4a \cdot 9a} + 47ab + \underbrace{15b^2}_{3b \cdot 5b} = ?$

$$27ab$$
$$20ab$$
$$\overline{47ab}$$

$4a \cdot 9a + 27ab + 20ab + 3b \cdot 5b$
$= 9a(4a + 3b) + 5b(4a + 3b)$
$= \underline{\underline{(4a + 3b) \cdot (9a + 5b)}}$

5. Auch bei diesem Ausdruck kann man das erste und letzte Glied in die entsprechenden Faktoren zerlegen. Hierbei muß man besonders genau auf die Vorzeichen achten. Es ist ratsam, bei Aufgaben dieser Art immer die Probe zu machen.

5. $21x^2 + 29xy - 10y^2 = ?$

$\underbrace{3x \cdot 7x}$ $\qquad \underbrace{5y \cdot (-2y)}$

$$35\,xy$$
$$-6xy$$
$$\overline{29xy}$$

$3x \cdot 7x + 35xy - 6xy + 5y \cdot (-2y)$
$= 7x(3x + 5y) - 2y(3x + 5y)$
$= \underline{\underline{(3x + 5y) \cdot (7x - 2y)}}$

Die nebenstehende Formel ermöglicht es, den Ausdruck $a^3 \pm b^3$ in ein Produkt zu zerlegen. Man erhält diese Formeln, wenn man $a^3 \pm b^3$ durch $a \pm b$ teilt.

$$a^3 + b^3 = (a^2 - ab + b^2) \cdot (a + b)$$
$$a^3 - b^3 = (a^2 + ab + b^2) \cdot (a - b)$$

Beispiele:

$a = 4x$ und $b = 3$

1. $64x^3 + 27$
$= \underline{\underline{(16x^2 - 12x + 9) \cdot (4x + 3)}}$

$a = 5$ und $b = 6a$

2. $125 - 216a^3$
$= \underline{\underline{(25 + 30a + 36a^2) \cdot (5 - 6a)}}$

Faktorenzerlegung an Brüchen

Beispiele:

1. Wenn man einen Bruch kürzen will, muß man Zähler und Nenner in Faktoren zerlegen. Das geschieht nach den eben besprochenen Regeln.

1. $\dfrac{63a - 49b}{81a^2 - 49b^2} = \dfrac{7\cancel{(9a - 7b)}}{(9a + 7b) \cdot \cancel{(9a - 7b)}}$
$= \underline{\underline{\dfrac{7}{9a + 7b}}}$

2. *Lösungsgang:*

1. Aus je zwei Gliedern den gemeinsamen Faktor ausklammern.
2. Die Summe in ein Produkt umwandeln.
3. Gleiche Faktoren kürzen.

3. Hierbei wendet man die Formeln $a^3 - b^3$ und $a^2 - b^2$ an, um Zähler und Nenner in Faktoren zu zerlegen.

4. Lassen sich Zähler und Nenner nach den bisherigen Regeln nicht in Faktoren zerlegen, vermutet man aber, daß es möglich ist, so kann man versuchen, den Zähler nach den Regeln von 7.10. (8.5.) durch den Nenner zu teilen. Dieses Verfahren führt auch bei einfachen Brüchen meist zum Ziel. Geht die Division nicht auf, so kann man den Zähler nicht in Faktoren zerlegen.

5. $(a^n - b^n)$ ist durch $(a - b)$ für jeden ganzzahligen Wert von n teilbar, durch $(a + b)$ nur, wenn n eine gerade Zahl ist. $(a^n + b^n)$ ist durch $(a + b)$ nur teilbar, wenn n eine ungerade Zahl ist, durch $(a - b)$ ohne Rest aber nicht teilbar.

2. $$\frac{3bc^2 - cd + 15bc - 5d}{6bc^2 - 2cd - 3bc + d}$$ Striche sind ungültig

$$= \frac{c(3bc - d) + 5(3bc - d)}{2c(3bc - d) - 3bc + d}$$

$$= \frac{(3bc - d)\cdot(c + 5)}{(3bc - d)\cdot(2c - 1)} = \underline{\underline{\frac{c + 5}{2c - 1}}}$$

3. $$\frac{x^3 - 1}{x^2 - 1} = \frac{(x^2 + x + 1)\cdot(x - 1)}{(x + 1)\cdot(x - 1)}$$

$$= \underline{\underline{\frac{x^2 + x + 1}{x + 1}}}$$

4. $$\frac{24x^2 - 16cx - 14bx - 24b^2 - 12bc}{6x - 8b - 4c}$$

$$= \frac{(6x - 8b - 4c)\cdot(4x + 3b)}{6x - 8b - 4c} = \underline{\underline{4x + 3b}}$$

$$\begin{array}{l}
(24x^2 - 16cx - 14bx - 24b^2 - 12bc) : (6x - 8b - 4c) = \underline{\underline{4x + 3b}} \\
\;\; 24x^2 - 16cx - 32bx \\
(-) \quad (+) \quad (+) \\
\hline
\;\; 0 \qquad 0 \qquad 18bx - 24b^2 - 12bc \\
\qquad\qquad\quad\; 18bx - 24b^2 - 12bc \\
\qquad\qquad\quad\; (-) \quad (+) \quad (+) \\
\hline
\qquad\qquad\quad\;\; 0 \qquad 0 \qquad 0
\end{array}$$

5. $$\begin{array}{l}
(a^4 - b^4) : (a + b) = \underline{\underline{a^3 - a^2b + ab^2 - b^3}} \\
-(a^4 + a^3b) \\
\hline
\quad 0 - a^3b - b^4 \\
\quad -(-a^3b - a^2b^2) \\
\hline
\qquad 0 \quad a^2b^2 - b^4 \\
\qquad\quad -(a^2b^2 + ab^3) \\
\hline
\qquad\qquad 0 - ab^3 - b^4 \\
\qquad\qquad -(-ab^3 - b^4) \\
\hline
\qquad\qquad\quad 0 \quad 0
\end{array}$$

Übungen

Alle Variablen stehen an Stelle von positiven Zahlen.

8.2. Das Vorzeichen beim Potenzieren

1. $(-a)^4 = (-a)\cdot(-a)\cdot(-a)\cdot(-a) = \underline{\underline{a^4}}$
2. $(-bx)^3$
3. $(-3)^2 + (-4)^3$
4. $(-abx)^6$
5. $(-9)^2 + (-4)^4 - (-2)^3$
6. $\left(-1\frac{1}{2}\right)^2 - \left(-3\frac{1}{4}\right)^3 + \left(-2\frac{1}{2}\right)^2$
7. $\left(-3\,\frac{b}{x}\right)^3$
8. $\left(-\frac{4\cdot a}{5\cdot b}\right)^4$
9. $\left(-2\frac{1}{2}\,ax\right)^2$
10. $\left(-\frac{1}{2ab}\right)^5$

11. $7 \cdot \left(\frac{3}{4}\right)^2 - 10 \cdot \left(\frac{3}{5}\right)^2 + 27 \cdot \left(-\frac{1}{3}\right)^3 - 36 \cdot \left(\frac{5}{6}\right)^3$ 12. $12 \cdot \left(\frac{1}{5}\right)^5 - 7 \cdot \left(-\frac{1}{8}\right)^3 - 9 \cdot \left(-\frac{1}{4}\right)^3$

13. $10 \cdot \left(-\frac{2}{3}\right)^2 - 5 \cdot \left(-\frac{2}{3}\right)^3 + 16 \cdot \left(-\frac{1}{9}\right)^2 - 10 \cdot \left(-\frac{1}{3}\right)^4$

14. $10 \cdot \left(1\frac{3}{4}\right)^2 - 4 \cdot \left(-2\frac{1}{4}\right)^2 + 5 \cdot \left(-3\frac{1}{8}\right)^2$

8.3. Addieren und Subtrahieren von Potenzen

1. $14a^2 + 3a^2 + 7a^2 - 4a^2b = \underline{\underline{24a^2 - 4a^2b}}$
2. $11a^3 + 5a^3 - 10a^3$
3. $b^5 + b^5 + b^5 + b^5$
4. $6m^2x - 4m^2x - m^2x$
5. $8ab^2 + 7ab^2 - 11ab^2 - 4ab^2$
6. $15{,}3a^2x^5 - (3a^2x^5 - 14{,}3a^2x^5 + 22{,}4a^2x^5)$
7. $4a^4 + 3a^4 + 2a^8 + 10a^8$
8. $5x^5 + 9x^5 - 12x^3 + 15x^3 - 10x^3 - 6x^5$
9. $2{,}3n^2 + 1{,}6n^3 - 8{,}4n^3 + 20{,}4n^4 + 8{,}6n^3 - 6n^3$
10. $4\frac{1}{2}a^4 - 3\frac{2}{3}a^3 - 3\frac{1}{4}a^4 + 6\frac{3}{5}a^3$
11. $8a^3b^3x - 7a^3b^2x^2 + 9a^3b^3x + 14a^3b^2x^2$
12. $5\frac{1}{2}ab^2x - 4\frac{1}{3}a^2bx - 2\frac{3}{4}ab^2x + 5\frac{2}{3}a^2bx$
13. $6a^2b + 3n^2x^2 - (3a^2b - 2n^2x^2)$
14. $16a^4b - 3a^3b^2 - (7a^3b^2 - 6a^4b)$
15. $9a^2b^2x - (4a^2b^2x^2 - 2a^2b^2x + 5a^2b^2x^2)$
16. $16x^5n^7 - (3x^4y - 6x^4y) + 5x^5n^7 + 4x^4y$
17. $7a^2x^2 + 4m^2n^2 - (4a^2b^2 - 2m^2n^2)$
18. $15a^4b^9 - 3a^3b^5 - (7a^3b^5 + 8a^4b^9)$
19. $9a^2b^2c - (5a^2b^2c - 3a^2b^2c + 6a^2b^2c) + 7$
20. $17x^5y^7 - (3x^4z - 6x^4z) + 4x^5y^7 + 3x^4z$
21. $16{,}8d^2n^5 - (4d^2n^5 - 16{,}7d^2n^5 + 23{,}9d^2n^5)$

8.4. Multiplizieren von Potenzen

1. $3a \cdot a^2 = \underline{\underline{3a^3}}$
2. $a^3 \cdot a^2$
3. $x^5 \cdot x^9$
4. $n^4 \cdot n^7$
5. $a^3 \cdot a^2 \cdot a^4$
6. $4x^3 \cdot 5x^2 \cdot 3x$
7. $3x^2 \cdot 0{,}3x^2$
8. $0{,}3a^4 \cdot 0{,}1a^5$
9. $2a^2b^3 \cdot 3a^4b^5$
10. $5a^2n \cdot 6a^3n^7$
11. $1{,}6a^2bx \cdot 2{,}3a^5 \cdot b^4x^3$
12. $\frac{1}{3}a^3b^4c^2 \cdot \frac{3}{4}a^3b^5c^6$
13. $3n^3x^4z^7 \cdot 5n^2x^3z^4 \cdot 6n^3x^5z^2$
14. $(x^2 - 2) \cdot 3x^3$
15. $4a^2(3a^4 - 2a^3 - 5)$
16. $1{,}2n^2(12n^2 - 1{,}3x)$
17. $3{,}5ab^2 \cdot (1{,}7a^2b - 1{,}9a^3b^5 + 1{,}2b^5)$
18. $a^{3x} \cdot a^x$
19. $a^{6x} \cdot a^{9x}$
20. $b^{2a} \cdot b^{4a}$
21. $x^{3a} \cdot x$
22. $a^{x+y} \cdot a^{x-y}$
23. $n^{6x+a} \cdot n^{2x-2a}$
24. $b^{a-n} \cdot b^{a+n}$
25. $x^{6n+7b} \cdot x^{7n-3b}$
26. $(n + a)^{2x+3y} \cdot (n + a)^{4x-2y}$
27. $(a + b)^{2a-3} \cdot (a + b)^{4a+6}$
28. $(a + b)^a \cdot (a + b)^b$
29. $2n^{3x-2a} \cdot n^{x+a} + 3a^{2x-3y} \cdot 5a^{3x+y}$
30. $2\,(n + x)^{4-3a} \cdot 3(n + x)^{3+a} - 4(n + x)^7 \cdot 3(n + x)^{-2a}$
31. $8a^{6-5y} \cdot 3a^{2+6y} - 5a^{4+y} \cdot 6a^{2+3y} - (24a^{8+y} - 10a^{6+4y})$
32. $(4a^{6+x} \cdot 2b^{3x+2} + 3a^{2m} \cdot b^{3n+1}) \cdot (4a^{6+x} \cdot 2b^{3x+2} - 3a^{2m} \cdot b^{3n+1})$

33. $4a^2c^3x^4 \cdot (5a^2c^5x^3 - 4a^4x)$

34. $(5b^2n^3x^4 - 3b^4x) \cdot 2b^2n^5x$

35. $2a^2b^3c^4 \cdot (4a^3x - 6a^2x^2y + 7x^4y)$

36. $12(n - x) \cdot 6a^2n^2$

37. $15a^3b^6(25b^8c - 8a^3b^2 + 9b^6x)$

38. $(5a^4 + 3xy^2) \cdot (5a^4 - 3xy^2)$

39. $\left(\frac{2ax}{5bn} - \frac{7ab}{4xy}\right) \cdot \left(\frac{2ax}{5bn} - \frac{7ab}{4xy}\right)$

40. $(2x)^2 = \underline{\underline{4x^2}}$

41. $(4a)^3$

42. $(3abc)^4$

43. $(5bxy)^n$

44. $(1{,}5anx)^3$

45. $\frac{3}{4} \cdot (4ab)^4$

46. $(16xy)^2 : 4$

47. $(6ax)^3 : 3$

48. $25x^2 \cdot (5xy)^2$

49. $15xy^2 \cdot (4xy)^3$

8.5. Dividieren von Potenzen

1. $a^6 : a^4 = \underline{\underline{a^2}}$

2. $b^5 : b^3$

3. $x^8 : x^3$

4. $a^6 : a^7$

5. $x^2 : x^5$

6. $2a^3 : 2a^5$

7. $(a - b)^5 : (a - b)^3$

8. $(n + x)^5 : (n + x)^8$

9. $(n + a) : (n + a)^3$

10. $a^2x^3 : a^3x^2$

11. $3a^4b : 2a^0b^2$

12. $4n^7x^3 : 8n^3x^4$

13. $3a^4x^4z^2 : 4b^2x^5z$

14. $15x^3n^2b : 5x^4n^3b^2$

15. $36a^2b^3c^4 : 12ab^6c^7$

16. $\frac{(anx)^x}{n^x}$

17. $\frac{(3a)^2}{4a^2}$

18. $(4ab)^3 : 2a^3b^3$

19. $\frac{2a^3}{b} + \frac{3a^5}{b^3} = \underline{\underline{\frac{2a^3b^2 + 3a^5}{b^3}}}$

20. $\frac{4a^3}{5x^2} + \frac{2n}{x^4}$

21. $\frac{5a^2b}{n^4x^5} - \frac{9c^3n}{n^3x^4}$

22. $\frac{2}{4} \cdot \frac{x^5 \cdot y^5}{x^4y^6} + \frac{1}{3} \cdot \frac{x^3 \cdot y^7}{x^2y^9}$

23. $\frac{28a^{12}b^{14}c^8}{14a^{14}b^{16}c^6} + \frac{6a^2b^8c^2}{2a^3b^{10}c}$

24. $\frac{14a^4b^5x}{24ab^7x} - \frac{9a^3b}{13a^2b^3} + \frac{1ab^8}{2b^{10}}$

25. $\frac{n^5y^2x^3}{n^4yx^5} + \frac{2n^9y^6x^6}{x^4n^8y^5} - \frac{3n^{10}y^{11}x^{12}}{n^0y^{10}x^{11}}$

26. $\frac{2b^2}{3a^2} \cdot \frac{15a}{12b^4}$

27. $\frac{6x^3}{y^6} \cdot \frac{8y^7}{9x^6}$

28. $\frac{4a^2y^6}{5n^3x^2} \cdot \frac{15n^3x^3}{20ay^5}$

29. $\frac{3ab}{14xy^5} \cdot \frac{28xy^6}{12ab}$

30. $\frac{4x^2}{3y} \cdot \frac{aby^4}{16nx^3}$

31. $\left(\frac{2a}{b}\right)^3$

32. $\left(\frac{4x}{5y}\right)^4$

33. $\left(\frac{3c}{2d}\right)^5$

34. $\left(\frac{nx}{ab}\right)^c$

35. $\left(\frac{2a}{3x}\right)^4$

36. $3 \cdot \left(\frac{2abc}{x}\right)^3$

37. $\left(4\frac{1}{2}ab\right)^2$

38. $\left(5\frac{2}{3}xy\right)^3$

39. $\left(\frac{20a}{12x}\right)^3 \cdot \left(\frac{12x}{4x}\right)^4$

40. $\left(\frac{2n}{3m}\right)^6 \cdot \left(\frac{3m}{n}\right)^4$

41. $\frac{24x^3}{50a} \cdot \left(\frac{10a}{8x}\right)^5$

42. $\frac{2(a + b)^3}{3(a - b)^2} \cdot \frac{a - b}{(a + b)^2}$

43. $\frac{4xy}{6a^2b^2} \cdot \frac{7ab}{8x^3y^4} + \frac{9a^4b}{10x^2y^6} \cdot \frac{11y^6}{12a^5b^6}$

44. $\frac{4a}{5b} : \frac{8a^2}{9b^2} = \frac{9b}{10a}$

45. $\frac{n^4}{x^3} : \frac{n^5b^2}{cx^5}$

46. $\frac{4a^2b^4}{5cx^2} : \frac{c^4x^4}{a^3b^2}$

47. $\frac{36a^5b^3}{5x^4y^2} : \frac{3a^3x^2}{15b^3y^4}$

48. $\frac{6(a-b)^2}{7(a+b)} : \frac{9(a-b)^3}{14(a+b)^4}$

49. $\left(\frac{13a^7}{10x^5} : \frac{26a^4}{30x^8}\right) - \left(\frac{24a^3c}{13cx^4} : \frac{8}{26x^7}\right)$

50. $\left[\frac{(a-b)^{10}}{(n+x)^6} : \frac{(a-b)^8}{(n+x)^4}\right] - \left[\frac{(n+x)^5}{(a-b)^4} : \frac{(n+x)^3}{(a-b)^2}\right]$

51. $\left[\frac{(4xy)^4}{(4x)^8 \cdot y^8} \cdot \frac{3a^5 \cdot 2x^2}{6(ax)^2} : \frac{5a^3}{16x^4y^4}\right]^{-2}$

52. $\frac{(a+b)^4}{(n+y)^6} \cdot \frac{9a^3b^3}{16n^3y^3} : \left[\frac{(a+b) \cdot 3ab}{(n+y) \cdot 4ny}\right]^3$

53. $\left[\frac{(6x^2-12ab) \cdot 4a}{(x^2-2ab) \cdot 6b}\right]^3 + \frac{(4a)^3}{b^3}$

54. $\left[\left(\frac{1}{1+a}\right)^4 : \left(\frac{1-a}{1}\right)^{-5}\right] \cdot \left(\frac{1-a}{1+a}\right)^{-4}$

55. $n^{2x} : n^{-4x} = n^{6x}$

56. $5a^{-2}b^4 : 3a^4b^{-3}$

57. $\frac{3a^3b^2}{4n^{-2}d^6} \cdot \frac{3a^{-4}b^3}{d^3 \cdot n^2}$

58. $\left(\frac{x}{n}\right)^{-a} \cdot \left(\frac{3a}{4b}\right)^{-a}$

59. $\frac{4a^2b^{-6}}{d^2c^{-4}} : \frac{12a^3b^{-8}}{d^3c^3}$

60. $\frac{(n+x)^3}{(n+x)^{-2}} \cdot \frac{(a+b)^{-4}}{(a+b)^{-8}}$

61. $\frac{4x^{-a} \cdot z^b}{5x^b \cdot z^{-c}} \cdot \frac{15x^{a-b} \cdot z^{-b}}{20z^c}$

62. $\frac{3a^{-3} \cdot b^2}{6x^{-3}c^5} \cdot \frac{12x^{-4} \cdot c^3}{9a^{-2} \cdot b^3} : \frac{a^{-5}b^6}{x^2b^4}$

63. $\frac{a^{4x+b}}{a^{3x+2b}} = a^{x-b}$

64. $\frac{n^{4a-2b}}{n^{2a+2b}}$

65. $\frac{5b^{n+x}}{15b^x}$

66. $\frac{8a^{2x+6}}{24a^{2x-6}}$

67. $\frac{3(a+b)^{9x-3n}}{4(a-b)^{3x-4n}} \cdot \frac{4(a-b)^{7x-4n}}{3(a+b)^{5x-3n}}$

68. $\frac{b^{7x+5y}}{b^{4x-5y}} - \frac{b^{6y+8x}}{b^{5x-4y}}$

69. $\frac{4a^{5x}}{5a^4} - \frac{10a^{5x+n}}{12a^{n+4}}$

70. $\frac{3n^{2a+3b}}{2n^{a+b}} + \frac{5n^{3b}}{10n^{b-a}}$

71. $\frac{9ab^2x^2 + 6ab^2x^3 + 15ac^3x^2 + 10ac^3x^3}{3x^2 + 2x^3}$

72. $\frac{48a^{n+x} + 56a^xb^x - 72a^nb^c - 84b^{x+c}}{12a^n + 14b^x}$

73. $\frac{6b^{x+y} - 10b^{y+2z-x} - 12b^{x-z} + 20b^{z-x}}{3b^{x-z} - 5b^{z-x}}$

74. $\frac{40a^{3n+7} \cdot b^{4m+3}}{4a^{2n+3} \cdot b^{4m}} - \frac{250a^{n+3} \cdot b^{8m+5}}{10a^{n+1} \cdot b^{6m+1}}$

8.6. Potenzieren von Potenzen

1. $(a^3)^2 = \underline{\underline{a^6}}$
2. $(b^3)^4$
3. $(n^x)^2$
4. $(a^{n-1})^3$
5. $(n^3 b^4)^4$
6. $(3x^2 y^3)^2$
7. $4 \cdot (a^2 b^7)^3$
8. $(3ax^3)^7$
9. $\frac{4}{3}\left(\frac{3}{2}a^2 b^3\right)^3$
10. $(a^3)^{x+1}$
11. $(b^x)^{-n}$
12. $(a^{-b})^{-x}$
13. $\left(\frac{3}{7}a^3 b^6\right)^0$
14. $\left(\frac{1}{4}x^2\right)^0 : 2\left(\frac{a^6}{b}\right)^0$
15. $\left(\frac{4}{7}a^2\right)^{-3}$
16. $\left(\frac{a^0 \cdot b^2}{c^0}\right)^{2x}$
17. $\left(-\frac{2a^2bx}{5c}\right)^{-4}$
18. $\left(-\frac{a^2}{x}\right)^{-5}$
19. $\left(-\frac{2a^2b^{-2}}{3x^{-3}}\right)^{-2}$
20. $\left(\frac{a^{-3} \cdot b^4}{c^2 x^{-2} \cdot b^0}\right)^{-3}$
21. $(a^{-2} + b^{-3})^{-2}$
22. $[(ab)^x]^n$
23. $[(x^2)^3]^5$
24. $[(n^2 x^3)^2]^{-2}$
25. $\left[\left(-\frac{1}{2}\right)^{-2}\right]^{-3}$
26. $(a^{3x-b})^{2a}$
27. $(b^{xy})^{a-b}$
28. $(x^{a+b})^{a-b}$
29. $(a^{2x+5b})^{2x-5b}$
30. $(a^4)^3 + (3a^6)^2$
31. $4(b^5)^3 - 2(b^3)^5$
32. $\left(\frac{6a^2b^3}{10x^2y^3}\right)^3 : \left(\frac{3ab^2}{5x^2y^2}\right)^3$
33. $\frac{(a^2 + y^2)^{4a-2b}}{(a^2 + y^2)^{3a-3b}}$
34. $\left(\frac{2a^4}{3b^5}\right)^3 \cdot \left(\frac{b^2}{a^2}\right)^2 : \left(\frac{2a}{3b}\right)^3$
35. $\frac{[(5a)^x]^{3b}}{(5a)^{2bx} \cdot (4c)^{bx}}$
36. $\left(\frac{a^2}{x^3}\right)^{-2} \cdot \left(\frac{2x^2}{5a^3}\right)^{-1} \cdot 2ax^{-4}$

8.7. Potenzieren von Summen

1. $(2x + 3a)^2$
2. $(6a - 3b)^2$
3. $(2{,}5 - b)^2$
4. $(1{,}5ax - 2{,}5bc)^2$
5. $\left(\frac{1}{3}ab - \frac{3}{4}mn\right)^2$
6. $\left(\frac{2}{5}ax + \frac{3}{7}by\right)^2$
7. $\left(3\frac{1}{4}abc + 5\frac{2}{3}nx\right)^2$
8. $(a - b + c)^2$
9. $(a + 2x - 4)^2 \cdot 4$
10. a) $(a - b)^3$
    b) $(a + b)^3$
    c) $(a + b)^4$
    d) $(a + b)^6$
    e) $(a - b)^{11}$
    f) $(a + b)^{12}$
11. $(2x + 3n)^3$
12. $(2a - 5c)^3$
13. $(0{,}5a^2 - 1{,}5x^2)^2$
14. $(4a^5 - 8b^2c + 2x^3z)^2$
15. $\left(\frac{2ax}{5bn} - \frac{7ab}{4xy}\right)^2$
16. $(0{,}2x^n + 5x^{n-2})^2$
17. $(1{,}5a^{x-1} - a^{x+3})^2$
18. $\left(\frac{1}{3}b^{x-1} + \frac{3}{4}b^{x-2}\right)^2$
19. $(3a + 4b)^3$
20. $(5x^2 - 2y)^3$
21. $(a + b - c)^3$
22. $(5a^2 + 3b^3 - 4x^4)^3$

8.8. Zerlegen in Faktoren

1. $a^3 - a^2 = a^2(a - 1)$
2. $8x^4 + 12x^3$
3. $64a^2c^3 + 56a^3c^2$
4. $85a^5b^4 - 119a^4b^5$
5. $60a^3b^3c^2 + 70a^2b^2c^2 - 30ab^3c^3$
6. $28a^2x^2 - 21a^3x^3 - 35a^3x^2$
7. $45a^2y^2 - 63a^2y^3 + 36a^3y^2$
8. $1{,}5a^2b^2 + 2{,}5ab^3$
9. $-125a^4y^4 + 75a^2y^4 - 150a^3y^3$
10. $0{,}06x^3y^2 - 0{,}08x^2y^3$
11. $6xy^3 - 3xy^2 + 9xy$
12. $12a^4 - 20a^3 - 12a^2$
13. $4a^3b^2 - 12a^2b^3 - 16ab^2$
14. $4{,}2abc^2 + 3a^2bc - 3{,}6abc^2$
15. $6\frac{3}{4}x^2y - 11\frac{1}{4}xy^2$
16. $5\frac{1}{4}a^2x^2y + 6\frac{3}{4}a^2xy^2 - 3\frac{3}{4}a^3x$
17. $\frac{D^2 \cdot \pi}{4} - \frac{d^2 \cdot \pi}{4}$ (Kreisringinhalt)
18. $\frac{h^3}{2s} + \frac{2hs}{3}$ (Kreisabschnittsfläche)
19. $\frac{\pi s D}{2} + \frac{\pi s d}{2}$
    (Mantel vom Kegelstumpf)
20. $\frac{D \cdot d \cdot \pi \cdot h}{12} + \frac{D^2 \cdot \pi \cdot h}{12} + \frac{d^2 \cdot \pi \cdot h}{12}$
    (Volumen vom Kegelstumpf)
21. $\frac{D^2 \cdot \pi \cdot l}{4} - \frac{d^2 \cdot \pi \cdot l}{4}$
    (Volumen vom Hohlzylinder)
22. $\frac{Ma^2}{12} + \frac{Mb^2}{12}$
23. $\frac{P(l - a)}{b} \cdot x - P(x - ax)$
    (x ausklammern)
24. $\frac{V_1^2}{2x\psi^2} - \frac{V_2^2}{2x}$

25. $18x^2y + 10y^2 - 63x^3 - 35xy = 2y(9x^2 + 5y) - 7x(9x^2 + 5y) = (9x^2 + 5y) \cdot (2y - 7x)$

26. $10bc^2 + 12b^3 - 15c^3 - 18b^2c$
27. $3x^3 + 5x^2 + 5 + 3x$
28. $4a - 2 + 2a^5 - a^4$
29. $96x^3 + 108xy^2 - 99y^2z - 88x^2z$
30. $77a^2c^3 - 63c^4 - 72a^2c + 88a^4$
31. $24a^2x + 12a^2x^3 + 4ax^2y + 8ay$
32. $12an^3 - 8n^3x - 6a^2nx + 4anx^2$
33. $6a^2b^2 - 8a^2bx - 9a^2bc + 12a^2cx$
34. $13ab^3 + 15a^3 - 135a^2 - 117b^3$
35. $5{,}6a^2 - 7{,}2ab - 3{,}5ac + 4{,}5bc$
36. $\frac{1}{15}a^2 - \frac{1}{18}ab + \frac{1}{18}bx - \frac{1}{15}ax$
37. $\frac{5}{12}b^3 + \frac{7}{12}ab^2 - \frac{7}{16}a^2b - \frac{5}{16}ab^2$
38. $n^2 - m^2 = (n + m) \cdot (n - m)$
39. $x^2 - y^2$
40. $4 - a^2$
41. $9b^2 - 16c^2$
42. $b^2 - 9$
43. $\frac{1}{4}x^2 - 1$
44. $64n^2 - 25m^2$
45. $1 - a^2$
46. $b^4 - 16b^2$
47. $9b^3 - b$
48. $x^3 - 4x$
49. $5a^2 - 80$
50. $0{,}25a^2b^2 - 0{,}36x^2y^2$
51. $\frac{1}{36}x^2 - \frac{1}{4}y^2$
52. $2\frac{1}{4}a^2b^3 - 1\frac{9}{16}bx^2$

53. $x^4 - 16 = (x^2)^2 - 4^2 = (x^2 + 4) \cdot (x^2 - 4) = \underline{\underline{(x^2 + 4) \cdot (x + 2) \cdot (x - 2)}}$

54. $a^4 - 256$

55. $81x^4 - 16b^4$

56. $256 - 625a^4$

57. $16n^4 - \frac{1}{16}m^4$

58. $\frac{a^4}{256} - \frac{b^4}{81}$

59. $\frac{a^4 b^4}{625} - \frac{x^4 y^4}{81}$

60. $a^2 + 4a + 4 = (a + 2)^2$

61. $b^2 - 4b + 4$

62. $x^2 - 8x + 16$

63. $36a^2 - 60a + 25$

64. $n^2 + nx + \frac{1}{4}x^2$

65. $2b^2 - 12b + 18$

66. $36x^2 - 60x + 25$

67. $0{,}81b^2 + 1{,}44b + 0{,}64$

68. $72ab - 120ab^2 + 50ab^3$

69. $\frac{4}{25}n^2 - 1\frac{1}{5}nx + 2\frac{1}{4}x^2$

70. $a^2 - 13a + 40 = a^2 - 5a - 8a + 40 = a(a - 5) - 8(a - 5) = \underline{\underline{(a - 5) \cdot (a - 8)}}$

71. $n^2 + 6n - 16$

72. $x^2 - x - 6$

73. $a^2 - 7ab + 12b^2$

74. $x^2 + 18xy + 77y^2$

75. $n^2 - 12n + 27$

76. $63a^2 + 16ab + b^2$

77. $9c^2 - 36c + 32$

78. $a^2 - \frac{5}{6}a + \frac{1}{6}$

79. $27a^3 - b^3 = \underline{\underline{(9a^2 + 3ab + b^2) \cdot (3a - b)}}$

80. $x^3 - y^3$

81. $64n^3 - 1$

82. $216 - 27b^3$

83. $64a^3b^3 + 27n^3$

84. $729x^3 + 1000$

85. $8b^3 + 125$

86. $\frac{a^2 + ax}{a^2 - ax} = \frac{a(a + x)}{a(a - x)} = \underline{\underline{\frac{a + x}{a - x}}}$

87. $\frac{ax + a + x + 1}{a^2 - 1}$

88. $\frac{18x^2 - 27xy^3}{6xy - 9y^4}$

89. $\frac{a^2 - b^2}{4a^2 + 4ab}$

90. $\frac{9x + 9xz}{1 - z^2}$

91. $\frac{(a + b)^2}{a^2 - b^2}$

92. $\frac{81a^2 - 49b^2}{63a - 49b}$

93. $\frac{4x - 4}{x^2 - x}$

94. $\frac{(4a - 1)^2}{16a^2 - 1}$

95. $\frac{n^2 - m^2}{n^2 + 2nm + m^2}$

96. $\frac{2ab - 2a^2 + bc - ac}{2ab - 2ac + bc - c^2}$

97. $\frac{x^3 - b^3}{x - b}$

98. $\frac{n^3x - nx^3}{n - x}$

99. $\frac{3a^2(8b^3 + 64)}{(4b^2 - 8b + 16) \cdot (6ab + 12a)}$

100. $\frac{a^3 - 1}{a - 1}$

101. $\frac{a^3 + 1}{a + 1}$

102. $\frac{a^2 - 3a - 4}{a^2 - 7a + 12}$

103. $\frac{am + bm - an - bn}{a^2 - b^2}$

104. $\frac{x^4z^2 - x^2z^4}{x^2(x - z)^2}$

105. $\frac{a^2 + ab + b^2}{(a + b)^2} \cdot \frac{a^2 - b^2}{a^3 - b^3}$

106. $(x^2 - 2x + 1) \cdot \frac{x^2 + x}{x^2 - 1}$

107. $\frac{(a^2 + 2ab + b^2) \cdot a}{a^2 - b^2} : \frac{a^2}{(a + b) \cdot (a - b)}$

108. $\frac{x + y}{x - y} : \frac{5x}{x^2 - y^2}$

109. $\left(\frac{a^2 - 4}{a^2 - 1} : \frac{a^2 + 2a + 1}{a^2 - 4a + 4}\right) \cdot \frac{a^2 - a}{a^2 + 2a}$

110. $\left[\frac{4x^2 - 4xz}{6xz + 6z^2} : \left(\frac{3x^2 - 3xz}{4x^3 + 8x^2z + 4xz^2} : \frac{x^2 - 4xz + 4z^2}{8x^3 + 8x^2z}\right)\right] : \frac{(x - 2z)^2}{9xz(x^2 - z^2)}$

Vereinfachen Sie nachfolgende Brüche durch Kürzen oder Dividieren

111. $\frac{15x^2 - 4x - 96}{3x - 8} = (15x^2 - 4x - 96) : (3x - 8) = \underline{\underline{5x + 12}}$

$$\begin{array}{l} -(15x^2 - 40x) \\ \hline 0 \quad 36x - 96 \\ \quad -(36x - 96) \\ \hline \quad 0 \quad 0 \end{array}$$

112. $\frac{12a^2 - 2ab - 24b^2}{6a + 8b}$

113. $\frac{24x^2 + 73xz + 24z^2}{8x + 3z}$

114. $\frac{\frac{8}{3}a^4 + \frac{16}{15}a^2b^2 - \frac{6}{5}b^4}{\frac{2}{3}a^2 + \frac{3}{5}b^2}$

115. $\frac{a^4 - b^4}{a - b}$

116. $\frac{a^5 + b^5}{a + b}$

117. $\frac{8n^3 - 26n^4 + 17n^5 - 26n^6 - 21n^7}{2n^2 - 5n^3 - 3n^4}$

118. $\frac{0{,}125a^6 - 0{,}064b^3}{0{,}5a^2 - 0{,}4b}$

119. $\frac{2a^2 - 9ab^2 + 4b^4}{a - 4b^2}$

120. $\frac{1{,}2a^2x^2 - 1{,}5a^2y^3 - 7{,}2cx^2 + 9cy^3}{2{,}4x^2 - 3y^3}$

121. $\frac{81x^8 - 16z^4}{3x^2 + 2z}$

Vermischte Aufgaben zur Wiederholung von 8.

Verwandeln Sie in ein Produkt (Nr. 1...25):

1. $a^2 + 12a + 36 = \underline{\underline{(a+6) \cdot (a+6)}}$
2. $4x^2 + 12x + 9$
3. $9b^4 - 12b^2c^2 + 4c^4$
4. $1 - 6xy + 9x^2y^2$
5. $4a^4 + 4a^2 + 1$
6. $ax^2 + 6ax + 9a$
7. $x^2 - 4$
8. $25b^2 - 4c^2$
9. $\frac{1}{4} - x^2$
10. $\frac{a^2}{16} - 1$
11. $\frac{x^2}{25} - \frac{1}{a^2}$
12. $a^4 - 1$
13. $3a^2b - 12b^3$
14. $(a - b)^2 - c^2$
15. $64 - (a - 2b)^2$
16. $(x + 2y)^2 - (3x + y)^2$
17. $1 - x^2 - 6xy - 9y^2$
18. $2ab - a^2 - b^2 + c^2$
19. $3a^2 + 11a + 6$
20. $5x^2 + 12x + 4$
21. $3b^2 - 10b + 3$
22. $3a^2 - 2a - 5$
23. $2x^2 - x - 28$
24. $3(x + y)^2 + 11(x + y) + 6$
25. $\frac{9a^2z^2}{x^2} - \frac{18abz^2}{xy} + \frac{9b^2z^2}{y^2} - \frac{4a^4}{x^2} + \frac{8a^3b}{xy} - \frac{4a^2b^2}{y^2}$
26. $(-2a) \cdot (-1) = \underline{\underline{2a}}$
27. $(-1) \cdot (-2)$
28. $-(-2x)^3 \cdot (-3)^2$
29. $-(1)^3 \cdot (-2)^3 \cdot (-3)$
30. $(-2x)^2 \cdot (-3)^2 \cdot 4$
31. $(-b)^3 \cdot (-2b)^2 \cdot (3x)$
32. $(-2ab) \cdot (6b^3)$
33. $-(-2ab^2) \cdot (-3a^2b)$
34. $(-x^5) \cdot (-x^4) \cdot (a^2)^2$
35. $\frac{3a^2bc}{9ab^2c} = \underline{\underline{\frac{a}{3b}}}$
36. $\frac{x^2b - xb}{x^2b + xb}$
37. $\frac{x - 2y}{x^2 - 2xy}$
38. $\frac{6x - 3x^2}{6x + 3x^2}$
39. $\frac{x^2 - y^2}{x^2 - 4xy + 3y^2}$

40. $(x^2 - 3xy - 9y^2) : (x + 2y)$

41. $(x^2 + 3x - 3) : (x - 1)$

42. $\frac{2x}{3y} \cdot \frac{9y^2}{10x^2}$

43. $\frac{1}{x^2} \cdot \frac{bx}{x + b}$

44. $\frac{x^2 - 4y^2}{x^2 - y^2} \cdot \frac{x - y}{x + 2y}$

45. $\frac{a + 2}{a^2 - a} \cdot \frac{a^2 - 5a}{a^2 + 8a + 12}$

46. $\frac{1}{\pi v - \pi h} \cdot \frac{\pi v^2 - \pi v h}{v + h}$

47. $\frac{3a^2}{5y} : \frac{9a^3}{15y^2} = \frac{3a^2 \cdot 15y^2}{5y \cdot 9a^3} = \frac{y}{a}$

48. $\frac{7}{a^2 - b^2} : \frac{14}{a - b}$

49. $\left(1 - \frac{x^2}{y^2}\right) : \left(\frac{x}{y} + 1\right)$

50. $\frac{xy}{x^2 + 2xy + y^2} : \frac{x^2 + 2xy}{x^2 - y^2}$

51. $\frac{6x^4b^3}{5a^2y^4} : \left(-\frac{5xb^2}{9a^2y}\right)$

52. $\frac{c^{3a-b}}{y^{2a-3b}} : \frac{c^{2a-3b}}{y^{3a-2b}}$

53. $\frac{48a^{2x-3y}}{98x^{3a-2b}} : \frac{18a^{x-3y}}{35x^{3a-2b}}$

54. $\left(3\frac{3}{4}x^{2m-3} - 3x^{3m-2} + 1\frac{1}{2}x^{m+4}\right) : \frac{3}{4}x^{m-1}$

55. $(a^5 + b^5) : (a + b)$

56. $\frac{16x^4 - 9b^4 + 30b^2c - 25c^2}{4x^2 - 3b^2 + 5c}$

57. $x^{m-3} \cdot x^{5-m} \cdot x^{2m-2}$

58. $5x(2x^2 - 3xy - 4y^2)$

59. $(a + b)^2 \cdot (a + b)^3 \cdot (a + b)$

60. $16\frac{1}{4}a^2b^2 \cdot (12a^2 - 28ab + 32b^2)$

61. $(10a^2 - 7ab + 8b^2) \cdot (3a^2 - 8b^2)$

62. $\left(\frac{x - y}{a + b}\right)^3 \cdot \left(\frac{a^2 - b^2}{x^2 - y^2}\right)^3$

63. $\left(\frac{24ab}{25c}\right)^4 : \left(\frac{16a}{5bc}\right)^5$

64. $(x^2y^3)^2 \cdot (x^3y^2)^2$

65. $(x^2y^2)^4 : (x^2y^2)^3$

66. $\left(\frac{7a^{n+1}b^n}{8c^{2n-2}}\right)^5 : \left(\frac{35a^4b^3}{24c^4}\right)^n$

67. $(0{,}4a^3 - 0{,}5b^3)^2$

68. $\left(\frac{3x^2y^3}{4z^3} - \frac{8z^2}{9x^3y^2}\right)^2$

69. $\left(\frac{3}{4}x^2 - \frac{1}{2}xy - \frac{1}{3}y^2\right)^2$

70. $\frac{a^0 \cdot b^0}{c^0}$

71. $19{,}5 \cdot \frac{a^0 \cdot x^0}{y^0}$

72. $\frac{b^0}{x^a \cdot y^a}$

73. $\left(\frac{1}{4}\right)^{-2}$

74. $\frac{1}{3^{-2}}$

75. $\frac{2^4}{\left(\frac{1}{4}\right)^{-3}}$

76. $\left(\frac{3}{5}\right)^{-3} \cdot \left(\frac{4}{7}\right)^{-3} \cdot \left(2\frac{1}{2}\right)^{-3}$

77. $(x^{-2})^3$

78. $(-x^{-2})^3$

79. $(-x^2)^{-3}$

80. $(-x^{-2})^{-3}$

81. $\frac{5}{3}x^{-4}y^3z : \frac{5}{6}x^{-6}y^{-5}z^3$

82. $-\left(\frac{-3xy^3}{4x}\right)^3$

83. $-\frac{10x^{-a}y^bz^2}{16d^{-3}} : 10x^by^{-a}zd^4$

84. $\left(\frac{a^{-4}y^3}{x^2b^{-3}c^0}\right)^{-2} \cdot \left(\frac{a^{-3}y^2c^0}{x^{-1}b^{-4}}\right)^2$

85. $(2x^{-1} - 3y)^2$

86. $(2a^{-1} - 3b^{-1})^2$

87. $\left(\frac{x^{2n-3}}{y^{n+2}} : \frac{a^{3n+1}}{b^{2n-5}}\right) : \left(\frac{x^{2n+1}}{y^{n+4}} : \frac{a^{3n-2}}{b^{2n+1}}\right)$

88. $(125a^3b^9)^{n+1} : (5a^nb^{3n-1})^3$

89. $\frac{3}{x} + \frac{4}{y} - \frac{1}{x} = \frac{3y}{xy} + \frac{4x}{xy} - \frac{y}{xy} = \underline{\underline{\frac{2y+4x}{xy}}}$

90. $\frac{a}{bc} + \frac{b}{ac} + \frac{c}{ab}$

91. $\frac{x}{5} + \frac{2x}{3} + \frac{3x}{5}$

92. $\frac{x}{3} - \frac{x-2}{4}$

93. $\frac{x}{x+y} + \frac{y}{x-y}$

94. $\frac{3a}{2b-6} + \frac{4a}{3b-9}$

95. $\frac{3a^2+1}{a^2+3a} - \frac{2a+1}{a+3}$

96. $\frac{2x+1}{x^2-x} - \frac{x+2}{x^2-1}$

97. $\frac{2a-3}{2a-4} - \frac{a-5}{3a-6}$

98. $\frac{a^2-5}{a^2-4} - \frac{a+1}{a-2} + \frac{a-1}{a+2}$

99. $\frac{2}{x^2-3x+2} + \frac{3}{x^2-4x+3} - \frac{5}{x^2-5x+6}$

100. $a + b + \frac{b^2}{a-b}$

101. $a - b - \frac{a^2}{a+b}$

102. $\frac{a^2+2a-1}{a+1} - (a+1)$

103. $x - 3 + \frac{1-x^2}{x+3}$

104. $\frac{a+\frac{a}{b}}{1+\frac{1}{b}}$

105. $\frac{x^2-y^2}{xy} : \frac{x-y}{x^2}$

106. $\frac{a^5+2}{2a^9} - \frac{3-a^6}{3a^{10}} - \frac{(2a-1)^2}{4a^{11}}$

107. $\frac{2a^{n+1}+3a^6+2a^5+1}{2a^{n+2}} - \frac{2a^{n-4}+3}{3a^{n-3}} - \frac{2a^{n-5}+9}{6a^{n-4}}$

108. $\left(\frac{24(a-b)}{12} : 2\right) + \frac{14(a-b)}{7}$

109. $\frac{x^2-y^2}{(x-y)\cdot x} + \frac{x^2-y^2}{(x+y)\cdot x}$

110. $\frac{36x^2y-48xy^2}{4(x+y)} + \frac{45x^2y+60xy^2}{5(x+y)}$

111. $\left[(a^2-b^2) : \frac{a+b}{x}\right] + \left[(a^2-b^2) : \frac{a-b}{x}\right]$

112. $\left[\frac{(x-y)^8}{(a+b)^6} : \frac{(x-y)^6}{(a+b)^4}\right] - \left[\frac{(a+b)^5}{(x-y)^4} : \frac{(a+b)^3}{(x-y)^2}\right]$

113. $\frac{2x^2-2x-4}{15x^2+15x-30} : \frac{9x^2+18x+9}{10x^2-20x+10}$

114. $\frac{a^2-a}{a^2+2a} \cdot \frac{a^2-4}{a^2-1} : \frac{a^2+2a+1}{a^2-4a+4}$

115. $\frac{4x^2-4xy}{6xy+6y^2} : \left(\frac{3x^2-3xy}{4x^3+8x^2y+4xy^2} : \frac{2x^2-8xy+8y^2}{16x^3+16x^2y}\right)$

116. $\frac{3xy-y^2}{x^2-2xy+y^2} : \frac{y^2}{x-y} + \frac{x-3y}{x^2-y^2} \cdot \frac{2x+2y}{2x}$

Wiederholungsfragen über 8.

1. *Wie entsteht eine Potenz?*
2. *Benennen Sie die Glieder einer Potenz.*
3. *Was muß man über das Vorzeichen beim Potenzieren wissen?*
4. *Welche Potenzen lassen sich addieren und subtrahieren?*
5. *Wie werden Potenzen multipliziert?*
6. *Auf welche Weise wird ein Produkt potenziert?*
7. *Wie potenziert man Bruchzahlen?*
8. *Erklären Sie den Zusammenhang zwischen Exponent und Potenz.*
9. *Wie geht man vor, wenn eine Summe oder Differenz potenziert werden soll?*
10. *In welche zwei Faktoren kann man $a^2 - b^2$ zerlegen?*
11. *Wie werden Potenzen dividiert?*
12. *Worauf ist zu achten, wenn man bei einer Potenz Zähler und Nenner vertauscht?*
13. *Welchen Wert hat eine Potenz mit dem Exponenten Null?*
14. *Auf welche Weise kann man negative Exponenten in positive umwandeln?*
15. *Wie werden Potenzen potenziert?*

9. Radizieren (Wurzelrechnung)

9.1. Einführung

In der Potenzrechnung waren Basis und Exponent bekannt, der Potenzwert sollte ausgerechnet werden. Bei der Frage, welche Zahl ins Quadrat erhoben werden muß, um die Zahl 9 zu erhalten, ist die Basis (x) unbekannt. Man bedient sich dafür einer neuen Schreibweise (Wurzelzeichen).

$3^2 = 9$

$5^3 = 125$

$x^2 = 9$

Zweite Wurzel oder Quadratwurzel aus 9 ist 3.

$\sqrt[2]{9} = 3$; *denn* $3^2 = 9$

$\sqrt[3]{125} = 5$; *denn* $5^3 = 125$

Um Schwierigkeiten beim Rechnen mit Wurzeln zu vermeiden, sollen $a, x \geqq 0$ und n eine natürliche Zahl sein.

Wurzelexponent
$\sqrt[n]{a} = x$
Radikand (*Basis*)

Merke: *Die n-te Wurzel aus a ist diejenige positive Zahl x, deren n-te Potenz gleich a ist.*

$\sqrt[n]{a} = x$
$x^n = a$

$a \geqq 0$

n – *natürliche Zahl*

Man kann auch sagen: $\sqrt[n]{a}$ ist die nichtnegative Lösung der Gleichung $x^n = a$.

Den Wurzelexponenten 2 läßt man meistens weg.

$$\sqrt[2]{4} = \sqrt{4} = 2$$

Bei der Potenzrechnung soll die Potenz ausgerechnet werden.

Exponent ← 2
Basis ← 3

$$3^2 = 9$$

Bei der Wurzelrechnung ist die Basis unbekannt. Die Wurzelrechnung ist also eine Umkehrung der Potenzrechnung. Eine weitere Umkehrung siehe 10.1.

$3^2 = ?$ *Potenzrechnung*

$?^2 = 9$ *Wurzelrechnung*

$\sqrt[2]{9} = ?$ *andere Schreibweise*

Aus der Wurzeldefinition folgt unmittelbar:

$$\sqrt[n]{a} = x \qquad \sqrt[3]{64} = 4$$

$$x^n = a \qquad 4^3 = 64$$

$$\left(\sqrt[n]{a}\right)^n = x^n \qquad \left(\sqrt[3]{64}\right)^3 = 4^3$$

Merke: Radizieren und nachfolgendes Potenzieren mit dem gleichen Exponenten heben sich auf.

$$\boxed{\left(\sqrt[n]{a}\right)^n = a} \qquad \left(\sqrt[3]{64}\right)^3 = 64$$

In der umgekehrten Reihenfolge gilt das jedoch nicht immer.

$$\sqrt[4]{(-3)^4} = \sqrt[4]{81} = 3 \quad (\textit{nicht } -3)$$

Allgemein gilt:

1. für n ► gerade Zahl
a ► beliebige Zahl

$$\boxed{\sqrt[n]{a^n} = |a|} \qquad \sqrt[4]{(-2)^4} = |-2| = 2 \qquad \sqrt[4]{(3)^4} = |3| = 3$$

2. für n ► ungerade Zahl
$a \geqq 0$

$$\boxed{\sqrt[n]{a^n} = a} \qquad \sqrt[3]{5^3} = 5$$

9.2. Radizieren von Zahlen

Bei kleinen Zahlen kann man die Quadratwurzel ohne große Überlegung sofort angeben. Für große Zahlen benutzt man in der Praxis ausschließlich die Quadrattafel oder rechnet sie logarithmisch aus (siehe 10.3.). Aus diesen Gründen gehen wir nur ganz kurz darauf ein.

$\sqrt{4} = 2$; *denn* $2^2 = 4$

$\sqrt{36} = 6$; *denn* $6^2 = 36$

$\sqrt[3]{8} = 2$; *denn* $2^3 = 8$

$\sqrt[3]{64} = 4$; *denn* $4^3 = 64$

$\sqrt{6{,}25} = 2{,}5$; *denn* $2{,}5^2 = 6{,}25$

Basis 1- und 2stellig, Ergebnis 1stellig — $\sqrt{9} = 3$; $\sqrt{81} = 9$

Basis 3- und 4stellig, Ergebnis 2stellig — $\sqrt{625} = 25$; $\sqrt{8100} = 90$

Basis 5- und 6stellig, Ergebnis 3stellig — $\sqrt{90000} = 300$; $\sqrt{250000} = 500$

Will man eine Wurzel berechnen, so zerlegt man die Zahl zunächst von rechts nach links in Gruppen von je zwei Ziffern. Die Berechnung selbst erfolgt je nach der Anzahl der Gruppen nach der Formel

$$(a + b + c + \ldots)^2$$
$$= a^2 + (2a + b) \cdot b + (2a + 2b + c) \cdot c + \ldots$$

Bei der verkürzen Darstellung betrachtet man die erste Gruppe (95) und zieht aus der nächstniedrigen ganzen Quadratzahl (81) die Wurzel (9). Hiermit ist die erste Ziffer des Endergebnisses (976) gefunden. Um die zweite Ziffer zu finden, zieht man das Quadrat von 9 (81) von der ersten Gruppe ab, holt zur Differenz (14) die zweite Gruppe (25) herunter und teilt die so erweiterte Differenz (1425) nach Abstrich der letzten Ziffer durch das Doppelte von 9 (18). Versuchsweise schreibt man das ungefähre Ergebnis ($142 : 18 \approx 7$) hinter den Divisor (18). Wenn das Produkt aus dem so erweiterten Divisor und dem ungefähren Ergebnis ($187 \cdot 7 = 1309$) kleiner ist als die erweiterte Differenz (1425), ist das ungefähre Ergebnis (7) die zweite Ziffer des Endergebnisses. (Ist aber das Produkt größer als die erweiterte Differenz, so ist der Divisor durch die passende kleinere Ziffer zu erweitern, und dann ist mit dieser kleineren Ziffer zu multiplizieren. In Beispiel Nr. 2 ist 10 als Ergebnis von 20 : 2 nicht brauchbar; als passende kleinere Ziffer wird dort 7 gefunden.) Um die dritte Ziffer des Endergebnisses zu finden, zieht man das o. a. Produkt (1309) von der erweiterten Differenz (1425) ab, holt zur neuen Differenz (116) die dritte Gruppe (76) herunter und verfährt ebenso (siehe Beispiel).

$\sqrt{95'25'76} = 900 + 70 + 6 = 976$ (a = 900, b = 70, c = 6)

a^2 → 81 00 00

14 25 76 : 1800 → 70 (2a; b)

$(2a+b) \cdot b$ → 13 09 00

1 16 76 : 1940 → 6 (2a+2b; c)

$(2a+2b+c) \cdot c$ → 1 16 76

„ „

Beispiele:

Verkürzt: ohne die Nullen.

1. $\sqrt{95'25'76} = 976$

9^2 → 81

$142'5 : 18_7$ → 142 : 18 → 7 (2 · 9)

$7 \cdot 187$ → 13 09

$1\,167'6 : 194_6$ → 1167 : 19 → 6 (2 · 97)

$6 \cdot 1946$ → 1 167 6

„ „

Dezimalbrüche teilt man vom Komma nach rechts und nach links in Gruppen von je zwei Ziffern ein:

2. $\sqrt{3'06{,}25'} = 17{,}5$

1^2 → 1

$20'6 : 2_7$ → 20 : 2 → 7 (2 · 1)

$7 \cdot 27$ → 189

$172'5 : 34_5$ → 172 : 34 → 5 (2 · 17)

$5 \cdot 345$ → 1725

„ „

Geht eine Wurzel nicht auf, so kann man immer eine Gruppe von je zwei Nullen herunterholen, die man an den Radikanden ansetzt. Überschreitet man beim Rechnen das Komma des Radikanden, so muß man auch bei der Ausrechnung ein Komma setzen.

9.3. Irrationale Zahlen

Die Zahlen, die wir zuerst kennengelernt haben, waren die *natürlichen Zahlen*. Alle positiven ganzen Zahlen sind natürliche Zahlen. Subtrahiert man zwei gleich große Zahlen, so kommt man zur Zahl *Null*.

1, 2, 3, 4, … *natürliche Zahlen*

1, 2, 3, 4, … *positive ganze Zahlen*

$4 - 4 = 0$ (Null)

Wird von einer kleineren Zahl eine größere subtrahiert, so erhält man eine *negative Zahl.*

$4 - 5 = \underline{\underline{-1}}$

$-1, -2, -3, -4, \ldots$ *negative Zahlen*

Die positiven und die negativen Zahlen ergeben zusammen die *ganzen Zahlen.* Die Null trennt die positiven Zahlen von den negativen Zahlen.

negative Zahlen *Null* *positive Zahlen*

$\ldots, -3, -2, -1, 0, 1, 2, 3, \ldots$

ganze Zahlen

Der Zahlenbereich wurde dann erweitert durch die Bruchzahlen, die sowohl positiv als auch negativ sein können.

$$\left.\begin{matrix} \frac{1}{2}, & \frac{3}{4}, & \frac{15}{17} \\ -\frac{2}{5}, & -\frac{7}{8}, & -\frac{121}{123} \end{matrix}\right\} \textit{Bruchzahlen}$$

Die ganzen Zahlen und die Bruchzahlen ergeben zusammen die *rationalen Zahlen.* Man kann sie auf der Zahlengeraden graphisch darstellen. Sie entstehen durch Division zweier ganzer Zahlen.

rationale Zahlen

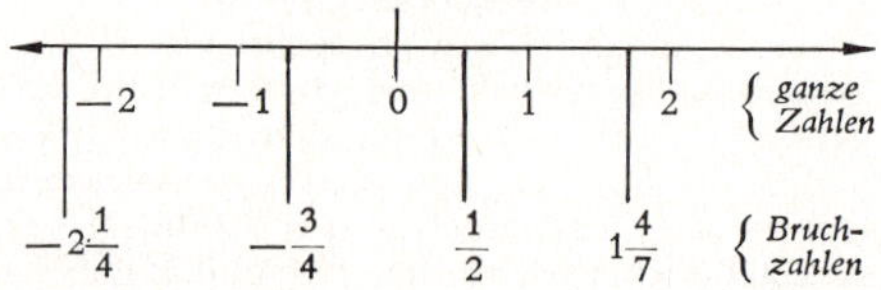

Jede rationale Zahl kann man in der Form $\frac{a}{b}$ darstellen (a, b ganzzahlig und teilerfremd und $b \neq 0$). Eine ganze Zahl ist eine Bruchzahl mit dem Nenner 1.

$\frac{a}{b}$ ← *Bruchzahl*

$3 = \frac{3}{1}; \quad -7 = -\frac{7}{1}$

Jede Bruchzahl kann man auch als endlichen oder unendlich-periodischen Dezimalbruch schreiben.

$\frac{1}{2} = 0{,}5$

$\frac{5}{6} = 0{,}8333\ldots = 0{,}8\overline{3}$

$\frac{3}{7} = 0{,}\overline{428571}$

Auch Wurzeln, die aufgehen, zählen zu den rationalen Zahlen.

$\sqrt{25} = 5 \qquad$ *denn* $5^2 = 25$

$\sqrt{12{,}25} = 3{,}5 \quad$ *denn* $3{,}5^2 = 12{,}25$

$\sqrt{\frac{9}{16}} = \frac{3}{4} \qquad$ *denn* $\left(\frac{3}{4}\right)^2 = \frac{9}{16}$

Wenn man $\sqrt{2}$ als Dezimalbruch angeben will, so stellt man fest, daß $\sqrt{2}$ kein endlicher oder unendlich-periodischer Dezimalbruch ist. Man kann nur, je nach Anzahl der Stellen, mehr oder weniger genau angeben, zwischen welchen Grenzen $\sqrt{2}$ liegen muß. Diese neue Zahlenart nennt man irrationale Zahlen.

$\sqrt{2} \approx 1{,}4142135624\ldots$

$1{,}4142135624 < \sqrt{2} < 1{,}4142135625$

$\sqrt{2}, \ \sqrt{3}, \ \sqrt{7}, \ \sqrt[3]{9}, \ldots$ *irrationale Zahlen*

Beweis, daß $\sqrt{2}$ nicht zu den rationalen Zahlen gehört.

Man nimmt zunächst an, $\sqrt{2}$ gehört zu den rationalen Zahlen, das heißt, $\sqrt{2}$ kann in der Form $\frac{a}{b}$ dargestellt werden. Kommt man dann durch richtiges Überlegen zu einem Widerspruch der Annahme, so folgt daraus, daß die Annahme falsch war. Man nennt eine solche Beweisführung einen „*indirekten Beweis*".

Annahme: $\sqrt{2}$ ist rational

also: $\sqrt{2} = \frac{a}{b}$ (a, b ganzzahlig und teilerfremd, außerdem $b \neq 0$)

$2 = \frac{a^2}{b^2}$

$2b^2 = a^2$ d. h., a muß eine gerade Zahl sein, weil $2b^2$ immer eine gerade Zahl ist.

$a = 2r$ man kann für $a = 2r$ setzen, wobei r eine ganze Zahl ist.

$2b^2 = (2r)^2$

$2b^2 = 4r^2$

$b^2 = 2r^2$ d. h., b muß eine gerade Zahl sein, weil $2r^2$ immer eine gerade Zahl ist.

Durch die eben durchgeführte richtige Überlegung hat sich ergeben, daß a und b gerade Zahlen sind. Gerade Zahlen haben mindestens den gemeinsamen Teiler 2. Das haben wir aber in der Annahme ausgeschlossen. Daher kann $\sqrt{2}$ keine rationale Zahl sein. Man nennt derartige Zahlen *irrationale Zahlen*. Man kann sie als nichtperiodische Dezimalbrüche mit unendlich vielen Stellen schreiben. Außer den nichtaufgehenden Wurzeln gibt es noch andere irrationale Zahlen, z. B. die Zahlen π und e.

Die rationalen und die irrationalen Zahlen ergeben zusammen die *reellen Zahlen*.

± 3	$\pm\frac{2}{3}$	$\pm\sqrt{2},\ \pm\pi,\ \pm e$
ganze Zahlen	*Bruchzahlen*	
rationale Zahlen		*irrationale Zahlen*
reelle Zahlen		

9.4. Addieren und Subtrahieren von Wurzeln

Man kann nur Wurzeln mit *gleichen* Exponenten und Radikanden zu einem Glied zusammenfassen. Sie werden addiert und subtrahiert, indem man ihre Beizahlen (Koeffizienten) addiert und subtrahiert. Das Malzeichen zwischen Wurzel und Beizahl kann man weglassen.

$$3 \cdot \sqrt[3]{8} + 2 \cdot \sqrt[3]{8} - 3 \cdot \sqrt[3]{8} = (3 + 2 - 3)\sqrt[3]{8}$$
$$= 2\sqrt[3]{8} = \underline{\underline{4}}$$

$$a \cdot \sqrt[n]{a} + b \cdot \sqrt[n]{a} - c \cdot \sqrt[n]{a} = (a + b - c)\sqrt[n]{a}$$

Glieder ordnen und gleiche Wurzeln zusammenfassen.

Beispiel:

$$5\frac{1}{2}\sqrt[7]{ax} + 6\frac{1}{4}\sqrt[7]{ab} + \sqrt[7]{ax} - 8\frac{1}{2}\sqrt[7]{ab}$$

$$= 5\frac{1}{2}\sqrt[7]{ax} + \sqrt[7]{ax} - \frac{34}{4}\sqrt[7]{ab} + \frac{25}{4}\sqrt[7]{ab}$$

$$= \underline{\underline{6\frac{1}{2}\sqrt[7]{ax} - 2\frac{1}{4}\sqrt[7]{ab}}}$$

9.5. Radizieren von Produkten

Merke: *Ein Produkt wird radiziert, indem man jeden Faktor radiziert.*

$$\underbrace{\sqrt{4\cdot 16}}_{\sqrt{64}\,=\,\underline{\underline{8}}} = \sqrt{4}\cdot\sqrt{16} = 2\cdot 4 = \underline{\underline{8}}$$

Umkehrung: Gleichnamige Wurzeln (d. h. Wurzeln mit gleichen Exponenten) werden multipliziert, indem man das Produkt der Radikanden radiziert.

$$\boxed{\sqrt[n]{a\cdot b} = \sqrt[n]{a}\cdot\sqrt[n]{b}}$$

$a, b \geqq 0$

n – *natürliche Zahl*

Wird ein vor dem Wurzelzeichen stehender Faktor unter die Wurzel gebracht, so muß man ihn mit dem Wurzelexponenten potenzieren.

$$2\sqrt{9} = 2\cdot 3 = \underline{\underline{6}}$$

$$2\sqrt{9} = \sqrt{2^2\cdot 9} = \sqrt{36} = \underline{\underline{6}}$$

$$\boxed{a\sqrt[n]{b} = \sqrt[n]{a^n\cdot b}}$$

Beispiele:

1. Oft läßt sich der Radikand in 2 Faktoren zerlegen, und aus einem Faktor kann man dann die Wurzel ziehen.

1. $2\sqrt{36ab} = 2\cdot\sqrt{36}\cdot\sqrt{ab} = \underline{\underline{12\sqrt{ab}}}$

2. $3\sqrt{50x} = 3\sqrt{2\cdot 25\cdot x} = 3\sqrt{25}\cdot\sqrt{2x}$
$= \underline{\underline{15\cdot\sqrt{2x}}}$

3. Die Wurzel $\sqrt{\frac{\cancel{3}\cdot\cancel{8}\cdot\cancel{3}}{\cancel{4}\cdot\cancel{9}\cdot\cancel{2}}}$ ergibt 1, denn der Zähler läßt sich gegen den Nenner wegkürzen.

3. $6\sqrt{\frac{3}{4}}\cdot 5\sqrt{\frac{8}{9}}\cdot 4\sqrt{\frac{3}{2}} = 6\cdot 5\cdot 4\sqrt{\frac{3\cdot 8\cdot 3}{4\cdot 9\cdot 2}}$
$= \underline{\underline{120}}$

4. Summe in ein Produkt umwandeln, dann jeden Faktor radizieren. Eine Summe darf nicht gliedweise radiziert werden.

4. $\sqrt{121a + 121b} = \sqrt{121(a+b)}$
$= \underline{\underline{11\sqrt{a+b}}}$

9.6. Radizieren von Quotienten (Brüchen)

Merke: *Ein Bruch wird radiziert, indem man Zähler und Nenner radiziert.*

$$\sqrt{\frac{36}{9}} = \frac{\sqrt{36}}{\sqrt{9}} = \frac{6}{3} = \underline{\underline{2}}$$

Umkehrung: Wurzeln mit gleichem Exponenten werden dividiert, indem man den Quotienten der Radikanden radiziert.

$$\sqrt[n]{\frac{a}{b}} = \frac{\sqrt[n]{a}}{\sqrt[n]{b}}$$

$a \geqq 0$

$b > 0$

n – natürliche Zahl

Beispiele:

1. $\sqrt[3]{\frac{64a}{343b}} = \underline{\underline{\frac{4}{7}\sqrt[3]{\frac{a}{b}}}}$

Den Radikanden in einzelne Wurzeln zerlegen und diese lösen.

2. $5 \cdot \sqrt[3]{\frac{8nx}{27x^2} \cdot 64ab} = 5 \cdot \sqrt[3]{\frac{8}{27} \cdot 64 \cdot \frac{nx}{x^2} \cdot ab}$

$$= 5 \cdot \sqrt[3]{\frac{8}{27}} \cdot \sqrt[3]{64} \cdot \sqrt[3]{\frac{abn}{x}}$$

$$= 5 \cdot \frac{2}{3} \cdot 4 \cdot \sqrt[3]{\frac{abn}{x}} = \underline{\underline{\frac{40}{3}\sqrt[3]{\frac{abn}{x}}}}$$

Beide Radikanden unter eine Wurzel bringen und mit dem Kehrwert multiplizieren, danach radizieren.

3. $\sqrt{\frac{5x}{60}} : \sqrt{\frac{10x}{30}} = \sqrt{\frac{5x}{60} \cdot \frac{30}{10x}} = \sqrt{\frac{1}{4}} = \underline{\underline{\frac{1}{2}}}$

9.7. Radizieren von Potenzen

Merke: *Eine Potenz wird radiziert, indem man die Basis radiziert und die Wurzel mit dem Exponenten der Basis potenziert.*

$$\sqrt{4^3} = \sqrt{4 \cdot 4 \cdot 4} = \sqrt{4} \cdot \sqrt{4} \cdot \sqrt{4} = 2 \cdot 2 \cdot 2 = \underline{\underline{2^3}}$$

oder besser $\sqrt{4^3} = (\sqrt{4})^3 = \underline{\underline{2^3}}$

Umkehrung: Eine Wurzel wird potenziert, indem man den Radikanden potenziert und die Potenz dann radiziert.

$$\sqrt[n]{a^x} = \left(\sqrt[n]{a}\right)^x$$

$a \geqq 0$

n, x – natürliche Zahlen

Merke: *Man kann den Wurzelexponenten und den Basisexponenten (Exponent des Radikanden) kürzen und erweitern.*

$\sqrt[3]{8} = \underline{\underline{2}}; \quad \sqrt[2\cdot 3]{8^2} = \sqrt[6]{64} = \underline{\underline{2}};$

$$\boxed{\sqrt[bn]{a^{bx}} = \sqrt[n]{a^x}}$$

$a \geqq 0$
b, n, x – natürliche Zahlen

Wenn man nebenstehende Wurzeln ausrechnet, erhält man zunächst als Ergebnis die Potenzen a^3, a^2 und a^1. Bei den folgenden Wurzeln entsteht ein Ausdruck von der Form $\sqrt[2]{a^1} = a^{\frac{1}{2}}$. Für diese neuen *Potenzen mit Bruchzahlen als Exponenten* gelten auch die Potenzgesetze. Es kann sogar gezeigt werden, daß die Potenzgesetze auch für beliebige reelle Zahlen als Exponenten gelten. Die jeweilige Basis muß als nichtnegativ, nötigenfalls positiv vorausgesetzt werden. Die Beweisführung wird aus Gründen der Begrenzung hier nicht gebracht.

$\sqrt[4]{a^{12}} = a^{\frac{12}{4}} = a^3$

$\sqrt[6]{a^{12}} = a^{\frac{12}{6}} = a^2$

$\sqrt[12]{a^{12}} = a^{\frac{12}{12}} = a^1$

$\sqrt[24]{a^{12}} = a^{\frac{12}{24}} = a^{\frac{1}{2}}$

$\sqrt[24]{a^{12}} = \sqrt[2]{a^1} = a^{\frac{1}{2}}$

$\left(a^{\frac{1}{2}}\right)^2 = a$ – $\left(\sqrt{a}\right)^2 = a$

Aus diesen Beispielen kann man ersehen, daß jede Wurzel in eine Potenz mit Bruchzahlen als Exponenten umgewandelt werden kann. Der Wurzelexponent steht im Nenner des Potenzexponenten.

$\sqrt{a} = a^{\frac{1}{2}}$

$\sqrt[3]{a} = a^{\frac{1}{3}}$

$\sqrt{a^3} = a^{\frac{3}{2}}$

$$\boxed{\sqrt[n]{a^x} = a^{\frac{x}{n}}}$$

$a > 0$
n, x – natürliche Zahlen

Beispiele:

1. $\sqrt[3]{8^2} = \left(\sqrt[3]{8}\right)^2 = 2^2 = \underline{\underline{4}}$

Wurzelexponent und Basisexponenten lassen sich kürzen.

2. $\sqrt{\dfrac{9a^4c^2}{25n^2x^6}} = \underline{\underline{\dfrac{3a^2c}{5nx^3}}}$

Hierbei ebenfalls.

3. $\sqrt[m+n]{(ax)^{2(m+n)}} = (ax)^2 = \underline{\underline{a^2x^2}}$

4. $\left(\sqrt[4]{a}\right)^2 \cdot \left(\sqrt[6]{a}\right)^3 = \sqrt{a} \cdot \sqrt{a} = \sqrt{a^2} = \underline{\underline{a}}$

Die Potenz mit Bruchzahlen als Exponenten läßt sich in eine Wurzel umwandeln. Man kann beide Radikanden unter eine Wurzel bringen und dann kürzen.

5. $(n+x)^{\frac{3}{4}} \cdot \sqrt[4]{(n+x)^5}$
$= \sqrt[4]{(n+x)^3} \cdot \sqrt[4]{(n+x)^5}$
$= \sqrt[4]{(n+x)^8}$
$= \underline{\underline{(n+x)^2}}$

Wurzel in Potenz mit Bruchzahlen als Exponenten umwandeln. Unter Beachtung der Potenzregeln ausrechnen.

6. $\sqrt[10]{a^{25}} : \left(a \cdot a^{\frac{4}{5}} \cdot a^{\frac{7}{10}}\right)$
$= a^{\frac{25}{10}} : \left(a^{\frac{10}{10}} \cdot a^{\frac{8}{10}} \cdot a^{\frac{7}{10}}\right) = a^{\frac{5}{2}} : a^{\frac{25}{10}}$
$= a^{\frac{5}{2}} : a^{\frac{5}{2}} = a^{\frac{5}{2}-\frac{5}{2}} = a^0 = \underline{\underline{1}}$

9.8. Radizieren von Wurzeln

Merke: *Eine Wurzel wird radiziert, indem man die Wurzelexponenten multipliziert und mit dem neuen Exponenten aus der Basis die Wurzel zieht.*

$\sqrt{\sqrt{16}} = \sqrt{4} = \underline{\underline{2}}$ *oder*

$\sqrt[2\cdot 2]{16} = \sqrt[4]{16} = \underline{\underline{2}}$

Umkehrung: Ist der Wurzelexponent ein Produkt, so kann man mit den einzelnen Faktoren nacheinander radizieren.

$$\boxed{\sqrt[n]{\sqrt[x]{a}} = \sqrt[n\cdot x]{a}}$$

$a \geqq 0$
n, x ► *natürliche Zahlen*

$\sqrt[3]{\sqrt{64}} = \sqrt[3]{8} = 2$ *oder*

$\sqrt[3]{\sqrt{64}} = \sqrt{\sqrt[3]{64}} = \sqrt{4} = \underline{\underline{2}}$

Merke: *Man kann beim Radizieren von Wurzeln die Wurzelexponenten vertauschen.*

$$\boxed{\sqrt[n]{\sqrt[x]{a}} = \sqrt[x]{\sqrt[n]{a}}}$$

$a \geq 0$
n, x ► *natürliche Zahlen*

Beispiele:

1. Die Wurzelexponenten vertauschen und dann die Quadratwurzel ziehen.

$\sqrt{\sqrt[3]{x^2}} = \sqrt[3]{\sqrt{x^2}} = \underline{\underline{\sqrt[3]{x}}}$

2. Wurzelexponenten multiplizieren, Wurzeln zusammenfassen und radizieren.

$\sqrt[4]{\sqrt[3]{x^2}} \cdot \sqrt{\sqrt[6]{x^{10}}} + \sqrt[9]{y^6 \cdot \sqrt[4]{y^{12}}}$
$= \sqrt[12]{x^2} \cdot \sqrt[12]{x^{10}} + \sqrt[9]{y^6 \cdot y^3}$
$= \sqrt[12]{x^{12}} + \sqrt[9]{y^9} = \underline{\underline{x+y}}$

Übungen

Bei allen Aufgaben sollen die Variablen stets solche Zahlen bedeuten, daß der Radikand nicht negativ wird.

9.2. Radizieren von Zahlen

1. $\sqrt{64009}$	**6.** $\sqrt{9801}$	**11.** $\sqrt{1102}$	**16.** $\sqrt{7448}$	**21.** $\sqrt{8427{,}24}$	**26.** $\sqrt{6225{,}21}$
2. $\sqrt{28944}$	**7.** $\sqrt{3481}$	**12.** $\sqrt{1537}$	**17.** $\sqrt{6178}$	**22.** $\sqrt{193{,}21}$	**27.** $\sqrt{0{,}01369}$
3. $\sqrt{168100}$	**8.** $\sqrt{1936}$	**13.** $\sqrt{1823}$	**18.** $\sqrt{7039}$	**23.** $\sqrt{6209{,}44}$	**28.** $\sqrt{0{,}055696}$
4. $\sqrt{3249}$	**9.** $\sqrt{351649}$	**14.** $\sqrt{4007}$	**19.** $\sqrt{5213}$	**24.** $\sqrt{3956{,}41}$	**29.** $\sqrt{0{,}0025}$
5. $\sqrt{4032}$	**10.** $\sqrt{638401}$	**15.** $\sqrt{4264}$	**20.** $\sqrt{9980}$	**25.** $\sqrt{473344}$	**30.** $\sqrt{1{,}304164}$

Berechnen Sie die Quadratwurzel auf drei Stellen hinter dem Komma:

31. $\sqrt{3}$	**34.** $\sqrt{13}$	**37.** $\sqrt{62{,}5}$	**40.** $\sqrt{14{,}3}$	**43.** $\sqrt{0{,}002}$
32. $\sqrt{5}$	**35.** $\sqrt{27}$	**38.** $\sqrt{1{,}7}$	**41.** $\sqrt{0{,}05}$	**44.** $\sqrt{0{,}6}$
33. $\sqrt{7}$	**36.** $\sqrt{139{,}46}$	**39.** $\sqrt{7{,}5}$	**42.** $\sqrt{0{,}7}$	**45.** $\sqrt{0{,}617}$

Berechnen Sie die Seitenlängen von folgenden Quadraten:

46. 4624 m²	**51.** 3981,61 cm²
47. 6724 cm²	**52.** 4664,89 cm²
48. 7569 cm²	**53.** 4238,01 m²
49. 687241 m²	**54.** 5882,89 m²
50. 779689 cm²	**55.** 6384,01 cm²

56. Die Seiten eines rechteckigen Bauplatzes sind 19,5 m × 10,4 m. Wie lang ist die Seite eines flächengleichen quadratischen Bauplatzes?

57. Eine Blechplatte 57 cm × 63 cm soll durch eine quadratische Platte gleichen Flächeninhalts ersetzt werden. Wie lang ist eine Seite?

58. Es stehen 8 Bretter (je 26 cm breit und 52 cm lang) zur Verfügung, es soll daraus ein quadratischer Holzbelag hergestellt werden. Wie groß wird dieser höchstens sein?

59. Es sind 180 Steinplatten (je 8 cm × 10 cm) vorhanden. Wie groß ist die quadratische Fläche, die damit bedeckt werden kann?

60. 18 Blechstreifen (je 15 cm × 120 cm) sollen so zerschnitten und zusammengeschweißt werden, daß ein Quadrat entsteht. Wie groß ist es?

9.4. Addieren und Subtrahieren von Wurzeln

1. $\sqrt{x} + \sqrt{x} = \underline{\underline{2\sqrt{x}}}$
2. $3\sqrt{a} + 5\sqrt{a}$
3. $5\sqrt[3]{n} + 4\sqrt[3]{n} - 2\sqrt[3]{n}$
4. $a\sqrt[n]{ax} + b\sqrt[n]{ax}$
5. $3n\sqrt{a} - 4a\sqrt{a}$
6. $\frac{3}{4}\sqrt[3]{a} - \frac{1}{2}\sqrt[3]{a} + \frac{1}{5}\sqrt{a}$
7. $\frac{3}{4}\sqrt[4]{16} - \frac{1}{2}\sqrt[4]{16} + \frac{2}{5}\sqrt[4]{16}$
8. $5\sqrt[3]{ax} - 6\sqrt[3]{ab} - 4\sqrt[3]{ax} + 7\sqrt[3]{ab}$
9. $1{,}8\sqrt{x} - 1{,}3\sqrt[3]{x} + 2{,}7\sqrt{x} + 2{,}9\sqrt[3]{x}$
10. $4\frac{1}{2}\sqrt{an} - 7\frac{1}{2}\sqrt{an} + 1\frac{1}{5}\sqrt{an} - \frac{1}{3}\sqrt{an}$

9.5. Radizieren von Produkten

1. $\sqrt{4 \cdot 81} = 2 \cdot 9 = \underline{\underline{18}}$
2. $\sqrt[3]{27 \cdot 64}$
3. $\sqrt{125 \cdot 625}$
4. $\sqrt[3]{125a}$
5. $\sqrt[3]{16} \cdot \sqrt[3]{4}$
6. $\frac{1}{6}\sqrt[4]{81a}$
7. $\sqrt{144(n + x)}$
8. $\sqrt{2} \cdot \sqrt{2}$
9. $\sqrt{5} \cdot \sqrt{5}$
10. $\sqrt{8} \cdot \sqrt{8}$
11. $\sqrt{8} \cdot \sqrt{2}$
12. $\sqrt[3]{3} \cdot \sqrt[3]{3} \cdot \sqrt[3]{3}$
13. $3\sqrt{3} \cdot 2\sqrt{3}$
14. $5a\sqrt[3]{7} \cdot 6b\sqrt[3]{7} \cdot \sqrt[3]{7}$
15. $4\sqrt{5} \cdot 3a\sqrt{5}$
16. $\sqrt[3]{4} \cdot 2a\sqrt[3]{2}$
17. $(3 + 4\sqrt{7}) \cdot (3 - 4\sqrt{7})$
18. $(2\sqrt{4} + 3a\sqrt{7}) \cdot (2\sqrt{4} - 3a\sqrt{7})$
19. $3\sqrt{3} \cdot 4\sqrt{\frac{8}{3}} \cdot 5\sqrt{2}$
20. $\sqrt[7]{8} \cdot \sqrt[7]{2} \cdot \sqrt[7]{8}$
21. $5b\sqrt{7} \cdot 6b\sqrt{\frac{32}{14}}$
22. $4\sqrt{\frac{3}{4}} \cdot 2\sqrt{\frac{1}{15}} \cdot 5\sqrt{80}$
23. $2\sqrt{\frac{2}{3}} \cdot \frac{3}{4}\sqrt{\frac{4}{7}} \cdot \sqrt{\frac{1}{2}} \cdot \frac{1}{6}\sqrt{12} \cdot \sqrt{7}$

Häufig kann man den Radikanden in Faktoren zerlegen und dadurch den Wurzelausdruck für die Rechnung vereinfachen.

24. $\sqrt{72} = \sqrt{36 \cdot 2} = \underline{\underline{6\sqrt{2}}}$
25. $\sqrt{32}$
26. $\sqrt{150}$
27. $3\sqrt{180}$
28. $3a\sqrt{200}$
29. $4x\sqrt{75}$
30. $2ab\sqrt{72} + 5ab\sqrt{98} - 2ab\sqrt{162}$
31. $4\sqrt[3]{16} + \sqrt[3]{54} + \sqrt[3]{128} - 3\sqrt[3]{250}$

9.6. Radizieren von Quotienten (Brüchen)

1. $\sqrt{\frac{25}{64}} = \frac{5}{8}$

2. $\sqrt[3]{\frac{64}{125}}$

3. $\sqrt{\frac{36}{x}}$

4. $\sqrt{\frac{4x}{49x^2}}$

5. $\sqrt[3]{\frac{27a}{343b}}$

6. $\sqrt{2\frac{1}{4}}$

7. $\sqrt[3]{3\frac{3}{8}}$

8. $2\sqrt{\frac{1}{4}}$

9. $\sqrt{\frac{75}{18}}$

10. $\sqrt{\frac{54}{108}}$

11. $\sqrt{\frac{98}{128}}$

12. $\sqrt{\frac{12x}{3x}} = \sqrt{\frac{12}{3}} = \sqrt{4} = 2$

13. $\frac{\sqrt{24}}{\sqrt{6}}$

14. $\frac{\sqrt[3]{20}}{\sqrt[3]{\frac{5}{2}}}$

15. $\frac{16a\sqrt[3]{24}}{\sqrt[3]{3}}$

16. $\sqrt{12a} : \sqrt{3a}$

17. $\sqrt{\frac{5x}{6}} : \sqrt{\frac{20}{6x}}$

Schaffen Sie bei den folgenden Aufgaben die Wurzel aus dem Nenner weg (durch Erweitern der Brüche).

18. $\frac{3}{\sqrt{7}} = \frac{3 \cdot \sqrt{7}}{\sqrt{7} \cdot \sqrt{7}} = \frac{3}{7} \cdot \sqrt{7}$

19. $\frac{5}{\sqrt{6}}$

20. $\frac{2}{\sqrt{2}}$

21. $\frac{3}{\sqrt{3}}$

22. $\frac{4}{\sqrt{4}}$

23. $\frac{n}{\sqrt{n}}$

24. $\frac{a}{\sqrt{b}}$

25. $\frac{12}{11\sqrt{24}}$

26. $\sqrt{\frac{1}{3}}$

27. $\sqrt{\frac{5}{7}}$

28. $\sqrt[3]{\frac{3}{4}}$

29. $\sqrt{\frac{a}{b}}$

30. $\frac{\sqrt{3}}{\sqrt{3} + \sqrt{5}} = \frac{\sqrt{3} \cdot (\sqrt{3} - \sqrt{5})}{(\sqrt{3} + \sqrt{5}) \cdot (\sqrt{3} - \sqrt{5})}$

$= \frac{3 - \sqrt{15}}{-2} = -\frac{1}{2}(3 - \sqrt{15})$

31. $\frac{3}{3 + \sqrt{3}}$

32. $\frac{4}{\sqrt{5} - 2}$

33. $\frac{2 + \sqrt{x}}{2 - \sqrt{x}}$

34. $\frac{\sqrt{a} - \sqrt{b}}{\sqrt{a} + \sqrt{b}}$

9.7. Radizieren von Potenzen

1. $\sqrt[3]{8^2} = 2^2 = 4$

2. $\sqrt{4^3}$

3. $\sqrt{36^3}$

4. $\sqrt[3]{27^4}$

5. $\sqrt[3]{125^2}$

6. $\sqrt{a^4}$

7. $\sqrt[3]{a^3}$

8. $\sqrt{6^4}$

9. $\sqrt[x]{a^x}$

10. $\sqrt{a^2 b^2}$

11. $\sqrt{36x^2}$

12. $\sqrt[3]{216a^3}$

13. $\sqrt{4a^2 \cdot 36b^2}$

14. $\sqrt[x]{a^x \cdot b^{2x}}$

15. $\sqrt{a^7 \cdot b^5}$

16. $\sqrt{50x^4}$

17. $\sqrt[3]{a^9 b^{12}}$

18. $\sqrt[2a]{x^{4a}}$

19. $\sqrt[3]{64a^{12}b^6}$

20. $\sqrt{(x^2)^n}$

21. $\sqrt[3]{(a-b)^6}$

22. $\sqrt[x]{(a+b)^{2x}}$

23. $\sqrt[3]{125\,(a+b-c)^3}$

24. $\sqrt[n]{ab^n}$

25. $4\sqrt{49a^2}$

26. $\sqrt[3]{x}\cdot\sqrt[3]{x^2}$

27. $\sqrt{a^3 b}\cdot\sqrt[6]{a^3 b^3}$

28. $3\sqrt[3]{a}\cdot\sqrt[3]{a^2}$

29. $\sqrt[12]{x^{18}}\cdot\sqrt[34]{x^{51}}$

30. $\sqrt[4]{(n+x)^3}\cdot\sqrt[4]{(n+x)^5}$

31. $(\sqrt{3})^2$

32. $\left(\sqrt[3]{7}\right)^3$

33. $\left(\sqrt[3]{4}\right)^6$

34. $\left(\sqrt[6]{a}\right)^3$

35. $\left(\sqrt[an]{x}\right)^n$

36. $(2\sqrt{a})^2$

37. $\left(4x\sqrt[3]{n}\right)^3$

38. $(2a\sqrt{an})^4$

39. $\left(\sqrt[3]{x}\right)^2\cdot\left(\sqrt[6]{x}\right)^3$

40. $\left(\sqrt[4]{49a}\right)^2 : 14$

41. $(\sqrt{x}-\sqrt{y})^2$

42. $6\sqrt[6]{x^2}-3\sqrt[12]{x^4}$

43. $\sqrt{b^6}+b\sqrt[3]{b^6}$

44. $4\sqrt{x}\cdot\sqrt[3]{x}+6\sqrt[6]{x}\cdot\sqrt[6]{x^5}$

45. $3\left(\sqrt[5]{n}\right)^3\cdot\left(\sqrt[5]{n}\right)^2$

46. $\sqrt{\frac{a^2b}{c^2}}=\frac{a}{c}\sqrt{b}$

47. $\sqrt{\frac{2a^2}{3}}$

48. $\sqrt{\frac{1a^2}{4b^4}}$

49. $\sqrt[3]{\frac{24a^4}{3\cdot a}}$

50. $\sqrt[6]{\left(\frac{n^4\cdot x^3}{nx}\right)^2}$

51. $\sqrt[3]{\left(\frac{16a^8}{81a^4}\right)^2}$

52. $\frac{\sqrt{32n^5}}{\sqrt{2n^3}}$

53. $16\sqrt{a^6b^7} : 4\sqrt{a^4b^5}$

54. $2\left(\sqrt[5]{3}\right)^5 : 8\left(\sqrt[7]{2}\right)^7$

55. $\sqrt{\frac{x^{-7}}{x^{-5}}}$

56. $\sqrt{n^2x}+n\sqrt{x}$

57. $\sqrt{b^{-2}\cdot a^3} : \sqrt{a^{-3}\cdot b^2}$

58. $\frac{4\sqrt[a]{b^3}}{\sqrt[a]{b^2c}}-3\sqrt[a]{\frac{b}{c}}+\frac{2\sqrt[a]{b}}{\sqrt[a]{c}}$

59. $\sqrt[m]{b^{m+x}}=b\cdot\sqrt[m]{b^x}$

60. $\sqrt[x]{c^{x+2}}$

61. $\sqrt[2a+1]{b^{4a^2-1}}$

62. $\sqrt[a]{\left(\frac{n^{x+a}}{n^x}\right)^c}$

63. $\sqrt[a-b]{(n+x)^{(a-b)\cdot 3}}$

64. $\sqrt[5]{b^{n+5}}+3b\sqrt[5]{b^n}$

65. $2\sqrt[3]{x^{3a-3b}}-\sqrt[7]{x^{7a-7b}}$

66. $\sqrt[4]{x^{4+1}\cdot n}+\sqrt[4]{n^{4+1}\cdot x}$

67. $\sqrt[3]{x^{\frac{3}{2}-b}}\cdot\sqrt[3]{x^{\frac{3}{2}+b}}$

68. $\sqrt[a-b]{x^{a^2-2ab+b^2}} : \sqrt[a+b]{x^{a^2+2ab+b^2}}$

69. $36^{\frac{1}{2}}=\sqrt{36}=6$

70. $\left(\frac{9}{16}\right)^{\frac{1}{2}}$

71. $125^{\frac{2}{3}}$

72. $(144x^2)^{\frac{1}{2}}$

73. $25^{0.5}$

74. $\left(3\frac{3}{8}\right)^{\frac{1}{3}}$

75. $x^{\frac{2}{3}} : x^{-\frac{2}{3}}$

76. $\left(1\frac{7}{9}\right)^{-\frac{1}{2}}$

77. $a^{\frac{8}{5}} : \left[a\left(a^{\frac{4}{5}}\cdot a^{\frac{7}{10}}\right)\right]$

78. $x^{\frac{2}{3}}\cdot x^{\frac{5}{6}}\cdot\sqrt[12]{x^{-18}}$

79. $\left(\frac{a^0\cdot a^{-4}}{a^{-7}}\right)^{\frac{1}{3}}$

80. $\frac{x^{\frac{2}{3}}}{\sqrt[3]{x}}+3x^{-\frac{5}{6}}\cdot x^{\frac{4}{3}}$

9.8. Radizieren von Wurzeln

1. $\sqrt[3]{\sqrt{729}} = \sqrt{\sqrt[3]{729}} = \sqrt{9} = 3$

2. $\sqrt[4]{\sqrt[3]{16}}$

3. $\sqrt[x]{\sqrt{a^x}}$

4. $\sqrt[3]{\sqrt{125x^3}}$

5. $\sqrt[3]{\sqrt{512a^3}}$

6. $\sqrt[3]{\sqrt{x^3}}$

7. $\sqrt{x^3\sqrt{x^3}}$

8. $\sqrt[5]{\sqrt[2]{x^5}} + 3\sqrt[4]{\sqrt[3]{x^6}}$

9. $\sqrt[a]{\sqrt[x]{b}} \cdot \sqrt[ax]{b^2}$

10. $\sqrt[a]{\sqrt[x]{a^3}} : \sqrt[ax]{a^2}$

Vermischte Aufgaben zur Wiederholung von 9.

1. $\sqrt{8} + \sqrt{32} = \sqrt{4 \cdot 2} + \sqrt{16 \cdot 2}$
$= 2\sqrt{2} + 4\sqrt{2} = 6\sqrt{2}$

2. $\sqrt{72} - \sqrt{18}$

3. $\sqrt{75} - \sqrt{48}$

4. $\sqrt{27} - \sqrt{12}$

5. $(\sqrt{2} - 1)^2$

6. $\left(\frac{\sqrt{6} - 3}{3}\right)^2$

7. $(\sqrt{6} - 2) \cdot (\sqrt{6} + 2)$

Schaffen Sie die Wurzel aus dem Nenner weg (Nr. 8...13).

8. $\frac{4}{\sqrt{3} - 1}$

9. $\frac{6}{\sqrt{3} - \sqrt{2}}$

10. $\frac{16}{\sqrt{5} - \sqrt{3}}$

11. $\frac{x}{\sqrt{x} - \sqrt{y}}$

12. $\frac{2 + 3\sqrt{a}}{3 + 2\sqrt{a}}$

13. $\frac{3\sqrt{5} + 5\sqrt{3}}{5\sqrt{3} - 3\sqrt{5}}$

14. $\sqrt{49a - 147b} = \sqrt{7^2(a - 3b)} = 7\sqrt{a - 3b}$

15. $\left(\frac{1}{3}\sqrt[3]{\frac{1}{64}}\right)^3$

16. $\left(5x \cdot \sqrt{\frac{2y}{50z^3}}\right)^2$

17. $\left(\frac{3x}{2y} \cdot \sqrt[3]{\frac{y^2}{x^2}}\right)^3$

18. $2a^2\sqrt{9a^2 + 81} + 27a^2\sqrt{4a^2 + 36}$

19. $\sqrt{\frac{16a + 32b}{25x - 50y}}$

20. $\sqrt{\frac{4x^2}{9} - \frac{9y^2}{16}}$

21. $\frac{\sqrt{128a^2b^3}}{\sqrt{2b}}$

22. $\frac{\sqrt{125x^3y}}{\sqrt{5xy}}$

23. $\sqrt{\frac{50a}{27b}} : \sqrt{\frac{2a^3}{3b^3}}$

24. $\sqrt[3]{x^2 + 2xy + y^2} : \sqrt[3]{x^2 - y^2}$

25. $1\frac{1}{9}\sqrt{a} : \frac{7}{10}\sqrt[3]{ab}$

26. $\sqrt[a]{\sqrt{x^{2a}y^{6a}}}$

27. $\left(\frac{1}{27}\right)^{\frac{1}{3}}$

28. $\left(\frac{9}{4}\right)^{-\frac{1}{2}}$

29. $\left(\frac{16}{36}\right)^{-\frac{1}{2}}$

30. $\left(6\frac{1}{4}\right)^{-\frac{1}{2}}$

31. $27^{-\frac{2}{3}}$

32. $\left(\frac{4x^4}{25}\right)^{\frac{1}{2}}$

33. $3\sqrt{96x} - 2\sqrt{150x}$

34. $4\sqrt{4a} + 3\sqrt{16a}$

35. $36^{\frac{3}{2}} + 16^{\frac{1}{2}} + 8^{\frac{2}{3}} - 125^{\frac{1}{3}} + 27^{\frac{1}{3}}$

36. $16^{-\frac{1}{2}} + 8^{-\frac{1}{3}} + 4^{\frac{3}{2}} - 144^{\frac{1}{2}}$

37. $4x^{\frac{3}{4}} : 5x^{-\frac{2}{3}}$

38. $\sqrt[3]{x^{n+3}} + 2x\sqrt[3]{x^n}$

39. $\sqrt[3]{24a^4b^4c} + \sqrt[3]{81a^4bc^4} + \sqrt[3]{192ab^4c^4} - 4\sqrt[3]{3abc}$

40. $\sqrt[x]{a^{x+1}\cdot b} + \sqrt[x]{ab^{m+1}}$

41. $\sqrt[a]{\frac{x^{a+4}}{y^{a+3}}} + \sqrt[b]{\frac{x^{b+5}}{y^{6+b}}} - \sqrt[a]{\frac{x^{a+7}}{y^{8+a}}}$

42. $\sqrt[5]{x^3}\cdot\sqrt[5]{x^{y-2}}\cdot\sqrt[5]{x^{4-y}}$

43. $4\sqrt[5]{(a-b)^3}\cdot\sqrt[5]{(a-b)^2}\cdot\sqrt{c} - 3\sqrt[x]{(a-b)^{x-4}}\cdot\sqrt{c}\cdot\sqrt[x]{(a-b)^4}$

44. $\sqrt[9]{\frac{(x+y)^6}{z^5}}\cdot\sqrt[9]{\frac{(x+y)^3}{z^4}}$

45. $\left(\sqrt{\frac{y^4}{x^3}} - \sqrt{\frac{x^3}{y^2}}\right)\cdot\sqrt{\frac{x^5}{y^6}}$

46. $x\sqrt[3]{\frac{1}{x}} - y\sqrt[3]{\frac{1}{y}}$

47. $\frac{2\sqrt[x]{b}}{\sqrt[x]{c}} + \frac{4\sqrt[x]{b^2}}{\sqrt[x]{bc}} - 3\sqrt[x]{\frac{b}{c}}$

48. $\frac{\sqrt[m-x]{c^{m+3x}}}{\sqrt[m-x]{c^{4x}}} + \frac{\sqrt[m+x]{c^{3m+2x}}}{\sqrt[m+x]{c^{2m+x}}}$

49. $\sqrt[ax+bx]{(c+d)^{a+b}} + \sqrt[ax-bx]{(c+d)^{a-b}}$

50. $12\sqrt[x^2-y^2]{(m+n)^{x-y}}\cdot 7\sqrt[(x+y)^2]{(m+n)^{x+y}}$

51. $\sqrt[2a-4b]{(x-y)^2} : 3\sqrt[3a-6b]{(x-y)^3}$

52. $\sqrt[9]{a^6\cdot\sqrt[4]{a^{12}}} + \sqrt{\sqrt[6]{b^{10}}}\cdot\sqrt[3]{\sqrt[4]{b^2}}$

53. $\sqrt[3]{x\sqrt{x}} - 4\sqrt{x}$

54. $\sqrt[ab]{x^2}\cdot\sqrt[a]{\frac{b}{\sqrt{x}}}$

55. $\sqrt[x]{\frac{y}{\sqrt{a^2}}} : \sqrt[xy]{a}$

56. $\left(\frac{a^{-3}\cdot a^0}{a^{-6}}\right)^{\frac{1}{3}}$

57. $x^{\frac{5}{6}}\cdot x^{\frac{2}{3}}\cdot\sqrt[6]{x^{-9}}$

58. $\sqrt[-\frac{2}{3}]{4} - \sqrt[-\frac{1}{2}]{8}$

59. $2x^{-\frac{5}{6}}\cdot x^{\frac{4}{3}} + \frac{x^{\frac{2}{3}}}{\sqrt[3]{x}}$

60. $\frac{2}{a^{-3}} + \left(a^{\frac{1}{4}}\right)^{-\frac{4}{3}}$

61. $F = \sqrt{2v^2 - v\sqrt{4v^2 - (v\sqrt{2})^2}}$

Wie groß ist F für $v = 12$?

Wiederholungsfragen über 9.

1. *Woraus wird die Wurzelrechnung abgeleitet?*
2. *Nennen Sie die Wurzeldefinition.*
3. *Welche nichtnegative Lösung hat die Gleichung $x^n = a$?*
4. *Welche Wurzeln kann man addieren und subtrahieren?*
5. *Nennen Sie die Regel über das Radizieren von Produkten.*
6. *Wie werden Brüche radiziert?*
7. *Was wissen Sie über das Radizieren von Potenzen?*
8. *In welchen Ausdruck kann man immer eine Wurzel umwandeln?*
9. *Nennen Sie die Regeln über das Radizieren von Wurzeln.*
10. *Benennen Sie die einzelnen Variablen der Wurzel:* $\sqrt[n]{a^x}$

10. Logarithmieren

10.1. Einführung

Die Gleichung $a^x = b$ enthält drei Variablen. Sind a und x bekannt, so erhält man b durch *Potenzieren.*

$b = a^x$ *Potenzieren*

Sind b und x bekannt, so erhält man a durch *Radizieren* (1. Umkehrung des Potenzierens).

$a = \sqrt[x]{b}$ *Radizieren*

Sind a und b bekannt, so erhält man x durch *Logarithmieren* (2. Umkehrung des Potenzierens).

$x = \log_a b$ *Logarithmieren*

$\log_a b$ *ist diejenige reelle Zahl* x, *für die* $a^x = b$ *gilt.*

$a^x = b;\ x = \log_a b$ $\quad b > 0$

Die Zahl x nennt man den Logarithmus von b zur Basis a. Die Zahl b heißt der zum Logarithmus x und zur Basis a gehörende Numerus. Der Rechenvorgang, der den Zahlen a und b die Zahl $x = \log_a b$ *zuordnet, heißt Logarithmieren.*

Numerus

$\mathbf{x = \log_a b}$

Logarithmus *Basis*

Den Logarithmus berechnen heißt also, den *Exponenten* einer Potenz bestimmen.

1. $\log_4 16 = 2$ *denn* $4^2 = 16$

2. $\log_3 81 = 4$ *denn* $3^4 = 81$

3. $\log_2 32 = 5$ *denn* $2^5 = 32$

4. $\log_{10} 10 = 1$ *denn* $10^1 = 10$

Folgerung:

$$\boxed{a^{\log_a b} = b} \qquad \boxed{\log_a a = 1} \qquad \boxed{\log_a 1 = 0} \qquad \boxed{\log_a(a^x) = x}$$

$3^{\log_3 9} = 9$	$\log_3 3 = 1$	$\log_3 1 = 0$	$\log_3 3^2 = 2$
$\log_3 9 = 2$	*denn* $3^1 = 3$	*denn* $3^0 = 1$	*denn* $3^2 = 3^2$
denn $3^2 = 9$			

Alle Logarithmen mit gleicher Basis bilden ein *Logarithmensystem.* Als Basis können alle positiven Zahlen außer 0 und 1 verwendet werden.

Die Logarithmen mit der Basis 2 (binär) kürzt man mit lb ab. — $\log_2 n \equiv \operatorname{lb} n$ *binäre Logarithmen*

In der Naturwissenschaft wird vielfach als Basis die Zahl e = 2,71828 ... verwendet. Die Abkürzung dafür ist ln (natürliche Logarithmen). — $\log_e b \equiv \ln b$ *natürliche Logarithmen*

Um das Rechnen einfach zu gestalten, wählte der Engländer Henry Briggs die Basis 10. Man nennt diese Logarithmen Briggssche, dekadische oder Zehnerlogarithmen (lg). — $\log_{10} b \equiv \lg b$ *Zehnerlogarithmen*

Alle positiven Zahlen werden als Potenzen mit der Basis 10 ausgedrückt. Die Logarithmen (Exponenten) aller Zahlen unter 1 sind dabei negativ.

$100 = 10^2$	$0{,}1 = 10^{-1}$
$35 = 10^{1,5441}$	$0{,}01 = 10^{-2}$
$10 = 10^1$	$0{,}001 = 10^{-3}$
$1 = 10^0$	$1{,}0001 = 10^{-4}$

10.2. Logarithmengesetze

Merke: *Ein Produkt wird logarithmiert, indem man die Logarithmen der Faktoren addiert.*

$$\boxed{\log_a(u \cdot v) = \log_a u + \log_a v} \qquad u, v > 0 \quad a > 0 \quad a \neq 1$$

Beweis:

setzt man: $\log_a u = x$ *und* $\log_a v = y$

so heißt dies in Potenzform: $a^x = u$ *und* $a^y = v$

folglich: $u \cdot v = a^x \cdot a^y = a^{x+y}$

in Logarithmenform: $\log_a(u \cdot v) = x + y$

also: $\log_a(u \cdot v) = \log_a u + \log_a v$

Beispiel:

$\lg(10 \cdot 100) = \lg 10 + \lg 100$

$\lg 1000 = 1 + 2 = 3$

denn $10^3 = 1000$

Die Multiplikation wird durch das Logarithmieren in die Addition übergeführt.

Merke: *Ein Bruch wird logarithmiert, indem man vom Logarithmus des Zählers den Logarithmus des Nenners subtrahiert.*

$$\boxed{\log_a \frac{u}{v} = \log_a u - \log_a v} \qquad u, v > 0 \quad a > 0 \quad a \neq 1$$

Beweis: setzt man $\log_a u = x$ und $\log_a v = y$

so heißt dies in Potenzform $a^x = u$ und $a^y = v$

folglich $$\frac{u}{v} = \frac{a^x}{a^y} = a^{x-y}$$

in Logarithmenform $$\log_a\left(\frac{u}{v}\right) = x - y$$

also $$\log_a\left(\frac{u}{v}\right) = \log_a u - \log_a v$$

Die Division wird durch das Logarithmieren in die Subtraktion übergeführt.

Beispiel:

$$\lg \frac{1000}{10} = \lg 1000 - \lg 10$$

$$\lg 100 = 3 - 1 = \underline{\underline{2}}$$

denn $10^2 = 100$

Merke: Eine Potenz wird logarithmiert, indem man den Logarithmus der Basis mit dem Exponenten multipliziert.

$$\boxed{\log_a b^n = n \cdot \log_a b} \qquad b, a > 0 \quad a \neq 1$$

Beweis: setzt man $\log_a b = x$

so ist $a^x = b$

folglich $b^n = (a^x)^n = a^{nx}$

also $\log_a b^n = nx = n \cdot \log_a b$

Das Potenzieren wird durch das Logarithmieren in das Multiplizieren übergeführt.

Beispiel:

$$\lg 10^3 = 3 \cdot \lg 10$$

$$\lg 1000 = 3 \cdot 1 = \underline{\underline{3}}$$

denn $10^3 = 1000$

Sonderfall:

Da n Platzhalter für jede beliebige reelle Zahl sein kann, können auch gebrochene Zahlen als Exponenten benutzt werden.

$$\log_a b^n = n \cdot \log_a b \quad \text{für} \quad n = \frac{u}{v}$$

$$\log_a b^{\frac{u}{v}} = \frac{u}{v} \cdot \log_a b \quad \text{oder}$$

$$\boxed{\log_a \sqrt[v]{b^u} = \frac{u}{v} \cdot \log_a b} \qquad u, v \text{ — natürl. Zahlen} \quad a, b > 0 \quad a \neq 1$$

An Stelle von Wurzeln kann man Potenzen mit Bruchzahlen als Exponenten schreiben.

Die praktische Bedeutung der Logarithmensätze liegt darin, daß man mit ihrer Hilfe höhere Rechenarten auf niedrigere zurückführen kann.

Beispiele:

1. $\lg \sqrt{10^4} = \lg 10^{\frac{4}{2}} = \frac{4}{2} \lg 10$

$= 2 \cdot 1 = \underline{\underline{2}}$

$\lg \sqrt{10000} = \lg 100 = \underline{\underline{2}}$

2. $\lg \sqrt[3]{1000} = \lg 1000^{\frac{1}{3}}$

$= \frac{1}{3} \lg 1000 = \frac{1}{3} \cdot 3 = \underline{\underline{1}}$

$\lg \sqrt[3]{1000} = \lg 10 = \underline{\underline{1}}$

10.3. Rechnen mit dekadischen Logarithmen

Wie schon unter 10.1. erwähnt, werden alle positiven Zahlen als Potenzen der Basis 10 ausgedrückt.

$1000 = 10^3$ ⟶ $\lg 1000 = 3$

$100 = 10^2$ $\lg 100 = 2$

$35 = 10^{1,5441}$ $\lg 35 = 1,5441$

$3,5 = 10^{0,5441}$ $\lg 3,5 = 0,5441$

Die Logarithmen der Zahlen unter 1 (echte Brüche), die ja negativ sind, läßt man aus praktischen Gründen, z. B. bei 0,35, in der Form 0,5441 — 1 stehen. Man nennt —1 die Kennzahl.

$\lg 0,35 = \lg \frac{35}{100} = \lg 35 - \lg 100$

$= 1,5441 - 2 = \underline{\underline{0,5441 - 1}} = -0,4559$

Merke: Die Kennzahl des Logarithmus für eine Zahl, die größer ist als 1, ist immer um 1 kleiner als die Stellenzahl der ganzen Zahl vor dem Komma.

Umkehrung: Ist die Kennzahl 2, so hat der Numerus 3 Stellen links vom Komma.

Merke: Die Kennzahl des Logarithmus für eine Zahl, die kleiner ist als 1, ist negativ (—1, —2, —3) und ohne Berücksichtigung des Kommas gleich der Anzahl der Nullen vor der ersten Ziffer. Man schreibt sie hinter die Mantisse.

(Kennzahl, Mantisse; 3 Stellen bei 350)

lg 350	=	2,5441
lg 35	=	1,5441
lg 3,5	=	0,5441
lg 0,35	=	0,5441 — 1
lg 0,035	=	0,5441 — 2
lg 0,0035	=	0,5441 — 3

(3 Nullen bei 0,0035; — 1, — 2, — 3: Kennzahl)

Umkehrung: Hat ein Logarithmus die Kennzahl —3, so hat der Numerus zwei Nullen hinter dem Komma oder, ohne Berücksichtigung des Kommas, drei Nullen vor der ersten Ziffer. In den Logarithmentafeln stehen nur die Mantissen der Logarithmen. Die Kennzahl muß man hinzufügen.

Soll der Numerus N zu einem Logarithmus aus der Logarithmentafel herausgesucht werden, so benutzt man dafür nur die Mantisse. Mit der Kennzahl bestimmt man das Komma.

Beispiele:

1. lg 1830 = 3,2625 — { *aus der Logarithmentafel*
2. lg 89 = 1,9494
3. lg 4,62 = 0,6646
4. lg 0,746 = 0,8727 — 1
5. lg 0,003 = 0,4771 — 3
6. lg N = 2,9138
   N = 820
7. lg N = 0,6998 — 2
   N = 0,0501

10.4. Zahlenrechnen mit Hilfe von Logarithmen

1. Die Zahlen werden multipliziert, indem man ihre Logarithmen addiert. Das Addieren der Logarithmen am besten in Tabellenform ausführen. N = Numerus, lg = Logarithmus. Immer den Logarithmus auf die einfachste Form bringen (0,4861 — 1), dann erst den Numerus aufsuchen.

1. lg (4,56 · 1,84 · 0,0365)
= lg 4,56 + lg 1,84 + lg 0,0365

N	lg
4,56	0,6590
1,84	0,2648
0,0365	0,5623 — 2
	1,4861 — 2

+ ; 1,4861 — 2 = 0,4861 — 1

N ≈ 0,306

2. Es ist zweckmäßig, erst den ganzen Zahlenausdruck unter Beachtung der Regeln zu logarithmieren.

2. $\lg \frac{64 \cdot 0{,}15}{5{,}72 \cdot 184}$
= lg 64 + lg 0,15 — (lg 5,72 + lg 184)

N	lg
64	1,8062
0,15	0,1761 — 1
	1,9823 — 1

+

N	lg
5,72	0,7574
184	2,2648
	3,0222

+

— 3,9823 — 3
3,0222
0,9601 — 3   N ≈ 0,00912

3. Soll ein größerer Logarithmus von einem kleineren abgezogen werden, so muß man den kleineren immer entsprechend umformen (erweitern).

0,5514 — 1 = 2,5514 — 3

3. $\lg \frac{0{,}356}{38{,}2}$ = lg 0,356 — lg 38,2

— 0,5514 — 1
1,5821

— 2,5514 — 3
1,5821
0,9693 — 3

N ≈ 0,00932

4. Soll ein negativer Logarithmus mit einer Zahl multipliziert werden,

$$[4 \cdot (0{,}1004 - 1)],$$

so muß die ganze Klammer mit der Zahl multipliziert werden

$$(= 0{,}4016 - 4).$$

Die Kennzahl 10 bedeutet: das Ergebnis hat 11 Stellen. Je nach der Stellenzahl der Logarithmen, ist das Ergebnis mehr oder weniger genau.

4. $\lg \dfrac{1{,}4^6 \cdot 8{,}4^7}{0{,}126^4}$

$= 6 \cdot \lg 1{,}4 + 7 \cdot \lg 8{,}4 - 4 \cdot \lg 0{,}126$

$= 6 \cdot 0{,}1461 + 7 \cdot 0{,}9243 - 4 \cdot (0{,}1004 - 1)$

$= 0{,}8766 + 6{,}4701 - (0{,}4016 - 4)$

N	lg	
$1{,}4^6$	0,8766	+
$8{,}4^7$	6,4701	
	7,3467	—
$0{,}126^4$	0,4016 — 4	
	6,9451 + 4 = 10,9451	

$N \approx 88125000000$

5. Damit die Division durch 3 keine gebrochene Kennzahl ergibt, wird 1 addiert und wieder subtrahiert, bevor man durch 3 dividiert.

5. $\lg \sqrt[3]{0{,}0126} = \dfrac{\lg 0{,}0126}{3}$

$= \dfrac{0{,}1004 - 2}{3} = \dfrac{1{,}1004 - 3}{3}$

$= 0{,}3668 - 1 \qquad N \approx 0{,}233$

6. *Lösungsgang:*

6. $\lg \left(100 \cdot \sqrt[7]{0{,}68 \cdot \sqrt[5]{200}}\right)$

Zahlenausdruck logarithmieren

$= \lg 100 + \dfrac{1}{7}\left(\lg 0{,}68 + \dfrac{\lg 200}{5}\right)$

Logarithmen aufsuchen

$= 2 + \dfrac{1}{7}\left(0{,}8325 - 1 + \dfrac{2{,}3010}{5}\right)$

Bruch in der Klammer beseitigen

$= 2 + \dfrac{1}{7}(0{,}8325 - 1 + 0{,}4602)$

Klammer ausrechnen und Logarithmen so erweitern, daß beim Dividieren der Brüche keine gebrochenen Kennzahlen entstehen.

$= 2 + \dfrac{6{,}8325 - 7}{7} + \dfrac{0{,}4602}{7}$

$= 2 + 0{,}9761 - 1 + 0{,}0657$

Logarithmen addieren

$$+\begin{array}{|l} 2{,}0000 \\ 0{,}9761 - 1 \\ 0{,}0657 \\ \hline \end{array}$$

Logarithmus vereinfachen

$3{,}0418 - 1 = 2{,}0418$

Numerus aufsuchen

$N \approx 110$

7. Alle in der Praxis vorkommenden größeren Berechnungen können mit Hilfe der Logarithmenrechnung einfach und schnell durchgeführt werden.

In neuester Zeit verdrängt der elektronische Taschenrechner aber immer mehr die Logarithmentafel.

Das Rechnen mit dem Rechenschieber ist deshalb so einfach, weil es auch auf dem logarithmischen Prinzip beruht (siehe Anhang 26.).

7. Ein runder Holztisch hat einen Durchmesser von 1,46 m. Fläche $A = ?$

$$A = \frac{d^2 \cdot \pi}{4} = \frac{1{,}46^2 \cdot 3{,}14}{4}$$

$$\lg A = 2 \lg 1{,}46 + \lg 3{,}14 - \lg 4$$
$$= 2 \cdot 0{,}1644 + 0{,}4971 - 0{,}6021$$

N	lg	
$1{,}46^2$	0,3288	
3,14	0,4971	+
	0,8259	
4	0,6021	—
	0,2238	N = 1,674

$A \approx 1{,}674\ \text{m}^2$

8. Steht im Zahlenausdruck ein Pluszeichen oder ein Minuszeichen, so kann man ihn nicht logarithmieren, weil man das Addieren und Subtrahieren nicht in eine einfachere Rechenart umwandeln kann. Man muß in diesem Fall die einzelnen Ausdrücke getrennt ausrechnen und dann zusammenfassen. Ist auf diese Weise das Pluszeichen oder Minuszeichen beseitigt, so geht die Berechnung wie üblich weiter.

8. $\lg \sqrt{23{,}4^2 + 13{,}5^2} = \lg \sqrt{729{,}7}$

	N	lg
	$23{,}4^2$	$1{,}3692 \cdot 2$
+	547,5	2,7384
	$13{,}5^2$	$1{,}1303 \cdot 2$
	182,2	2,2606
	$\sqrt{729{,}7}$	2,8630 : 2
	≈ 27	1,4315

9. Der Zahlenausdruck mit allgemeinen Zahlen kann nur logarithmiert werden.

9. $\lg \sqrt[6]{\dfrac{n^5 \cdot \sqrt{b}}{(xy)^a}}$

$$= \frac{1}{6}\left[5 \cdot \lg n + \frac{\lg b}{2} - a \cdot (\lg x + \lg y)\right]$$

Übungen

10.3. Rechnen mit dekadischen Logarithmen

Berechnen Sie den Logarithmus von folgenden Zahlen mit Hilfe der Logarithmentafel:

1. lg 23 = 1,3617
2. 17
3. 87
4. 125
5. 325
6. 436
7. 397
8. 837
9. 86000
10. 179000
11. 10300
12. 397000
13. 37,4
14. 1,08
15. 3,49
16. 10,9
17. 11,4
18. 0,0123
19. 39,1
20. 0,147
21. 0,000129
22. 1,09
23. 0,0999
24. 4,87
25. 0,498
26. 0,00876
27. 125,5
28. 198,5
29. 149,3
30. 1,497

Berechnen Sie den Numerus von folgenden Logarithmen:

31. 1,8401 = 69,2
32. 3,8987
33. 2,9791
34. 0,5403
35. 3,7738
36. 4,8096
37. 1,9494
38. 0,5658
39. 2,4757
40. 0,0043
41. 0,3284 — 1
42. 0,8633 — 2
43. 0,9750 — 4
44. 0,8882 — 3
45. 0,8395 — 5
46. 0,8309 — 2
47. 0,8742 — 1
48. 0,4716 — 2
49. 0,3131 — 3
50. 3,8745 — 6

10.4. Zahlenrechnen mit Hilfe von Logarithmen

1. $312 \cdot 15 \cdot 6 = 28080$
2. $128 \cdot 11 \cdot 3$
3. $25{,}2 \cdot 11{,}6 \cdot 4$
4. $13{,}5 \cdot 14{,}3 \cdot 27{,}3$
5. $1{,}43 \cdot 2{,}57 \cdot 3{,}93$
6. $0{,}146 \cdot 4{,}34 \cdot 0{,}0126 \cdot 3$
7. $1{,}34 \cdot 0{,}11 \cdot 14{,}2 \cdot 0{,}00364$
8. $0{,}000354 \cdot 1200 \cdot 1{,}46 \cdot 1{,}57$
9. $0{,}136 \cdot 3{,}14 \cdot 1250 \cdot 0{,}0054 \cdot 1{,}3$
10. $11{,}4 \cdot 13{,}7 \cdot 19{,}7 \cdot 1{,}1 \cdot 2{,}2$
11. $1{,}1 \cdot 2{,}22 \cdot 3{,}33 \cdot 4{,}44 \cdot 5{,}55$
12. $3{,}14 \cdot 12{,}5 \cdot 0{,}00271 \cdot 1{,}36$
13. $0{,}01 \cdot 0{,}02 \cdot 0{,}153 \cdot 0{,}987 \cdot 0{,}5$
14. $3{,}72 \cdot 0{,}372 \cdot 37{,}2 \cdot 372 \cdot 0{,}00372$
15. $3{,}78 \cdot 4{,}555 \cdot 4{,}375 \cdot 3{,}784 \cdot 1854$
16. $\dfrac{64 \cdot 13 \cdot 15}{12 \cdot 17 \cdot 34}$
17. $\dfrac{137 \cdot 837 \cdot 437}{843 \cdot 999 \cdot 111}$
18. $\dfrac{1{,}430 \cdot 4{,}36 \cdot 0{,}786 \cdot 1{,}4}{3{,}46 \cdot 7{,}45 \cdot 0{,}076}$
19. $\dfrac{11{,}4 \cdot 0{,}00378 \cdot 0{,}00482 \cdot 120}{13{,}7 \cdot 0{,}00112 \cdot 0{,}0724}$
20. $\dfrac{15{,}30 \cdot 1{,}28 \cdot 3{,}34 \cdot 0{,}027}{17{,}4 \cdot 15{,}8 \cdot 15 \cdot 12}$
21. $\dfrac{11{,}9 \cdot 9{,}88 \cdot 0{,}0292 \cdot 3{,}33}{0{,}0123 \cdot 0{,}00245 \cdot 39{,}5}$
22. $\dfrac{36{,}4 \cdot 0{,}482 \cdot 1250}{29{,}4 \cdot 0{,}123 \cdot 4{,}82}$
23. $\dfrac{14{,}55 \cdot 17{,}65 \cdot 19{,}45}{0{,}1255 \cdot 4{,}323 \cdot 11{,}28}$
24. $12{,}5^2$
25. $13{,}7^3$
26. $15{,}4^3$
27. $1{,}14^8$
28. $0{,}987^{15}$
29. $34{,}1^3$
30. $0{,}0976^4$
31. $25 \cdot 0{,}483^3$
32. $0{,}987^{11} \cdot 1{,}34^{15} \cdot 6$
33. $0{,}0164^7 \cdot 1{,}42^5 \cdot 3{,}7^2$
34. $1{,}46^3 \cdot 3{,}14^5 \cdot 0{,}27^2$
35. $34{,}5^2 \cdot 0{,}0017^{13} \cdot 531$
36. $14{,}3^4 \cdot 1{,}11^6 \cdot 0{,}2^4$
37. $1{,}76^3 \cdot 4{,}4^2 \cdot 0{,}1255^6$
38. $\dfrac{65{,}8^3 \cdot 0{,}928^4}{5{,}695^3}$
39. $\dfrac{1{,}12^{16} \cdot 3{,}25^4 \cdot 26{,}4}{4{,}3^2 \cdot 0{,}14^8}$
40. $\dfrac{15^4 \cdot 2130^4}{8^7 \cdot 66^5 \cdot 243^3}$
41. $\dfrac{243^3 \cdot 0{,}0876^3}{0{,}422^4 \cdot 0{,}621^2}$
42. $\dfrac{982{,}5^5 \cdot 11{,}25}{(21{,}03 \cdot 9{,}15)^6}$
43. $45{,}3 \cdot 3{,}14 + 2{,}17 \cdot 0{,}0276 - 13{,}4 \cdot 17{,}2$
44. $3{,}14 \cdot 300 - 17{,}2^2 + 15{,}4^2 \cdot 3{,}6^3$
45. $\dfrac{13{,}3^3 \cdot 17{,}2^5}{9{,}46^6 \cdot 18{,}3^3} + \dfrac{14{,}2^3 - 10{,}3^2}{19{,}7^3 \cdot 173}$
46. $\sqrt{2}$
47. $\sqrt{3}$
48. $\sqrt{7}$

49. $\sqrt{27}$

50. $\sqrt{17}$

51. $\sqrt[3]{42,7}$

52. $\sqrt[5]{16,8}$

53. $\sqrt[7]{38000}$

54. $\sqrt[4]{0,0297}$

55. $\sqrt[11]{1,905}$

56. $\sqrt[3]{383000}$

57. $\sqrt{1,46^3}$

58. $\sqrt[5]{0,487^8}$

59. $\sqrt{128^3 + 147^2}$

60. $\sqrt{27} : \sqrt{0,768}$

61. $\sqrt{13,7} \cdot \sqrt[3]{15,7^2}$

62. $\dfrac{\sqrt{1,76^2} \cdot \sqrt{97800}}{\sqrt{13,8}}$

63. $\sqrt{637,5 \cdot 12,9^{13} \cdot 0,00176^7}$

64. $\sqrt{3\sqrt{3}} : \sqrt[3]{2\sqrt[3]{2}}$

65. $\sqrt{3} + \sqrt{2} - \sqrt{5}$

66. $\sqrt{12,5^3 \sqrt{0,486}}$

67. $\sqrt{0,278 \cdot \sqrt{4,86^3}}$

68. $\dfrac{12,4^3 \cdot 17,8^2 \cdot \sqrt{2\sqrt{3}}}{3,14^2 \cdot \sqrt{5} \cdot \sqrt{3}}$

69. $\sqrt[5]{48,3^2} : \sqrt[6]{72,5^3}$

70. $\sqrt[7]{\dfrac{36,5 \cdot 6,83}{0,876}}$

71. $2\sqrt{2\sqrt{2\sqrt{2\sqrt{2}}}}$

72. $\sqrt[5]{21 + \sqrt[3]{26}}$

73. $\sqrt{\dfrac{\sqrt{750} \cdot 0,536^7 \cdot \sqrt[3]{75,8}}{5,94^2 \cdot \sqrt[4]{0,465} \cdot 0,84^2}}$

74. $\sqrt[7]{\dfrac{\sqrt[4]{0,0295} \cdot 0,578^{12} \cdot \sqrt[3]{6,5^9}}{5,64^{3,2} \cdot \sqrt[6]{\dfrac{0,45}{3,81}} \cdot 0,00275^6}}$

75. $\left(\dfrac{x \cdot a}{n}\right)^b \cdot d \cdot \sqrt{an}$

76. $a^2 - x^2$

77. $\dfrac{x^m \cdot b \cdot n^n}{cd^x}$

78. $a^{x+y} \cdot b^{x-y}$

79. $\dfrac{a^{\frac{2}{3}} \cdot b^6}{c^4}$

80. $\dfrac{a^{\frac{x}{2}} \cdot x^{-\frac{a}{b}}}{n^{-3}}$

81. $\sqrt[a]{\dfrac{a^4b^2}{x^5}}$

82. $\dfrac{a}{b}\sqrt[a]{n^x} \cdot \dfrac{x}{y}\sqrt[n]{x^c y^d}$

83. $\dfrac{b\sqrt[x]{a}}{n\sqrt[a]{x}}$

84. $\dfrac{(x + y)^a \cdot \sqrt[b]{n^c}}{\sqrt[z]{x^b}}$

85. $\sqrt[b]{(a - b) \cdot (x + y)} : (c + d)$

86. $\left(\dfrac{2}{a + 1}\right)^4 \cdot \left(\dfrac{3}{a - 1}\right)^{-3} : \left(\dfrac{a + 1}{a - 1}\right)^{-5}$

87. $\sqrt[a]{\dfrac{n^2(b + c) - x^2(b + c)}{y(b - c)}}$

88. $\sqrt[c]{\dfrac{m^x \cdot \sqrt[5]{a^2}}{(ax)^4 \cdot (nz)^7}}$

89. $\sqrt[b]{\dfrac{a^2 - 17a + 60}{2an^2 - 18anx + 40ax^2}}$

90. $c^2 = a^2 + b^2$; berechnen Sie c für $a = 1{,}274$ und $b = 0{,}381$.

91. $A^3 = 36\pi N^2$; berechnen Sie A für $N = 6{,}2$.

92. $t = 2\pi\sqrt{\frac{L}{g}}$; berechnen Sie t für $L = 12{,}02$ und $g = 9{,}81$.

93. $x = Fe^{-y^2}$; berechnen Sie x für $F = 26{,}52$, e $= 2{,}718$ und $y = 0{,}5$.

94. $F = \pi^{2{,}05}$; berechnen Sie F.

95. Eine runde Blechplatte hat einen Flächeninhalt von 3,56 m^2. Wie groß ist ihr Durchmesser?

96. Ein Metallgießer will aus 108,24 kg Messing ($\varrho = 8{,}8$ kg/dm³) eine Kugel gießen. Wie groß ist ihr Durchmesser?

97. 189 Arbeiter verdienen in 17,5 Tagen bei $7^3/_4$stündiger Arbeitszeit 182400 DM. Wieviel DM verdienen 378 Arbeiter in 13,6 Tagen bei $8^1/_4$stündiger Arbeitszeit?

98. 13 Bretter von 0,276 m Breite und 2,56 m Länge kosten 267,50 DM. Wieviel DM kostet die Bedielung eines Zimmers, zu dem man 18,5 Bretter von 0,186 m Breite und 2,45 m Länge braucht?

99. Eine Pumpe macht in der Minute 53,5 Hübe und hebt dabei 4720 l Wasser, bei 8,53stündiger Arbeitszeit kann sie das Grundwasser beseitigen. Wie lange muß eine Pumpe arbeiten, die in der Minute 5340 l Wasser hebt?

100. 9 Arbeiter schachten einen Graben in 15 Tagen aus. Nach 4 Tagen kommen 5 Arbeiter wegen Urlaubs nicht. Wieviel Tage braucht der Rest, um die Arbeit fertigzustellen?

101. Bei 12stündiger Arbeitszeit wurde ein Kanal von 27 Mann in 16 Tagen fertiggestellt. Wieviel Tage würden 37 Mann bei 8stündiger Arbeitszeit brauchen?

102. 10 Dreher stellen in 5 Stunden 300 Drehteile her. Wieviel Dreher sind notwendig, um in $16^2/_3$ Stunden 500 Drehteile herzustellen?

103. Eine Zugstange aus Stahl soll mit 35 kN wechselnd belastet werden ($\sigma_{zul} = 80$ N/mm²). Berechnen Sie den Durchmesser der Zugstange.

104. Eine Deckenstütze aus Grauguß ($\sigma_{zul} = 120$ N/mm²) wird mit 386 kN belastet. Wie groß ist bei vierfacher Sicherheit der Durchmesser der Stütze?

105. Berechnen Sie den Durchmesser einer Welle von $l = 1800$ mm Freilänge, wenn sie in der Mitte mit $F = 3000$ N belastet wird ($\sigma_{zul} = 90$ N/mm²).

$$\left(W = \frac{F \cdot l}{\sigma_{zul}} = \frac{d^3 \cdot \pi}{32}\right) \text{; Widerstandsmoment einer Welle}$$

106. Eine Welle aus Stahl hat 400 mm Länge (l) und 50 mm ϕ. Sie soll in zwei Schnitten (i) abgedreht werden.

Gegeben: Vorschub $s = 0{,}2$ mm pro Umdrehung,
Schnittgeschwindigkeit $v = 12$ m/min.

Gesucht: Hauptzeit $t_h = \frac{d \cdot \pi \cdot l \cdot i}{s \cdot v \cdot 1000}$ in min.

Wiederholungsfragen über 10.

1. *Von welcher Rechenart ist die Logarithmenrechnung die Umkehrung?*
2. *Wie liest man folgenden Logarithmus:* $\log_a b = x$*?*
3. *Benennen Sie die einzelnen Glieder von* $\log_a b = x$.
4. *Was versteht man unter dem Logarithmus?*
5. *Was ist ein Logarithmensystem?*
6. *Mit welchem Logarithmensystem rechnet man und warum?*
7. *Nennen Sie die Logarithmengesetze.*
8. *Welche Vorzeichen haben die Logarithmen der Zahlen unter 1?*
9. *Erklären Sie die Begriffe „Kennzahl" und „Mantisse".*
10. *Wonach richtet sich die Kennzahl?*
11. *Wie sieht die Kennzahl der Zahlen unter 1 aus?*
12. *Warum rechnet man mit Logarithmen?*
13. *Kann man einen Ausdruck, der Pluszeichen und Minuszeichen enthält, logarithmieren?*
14. *Wie wird solch ein Ausdruck logarithmisch ausgerechnet?*

11. Zahlen- und Rechenarten

11.1. Zahlenarten

Alle bestimmten Zahlen kann man wie folgt unterteilen:

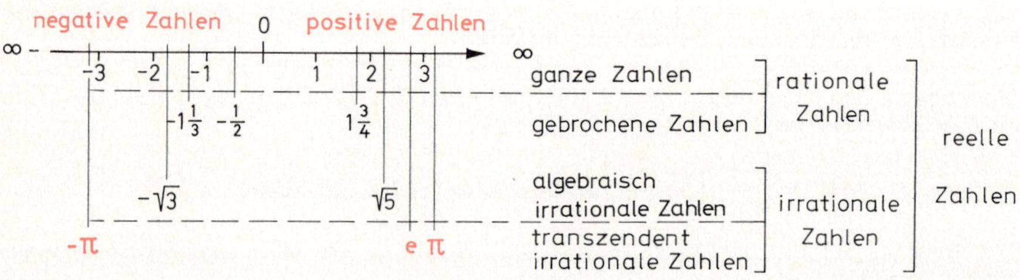

Alle reellen Zahlen liegen auf der Zahlengeraden. Eine Erweiterung des Zahlensystems siehe Kapitel 25.

11.2. Rechenarten

Stufe der Rechenart	Rechenart	Umkehrung
I. Stufe	❶ Addieren $a + b = c$	❷ Subtrahieren $a = c - b$ oder $b = c - a$
II. Stufe	❸ Multiplizieren $a \cdot b = c$	❹ Dividieren $a = \frac{c}{b}$ oder $b = \frac{c}{a}$
III. Stufe	❺ Potenzieren $b = a^x$	❻ Radizieren $a = \sqrt[x]{b}$
		❼ Logarithmieren $x = \log_a b$

II. DIE LEHRE VON DEN GLEICHUNGEN (ALGEBRA)

Vergleicht man z. B. die Zahlen 6 und 2, so kann man sagen:

6 ist größer als 2, oder
6 ist ungleich ($\neq$) 2.

$6 > 2$ *oder* $6 \neq 2$

Vergleicht man die Zahlen 6 und 7, so kann man sagen:

6 ist kleiner als 7, oder
6 ist ungleich ($\neq$) 7.

$6 < 7$ *oder* $6 \neq 7$

Vergleicht man die Zahl 6 mit dem Produkt $2 \cdot 3$, so kann man sagen:

6 ist gleich $2 \cdot 3$.

$6 = 2 \cdot 3$

Vergleicht man die Zahl 6 mit der Summe $3 + 3$, so kann man sagen:

6 ist gleich $3 + 3$.

$6 = 3 + 3$

Vergleicht man die Zahl 6 mit der Differenz $8 - 2$, so kann man sagen:

6 ist gleich $8 - 2$.

$6 = 8 - 2$

Vergleicht man die Zahl 6 mit dem Quotienten $12:2$, so kann man sagen:

6 ist gleich $12 : 2$.

$6 = 12 : 2$

In den sechs vorangegangenen Sätzen wurden Aussagen gemacht. Da diese Aussagen alle richtig waren, nennt man sie auch wahre Aussagen.

$6 > 2$	$6 = 3 + 3$
$6 < 7$	$6 = 8 - 2$
$6 = 2 \cdot 3$	$6 = 12 : 2$

wahre Aussagen

Aussagen müssen nicht immer richtig oder wahr sein. Es gibt auch falsche Aussagen.

Merke: Ist der Inhalt eines Satzes entweder wahr oder falsch, so heißt er Aussage.

$7 < 2$	$9 = 2 \cdot 8$
$3 = 5 + 2$	$3 = 5 : 1$

falsche Aussagen

Nebenstehende wahre Aussage nennt man Gleichung.

$15 = 3 \cdot 5$ *Gleichung*

Eine Gleichung hat zwei Seiten. Beide Seiten sind durch ein Gleichheitszeichen verbunden.

linke Seite *rechte Seite*

$15 = 3 \cdot 5$ *Gleichung*

Glieder der Gleichung

Man kann eine Gleichung mit einer im Gleichgewicht befindlichen Waage vergleichen. Gleichgewicht ist nur vorhanden, wenn beide Seiten (Waagschalen) gleich belastet werden.

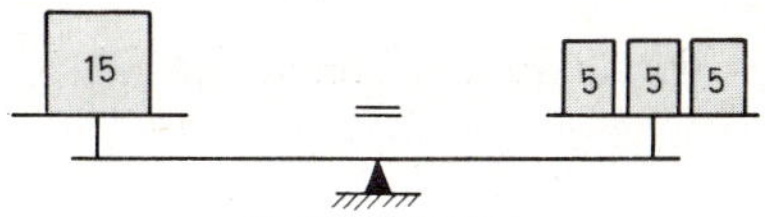

$$15 = 3 \cdot 5$$

Das Rechnen mit Gleichungen ist ein Hilfsmittel, um Probleme aus Technik und Natur zu ergründen.

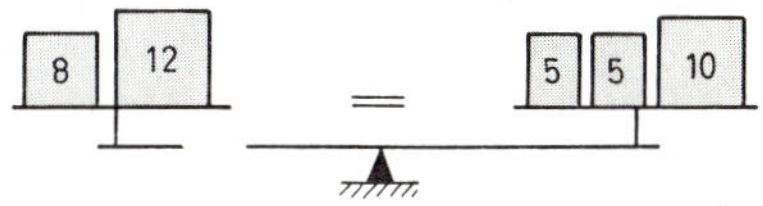

$$8 + 12 = 2 \cdot 5 + 10$$

Die einfachsten und schon bekannten Gleichungen sind die „*allgemeingültigen Gleichungen*" oder „*identischen Gleichungen*".

Bei ihnen stehen auf beiden Seiten Zahlen oder Größen, die aufgrund der Rechengesetze wahre Aussagen ergeben. Alle Aufgaben der Grundrechenarten sind solche allgemeingültigen Gleichungen.

Merke: *Allgemeingültige Gleichungen sind aufgrund der Rechengesetze wahre Aussagen.*

$$\begin{aligned} 13 &= 13 \\ 7 + 5 &= 12 \\ 2 \cdot 8 &= 15 + 1 \\ 2a + 3a &= 5a \\ 5\,\text{kg} + 7\,\text{kg} &= 12\,\text{kg} \\ a + b &= b + a \\ a - (-b) + c &= a + b + c \end{aligned}$$

allgemeingültige Gleichungen (identische Gleichungen)

Gleichungen können auch Leerstellen oder Variablen enthalten. Solche Gleichungen heißen Aussageformen.

Setzt man an die Stelle der Leerstellen oder der Variablen Zahlen ein, so gehen die Aussageformen in wahre oder falsche Aussagen über.

$$\begin{aligned} \square - 3 &= 7 \\ 5 + \triangle &= 12 \\ x + 3 &= 9 \\ y - 5 &= 20 \end{aligned}$$

Aussageformen

In der Regel werden für die Variablen die Zahlen gesucht, die zu einer wahren Aussage führen. Aussageformen, die die Variablen $x, y, \ldots$ enthalten, nennt man auch Bestimmungsgleichungen.

Merke: *Bei einer Bestimmungsgleichung werden für die Variablen $x, y, \ldots$ diejenigen Zahlen gesucht, die, an die Stelle der Variablen gesetzt, zu einer wahren (richtigen) Aussage führen.*

$$\begin{aligned} x + 6 &= 10 \\ y - 2 &= 8 \\ 3x - 5 &= 25 \\ 5z + 7 &= 22 \\ 30x - 7 &= 55 - x \end{aligned}$$

Bestimmungsgleichungen

Wir haben eine Gleichung mit einer im Gleichgewicht befindlichen Waage verglichen. Eine Waage bleibt auch dann im Gleichgewicht, wenn wir auf beiden Waagschalen die gleiche Veränderung vornehmen, z. B. wenn wir auf jeder Seite die gleiche Menge hinzufügen.

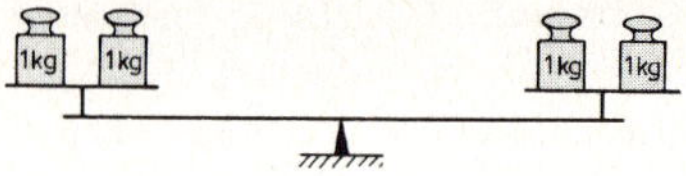

Waage im Gleichgewicht

auf jeder Seite 1 kg *hinzu:*

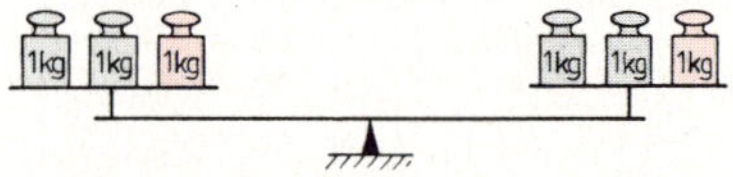

Waage befindet sich auch jetzt im Gleichgewicht

In gleicher Weise bleiben auch allgemeingültige Gleichungen (Rechenaufgaben aus den Grundrechenarten) wahre Aussagen, wenn wir auf beiden Seiten des Gleichheitszeichens die gleiche Veränderung vornehmen.

$$3 + 2 = 5$$

$$3 + 2 + 1 = 5 + 1$$

allgemeingültige Gleichungen

Auch bei Bestimmungsgleichungen gilt das, was in den beiden ersten Abschnitten gesagt worden ist.

Wir wollen uns das in den folgenden Abschnitten an der in der nebenstehenden Abbildung gezeichneten Gleichung veranschaulichen. Die Gleichung soll lauten:

$$x = 2\text{ kg}$$

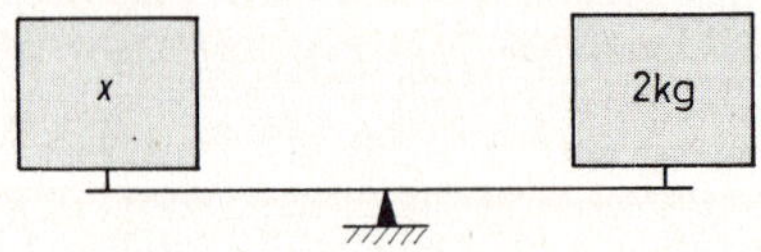

$$\boxed{x = 2\text{ kg}}$$

Man darf bei einer Gleichung auf beiden Seiten die gleiche Zahl addieren.

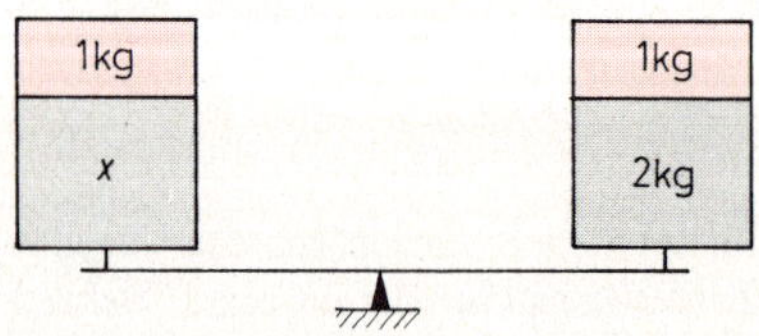

$$x + 1\text{ kg} = 2\text{ kg} + 1\text{ kg}$$

Wenn in unserer Aufgabe $x = 2$ kg ist, dann ist auch: $x + 1\text{ kg} = 2\text{ kg} + 1\text{ kg}$. Wenn wir den Wert für x einsetzen, ergibt sich eine wahre Aussage:

$$2\text{ kg} + 1\text{ kg} = 2\text{ kg} + 1\text{ kg}$$

$$\underline{\underline{3\text{ kg} = 3\text{ kg}}}$$

$$\boxed{x + 1\text{ kg} = 3\text{ kg}}$$

Man darf bei einer Gleichung auf beiden Seiten die gleiche Zahl subtrahieren.

Nach dem Beispiel des letzten Abschnitts ist dann:

$$x = 2\,\text{kg}$$
$$x - 1\,\text{kg} = 2\,\text{kg} - 1\,\text{kg}$$
$$2\,\text{kg} - 1\,\text{kg} = 1\,\text{kg}$$
$$1\,\text{kg} = 1\,\text{kg} \blacktriangleright \text{wahre Aussage}$$

Man darf bei einer Gleichung beide Seiten mit der gleichen Zahl multiplizieren, z. B. beide Seiten verdoppeln.

Wir rechnen:

$$x = 2\,\text{kg}$$
$$2 \cdot x = 2 \cdot 2\,\text{kg}$$
$$2 \cdot 2\,\text{kg} = 4\,\text{kg}$$
$$4\,\text{kg} = 4\,\text{kg} \blacktriangleright \text{wahre Aussage}$$

Man darf bei einer Gleichung beide Seiten durch die gleiche Zahl dividieren, z. B. beide Seiten halbieren.

Wir rechnen:

$$x = 2\,\text{kg}$$
$$\frac{x}{2} = \frac{2\,\text{kg}}{2}$$
$$\frac{2\,\text{kg}}{2} = 1\,\text{kg}$$
$$1\,\text{kg} = 1\,\text{kg} \blacktriangleright \text{wahre Aussage}$$

$$x - 1\,\text{kg} = 2\,\text{kg} - 1\,\text{kg}$$

$$\boxed{x - 1\,\text{kg} = 1\,\text{kg}}$$

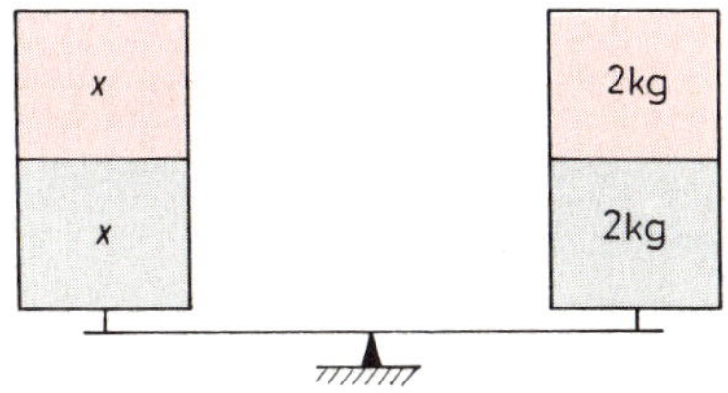

$$2 \cdot x = 2 \cdot 2\,\text{kg}$$

$$\boxed{2x = 4\,\text{kg}}$$

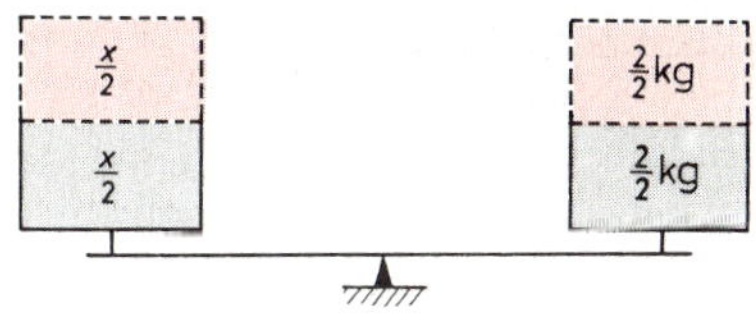

$$\frac{x}{2} = \frac{2\,\text{kg}}{2}$$

$$\boxed{\frac{x}{2} = 1\,\text{kg}}$$

Merke: *Eine Gleichung bleibt eine wahre Aussage, wenn man beide Seiten in gleicher Weise verändert, d. h., man kann auf beiden Seiten die gleiche Zahl addieren oder subtrahieren, mit der gleichen Zahl multiplizieren oder durch die gleiche Zahl dividieren. (Ausnahme: Durch Null darf man nicht dividieren.)*

12. Gleichungen mit einer Variablen

12.1. Zahlengleichungen

Zahlengleichungen mit einer Variablen sind Bestimmungsgleichungen, in denen nur eine Art von Variablen, z. B. die Variable x, vorkommt.

$$x + 5 = 21$$
$$6x = 18$$
$$x - 26 = 7x - 22$$

Zahlengleichungen mit einer Variablen

Eine Bestimmungsgleichung lösen bedeutet:

Bestimme alle Zahlen, die, an die Stelle von x gesetzt, zu einer wahren Aussage führen.

Man hat sich darauf geeinigt, zu sagen, daß x nur dann berechnet werden soll, wenn es links vom Gleichheitszeichen allein steht. Man sagt dann: „x ist isoliert.“

Es muß daher bei allen Bestimmungsgleichungen unser Ziel sein, x links und allein stehen zu haben (x zu isolieren), damit wir es berechnen können.

$$x - 7 = 8$$

$$x = \text{.....................}$$

↑

x ist isoliert

Will man bei nebenstehender Gleichung x isolieren, so muß die Zahl (7) beseitigt werden. Um (7) zu beseitigen, addiert man auf beiden Seiten der Gleichung (7). Auf diese Weise verschwindet die Zahl (7) auf der linken Seite (—7 und +7 ergibt Null). Die Variable x steht jetzt auf der linken Seite der Gleichung allein. Man kann x nun berechnen, d. h. die Gleichung lösen.

$$x - 7 = 8$$
$$x - 7 + 7 = 8 + 7$$
$$x = 8 + 7$$
$$x = 15$$ *Lösung der Gleichung*

Die Probe zeigt, ob man x richtig berechnet hat. Man setzt in die Ausgangsgleichung den errechneten Wert für x ein und erhält, wenn man richtig gerechnet hat, eine wahre Aussage.

Probe: $x - 7 = 8$ ← *Ausgangsgleichung*
$$15 - 7 = 8$$
$$8 = 8$$ ← *wahre Aussage*

Beispiel:

Um x zu berechnen, beseitigt man die Zahl (4) auf der linken Seite der Gleichung, indem man auf beiden Seiten der Gleichung (4) addiert.

$$x - 4 = 21$$
$$x - 4 + 4 = 21 + 4$$
$$x = 21 + 4$$
$$x = 25$$

Führt die Probe zu einer wahren Aussage, so war die Lösung richtig.

Probe: $x - 4 = 21$
$$25 - 4 = 21$$
$$21 = 21$$ ← *wahre Aussage*

Merke: Soll eine Zahl, die subtrahiert wird, auf einer Seite einer Gleichung beseitigt werden, so muß man auf beiden Seiten der Gleichung die gleiche Zahl addieren.

Um bei dieser Gleichung x zu isolieren, muß auf der linken Seite der Gleichung die Zahl (5) beseitigt werden.

$$x + 5 = 21$$
$$x + 5 - 5 = 21 - 5$$
$$x = 21 - 5$$
$$x = 16$$

Um die Zahl (5), die addiert werden soll, links zu beseitigen, subtrahiert man auf beiden Seiten der Gleichung (5). Auf diese Weise verschwindet die Zahl (5) auf der linken Seite (+5 und —5 ergibt Null).

Auf der rechten Seite der Gleichung bleibt die Zahl (5) jedoch erhalten. Man kann nun x berechnen.

Die Probe zeigt, ob man richtig gerechnet hat. Man setzt an die Stelle der Variablen x den errechneten Wert in die Ausgangsgleichung ein. Erhält man eine wahre Aussage, so war x richtig berechnet.

Probe: $x + 5 = 21$
$$16 + 5 = 21$$
$$21 = 21$$ ► *wahre Aussage*

Beispiele:

1. Um x zu isolieren, muß man die Zahl (7) auf der linken Seite der Gleichung beseitigen. Man subtrahiert auf beiden Seiten die Zahl (7).

$$x + 7 = 13$$
$$x + 7 - 7 = 13 - 7$$
$$x = 13 - 7$$
$$x = 6$$

2. Um x zu isolieren, muß man bei dieser Gleichung auf beiden Seiten die Zahl (12) subtrahieren.

$$x + 12 = 7$$
$$x + 12 - 12 = 7 - 12$$
$$x = 7 - 12$$
$$x = -5$$

Probe: $x + 12 = 7$
$$-5 + 12 = 7$$
$$7 = 7$$ ► *wahre Aussage*

Merke: Soll eine Zahl, die addiert wird, auf einer Seite einer Gleichung beseitigt werden, so muß man auf beiden Seiten der Gleichung die gleiche Zahl subtrahieren.

Um bei dieser Gleichung x zu isolieren, muß die Zahl 3 (Beizahl von x oder Faktor von x) beseitigt werden. Um 3 zu beseitigen, dividiert man beide Seiten der Gleichung durch 3. Auf diese Weise kann man die 3 auf der linken Seite der Gleichung kürzen. Auf der rechten Seite der Gleichung bleibt die 3 jedoch im Nenner erhalten. Man kann x jetzt berechnen.

$$3 \cdot x = 24$$
$$\frac{\cancel{3} \cdot x}{\cancel{3}} = \frac{24}{3}$$
$$\frac{\cancel{1} \cdot x}{\cancel{1}} = \frac{24}{3}$$
$$x = 8$$

Die Probe zeigt, ob man richtig gerechnet hat. Erhält man eine wahre Aussage, so war x richtig berechnet.

Probe:
$$3 \cdot x = 24$$
$$3 \cdot 8 = 24$$
$$\underline{\underline{24 = 24}}$$

Bei dieser Gleichung muß man beide Seiten durch 6 dividieren. Es ist dabei zu beachten, daß auf der rechten Seite eine Bruchzahl durch eine Zahl dividiert werden muß.

Beispiel:
$$6x = \frac{2}{3}$$
$$\frac{\not{6}x}{\not{6}} = \frac{\frac{2}{3}}{6}$$
$$x = \frac{2}{3 \cdot 6}$$
$$\underline{\underline{x = \frac{1}{9}}}$$

Merke: *Ein Faktor einer Gleichung wird beseitigt, indem man beide Seiten der Gleichung durch die gleiche Zahl dividiert.*

Um bei dieser Gleichung die Variable x zu isolieren, muß man die Zahl (7), die im Nenner steht, die also ein Divisor ist, beseitigen. Um (7) zu beseitigen, multipliziert man beide Seiten der Gleichung mit (7). Auf diese Weise kann man die (7) auf der linken Seite der Gleichung kürzen. Auf der rechten Seite bleibt die 7 jedoch erhalten. Sie wird mit der 2, d. h. mit der rechten Seite, multipliziert. Man kann nun x berechnen, indem man das Produkt $2 \cdot 7$ ausrechnet.

$$\frac{x}{7} = 2$$
$$\frac{x}{\not{7}} \cdot \not{7} = 2 \cdot 7$$
$$\frac{x}{\not{1}} \cdot \not{1} = 2 \cdot 7$$
$$\underline{\underline{x = 14}}$$

Die Probe zeigt, ob man richtig gerechnet hat. Erhält man eine wahre Aussage, so war x richtig berechnet.

Probe:
$$\frac{x}{7} = 2$$
$$\frac{14}{7} = 2$$
$$\underline{\underline{2 = 2}}$$

Beispiele:

1. Beide Seiten der Gleichung muß man mit 2 multiplizieren, um x zu isolieren.

1.
$$\frac{x}{2} = 5{,}5$$
$$\frac{x}{\not{2}} \cdot \not{2} = 5{,}5 \cdot 2$$
$$\underline{\underline{x = 11}}$$

2. Beide Seiten der Gleichung muß man mit 2,5 multiplizieren, um x zu isolieren. Um besser rechnen zu können, verwandelt man den Dezimalbruch 2,5 in eine unechte Bruchzahl.

2.

$$\frac{x}{2{,}5} = \frac{5}{8}$$

$$\frac{x}{\cancel{2{,}5}} \cdot \cancel{2{,}5} = \frac{5}{8} \cdot 2{,}5$$

$$x = \frac{5}{8} \cdot \frac{5}{2}$$

$$x = \frac{25}{16}$$

$$\underline{\underline{x = 1\frac{9}{16}}}$$

3. Beide Seiten der Gleichung muß man mit $2\frac{1}{7}$ multiplizieren, um x zu isolieren.

Die gemischten Zahlen wandelt man in unechte Bruchzahlen um.

3.

$$\frac{x}{2\frac{1}{7}} = 5\frac{4}{9}$$

$$\frac{x}{\cancel{2\frac{1}{7}}} \cdot \cancel{2\frac{1}{7}} = 5\frac{4}{9} \cdot 2\frac{1}{7}$$

$$x = \frac{49}{9} \cdot \frac{15}{7}$$

$$x = \frac{35}{3}$$

$$\underline{\underline{x = 11\frac{2}{3}}}$$

Merke: *Ein Divisor einer Gleichung wird beseitigt, indem man beide Seiten der Gleichung mit der gleichen Zahl multipliziert.*

Eine Waage bleibt auch dann im Gleichgewicht, wenn man die Waagschalen vertauscht. Ebenso kann man auch bei einer Gleichung die Seiten vertauschen, ohne daß sich der Wert der Gleichung ändert.

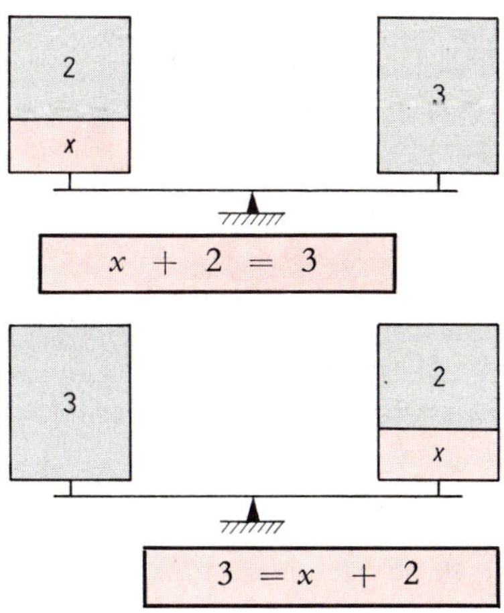

Merke: *Man darf beide Seiten einer Gleichung vertauschen.*

Damit x links steht, müssen zunächst die Seiten vertauscht werden. Erst danach wird x isoliert und ausgerechnet.

Beispiele:

1.

$$18 = x + 6$$
$$x + 6 = 18$$
$$x + 6 - 6 = 18 - 6$$
$$x = 18 - 6$$
$$\underline{\underline{x = 12}}$$

2.

$$10 = x - 3{,}5$$
$$x - 3{,}5 = 10$$
$$x - 3{,}5 + 3{,}5 = 10 + 3{,}5$$
$$x = 10 + 3{,}5$$
$$\underline{\underline{x = 13{,}5}}$$

3.

$$\frac{2}{3} = 6x$$
$$6x = \frac{2}{3}$$
$$\frac{\not{6}x}{\not{6}} = \frac{2}{3 \cdot 6}$$
$$\underline{\underline{x = \frac{1}{9}}}$$

4.

$$\frac{3}{20} = \frac{x}{5}$$
$$\frac{x}{5} = \frac{3}{20}$$
$$\frac{x}{\not{5}} \cdot \not{5} = \frac{3}{20} \cdot 5$$
$$\underline{\underline{x = \frac{3}{4}}}$$

Die Variable x steht bei nebenstehender Gleichung im Nenner auf der linken Seite. Um x zu isolieren, muß man die Gleichung mehrmals umformen, denn x muß links und allein stehen.

$$\frac{12}{x} = 4$$

Lösungsgang:

a) Um x in den Zähler zu bringen, Gleichung mit x multiplizieren. Auf der linken Seite kürzt sich x weg, auf der rechten Seite bleibt x.

$$\frac{12}{\not{x}} \cdot \not{x} = 4 \cdot x$$
$$12 = 4 \cdot x$$

b) Seiten vertauschen. x steht nun auf der linken Seite der Gleichung.

$$4 \cdot x = 12$$

c) Gleichung durch 4 dividieren. Auf der linken Seite kürzt sich die 4 weg, x steht nun allein und kann berechnet werden.

$$\frac{\not{4} \cdot x}{\not{4}} = \frac{12}{4}$$
$$\underline{\underline{x = 3}}$$

Der errechnete Wert für die Variable x war richtig, denn die Probe führt zu einer wahren Aussage.

Probe:

$$\frac{12}{x} = 4$$

$$\frac{12}{3} = 4$$

$$\underline{\underline{4 = 4}}$$

Beispiel:

$$\frac{28}{8} = \frac{21}{x}$$

Lösungsgang:

a) Gleichung mit x multiplizieren.

a) $$\frac{28}{8} \cdot x = \frac{21}{\cancel{x}} \cdot \cancel{x}$$

$$\frac{28x}{8} = 21$$

b) Gleichung mit 8 multiplizieren.

b) $$\frac{28x}{\cancel{8}} \cdot \cancel{8} = 21 \cdot 8$$

$$28x = 21 \cdot 8$$

c) Gleichung durch 28 dividieren und rechte Seite ausrechnen.

c) $$\frac{\cancel{28}x}{\cancel{28}} = \frac{21 \cdot 8}{28}$$

$$\underline{x = 6}$$

Merke: Eine Gleichung muß immer so lange umgeformt werden, bis x auf der linken Seite allein mit positivem Vorzeichen steht.

Schon am Anfang dieses Kapitels haben wir gesehen, daß in einer Gleichung auch Größen vorkommen können.

$$x + 2\,\text{kg} = 7\,\text{kg}$$

Auch bei Gleichungen mit Größen muß man zuerst x isolieren.

$$x + 2\,\text{kg} = 7\,\text{kg}$$

$$x + 2\,\text{kg} - 2\,\text{kg} = 7\,\text{kg} - 2\,\text{kg}$$

$$x = 7\,\text{kg} - 2\,\text{kg}$$

$$\underline{\underline{x = 5\,\text{kg}}}$$

Bei der Probe muß man beachten, daß der für x ermittelte Wert eine Größe ist.

Probe:

$$x + 2\,\text{kg} = 7\,\text{kg}$$

$$5\,\text{kg} + 2\,\text{kg} = 7\,\text{kg}$$

$$\underline{\underline{7\,\text{kg} = 7\,\text{kg}}}$$ ► *wahre Aussage*

Bei vielen Gleichungen kommt die Variable x in mehreren Gliedern der Gleichung vor. Außerdem sind auch Glieder ohne x vorhanden.

Glieder ohne x

$$x - 26 + 4x = 6x - 22 - 3x$$

x-Glieder der Gleichung

Lösungsgang:

a) Zunächst wird die Gleichung geordnet, d. h., man faßt die x-Glieder und Zahlen auf beiden Seiten soweit wie möglich zusammen.

$$\text{a)}\quad \underbrace{x + 4x} - 26 = \underbrace{6x - 3x} - 22$$
$$5x - 26 = 3x - 22$$

b) Man beseitigt das Glied $3x$ auf der rechten Seite, indem man auf beiden Seiten $3x$ subtrahiert.

$$\text{b)}\quad \underbrace{5x - 3x} - 26 = 3x - 3x - 22$$
$$2x - 26 = -22$$

c) Um das Glied 26 auf der linken Seite zu beseitigen, addiert man auf beiden Seiten der Gleichung 26.

$$\text{c)}\quad 2x - 26 + 26 = \underbrace{-22 + 26}$$
$$2x = 4$$

d) Um x zu isolieren, teilt man beide Seiten der Gleichung durch 2. Es ist zweckmäßig, x erst dann zu isolieren, wenn das x-Glied allein auf der linken Seite der Gleichung steht.

$$\text{d)}\quad \frac{\not{2}x}{\not{2}} = \frac{4}{2}$$
$$\underline{\underline{x = 2}}$$

Erhält man bei der Probe eine wahre Aussage, so war die Lösung richtig.

Probe:

$$x - 26 + 4x = 6x - 22 - 3x$$
$$2 - 26 + 4 \cdot 2 = 6 \cdot 2 - 22 - 3 \cdot 2$$
$$\underline{\underline{-16 = -16}}$$

Beispiel:

Lösungsgang:

Gleichung ordnen.

$$\frac{3}{8}x + \frac{5}{12}x - 2{,}4 = \frac{8}{5} + \frac{7}{24}x$$
$$\frac{9}{24}x + \frac{10}{24}x - 2{,}4 = 1{,}6 + \frac{7}{24}x$$
$$\frac{19}{24}x - 2{,}4 = 1{,}6 + \frac{7}{24}x$$

Auf beiden Seiten der Gleichung $\frac{7}{24}x$ subtrahieren.

$$\frac{19}{24}x - \frac{7}{24}x - 2{,}4 = 1{,}6 + \frac{7}{24}x - \frac{7}{24}x$$
$$\frac{12}{24}x - 2{,}4 = 1{,}6$$

Auf beiden Seiten der Gleichung 2,4 addieren.

$$\frac{1}{2}x - 2{,}4 + 2{,}4 = 1{,}6 + 2{,}4$$
$$\frac{x}{2} = 4$$

Um x zu isolieren, beide Seiten der Gleichung mit 2 multiplizieren.

$$\frac{x}{\not{2}} \cdot \not{2} = 4 \cdot 2$$
$$\underline{\underline{x = 8}}$$

Es gibt Gleichungen mit der Variablen x, die alle eine bestimmte *Form* haben. Diese Form kann man durch die Variablen a und b (Anfangsbuchstaben des Alphabets) ausdrücken.

Gleichungen	*Form der Gleichungen*
1. $x + 5 = 12$	
2. $x - 3 = 8$	$x + a = b$
3. $x + 4 = -10$	

Setzt man an die Stelle der Variablen a und b bestimmte Zahlen ein, so erhält man die verschiedenen Gleichungen. Durch die Gleichung $x + a = b$ wird also eine bestimmte *Gleichungsform* beschrieben.

1. $x + a = b$; $\quad a = 5$ *und* $b = 12$

$$x + 5 = 12 \;\rightarrow\; \underline{\underline{x = 7}}$$

2. $x + a = b$; $\quad a = -3$ *und* $b = 8$

$$x - 3 = 8 \;\rightarrow\; \underline{\underline{x = 11}}$$

Man nennt solche Gleichungen deshalb meist:

Gleichungen mit Formvariablen.

$x + a = b$ — *Gleichung mit Formvariablen*

Enthält eine Gleichung neben den Gliedern mit der Variablen x noch die Formvariablen a, b, ..., so werden diese wie bestimmte Zahlen (Konstante) behandelt. Als Unterschied zu den Formvariablen bezeichnet man die Variable x als Lösungsvariable

Konstanten

$$7x + 7 - 5a = 4x + 9 + 3a$$

Lösungsvariable

Lösungsgang:

a) Um auf der rechten Seite der Gleichung das x-Glied zu beseitigen, wird auf beiden Seiten $4x$ subtrahiert.

b) Subtrahiert man auf beiden Seiten 7 und addiert $5a$, so erhält man eine Gleichung, die links nur noch $3x$ enthält.

c) Um x zu isolieren, dividiert man beide Seiten durch 3.

Die Lösung ist eine Bruchzahl, die auch die Formvariable a enthält.

$$7x + 7 - 5a = 4x + 9 + 3a$$

a) $$7x - 4x + 7 - 5a = 4x - 4x + 9 + 3a$$
$$3x + 7 - 5a = 9 + 3a$$

b) $$3x + 7 - 7 - 5a + 5a = 9 - 7 + 3a + 5a$$
$$3x = 2 + 8a$$

c) $$\frac{3x}{3} = \frac{2 + 8a}{3}$$
$$\underline{\underline{x = \frac{2 + 8a}{3}}}$$

1. Diese Gleichung besteht nur aus Variablen. Man muß die Gleichung so lange umformen, bis *die Lösungsvariable x* allein auf der linken Seite der Gleichung steht.

   Auf der linken Seite der Gleichung kann man die Variable *b* kürzen, da sie ja stellvertretend für die gleiche bestimmte Zahl steht.

Beispiele:

1.

$$n = bx - p$$

$$bx - p = n$$

$$bx - p + p = n + p$$

$$bx = n + p$$

$$\frac{\not{b}x}{\not{b}} = \frac{n+p}{b}$$

$$\underline{\underline{x = \frac{n+p}{b}}}$$

2. Eine Gleichung muß so lange mit Zahlen subtrahiert, addiert, multipliziert oder dividiert werden, bis die *Lösungsvariable x* auf der linken Seite der Gleichung isoliert ist.

2.

$$1{,}5a + 1{,}2x = 2{,}1a + 0{,}9x$$

$$1{,}5a + 1{,}2x - 0{,}9x = 2{,}1a + 0{,}9x - 0{,}9x$$

$$1{,}5a + 0{,}3x = 2{,}1a$$

$$1{,}5a - 1{,}5a + 0{,}3x = 2{,}1a - 1{,}5a$$

$$0{,}3x = 0{,}6a$$

$$\frac{\not{0{,}3}x}{\not{0{,}3}} = \frac{0{,}6a}{0{,}3}$$

$$\underline{\underline{x = 2a}}$$

Alle in Technik und Naturwissenschaft vorkommenden Formeln sind Aussagen, die in Gleichungsform die gesetzmäßige Abhängigkeit verschiedener Größen ausdrücken. An Stelle der Größen stehen bei diesen Formeln Variablen. Jede dieser Variablen kann *Lösungsvariable* sein.

$A = a \cdot b;$ *Flächeninhalt Rechteck*

$U = d \cdot \pi;$ *Umfang Kreis*

$A = \dfrac{c \cdot h}{2};$ *Flächeninhalt Dreieck*

$F \cdot a = Q \cdot b;$ *Hebelgesetz*

Beispiel 187/1: Gegeben ist die Formel für den Kreisumfang $U = d \cdot \pi$.
Berechnen Sie den Durchmesser d für $U = 15{,}7$ cm und $\pi = 3{,}14$.

Lösung:

Bei der Gleichung ist die Variable d die Lösungsvariable. Will man d berechnen, so muß d links und allein stehen.
Man muß die Gleichung umformen.

a) Seiten vertauschen.

b) Gleichung durch π dividieren.

c) Werte für U und π einsetzen und die Bruchzahl ausrechnen.

$$U = d \cdot \pi$$
$$d \cdot \pi = U$$
$$\frac{d \cdot \cancel{\pi}}{\cancel{\pi}} = \frac{U}{\pi}$$
$$d = \frac{U}{\pi}$$
$$d = \frac{15{,}7 \text{ cm}}{3{,}14}$$
$$\underline{\underline{d = 5 \text{ cm}}}$$

Beispiel 187/2: Gegeben ist die technische Formel $P = \dfrac{2\pi \cdot Q \cdot L \cdot n}{60 \cdot 75}$.

Berechnen Sie die Größe n (ohne Zahlenwerte).

Lösung:

Bei dieser Gleichung ist nach der Größe n gefragt. Will man die Größe n berechnen, so muß sie links und allein stehen.

a) Seiten der Gleichung vertauschen.

b) Beide Seiten der Gleichung mit $60 \cdot 75$ multiplizieren und durch $2\pi \cdot Q \cdot L$ dividieren.

Alle Glieder auf der linken Seite außer n kürzen sich weg.

$$P = \frac{2\pi \cdot Q \cdot L \cdot n}{60 \cdot 75}$$
$$\frac{2\pi \cdot Q \cdot L \cdot n}{60 \cdot 75} = P$$
$$\frac{\cancel{2\pi} \cdot \cancel{Q} \cdot \cancel{L} \cdot n \cdot \cancel{60 \cdot 75}}{\cancel{60} \cdot \cancel{75} \cdot \cancel{2\pi \cdot Q \cdot L}} = \frac{P \cdot 60 \cdot 75}{2\pi \cdot Q \cdot L}$$
$$\underline{\underline{n = \frac{P \cdot 30 \cdot 75}{\pi \cdot Q \cdot L}}}$$

12.2. Zahlengleichungen mit Klammern

1. u. 2. Kommen in einer Zahlengleichung Klammern vor, so müssen diese zuerst ausgerechnet werden.

Lösungsgang:

a) Klammern ausrechnen.

b) Gleichartige Glieder der Gleichung auf beiden Seiten zusammenfassen.

c) Die Variable x isolieren und ausrechnen.

Beispiele:

1.
$$8x - [3x + (4 - x)] = 4x + 8$$
$$8x - [3x + 4 - x] = 4x + 8$$
$$8x - 3x - 4 + x = 4x + 8$$
$$6x - 4 = 4x + 8$$
$$6x - 4x - 4 = 4x - 4x + 8$$
$$2x - 4 = 8$$
$$2x - 4 + 4 = 8 + 4$$
$$2x = 12$$
$$\frac{\cancel{2}x}{\cancel{2}} = \frac{12}{2}$$
$$\underline{\underline{x = 6}}$$

Beim Isolieren der Variablen x beseitigt man zunächst x auf der rechten Seite der Gleichung, danach alle Glieder ohne x auf der linken Seite der Gleichung.

2.

$$x - (a - 2b) = 2b - (x - 3a)$$
$$x - a + 2b = 2b - x + 3a$$
$$x + x - a + 2b = 2b - x + x + 3a$$
$$2x - a + 2b = 2b + 3a$$
$$2x - a + a + 2b = 2b + 3a + a$$
$$2x + 2b = 2b + 4a$$
$$2x + 2b - 2b = 2b - 2b + 4a$$
$$2x = 4a$$
$$\frac{\not{2}x}{\not{2}} = \frac{4a}{2}$$
$$\underline{\underline{x = 2a}}$$

3. *Lösungsgang:*

a) Klammern ausrechnen.

b) Gleichartige Glieder der Gleichung auf beiden Seiten zusammenfassen.

c) Die Gleichung so lange verändern, bis x isoliert ist.

3.

$$-(27x-3) = -[(22x-19)-(2-11x)]$$
$$-27x+3 = -[22x-19-2+11x]$$
$$-27x+3 = -22x+19+2-11x$$
$$-27x+3 = -22x-11x+19+2$$
$$-27x+3 = -33x+21$$
$$-27x+33x+3 = -33x+33x+21$$
$$6x+3 = 21$$
$$6x+3-3 = 21-3$$
$$6x = 18$$
$$\frac{\not{6}x}{\not{6}} = \frac{18}{6}$$
$$\underline{\underline{x = 3}}$$

Probe:

Erhält man nach dem Einsetzen der Lösung in die Ausgangsgleichung eine wahre Aussage, so war die Lösung richtig.

$$-(27\cdot 3-3) = -[(22\cdot 3-19)-(2-11\cdot 3)]$$
$$-(81-3) = -[(66-19)-(2-33)]$$
$$-78 = -[47-2+33]$$
$$\underline{\underline{-78 = -78}}$$

Verfolgen Sie genau den Gang der nächsten Aufgabe.

4.

$$2b - \{5a - [18 + 3b + 8a - (3a + 5b) - 22] - 9\} = 4 + x$$
$$2b - \{5a - [18 + 3b + 8a - 3a - 5b - 22] - 9\} = 4 + x$$
$$2b - \{5a - 18 - 3b - 8a + 3a + 5b + 22 - 9\} = 4 + x$$
$$2b - 5a + 18 + 3b + 8a - 3a - 5b - 22 + 9 = 4 + x$$
$$\underbrace{2b + 3b - 5b}_{0}\ \underbrace{- 5a + 8a - 3a}_{0}\ \underbrace{+ 18 - 22 + 9}_{5} = 4 + x$$
$$4 + x = 5$$
$$4 - 4 + x = 5 - 4$$
$$\underline{\underline{x = 1}}$$

12.3. Textgleichungen

Die Abhängigkeit von Zahlen und Größen kann man auch durch Worte (Text) ausdrücken. Das Übersetzen der Worte in die mathematische Zeichensprache nennt man ANSETZEN oder AUFSTELLEN von Gleichungen. Man muß also versuchen, aus den gegebenen Worten eine Zahlengleichung aufzustellen. Die gesuchte Zahl oder das, wonach gefragt wird, bezeichnet man meist mit der Variablen x.

Beim Aufstellen der Gleichung ist darauf zu achten, daß auf beiden Seiten Gleichheit herrscht. Dieser Zweig der Mathematik ist deshalb so wichtig, weil uns Technik und Natur fast nur Aufgaben in Textform stellen, die man immer erst in die mathematische Zeichensprache übersetzen muß.

Beispiel 189/1: Zu welcher Zahl muß man 8 addieren, um 21 zu erhalten?

Lösung:

Wir schreiben anstelle der gesuchten Zahl die Variable x.	$x \longrightarrow$ *gesuchte Zahl*
Addiert man zur gesuchten Zahl x die Zahl 8, so erhält man als Ergebnis 21.	$\boxed{x + 8 = 21}$ *Gleichung*
Die so entstehende Gleichung wird gelöst, d. h., man berechnet x.	$x + 8 = 21$ $x + 8 - 8 = 21 - 8$
Die gesuchte Zahl heißt 13.	$x = 13$
Die Probe zeigt, ob man x richtig berechnet hat. Man setzt in den Text den errechneten Wert ein und erhält eine wahre Aussage.	*Probe:* $x + 8 = 21$ $13 + 8 = 21$ $21 = 21$

Beispiel 189/2: Von welcher Zahl muß man 5 subtrahieren, um 7 zu erhalten?

Lösung:

Für die gesuchte Zahl schreiben wir die Variable x.	$x \longrightarrow$ *gesuchte Zahl*
Man soll von einer gesuchten Zahl x die Zahl 5 subtrahieren und erhält als Ergebnis 7.	$\boxed{x - 5 = 7}$ *Gleichung*
Die so entstehende Gleichung wird gelöst, d. h., man berechnet x.	$x - 5 = 7$ $x - 5 + 5 = 7 + 5$ $x = 7 + 5$
Die gesuchte Zahl heißt 12.	$x = 12$
Führt die Probe zu einer wahren Aussage, so war die Lösung richtig.	*Probe:* $x - 5 = 7$ $12 - 5 = 7$ $7 = 7$

Beispiel 190/1: Wenn man zur Breite eines Platzes 13,2 m addiert, so erhält man 38,7 m. Wie breit ist der Platz?

Lösung:

Der Platz ist x m breit.

x m ⟶ *Breite des Platzes*

Addiert man zur Breite 13,2 m, so erhält man 38,7 m.

$x\,\mathrm{m} + 13{,}2\ \mathrm{m} = 38{,}7\,\mathrm{m}$ *Größengleichung*

Sind in einer Gleichung Größen gegeben, so stellt man zunächst eine *Größengleichung* auf. Um die Lösung der Gleichung einfach zu gestalten, wird die Größengleichung anschließend in eine *Zahlenwertgleichung* umgewandelt.

$$\boxed{x + 13{,}2 = 38{,}7}$$ *Zahlenwertgleichung*

$$x + 13{,}2 - 13{,}2 = 38{,}7 - 13{,}2$$

Der Platz ist 25,5 m breit.

$$x = 25{,}5$$

Beispiel 190/2: Das Achtfache einer Zahl, vermindert um 1, ist gleich 15. Wie heißt die Zahl?

Lösung:

Für die gesuchte Zahl schreiben wir x.

x ⟶ *gesuchte Zahl*

Man soll das Achtfache von x bilden.

$8 \cdot x$

Das Achtfache, vermindert um 1, ist gleich 15.

$$\boxed{8 \cdot x - 1 = 15}$$ *Gleichung*

Die Lösung der Gleichung ergibt den Wert von x.

$$8x - 1 + 1 = 15 + 1$$
$$8x = 16$$
$$\frac{8x}{8} = \frac{16}{8}$$

Die gesuchte Zahl heißt 2.

$$x = 2$$

Beispiel 190/3: Subtrahiert man 13,5 m von der halben Höhe eines Hauses, so erhält man 4,2 m. Wie hoch ist das Haus?

Lösung:

Das Haus ist x m hoch.

x m ⟶ *Haushöhe*

Man soll die halbe Haushöhe bilden.

$\frac{x}{2}$ m

Subtrahiert man 13,5 m von $\frac{x}{2}$ m, so erhält man 4,2 m.

$$\frac{x}{2}\,\mathrm{m} - 13{,}5\ \mathrm{m} = 4{,}2\ \mathrm{m}$$

Die Lösung dieser Gleichung ergibt den Wert für die Haushöhe. Beim Ausrechnen der Gleichung kann man die Dimension m weglassen.

$$\boxed{\frac{x}{2} - 13{,}5 = 4{,}2}$$ *Gleichung*

$$\frac{x}{2} - 13{,}5 + 13{,}5 = 4{,}2 + 13{,}5$$
$$\frac{x}{2} = 17{,}7$$
$$\frac{x}{2} \cdot 2 = 17{,}7 \cdot 2$$

Das Haus ist 35,4 m hoch.

$$x = 35{,}4$$

Beispiel 191/1: Multipliziert man den dritten Teil einer Anzahl Schrauben mit 7 und subtrahiert 9, so erhält man 145. Wieviel Schrauben sind vorhanden?

Lösung:

Es sind x Schrauben vorhanden.

$x \longrightarrow$ *Anzahl der Schrauben*

Man soll den dritten Teil der Schrauben bilden.

$$\frac{x}{3}$$

Der dritte Teil der Schrauben soll mit 7 multipliziert werden.

$$\frac{x}{3} \cdot 7$$

Subtrahiert man davon 9, so erhält man 145.

$$\boxed{\frac{x}{3} \cdot 7 - 9 = 145} \quad \textit{Gleichung}$$

Die Lösung dieser Gleichung ergibt die Anzahl der vorhandenen Schrauben.

$$\frac{x}{3} \cdot 7 - 9 + 9 = 145 + 9$$

$$\frac{7x}{3} = 154$$

$$\frac{7x}{\cancel{3}} \cdot \cancel{3} = 154 \cdot 3$$

$$7x = 154 \cdot 3$$

$$\frac{\cancel{7}x}{\cancel{7}} = \frac{154 \cdot 3}{7}$$

$$\underline{\underline{x = 66}}$$

Es sind 66 Schrauben vorhanden.

Beispiel 191/2: Addiert man zur Hälfte eines Kapitals 30 DM, so erhält man das Dreifache des Kapitals, vermindert um 320 DM. Wie groß ist das Kapital?

Lösung:

Das Kapital beträgt x DM.

x DM $\longrightarrow$ *Kapital*

Die Hälfte des Kapitals, vermehrt um 30 DM, ergibt Ansatz 1).

1) $\frac{x}{2}$ DM + 30 DM

Das Dreifache des Kapitals, vermindert um 320 DM, ergibt Ansatz 2).

2) $3x$ DM — 320 DM

Aufgrund des Textes ist

Ansatz 2) = Ansatz 1)

$$\boxed{3x - 320 = \frac{x}{2} + 30} \quad \textit{Gleichung}$$

Beim Lösen der Gleichung kann man die Bezeichnung DM weglassen.

$$3x - \frac{x}{2} - 320 = \frac{x}{2} - \frac{x}{2} + 30$$

Die Lösung dieser Gleichung ergibt den Wert des Kapitals.

$$2\frac{1}{2}x - 320 = 30$$

$$2\frac{1}{2}x - 320 + 320 = 30 + 320$$

$$2\frac{1}{2}x = 350$$

$$\frac{\cancel{2\frac{1}{2}}x}{\cancel{2\frac{1}{2}}} = \frac{350}{2\frac{1}{2}}$$

$$x = \frac{350 \cdot 2}{5} = \underline{\underline{140}}$$

Der Wert des Kapitals beträgt 140 DM.

Beispiel 192/1: Ein Dreieck hat die zwei Winkel 42° und 80°. Wie groß ist der dritte Winkel?

Lösung:

Diese geometrische Textgleichung wird zweckmäßig mit Hilfe einer Überlegungsfigur gelöst. Der dritte Winkel wird mit x bezeichnet. Aus der Geometrie ist bekannt, daß die Summe aller drei Winkel im Dreieck 180° beträgt. Die so entstandene Gleichung enthält den dritten Winkel $x°$, der berechnet werden kann.

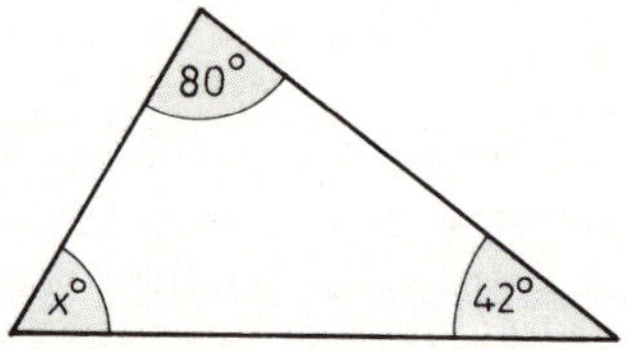

$$x° + 42° + 80° = 180°$$ *Gleichung*

$$x° + 122° = 180°$$

$$x° + 122° - 122° = 180° - 122°$$

$$x = 58°$$

Der dritte Winkel beträgt 58°.

Beispiel 192/2:

Berechnen Sie die Höhe h des Dreiecks.

Lösung:

Aus der Geometrie ist die Flächenformel für ein Dreieck bekannt. In diese Flächenformel setzt man die bekannten Größen ein. Die Dreieckshöhe h bleibt als einziges Glied unbekannt (ist Lösungsvariable). Es ist nicht notwendig, in diesem Fall die Variable h durch x zu ersetzen.

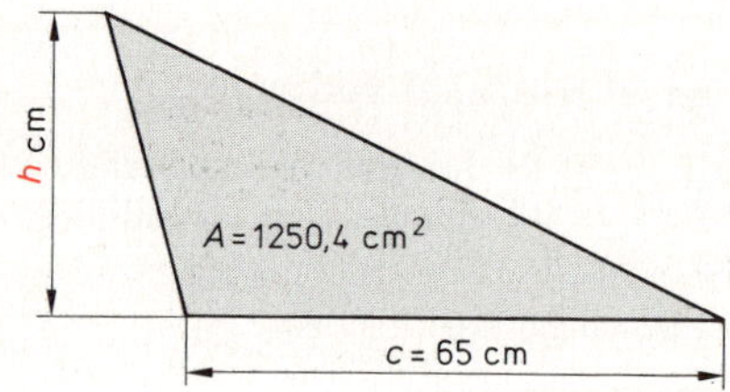

$$A = \frac{c \cdot h}{2}$$ *Flächeninhalt Dreieck*

$$1250{,}4 \text{ cm}^2 = \frac{65 \text{ cm} \cdot h \text{ cm}}{2}$$

Größengleichung in eine Zahlenwertgleichung umwandeln.

$$1250{,}4 = \frac{65 \cdot h}{2}$$ *Gleichung*

Die Lösung der Gleichung ergibt den Wert der Dreieckshöhe.

$$\frac{65 \cdot h}{2} = 1250{,}4$$

$$\frac{65 \cdot h}{\cancel{2}} \cdot \cancel{2} = 1250{,}4 \cdot 2$$

$$65h = 1250{,}4 \cdot 2$$

$$\frac{\cancel{65}h}{\cancel{65}} = \frac{1250{,}4 \cdot 2}{65}$$

$$h = 38{,}47$$

Die Dreieckshöhe beträgt 38,47 cm.

Beispiel 193/1:

Berechnen Sie die Kraft F_2 vom nebenstehenden Hebel.

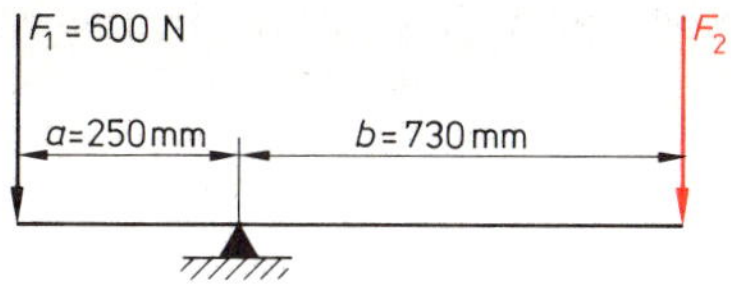

Lösung:

Aus der Mechanik ist das Hebelgesetz bekannt. In diese Gleichung setzt man die bekannten Größen aus der Zeichnung ein.

$$F_1 \cdot a = F_2 \cdot b$$

$$600\,\text{N} \cdot 250\,\text{mm} = F_2\,\text{N} \cdot 730\,\text{mm}$$

$$\boxed{600 \cdot 250 = F_2 \cdot 730} \qquad \textit{Gleichung}$$

Die Kraft F_2 kann dann berechnet werden.

(F_2 ist Lösungsvariable)

$$F_2 \cdot 730 = 600 \cdot 250$$

$$\frac{F_2 \cdot \cancel{730}}{\cancel{730}} = \frac{600 \cdot 250}{730}$$

$$\underline{\underline{F_2 = 205{,}5}}$$

Die Kraft F_2 beträgt 205,5 N.

Beispiel 193/2: Ein Dreieck hat einen Umfang von 58 cm. Die Seite a ist 3 cm kürzer als Seite b, und Seite c ist 10 cm länger als Seite a. Wie lang sind alle drei Seiten?

Lösung:

Auch bei dieser Aufgabe ist eine Überlegungsfigur zweckmäßig. Aus dem Text geht hervor, daß die Längen der Seiten a und c von der Länge der Seite b abhängen. Diese unbekannte Seite b bezeichnet man mit x.

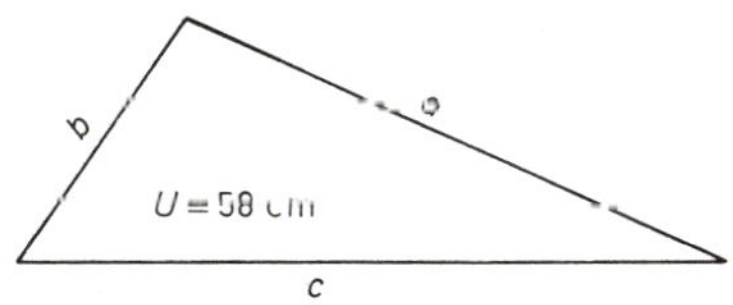

$b = x$ cm

Seite a ist 3 cm kürzer als Seite b.

$a = x\,\text{cm} - 3\,\text{cm}$

Seite c ist 10 cm länger als Seite a.

$c = a + 10\,\text{cm} = x\,\text{cm} - 3\,\text{cm} + 10\,\text{cm}$

Die Summe aller drei Seiten ergibt den Umfang des Dreiecks.

$$\underbrace{x\text{cm}}_{b} + \underbrace{x\text{cm} - 3\text{cm}}_{a} + \underbrace{x\text{cm} - 3\text{cm} + 10\text{cm}}_{c} = 58\text{cm} \;(= U)$$

$$\boxed{x + x - 3 + x - 3 + 10 = 58} \qquad \textit{Gleichung}$$

$$x + x + x - 3 - 3 + 10 = 58$$

$$3x + 4 = 58$$

$$3x + 4 - 4 = 58 - 4$$

$$3x = 54$$

$$\frac{\cancel{3}x}{\cancel{3}} = \frac{54}{3}$$

$$\underline{\underline{x = 18}}$$

Die Lösung der Gleichung ergibt die Länge der Seite b.

$x = b = \underline{\underline{18\text{ cm}}}$

$a = x - 3\text{ cm} = 18\text{ cm} - 3\text{ cm} = \underline{\underline{15\text{ cm}}}$

$c = a + 10\text{ cm} = 15\text{ cm} + 10\text{ cm} = \underline{\underline{25\text{ cm}}}$

Beispiel 194/1: Ein Meister gibt seinem Lehrling von seinen 60 Nägeln eine gewisse Anzahl und behält selbst noch dreimal soviel, wie er fortgegeben hat.

Wieviel Nägel hat der Lehrling erhalten?

Lösung:

Der Lehrling hat x Nägel erhalten.

$x \longrightarrow$ *Anzahl der Nägel des Lehrlings*

Der Meister behält dreimal soviel Nägel.

$3x \longrightarrow$ *Anzahl der Nägel des Meisters*

Lehrling und Meister haben zusammen 60 Nägel.

$$\boxed{x + 3x = 60}$$ *Gleichung*

Die Lösung der Gleichung ergibt die Anzahl der Nägel, die der Lehrling erhalten hat.

$$4x = 60$$

$$\frac{\cancel{4}x}{\cancel{4}} = \frac{60}{4}$$

Der Lehrling hat 15 Nägel erhalten.

$$\underline{\underline{x = 15}}$$

Beispiel 194/2: Der Weg von A über B und C nach D ist 90 km lang. B liegt von C fünfmal soweit entfernt wie B von A. C liegt von D viermal soweit entfernt wie A von B. Wie weit ist A von B entfernt?

Lösung:

Das Beispiel wird zweckmäßig mit einer Überlegungsfigur gelöst. Aus dem Text geht hervor, daß die Entfernung der einzelnen Punkte von der Entfernung der Punkte A und B abhängen.

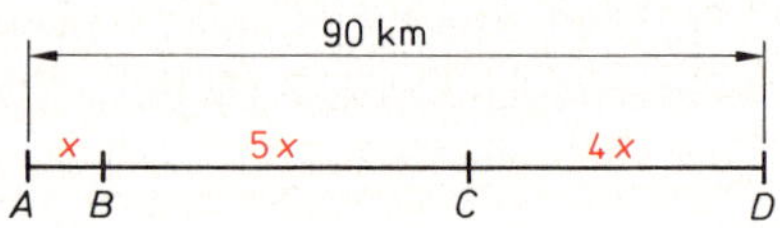

Punkt A ist von Punkt B x km entfernt.

x km $\longrightarrow$ *Entfernung A . . . B*

$B \ldots C$ ist fünfmal weiter als $A \ldots B$.

$5x$ km $\longrightarrow$ *Entfernung B . . . C*

$C \ldots D$ ist viermal weiter als $A \ldots B$.

$4x$ km $\longrightarrow$ *Entfernung C . . . D*

Alle Entfernungen ergeben zusammen 90 km.

$$x \text{ km} + 5x \text{ km} + 4x \text{ km} = 90 \text{ km}$$

Die Lösung der Gleichung ergibt die Entfernung von $A \ldots B$.

$$\boxed{x + 5x + 4x = 90}$$ *Gleichung*

$$10x = 90$$

$$\frac{\cancel{10}x}{\cancel{10}} = \frac{90}{10}$$

A ist von B 9 km entfernt.

$$\underline{\underline{x = 9}}$$

Beispiel 195/1: Zwei Radfahrer (A und B) fahren von zwei Orten, deren Entfernung 140 km beträgt, gleichzeitig einander entgegen. A legt in der Stunde 12,5 km zurück, B 15,5 km. Nach wieviel Stunden Fahrt begegnen sie einander? Wie weit sind sie dann vom Ort des Radfahrers A entfernt?

Lösung:

Bei nebenstehender Überlegungsfigur wird der Treffpunkt beliebig angenommen. Die Radfahrer werden sich nach x Stunden dort begegnen. Aus der Physik ist die Beziehung zwischen Geschwindigkeit, Weg und Zeit bekannt:

$$\text{Weg} = \text{Geschwindigkeit} \cdot \text{Zeit}$$

Man berechnet zunächst die Wege von A und B bis zum Treffpunkt, indem man die Fahrgeschwindigkeit mit den Fahrstunden (x) multipliziert. Die Wege von A und B ergeben zusammen 140 km.

Die Lösung der Gleichung ergibt die Fahrstunden bis zum Treffpunkt.

Sie werden sich nach 5 Stunden treffen. Der Weg, den der Radfahrer A zurückgelegt hat, das ist die Entfernung vom Ort des Fahrers A bis zum Treffpunkt, beträgt 62,5 km.

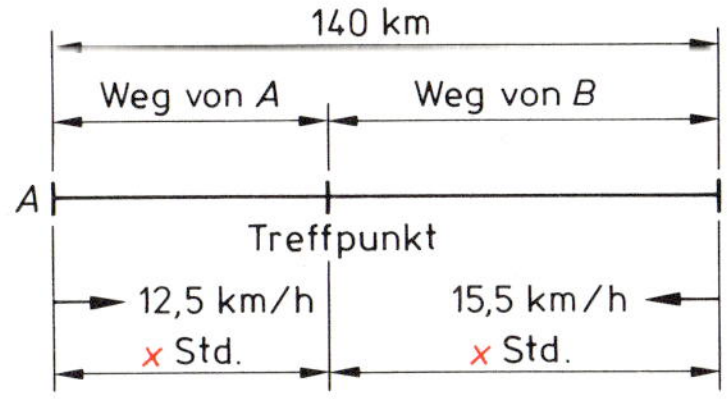

$12{,}5 \cdot x$ km → *Weg von A*

$15{,}5 \cdot x$ km → *Weg von B*

$12{,}5x \text{ km} + 15{,}5x \text{ km} = 140 \text{ km}$

$$\boxed{12{,}5x + 15{,}5x = 140} \quad \textit{Gleichung}$$

$$28x = 140$$

$$\frac{28x}{28} = \frac{140}{28}$$

$$x = 5$$

$A \ldots$ *Treffpunkt* $= 5 \cdot 12{,}5 = \underline{\underline{62{,}5}}$

Beispiel 195/2: Zwei Arbeiter gehen jeden Tag von A nach B zur Arbeit. Der erste legt in der Minute 80 m, der zweite 66 m zurück. Der zweite Arbeiter geht 10 Minuten früher fort. Wieviel Minuten nach Aufbruch des ersten Arbeiters werden sie sich treffen?

Lösung:

Die Arbeiter werden sich x Minuten nach Aufbruch des ersten Arbeiters treffen. Auch hierbei benutzt man aus der Physik die Gleichung

$$\text{Weg} = \text{Geschwindigkeit} \cdot \text{Zeit}$$

Der Weg des ersten Arbeiters beträgt $80 \cdot x$ m.

Der zweite Arbeiter hat in 10 min $10 \cdot 66 \text{ m} = 660 \text{ m}$ zurückgelegt. Der Rest seiner Strecke bis zum Treffpunkt beträgt dann $66 \cdot x$ m.

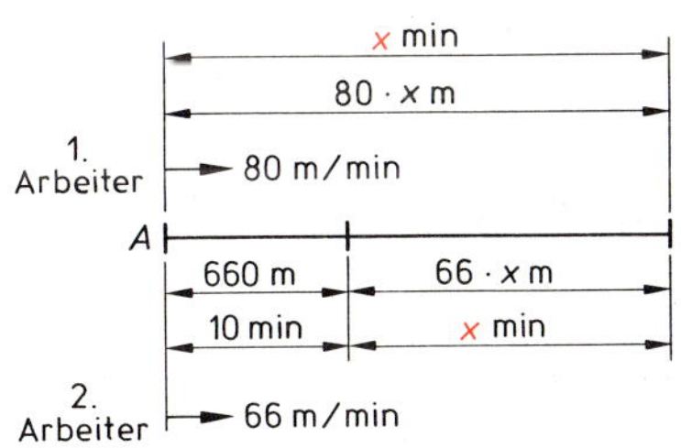

$80 \cdot x$ m → *Weg des 1. Arbeiters*

$660 \text{ m} + 66 \cdot x$ m → *Weg des 2. Arbeiters*

Bis zum Treffpunkt sind die Wege beider Arbeiter gleich.

$$80x\text{ m} = 660\text{ m} + 66x\text{ m}$$

$$\boxed{80x = 660 + 66x}$$ *Gleichung*

Die Lösung der so entstandenen Gleichung ergibt die Zeit bis zum Treffpunkt.

$$80x - 66x = 660 + 66x - 66x$$

$$14x = 660$$

$$\frac{14x}{14} = \frac{660}{14}$$

Die beiden Arbeiter treffen sich $47\frac{1}{7}$ min nach Aufbruch des ersten Arbeiters.

$$x = 47\frac{1}{7}$$

12.4. Zahlengleichungen mit Produkten

Beispiele:

1. Kommen in einer Zahlengleichung Produkte vor, so müssen diese erst ausgerechnet werden. Danach wird die Gleichung wie üblich gelöst.

1. $3(x - 10) - (x + 20) = 3x - 2(x - 2)$

$$3x - 30 - x - 20 = 3x - 2x + 4$$

$$2x - 50 = x + 4$$

$$2x - x - 50 = x - x + 4$$

$$x - 50 = 4$$

$$x - 50 + 50 = 4 + 50$$

$$x = 54$$

2. Auch bei dieser Zahlengleichung werden zunächst die Produkte ausgerechnet. Danach wird die Gleichung vereinfacht, bis die Form

$$-14x = 84$$

entsteht. Um ein positives x zu erhalten, multipliziert man an dieser Stelle beide Seiten der Gleichung mit (-1). Auf diese Weise wird x positiv und kann danach berechnet werden.

2. $6(4 + x) - 12(2x + 3) = -4(x - 18)$

$$24 + 6x - 24x - 36 = -4x + 72$$

$$-18x - 12 = -4x + 72$$

$$-18x + 4x - 12 = -4x + 4x + 72$$

$$-14x - 12 = 72$$

$$-14x - 12 + 12 = 72 + 12$$

$$-14x = 84$$

$$-14x \cdot (-1) = 84 \cdot (-1)$$

$$14x = -84$$

$$\frac{14x}{14} = \frac{-84}{14}$$

$$x = -6$$

Verfolgen Sie genau den Gang der nachfolgenden Gleichung.
Rechnen Sie zunächst die Klammern aus.
Anschließend wird die Gleichung so lange umgeformt und vereinfacht, bis x isoliert ist.
Die Gleichung enthält auch die Formvariable a.

$$(2x + 14)(2 - 4a) = (2x + 18)(3 - 4a)$$
$$4x - 8ax + 28 - 56a = 6x - 8ax + 54 - 72a$$
$$4x - 8ax + 8ax + 28 - 56a = 6x - 8ax + 8ax + 54 - 72a$$
$$4x + 28 - 56a = 6x + 54 - 72a$$
$$4x + 28 - 56a + 56a = 6x + 54 - 72a + 56a$$
$$4x + 28 = 6x + 54 - 16a$$
$$4x - 6x + 28 = 6x - 6x + 54 - 16a$$
$$-2x + 28 = 54 - 16a$$
$$-2x + 28 - 28 = 54 - 28 - 16a$$
$$-2x = 26 - 16a$$
$$(-2x) \cdot (-1) = 26 \cdot (-1) - 16a \cdot (-1)$$
$$2x = -26 + 16a$$
$$\frac{2x}{2} = \frac{16a - 26}{2}$$
$$x = \frac{2(8a - 13)}{2}$$
$$\underline{\underline{x = 8a - 13}}$$

12.5. Textgleichungen mit Produkten

Beispiel 197: Addiert man zum Dreifachen einer Zahl 15 und multipliziert die Summe mit 7, so erhält man 168. Wie heißt die Zahl?

Lösung:

Wir schreiben anstelle der gesuchten Zahl die Variable x.	$x \longrightarrow$ gesuchte Zahl
Man soll zum Dreifachen der gesuchten Zahl 15 addieren.	$3x + 15$
Multipliziert man die entstehende Summe mit 7, so erhält man 168.	$\boxed{(3x + 15) \cdot 7 = 168}$ *Gleichung*
Die Lösung der entstehenden Gleichung ergibt den Wert der gesuchten Zahl x.	$21x + 105 = 168$
	$21x + 105 - 105 = 168 - 105$
	$21x = 63$
	$\frac{21x}{21} = \frac{63}{21}$
Die gesuchte Zahl heißt 3.	$\underline{\underline{x = 3}}$

Beispiel 198/1: Ein Rechteck hat einen Umfang von 240 mm.
Die Länge ist um 3,4 cm größer als die Breite.
Wie lang sind die Seiten des Rechtecks?

Lösung:

Diese geometrische Textgleichung wird zweckmäßig mit Hilfe einer Überlegungsfigur gelöst. Die Breite wird dabei mit x bezeichnet.

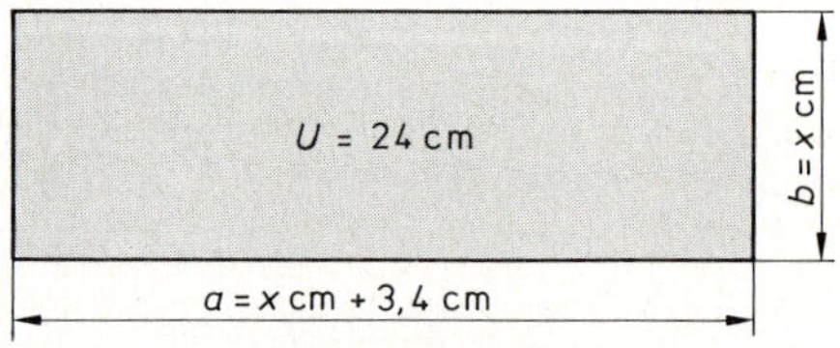

Die Länge ist 3,4 cm größer als die Breite. Beim Umfang des Rechtecks kommen Länge und Breite zweimal vor.

$$U = 2a + 2b$$
$$U = 2(a + b)$$
$$24\text{ cm} = 2(x\text{cm} + 3{,}4\text{cm} + x\text{cm})$$
$$24 = 2(x + 3{,}4 + x)$$
$$\boxed{24 = 2(2x + 3{,}4)} \quad \textit{Gleichung}$$

Die Lösung der entstehenden Gleichung ergibt die Breite des Rechtecks.

$$4x + 6{,}8 = 24$$
$$4x + 6{,}8 - 6{,}8 = 24 - 6{,}8$$
$$4x = 17{,}2$$
$$\frac{4x}{4} = \frac{17{,}2}{4}$$
$$x = 4{,}3$$

Breite $b = x = 4{,}3\text{ cm}$

Länge $a = x + 3{,}4\text{ cm}$
$= 4{,}3\text{ cm} + 3{,}4\text{ cm}$
$= 7{,}7\text{ cm}$

Beispiel 198/2: Ein Meister ist 40 Jahre, sein Lehrling 15 Jahre alt.
In wieviel Jahren ist der Meister doppelt so alt wie der Lehrling?

Lösung:

In x Jahren ist der Meister doppelt so alt wie der Lehrling.

Alter des Meisters nach x Jahren. $\quad 40 + x$ *Jahre*

Alter des Lehrlings nach x Jahren. $\quad 15 + x$ *Jahre*

Da der Meister nach x Jahren doppelt so alt ist, muß man das Alter des Lehrlings mit 2 multiplizieren, damit auf beiden Seiten der Gleichung Gleichheit herrscht.

Das doppelte Alter des Lehrlings ist gleich dem Alter des Meisters.

$$\boxed{40 + x = 2(15 + x)} \quad \textit{Gleichung}$$
$$40 + x = 30 + 2x$$
$$40 + x - 2x = 30 + 2x - 2x$$
$$-x + 40 = 30$$
$$-x + 40 - 40 = 30 - 40$$
$$-x = -10$$
$$(-x) \cdot (-1) = (-10) \cdot (-1)$$
$$x = 10$$

In 10 Jahren ist der Meister doppelt so alt wie der Lehrling.

Beispiel 199/1: Wie groß sind die Kräfte F_1 und F_2?

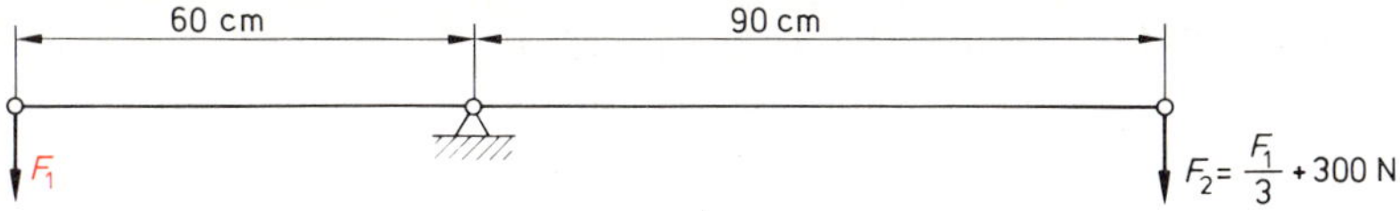

Lösung:

Aufgrund des Hebelgesetzes sind die Produkte aus Kraft und zugehörigem Hebelarm gleich groß. In der Aufgabe wurde die Kraft F_2 durch die Kraft F_1 ausgedrückt.

Die Kraft F_1 ist in der entstehenden Gleichung die gesuchte Größe, die berechnet werden kann. Es ist

$$F_1 = \underline{\underline{900\ \text{N}}}$$

$$F_2 = \frac{F_1}{3} + 300\ \text{N}$$

$$= \frac{900\ \text{N}}{3} + 300\ \text{N}$$

$$= \underline{\underline{600\ \text{N}}}$$

$$F_1\ \text{N} \cdot 60\,\text{cm} = F_2\ \text{N} \cdot 90\,\text{cm}$$

$$\boxed{F_1 \cdot 60 = \left(\frac{F_1}{3} + 300\right) \cdot 90}$$ *Gleichung*

$$60F_1 = 30F_1 + 27000$$

$$60F_1 - 30F_1 = 30F_1 - 30F_1 + 27000$$

$$30F_1 = 27000$$

$$\frac{\cancel{30}F_1}{\cancel{30}} = \frac{27000}{30}$$

$$\underline{\underline{F_1 = 900}}$$

12.6. Zahlengleichungen mit Brüchen

Bei vielen Gleichungen muß man die Bruchrechnung beherrschen, wenn man sie lösen will. Berechnen Sie x von der nachfolgenden Gleichung.

Verfolgen Sie genau den Gang der Lösung.

Beispiele:

1.

$$(2x - 12)(6b + 5) = (6 - 16b)(14 - 3x)$$

$$12bx + 10x - 72b - 60 = 84 - 18x - 224b + 48bx$$

$$12bx - 48bx + 10x - 72b - 60 = 84 - 18x - 224b + 48bx - 48bx$$

$$-36bx + 10x - 72b - 60 = 84 - 18x - 224b$$

$$-36bx + 10x + 18x - 72b - 60 = 84 - 18x + 18x - 224b$$

$$-36bx + 28x - 72b - 60 = 84 - 224b$$

$$-36bx + 28x - 72b + 72b - 60 = 84 - 224b + 72b$$

$$-36bx + 28x - 60 = 84 - 152b$$

$$-36bx + 28x - 60 + 60 = 84 + 60 - 152b$$

$$28x - 36bx = 144 - 152b$$

$$x(28 - 36b) = 144 - 152b$$

$$\frac{x\cancel{(28 - 36b)}}{\cancel{28 - 36b}} = \frac{144 - 152b}{28 - 36b}$$

$$x = \frac{\cancel{4}(36 - 38b)}{\cancel{4}(7 - 9b)}$$

$$\underline{\underline{x = \frac{36 - 38b}{7 - 9b}}}$$

1. *Lösungsgang:*

a) Klammern ausrechnen.

b) Auf der rechten Seite der Gleichung die Glieder $48bx$ und $-18x$ beseitigen.

c) Auf der linken Seite der Gleichung die Glieder $-72b$ und -60 beseitigen.

d) Die Variable x ausklammern.

e) Gleichung durch $28-36b$ dividieren.

f) Auf der rechten Seite der Gleichung kann man den gemeinsamen Faktor 4 ausklammern und kürzen. Die Lösung enthält auch die Formvariable b.

2. *Lösungsgang:*

a) Das Glied ax auf der rechten Seite der Gleichung beseitigen.

b) Das Glied $2ab$ auf der linken Seite der Gleichung beseitigen.

c) Um die negativen Vorzeichen zu beseitigen, werden beide Seiten der Gleichung mit (-1) multipliziert.

d) Die Variable x ausklammern.

e) Gleichung durch $n+a$ dividieren.

f) Im Zähler des Bruches den gemeinsamen Faktor $2b$ ausklammern.

g) Bruch durch den gleichen Faktor $n+a$ kürzen.

2.

$$2ab-nx = ax-2bn$$
$$2ab-nx-ax = ax-ax-2bn$$
$$2ab-nx-ax = -2bn$$
$$2ab-2ab-nx-ax = -2bn-2ab$$
$$-nx-ax = -2bn-2ab$$
$$(-nx-ax)\cdot(-1) = (-2bn-2ab)\cdot(-1)$$
$$nx+ax = 2bn+2ab$$
$$x(n+a) = 2bn+2ab$$
$$\frac{x\cancel{(n+a)}}{\cancel{n+a}} = \frac{2bn+2ab}{n+a}$$
$$x = \frac{2b\cancel{(n+a)}}{\cancel{n+a}}$$
$$\underline{\underline{x = 2b}}$$

Ist bei einer Bestimmungsgleichung die Variable x mit Brüchen verbunden, so muß man versuchen, die Brüche der Gleichung zu beseitigen.

3. *Lösungsgang:*

a) Man sucht zunächst den Hauptnenner der Brüche. Bei unserem Beispiel ist der Hauptnenner 12.

b) Alle Brüche werden auf den Hauptnenner erweitert.

c) Multipliziert man jedes Glied der Gleichung mit 12, so kann man alle Nenner kürzen.

d) Die so entstandene Gleichung wird wie üblich gelöst.

3.

$$\frac{5x}{4}+\frac{2}{3}-\frac{7x}{6}=\frac{4}{3}$$

Hauptnenner: 12

$$\frac{5x\cdot 3}{4\cdot 3}+\frac{2\cdot 4}{3\cdot 4}-\frac{7x\cdot 2}{6\cdot 2}=\frac{4\cdot 4}{3\cdot 4}$$
$$\frac{15x}{12}+\frac{8}{12}-\frac{14x}{12}=\frac{16}{12}$$
$$\frac{15x\cdot\cancel{12}}{\cancel{12}}+\frac{8\cdot\cancel{12}}{\cancel{12}}-\frac{14x\cdot\cancel{12}}{\cancel{12}}=\frac{16\cdot\cancel{12}}{\cancel{12}}$$
$$15x+8-14x=16$$
$$x+8=16$$
$$x+8-8=16-8$$
$$\underline{\underline{x=8}}$$

Berechnen Sie x von der nachfolgenden Gleichung.
Verfolgen Sie genau den Gang der Aufgabe.

4. $$\frac{8x - 22}{4} - 20 = \frac{5(x - 7)}{2} - 8; \quad \textit{Hauptnenner: } 4$$

$$\frac{8x - 22}{4} - \frac{20 \cdot 4}{1 \cdot 4} = \frac{5(x - 7) \cdot 2}{2 \cdot 2} - \frac{8 \cdot 4}{1 \cdot 4}$$

$$\frac{8x - 22}{4} - \frac{80}{4} = \frac{10(x - 7)}{4} - \frac{32}{4}$$

$$\frac{(8x - 22) \cdot \cancel{4}}{\cancel{4}} - \frac{80 \cdot \cancel{4}}{\cancel{4}} = \frac{10(x - 7) \cdot \cancel{4}}{\cancel{4}} - \frac{32 \cdot \cancel{4}}{\cancel{4}}$$

$$8x - 22 - 80 = 10x - 70 - 32$$
$$8x - 102 = 10x - 102$$
$$8x - 10x - 102 = 10x - 10x - 102$$
$$-2x - 102 = -102$$
$$-2x - 102 + 102 = -102 + 102$$
$$-2x = 0$$
$$\frac{\cancel{-2}x}{\cancel{-2}} = \frac{0}{-2}$$ *Ist der Zähler Null, so ist der Wert des Bruches immer Null.*
$$x = 0$$

4. *Lösungsgang:*

a) Hauptnenner der Brüche bestimmen.
b) Alle Glieder der Gleichung auf den Hauptnenner erweitern.
c) Alle Glieder der Gleichung mit dem Hauptnenner multiplizieren. Durch diese Multiplikation fallen alle Nenner durch Kürzen weg.
d) Gleichartige Glieder auf beiden Seiten der Gleichung zusammenfassen.
e) Die so entstandene Gleichung wie üblich lösen.

Bruchgleichungen können auch Formvariablen enthalten.

5. *Lösungsgang:*

a) Hauptnenner bestimmen.

b) Alle Glieder der Gleichung auf den Hauptnenner erweitern.

c) Alle Glieder der Gleichung mit dem Hauptnenner multiplizieren.

d) Glied ab auf der linken Seite der Gleichung beseitigen.

Die Ergebnisse $x = ac + ab$
und $x = a(c + b)$
sind gleichwertig.

5. $$\frac{x}{a} - b = c$$

Hauptnenner: a

$$\frac{x}{a} - \frac{b \cdot a}{1 \cdot a} = \frac{c \cdot a}{1 \cdot a}$$

$$\frac{x}{a} - \frac{ab}{a} = \frac{ac}{a}$$

$$\frac{x \cdot \cancel{a}}{\cancel{a}} - \frac{ab \cdot \cancel{a}}{\cancel{a}} = \frac{ac \cdot \cancel{a}}{\cancel{a}}$$

$$x - ab = ac$$
$$x - ab + ab = ac + ab$$
$$x = ac + ab = a(c + b)$$

6. *Lösungsgang:*

a) Hauptnenner bestimmen.

$$\frac{mnx}{a} - \frac{mnx}{b} = \frac{b-a}{ab}$$

Hauptnenner: ab

b) Alle Glieder der Gleichung auf den Hauptnenner erweitern.

$$\frac{mnx \cdot b}{a \cdot b} - \frac{mnx \cdot a}{b \cdot a} = \frac{b-a}{ab}$$

$$\frac{bmnx}{ab} - \frac{amnx}{ab} = \frac{b-a}{ab}$$

c) Alle Glieder der Gleichung mit dem Hauptnenner multiplizieren.

$$\frac{bmnx \cdot \cancel{ab}}{\cancel{ab}} - \frac{amnx \cdot \cancel{ab}}{\cancel{ab}} = \frac{(b-a) \cdot \cancel{ab}}{\cancel{ab}}$$

$$bmnx - amnx = b - a$$

d) Auf der linken Seite der Gleichung den gemeinsamen Faktor x ausklammern.

e) Beide Seiten der Gleichung durch $bmn - amn$ dividieren.

$$\frac{x\cancel{(bmn - amn)}}{\cancel{bmn - amn}} = \frac{b-a}{bmn - amn}$$

f) Rechte Seite der Gleichung durch Kürzen vereinfachen.

$$x = \frac{\cancel{b-a}}{mn\cancel{(b-a)}}$$

$$x = \frac{1}{mn}.$$

Bei einer Bruchgleichung kann die zu berechnende Variable x auch im Zähler und Nenner stehen.

7. *Lösungsgang:*

a) Hauptnenner bestimmen.

$$\frac{7}{x} + \frac{4}{3} = \frac{23-x}{3x} - \frac{1}{4x}$$

Hauptnenner: $12x$

b) Alle Glieder der Gleichung auf den Hauptnenner erweitern.

$$\frac{7 \cdot 12}{x \cdot 12} + \frac{4 \cdot 4x}{3 \cdot 4x} = \frac{(23-x) \cdot 4}{3x \cdot 4} - \frac{1 \cdot 3}{4x \cdot 3}$$

$$\frac{84}{12x} + \frac{16x}{12x} = \frac{92 - 4x}{12x} - \frac{3}{12x}$$

c) Alle Glieder der Gleichung mit dem Hauptnenner multiplizieren.

$$\frac{84 \cdot \cancel{12x}}{\cancel{12x}} + \frac{16x \cdot \cancel{12x}}{\cancel{12x}} = \frac{(92-4x) \cdot \cancel{12x}}{\cancel{12x}} - \frac{3 \cdot \cancel{12x}}{\cancel{12x}}$$

d) Die so entstandene Gleichung wie üblich lösen.

$$84 + 16x = 92 - 4x - 3$$

$$84 + 16x = 89 - 4x$$

$$84 + 16x + 4x = 89 - 4x + 4x$$

$$84 + 20x = 89$$

$$84 - 84 + 20x = 89 - 84$$

$$\frac{\cancel{20}x}{\cancel{20}} = \frac{5}{20}$$

$$x = \frac{1}{4}$$

Die Nenner folgender Bruchgleichung sind Summen.

8.

$$\frac{25}{2x+5} - \frac{25}{4x+10} = \frac{95}{27x-21}$$

$$\frac{25}{2x+5} - \frac{25}{2(2x+5)} = \frac{95}{3(9x-7)}$$

$$\text{H}: 6(2x+5)\,(9x-7)$$

$$\frac{25 \cdot 6(9x-7)}{(2x+5) \cdot 6(9x-7)} - \frac{25 \cdot 3(9x-7)}{2(2x+5) \cdot 3(9x-7)} = \frac{95 \cdot 2(2x+5)}{3(9x-7) \cdot 2(2x+5)}$$

$$\frac{150(9x-7)}{\text{H}} - \frac{75(9x-7)}{\text{H}} = \frac{190(2x+5)}{\text{H}}$$

$$\frac{150(9x-7) \cdot \cancel{\text{H}}}{\cancel{\text{H}}} - \frac{75(9x-7) \cdot \cancel{\text{H}}}{\cancel{\text{H}}} = \frac{190(2x+5) \cdot \cancel{\text{H}}}{\cancel{\text{H}}}$$

$$150(9x-7) - 75(9x-7) = 380x + 950$$

$$75(9x-7) = 380x + 950$$

$$675x - 525 = 380x + 950$$

$$675x - 380x - 525 = 380x - 380x + 950$$

$$295x - 525 = 950$$

$$295x - 525 + 525 = 950 + 525$$

$$\frac{\cancel{295}x}{\cancel{295}} = \frac{1475}{295}$$

$$\underline{\underline{x = 5}}$$

8. *Lösungsgang:*

a) Hauptnenner (H) bestimmen.

b) Alle Glieder der Gleichung auf den Hauptnenner erweitern.

c) Alle Glieder der Gleichung mit dem Hauptnenner multiplizieren.

d) Die so entstandene Gleichung wie üblich lösen. Die linke Seite der Gleichung kann man vereinfachen:

$$150(9x-7) - 75(9x-7) = 75(9x-7)$$

Berechnen Sie die Variable x von der nachfolgenden Gleichung.

Verfolgen Sie genau den Gang der Aufgabe.

9.

$$\frac{3(x+1)}{2x-16}-4+\frac{2(x+1)}{x-8}=\frac{3(x-1)}{x-8}$$

$$\frac{3(x+1)}{2(x-8)}-4+\frac{2(x+1)}{x-8}=\frac{3(x-1)}{x-8}$$

$$\text{H}: 2(x-8)$$

$$\frac{3(x+1)}{2(x-8)}-\frac{4\cdot 2(x-8)}{1\cdot 2(x-8)}+\frac{2(x+1)\cdot 2}{(x-8)\cdot 2}=\frac{3(x-1)\cdot 2}{(x-8)\cdot 2}$$

$$\frac{3(x+1)}{\text{H}}-\frac{8(x-8)}{\text{H}}+\frac{4(x+1)}{\text{H}}=\frac{6(x-1)}{\text{H}}$$

$$\frac{3(x+1)\cdot\cancel{\text{H}}}{\cancel{\text{H}}}-\frac{8(x-8)\cdot\cancel{\text{H}}}{\cancel{\text{H}}}+\frac{4(x+1)\cdot\cancel{\text{H}}}{\cancel{\text{H}}}=\frac{6(x-1)\cdot\cancel{\text{H}}}{\cancel{\text{H}}}$$

$$3(x+1)-8(x-8)+4(x+1)=6(x-1)$$

$$7(x+1)-8(x-8)=6(x-1)$$

$$7x+7-8x+64=6x-6$$

$$-x+71=6x-6$$

$$-x-6x+71=6x-6x-6$$

$$-7x+71=-6$$

$$-7x+71-71=-6-71$$

$$-7x=-77$$

$$(-7x)\cdot(-1)=(-77)\cdot(-1)$$

$$\frac{\cancel{7}x}{\cancel{7}}=\frac{77}{7}$$

$$x=11$$

9. *Lösungsgang:*

a) Nenner in Faktoren zerlegen.

b) Hauptnenner bestimmen.

c) Alle Glieder der Gleichung auf den Hauptnenner erweitern.

d) Alle Glieder der Gleichung mit dem Hauptnenner multiplizieren. Durch diese Multiplikation fallen alle Nenner durch Kürzen weg.

e) Gleichartige Glieder $3(x+1)$ und $4(x+1)$ zusammenfassen.

f) Klammern ausrechnen.

g) Gleichartige Glieder zusammenfassen.

h) Die so entstandene Gleichung wie üblich lösen.

Die linke Seite der nebenstehenden Gleichung besteht aus einem Doppelbruch.

10. *Lösungsgang:*

a) Um den Doppelbruch zu beseitigen, werden beide Seiten der Gleichung mit dem Nenner

$$\frac{9x - 5}{4} \text{ multipliziert.}$$

b) Von der entstehenden Bruchgleichung wird der Hauptnenner bestimmt.

c) Durch Erweitern und Kürzen wird die Gleichung wie üblich gelöst.

10. $$\frac{\frac{2x + 4}{3}}{\frac{9x - 5}{4}} = 2$$

$$\frac{\frac{2x + 4}{3} \cdot \cancel{\frac{9x - 5}{4}}}{\cancel{\frac{9x - 5}{4}}} = 2 \cdot \frac{9x - 5}{4}$$

$$\frac{2x + 4}{3} = \frac{9x - 5}{2}$$

H: 6

$$\frac{(2x + 4) \cdot 2}{3 \cdot 2} = \frac{(9x - 5) \cdot 3}{2 \cdot 3}$$

$$\frac{2(2x + 4)}{6} = \frac{3(9x - 5)}{6}$$

$$\frac{2(2x + 4) \cdot \cancel{6}}{\cancel{6}} = \frac{3(9x - 5) \cdot \cancel{6}}{\cancel{6}}$$

$$2(2x + 4) = 3(9x - 5)$$

$$4x + 8 = 27x - 15$$

$$4x - 27x + 8 = 27x - 27x - 15$$

$$-23x + 8 = -15$$

$$-23x + 8 - 8 = -15 - 8$$

$$-23x = -23$$

$$(-23x) \cdot (-1) = (-23) \cdot (-1)$$

$$\frac{\cancel{23}x}{\cancel{23}} = \frac{23}{23}$$

$$\underline{\underline{x = 1}}$$

12.7. Textgleichungen mit Brüchen

Bei Aufgaben dieser Art muß versucht werden, aus dem Text eine Zahlengleichung herzustellen. Dabei ist immer zu beachten, daß auf beiden Seiten der Gleichung Gleichheit herrscht. Da man keine allgemeingültigen Regeln aufstellen kann, mögen Beispiele den Sachverhalt klären. Es können bei einigen Aufgaben auch andere Lösungswege zum gleichen Ziel führen.

Beispiel 206: Die Zahl 279 soll so in zwei Summanden zerlegt werden, daß bei Division des einen Summanden durch 4 und des anderen Summanden durch 7 die Summe der Quotienten 57 ist. Wie heißen beide Summanden?

Lösung:

Den ersten Summanden der Zahl nennt man x.	$x \longrightarrow$ *1. Summand der Zahl*
Den zweiten Summanden der Zahl nennt man $279 - x$.	$279 - x \longrightarrow$ *2. Summand der Zahl*
Der erste Summand soll durch 4 dividiert werden.	$\frac{x}{4} \longrightarrow$ *1. Quotient*
Der zweite Summand soll durch 7 dividiert werden.	$\frac{279 - x}{7} \longrightarrow$ *2. Quotient*
Die Summe beider Quotienten ergibt 57.	$\boxed{\frac{x}{4} + \frac{279 - x}{7} = 57}$ *Gleichung*
	$\underline{\underline{H: 4 \cdot 7}}$
Die Lösung der Gleichung ergibt den ersten Summanden der Zahl.	$\frac{x \cdot 7}{4 \cdot 7} + \frac{(279 - x) \cdot 4}{7 \cdot 4} = \frac{57 \cdot 4 \cdot 7}{1 \cdot 4 \cdot 7}$
	$\frac{7x}{H} + \frac{1116 - 4x}{H} = \frac{1596}{H}$
	$\frac{7x \cdot \cancel{H}}{\cancel{H}} + \frac{(1116 - 4x) \cdot \cancel{H}}{\cancel{H}} = \frac{1596 \cdot \cancel{H}}{\cancel{H}}$
	$7x + 1116 - 4x = 1596$
	$3x + 1116 = 1596$
	$3x + 1116 - 1116 = 1596 - 1116$
	$\frac{\cancel{3}x}{\cancel{3}} = \frac{480}{3}$
Der zweite Summand der Zahl läßt sich aus der Beziehung $279 - x$ leicht berechnen.	$\underline{\underline{x = 160}}$ *1. Summand*
Probe: $160 + 119 = \underline{\underline{279}}$	$279 - 160 = \underline{\underline{119}}$ *2. Summand*

Beispiel 207: Der Wert eines Bruches beträgt $\frac{1}{4}$; vermindert man den Zähler um 1 und vergrößert den Nenner um 2, so erhält der Bruch den Wert $\frac{3}{14}$.

Wie heißt der veränderte Bruch?

Lösung:

Den Zähler des Bruches nennt man x.

x ——— *Zähler des Bruches*

Da der Wert des Bruches $\frac{1}{4}$ beträgt, ist der Nenner viermal größer.

$4x$ ——— *Nenner des Bruches*

Der Bruch lautet also

$\frac{x}{4x}$ ——— *Bruch*

Der Zähler soll um 1 vermindert und der Nenner um 2 vergrößert werden.

$\frac{x-1}{4x+2}$ ——— *veränderter Bruch*

Der Wert des veränderten Bruches beträgt $\frac{3}{14}$.

$$\boxed{\frac{x-1}{4x+2} = \frac{3}{14}}$$ *Gleichung*

Die Lösung der entstehenden Gleichung ergibt den Wert des Zählers des unveränderten Bruches.

$$\frac{x-1}{2(2x+1)} = \frac{3}{14}$$

$$\text{H: } \underline{\underline{14\,(2x+1)}}$$

$$\frac{(x-1)\cdot 7}{2(2x+1)\cdot 7} = \frac{3\cdot(2x+1)}{14\cdot(2x+1)}$$

$$\frac{7x-7}{\text{H}} = \frac{6x+3}{\text{H}}$$

$$\frac{(7x-7)\cdot \not{\text{H}}}{\not{\text{H}}} = \frac{(6x+3)\cdot \not{\text{H}}}{\not{\text{H}}}$$

$$7x-7 = 6x+3$$

$$7x-6x-7 = 6x-6x+3$$

$$x-7 = 3$$

$$x-7+7 = 3+7$$

$$\underline{\underline{x = 10}}$$

Setzt man das Ergebnis $x = 10$ in den veränderten Bruch $\frac{x-1}{4x+2}$ ein, so erhält man den veränderten Bruch $\frac{9}{42}$.

$$\frac{x-1}{4x+2} = \frac{10-1}{4\cdot 10+2}$$

$$= \underline{\underline{\frac{9}{42}}}$$

Gekürzt hat er den Wert $\frac{3}{14}$, wie im Beispiel angegeben.

Beispiel 208: Ein Kaufmann gibt einem Käufer 5% Rabatt; gäbe er nur 4% Rabatt, wäre der Abzug um DM 2,50 geringer. Wie teuer war die Ware?

Lösung:

Da es sich um eine Prozentaufgabe handelt, geht man von der %-Formel aus. Der Preis der Ware, also das Kapital, wird gesucht.

$$\textit{Prozentwert} = \frac{p \cdot K}{100}$$

Bei 5% beträgt der Rabatt

$$\textit{Rabatt} = \frac{5 \cdot x}{100}\,\text{DM}$$

Bei 4% beträgt der Rabatt

$$\textit{Rabatt} = \frac{4 \cdot x}{100}\,\text{DM}$$

Beide Rabattsätze unterscheiden sich um 2,50 DM. Um Gleichheit beim Gleichsetzen der Rabattsätze zu erzielen, muß man den 4%-Rabatt um 2,50 DM erhöhen. Der Rabatt bei 5% ist also genau so groß wie der Rabatt bei 4% plus 2,50 DM.

$$\frac{5x}{100}\,\text{DM} = \frac{4x}{100}\,\text{DM} + 2{,}50\,\text{DM}$$

$$\boxed{\frac{5x}{100} = \frac{4x}{100} + 2{,}50} \quad \textit{Gleichung}$$

$$\text{H: } \underline{\underline{100}}$$

$$\frac{5x}{100} = \frac{4x}{100} + \frac{2{,}50 \cdot 100}{100}$$

$$\frac{5x}{\text{H}} = \frac{4x}{\text{H}} + \frac{250}{\text{H}}$$

$$\frac{5x \cdot \not{\text{H}}}{\not{\text{H}}} = \frac{4x \cdot \not{\text{H}}}{\not{\text{H}}} + \frac{250 \cdot \not{\text{H}}}{\not{\text{H}}}$$

$$5x = 4x + 250$$

$$5x - 4x = 4x - 4x + 250$$

Der Preis der Ware betrug 250,— DM.

$$\underline{\underline{x = 250}}$$

Beispiel 209: Wieviel cm^3 72%igen Alkohol muß man mit 435 cm^3 32%igem Alkohol mischen, um 42%igen Alkohol zu erhalten?

Lösung:

Man geht beim Lösen dieser Aufgabe von dem Gedanken aus, daß der reine Alkohol in der 72%igen Mischung und der reine Alkohol in der 32%igen Mischung zusammen den reinen Alkohol in der 42%igen Mischung ergeben.

Der reine Alkohol in der 72%igen Mischung, deren Menge gesucht wird, beträgt

$$\frac{72 \cdot x}{100}\,cm^3 \longrightarrow \textit{Alkohol bei } 72\%$$

Der reine Alkohol in der 435 cm^3 32%igen Mischung beträgt

$$\frac{32 \cdot 435}{100}\,cm^3 \longrightarrow \textit{Alkohol bei } 32\%$$

Der reine Alkohol in der 42%igen Mischung beträgt

$$\frac{42 \cdot (x + 435)}{100}\,cm^3 \longrightarrow \textit{Alkohol bei } 42\%$$

Entsprechende Alkoholmengen können nun gleichgesetzt werden.

$$\boxed{\frac{72x}{100} + \frac{32 \cdot 435}{100} = \frac{42(x + 435)}{100}} \quad \textit{Gl.}$$

$$H: \underline{\underline{100}}$$

$$\frac{72x \cdot \cancel{H}}{\cancel{H}} + \frac{13920 \cdot \cancel{H}}{\cancel{H}} = \frac{(42x + 18270) \cdot \cancel{H}}{\cancel{H}}$$

$$72x + 13920 = 42x + 18270$$

$$72x - 42x + 13920 = 42x - 42x + 18270$$

$$30x + 13920 = 18270$$

$$30x + 13920 - 13920 = 18270 - 13920$$

$$\frac{\cancel{30}x}{\cancel{30}} = \frac{4350}{30}$$

Es sind 145 cm^3 72%iger Alkohol notwendig.

$$\underline{\underline{x = 145}}$$

Beispiel 210: Man mischt 150 g Kupfer ($\varrho = 8{,}85$ g/cm^3) mit 45 g Zink ($\varrho = 7{,}1$ g/cm^3). Welchen Wert hat die Dichte der Legierung?

Lösung:

Man geht bei dieser Aufgabe von dem Gedanken aus, daß die Volumen von Kupfer und Zink zusammen das Volumen der Legierung ergeben.

Aus der Beziehung

Gewicht = Volumen · Dichte

kann man das Volumen berechnen.

$$G = V \cdot \varrho$$

$$V = \frac{G}{\varrho}$$

Das Volumen von 150 g Kupfer beträgt

$$\frac{150}{8{,}85}\,\text{cm}^3 \longrightarrow \textit{Volumen Kupfer}$$

Das Volumen von 45 g Zink beträgt

$$\frac{45}{7{,}1}\,\text{cm}^3 \longrightarrow \textit{Volumen Zink}$$

Das Volumen der Legierung beträgt

Die Dichte der Legierung wird gesucht.

$$\frac{150 + 45}{x}\,\text{cm}^3 \longrightarrow \textit{Volumen Legierung}$$

Entsprechende Volumen können gleichgesetzt werden.

$$\boxed{\frac{150}{8{,}85} + \frac{45}{7{,}1} = \frac{150 + 45}{x}} \quad \textit{Gleichung}$$

$$\text{H: } \underline{\underline{8{,}85 \cdot 7{,}1 \cdot x}}$$

Die Lösung der Gleichung ergibt die Dichte der Legierung.

$$\frac{150 \cdot 7{,}1x}{8{,}85 \cdot 7{,}1x} + \frac{45 \cdot 8{,}85x}{7{,}1 \cdot 8{,}85x} = \frac{195 \cdot 8{,}85 \cdot 7{,}1}{x \cdot 8{,}85 \cdot 7{,}1}$$

$$\frac{1065x}{\text{H}} + \frac{398{,}25x}{\text{H}} = \frac{12252{,}825}{\text{H}}$$

$$\frac{1065x \cdot \cancel{\text{H}}}{\cancel{\text{H}}} + \frac{398{,}25x \cdot \cancel{\text{H}}}{\cancel{\text{H}}} = \frac{12252{,}825 \cdot \cancel{\text{H}}}{\cancel{\text{H}}}$$

$$1065x + 398{,}25x = 12252{,}825$$

$$\frac{\cancel{1463{,}25}x}{\cancel{1463{,}25}} = \frac{12252{,}825}{1463{,}25}$$

Die Dichte der Legierung beträgt 8,37 g/cm^3.

$$\underline{\underline{x = 8{,}37}}$$

Beispiel 211: In einen Wasserbehälter münden 3 Rohre. Das 1. allein füllt den Behälter in 10 Minuten, das 2. allein in 18 Minuten, das 3. allein in 22 Minuten. In welcher Zeit wird der Behälter gefüllt, wenn Wasser durch alle Rohre gleichzeitig fließt?

Lösung:

Der Behälter wird in x Minuten von den 3 Rohren gefüllt. Die Füllmenge der 3 Rohre in 1 Minute beträgt $\frac{1}{x}$ Behälter.

$\frac{1}{x}$ *Behälter* ⟶ *Füllmenge der 3 Rohre*

Rohr 1 füllt den Behälter in 10 Minuten.

In 1 Minute füllt Rohr 1 $\frac{1}{10}$ Behälter.

$\frac{1}{10}$ *Behälter* ⟶ *Füllmenge von Rohr 1*

Rohr 2 füllt den Behälter in 18 Minuten.

In 1 Minute füllt Rohr 2 $\frac{1}{18}$ Behälter.

$\frac{1}{18}$ *Behälter* ⟶ *Füllmenge von Rohr 2*

Rohr 3 füllt den Behälter in 22 Minuten.

In 1 Minute füllt Rohr 3 $\frac{1}{22}$ Behälter.

$\frac{1}{22}$ *Behälter* ⟶ *Füllmenge von Rohr 3*

Die Füllmenge aller 3 Rohre in 1 Minute beträgt dann

$\frac{1}{10} + \frac{1}{18} + \frac{1}{22}$ ⟶ *Füllmenge der 3 Rohre*

Man kann entsprechende Füllmengen gleichsetzen.

$$\boxed{\frac{1}{10} + \frac{1}{18} + \frac{1}{22} = \frac{1}{x}} \quad \textit{Gleichung}$$

$$\text{H: } 10 \cdot 18 \cdot 22 \cdot x$$

$$\frac{1 \cdot 18 \cdot 22x}{10 \cdot 18 \cdot 22x} + \frac{1 \cdot 10 \cdot 22x}{18 \cdot 10 \cdot 22x} + \frac{1 \cdot 10 \cdot 18x}{22 \cdot 10 \cdot 18x} = \frac{1 \cdot 10 \cdot 18 \cdot 22}{x \cdot 10 \cdot 18 \cdot 22}$$

$$\frac{396x}{\text{H}} + \frac{220x}{\text{H}} + \frac{180x}{\text{H}} = \frac{3960}{\text{H}}$$

$$396x + 220x + 180x = 3960$$

$$\frac{\cancel{796}x}{\cancel{796}} = \frac{3960}{796}$$

$$x = 4{,}975$$

Alle zugleich fließenden Rohre füllen den Behälter in 4,975 Minuten.

Beispiel 212: Ein Mann will seiner Frau Blumen mitbringen. Kauft er 26 Blumen, so hat er 3,— DM zuwenig, kauft er 16 Blumen, so hat er 2,— DM zuviel. Wieviel DM besaß er?

Lösung:

Er besaß x DM	x DM ⟶ *vorhandenes Geld*
Benötigtes Geld für 26 Blumen	$(x + 3)$ DM ⟶ 26 *Blumen*
Preis für 1 Blume	$\frac{x + 3}{26}$ DM ⟶ 1 *Blume*
Benötigtes Geld für 16 Blumen	$(x - 2)$ DM ⟶ 16 *Blumen*
Preis für 1 Blume	$\frac{x - 2}{16}$ DM ⟶ 1 *Blume*

Die Preise für 1 Blume kann man gleichsetzen.

$$\boxed{\frac{x + 3}{26} = \frac{x - 2}{16}} \quad \textit{Gleichung}$$

$$\text{H: } \underline{\underline{26 \cdot 16}}$$

$$\frac{(x + 3) \cdot 16}{26 \cdot 16} = \frac{(x - 2) \cdot 26}{16 \cdot 26}$$

$$\frac{16x + 48}{\text{H}} = \frac{26x - 52}{\text{H}}$$

$$16x + 48 = 26x - 52$$

$$16x - 26x + 48 = 26x - 26x - 52$$

$$-10x + 48 = -52$$

$$-10x + 48 - 48 = -52 - 48$$

$$-10x = -100$$

$$(-10x) \cdot (-1) = (-100) \cdot (-1)$$

$$\frac{10x}{10} = \frac{100}{10}$$

Er besaß 10,— DM.

$$\underline{\underline{x = 10}}$$

Beispiel 213/1: Wie schwer muß ein Brett aus Fichtenholz sein, wenn es, ganz unter Wasser getaucht, noch eine Tragkraft von 750 N haben soll? (Fichte: $\gamma = 4{,}5$ N/dm³; Wasser: $\gamma = 10$ N/dm³)

Nach dem Archimedischen Prinzip gilt folgende Gleichung:

Gewicht des Brettes + Tragkraft = Gewicht der verdrängten Wassermenge

Das Gewicht des Brettes beträgt:

x N *(Gewichtskraft)*

Die Tragkraft soll sein:

750 N

Die verdrängte Wassermenge V ist:

$$V = \frac{\textit{Gewicht des Brettes}}{\textit{Wichte der Fichte}}$$

$$V = \frac{x}{\gamma}$$

Das Gewicht G der verdrängten Wassermenge ist:

$$G = \textit{Volumen} \cdot \textit{Wichte des Wassers}$$

$$= \frac{x}{\gamma} \cdot 10$$

Die Gleichung lautet also:

$$x + 750 = \frac{x}{\gamma} \cdot 10$$

$$x + 750 = \frac{10x}{4{,}5}; \qquad x = \underline{\underline{613{,}64}}$$

Das Brett muß 613,64 N (Gewichtskraft) schwer sein, das entspricht einer Massenangabe von 61,36 kg.

Beispiel 213/2: Eine Last F_G von 1200 N soll mittels einer 2,1 m langen Stange gehoben werden. Wo muß die Stange unterstützt werden, wenn die erforderliche Kraft $F = 200$ N beträgt? Das Gewicht der Stange wird nicht berücksichtigt.

Mit Hilfe des Hebelgesetzes läßt sich die Aufgabe lösen.

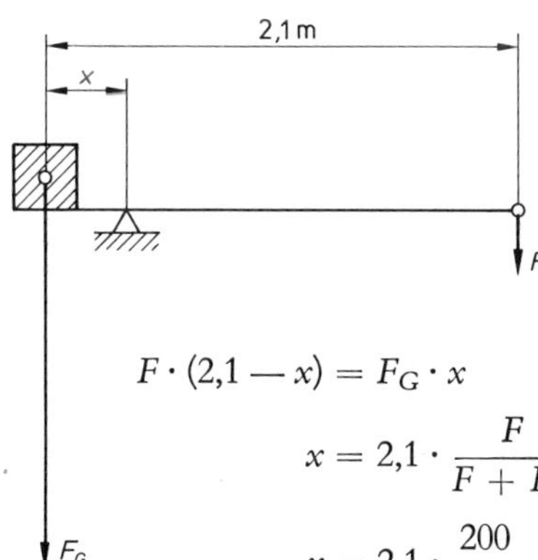

$$F \cdot (2{,}1 - x) = F_G \cdot x$$

$$x = 2{,}1 \cdot \frac{F}{F + F_G}$$

$$x = 2{,}1 \cdot \frac{200}{1400} = \underline{\underline{0{,}3}}$$

Die Stange muß 0,3 m vom Rand unterstützt werden.

Beispiel 214/1: Das Schwungrad einer Dampfmaschine hat 3500 mm Durchmesser und $n = 80$ 1/min. Die durch den Riemen übertragene Umfangskraft beträgt 2400 N. Wie groß ist die Leistung der Maschine in kW?

Arbeit = Kraft · Weg

Nm = N · m

Durch die Angabe $n = 80$ 1/min ist hierbei die Arbeit in einer Minute angegeben.

$$\text{Leistung}_{\text{Nm/s}} = \frac{\text{Arbeit}_{\text{Nm}}}{\text{Zeit}_{\text{s}}}$$

$$\text{Leistung}_{\text{kW}} = \frac{\text{Leistung}_{\text{Nm/s}}}{1020}$$

denn 1 kW = 1020 Nm/s

Die Maschine hat eine Leistung von ≈ ~~34,5 kW~~. 35,2 kW

$$A = F \cdot s = F \cdot d \cdot \pi \cdot n$$

$$P = \frac{A}{t} = \frac{F \cdot d \cdot \pi \cdot n}{60}$$

$$P = \frac{F \cdot d \cdot \pi \cdot n}{60 \cdot 1020}$$

$$= \frac{2400 \cdot 3{,}5 \cdot 3{,}14 \cdot 80}{60 \cdot 1020}$$

$$\approx \underline{\underline{34{,}5}}$$ (handschriftlich korrigiert: 35,2)

Beispiel 214/2: Ein Handlanger (700 N) trägt einen Sack Zement (500 N) in 30 s 9,40 m hoch. Wie groß ist seine Arbeit in Nm und seine Leistung in kW?

$$\text{Arbeit}_{\text{Nm}} = \text{Kraft}_{\text{N}} \cdot \text{Weg}_{\text{m}}$$

$$\text{Leistung}_{\text{Nm/s}} = \frac{\text{Arbeit}_{\text{Nm}}}{\text{Zeit}_{\text{s}}}$$

Seine Leistung beträgt 0,37 kW.

$$A = F \cdot s = 1200\ \text{N} \cdot 9{,}4\ \text{m} = \underline{\underline{11\,280\ \text{Nm}}}$$

$$P = \frac{A}{t} = \frac{11\,280\ \text{Nm}}{30\ \text{s}} = \underline{\underline{376\ \text{Nm/s}}}$$

$$P = \frac{376}{1020} \approx \underline{\underline{0{,}37}}$$

Beispiel 214/3: Ein Stein von 3600 N Gewicht (Gewichtskraft) soll mit einem Flaschenzug aus 6 Rollen 4,6 m hoch gehoben werden.

a) Welche Kraft ist erforderlich (20% Reibungsverluste)?

b) Wieviel m Seil müssen gezogen werden?

a) Am Flaschenzug herrscht Gleichgewicht, wenn die Kraft F gleich der Last F_G, dividiert durch die Anzahl n der Rollen, ist.

Es ist eine Zugkraft von 750 N erforderlich.

$$F = \frac{F_G}{n} = \frac{3600\ \text{N}}{6} = 600\ \text{N}$$

$$80\% \mathrel{\hat{=}} 600\ \text{N}$$

$$100\% \mathrel{\hat{=}} \frac{600\ \text{N} \cdot 100}{80} \mathrel{\hat{=}} \underline{\underline{750\ \text{N}}}$$

b) Da die geleistete Arbeit mit oder ohne Flaschenzug gleich ist, gilt:

Seillänge = Höhe · Rollenzahl

Die Reibungsverluste wurden bei dieser Betrachtung nicht berücksichtigt.

$$l = h \cdot n = 4{,}6\ \text{m} \cdot 6 = \underline{\underline{27{,}6\ \text{m}}}$$

Beispiel 214/4: Ein Spannungsmesser wird beim Anschluß an 220 V von 40 mA durchflossen. Wie groß ist der Widerstand R des Meßgerätes?

Nach dem Ohmschen Gesetz ist

$$\textit{Widerstand}\ (\Omega) = \frac{\textit{Spannung}\ (\text{V})}{\textit{Stromstärke}\ (\text{A})}$$

Der Widerstand des Gerätes beträgt 5500 Ohm.

$$R = \frac{U}{I} = \frac{220}{0{,}04} = \underline{\underline{5500\ \Omega}}$$

Beispiel 215/1: Um einen Hobelstahl auf Werkstückmitte einzustellen, soll das Maß x für die Schublehre ermittelt werden:

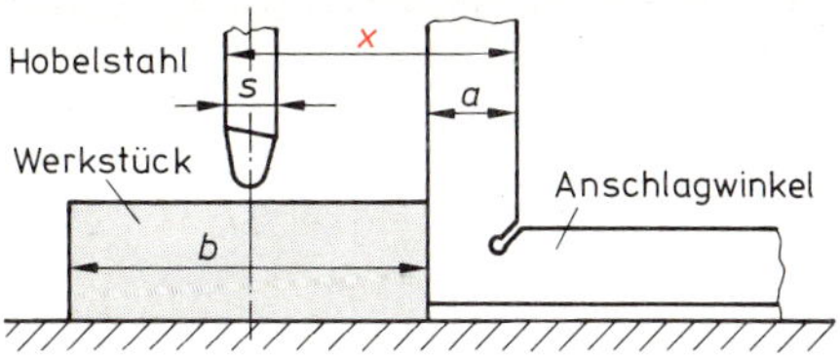

a) mit Hilfe von Variablen,

b) für $a = 25$ mm
$b = 95$ mm
$s = 14$ mm

a) Breite des Anschlagwinkels $= a$ (mm)
Breite des Werkstückes $= b$ (mm)
Breite des Hobelstahles $= s$ (mm)

$$x = a + \frac{b}{2} + \frac{s}{2}$$

b) Wenn man die gegebenen Werte in die Gleichung einsetzt, erhält man das Maß x für die Schublehre.

$$x = 25 + \frac{95}{2} + \frac{14}{2}$$

$$= 25 + 47{,}5 + 7 = \underline{\underline{79{,}5 \text{ mm}}}$$

Beispiel 215/2: Ein elektrischer Wassererhitzer verbraucht 1800 Watt und erhitzt 5 l Wasser in 15 min von 15 °C auf 85 °C.

1. Berechnen Sie die Stromkosten für die Erwärmung von 1 l Wasser, wenn 1 kWh 6 Pf kostet:
   a) mit Hilfe von Variablen,
   b) für die angegebenen Werte
2. Mit welchem Wirkungsgrad arbeitet die Anlage (1 kWh = 3600 kJ)?

Jede Gleichung mit Zahlenangaben kann durch Einführung von Variablen in allgemeiner Form aufgestellt werden.

Lösung:

1a) Leistung des Wassererhitzers (Anschlußwert)	P in kW
Gesamtstromkosten	K in Pf
Wassermenge	V in dm³
Stromkosten für die Erwärmung von 1 dm³ Wasser	B in Pf/dm³
Heizdauer	T in h
Strompreis	p in Pf/kWh
Stromkosten für 1 dm³	$B = \frac{\textit{Gesamtstromkosten}}{\textit{Wassermenge}} = \frac{K}{V}$
Gesamtstromkosten	$K = \textit{Anschlußwert} \cdot \textit{Heizdauer} \cdot \textit{Strompreis} = P \cdot T \cdot p$
Die Stromkosten pro dm³ betragen	$B = \underline{\underline{\frac{P \cdot T \cdot p}{V}}}$

1b) Beim Einsetzen der Werte ist darauf zu achten, daß die Dimensionen stimmen. Mit Hilfe der Dimensionsgleichung kann man nachträglich die dimensionsmäßige Richtigkeit der Gleichung nachprüfen.

$$B = \frac{1{,}8 \cdot \frac{15}{60} \cdot 6}{5} = \frac{1{,}8 \cdot 15 \cdot 6}{60 \cdot 5}$$

$$= \frac{5{,}4}{10} = \underline{\underline{0{,}54 \text{ Pf/dm}^3}}$$

$$\frac{\text{Pf}}{\text{dm}^3} = \frac{\text{kW} \cdot \text{h} \cdot \frac{\text{Pf}}{\text{kWh}}}{\text{dm}^3} = \frac{\text{kW} \cdot \text{h} \cdot \text{Pf}}{\text{dm}^3 \cdot \text{kWh}} = \frac{\text{Pf}}{\text{dm}^3}$$

2) η = Wirkungsgrad

t_2 = Endtemperatur des Wassers

t_1 = Anfangstemperatur des Wassers

$$\eta = \frac{\textit{aufgenommene Energie}}{\textit{zugeführte Energie}} = \frac{W_e \text{ in kJ}}{W_i \text{ in kJ}}$$

Aufgenommene Energie $W_e = V \cdot (t_2 - t_1) \cdot 4{,}1868$

Zugeführte Energie $W_i = P \cdot T \cdot 3600$

Wirkungsgrad

$$\eta = \frac{V \cdot (t_2 - t_1) \cdot 4{,}1868}{P \cdot T \cdot 3600}$$

$$= \frac{5\,(85-15) \cdot 4{,}1868}{1{,}8 \cdot \frac{15}{60} \cdot 3600} = \underline{\underline{0{,}904}}$$

Wirkungsgrad in % $\eta = 0{,}905 \cdot 100 = \underline{\underline{90{,}4\,\%}}$

12.8. Zahlengleichungen mit Potenzen

In Gleichungen können auch Potenzen vorkommen. Sie werden unter Beachtung der Potenzgesetze wie bisher gelöst.

Beispiel 216:

$$\frac{2x}{1-x} - \frac{2}{x-1} = \frac{2x^2-6}{1-x^2} - \frac{8}{x+1}$$

$$\frac{2x}{1-x} - \frac{2 \cdot (-1)}{(x-1) \cdot (-1)} = \frac{2x^2-6}{1-x^2} - \frac{8}{x+1}$$

$$\frac{2x}{1-x} - \frac{-2}{1-x} = \frac{2x^2-6}{1-x^2} - \frac{8}{x+1}$$

$$\frac{2x}{1-x} + \frac{2}{1-x} = \frac{2x^2-6}{(1-x)(1+x)} - \frac{8}{1+x}$$

$$\underline{\underline{\text{H}: (1-x)(1+x)}}$$

$$\frac{2x(1+x)}{\text{H}} + \frac{2(1+x)}{\text{H}} = \frac{2x^2-6}{\text{H}} - \frac{8(1-x)}{\text{H}}$$

$$2x + 2x^2 + 2 + 2x = 2x^2 - 6 - 8 + 8x$$

$$2x + 2x - 8x = -6 - 8 - 2$$

$$-4x = -16$$

$$4x = 16$$

$$\underline{\underline{x = 4}}$$

Übungen

12.1. Zahlengleichungen

1. $x - 3 = 4$
2. $x - 9 = 1$
3. $x - 0{,}5 = 2{,}5$
4. $x - 3\frac{1}{4} = 2\frac{1}{4}$
5. $x - 9\frac{2}{3} = 4\frac{1}{5}$
6. $x + 21 = 39$
7. $x + 44 = 79$
8. $x + 7{,}5 = 12{,}5$
9. $x + 1{,}25 = 3{,}75$
10. $x + 2\frac{1}{2} = 3\frac{2}{5}$
11. $x + 17 = 15$
12. $x + 1{,}2 = 1$
13. $x + 13\frac{1}{2} = 5$
14. $1{,}5x = 12$
15. $7{,}25x = 29$
16. $0{,}8x = 1{,}6$
17. $2x = \frac{1}{2}$
18. $5x = \frac{5}{7}$
19. $0{,}3x = \frac{3}{10}$
20. $1{,}25x = \frac{5}{9}$
21. $\frac{x}{4} = 5$
22. $\frac{x}{7} = 8$
23. $\frac{x}{0{,}5} = 20$
24. $\frac{x}{2{,}7} = 5{,}2$
25. $\frac{x}{3} = \frac{2}{3}$
26. $\frac{x}{5} = 6\frac{2}{15}$
27. $\frac{x}{\frac{1}{2}} = 4\frac{2}{3}$
28. $\frac{x}{3\frac{2}{5}} = 4\frac{7}{17}$
29. $30 = x - 6$
30. $5\frac{1}{2} = 4\frac{1}{2} + x$
31. $\frac{4}{5} = 8x$
32. $3\frac{3}{5} = 2\frac{1}{2}x$
33. $4\frac{2}{3} = 1\frac{3}{7}x$
34. $2{,}5 = \frac{x}{4}$
35. $3\frac{1}{2} = \frac{x}{0{,}5}$
36. $4\frac{1}{5} = \frac{x}{3\frac{5}{7}}$
37. $\frac{10}{x} = 5$
38. $\frac{4{,}5}{x} = 1{,}5$
39. $\frac{5}{x} = \frac{3}{14}$
40. $\frac{13}{x} = 5\frac{1}{5}$
41. $\frac{20}{x} = 3\frac{1}{3}$
42. $\frac{5{,}4}{x} = 1\frac{4}{5}$
43. $\frac{99}{55} = \frac{72}{x}$
44. $\frac{6}{14} = \frac{72}{x}$

45. $3x + 2x - x = 12$
46. $8x + 43 = 5x + 76$
47. $\frac{6}{x} + 5 = 41$
48. $\frac{15}{x} - 3\frac{1}{2} = 1\frac{1}{2}$
49. $7{,}1x - 12{,}79 = 5{,}8 - 4{,}8x - 2{,}4x$
50. $\frac{1}{3}x = 2\frac{2}{3} - \frac{x}{2}$
51. $3x + 11\frac{1}{2} + 13\frac{1}{2}x = x + 19{,}5 - \frac{x}{2}$
52. $4a + 2x = 5a$
53. $x - 2\frac{1}{4}c = 4\frac{1}{2}c$
54. $5b + 2x = 3a$
55. $11x + 7 - 5a = 4x + 9 + 3a$
56. $\frac{1}{4}x + 2a = 3a - \frac{1}{2}x$
57. $\frac{x}{2} + 2\frac{1}{4}b = 4\frac{1}{2}b$
58. $0{,}6a - \frac{3}{10}x = 0{,}8a - \frac{2}{5}x$
59. $0{,}76 - 8{,}7x - 2{,}1x = 0{,}28$

60. $\frac{1}{2}x = 2\frac{2}{3} - \frac{1}{3}x$

61. $7{,}4 = 14{,}4x - 9{,}4 - 3{,}2x$

62. $\frac{6}{16}x + \frac{5}{12}x - 2{,}4 = \frac{8}{5} - \frac{5}{24}x$

63. $\frac{3}{4}x = 5 - \frac{1}{2}x$

64. $\frac{3}{5}x + 4 = 25$

65. $2{,}1x + 18{,}4 = 5{,}7x - 3{,}2$

66. $x + 4x - 24 = 9x - 22 - 3x$

67. $5b + 2x = 4a$

68. $x - 4\frac{1}{2}b = 2\frac{1}{4}b$

69. $11 = \frac{12 - x}{a}$

70. $15x + 98 + 72a - 36b = 25x + 72a - 36b - 2$

71. $12x + 7 - 5a = 4x + 9 + 3a$

Lösen Sie folgende Formeln nach den verlangten Größen auf:

72. $A = \frac{a \cdot b}{2}$

$a = \frac{2 \cdot A}{b}$

$b = \frac{2 \cdot A}{a}$

73. $U = d \cdot \pi$
$d = ?$

74. $A = a \cdot b$
$b = ?$

75. $M = d \cdot \pi \cdot h$
$d = ?$; $h = ?$

76. $V = \frac{A \cdot h}{3}$
$A = ?$; $h = ?$

77. $n_1 \cdot d_1 = n_2 \cdot d_2$
$n_2 = ?$; $d_2 = ?$
$d_1 = ?$; $n_1 = ?$

78. $F \cdot a = Q \cdot b$
$F = ?$; $Q = ?$
$a = ?$; $b = ?$

79. $M = \frac{d \cdot \pi \cdot s}{2}$
$d = ?$; $s = ?$

80. $P = \frac{F \cdot r \cdot \pi \cdot n}{75 \cdot 30}$
$F = ?$; $r = ?$
$n = ?$

81. $Z = \frac{p \cdot K \cdot J}{100}$
$p = ?$; $K = ?$

82. $A = \frac{a_1 + a_2}{2} \cdot b$
$a_1 = ?$; $a_2 = ?$; $b = ?$

83. $V = \frac{A_1 + A_2}{2} \cdot h$
$A_1 = ?$; $h = ?$

84. $M = \frac{D + d}{2} \cdot \pi \cdot s$
$D = ?$; $d = ?$; $s = ?$

85. $P = \frac{1{,}73 \cdot U \cdot I \cdot 0{,}7}{1000}$
$U = ?$; $I = ?$

86. $Pe = \frac{2\pi \cdot Q \cdot l \cdot n}{60 \cdot 75}$
$Q = ?$; $l = ?$; $n = ?$

12.2. Zahlengleichungen mit Klammern

1. $3x + 30 - (x + 28) = 3x - (2x + 4)$

2. $3x + 12 - (12x + 18) = -2x + 36$

3. $9x - [4x - (4 + x)] = 4x + 8$

4. $7x - [8x - (5x - 30)] = 12$

5. $5 - [7x - (5x - 30)] = -125$

6. $5 - 5x - (10 - 6x) = 5$

7. $11 = (24 - x) - (19 - 2x)$

8. $45 - 9x = 33 + 15x - (15 - 3x)$

9. $25x - (19x - 48) = 18x - (36 - 13) - (66 - 5x)$

10. $16x + 19 - (28 + 127) = 24 - (5x + 13 + 14x)$

11. $x - (a - 2b) = 2b - (x + 3a)$

12. $3x - [5x - (105 - 30x) - 35] = 12$

13. $47 - (8x - 17) = 38x - [5 - 7x - (25 - 4x)]$

14. $19{,}3x - 5{,}4 - [15{,}6 - (5{,}2x + 20{,}1)] = 7{,}3x - (17{,}8x + 1{,}6)$

15. $15x - [5 - (12x + 6) + 13x] = 7x + 15$

16. $50 - [(2 - 5x) - (16 - 4x)] = 85$

17. $3x - (2x + 15) = 11 - [(23x - 11) + (7x - 9) - (18x + 19)]$

18. $37 - [(4x - 19) - (32 - 5x)] = 5x - [(3x + 2) + 20]$

19. $51 - (8x - 15) = 36x - [55 - (7x + 23) + 2x]$

20. $x + 9 = 3x - [(3 - 10x) - (6x - 15)]$

21. $12 + 12x - [22 - 33x - (3x - 7)] = 39x - [20 - (17 - 9x) - 15x] - (21x - 2)$

22. $18{,}3x - 6{,}4 - [15{,}6 - (5{,}2x + 20{,}1)] = 6{,}3x - (17{,}8\,x + 2{,}6)$

23. $-(27x - 3) = -[(22x - 19) - (2 - 11x)]$

24. $2b - \{5a - [18 + 3b + 8a - (3a + 5b) - 22] - 7\} = 4 - x$

25. $15{,}2 - [8{,}6 - (26x - 4{,}4) + 9{,}6] = 13x - [3{,}48 - (7{,}4 - 32x)] - [5{,}6x - (2{,}8 - 14x) - 5{,}68]$

12.3. Textgleichungen

1. Zu welcher Zahl muß man 2,7 addieren, um 16,4 zu erhalten?

2. Addiert man zu einer Zahl 15, so erhält man 24. Wie heißt die Zahl?

3. Zu welcher Zahl muß man $1\frac{3}{4}$ addieren, um $3\frac{2}{3}$ zu erhalten?

4. Von welcher Zahl muß man 17 subtrahieren, um 29 zu erhalten?

5. Von welcher Zahl muß man 1,3 subtrahieren, um −2,9 zu erhalten?

6. Von welcher Zahl muß man $2\frac{1}{5}$ subtrahieren, um $3\frac{1}{3}$ zu erhalten?

7. Wenn man zur Höhe eines Turmes 17,2 m addiert, so erhält man 95,4 m. Wie hoch ist der Turm?

8. Subtrahiert man von der Länge einer Straße 14,75 km, so erhält man 135,71 km. Wie lang ist die Straße?

9. Subtrahiert man vom Gewicht einer Kiste $11\frac{1}{5}$ kg, so erhält man 1,5 kg. Wieviel kg wiegt die Kiste?

10. Multipliziert man eine Zahl mit 12 und subtrahiert davon 24, so erhält man 108. Wie heißt die Zahl?

11. Wenn man eine Zahl mit 6 multipliziert und zum Ergebnis 14 addiert, so erhält man 200. Wie heißt die Zahl?

12. Das $3\frac{1}{2}$ fache einer Zahl, vermehrt um $9\frac{1}{5}$, ergibt 30,2. Wie heißt die Zahl?

13. Teilt man eine Zahl durch 13 und addiert zum Quotienten 9,2, so erhält man 11,7. Wie heißt die Zahl?

14. Teilt man das Gewicht eines Kraftwagens durch 30 und subtrahiert vom Quotienten 12 kg, so erhält man 20 kg. Wieviel kg wiegt der Kraftwagen?

15. Teilt man eine Anzahl Äpfel durch 12 und addiert zum Quotienten 19,5, so erhält man 23. Wieviel Äpfel sind vorhanden?

16. Multipliziert man den fünften Teil einer Zahl mit 4, so erhält man 28. Wie heißt die Zahl?

17. Multipliziert man die halbe Höhe eines Baumes mit 12, so erhält man 162 m. Wie hoch ist der Baum?

18. Multipliziert man den vierten Teil einer Menge Nägel mit 2,5, so erhält man 160. Wieviel Nägel sind vorhanden?

19. Multipliziert man den fünften Teil einer Zahl mit 9 und subtrahiert 8, so erhält man 100. Wie heißt die Zahl?

20. Multipliziert man den siebten Teil einer Zahl mit 5 und addiert 45, so erhält man 150. Wie heißt die Zahl?

21. Multipliziert man die Hälfte der Bewohner eines Hauses mit 4 und subtrahiert 20, so erhält man 50. Wieviel Bewohner hat das Haus?

22. Addiert man zum Fünffachen einer Zahl $\frac{5}{6}$, so erhält man das Dreifache der Zahl, vermehrt um $2\frac{1}{6}$. Wie heißt die Zahl?

23. Vermindert man die neunfache Besucherzahl eines Kinos um 492, so erhält man die siebenfache Besucherzahl, vermehrt um 84. Wieviel Kinobesucher sind vorhanden?

24. Dividiert man 817,8 durch eine bestimmte Zahl und addiert zum Bruch 13, so erhält man 100. Wie heißt die unbekannte Zahl?

25. Der wievielte Teil von 2730 km, vermindert um 25 km, ergibt 45 km?

26. Berechnen Sie die Variable *x* von nachfolgenden Figuren:

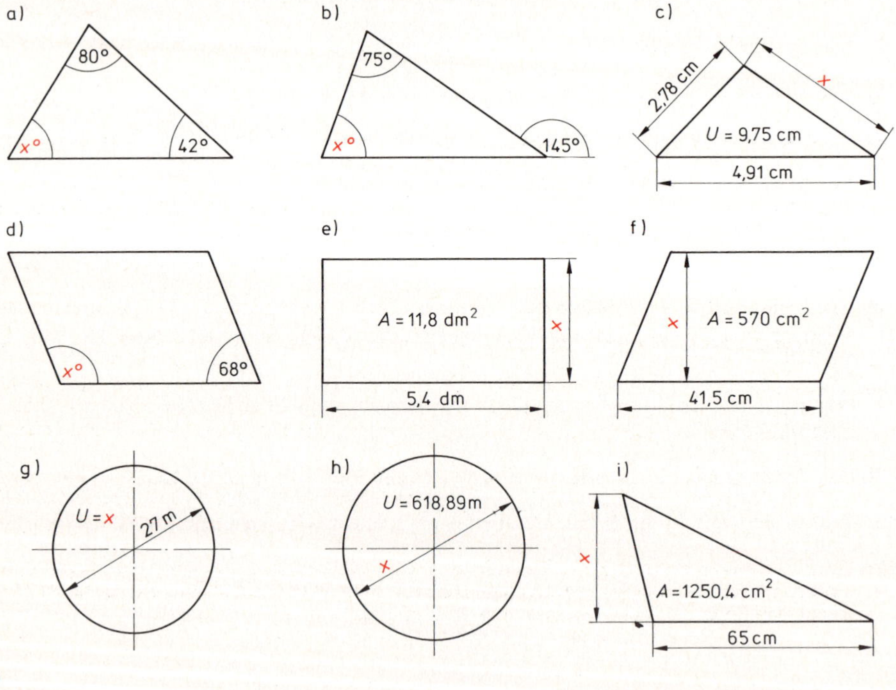

j)

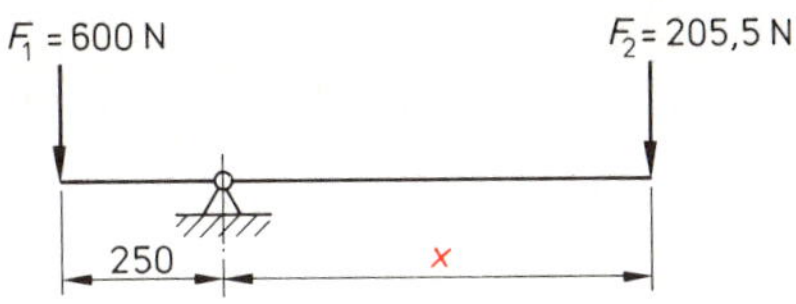

k)

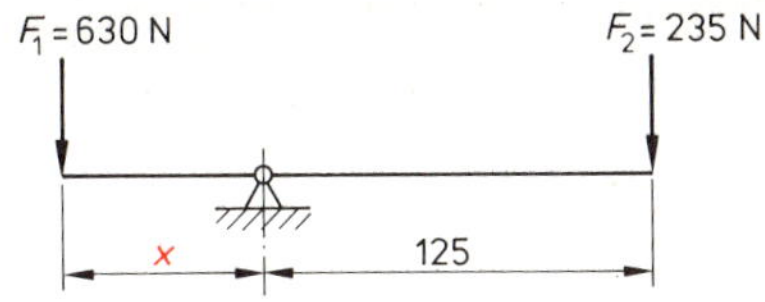

l)

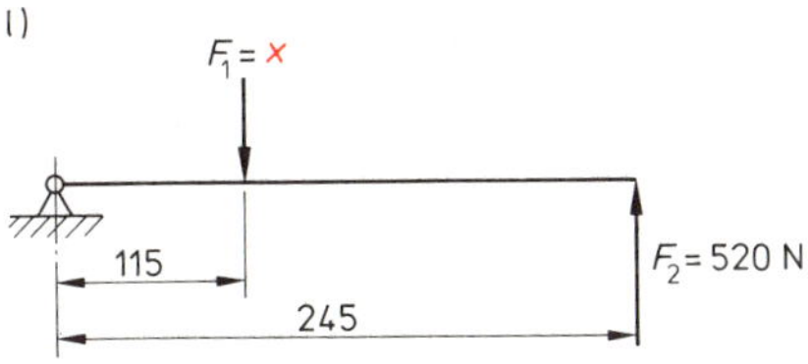

m)

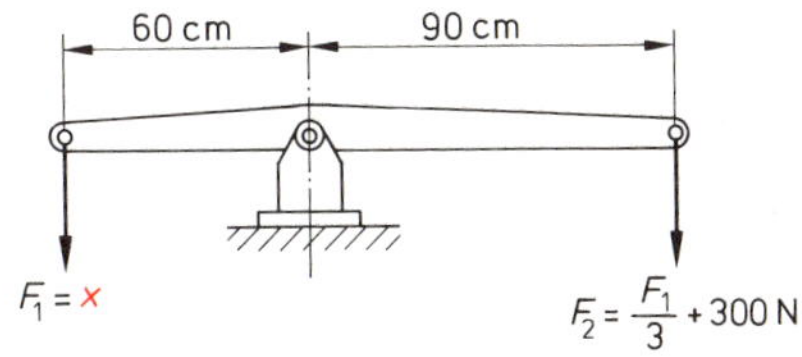

n)

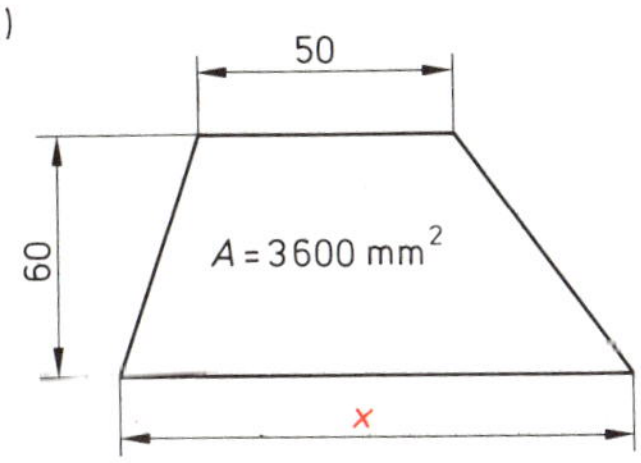

o)

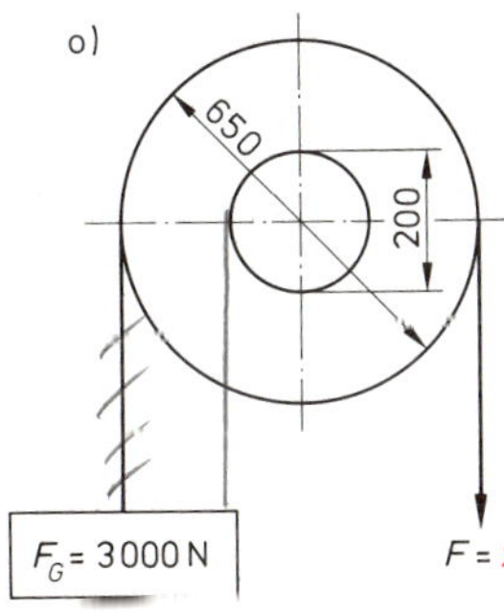

27. Drei Arbeiter (*A*, *B*, *C*) haben zusammen in zwei Tagen 270 DM verdient, *B* das Doppelte von *A* und *C* 30 DM weniger als *B*. Wieviel DM verdiente jeder?

28. Eine Straße ist 984 m lang. Sie besteht aus einer Steigung, einer ebenen Wegstrecke und einer Brücke. Die ebene Wegstrecke ist 5mal und die Steigung 14,5mal so lang wie die Brücke. Wie lang ist die Brücke?

29. Ein Meister kauft 15 kg Nägel und 1 kg Schrauben. 1 kg Schrauben kosten $2\frac{1}{2}$mal soviel wie 1 kg Nägel. Im ganzen zahlt er 87,50 DM. Was kostet 1 kg einer jeden Sorte?

30. Zwei Arbeiter (*A* und *B*) fahren täglich mit dem Kraftwagen zur Arbeit. *A* legt in der Stunde durchschnittlich 54 km (= 0,9 km/min), *B* 72 km (= 1,2 km/min) zurück. Wieviel Minuten nach Aufbruch von Arbeiter *B* werden sie sich treffen, wenn Arbeiter *A* 7 min früher losfährt?

31. Ein Brückenpfeiler ist 24 m lang und wird in einen Fluß gestellt. Das Stück des Pfeilers, das im Erdboden versenkt ist, ist doppelt so lang, und das Stück, das aus dem Wasser herausragt, ist fünfmal so lang wie das Stück, das sich im Wasser befindet. Wie tief ist der Fluß?

32. Zwei Kraftwagen (*A* und *B*) fahren von Köln und Stuttgart (357 km) gleichzeitig einander entgegen. *A* legt in der Stunde durchschnittlich 115 km zurück, *B* 95 km. Nach wieviel Stunden Fahrt begegnen sie einander? Wie weit sind sie dann von Köln entfernt?

33. Zwei Kraftwagen (A und B) fahren von München (M) und Mannheim (N) (360 km) gleichzeitig einander entgegen. A legt in der Stunde durchschnittlich 120 km zurück, B 105 km. Nach wieviel Stunden Fahrt begegnen sie einander? Wie weit sind sie dann von München entfernt?

34. Ein Dreieck hat einen Umfang von 43 cm. Die Seite b ist 2 cm länger als die Seite a, und Seite c ist 6 cm länger als die Seite b. Wie lang ist jede Seite?

35. Eine Hausfrau kauft 1 kg Kartoffeln, 1 kg Äpfel und 1 kg Bohnen. Die Äpfel kosten achtmal und die Bohnen $3\frac{1}{2}$mal soviel wie die Kartoffeln. Im ganzen zahlt sie 5 DM. Wieviel DM kostet jede Sorte?

36. Ein Schiff A verläßt den Hafen mit einer gleichbleibenden Geschwindigkeit von 32 km/h. $4\frac{1}{2}$ Stunden später fährt ein anderes Schiff B auf dem gleichen Kurs mit einer gleichbleibenden Geschwindigkeit von 35 km/h hinterher. Nach wieviel Stunden holt Schiff B das erste Schiff A ein? Wieviel km sind beide Schiffe dann vom Hafen entfernt?

37. Zwei Brüder (A und B) fahren täglich mit dem Fahrrad zur Arbeit. A legt in der Stunde durchschnittlich 18 km (= 0,3 km/min), B 15 km (= 0,25 km/min) zurück. Sie erreichen gleichzeitig dieselbe Arbeitsstelle. Wieviel Minuten braucht A für die Fahrt, wenn B 10 Minuten früher losfährt? Wie weit ist die Arbeitsstelle entfernt?

12.4. Zahlengleichungen mit Produkten

1. $12(x - 1) = 64 - 14(x - 2)$

2. $9(3x - 11) = 6(3x - 10)$

3. $5(8x + 1) + 13x = 6(9x - 4)$

4. $8(x + 3) + 7(x + 2) = 5x + 6(x + 1)$

5. $8(3{,}6x - 2) - 21{,}42 = 3{,}1(7x - 5{,}2)$

6. $5{,}5x - 3(x - 3) = 1{,}5(9 - x) + 23{,}5$

7. $-x + 2(x + 9) = 7x - 4(x + 0{,}5)$

8. $18(15x - 28) - 8(42 - x) = 14x - 9(512 - 20x)$

9. $5x + 6(x + 1) = 8(x + 3) + 7(x + 2)$

10. $2[3x + 2(3x - 2)] = 4(4x - 1)$

11. $9(5x - 24) - [4(42 - x) - 9(256 - 10x)] = 7x$

12. $2(x - 28) - [6(18 - 2x) - 4(8x + 12)] = 8[5x - (3x - 8)]$

13. $30x - [15(x - 2) - 6(3x + 1) + 10(x + 1) + 6(2 + x)] = 150$

14. $9(10x - 48) - 4(84 - 2x) = 14x - 18(256 - 10x)$

15. $2(10x + 48) - 3(2x - 15) = 4(2x - 30) + 5(3x + 10) + 3(4x - 5) + 37$

16. $\frac{8}{3}\left(6x - \frac{9}{2}\right) - \frac{3}{2}\left(8x + \frac{1}{3}\right) = 4x - \frac{1}{2} - \frac{4}{5}\left(10x - \frac{5}{8}\right) + 3\frac{1}{2}$

17. $24(3x + 2) = 12(2x + 5) - 2[3(2x - 7) - 9(4x - 1)]$

18. $50 - 2[2(x - 6) + 4(x + 9)] = 6[4x - (x + 8)]$

19. $10[16 - 3(2x - 3) + 3x] - 42(x - 7) = 8[2(3x - 1) - 4(x + 5) + 13]$

20. $(5 + 4b)(3x - 6) = (6x - 7)(2b + 10)$

21. $2[3 - (3x + 7)(4 - 6c)] = (4c + 5)(9x - 10) - 14c$

22. $5[3 - (8x + 1)(6 - 3a)] = 3[40ax - 3(5x - a)]$

23. $15 - [6x(2 + a) - (5x - 3)(2 - a)] = (x - 2)(3 - 4a) - 7ax$

24. $6[5 - (6x - 2)(5 + 3c)] = 3[15cx - 5(8x - 2c)] - 153cx - 54x$

12.5. Textgleichungen mit Produkten

1. Subtrahiert man vom Dreifachen einer Zahl 11 und multipliziert die Differenz mit 2, so erhält man das Neunfache der Zahl, vermindert um 33. Wie heißt die Zahl?

2. Addiert man zum dritten Teil einer Zahl 9 und multipliziert die Summe mit 6, so erhält man das Fünffache der Zahl, vermehrt um 45. Wie heißt die Zahl?

3. Subtrahiert man vom Sechsfachen einer Zahl 9 und multipliziert die Differenz mit $1\frac{2}{3}$, so erhält man das Doppelte der Zahl, vermehrt um 6 und die Summe multipliziert mit $6\frac{1}{2}$. Wie heißt die Zahl?

4. Das 13fache einer Zahl, vermindert um das Achtfache der um 1 verkleinerten Zahl, ergibt 23. Wie heißt die Zahl?

5. Addiert man zur Hälfte einer gesuchten Zahl das Fünffache der um 3 verkleinerten Zahl, so erhält man das Sechsfache der Zahl, vermindert um 10. Wie heißt die Zahl?

6. In einem Rechteck ist $a = 7$ cm. Verkürzt man a um 2 cm und verlängert b um 2 cm, so ist das neue Rechteck um 2 cm² kleiner. Wie lang ist die Seite b vom ersten Rechteck?

7. In einem Dreieck ist die Grundseite 5 cm und die Höhe 8 cm lang. Um wieviel cm muß man die Grundseite c verlängern, wenn man die Höhe um 2 cm verkürzt, damit der Flächeninhalt um 4 cm² größer werden soll?

8. Von einem Trapez sind bekannt: $A = 84$ cm²; $a = 14$ cm; $h = 8$ cm. Wie lang ist die andere parallele Seite c?

9. Wie lang sind die Hebelarme a und b?

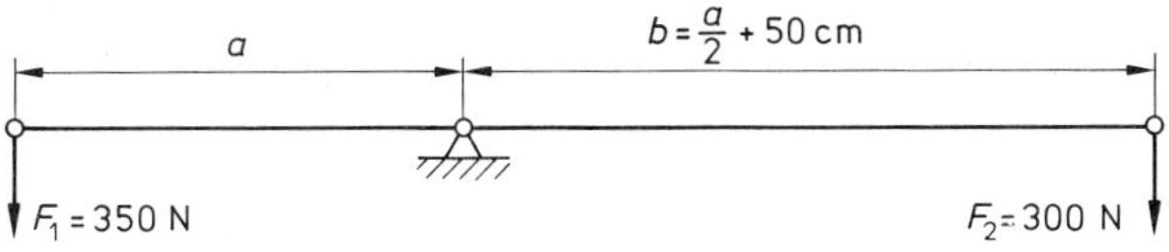

10. Zwei Arbeiter A und B sollen eine 1000 N schwere Last mit einer 3,2 m langen Stange transportieren. In welcher Entfernung von B muß die Last an der Stange befestigt werden, wenn B nur 300 N tragen kann?

11. Eine Mutter von 42 Jahren hat eine 12jährige Tochter. In wieviel Jahren ist die Mutter dreimal so alt wie ihre Tochter?

12. Zwei Kraftwagen fahren einander entgegen. Der erste fährt um 9 Uhr vom Ort A ab und legt durchschnittlich 67,5 km/h zurück. Der zweite fährt 2 Stunden später vom Ort B ab und legt durchschnittlich 90 km/h zurück. Wann und in welcher Entfernung vom Ort B werden sie sich treffen? Die Orte A und B sind 450 km voneinander entfernt.

13. Ein Wasserbehälter faßt 30 l Wasser. Er ist innen 30 cm breit und 50 cm lang. Jemand hat eine unbekannte Menge Wasser hineingegossen. Der Abstand des Wasserspiegels vom Boden ist 10 cm größer als von der Oberkante. Wieviel l Wasser enthält der Behälter?

14. Ein großer Fisch von 54 kg wird in 3 Teile zerlegt. Das Kopfende wiegt 10 kg, der Rumpf zweimal soviel wie Kopf- und Schwanzende zusammen. Welches Gewicht hat jeder Teil?

15. Der Kohlenvorrat für eine Anzahl Lokomotiven reicht 5 Wochen. Werden 3 Lokomotiven außer Dienst gestellt, so reichen die Kohlen für 7,5 Wochen. Wieviel Lokomotiven sind vorhanden?

16. Das 14fache einer gedachten Zahl, vermehrt um das 10fache der um 2 vergrößerten Zahl, ist gleich dem 20fachen der um 3 vergrößerten Zahl, vermindert um 8. Wie groß ist die gedachte Zahl?

17. Von welcher Zahl ist das 21fache um 27 größer als das 9fache der um 17 vergrößerten Zahl?

18. Von zwei Brüdern ist der eine 21, der andere 17 Jahre alt. Vor wieviel Jahren war der ältere Bruder dreimal so alt wie der jüngere?

19. Ein Bauer mußte wegen Futtermangels 38 Kühe verkaufen, weil sonst der Futtervorrat statt für 8 Wochen nur für 6 Wochen reichen würde. Wieviel Kühe besaß er?

20. Ein Zimmer hat bei unbekannter Breite eine Länge von 10 m. Würde man Länge und Breite um 1 m verkürzen, so wäre der Flächeninhalt 15 m² geringer. Wie breit ist das Zimmer?

21. Ein Schiff A verläßt einen Hafen in Japan mit einer Durchschnittsgeschwindigkeit von 40 km/h, um einen Hafen in Südamerika, in 8900 km Entfernung, anzulaufen. Von diesem Hafen fährt 1 Tag und 6 Stunden später ein Schiff B auf der gleichen Route nach Japan mit einer Durchschnittsgeschwindigkeit von 50 km/h. Nach wieviel Tagen und Stunden nach Abfahrt von A sind die Schiffe noch 500 km voneinander entfernt?

22. Der Umfang eines gleichschenkligen Dreiecks beträgt 40 cm. Ein Schenkel ist 5 cm länger als die Grundseite. Wie lang sind Schenkel und Grundseite?

23. Am Ende einer 2,1 m langen Stange hängt ein Seil mit einer Last von 1200 N. Wie weit vom Stangenende muß man den Drehpunkt wählen, wenn die Last mit einer Kraft von 200 N, die auf das andere Ende der Stange drückt, gehoben werden soll? Die Gewichte von Stange und Seil werden nicht berücksichtigt.

24. Jemand hat für seinen Urlaub von bestimmter Dauer eine bestimmte Summe Geldes gespart. Gibt er täglich 12 DM aus, so reicht er mit dem Geld 9 Tage länger als vorgesehen; gibt er aber täglich 17 DM aus, so muß er seinen Urlaub um einen Tag abkürzen. Wie lange sollte seine Urlaubsreise dauern, und wieviel Geld hatte er gespart?

12.6. Zahlengleichungen mit Brüchen

1. $cx - 3c + 2dx = 6d$
2. $2ab - nx = ax - 2bn$
3. $3b + ax = bx + 3a$
4. $2n - nx = mx - 2m$
5. $ap + bx = ax + bp$
6. $4m + nx - 2n = 2mx$
7. $c - dx = cx - d$
8. $cx - 17nx + 85dn = 5cd$
9. $4ab + 6bx = 4ax + 6ab$
10. $6bc - 2bx = 15ac - 5ax$
11. $3sx - 9s = rx - 3r$
12. $39bn - 3bx = 7ax - 91an$
13. $4bc - 2bcx = 4cx - 8c$
14. $45 - 15x = 9bx - 27b$
15. $8ac - 2cx = 12ab - 3bx$
16. $4rx = 4mr + 6sx - 6ms$

17. $\frac{2x}{4} - 36 = \frac{2x}{5} - 34$

18. $\frac{5x}{4} + \frac{2}{3} - \frac{7x}{6} = \frac{4}{3}$

19. $\frac{5x}{4} + \frac{x}{2} = \frac{3x}{2} + \frac{5}{2}$

20. $\frac{x}{18} + \frac{x}{3} = \frac{x}{9} + 50$

21. $\frac{4x}{3} + \frac{2x}{5} = 2x - 4$

22. $\frac{18 - 2x}{4} + 3x = \frac{8x}{3} + x + 1$

23. $\frac{x}{2} - \frac{2x}{3} = \frac{3x}{5} - \frac{3x}{4} - \frac{5}{3}$

24. $\frac{0{,}975x - 1{,}5}{4} + 1{,}3x = 20{,}28 + 0{,}97x$

25. $\frac{8x - 22}{4} - 20 = \frac{5(x - 7)}{2} - 8$

26. $\frac{5}{2} + \frac{8x - 7}{6} = 3 - \frac{14x + 3}{10}$

27. $2x - 2 - \frac{2x - 4}{2} + \frac{2x - 6}{3} = 0$

28. $\frac{7}{2} - \frac{x}{2} - \frac{2x + 3}{9} = 3 - \frac{5x + 1}{8}$

29. $\frac{2x - 5}{3} + \frac{6x + 3}{2} = 10x - 35$

30. $\frac{3}{2}(x + 3) - (x - 2) = \frac{1}{4}(3x - 5) + \frac{3}{4}$

31. $a + \frac{x}{b} = c$

32. $a = c + \frac{x}{b}$

33. $m - \frac{x}{c} = a$

34. $\frac{abx}{m} + \frac{abx}{n} = \frac{m + n}{mn}$

35. $\frac{mx}{cd} + \frac{1}{a} = \frac{m}{ad} + \frac{x}{c}$

36. $\frac{cx}{ab} + d = c + \frac{dx}{ab}$

37. $\frac{2ax}{bc} - \frac{x}{c} = \frac{2a}{bd} - \frac{1}{d}$

38. $\frac{19(x - 4)}{3} + \frac{2(9 - x)}{3} = \frac{2(5x - 3)}{7} - 5x$

39. $\frac{2(3x - 5)}{0{,}25} - \frac{2x + 0{,}4}{0{,}15} = \frac{2(4x - 1)}{4{,}5} - 10$

40. $\frac{10x - 6}{7} - \frac{18 - 2x}{3} = 5x + \frac{19}{3}(x - 4)$

41. $\frac{2x - 0{,}2}{5} + \frac{4x + 0{,}6}{3} = 4x - 1{,}2$

42. $\frac{2x + 3}{4} = \frac{2(x - 1)}{6}$

43. $1 + \frac{2(x - 3)}{4} = \frac{x - 2}{3}$

44. $\frac{1}{6}(2x - 57) - \frac{5}{3} = x - \left(3x - \frac{2x - 5}{10}\right)$

45. $1 = \frac{x - 2}{10} - \frac{2x - 14}{10}$

46. $3 - \frac{2x - 3}{4} = \frac{8x - 11}{12}$

47. $2x = \frac{12x + 14}{12} - \frac{2x + 8}{16}$

48. $\frac{2x + 8}{28} + \frac{x - 4}{6} = 2$

49. $\frac{14}{15} - \frac{4x - 6}{10} = \frac{6x - 8}{30}$

50. $\frac{2x + 10}{8} - \frac{x + 3}{20} = \frac{4x + 9}{10} - \frac{14x - 2}{50}$

51. $\frac{6x - 10}{0{,}25} + 10 - \frac{8x - 2}{4{,}5} = \frac{2x + 0{,}4}{0{,}15}$

52. $\frac{4}{5x} - \frac{7}{10x} = \frac{1}{10}$

53. $\frac{8}{10x} - \frac{7}{10x} = \frac{2}{20}$

54. $\frac{6}{x} - \frac{3}{2x} + \frac{4}{3x} = 17{,}5$

55. $\frac{3}{x} - \frac{1}{3x} = \frac{6 - 5x}{2x} + \frac{2}{3}$

56. $\frac{5}{4} - \frac{5x - 16}{6x} = \frac{8}{3x} + \frac{7x + 12}{15x}$

57. $\frac{69 - 3x}{3x} - \frac{3}{4x} = \frac{21}{x} + \frac{11}{4}$

58. $\frac{7{,}5}{9x} - \frac{2}{3x} - \frac{1}{6} = \frac{5}{6x} - \frac{11}{12x}$

59. $\frac{3}{5x} + \frac{9}{10x} = \frac{13}{8x} - \frac{1}{8}$

60. $\frac{x - 2ab}{2ab} + \frac{x - 2b}{2b} = \frac{2}{a}$

61. $\frac{2x + 4a}{a} + \frac{4(a + b)}{ab} = \frac{4b + 2x}{b} + \frac{4x}{a}$

62. $\frac{4}{x - 3} = 2$

63. $\frac{4}{2x} = \frac{1}{x - 1}$

64. $\frac{3x}{25 - x} = 2$

65. $\frac{4}{x + 1} = \frac{10}{x + 4}$

66. $\frac{1}{2x - 3} + \frac{2}{6x - 9} = \frac{5}{5x - 2}$

67. $\frac{6}{b + x} - \frac{4}{2b + x} = \frac{3}{b + x}$

68. $\frac{6}{x + 2} + \frac{1}{2x - 6} - \frac{5}{6x - 18} = \frac{4}{x + 2}$

69. $\frac{4}{x + 1} = \frac{7}{4x + 4} + \frac{3}{2x - 2}$

70. $\frac{2a}{x + 1} + b = \frac{2b}{x + 1} + a$

71. $\frac{3x - 6}{x - 3} + \frac{4x - 30}{3x - 9} = \frac{2x + 12}{x - 3}$

72. $\frac{3x + 3}{2x - 16} - 4 + \frac{2x + 2}{x - 8} = \frac{3(x - 1)}{x - 8}$

73. $\frac{20x + 2}{6x + 6} - 1 = \frac{6x - 4}{2x + 2}$

74. $\frac{11x - 2}{2x + 6} - \frac{3x - 1}{x + 3} = \frac{2x + 15}{2x + 6}$

75. $\frac{1{,}5}{x - 2} - \frac{2}{x + 2} = \frac{4{,}5}{(x - 2)(x + 2)}$

76. $\frac{8}{2x - 4} + \frac{12}{x + 2} = \frac{32}{(x + 2)(x - 2)}$

77. $\frac{x + 15}{m + 1} - \frac{x - 6}{m - 1} = \frac{7m - 9}{(m + 1)(m - 1)}$

78. $\frac{\frac{3x - 3}{5}}{\frac{13x + 3}{7}} = \frac{1}{5}$

79. $\frac{\frac{4(x - 4)}{5}}{\frac{3(3x + 5)}{4}} = \frac{1}{6}$

80. $\frac{10}{\frac{1}{5} + \frac{1}{x}} = 48$

81. $\frac{\frac{4(4x - 1)}{3}}{\frac{3(5x + 1)}{2}} = \frac{4}{3}$

82. $\frac{\frac{2}{a} - \frac{2}{x}}{\frac{1}{a} + \frac{1}{x}} = \frac{2}{3}$

83. $\frac{\frac{35x + 5}{4}}{\frac{8x - 2}{7}} = 8$

84. $\frac{\frac{5(2x + 3)}{4}}{\frac{5x - 5}{3}} = 1$

12.7. Textgleichungen mit Brüchen

1. Addiert man zum Siebenfachen einer Zahl 3 und dividiert die Summe durch 5, so erhält man das Fünffache der Zahl, vermehrt um 24 und dividiert durch 10. Wie heißt die Zahl?

2. Ein Bruch hat den Wert $\frac{17}{18}$. Welche Zahl muß man vom Zähler subtrahieren und zum Nenner addieren, damit sein Wert $\frac{2}{3}$ wird?

3. Das um 13 verkleinerte Neunfache einer Zahl, dividiert durch das um 13 vergrößerte Elffache derselben Zahl, ergibt den Quotienten $\frac{5}{9}$. Wie heißt die Zahl?

4. Der Zähler eines Bruches ist um 8 größer als der Nenner. Vermehrt man beide um 4, so entsteht ein Bruch vom Wert $\frac{7}{5}$. Wie groß ist der Nenner des ursprünglichen Bruches?

5. Addiert man zu einer Zahl 7, dividiert die Summe durch 3 und addiert zum Quotienten 1, so erhält man dasselbe, wie wenn man zur gesuchten Zahl 31 addiert, die Summe durch 6 dividiert und vom Quotienten 1 subtrahiert. Wie heißt die Zahl?

6. Addiert man zu einer bestimmten Zahl 3 und dividiert die Zahl 15 durch die Summe, so erhält man ebensoviel, wie wenn man von der bestimmten Zahl 3 subtrahiert und die Zahl 6 durch diese Differenz dividiert. Wie heißt die Zahl?

7. Dividiert man 40 durch eine Zahl und 12 durch die vorhergehende Zahl, so erhält man zwei Quotienten (Brüche), deren Differenz gleich 72, dividiert durch das Produkt der Zahlen, ist. Wie heißt die erste Zahl?

8. Addiert man zu einer gewissen Zahl 3, dividiert die Summe durch 4 und subtrahiert von diesem Bruch den 3. Teil der um 29 verkleinerten Zahl, so erhält man das Doppelte der gesuchten Zahl. Wie heißt die Zahl?

9. Zu welchem Zinsfuß sind zwei Kapitalien von 28000 DM und 23800 DM, die gleiche Zinsen brachten, ausgeliehen, wenn das erste $\frac{3}{4}$% weniger einbringt als das zweite?

10. Ein Kaufmann verkauft einen Posten Ware für 1012,50 DM. Wie hoch war der Einkaufspreis, wenn er die Ware mit 35% Aufschlag verkaufte?

11. Der Verkaufspreis einer Maschine betrug 11500 DM. Er muß wegen Einschaltung eines Zwischenhandlers erhöht werden. Wie hoch ist der neue Verkaufspreis, wenn dem Zwischenhändler für seine Vermittlung 8% Provision zugebilligt werden?

12. Die jährlichen Zinsen zweier Kapitalien von 7000 DM und 15000 DM betragen zusammen 1170 DM. Zu wieviel Prozent ist das erste ausgeliehen, wenn das zweite Kapital 1% niedriger verzinst wird als das erste?

13. Ein Händler will für eine bestimmte Summe Geldes Leinen kaufen. Kauft er 60 m, so fehlen ihm 140 DM; kauft er 35 m, so hat er 22,50 DM übrig. Wieviel Geld besitzt er? Was kostet 1 m Leinen?

14. Jemand zahlt für eine bestimmte Schuldsumme, die in 6 Monaten fällig ist, sogleich bar 1200 DM, weil ihm $\frac{2}{3}$% Diskont (Nachlaß) monatlich gewährt werden. Wieviel war er schuldig?

15. Zwei Kapitalien von 8000 DM und 15000 DM bringen jährlich zusammen 1300 DM Zinsen. Zu wieviel Prozent ist das erste Kapital ausgeliehen, wenn das zweite Kapital 1% höher verzinst wird als das erste?

16. Zwei Kapitalien von 5410 DM und 1350 DM bringen zusammen jährlich 290,65 DM Zinsen. Das zweite Kapital ist um $1\frac{1}{2}$% höher verzinst als das erste. Mit wieviel Prozent wird das zweite Kapital verzinst?

17. Ein Kaufmann hat zwei Stücke Stoff. Verkauft er vom größeren 13 m, so sind beide Stücke gleich lang; verkauft er vom kürzeren 13 m, so ist dessen Rest gleich dem dritten Teil beider Stücke. Wie lang sind die Stücke?

18. Ein Mann will im Geschäft eine Anzahl Schrauben kaufen. Kauft er 45 Schrauben, so fehlen ihm 0,75 DM, kauft er 35 Schrauben, so hat er 0,25 DM zuviel. Wieviel DM besaß er, und was kostet eine Schraube?

19. Ein Auto fährt am ersten Tag den 5. Teil seines ganzen Weges und noch 300 km, am zweiten Tag den 4. Teil des ganzen Weges und noch 250 km, doch an beiden Tagen gleich viel Kilometer. Wieviel km betrug der Weg?

20. Wie schwer muß ein Brett aus Fichtenholz ($\gamma = 4{,}5\ N/dm^3$) sein, wenn es, ganz unter Wasser getaucht, noch eine Tragkraft von 750 N haben soll?

21. Ein Apotheker will aus 5 l 90%igem Alkohol und 10 l 45%igem Alkohol durch Hinzufügen von Wasser 42%igen Alkohol herstellen. Wieviel Liter Wasser muß er zusetzen?

22. Ein Drogist hat 1,5 l 20%igen Eierlikör. Wieviel cm^3 96%igen Alkohol muß er hinzufügen, damit der Eierlikör 36%ig wird?

23. Um Silberlot herzustellen, werden 3,5 kg Zink ($\varrho = 7{,}1\ kg/dm^3$), 4 kg Kupfer ($\varrho = 8{,}9\ kg/dm^3$) und 2,5 kg Silber ($\varrho = 10{,}5\ kg/dm^3$) zusammengeschmolzen. Welche Dichte hat die Legierung?

24. 7 kg Messing ($\varrho = 8{,}3\ kg/dm^3$) enthalten 5 kg Kupfer. Welche Dichte hat der zweite Legierungsbestandteil Zink? Die Dichte von Kupfer beträgt 8,9 kg/dm^3.

25. Eine Salzlösung wiegt 200 Gramm und ist 30%ig. Wieviel Gramm Wasser müssen zugegossen werden, damit die Salzlösung 17%ig wird?

26. Wieviel Gramm Silber ($\varrho = 10{,}5\ kg/dm^3$) muß man mit 35 g Gold ($\varrho = 19{,}3\ kg/dm^3$) zusammenschmelzen, um eine Legierung mit der Dichte 16 kg/dm^3 zu erhalten?

27. Mischt man 12 dm^3 Wasser mit 15 dm^3 Alkohol, so ist die Mischung 32%ig. Wieviel %ig war der benutzte Alkohol?

28. Wieviel %ig ist die Mischung, wenn man 15 dm^3 62%igen Alkohol mit 8,5 dm^3 38%igem Alkohol mischt?

29. Es sind 80%ige und 43%ige Schwefelsäuren vorhanden. Es werden 4,5 dm^3 50%ige Schwefelsäure benötigt. Wieviel dm^3 von jeder Sorte muß man nehmen?

30. Der Inhalt zweier Korbflaschen, die 25 l 84%igen bzw. 24 l 65%igen Alkohol enthalten, wird zusammengegossen. Wieviel Liter Wasser muß man hinzufügen, damit 61%iger Alkohol entsteht?

31. Für eine Glocke braucht man 300 kg Kupfer ($\varrho = 8{,}9\ kg/dm^3$) und 110 kg Zinn ($\varrho = 7{,}3\ kg/dm^3$). Welche Dichte hat die Legierung?

32. Ein Mann trinkt an einer Korbflasche Mineralbrunnen 21 Tage. Trinkt seine Frau auch davon, so reicht der Mineralbrunnen für 14 Tage. Wie lange brauchte die Frau, um den Mineralbrunnen allein zu trinken?

33. Eine Zeitung hat für den Druck ihrer Auflage zwei Druckpressen zur Verfügung. Die große Presse schafft die Arbeit in 4 Stunden. Beide Pressen schaffen die Arbeit in $2\frac{2}{5}$ Stunden. Wieviel Stunden braucht die kleine Presse allein für die Arbeit?

34. Eine Arbeit wird vom Arbeiter *A* in 7 Tagen 4 Stunden, von den Arbeitern *A* und *B* in 3 Tagen ausgeführt. Wieviel Tage braucht *B* allein (1 Arbeitstag = 8 Stunden)?

35. Ein Behälter faßt 860 l und kann durch drei Zuflußrohre *A*, *B* und *C* gefüllt werden. *A* schafft in 2 min 17,2 Liter, *B* in 3 min 12,9 Liter und *C* in 14 min 43 Liter. In wieviel Minuten wird der Behälter gefüllt, wenn alle drei Rohre zugleich füllen?

36. Hubert braucht für eine Arbeit 9 Tage. Nachdem er 4 Tage gearbeitet hat, hilft ihm Rudi, und beide beenden den Rest der Arbeit in 2 Tagen. Wieviel Tage würde Rudi allein für die ganze Arbeit benötigen?

37. Ein Wasserbehälter hat zwei Zuflußrohre (*A*, *B*) und ein Abflußrohr (*C*). *A* allein füllt den Behälter in 80 min, *B* allein in 90 min. Durch *C* kann der Behälter in 60 min geleert werden. In welcher Zeit ist der Behälter gefüllt, wenn alle drei Rohre zu gleicher Zeit in Tätigkeit sind?

38. Eine Arbeit wird von 4 Arbeitern (*A*, *B*, *C*, *D*) ausgeführt. *A* allein braucht 8 Tage, *B* allein 9 Tage, *C* allein 10 Tage, *D* allein 11 Tage. In welcher Zeit (Stunden) ist die Arbeit fertig, wenn alle zugleich arbeiten (1 Tag = 8 Stunden)?

39. Dieter benötigt für eine bestimmte Arbeit 9 Tage. Nachdem er schon 2 Tage gearbeitet hat, hilft ihm Peter, und sie beenden die Arbeit in 4 Tagen. Wie lange würde Peter allein für die ganze Arbeit brauchen?

40. Eine Badewanne kann durch den aufgedrehten Wasserhahn einer Leitung in 4 Minuten halb gefüllt werden. Die Entleerung der gleichen Wassermenge dauert 6 Minuten. Jemand läßt Wasser hinein und vergißt den Abfluß zu schließen. Nach wieviel Minuten läuft die Wanne über?

12.8. Zahlengleichungen mit Potenzen

1. $\frac{2x}{1-x} - \frac{2}{x-1} = \frac{2x^2-6}{1-x^2} - \frac{8}{x+1}$

2. $\frac{14-3x}{2x+4} - \frac{7}{6} = \frac{x^2-6x+2}{4-x^2} + \frac{5x}{6-3x}$

3. $\frac{2x^2-6}{1-x^2} + \frac{2x+2}{x-1} = \frac{16}{2x+2}$

4. $\frac{16}{2x+4} + \frac{14}{x+3} = \frac{74}{x^2+5x+6}$

5. $cx - dx = c^2 - 2cd + d^2$

6. $2ax - 6cx = 2a^2 - 12ac + 18c^2$

7. $mx - 2mn = m^2 - nx + n^2$

8. $ab + a - c = ax - cx + bc$

9. $4a - \frac{2ab}{x} = \frac{2a^2}{x}$

10. $\frac{2x}{c} + \frac{2x}{d} = 2c + 2d$

11. $a(x - b^2) = b(x - a^2)$

12. $\frac{a}{x} + n = \frac{a(b+n)}{bx}$

13. $\frac{c(x+a)}{a} - \frac{2a(x-c)}{c} = x + \frac{cx}{a}$

14. $(bx^2 + cx - d)\,a = b(ax^2 - cx + d)$

15. $\frac{a+n}{(x-n)\cdot x(a-x)} = \left(\frac{1}{a-x} + \frac{1}{x-n}\right)\cdot\frac{1}{a-n}$

16. $\frac{x(c-a)}{d^2-x^2} = \frac{a+x}{d+x} + \frac{c+x}{d-x}$

17. $\frac{2b+6c}{4c+2x} - \frac{12c^2}{4c^2-x^2} = \frac{3c-9b}{6c-3x}$

18. $\frac{a-b}{x} = \frac{a^2-b^2}{ax+b}$

19. $(5cx + 2b)^2 - (3cx + 4b)^2 = (4cx - 6b)^2$

20. $\frac{1{,}5x + 2a}{0{,}5x + a} - \frac{1{,}5x^2 + 2ax - 2a}{0{,}5x\,(x+2a)} = \frac{1}{1{,}5x}$

21. $\frac{1{,}5}{0{,}5x} - \frac{1}{0{,}5x} = \frac{6x+10}{2n+4m} - \frac{9x}{3n+6m}$

22. $\frac{2a^2}{2a-2b} - \frac{4x}{2a+2b} = \frac{4a^2b - 2ab^2}{a^2-b^2} - \frac{a^2+x}{a+b}$

23. $\frac{cx+2c^2}{a} + \frac{6b^2}{c} = \frac{(2b+c)\,0{,}5x}{0{,}5c} + \frac{b(a^2-b^2)}{(a-b)\,(a+b)} + 2c + \frac{3bc}{a}$

24. $\frac{c+x}{x(a-b)} - \frac{x-b}{x(a+b)} = \frac{1}{x} + \frac{2a}{a^2-b^2}$

25. $\frac{2x^2}{c+x} + \frac{(b+c)^2}{c+x} = \frac{x(b+x)}{c+x} + x$

26. $\frac{x}{(x-c)\,(d-b)} + \frac{d+b}{x(x-c)} = \frac{x-b}{x\,(d-b)} + \frac{c\,(b+c)+d^2}{x(x-c)\,(d-b)}$

27. $\frac{12x + 2c - 6b}{8x + 8b + 6c} = \frac{9x - 9b + 12c}{6x + 12b + 15c}$

28. $\frac{x-3c^2}{2b} + \frac{2b^2}{x} = \frac{c(15c^2 + 13b^2)}{2bx} - \frac{c}{x}\,(11c + x) + \frac{x+b^2}{2b}$

29. $\dfrac{10a - 35b}{6x^2 - x - 1} = \dfrac{6a - 10b}{4x - 2} - \dfrac{2a - 1{,}5b}{1{,}5x + 0{,}5}$

30. $\dfrac{(2x + 2a)(a - x)}{(a + 3x)(2x - a)} = \dfrac{2x - 4a}{2x - a} - \dfrac{8x - 4a}{2a + 6x}$

31. $\dfrac{(2x + 6a)(x + 9b) - 2a^2}{(3b + x)(x - a)} = \dfrac{2b + 6x}{x - a} - \dfrac{8x - 4a}{6b + 2x}$

32. $\dfrac{3dx + 2cd + 2d^2 - 2c^2 + 7x^2 - (c - d)(3x - d)}{2x^2 + dx - 2cx - cd} = \dfrac{6x - 2c + 4d}{2x - 2c} + \dfrac{x + c - 2d}{d + 2x}$

Technische Aufgaben zur Wiederholung von Textgleichungen über 12.

Gleichungen nach Sachgebieten geordnet

a) Physik

1. Ein einarmiger Hebel ist 90 mm lang und wird als Sicherheitsventil verwendet. Die Verschlußklappe befindet sich 15 mm vom Drehpunkt entfernt. Wie schwer muß das Gegengewicht am Ende des Hebels sein, wenn eine Dampfkraft von 60 N die Verschlußklappe öffnen soll?

2. Welche Kraft muß an der Kurbel (60 cm lang) einer Winde wirken, wenn man eine Last von 1500 N heben will? Der Durchmesser der Trommel beträgt 40 cm.

3. Ein Gewicht aus Stahl ($\gamma = 78$ N/dm³) hat eine Gewichtskraft von 150 N. Welche Gewichtskraft hat es im Wasser?

4. Wieviel Kubikmeter Leuchtgas sind erforderlich, um die leere Hülle eines Ballons ($F_G = 300$ N) und $Q_G = 2000$ N Nutzlast zu heben? 1 l Luft : $F_G = 0{,}013$ N, 1 l Leuchtgas : $F_G = 0{,}006$ N.

5. Wieviel Liter Sauerstoff kann man in einer Stahlflasche von 40 l Inhalt bei 1177 N/cm² Überdruck komprimieren?

6. Welche Kraft ist notwendig, um auf einer ebenen Straße einen Wagen von 6000 N und 10 MN Ladung fortzubewegen, wenn der Reibungskoeffizient 0,08 beträgt?

7. Wie lang ist der Weg, den ein frei fallender Stein in 3 Sekunden durchfällt (ohne Luftwiderstand)?

8. Von einem Turm braucht ein Stein 4 Sekunden bis zum Erdboden. Wie hoch ist der Turm? Wie groß ist die Aufprallgeschwindigkeit in m/s?

9. Ein Stein wird mit einer Geschwindigkeit von 40 m/s lotrecht in die Höhe geworfen. Wie hoch fliegt er, und nach wieviel Sekunden erreicht er seine größte Höhe?

10. Ein Brunnen mit $\frac{1}{2}$ m² Bodenfläche ist 4,3 m hoch mit Wasser gefüllt. Wie groß ist der Wasserdruck auf den Boden?

11. Wie weit ist ein Gewitter entfernt, wenn zwischen Blitz und Donner 20 Sekunden vergehen?

12. Bei einer Außentemperatur von 291 K werden 14 m lange Eisenbahnschienen verlegt (Ausdehnungskoeffizient = 0,000012). Wie groß muß der Spalt sein, wenn im Sommer die Temperatur bis auf 343 K steigen kann?

13. Man gießt 12 kg Wasser von 291 K mit 6 kg Wasser von 349 K zusammen. Welche Temperatur hat das Gemisch?

14. Wieviel Kilogramm Schnee von 273 K muß man in 8 kg Wasser von 338 K schmelzen, wenn die Mischung eine Temperatur von 281 K haben soll? (Um 1 kg Schnee zu schmelzen, sind 335 kJ notwendig.)

b) Maschinenbau

15. Wie tief ist der Schacht eines Bergwerkes, wenn der Förderkorb bei 6 m/s Geschwindigkeit zur Fahrt 1 min und 12 s braucht?

16. Eine Kurbelwelle macht 4800 Umdrehungen pro Minute (gemessen in 1/min). Die Hubhöhe des Kolbens beträgt 60 mm. Wie groß ist die mittlere Kolbengeschwindigkeit in m/s?

17. Von einer Welle aus Stahl mit 400 mm Länge und 50 mm ϕ soll ein Span abgedreht werden. Die Drehzahl der Welle beträgt 480 1/min, der Vorschub 0,2 mm/Umdr. Wie lange dauert die Arbeit?

18. Ein Schwungrad von 450 mm ϕ und 52 mm Breite ist am Umfang abzudrehen. Die Schnittgeschwindigkeit beträgt 12 m/min, der Vorschub 0,6 mm/Umdr.

a) Wie hoch muß die Drehzahl der Drehmaschine sein?

b) Wie lange dauert die Arbeit?

19. Mit einem Bohrer von 20 mm ϕ ist ein 75 mm tiefes Loch zu bohren. Die Anschnittlänge beträgt $\frac{1}{3}$ vom Bohrer-ϕ, die Schnittgeschwindigkeit 9,6 m/min und der Vorschub 0,2 mm/Umdr.

a) Wie hoch ist die Drehzahl des Bohrers?

b) Wie lange dauert die Arbeit?

20. Ein Rohr hat einen ϕ von 12 cm. Wieviel Liter/s (m^3/h) Wasser können abgezapft werden, wenn das Wasser eine Geschwindigkeit von 3 m/s hat?

21. Welche Wassermenge liefert eine doppelt wirkende Kolbenpumpe vom Wirkungsgrad $\eta = 0{,}8$, die bei einem Kolben-ϕ $d = 120$ mm und einem Hub $s = 600$ mm je Minute 30 Umdrehungen macht?

22. Welche Leistung in kW ist erforderlich, um einen Fallhammer von $F_G = 2500$ N bei 1,25 m Hubhöhe je Minute 50 Schläge machen zu lassen?

23. Ein Aufzug hebt eine Last $F_G = 4000$ N in 6 s 12 m hoch. Wieviel kW entwickelt der Motor?

24. Auf einen Dampfkolben von 800 cm^2 Fläche drücken im Mittel 60 N/cm^2 Überdruck. Der Hub der Maschine beträgt 0,6 m, die Drehzahl beträgt 120 1/min. Wieviel kW entwickelt die Maschine?

25. Durch eine Riemenscheibe sollen bei 150 Umdrehungen/min 16,18 kW übertragen werden. Die am Umfang wirkende Kraft beträgt 2700 N. Wie groß muß man den ϕ der Scheibe wählen?

26. Eine Welle von 40 mm ϕ, 800 mm lang, soll aus einem Vierkantstahl 50 × 50 (mm) geschmiedet werden. Wie lang ist der Vierkantstahl zu wählen, wenn 50 mm Abbrand zugeschlagen werden?

27. In einen Härtebehälter von 1 m Länge, 0,6 m Breite und 0,3 m Höhe werden 120 l Härteöl eingegossen. Wie hoch reicht der Ölspiegel?

28. Auf den Kolben einer Handdruckpumpe wirkt ein Gesamtdruck von 2512 N. Der einarmige Hebel ist 900 mm lang, 60 mm vom Drehpunkt greift die Kolbenstange an. Berechnen Sie die erforderliche Kraft F in N.

29. Eine Schleifscheibe hatte 350 mm ϕ bei einer Umfangsgeschwindigkeit $v = 9$ m/s. Durch Abnutzung hat sich der ϕ der Scheibe auf 240 mm verringert. Wieviel Umdrehungen in der Minute muß die Scheibe machen, wenn die Umfangsgeschwindigkeit $v = 9$ m/s wieder erreicht werden soll?

30. Ein Elektromotor mit der Drehzahl 2800 1/min soll eine Schleifscheibe von 60 mm ϕ antreiben. Die Schleifscheibe muß laut Angabe auf dem Pappring eine Umfangsgeschwindigkeit von 30 m/s haben, ihre Riemenscheibe hat 40 mm ϕ. Welchen ϕ muß die Riemenscheibe des Motors erhalten?

31. Ein Zuganker (Rundstahl) aus St 50 ($\sigma_z = 500$ N/mm²) wird mit einer Last $F_G = 192{,}3$ kN belastet.

a) Berechnen Sie die zulässige Beanspruchung, wenn der Anker etwa 10fache Sicherheit haben soll.

b) Wie groß ergibt sich hierzu der ϕ d des Zugankers?

32. Ein zylindrischer Rohling von 20 mm ϕ soll durch ein Preßwerkzeug in eine Kugel von 30 mm ϕ umgeformt werden. Auf welche Länge ist der Rohling abzuschneiden?

33. Das Schwungrad einer Dampfmaschine hat 3800 mm ϕ und $n = 90$ 1/min. Die durch den Riemen übertragene Umfangskraft beträgt 2700 N. Wie groß ist die Leistung der Maschine?

34. Welche Last vermag ein Drahtseil mit 8 Litzen zu je 6 Drähten von 1 mm ϕ aufzunehmen, wenn 1 cm² des Werkstoffes mit 4800 N belastet werden darf?

35. Wie dick muß ein Rundstahl sein, wenn die Belastung $F_G = 47{,}1$ kN beträgt ($\sigma_z = 150$ N/mm²)?

36. Ein rechteckiger Härtebehälter ist innen 650 mm lang, 340 mm breit und 750 mm hoch. Er soll 150 mm unter Oberkante mit Härteöl gefüllt werden.

a) Wie groß ist die einzufüllende Ölmenge?

b) Wie schwer ist diese (Dichte = 0,92 kg/dm³)?

c) Bauwesen

37. Ein Bauaufzug hebt in 9 s eine Masse von 650 kg 15 m hoch. Wie groß ist die Leistung des Antriebsmotors in kW, wenn durch Reibung 30 % der Leistung verlorengehen?

38. Ein Waggon Kalk (15 t) faßt 17,2 m³. Wie groß ist die Dichte des Kalkes?

39. Beim Mauern verliert der Mörtel etwa 14 % seines Rauminhaltes (Pressung, Wasserabgabe, Rückstände, ...). Man benötigt 700 l Mörtel; wieviel muß man herstellen?

40. Wieviel Steine braucht man für ein Mauerstück von 2,08 m Länge, 0,76 m Breite und 2 m Höhe (für 1 m³ = 400 Steine)?

41. Wieviel Liter Mörtel sind zur Vermauerung dieser Mauer (Nr. 40) nötig (Für 1 m³ = 230 l)?

42. Wie groß ist der Bedarf an Mauerziegeln und Mörtel bei einer $\frac{1}{2}$ Stein starken Wand für 6,5 m² (52 Mauerziegel und 36 l Mörtel für 1 m²)?

43. Wieviel Kubikmeter Mörtel und wieviel Steine braucht man für $12\frac{1}{2}$ m³ Mauerwerk?

44. Berechnen Sie den Materialbedarf für 8 Pfeiler 51 cm × 64 cm von je 4,5 m Höhe.

45. Ein Stahldraht hat 6 Litzen mit je 37 Drähten. Jeder Draht hat 1,0 mm ϕ. Die zulässige Belastung für Stahldraht soll 200 N/mm^2 betragen. Mit wieviel N kann das Drahtseil belastet werden?

46. Der ϕ einer Deckenstütze aus GG-10 ($\sigma_d = 100\ N/mm^2$) ist zu berechnen. Belastung 386 kN (4fache Sicherheit).

47. Der Außendurchmesser einer hohlen Deckenstütze aus Gußeisen beträgt 150 mm. Wie groß ist der innere Durchmesser bei 10facher Sicherheit? Belastung 42 kN ($\sigma_z = 75\ N/mm^2$).

48. Welche Last vermag ein Drahtseil mit 4 Litzen zu je 4 Drähten von 0,8 mm ϕ aufzunehmen, wenn 1 mm^2 des Materials mit 600 N belastet werden kann und man mit zehnfacher Sicherheit rechnet?

49. Welche Grundfläche hat ein Pfeiler aus Klinker von 35 N/mm^2 Festigkeit, wenn er eine Belastung von 250 kN aufnehmen soll und fünfzehnfache Sicherheit verlangt wird?

50. 1 m^3 Mauerziegeln übt eine Gewichtskraft von 18 kN, 1 m^3 Klinker von 19 kN aus. Die Druckfestigkeit von Mauerziegeln beträgt 15 N/mm^2, die von Klinker 25 N/mm^2. Bei welcher Schichthöhe tritt Zerstörung durch Eigengewicht bei beiden Sorten auf?

51. Ein Stahlanker hat einen ϕ von 11 mm und eine Zugfestigkeit von 420 N/mm^2. Bei welcher Belastung reißt er?

d) Elektrotechnik

52. Eine Stromquelle schickt durch einen Widerstand $R = 60\ \Omega$ einen Strom von 3 Ampere. Wie groß ist die Klemmenspannung U?

53. Schließt man an das Lichtnetz (220 Volt) einen Widerstand an, so wird er von 4 Ampere durchflossen. Wie groß ist dieser Widerstand?

54. Welchen Widerstand R hat eine Glühlampe von 220 V und 0,45 Ampere?

55. Eine Kochplatte ist an 220 V angeschlossen und hat einen Widerstand von 40 Ω. Wieviel Ampere fließen durch die Sicherung?

56. Wieviel Watt (Kilowatt) pro Stunde verbraucht die Kochplatte in Aufgabe 55?

57. In einer Leuchte brennen 5 Glühlampen zu je 40 Watt. Wieviel kWh verbraucht die Leuchte bei 5 Stunden Brenndauer?

58. Ein elektrischer Kochherd hat 4 Platten (800 W, 2mal 1200 W, 1800 W). Wie hoch ist die Stromrechnung im Monat (30 Tage), wenn man alle Platten je Tag 2 Stunden eingeschaltet hat und 1 kWh Kochstrom 6 Pf kostet?

59. Ein elektrischer Wasserwärmer verbraucht 3200 Watt und erhitzt 60 l Wasser in 2 Stunden von 15 °C auf 65 °C. Wie teuer ist die Erwärmung von 1 l Wasser, wenn 1 kWh 6 Pf kostet? Mit welchem Wirkungsgrad arbeitet die Anlage (1 kWh = 3600 kJ)? $c_w = 4{,}19\ \frac{kJ}{kg \cdot K}$

60. Eine Batterie liefert 16 Stunden lang bei einer Spannung von 240 V eine Stromstärke von 60 A. Wieviel kWh sind beim Laden aufzuwenden, wenn der Wirkungsgrad 75% beträgt?

61. Drei Widerstände (20 Ω, 35 Ω, 60 Ω) können in Reihe oder parallel geschaltet werden. Wie groß ist der Kombinationswiderstand in beiden Fällen?

62. Ein Strommesser für Ablesungen bis 6 Ampere hat einen Widerstand R_1 von 0,5 Ω. Wie groß muß ein parallel zu schaltender Widerstand R_2 sein, wenn man bis 30 Ampere messen will?

63. Ein Widerstand von 900 Ω wird von 4 mA durchflossen. Welcher Strom fließt durch einen dazu parallel liegenden Widerstand von 250 Ω?

64. Eine Kupferleitung von 6,5 km Länge hat einen Querschnitt von 2,5 mm² $\left(\varrho = \frac{1}{56} \frac{\Omega \text{ mm}^2}{\text{m}}\right)$. Wie dick muß eine gleich lange Aluminiumleitung sein, die den gleichen Widerstand haben soll $\left(\varrho = \frac{1}{35} \frac{\Omega \text{ mm}^2}{\text{m}}\right)$; $\left[R = \frac{l \cdot \varrho}{A}\right]$?

65. Wieviel kg wiegt eine Rolle Kupferdraht von 200 m Länge und 1,5 mm² Querschnitt (Dichte = 8,85 kg/dm³)?

66. Wie groß ist der Spannungsabfall in einer Leitung, die einen Widerstand von 0,3 Ω hat, wenn in der Leitung ein Strom von 20 A fließt?

67. Wie lang darf eine Leitung bei einer Belastung von 14 A sein, damit der Spannungsverlust in der Hin- und Rückleitung nicht mehr als 11 V beträgt, bei einem Drahtquerschnitt von 10 mm² Kupfer?

68. In einem elektrischen Kochtopf soll 1 l Wasser von 15 °C in 12 Minuten zum Kochen gebracht werden.

a) Welche elektrische Leistung ist hierfür erforderlich, wenn der Wirkungsgrad des Kochtopfes $\eta = 0{,}85$ beträgt?

b) Welche elektrische Arbeit in kWh wird in dieser Zeit verbraucht?

c) Wie teuer ist dieses elektrische Kochen, wenn 1 kWh ≙ 0,32 DM kostet?

Wiederholungsfragen über 12.

1. *Was versteht man unter einer Bestimmungsgleichung?*
2. *Welchen Zweck haben Bestimmungsgleichungen?*
3. *Welche Veränderungen darf man bei einer Gleichung vornehmen, ohne daß sie zu einer falschen Aussage führen?*
4. *Was versteht man unter dem Lösen einer Bestimmungsgleichung?*
5. *Woran erkennt man eine Gleichung mit einer Lösungsvariablen?*
6. *Wann läßt sich die Lösungsvariable (x) nur ausrechnen?*
7. *Wie kann man prüfen, ob der ausgerechnete Wert richtig ist?*
8. *Unterscheiden Sie die Begriffe Formvariable und Lösungsvariable.*
9. *Was sind Textgleichungen?*
10. *Wie werden Textgleichungen gelöst?*
11. *Warum ist das Lösen von Textgleichungen so wichtig?*

13. Proportionen (Verhältnisgleichungen)

Es gibt zwei Möglichkeiten, um gleichartige Größen, z. B. 12 kg und 4 kg, miteinander zu vergleichen:

$\left.\begin{matrix}12\text{ kg}\\4\text{ kg}\end{matrix}\right\}$ *gleichartige Größen*

1. Man fragt, um wieviel die erste Größe größer ist als die zweite. Man bildet die Differenz beider Größen.

$12\text{ kg} - 4\text{ kg} = \underline{\underline{8\text{ kg}}}$

2. Man fragt, wievielmal die erste Größe größer ist als die zweite. Man bildet den Quotienten beider Größen.

$\frac{12\text{ kg}}{4\text{ kg}} = \frac{12}{4} = \underline{\underline{3}}$

Erklärung:

Die Differenz zweier Größen nennt man arithmetisches Verhältnis (benannte Zahl), den Quotienten beider Größen geometrisches Verhältnis (unbenannte Zahl).

$12\text{ kg} - 4\text{ kg} = 8\text{ kg}$ — *arithmetisches Verhältnis*

$\frac{12\text{ kg}}{4\text{ kg}} = \frac{12}{4} = 3$ — *geometrisches Verhältnis*

Für den Vergleich zweier Größen ist das geometrische Verhältnis wichtiger.

Proportion

Eine Gleichung, gebildet aus zwei gleichen Verhältnissen, nennt man *Proportion* (Verhältnisgleichung); *gelesen:* es verhält sich *a* zu *b* wie *c* zu *d*.

$1 : 2 = 4 : 8$ *oder* $\frac{1}{2} = \frac{4}{8}$

$a : b = c : d$ *oder* $\frac{a}{b} = \frac{c}{d}$ $b, d \neq 0$

Eine Proportion aus zwei Verhältnissen hat vier Glieder. Man unterscheidet:

1.		2.		3.		4.
a	:	b	=	c	:	d

2 Vorderglieder und 2 Hinterglieder

Vorderglieder (a, c)

$\mathbf{a : b = c : d}$

Hinterglieder (b, d)

2 Außenglieder und 2 Innenglieder

Außenglieder (a, d)

$\mathbf{a : b = c : d}$

Innenglieder (b, c)

Merke: *Das Produkt der äußeren Glieder einer Proportion ist gleich dem Produkt der inneren Glieder.*

innere Glieder	
$a : \overline{b = c} : d$	$1:2 = 4:8$
$\underline{a \quad\quad\quad d}$ äußere Glieder	
$a \cdot d = b \cdot c$	$1 \cdot 8 = 2 \cdot 4$

Man kann also jede Proportion in eine *Produktengleichung* umwandeln.

Beweis: Multiplizieren Sie beide Seiten der Proportion mit *bd*.

$$\frac{a}{\not b} \cdot \not b d = \frac{c}{\not d} \cdot b \not d$$

$$a \cdot d = c \cdot b$$

Stetige Proportion

Eine Proportion, deren Innen- oder Außenglieder gleich sind, heißt stetige Proportion. Die zweimal vorkommende Größe *m* heißt mittlere Proportionale oder geometrisches Mittel zu *a* und *b*.

$$a : m = m : b$$
$$m : a = b : m \quad \rightarrow m^2 = ab$$

Man kann bei einer Proportion die beiden Glieder einer Seite mit der gleichen Zahl *multiplizieren* oder durch die gleiche Zahl *dividieren*.

$a : b = c : d$	$1:2 = 4:8$	$1 \cdot 8 = 2 \cdot 4$
$a : b = nc : nd$	$1:2 = (3 \cdot 4):(3 \cdot 8)$	$1 \cdot 24 = 2 \cdot 12$
$a : b = \frac{c}{n} : \frac{d}{n}$	$1:2 = \frac{4}{3} : \frac{8}{3}$	$1 \cdot \frac{8}{3} = 2 \cdot \frac{4}{3}$

Man kann bei einer Proportion alle Glieder mit der gleichen Zahl *potenzieren* oder *radizieren*.

$a : b = c : d$	$1:4 = 4:16$	$1 \cdot 16 = 4 \cdot 4$
$a^n : b^n = c^n : d^n$	$1^2 : 4^2 = 4^2 : 16^2$	$1 \cdot 256 = 16 \cdot 16$
$\sqrt[n]{a} : \sqrt[n]{b} = \sqrt[n]{c} : \sqrt[n]{d}$	$\sqrt{1} : \sqrt{4} = \sqrt{4} : \sqrt{16}$	$1 \cdot 4 = 2 \cdot 2$

Man darf die inneren (*i*), die äußeren (*ä*) Glieder und die Verhältnisse (*V*) miteinander vertauschen.

($V + i + ä$ heißt: Man hat die Verhältnisse, die inneren und äußeren Glieder vertauscht.)

$a : b = c : d$		$1:2 = 4:8$	$1 \cdot 8 = 2 \cdot 4$
$a : c = b : d$	i	$1:4 = 2:8$	$1 \cdot 8 = 4 \cdot 2$
$d : b = c : a$	$ä$	$8:2 = 4:1$	$8 \cdot 1 = 2 \cdot 4$
$d : c = b : a$	$i + ä$	$8:4 = 2:1$	$8 \cdot 1 = 4 \cdot 2$
$c : d = a : b$	V	$4:8 = 1:2$	$4 \cdot 2 = 8 \cdot 1$
$c : a = d : b$	$V + i$	$4:1 = 8:2$	$4 \cdot 2 = 1 \cdot 8$
$b : d = a : c$	$V + ä$	$2:8 = 1:4$	$2 \cdot 4 = 8 \cdot 1$
$b : a = d : c$	$V + i + ä$	$2:1 = 8:4$	$2 \cdot 4 = 1 \cdot 8$

Aus 2 Proportionen kann man eine neue Proportion ableiten, indem man die Glieder der einen Proportion mit den entsprechenden Gliedern der anderen Proportion multipliziert oder durch sie dividiert.

$a : b = c : d$	$1:2 = 4:8$	$1 \cdot 8 = 2 \cdot 4$
$m : n = x : y$	$3:5 = 9:15$	$3 \cdot 15 = 5 \cdot 9$
$am : bn = cx : dy$	$(1 \cdot 3):(2 \cdot 5) = (4 \cdot 9):(8 \cdot 15)$	$3 \cdot 120 = 10 \cdot 36$
$\frac{a}{m} : \frac{b}{n} = \frac{c}{x} : \frac{d}{y}$	$\frac{1}{3} : \frac{2}{5} = \frac{4}{9} : \frac{8}{15}$	$\frac{1 \cdot 8}{3 \cdot 15} = \frac{2 \cdot 4}{5 \cdot 9}$

Sind bei 2 Proportionen 2 und mehr Verhältnisse einander gleich, so kann man der Kürze halber dafür eine *fortlaufende Proportion* (mehrgliedrige Proportion) setzen.

$a : b = n : x$	$1:2 = 3:6$
$n : x = c : d$	$3:6 = 4:8$
$a : b = n : x = c : d$	$1:2 = 3:6 = 4:8$
$a : n : c = b : x : d$	$1:3:4 = 2:6:8$

Umkehrung: Man kann aus einer fortlaufenden Proportion gewöhnliche Proportionen ableiten, indem man aus entsprechenden Gliedern Verhältnisse bildet und diese gleichsetzt. *Das Gleichheitszeichen einer fortlaufenden Proportion bezieht sich nur auf die Gleichheit entsprechender Verhältnisse und nicht auf die wertmäßige Gleichheit beider Seiten.*

$a:n:c = b:x:d$	$1:3:4 = 2:6:8$
$a:b = n:x$	$1:2 = 3:6$
$c:d = a:b$	$4:8 = 1:2$
$n:x = c:d$	$3:6 = 4:8$
usw.	usw.

Die Summe (Differenz) des ersten und zweiten Gliedes einer Proportion verhält sich zum ersten oder zweiten Glied wie die Summe (Differenz) des dritten und vierten Gliedes zum dritten oder vierten Glied.

(Gesetz der korrespondierenden Addition und Subtraktion)

$a:b = c:d$	$1:2 = 4:8$
$(a \pm b):a = (c \pm d):c$	$(1 \pm 2):1 = (4 \pm 8):4$
$(a \pm b):b = (c \pm d):d$	$(1 \pm 2):2 = (4 \pm 8):8$

Beweis:

$\frac{a}{b} = \frac{c}{d}$	$\frac{a}{b} = \frac{c}{d}$
$\frac{a}{b} \pm 1 = \frac{c}{d} \pm 1$	$1 \pm \frac{b}{a} = 1 \pm \frac{d}{c}$
$\frac{a}{b} \pm \frac{b}{b} = \frac{c}{d} \pm \frac{d}{d}$	$\frac{a}{a} \pm \frac{b}{a} = \frac{c}{c} \pm \frac{d}{c}$
$\frac{a \pm b}{b} = \frac{c \pm d}{d}$	$\frac{a \pm b}{a} = \frac{c \pm d}{c}$

Die Summe des 1. und 2. Gliedes einer Proportion verhält sich zur Differenz dieser Glieder wie die Summe des 3. und 4. Gliedes zur Differenz dieser Glieder.

$a:b = c:d$	$1:2 = 4:8$
$(a+b):(a-b) = (c+d):(c-d)$	$(1+2):(1-2) = (4+8):(4-8)$

Beweis:

1. $(a+b):b = (c+d):d$
2. $(a-b):b = (c-d):d$ | $1:2$

$$(a+b):(a-b) = (c+d):(c-d)$$

In einer fortlaufenden Proportion verhält sich die Summe aller linksstehenden Glieder zur Summe aller rechtsstehenden Glieder wie ein beliebiges Glied links zu dem gleichliegenden Glied rechts.

$a:b:c = d:e:f$	$1:3:4 = 2:6:8$
$\frac{a+b+c}{d+e+f} = \frac{a}{d} = \frac{b}{e} = \frac{c}{f}$	$\frac{1+3+4}{2+6+8} = \frac{1}{2} = \frac{3}{6} = \frac{4}{8}$

Beweis:

$$a:b:c = d:e:f$$
$$a:d = b:e = c:f = q$$
$$a = q \cdot d$$
$$b = q \cdot e$$
$$c = q \cdot f$$
$$a + b + c = q \cdot (d + e + f)$$
$$\frac{a+b+c}{d+e+f} = q = \frac{a}{d} = \frac{b}{e} = \frac{c}{f}$$

Wird eine Federwaage verschieden belastet, so entsteht nebenstehende Meßreihe. Man kann erkennen, daß die Werte der Reihe *A* in einem bestimmten Verhältnis zu den Werten der Reihe *B* stehen. Die Zahlen der Reihe *A* sind das Fünffache der Zahlen der Reihe *B*.

	Gewicht kg	Ausdehnung cm	
a_1	10	2	b_1
a_2	50	10	b_2
a_3	100	20	b_3
	A	*B*	

$$\frac{10}{2} = \frac{50}{10} = \frac{100}{20} = 5$$

allgemein: $\frac{a_1}{b_1} = \frac{a_2}{b_2} = \frac{a_3}{b_3} = q$

$\frac{a_n}{b_n} = q$ *Proportionalitätsfaktor*

Der Quotient zweier Meßwerte a_n und b_n ist konstant und heißt *Proportionalitätsfaktor*. Zwei entsprechende Quotienten sind *proportional* und bilden eine Proportion.

$\frac{a_1}{b_1} = \frac{a_2}{b_2}$ *proportional*

Merke: Ist der Quotient entsprechender Größen oder Zahlenreihen konstant, so nennt man sie proportional zueinander.

Beispiele für Proportionalität:

Arbeitszeit und Lohn
Preis und Warenmenge
Fahrpreis und Fahrstrecke
Umfang und Durchmesser beim Kreis

Durchfährt man eine Strecke von 40 km gleichbleibend mit verschiedenen Geschwindigkeiten, so erhält man verschiedene Fahrzeiten. Die Werte der dabei entstehenden Meßreihen *A* und *B* stehen jetzt in einem Zusammenhang anderer Art.

	Geschwindigkeit km/h	Fahrzeit min	
a_1	20	120	b_1
a_2	40	60	b_2
a_3	80	30	b_3
	A	*B*	

$$20 \cdot 120 = 2400$$
$$40 \cdot 60 = 2400$$
$$80 \cdot 30 = 2400$$

allgemein: $a_1 \cdot b_1 = a_2 \cdot b_2 = a_3 \cdot b_3 = q$

$a_n \cdot b_n = q$ *Proportionalitätsfaktor*

Der konstante Proportionalitätsfaktor q wird hierbei aus dem Produkt beider Meßwerte gebildet.

Merke: Ist das Produkt entsprechender Größen oder Zahlenreihen konstant, so nennt man sie antiproportional zueinander.

$a_1 \cdot b_1 = a_2 \cdot b_2$ *antiproportional*

Man sagt *antiproportional*, weil die Werte der Meßreihe A den *Kehrwerten* der Meßreihe B proportional sind.

aus $a_1 \cdot b_1 = a_2 \cdot b_2$

folgt $a_1 : a_2 = b_2 : b_1$

oder $$a_1 : a_2 = \frac{1}{b_1} : \frac{1}{b_2}$$ *antiproportional*

Beispiele für Antiproportionalität:

Arbeitszeit und Zahl der Arbeiter
Umdrehungszahl und Radumfang
Kraft und Hebelarmlänge

Rechnen mit Proportionen

Wenn von den vier Gliedern einer Proportion ein Glied nicht bekannt ist, so kann man die Lösung mit Hilfe der Produktengleichung finden. Das unbekannte Glied wird als *4. Proportionale* bezeichnet.

Beispiel 239/1: Das Alter eines Sohnes verhält sich zu dem des Vaters wie 6 : 13. Der Vater ist 28 Jahre älter als der Sohn. Wie alt ist jeder?

Alter des Sohnes — x *Jahre*

Alter des Vaters — $x + 28$ *Jahre*

Das Verhältnis von Sohn zu Vater ist 6:13.

$$x : (x + 28) = 6 : 13$$
$$13x = (x + 28) \cdot 6$$
$$13x = 6x + 6 \cdot 28$$
$$7x = 6 \cdot 28$$
$$x = \frac{6 \cdot 28}{7} = \underline{\underline{24}}$$
$$24 + 28 = \underline{\underline{52}}$$

Der Sohn ist 24 Jahre alt, der Vater 28 Jahre älter, also 52 Jahre alt.

Beispiel 239/2: Eine Mauer ist 25 m lang, $\frac{3}{5}$ m dick und $2\frac{1}{3}$ m hoch; eine zweite ist 18 m lang, $\frac{1}{3}$ m dick und $1\frac{2}{3}$ m hoch. Wie verhalten sich die Mengen der dazu verwendeten Ziegelsteine zueinander?

Die Ziegelsteinmenge ist abhängig vom Inhalt der Mauern.

Inhalt der 1. Mauer — $25 \cdot \frac{3}{5} \cdot \frac{7}{3}\ \text{m}^3$

Inhalt der 2. Mauer — $18 \cdot \frac{1}{3} \cdot \frac{5}{3}\ \text{m}^3$

$$\left(25 \cdot \frac{3}{5} \cdot \frac{7}{3}\right) : \left(18 \cdot \frac{1}{3} \cdot \frac{5}{3}\right) = \ ?$$
$$35 : 10 = \frac{35}{10}$$
$$35 : 10 = \underline{\underline{3{,}5 : 1}}$$

Die Ziegelsteinmengen verhalten sich nun wie 3,5:1, d. h., zu der ersten Mauer gebraucht man $3\frac{1}{2}$mal soviel Steine wie zu der zweiten.

Beispiel 240/1: Berechnen Sie die Höhe eines Hauses, dessen Schatten eine Länge von 55 m hat, wenn bei gleichem Sonnenstand der Schatten eines 180 cm großen Mannes 4,5 m lang ist.

Ein 4,5 m langer Schatten entspricht	1,8 m *Höhe*
ein 55 m langer Schatten entspricht	x m *Höhe*
Schattenlängen und -höhen bilden das gleiche Verhältnis.	$4{,}5:55 = 1{,}8:x$
	$4{,}5x = 55 \cdot 1{,}8$
Das Haus hat eine Höhe von 22 m.	$x = \frac{55 \cdot 1{,}8}{4{,}5} = \underline{\underline{22}}$

Beispiel 240/2: Für 40 kg Bronze braucht man 5,6 kg Zinn. Wieviel kg Zinn sind zur Herstellung von 130 kg Bronze erforderlich?

Für 40 kg Bronze braucht man	5,6 kg *Zinn*
für 130 kg Bronze braucht man	x kg *Zinn*
	$40:130 = 5{,}6:x$
	$40x = 130 \cdot 5{,}6$
Es werden 18,2 kg Zinn zur Herstellung von 130 kg Bronze gebraucht.	$x = \frac{130 \cdot 5{,}6}{40} = \underline{\underline{18{,}2}}$

Beispiel 240/3: Eine Maschine wurde für 3200 DM gekauft und nach einem Jahr für 2600 DM wieder verkauft. Wieviel Prozent betrug der Differenzbetrag?

Auch die Prozent- und Zinsrechnung sind eine Verhältnisrechnung, bei denen man auf 100 bezieht.	
Bei 3200 DM beträgt der Differenzbetrag	600 DM
bei 100 DM beträgt der Differenzbetrag	x DM
	$3200:100 = 600:x$
Der Differenzbetrag betrug 18,7%.	$x = \frac{600 \cdot 100}{3200} = \underline{\underline{18{,}7}}$

Beispiel 240/4: Welches Kapital wächst bei 4% Zinsen in einem Jahr auf 950 DM?

Man stellt die Zinsformel auf und wandelt sie in eine Proportion um.	$Z = \frac{K \cdot p}{100}$; $\quad K:Z = 100:p$
Nach dem Gesetz der korrespondierenden Addition erhält man den Ausdruck:	$(K + Z):K = (100 + p):100$
$K + Z =$ Kapital am Ende des Jahres.	$950:K = 104:100$
	$104\,K = 95000$
$K =$ Kapital am Anfang des Jahres ist dann 913,46 DM.	$K = \frac{95000}{104} = \underline{\underline{913{,}46\text{ DM}}}$

Beispiel 241/1: Eine Pumpe soll 1200 Umdrehungen in der Minute machen. Der Antrieb erfolgt mit einem Zahnrad von 16 Zähnen, das 900 Umdrehungen macht. Wieviel Zähne muß das Zahnrad auf der Pumpenwelle haben?

Bei 900 Umdrehungen | 16 *Zähne*
Bei 1200 Umdrehungen | *x Zähne*

Umdrehungen und Zähnezahl sind antiproportional.

$900:1200 = x:16$

$1200x = 900 \cdot 16$

$x = \frac{900 \cdot 16}{1200} = \underline{\underline{12}}$

Das Zahnrad auf der Pumpenwelle muß 12 Zähne haben.

Beispiel 241/2: Wieviel kg von jedem Metall sind in 7,5 kg Lot von folgendem Mischungsverhältnis: 42% Zinn, 38% Blei, 20% Wismut? Stellen Sie die Anteile graphisch in Prozentsätzen der Kreisfläche dar.

Für 100 kg Lot sind nötig | 42 kg *Zinn*
Für 7,5 kg Lot sind nötig | *x* kg *Zinn*

$100:7,5 = 42:x$

$x = \underline{\underline{3,15}}$

Es sind 3,15 kg Zinn nötig.

Für 100 kg Lot sind nötig | 38 kg *Blei*
Für 7,5 kg Lot sind nötig | *x* kg *Blei*

$100 : 7,5 = 38 : x$

$x = \underline{\underline{2,85}}$

Es sind 2,85 kg Blei nötig.

Für 100 kg Lot sind nötig | 20 kg *Wismut*
Für 7,5 kg Lot sind nötig | *x* kg *Wismut*

$100 : 7,5 = 20 : x$

$x = \underline{\underline{1,5}}$

Es sind 1,5 kg Wismut nötig.

$$\left.\begin{array}{l} 100\% \mathrel{\widehat{=}} 360° \\ 42\% \mathrel{\widehat{=}} x° \end{array}\right\} \frac{100}{42} = \frac{360}{x}$$

$$x = \underline{\underline{151,2}}$$

Den 42% Zinn entspricht ein Winkel des Kreisausschnittes von 151,2°. Die Anteile Blei und Wismut werden ebenso berechnet.

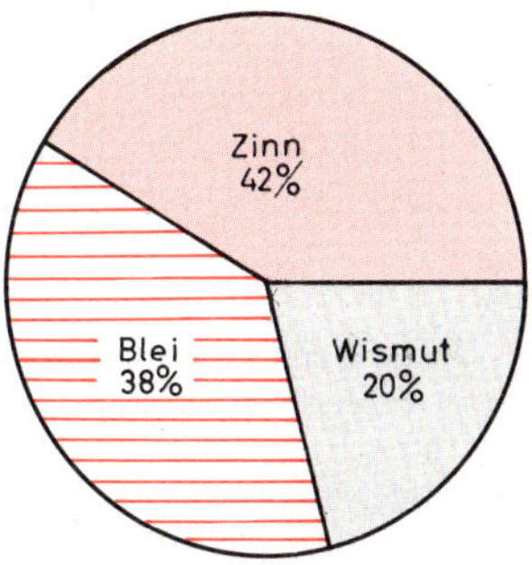

Beispiel 242/1: Der Energieverbleib im Kraftfahrzeug ist folgendermaßen:

Kühlwassererwärmung = 33%
Auspuffwärme, Abstrahlung = 35%
Reibungsverluste = 8%
Triebwerkverluste = 6%
Nutzleistung = 18%

Stellen Sie den Energieverbleib in der üblichen Darstellung graphisch dar (Sankey-Diagramm).

Als Maßstab wurde gewählt
$100\% \triangleq 20$ mm

Kühlwasserverluste $\triangleq 6{,}6$ mm

$100\% \triangleq 20$ mm
$33\% \triangleq x$ mm

$100 : 33 = 20 : x; \quad x = \underline{\underline{6{,}6}}$

Bei gleicher Rechnung ergeben die anderen Verluste:

Auspuffwärme	$\triangleq 7$ mm
Reibungsverluste	$\triangleq 1{,}6$ mm
Triebwerkverluste	$\triangleq 1{,}2$ mm
Nutzleistung	$\triangleq 3{,}6$ mm

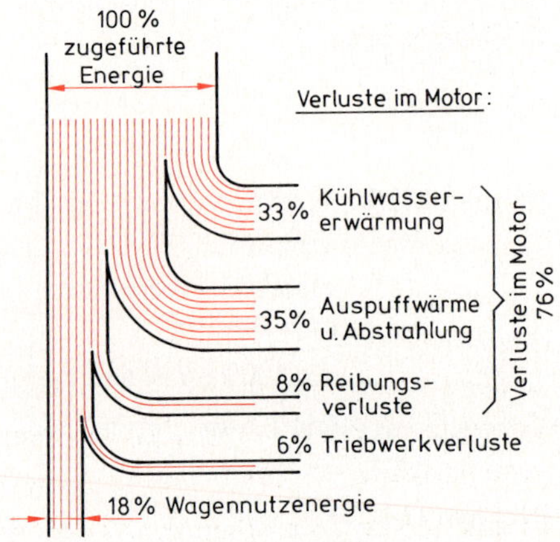

Beispiel 242/2: Die Steigung einer Eisenbahnlinie beträgt 1:200. Es werden 15 m lange Schienen verlegt. Um wieviel mm muß das eine Ende einer Schiene höher sein als das andere?

Steigung 1:200 bedeutet:	
nach 200 m ist die Strecke gestiegen um	1 m
nach 15 m ist die Strecke gestiegen um	x m
Das eine Ende der Schiene ist um 0,075 m = 75 mm höher als das andere Ende.	$200:15 = 1:x$ $200x = 15$ $x = \underline{\underline{0{,}075}}$

Beispiel 242/3: Ein Kellerraum (4,5 m × 3 m) soll eine 15 cm starke Betondecke im Mischungsverhältnis 1:4 erhalten. Berechnen Sie den Materialbedarf. (Für 1 m³ Beton sind 265 l Zement nötig.)

Die benötigte Betonmenge ist	$4{,}5 \cdot 3 \cdot 0{,}15 = 2{,}025\ \text{m}^3$
Für 1 m³ Beton sind nötig	265 l *Zement*
Für 2,025 m³ Beton sind nötig	$265 \cdot 2{,}025 = \underline{\underline{536{,}625\ \text{l}}}$ *Zement*
Dazu ist die 4fache Menge Kies nötig, also	$4 \cdot 536{,}625 = 2146{,}5\ \text{l} = \underline{\underline{2{,}147\ \text{m}^3}}$ *Kies*

Beispiel 243: Für eine Wasserturbine, die an die Druckleitung eines Staudammes angeschlossen ist, beträgt die Mindestausflußgeschwindigkeit des Wassers 8 m/s. Bei einem Pegelstand von 25 m ist eine Ausflußgeschwindigkeit von 18 m/s vorhanden. Wie hoch muß der Pegelstand mindestens sein, damit die Turbine arbeiten kann?

Die Ausflußgeschwindigkeiten verhalten sich wie die Quadratwurzeln aus den Druckhöhen.

Nach Einsetzen der Werte erhält man für $h_2 = 4{,}9$ m. Sinkt der Wasserspiegel unter diesen Wert, so ist die Turbine nicht arbeitsfähig.

$$v_1 : v_2 = \sqrt{h_1} : \sqrt{h_2}$$
$$18 : 8 = \sqrt{25} : \sqrt{h_2}$$
$$18\sqrt{h_2} = 5 \cdot 8$$
$$\sqrt{h_2} = \frac{40}{18} = \frac{20}{9}$$
$$h_2 = \frac{400}{81} = \underline{\underline{4{,}9 \text{ m}}}$$

Mittelwerte

In Naturwissenschaft und Technik müssen oft Mittelwerte ausgerechnet werden, z. B. die durchschnittliche Geschwindigkeit während einer Bewegung, mittlere Werte aus einer großen Anzahl von Messungen, die durchschnittliche Tagestemperatur, durchschnittliche Niederschlagsmengen u. a. m. Ausgangspunkt für die Berechnung der Mittelwerte sind die verschiedenen Verhältnisse. Man unterscheidet:

Arithmetisches Verhältnis (Proportion) $a - b = c - d$

Geometrisches Verhältnis (Proportion) $a : b = c : d$

Harmonisches Verhältnis (Proportion) $\frac{1}{a} - \frac{1}{b} = \frac{1}{c} - \frac{1}{d}$

Bei gleichen Innengliedern entstehen stetige Proportionen:

Stetige arithmetische Proportion $a - m = m - b$

Stetige geometrische Proportion $a : m = m : b$

Stetige harmonische Proportion $\frac{1}{a} - \frac{1}{m} = \frac{1}{m} - \frac{1}{b}$

Bestimmt man aus den stetigen Proportionen das innere Glied, so erhält man die einzelnen Mittelwerte.

$$m_a = \frac{a + b}{2}$$
$$m_a = \frac{a_1 + a_2 + a_3 + \ldots a_n}{n}$$

Arithmetisches Mittel

Merke:

1. *Das arithmetische Mittel einer Anzahl von Größen ist der Quotient aus ihrer Summe und ihrer Anzahl.*

2. *Das geometrische Mittel oder die mittlere Proportionale zwischen zwei Größen ist die Quadratwurzel aus ihrem Produkt.*

$$\boxed{m_g = \sqrt{a \cdot b}}$$ Geometrisches Mittel

3. *Das harmonische Mittel zwischen zwei Größen ist der Quotient zwischen ihrem doppelten Produkt und ihrer Summe.*

$$\boxed{m_h = \frac{2ab}{a+b}}$$ Harmonisches Mittel

Die drei Mittelwerte bilden eine stetige Proportion.

$$\boxed{m_a : m_g = m_g : m_h}$$

Beispiel 244/1: Bei einer Geschwindigkeitsmessung wurden folgende Werte gemessen: 120,6 km/h; 121,2 km/h; 119,7 km/h. Berechnen Sie den wahrscheinlichsten Wert.

Der wahrscheinlichste Wert oder der Mittelwert ist das arithmetische Mittel der drei Messungen.

$$m_a = \frac{a_1 + a_2 + a_3}{3} = \frac{120{,}6 + 121{,}2 + 119{,}7}{3}$$

$$m_a = \frac{361{,}5}{3} = \underline{\underline{120{,}5\ \text{km/h}}}$$

Beispiel 244/2: Die Seiten eines rechteckigen Bauplatzes sind 9 m und 25 m. Wie groß ist die Seite eines flächengleichen quadratischen Bauplatzes?

Die Quadratseite ist das geometrische Mittel der Rechteckseiten.

$$a \cdot m = m \cdot b$$

$$m = \sqrt{a \cdot b} = \sqrt{9 \cdot 25}$$

Die Quadratseite beträgt 15 m.

$$m = \sqrt{225} = \underline{\underline{15}}$$

Beispiel 244/3: Bestimmen Sie von den Zahlen $a = 3$ und $b = 7$ die drei Mittelwerte und zeigen Sie $m_a : m_g = m_g : m_h$.

Die Mittelwerte liegen immer zwischen den beiden Zahlen.

$$a < m_a < b$$
$$a < m_g < b$$
$$a < m_h < b$$

$$m_a = \frac{a+b}{2} = \frac{3+7}{2} = \frac{10}{2} = \underline{\underline{5}}$$

$$m_g = \sqrt{a \cdot b} = \sqrt{3 \cdot 7} = \sqrt{21} = \underline{\underline{4{,}58}}$$

$$m_h = \frac{2ab}{a+b} = \frac{2 \cdot 3 \cdot 7}{3+7} = \frac{42}{10} = \underline{\underline{4{,}2}}$$

Das arithmetische Mittel ist der größte Mittelwert, das harmonische Mittel der kleinste.

$$a < m_h < m_g < m_a < b$$

$$m_a : m_g = m_g : m_h$$

$$5 : \sqrt{21} = \sqrt{21} : 4{,}2$$

$$\sqrt{21} \cdot \sqrt{21} = 5 \cdot 4{,}2$$

$$21 = 21$$

Übungen

13. Proportionen

Drücken Sie folgende Verhältnisse in den kleinsten ganzen Zahlen aus (Nr. 1—10):

1. 136 m : 85 m = 8 m : 5 m

2. 147 cm : 105 cm

3. 1644 DM : 384 DM

4. 486 km : 324 km

5. $\frac{1}{3} : 2$

6. $\frac{8}{5} : \frac{5}{2}$

7. $4\frac{1}{5}\,\text{g} : 3\frac{3}{4}\,\text{g}$

8. 0,78 kg : 1,17 kg

9. 0,48 : 1,28

10. $\frac{4{,}2}{a} : \frac{2{,}8}{a}$

11. $3 : 4 = 9 : x$

$3 \cdot x = 4 \cdot 9$

$x = \frac{36}{3} = \underline{\underline{12}}$

12. $10 : x = 2 : 1$

13. $6 : 4 = x : 4$

14. $14 : 5 = 28 : x$

15. $8\frac{1}{3} : 1\frac{2}{3} = 1\frac{3}{7} : x$

16. $10ab : 6bx = 3\frac{1}{2}a : 2\frac{1}{2}$

17. $5\frac{1}{3} : 7\frac{1}{2} = 1\frac{1}{3} : x$

18. $\frac{5}{2}a : \frac{5}{3}b = \frac{3}{4}a : bx$

19. $\frac{4a}{6b} : \frac{6a}{8c} = \frac{24c}{15b} : x$

20. $6 : 10 = x : (x + 40)$

21. $x : (2x + 7) = 9 : 21$

22. $(13x + 1) : 7 = 14 : 20$

23. $\left(x + 1\frac{1}{2}\right) : \left(x + \frac{1}{2}\right) = \left(x - \frac{1}{6}\right) : \left(x - \frac{1}{2}\right)$

24. $28 : (x - 9) = 35 : (2x - 19)$

25. $(x + 0{,}3) : (x + 3{,}6) = (x - 1{,}9) : (x - 0{,}8)$

26. $(x - b) : a = (x - a) : b$

27. $2x : (2x + b) = (3x + 2b) : (3x + 4b)$

28. $11{,}4 : 0{,}95 = x : 1{,}75$

29. $100 : x = 144 : n$

30. $6 : [2(x + 1)] = 9 : (4x - 1)$

31. Man zerlege die Zahl 63 in zwei Teile, die sich zueinander verhalten wie 6 : 8.

32. Die Differenz aus 12 und einer Zahl verhält sich zur Summe aus 18 und der gleichen Zahl wie 4 : 3. Wie heißt die Zahl?

33. Die Luft besteht aus Sauerstoff und Stickstoff, und zwar im Gewichtsverhältnis von 24 : 76. Wieviel Gramm beider Gase sind in 4 kg Luft enthalten?

34. Die Flußlängen von Rhein und Elbe verhalten sich wie 12 : 10. Die Elbe ist 1100 km lang. Wie lang ist der Rhein?

35. Ein Geselle verdient in $9\frac{1}{2}$ Stunden 68,40 DM, ein anderer in 8 Stunden 64,80 DM. Wie verhalten sich ihre Stundenlöhne zueinander?

36. Wieviel wiegt der in einem Zimmer von 4,5 m Länge, 3,5 m Breite und 4 m Höhe enthaltene Sauerstoff und der Stickstoff, wenn das Gewicht von 1 l Luft 1,3 g beträgt und das Gewichtsverhältnis von Sauerstoff zu Stickstoff den Wert 24 : 76 hat?

37. Ein Behälter enthält 450 l Wasser und wird bei geöffnetem Hahn in 12 Minuten gefüllt. Wieviel Liter Wasser waren in dem Behälter nach 7 Minuten?

38. Bei 12 Arbeitsstücken fallen $3\frac{1}{3}$ kg Späne an. Wieviel kg Späne entstehen bei 100 Arbeitsstücken?

39. Ein Verkehrsflugzeug mit 420 km/h legt einen Weg in 55 min zurück. Wieviel Zeit braucht eine neuzeitliche Reisemaschine mit 850 km/h für diesen Weg?

40. Für 100 g Lot braucht man 90 g Zinn und 10 g Blei. Wieviel g Zinn und Blei sind in 4,5 kg Lot enthalten?

41. Silberlot 9 enthält 43% Kupfer, 48% Zink und 9% Silber. Wieviel kg von jedem Metall sind in 8,5 kg Lot enthalten? Stellen Sie die Anteile graphisch in Prozentsätzen der Kreisfläche dar.

42. Ein Architekt erhält für die Bauleitung $3^1/_4$% der Bausumme, die 64 215,— DM beträgt. Wie hoch war sein Verdienst?

43. Der Neubau eines Schulgebäudes ist auf 6 356 000,— DM veranschlagt. Nach Fertigstellung ergibt sich eine Überschreitung um 8%. Wieviel DM hat die Herstellung der Schule in Wirklichkeit gekostet?

44. Die Drehzahlen zweier Riemenscheiben *A* und *B* verhalten sich wie 204 zu 286. Welches Verhältnis besteht zwischen den Durchmessern? Wie groß ist der Durchmesser von *A*, wenn der von *B* 240 mm beträgt?

45. Ein Elektromotor mit einer Drehzahl von 1400 1/min und einer Riemenscheibe von 120 mm ϕ treibt eine Bohrmaschine mit einer Riemenscheibe von 340 mm. Wieviel Umdrehungen macht der Bohrer?

46. Ein Elektromotor mit der Drehzahl 1440 1/min soll eine Schleifscheibe von 60 mm ϕ antreiben. Die Schleifscheibe soll laut Angabe auf dem Pappring eine Umfangsgeschwindigkeit von 30 m/s haben, ihre Riemenscheibe hat 40 mm ϕ. Welchen Durchmesser muß die Riemenscheibe des Motors erhalten?

47. Ein Elektromotor mit 960 1/min hat ein Zahnrad mit 30 Zähnen. Über ein zweites Zahnrad mit 300 Zähnen treibt er eine Kurbelwelle an. Das Zahnrad auf der Kurbelwelle hat 48 Zähne. Wie hoch ist die Drehzahl der Kurbelwelle? Wie groß ist das Gesamtübersetzungsverhältnis?

48. Ein leichter Verbrennungsmotor hat folgenden Energieverbleib:

Kühlwasserverluste	30%	Getriebeverluste	4%
Auspuffgasverluste	34%	Nutzleistung	32%

a) Stellen Sie die Verluste graphisch dar (Sankey-Diagramm).

b) Der Motor hat 12 l Brennstoff verbraucht. Wieviel Liter waren für die einzelnen Verluste erforderlich?

49. Eine Eisenbahnlinie hat im Gebirge eine Steigung von 1 : 40. Wieviel Meter muß die Bahn zurücklegen, um 125 m zu steigen?

50. Eine Straße hat eine Steigung von 1 : 80. Um wieviel Meter ist ein Auto gestiegen, wenn es 2,4 km zurückgelegt hat?

51. Auf einer Zeichnung mit dem Maßstab 1 : 20 werden folgende Maße gemessen:

3,4 cm   5,6 cm   12 mm   15,8 cm

Wie groß sind die Maße in Wirklichkeit?

52. Ein Bauplatz ist 15,75 m × 16,80 m groß. Wie lang sind die entsprechenden Maße auf einer Zeichnung mit M 1 : 50?

53. Das Mischungsverhältnis von Kalk und Sand bei Kalkmörtel beträgt 1 : 3. Wieviel m³ Kalk braucht man für $7^1/_3$ m³ Sand? Wieviel m³ Mörtel entstehen, wenn 1 m³ Kalk und 3 m³ Sand 3,2 m³ Mörtel ergeben (Ausbeute = 3,2)?

54. Es werden 3250 l Zementmörtel 1 : 2 gebraucht.

a) Wieviel Liter Zement und Sand sind nötig? (Für 1 m³ = 463 l Zement + 926 l Sand.)

b) Wieviel kg Zement ergibt das, wenn die Dichte von Zement 1,5 kg/dm³ ist?

c) Um wieviel % vermindert sich das Volumen?

55. Berechnen Sie die gleichen Werte für 785 l Zementmörtel 1 : 4.
(Für 1 m³ = 276 l Zement + 1100 l Sand.)

56. 1450 l Kalkmörtel 1 : 3 sollen in Kalkmörtel 1 : 2 umgewandelt werden. Wieviel Liter Kalk muß man beimischen?

1 m³ Kalkmörtel 1 : 3 = 334 l Kalk + 1002 l Sand,

1 m³ Kalkmörtel 1 : 2 = 442 l Kalk + 884 l Sand.

57. Es soll eine Rechtecksäule 30 cm × 45 cm × 250 cm aus Beton 1 : 8 (GT) hergestellt werden. Wieviel kg Zement und Kies sind nötig? (Für 1 m³ Beton = 240 kg Zement + 1920 kg Kies.)

58. Berechnen Sie, wieviel kg Zement und Kies man für ein Fundament benötigt (Maße: Länge 2,3 m, Breite 0,8 m, Höhe 0,25 m), wenn es aus Beton 1 : 6 (GT) hergestellt wird. (Für 1 m³ Beton = 300 kg Zement + 1810 kg Kies.)

59. Ein Maurer will aus 960 l gelöschtem Kalk Kalkmörtel 1 : 4 herstellen (Ausbeute 3,8).

a) Wieviel Liter Kalkmörtel können hergestellt werden?

b) Wieviel Liter Sand muß man zugeben?

60. Ein Tauchsieder erzeugt bei einer Stromstärke von $I_1 = 2$ A eine Wärmemenge $Q_1 = 3433$ J. Berechnen Sie die Wärmemenge Q_2, die ein Tauchsieder bei einer Stromstärke $I_2 = 4{,}5$ A erzeugt. (Bei gleichem Widerstand ist die in einem Leiter erzeugte Wärmemenge dem Quadrat der Stromstärke verhältnisgleich: $Q_1 : Q_2 = I_1^2 : I_2^2$.)

61. Ein Tauchsieder hat einen Widerstand $R_1 = 110\ \Omega$ und erzeugt eine Wärmemenge $Q_1 = 3433$ J. Wie groß wäre die erzeugte Wärmemenge Q_2 bei gleichbleibender Stromstärke und einem Widerstand $R_2 = 50\ \Omega$? (Bei gleichbleibender Stromstärke ist die in einem Leiter erzeugte Wärmemenge dem Widerstand direkt proportional: $Q_1 : Q_2 = R_1 : R_2$.)

62. Eine elektrische Leitung hat einen Widerstand $R_1 = 0{,}64\ \Omega$ bei einem Querschnitt $A_1 = 10$ mm². Wie stark muß man ihren Querschnitt wählen, wenn verlangt wird, daß der Leitungswiderstand auf $R_2 = 0{,}16\ \Omega$ sinkt? (Der elektrische Widerstand eines Stoffes ist umgekehrt proportional dem Querschnitt: $R_1 : R_2 = A_2 : A_1$.)

63. Ein galvanisches Element hat eine elektromotorische Kraft $E = 2$ V und einen inneren Widerstand $R_i = 5\ \Omega$. Wie groß ist der äußere Widerstand R_a, wenn die Klemmenspannung $U = 1{,}5$ V beträgt? [Die Klemmenspannung U eines Elementes verhält sich zur elektromotorischen Kraft E wie der äußere Widerstand R_a zu der Summe des äußeren und inneren Widerstandes $R_a + R_i$; $U : E = R_a : (R_a + R_i)$.]

64. Ein mathematisches Pendel von 81 cm Länge braucht für eine Schwingung 2 Sekunden. Wie lang muß das Pendel werden, wenn die Schwingungszeit 1 Sekunde betragen soll? (Die Schwingungszeiten zweier Pendel verhalten sich wie die Wurzeln aus den Pendellängen: $T_1 : T_2 = \sqrt{l_1} : \sqrt{l_2}$.)

65. Bei einem Staudamm beträgt die Ausflußgeschwindigkeit des Wassers 12,5 m/s bei einer Druckhöhe von 8,20 m. Wie hoch wird die Ausflußgeschwindigkeit sein, wenn der Wasserspiegel auf 25 m steigt? (Die Ausflußgeschwindigkeiten verhalten sich wie die Quadratwurzeln aus den Druckhöhen: $v_1 : v_2 = \sqrt{h_1} : \sqrt{h_2}$.)

66. Die Rauminhalte V_1 und V_2 in m³ eines Gases verhalten sich bei gleichen Temperaturen umgekehrt wie die Drücke p_1 und p_2 in N/cm². Ein Gasbehälter enthält 270 m³ Gas unter einem Druck von 15 N/cm². Wie hoch wäre der Gasdruck, wenn sich die gleiche Gasmenge in einem Behälter von 305 m³ befände?

67. Die Durchflußmengen Q_1 und Q_2 in m³ durch ein Rohr verhalten sich wie die Geschwindigkeiten v_1 und v_2 in m/s der strömenden Flüssigkeit. Durch ein Rohr fließen $Q_1 = 2{,}5$ m³ pro Minute. Wird die Durchflußgeschwindigkeit um 1,2 m/s erhöht, so wird die Durchflußmenge um 1,6 m³ größer. Wie hoch war die ursprüngliche Durchflußgeschwindigkeit v_1?

68. Die Gewichtskraft eines Körpers ist von seiner Entfernung vom Erdmittelpunkt abhängig. Die Gewichtskräfte stehen im umgekehrten Verhältnis der Quadrate dieser Entfernung. Wie schwer würde ein Mensch in Mondentfernung sein (≈ 348000 km), wenn er auf der Erde 750 N wiegt (≈ 6370 km vom Erdmittelpunkt)?

69. Auf dem Meer bilden der Radius (r) des sichtbaren Horizontes und die Beobachtungshöhe (h) folgendes Verhältnis: $r_1 : r_2 = \sqrt{h_1} : \sqrt{h_2}$. Wie groß ist der Radius des sichtbaren Horizontes bei 10 m Höhe, wenn er bei 2,25 m Höhe 30 km beträgt?

Mittelwerte

Bestimmen Sie das arithmetische Mittel von:

1. a) 2 und 5 **b)** 7 und 9 **c)** 1,9 und 3,7

2. a) 3, 8, 10, 20, 24 **b)** $\frac{1}{2}, \frac{1}{4}, \frac{1}{6}$

3. a) $2a$ und $4b$ **b)** $\frac{a}{2}$ und $\frac{b}{6}$ **c)** a und $(a + b)$

4. a) $\frac{x}{2}, \frac{a+b}{3}, \frac{2x+3a}{4}$ **b)** $6, \frac{3a}{2}, \frac{a+b}{4}$

Bestimmen Sie den Mittelwert folgender Versuchsergebnisse:

5. Der Wirkungsgrad η einer Maschine wurde gemessen: 0,31; 0,32; 0,29; 0,33; 0,30.

6. Die Geschwindigkeit v eines Flugzeuges wurde gemessen: 1832,5 km/h; 1790,8 km/h; 1819,2 km/h.

7. Der Schmelzpunkt eines Metalls wurde bestimmt: 1152 K; 1134 K; 1153 K; 1138 K.

8. Die Festigkeit σ einer Stahlsorte wurde untersucht: 412 N/mm²; 435 N/mm²; 398 N/mm².

9. Im Laufe eines Tages wurden folgende Temperaturwerte t gemessen: 291 K; 292 K; 294 K; 297 K; 295 K.

10. Bestimmen Sie die drei Mittelwerte m_a, m_g, m_h von folgenden Zahlen:

a) 3 und 5 **b)** $\frac{1}{2}$ und $\frac{1}{5}$ **c)** 2,6 und 3,4 **d)** $2a$ und $8b$

Wiederholungsfragen über 13.

1. *Wie entsteht ein arithmetisches und geometrisches Verhältnis?*
2. *Was ist eine Proportion?*
3. *Benennen Sie die Glieder einer Proportion.*
4. *Auf welche Weise wird eine Proportion gelöst?*
5. *Was kann man mit einer Proportion machen, ohne ihren Wert zu ändern?*
6. *Bilden Sie aus der Proportion 15 : 21 = 40 : 56 weitere sieben Möglichkeiten.*
7. *Wie kann man aus zwei Proportionen eine neue Proportion ableiten?*
8. *Wann entsteht eine fortlaufende Proportion?*
9. *Wie heißt das Gesetz der korrespondierenden Addition und Subtraktion?*
10. *Erklären Sie den Unterschied zwischen proportional und antiproportional.*
11. *Nennen Sie Beispiele für Proportionalität und Antiproportionalität.*
12. *Erklären Sie die Berechnung der drei Mittelwerte.*
13. *Welche Beziehung besteht zwischen den drei Mittelwerten?*

14. Gleichungen mit mehreren Variablen

14.1. Zahlengleichungen mit mehreren Variablen

Nebenstehende Gleichung enthält 2 Variablen. Wählt man für eine der Variablen eine bestimmte Zahl, so liegt die andere Variable fest. Als Lösungen erhält man *Zahlenpaare*, die, in die Gleichung eingesetzt, zu wahren Aussagen führen. Es gibt unbegrenzt viele solcher Zahlenpaare als Lösungen.

$x + y = 10$ *Gleichung mit 2 Variablen*

x	y	
9	1	$9 + 1 = 10$
7	3	$7 + 3 = 10$
4,3	5,7	$4{,}3 + 5{,}7 = 10$
:	:	

Eine Gleichung kann auch mehr als 2 Lösungsvariablen haben.

$2x - y + z = 5$ *Gleichung mit 3 Variablen*

Sind 2 Gleichungen mit 2 Variablen gegeben, so kann es sein, daß unter den Lösungen (Zahlenpaaren) ein Lösungspaar dabei ist, das gleichzeitig für beide Gleichungen gilt, also zu wahren Aussagen führt.

$$x + y = 10 \rightarrow 7 + 3 = 10$$
$$x - y = 4 \rightarrow 7 - 3 = 4$$
$$\underline{\underline{x = 7}};\ \underline{\underline{y = 3}}$$

Haben Gleichungen mit mehreren Variablen die gleichen Lösungen, so spricht man von einem *Gleichungssystem*.

$$x + 2y = 12$$
$$4x + 2y = 18$$
$$\underline{\underline{x = 2}};\ \underline{\underline{y = 5}}$$

System von 2 Gleichungen mit 2 Variablen

Bilden Gleichungen mit mehreren Variablen ein Gleichungssystem, so kann man die Lösungsvariablen leicht rechnerisch bestimmen. In der Regel wird die Zahl der Gleichungen mit denen der Variablen übereinstimmen. Bei der rechnerischen Bestimmung der Lösungsvariablen unterscheidet man 3 Verfahren. Mit Hilfe dieser Verfahren versucht man, aus dem Gleichungssystem durch Umformung eine Gleichung mit einer Variablen zu gewinnen. Nachdem man diese Variable bestimmt hat, kann die zweite Variable leicht berechnet werden.

A. Additionsmethode

Man multipliziert bei dieser Methode eine oder beide Gleichungen so mit Zahlen, daß beim anschließenden Addieren entsprechender Glieder eine Variable fortfällt (bei uns die Variable y). Die entstehende Gleichung mit einer Variablen wird wie üblich gelöst. Um die zweite Variable zu finden, setzt man die ausgerechnete Variable in eine der beiden Gleichungen ein und rechnet sie aus.

$$15x + 2y = 126 \quad | \cdot 2$$
$$3x - 4y = 12$$
$$+\ \begin{array}{l} 30x + 4y = 252 \\ 3x - 4y = 12 \end{array}$$
$$33x = 264$$
$$\underline{\underline{x = 8}}$$
$$3 \cdot 8 - 4y = 12$$
$$\underline{\underline{y = 3}}$$

B. Gleichsetzungsmethode

Bei dieser Methode werden beide Gleichungen nach einer Variablen umgeformt und dann gleichgesetzt. Die entstehende Gleichung mit einer Variablen wird wie üblich gelöst. Um die zweite Variable zu finden, muß man wiederum die ausgerechnete Variable in eine der beiden Gleichungen einsetzen. Dabei immer die einfachste Gleichung wählen.

$$15x + 2y = 126$$
$$3x - 4y = 12$$

$$x = \frac{126 - 2y}{15}$$

$$x = \frac{12 + 4y}{3}$$

$$\frac{126 - 2y}{15} = \frac{12 + 4y}{3}$$

$$126 - 2y = 5(12 + 4y)$$

$$\underline{\underline{y = 3}}$$

$$x = \frac{12 + 4 \cdot 3}{3} = \frac{24}{3} = \underline{\underline{8}}$$

C. Einsetzungsmethode

Hierbei rechnet man aus einer Gleichung eine Variable aus und setzt sie dann in die andere Gleichung ein. Man erhält wiederum eine Gleichung mit einer Variablen, die ausgerechnet werden kann. Die zweite Variable wird durch rückläufiges Einsetzen ausgerechnet.

Je nach Aussehen der Gleichungen wird eine der Methoden gewählt, und zwar die, die am schnellsten zum Ziele führt.

$$15x + 2y = 126$$
$$3x - 4y = 12$$

$$x = \frac{12 + 4y}{3}$$

$$15 \cdot x + 2y = 126$$

$$15 \cdot \frac{12 + 4y}{3} + 2y = 126$$

$$5 \cdot (12 + 4y) + 2y = 126$$

$$60 + 20y + 2y = 126$$

$$\underline{\underline{y = 3}}$$

$$x = \frac{12 + 4 \cdot 3}{3} = \frac{24}{3} = \underline{\underline{8}}$$

Beispiele:

1. Man muß hierbei die obere Gleichung mit 8 und die untere mit —3 multiplizieren, damit beim Addieren eine Variable fortfällt.

1.

$$5x + 3y = 21 \quad | \cdot 8$$
$$7x + 8y = 37 \quad | \cdot (-3)$$

$$+\quad 40x + 24y = 168$$
$$-21x - 24y = -111$$

$$19x = 57$$

$$\underline{\underline{x = 3}}$$

$$5 \cdot 3 + 3y = 21$$

$$\underline{\underline{y = 2}}$$

2. Bei diesen beiden Gleichungen führt die Einsetzungsmethode am schnellsten zum Ziel.

2.

$$\frac{3x-2y}{3x-y}=\frac{5}{8}$$

$$x+y=20$$

$$x=20-y$$

$$\frac{3(20-y)-2y}{3(20-y)-y}=\frac{5}{8}$$

$$\frac{60-5y}{60-4y}=\frac{5}{8}$$

$$8(60-5y)=5(60-4y)$$

$$\underline{\underline{y=9}}\quad \underline{\underline{x=11}}$$

3. Man dividiert zunächst beide Gleichungen durch xy und wendet dann die Additionsmethode an.

3.

$$2x+3y=xy$$

$$10x-9y=xy$$

$$\frac{2}{y}+\frac{3}{x}=1 \quad \Big|\cdot 3$$

$$\frac{10}{y}-\frac{9}{x}=1$$

$$+\;\begin{vmatrix}\dfrac{6}{y}+\dfrac{9}{x}=3\\[2mm] \dfrac{10}{y}-\dfrac{9}{x}=1\end{vmatrix}$$

$$\frac{16}{y}=4;\quad \underline{\underline{y=4}}\quad \underline{\underline{x=6}}$$

4. Bei 3 Gleichungen mit 3 Variablen muß man versuchen, diese zunächst in 2 Gleichungen mit 2 Variablen umzuwandeln.

Mit Hilfe der Additionsmethode bildet man aus der ersten und zweiten und aus der ersten und dritten Gleichung zwei neue Gleichungen. Diese beiden neuen Gleichungen mit 2 Variablen werden auch mit der Additionsmethode gelöst.

4.

$$2x+3y-z=5$$

$$4x+5z-y=17$$

$$6y+7z-x=32$$

$$\begin{array}{rl|rl} 2x+3y-z=5 & & 2x+3y-z=5 & \cdot(-2)\\ 4x-y+5z=17 & \cdot 3 & -x+6y+7z=32 & \\ \hline + \quad 2x+3y-z=5 & & -4x-6y+2z=-10 & +\\ 12x-3y+15z=51 & & -x+6y+7z=32 & \\ \hline 14x+14z=56 & & -5x+9z=22 & \end{array}$$

$$\begin{array}{rl} 14x+14z=56 & \cdot 5\\ -5x+9z=22 & \cdot 14\\ \hline + \quad 70x+70z=280 & \\ -70x+126z=308 & \\ \hline \end{array}$$

$$196z=588$$

$$\underline{\underline{z=3}}$$

Durch rückläufiges Einsetzen in eine Gleichung werden die übrigen Variablen ausgerechnet.

$$-5x+9\cdot 3=22$$

$$\underline{\underline{x=1}}$$

$$2\cdot 1+3y-3=5$$

$$\underline{\underline{y=2}}$$

5. Lösung durch Additionsmethode.

Aus der ersten und zweiten Gleichung bildet man eine neue. Diese neue Gleichung und die dritte haben die gleichen Variablen und lassen sich leicht lösen.

5.
$$\begin{array}{r} x + y = 12 \\ x + z = 10 \quad \cdot(-1) \\ y + z = 18 \end{array}$$

$$+\begin{array}{r} x + y = 12 \\ -x - z = -10 \end{array} \qquad +\begin{array}{r} y - z = 2 \\ y + z = 18 \end{array}$$

$$y - z = 2 \qquad 2y = 20$$

$$\underline{\underline{y = 10}}$$

$$\underline{\underline{z = 8}} \qquad \underline{\underline{x = 2}}$$

14.2. Textgleichungen mit mehreren Variablen

Bei diesen Aufgaben muß versucht werden, aus dem Text Gleichungen zu bilden. In der Regel wird die Zahl der Gleichungen mit derjenigen der Unbekannten (Variablen) übereinstimmen. Die gesuchten Zahlen bezeichnet man mit $x, y, z \ldots$ Oft kann man die Aufgabe auch durch das Einführen einer einzigen Variablen lösen. Im allgemeinen kann man nicht angeben, welcher Lösungsweg leichter ist.

Beispiel 252/1: Von welchen Zahlen ist die Differenz gleich 10 und der Quotient gleich 3?

Die Zahlen heißen x und y, die Differenz beider ist 10, der Quotient ist 3.

$$x - y = 10$$

$$\frac{x}{y} = 3$$

Lösung mit Hilfe der Einsetzungsmethode. Die Zahlen sind 5 und 15.

$$3 \cdot y - y = 10$$

$$\underline{\underline{y = 5}} \qquad \underline{\underline{x = 15}}$$

Beispiel 252/2: Ein m^2 Messingblech, 2,5 mm dick, wiegt 21 kg. Wie groß ist die Dichte ϱ (kg/dm^3) des Bleches? Wieviel kg Kupfer ($\varrho = 8{,}8\ kg/dm^3$) und Zink ($\varrho = 7{,}1\ kg/dm^3$) sind darin enthalten?

Gewicht ist Volumen mal Dichte. Man muß das Volumen in dm^3 einsetzen, damit das Ergebnis in kg herauskommt.

$$G = V \cdot \varrho$$

$$21 = 2{,}5 \cdot \varrho$$

$$\varrho = \frac{21}{2{,}5} = \underline{\underline{8{,}4\ kg/dm^3}}$$

In den 21 kg Blech sind x kg Kupfer und y kg Zink enthalten.

$$x + y = 21$$

Das Volumen des Kupfers $\frac{x}{8{,}8}$ ($V = G/\varrho$) und das Volumen des Zinks $\frac{y}{7{,}1}$ ergeben zusammen das Volumen des Bleches $2{,}5\ dm^3$.

$$\frac{x}{8{,}8} + \frac{y}{7{,}1} = 2{,}5$$

$$x = 21 - y$$

$$\frac{21 - y}{8{,}8} + \frac{y}{7{,}1} = 2{,}5$$

Lösung mit der Einsetzungsmethode.

In dem Blech sind:

4,176 kg Zink
und 16,824 kg Kupfer enthalten.

$$7{,}1\,(21 - y) + 8{,}8y = 2{,}5 \cdot 8{,}8 \cdot 7{,}1$$
$$\underline{\underline{y = 4{,}176}}$$
$$x = 21 - 4{,}176 = \underline{\underline{16{,}824}}$$

Beispiel 253/1: Zwei Autofahrer, *A* und *B*, fahren von zwei Orten, die 370 km voneinander entfernt sind, einander entgegen und treffen sich nach 4 Stunden. Würde *B* $\frac{1}{2}$ Stunde nach *A* abfahren, so wären sie 4 Stunden nach Aufbruch von *A* noch 20 km voneinander entfernt. Wieviel km legt jeder in der Stunde zurück?

A legt *x*, *B* legt *y* km in der Stunde zurück.

Weg = Geschwindigkeit · Zeit

Beide Wege ergeben zusammen 370 km. Im zweiten Fall ist *A* 4 Stunden und *B* $3\frac{1}{2}$ Stunden unterwegs. Beide zusammen haben dann aber nur 370 — 20 = 350 km zurückgelegt.

Die Aufgabe wird mit der Additionsmethode gelöst. *A* legt in der Stunde 52,5 km, *B* 40 km zurück.

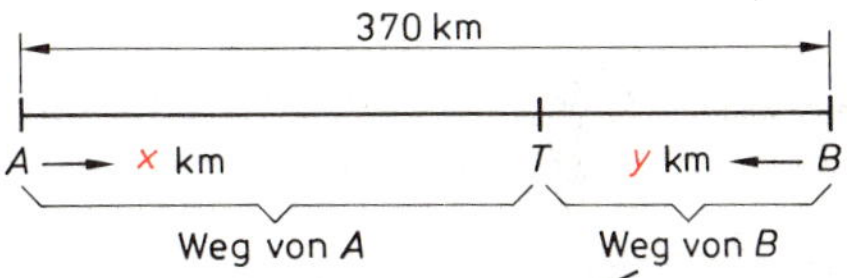

$$\overbrace{x \cdot 4} + \overbrace{y \cdot 4} = 370$$
$$x \cdot 4 + y \cdot 3\tfrac{1}{2} = 350$$

$$4x + 4y = 370$$
$$4x + 3\tfrac{1}{2}y = 350 \quad \Big|\cdot(-1)$$

$$y = 40$$
$$\underline{\underline{x = 52{,}5}}$$

Beispiel 253/2: *A*, *B* und *C* haben Geld ausgeliehen, *A* zu 4%, *B* zu 5% und *C* zu 6%. *A* und *B* bekommen zusammen je Jahr 448 DM Zinsen, *B* und *C* 456 DM, *A* und *C* 452 DM. Wieviel Geld hat jeder ausgeliehen?

Es haben ausgeliehen:
A: *x* DM; *B*: *y* DM; *C*: *z* DM.

Zinsen von *A* je Jahr: $\frac{x \cdot 4}{100}$ DM $\quad \left(Z = \frac{K \cdot p}{100}\right)$

Zinsen von *B* je Jahr: $\frac{y \cdot 5}{100}$ DM

Zinsen von *C* je Jahr: $\frac{z \cdot 6}{100}$ DM

Es lassen sich nun drei Gleichungen aufstellen.

$$1.\quad \frac{4x}{100} + \frac{5y}{100} = 448$$
$$2.\quad \frac{5y}{100} + \frac{6z}{100} = 456 \quad \Big|\cdot(-1)$$
$$3.\quad \frac{4x}{100} + \frac{6z}{100} = 452$$

Durch Addition kann man aus der 1. und 2. eine neue Gleichung bilden, die man mit der 3. addiert.

Man erhält den x-Wert und kann durch rückläufiges Einsetzen die übrigen Werte berechnen.

Es haben ausgeliehen:

A: 5550 DM
B: 4520 DM
C: $3833\frac{1}{3}$ DM

$$\text{1.}\quad \frac{x}{25}+\frac{y}{20}=448$$

$$\text{2.}\quad -\frac{3z}{50}-\frac{y}{20}=-456 \quad \Big| +$$

$$\frac{x}{25}-\frac{3z}{50}=-8$$

$$\text{3.}\quad \frac{x}{25}+\frac{3z}{50}=452 \quad \Big| +$$

$$x=5550 \qquad y=4520 \qquad z=3833\frac{1}{3}$$

Beispiel 254: Zwei parallele Rohre sind durch ein Verbindungsstück verbunden. Berechnen Sie das Maß x mit den Strecken a, b und d

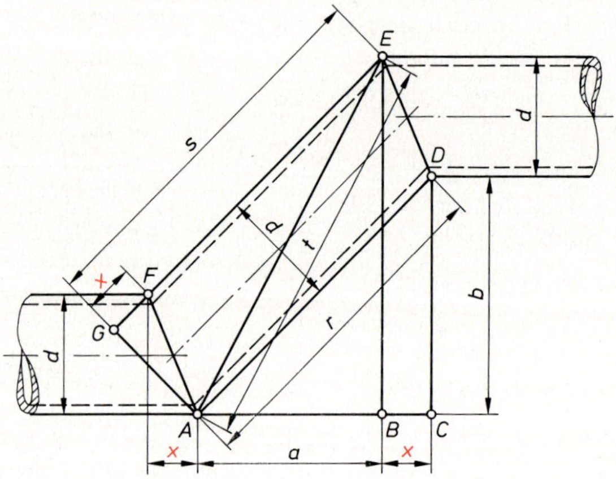

Der Pythagoras in $\triangle$ *ABE* lautet $\qquad t^2 = a^2 + (b+d)^2 \quad$ I

Der Pythagoras in $\triangle$ *AEG* lautet $\qquad t^2 = d^2 + s^2 \quad$ II

Der Pythagoras in $\triangle$ *ACD* lautet $\qquad r^2 = b^2 + (a+x)^2 \quad$ III

Auf Grund der Zeichnung ist $\qquad r = s - x \quad$ IV

Den Wert t^2 von Gleichung I in Gleichung II einsetzen und die neue Gleichung nach s ausrechnen.

$$a^2 + (b+d)^2 = d^2 + s^2$$
$$a^2 + b^2 + 2bd + d^2 = d^2 + s^2$$
$$s^2 = a^2 + b^2 + 2bd + d^2 - d^2$$
$$s = \sqrt{a^2 + b^2 + 2bd}$$

Den Wert r von Gleichung IV in Gleichung III einsetzen und die neue Gleichung nach x ausrechnen.

$$(s-x)^2 = b^2 + (a+x)^2$$
$$s^2 - 2sx + x^2 = b^2 + a^2 + 2ax + x^2$$
$$-2sx - 2ax = b^2 + a^2 - s^2$$
$$x = \frac{b^2 + a^2 - s^2}{-2s - 2a}$$

In diese Gleichung wurde der ausgerechnete Wert s eingesetzt. Bruch durch Kürzen vereinfachen.

$$x = \frac{b^2 + a^2 - (a^2 + b^2 + 2bd)}{-2\sqrt{a^2 + b^2 + 2bd} - 2a}$$

$$= \frac{\cancel{-}2bd}{\cancel{-}2\sqrt{a^2 + b^2 + 2bd}\ \cancel{-}2a}$$

$$= \frac{bd}{\sqrt{a^2 + b^2 + 2bd} + a}$$

Übungen

14.1. Zahlengleichungen mit mehreren Variablen

1. $2x + 2y = 20$
$2x - 2y = 4$

2. $x - y = 65$
$2x + 2y = 214$

3. $10x + 2y = 80$
$3x + y = 26$

4. $3x + 7y = 60$
$2x + 18y = 80$

5. $18x - 2y = 12$
$3x + \frac{y}{3} = 10$

6. $3x - 3y = 3$
$2x + y = 11$

7. $6x + 9y = -42$
$2x + 4y = -16$

8. $6x + 2y = -10$
$-x - 2y = 5$

9. $4x - 2y = 16$
$3x + y = 17$

10. $\frac{2}{3}x + \frac{5}{6}y = -11$
$\frac{1}{3}x + \frac{1}{6}y = -4$

11. $4x + 6y = -36$
$3x + 2y = -17$

12. $30x - 28y = 100$
$5x - 2y = 30$

13. $5x - 2y = 27{,}2$
$5x - 4y = 20{,}4$

14. $5x + 8y = 47$
$8x - 6y = 0$

15. $x = 3y - 2$
$x = 5y - 12$

16. $4x = 6y + 2$
$6x = 14y - 12$

17. $4{,}5x + 4y = 100$
$3x - 8y = 10$

18. $14x + \frac{y}{2} = 188$
$6x + \frac{y}{8} = \frac{159}{2}$

19. $\frac{1}{x} + \frac{1}{y} = \frac{1}{2}$
$\frac{1}{2x} - \frac{1}{2y} = \frac{1}{12}$

20. $\frac{5}{x} - \frac{3}{y} = \frac{1}{20}$
$\frac{4}{x} + \frac{5}{y} = \frac{16}{30}$

21. $14x - \frac{6}{y} = 32$
$3x - \frac{2}{y} = 4$

22. $\frac{8{,}4}{x} - \frac{4{,}5}{y} = \frac{9{,}6}{3{,}2}$
$\frac{4{,}9}{x} - \frac{2{,}5}{y} = 2$

23. $10(7x-1)+12(3+2y)=612$
$4x + 158 = 6(9y - 5)$

24. $5(x-4)-2(y+15) = -33$
$18y+16x-6(7y-1)=-186$

25. $\frac{5}{2}x - \frac{10}{3}y = 10$
$\frac{22}{3}x - \frac{11}{2}y = 55$

26. $ax + ny = a^2 + n^2$
$ay + nx = a^2 + n^2$

27. $\frac{2}{x} - \frac{3}{y} = 0$
$3(x+1)-2(y-3)=2x+1$

28. $\frac{2}{2 + 8y} = \frac{4}{2 + x}$
$\frac{3}{3 \quad 12y} = \frac{14}{2 - x}$

29. $2x + 2y = 18$
$\frac{x + 2y - 2}{y - 2x + 4} = 12$

30. $\frac{8 - x}{3} - 15 = -2y$
$\frac{9 + y}{8} + 23 = 5x$

31. $\frac{x - 12}{7 - y} = \frac{x - 13}{11 - y}$
$\frac{2x + 4}{10 + x} = \frac{34 - 2y}{18 - y}$

32. $\frac{4x - 2}{2y + 1} = 2$
$x + y = 15$

33. $\frac{3x - 2y}{3x - y} = \frac{10}{16}$
$x + y = 20$

34. $\frac{2x + 4}{5} + \frac{14x + 5y}{10} = 3$
$\frac{14y + 4x}{8} - \frac{5y - x}{3} = 1$

35. $2x + 2y = 2m + 2n$
$x - y = m - n$

36. $\frac{2y-8}{4}+\frac{x+3}{20}=\frac{3}{4}$
$\frac{4x-y}{3}-\frac{3x-1}{10}=\frac{1}{2}$

37. $x+y=7$
$y+z=14$
$x+z=11$

38. $x+y=28$
$x+z=30$
$y+z=32$

39. $6x-2y=22$
$5z+7y=33$
$16z-14x=-54$

40. $2x+8y+14z=178$
$7x+y+4z=74$
$4x+7y+z=77$

41. $x+y+z=100$
$x:y:z=12:6:2$

42. $14x-6y-22z=76$
$18x+4y-120z=8$
$2x-2y-2z=4$

43. $\frac{2}{2x+2y}=\frac{6}{5}$
$\frac{2}{2x+2z}=\frac{8}{6}$
$\frac{2}{2y+2z}=\frac{12}{7}$

44. $x+y=8$
$y+z=14$
$z+n=22$
$n-x=10$

45. $x+y+z=29$
$x:y=6:8$
$y:z=4:6$

46. $x+y+z=1{,}5$
$x=3y$
$y:z=1:2$

14.2. Textgleichungen mit mehreren Variablen

1. Die Differenz zweier Zahlen beträgt 27. Multipliziert man die erste Zahl mit 2 und die zweite mit 3, so wird die Differenz gleich 41. Wie heißen die Zahlen?

2. Zwei Zahlen verhalten sich wie 3 : 5. Vermehrt man die erste um 3 und die zweite um 2, so verhalten sich die neuen Zahlen wie 2 : 3. Wie heißen die ursprünglichen Zahlen?

3. Die Quersumme einer zweizifferigen Zahl ist 12. Stellt man die Ziffern um, so ist die neue Zahl $1\frac{3}{4}$mal kleiner als die ursprüngliche. Wie heißt die letztere?

4. Gibt ein Geselle einem zweiten 3 Schrauben ab, so haben beide gleich viel; gibt aber der zweite dem ersten 2 Schrauben, so hat der erste 6mal soviel wie der zweite. Wieviel Schrauben hat jeder?

5. Zwei Kapitalien, 4350 DM und 9750 DM, sind zu verschiedenen Prozentsätzen ausgeliehen und bringen jährlich zusammen 1383 DM Zinsen. Stünde das erste Kapital zum Prozentsatz des zweiten und das zweite zum Prozentsatz des ersten, so brächten sie zusammen 1437 DM Zinsen. Zu wieviel Prozent stehen die Kapitalien?

6. Ein Wasserbehälter hat zwei Zuflußrohre. Ist das erste 24 min, das zweite 30 min geöffnet, so fließen 984 l ein. Ist hingegen das erste 18 min und das zweite 20 min geöffnet, so fließen 688 l ein. Wieviel Liter Wasser liefert jedes Rohr?

7. Wieviel Akkumulatorensäure von der Dichte 1,15 kg/dm^3 und wieviel von der Dichte 1,2 kg/dm^3 ergeben zusammen 2,5 l Säure von der Dichte 1,17 kg/dm^3?

8. Wieviel Kupfer von der Dichte 8,8 kg/dm^3 und wieviel Zinn von der Dichte 7,3 kg/dm^3 ergeben 60 kg Rotguß von der Dichte 8,5 kg/dm^3?

9. Zwei Arbeiter (*A* und *B*) erhalten zusammen 630 DM Wochenlohn (6 Tage). Wieviel DM erhält jeder, wenn *A* in 10 Tagen 30 DM mehr verdient als *B* in 7 Tagen?

10. Ein Motorboot fährt 48,27 km in 3 Stunden den Strom abwärts. Für den Rückweg braucht es 5 Stunden. Wie schnell würde das Boot im stillen Wasser fahren, und wie hoch ist die Geschwindigkeit der Strömung?

11. Ein Flugzeug braucht für 579,24 km mit dem Wind 2 Stunden, für den Rückflug gegen den Wind $3\frac{3}{5}$ Stunden. Wie hoch ist die Geschwindigkeit des Flugzeuges und die des Windes?

12. 3 Pumpen sollen einen Wasserbehälter von 1200 m^3 Inhalt auspumpen. Die erste und zweite schaffen es in $10\frac{10}{11}$ Stunden, die erste und dritte in $8\frac{4}{7}$ Stunden, die zweite und dritte in $7\frac{1}{2}$ Stunden. Wieviel m^3 leistet jede Pumpe je Stunde? Wann ist der Behälter leer, wenn alle Pumpen zugleich arbeiten?

13. In einer Werkstatt zählen Meister, Geselle und Auszubildender zusammen 103 Jahre; Meister und Auszubildender 80 Jahre, Geselle und Auszubildender 39 Jahre. Wie alt ist jeder?

14. Eine Legierung (Bronze) besteht aus reinem Kupfer ($\varrho = 8{,}88\ g/cm^3$) und reinem Zinn ($\varrho = 7{,}29\ g/cm^3$). Sie wiegt in der Luft 1500 g, unter Wasser 1323 g. Wieviel Gramm von jedem Metall enthält die Legierung?

15. Ein Meister hat am 1. November zwei Wechsel über 2800,— DM einzulösen. Löst er die Wechsel bereits am 1. August ein, so erhält er 2762,— DM. Wie hoch sind die Wechsel, wenn für den einen 6%, für den anderen 5% Diskont gerechnet werden?

16. Zwei kleine kreisrunde Blechplatten haben zusammen den gleichen Umfang wie eine große Blechplatte von 3 m Durchmesser. Legt man die kleine der beiden Blechplatten konzentrisch auf die größere, so entsteht ein Kreisring. Die große Blechplatte ist dann dreimal so groß wie der Kreisring. Wie groß sind die Durchmesser der beiden kleinen Blechplatten?

17. Vergrößert man den Durchmesser einer kreisrunden Grundfläche eines Fasses um 20 cm, so wächst der Flächeninhalt um 1963,5 cm². Wie groß war der Durchmesser vorher?

18. Ein Dampfer fährt gegen den Strom und legt eine Strecke von 120 km in 6 Stunden 20 Minuten zurück. Mit dem Strom braucht er nur 5 Stunden 45 Minuten. Welche Geschwindigkeit haben Schiff und Wasser?

19. Ein Schmiedehammer fällt aus einer Höhe von 2,35 m auf ein Schmiedestück. Welche Endgeschwindigkeit in m/s hat der Hammer?

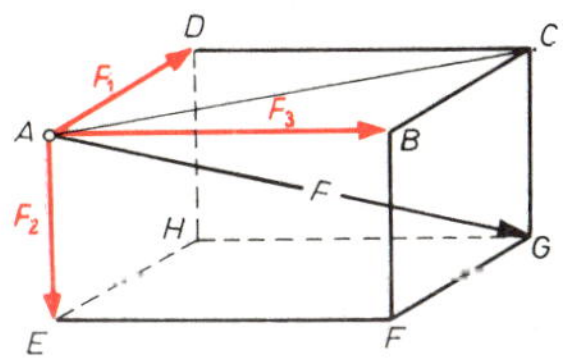

20. Eine Kraft $F = 35$ kN soll in drei zueinander senkrechtstehende Teilkräfte F_1, F_2 und F_3 zerlegt werden, die sich wie 2 : 3 : 7 verhalten. Alle Kräfte haben den gemeinsamen Angriffspunkt A. Wie groß sind die Kräfte?

Wiederholungsfragen über 14.

1. *Wieviel Gleichungen sind notwendig, um drei Variablen auszurechnen?*
2. *Wie ist der Gedankengang beim Lösen von Gleichungen mit mehreren Variablen?*
3. *Wieviel Methoden gibt es, um Gleichungen dieser Art auszurechnen?*
4. *Erklären Sie die einzelnen Methoden.*
5. *Wovon hängt es ab, welche Methode man anwendet?*

15. Einführung in die Funktionenlehre

15.1. Zahlentafeln und Schaubilder

Im täglichen Leben begegnet man ständig Tabellen, Zahlentafeln und Schaubildern aller Art, die die Aufgabe haben, verschiedenste Dinge miteinander zu vergleichen. Diese graphischen Darstellungen sind je nach Ausführung verschieden. Die bekanntesten Arten sind folgende:

1. Zahlentafeln

Bei dieser Darstellungsart wird der Vergleich verschiedener Größen durch Zahlen vorgenommen. Man kann z. B. die Dichte verschiedener Stoffe miteinander vergleichen. Zahlentafeln sind sehr verbreitet.

Stoff	Dichte kg/dm³
Aluminium	2,7
Blei	11,34
Eisen	7,86
Gold	19,25
Iridium	22,42
Kupfer	8,88
Magnesium	1,75
Platin	21,4
Quecksilber	13,55
Silber	10,5
Uran	19,0
Zink	7,14

2. Streckenschaubilder

Zahlentafeln sind abstrakt und nicht sehr anschaulich. Die Übersicht ist anschaulicher, wenn man Zahlen durch Streckenlängen ersetzt. Auf diese Weise kann man den ausnutzbaren Energiegehalt (z. B. in Joule) von 100 g verschiedener Lebensmittelsorten als Strecken darstellen. Die Länge der Strecken ist ein Maß für den Energiegehalt. Der Maßstab kann beliebig gewählt werden.

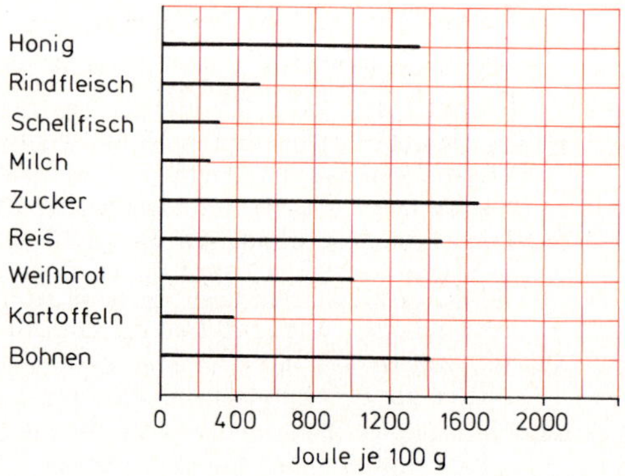

3. Flächenstreifenschaubilder

Bei dieser Form der Darstellung treten an die Stelle der Strecken Flächenstreifen (Rechtecke). Durch farbige Gestaltung oder unterschiedliche Schraffur der nebeneinanderstehenden Flächenstreifen kann die Klarheit der Veranschaulichung noch erhöht werden. Auf diese Weise können nicht nur Vergleiche veranschaulicht, sondern auch zeitliche Entwicklungen dargestellt werden.

Fischereierträge einiger europäischer Länder

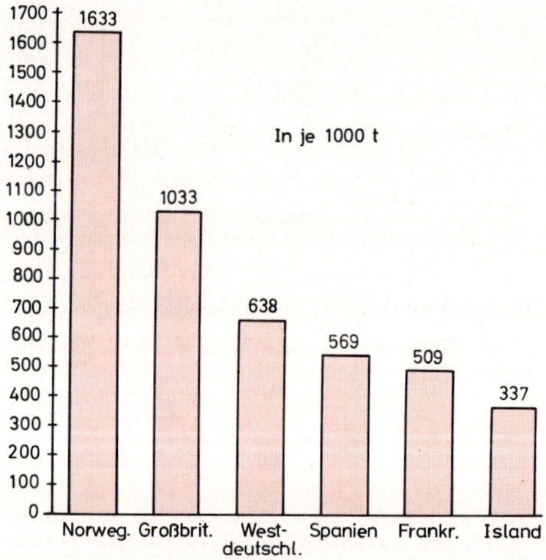

4. Kreisschaubild

Soll eine bestimmte Menge in Einheiten aufgeteilt werden, so ist dafür das Kreisschaubild zu empfehlen. Die Prozentsätze von Legierungen lassen sich z. B. auf diese Weise sehr anschaulich darstellen. Die gesamte Kreisfläche ist dann 100% = 360°. Die Größe des Kreissektors (Winkels) ist vom Prozentsatz abhängig.

Weichlot

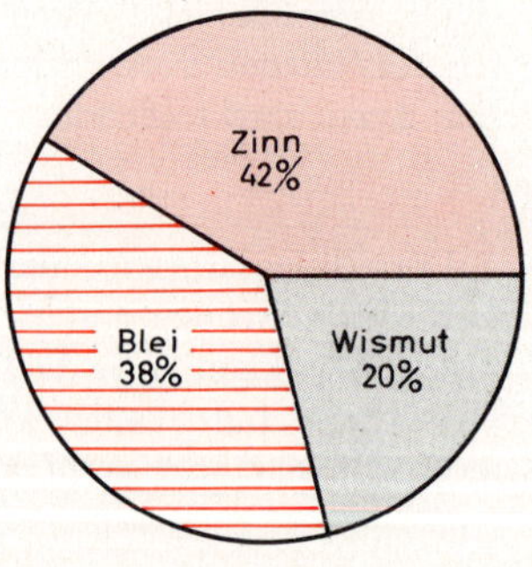

5. Besondere Flächenschaubilder

Flächenstreifen und Kreisdiagramme sind Flächenschaubilder; denn bei ihnen werden Vergleichszahlen aller Art durch Flächen dargestellt. Die Form der Flächen kann im Prinzip beliebig sein. Ein Beispiel dieser Art ist das Sankey-Diagramm. Bei ihm wird der Energieverbleib im Kraftfahrzeug prozentual zeichnerisch dargestellt.

Energieverbleib im Kraftfahrzeug (Sankey-Diagramm)

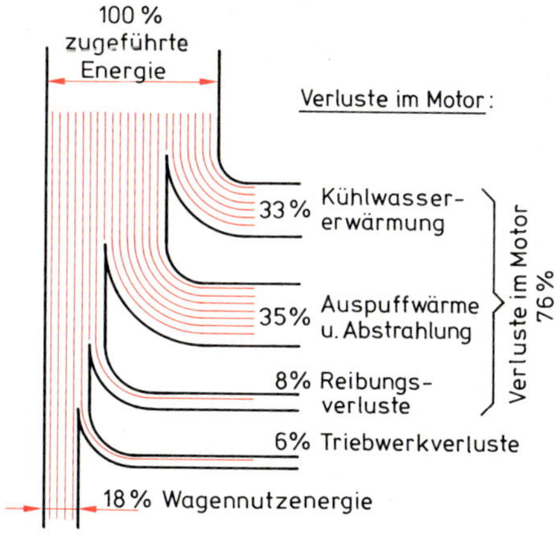

6. Körperschaubilder

Durch die perspektivische räumliche Darstellung können Vergleiche noch klarer veranschaulicht werden. Bei dieser Darstellung ist darauf zu achten, daß die Rauminhalte der dargestellten Körper, die in der Form beliebig sein können, im gleichen Verhältnis zu den darzustellenden Zahlen stehen.

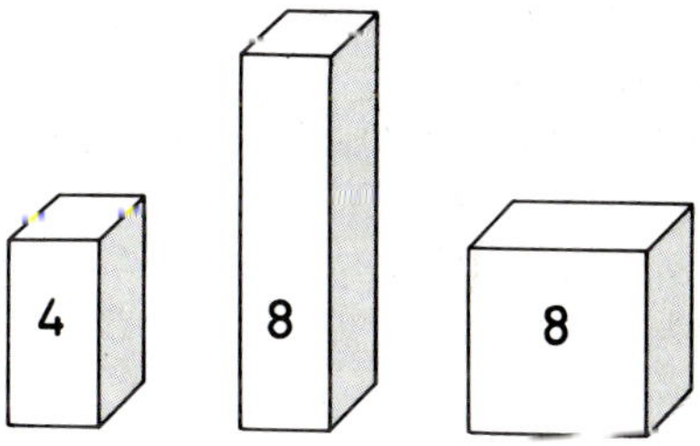

Ist eine Größe (z. B. der Stromverbrauch) nicht nur von einer, sondern von zwei Größen abhängig (z. B. von der Jahreszeit und von der Tageszeit), so ist die räumliche Darstellung dafür besonders geeignet. Bei unserem Beispiel entsteht dann das sogenannte „Belastungsgebirge" als Bild eines E-Werkes für die Stromschwankungen des Jahres.

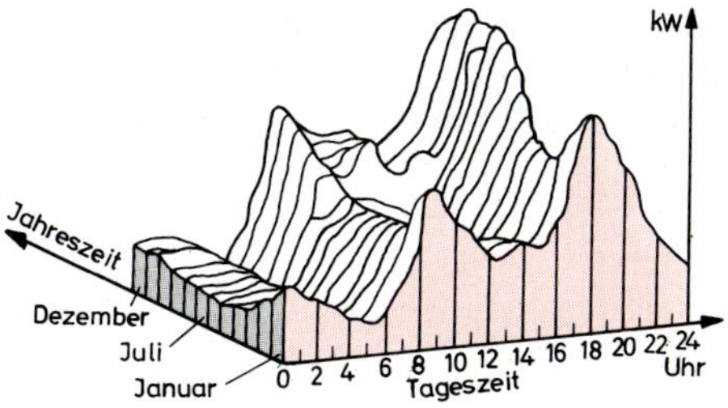

Belastungsgebirge eines Elektrizitätswerkes

7. Bilddarstellungen

Will man Größen veranschaulichen, also mathematische Aussagen machen, die für Personen bestimmt sind, die keine besondere mathematische Ausbildung erhalten haben oder dafür kein Verständnis haben, so ist die figürliche Darstellung durch Bilder zu empfehlen. Bei dieser Darstellungsart unterscheidet man zwei Möglichkeiten:

a) Man zeichnet für jede Zahlenangabe nur ein Bild. Die Größe des Bildes ist von der darzustellenden Zahl abhängig.

Bei den nebenstehenden Beispielen wurde jeweils die Höhe als Maß der darzustellenden Zahlen gewählt. Im Beispiel „Kaffee" ist zugleich die Fläche der Figuren entsprechend gezeichnet. Im Beispiel „Bevölkerungszunahme" wächst die Fläche jedoch überproportional, wodurch auf den Betrachter eine optisch verzerrte Wirkung eintreten könnte.

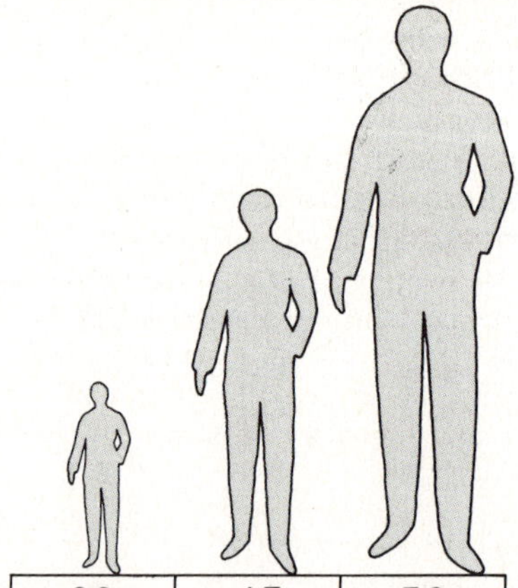

Die Bevölkerungszunahme in Deutschland im 19. Jahrhundert und im ersten Drittel des zwanzigsten Jahrhunderts

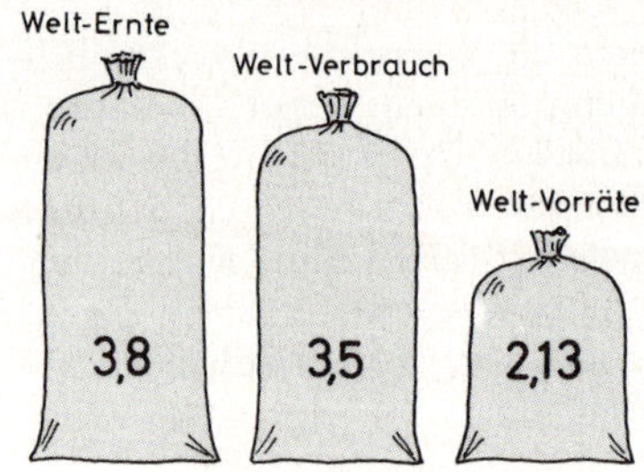

Kaffee (*in* Mio. t)

b) Man zeichnet für jede Zahlenangabe mehrere gleich große Bilder. Die Anzahl der Bilder ist von der darzustellenden Zahl abhängig.

 ≙ 20 Mio. BRT

Welthandelsflotte

1939 1958 1969

15.2. Graphische Darstellung von Funktionen

In Kapitel 15.1. wurde gezeigt, auf welche Weise man die verschiedensten Dinge miteinander vergleichen kann. Es ist dabei nicht unbedingt erforderlich, daß die dargestellten Werte in einem Abhängigkeitsverhältnis zueinander stehen. In Naturwissenschaft, Technik und in der Wirtschaft kommen aber auch Größen vor, die voneinander abhängen. Für solche Abhängigkeitsverhältnisse hat man den Begriff „Funktion" eingeführt. Hängt eine Größe in ihrem Wert von einer anderen Größe gesetzmäßig ab, so sagt man, die eine Größe ist eine Funktion der anderen Größe, oder beide Größen stehen zueinander in funktioneller Beziehung. Dabei wird stillschweigend vorausgesetzt, daß diese Beziehung *eindeutig* ist, d. h., jeder Größe (Zahl) wird nur *eine* andere Größe (Zahl) zugeordnet. Diese funktionellen Beziehungen kann man auf verschiedene Weise darstellen:

1. Darstellung durch Gleichungen

In jeder Rechenaufgabe (Formel) ist ein Abhängigkeitsverhältnis von zwei oder mehreren Größen vorhanden.

a) Die Fläche eines Kreises ist abhängig vom Durchmesser.

$A = \frac{d^2 \cdot \pi}{4}$ *Kreisfläche*

b) Die Fläche eines Quadrates ist abhängig von der Seitenlänge.

$A = a^2$ *Quadratfläche*

c) Der Umfang eines Rechteckes ist abhängig von der Länge der Seiten.

$U = 2a + 2b$ *Rechteckumfang*

Diese Darstellungsart von funktionellen Beziehungen ist wenig anschaulich.

2. Darstellung durch Zahlentafeln

a) Das Gewicht eines erwachsenen Menschen ist abhängig von seiner Körpergröße.

Länge cm	Männer kg	Frauen kg
160	58,2	56,9
165	61,8	59,7
170	65,7	62,2
175	69,2	66,9
180	73,8	69,6

b) Der Umfang eines Kreises ist abhängig vom Durchmesser.

$U = d \cdot \pi$	3,142	6,283	9,425	12,566	15,708
d	1	2	3	4	5

Durch Zahlentafeln kann man die funktionellen Beziehungen besser überblicken als durch Gleichungen.

3. Darstellung durch Kurvendiagramme

Kurvendiagramme sind zeichnerische (graphische) Darstellungen funktioneller Zusammenhänge. Diese Darstellungsart ist sehr anschaulich.

a) Zum Beispiel ist die *Fieberkurve* eines Kranken solch eine graphische Darstellung. Die Temperatur ist dabei abhängig von der Zeit; die Temperatur ist eine Funktion der Zeit.

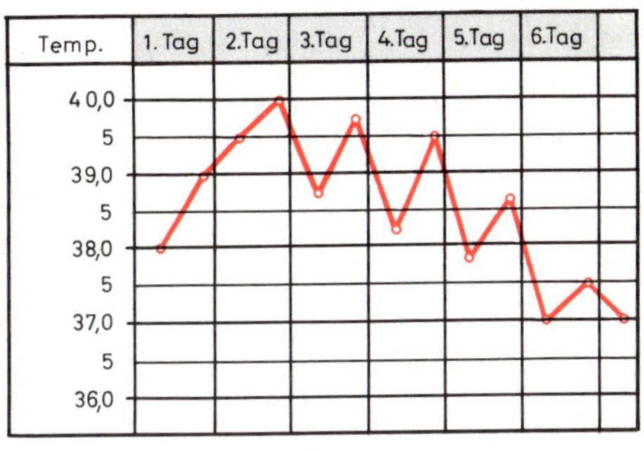

Fieberkurve

b) Der *Kohlenverbrauch* in einem Haushalt ist abhängig von der Jahreszeit und läßt sich gleichfalls graphisch darstellen. Immer, wenn zwei Größen voneinander abhängen, kann man sie beobachten und messen und in Form von Kurven aufzeichnen. Man nennt solche Kurven *empirische Kurven*, weil sie aus der Erfahrung und Beobachtung stammen. Die voneinander abhängigen Werte werden auf zwei senkrecht aufeinanderstehenden Achsen abgetragen. Die Maßstäbe können beliebig sein. Es können auch durch zusätzliche Achsen mehr als zwei Größen, die voneinander abhängig sind, kombiniert werden.

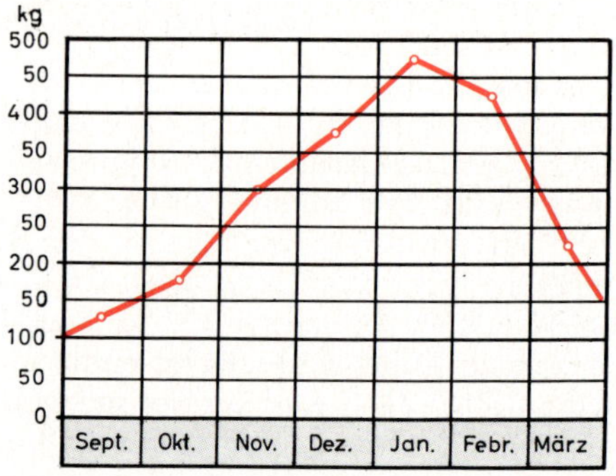

Kohlenverbrauch im Haushalt

15.2.1. Deutung empirischer Funktionen

In der modernen Wissenschaft und Technik sind derartige Darstellungen und ihre Deutung sehr wichtig. Man kann solche Schaubilder mit einem Blick übersehen und erhält Aufschluß über die Art der Veränderung. Einige Beispiele mögen den Sachverhalt klären.

1. Diese Kurve gibt uns Auskunft über die Abhängigkeit von Zinngehalt und Schmelzpunkt bei der Blei-Zinn-Legierung.

   Deutung: Reines Blei hat einen Schmelzpunkt von 603 K. Mit zunehmendem Zinngehalt sinkt der Schmelzpunkt und erreicht bei ungefähr 70% den tiefsten Punkt mit 453 K. Steigt der Zinngehalt über 70%, so erhöht sich der Schmelzpunkt. Reines Zinn hat einen Schmelzpunkt von 505 K.

1. *Schmelzpunkt der Blei-Zinn-Legierung*

2. Dieses Schaubild zeigt die Abhängigkeit von Zylinderinhalt in cm³ und Leistung in kW.

Deutung: Mit steigendem Zylinderinhalt nimmt die Leistung zu. Die Zunahme ist am Anfang etwas stärker als am Ende. Ein 250-cm³-Motor leistet ≈ 11 kW.

2. *Die* kW-*Leistung der Gebrauchsmotoren von Motorrädern*

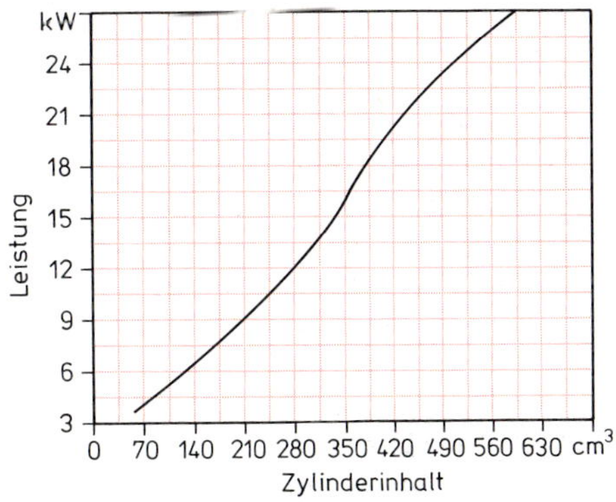

3. Diese Kurve ist die Leistungskurve eines 250-cm³-Motors.

Deutung: Bei 3500 Umdrehungen liegt die Leistung des Motors bei 8,5 kW. Ihren höchsten Wert erreicht sie bei 5100 Umdrehungen (10,5 kW), um bei höheren Drehzahlen wieder abzusinken (Grund: Abnahme der Zylinderfüllung).

3. *Leistungskurve eines* 250-cm³-*Motors*

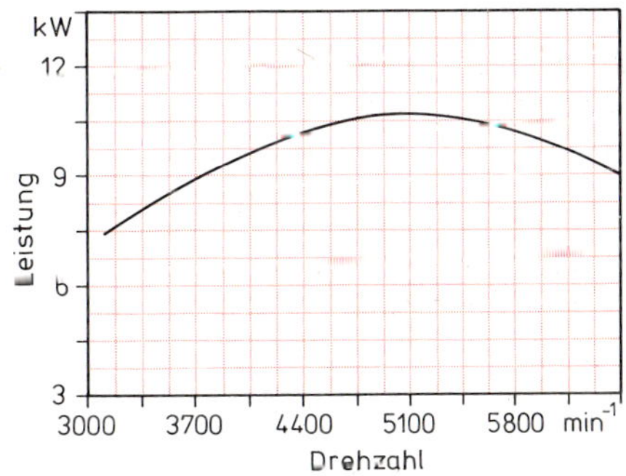

4. Diese Schaubilder geben Auskunft über die Eigenschaften zweier Ventilstähle. Es soll untersucht werden, welcher Stahl bessere Eigenschaften hat.

Deutung: Der Chrom-Nickel-Wolfram-Stahl (linkes Diagramm) zeigt in jeder Hinsicht die besten Eigenschaften. Er hat hohe Festigkeitswerte bis zu höchsten Temperaturen, bei ≈ 1073 K noch 500 N/mm², gegenüber 140 N/mm² beim Chrom-Silizium-Stahl (rechtes Diagramm). Die Dehnung ist auch geringer. (In den Schaubildern gelten die Zahlenangaben für die Zugfestigkeit auch für die Prozentangaben der Dehnung.)

4. *Vergleich der Eigenschaften zweier Stähle*

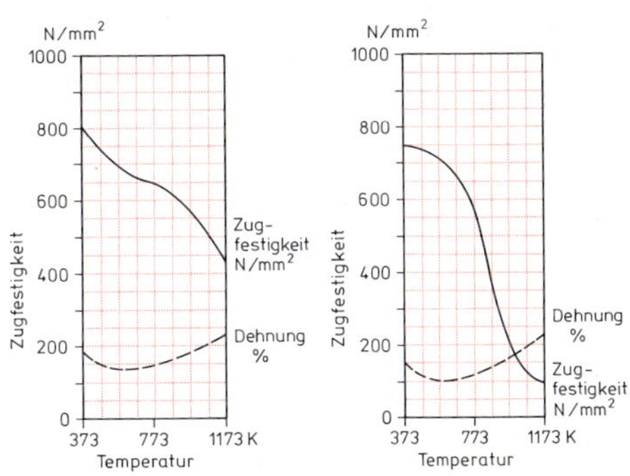

5. Je höher ein Werkstoff belastet wird, desto stärker dehnt er sich aus. Die Abhängigkeit von Spannung und Dehnung ist bei allen Werkstoffen verschieden.

Deutung: Werkzeugstahl hat eine hohe Festigkeit und eine mittlere Dehnung. Erst bei einer bestimmten Spannung fängt er an, sich merklich zu dehnen. Allgemeiner Baustahl hat eine geringere Festigkeit, aber eine größere Dehnung. Bei einer bestimmten Spannung hat die Kurve einen Knick (Fließgrenze, Streckgrenze). Hier nimmt die Dehnung trotz Zurückgehens der Spannung zu. Gußeisen hat eine geringe Festigkeit und fast keine Dehnung (spröder Werkstoff). Kupfer hat eine sehr große Dehnung.

6. Man kann in ein Schaubild auch mehrere Kurven eintragen, z. B. die Leistungs- und Brennstoffverbrauchskurven eines 600-cm³-Motors.

Deutung: Bei ≈ 2900 Umdrehungen ≙ 63 km/h hat der Motor eine Leistung von 16 kW und verbraucht ≈ 5 l Brennstoff auf 100 km. Bei zunehmender Geschwindigkeit steigen Leistung und Brennstoffverbrauch. Die höchste Leistung erreicht der Motor bei 4800 Umdrehungen ≙ 100 km/h. Der Brennstoffverbrauch liegt dann bei 9,5 l.

5. *Spannungs-Dehnungs-Schaubilder verschiedener Werkstoffe*

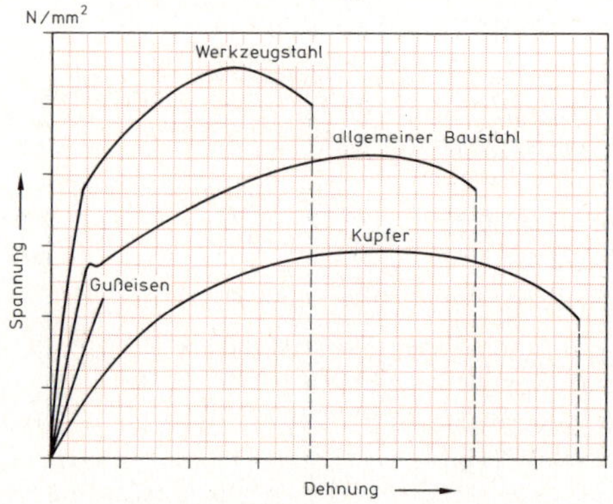

6. *Leistungs- und Brennstoffverbrauchskurven eines 600-cm³-Motors*

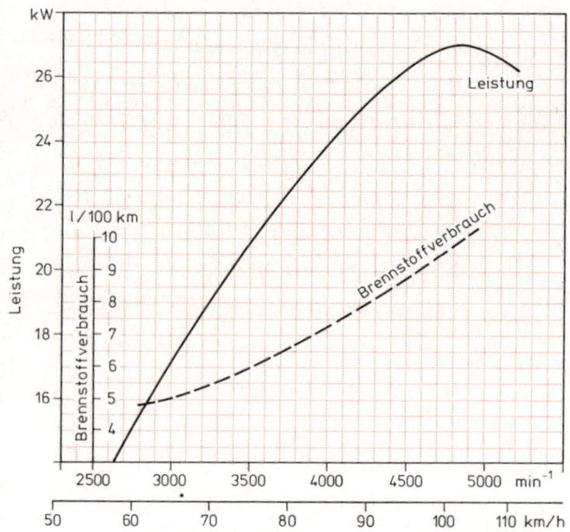

15.2.2. Graphische Darstellung von linearen Funktionen

Im Gegensatz zu den empirischen Kurven, deren Grundlagen Messungen, Beobachtungen oder Erfahrungen entstammen, gibt es funktionelle Beziehungen, die durch Zahlen (Gleichungen) gegeben sind. Diese durch Zahlen gegebenen Gesetzmäßigkeiten nennt man mathematische Funktionen, und man gibt sie mit Hilfe von Funktionsgleichungen an. In den folgenden Kapiteln wird oft anstelle von „*Funktionsgleichung*" auch kurz „*Funktion*" gesagt. Häufig verwendet man die Variablen y und x; dann ist meist y von der Variablen x abhängig; man sagt auch, „*y ist eine Funktion von x ($y = f[x]$)*". Diese Abhängigkeit muß aber immer *eindeutig* sein, d. h., jedem Wert x ist nur *ein* Wert y

Funktionsgleichung

$$y = 2x + 3$$

abhängig veränderliche Variable (y) — *unabhängig veränderliche Variable* (x)

$y = f(x)$ *allgemeine Schreibweise*

zugeordnet. Gleichungen sind, wie schon gesagt, wenig anschaulich, um funktionelle Beziehungen auszudrücken; anschaulicher ist schon die Wertetabelle oder Zahlentafel. Die Wertetabelle kommt dadurch zustande, indem man in die Funktionsgleichung beliebige bestimmte Zahlen einsetzt und die zugehörigen y-Werte berechnet.

Noch anschaulicher ist jedoch, wie schon erwähnt, die graphische Darstellung.

Zu diesem Zweck zeichnet man ein *Koordinatensystem*. Die horizontale Achse heißt *Abszissenachse oder x-Achse*. Die Achse, die darauf senkrecht steht, nennt man *Ordinaten- oder y-Achse*. Ihr Schnittpunkt heißt *Nullpunkt* oder *Koordinatenanfang*. Auf den Achsen werden die Zahlen oder Einheiten abgetragen. Jeder Punkt im Kreuz hat immer 2 Werte *(Koordinaten)*, einen x- und einen y-Wert. Die zwischen den Achsen liegenden Felder nennt man *Quadranten* (I.—IV.).

Bezeichnung der Punkte:

$P_1(x_1 = 3, y_1 = 2)$ oder $P_1(3|2)$
$P_2(x_2 = -4, y_2 = -2)$ oder $P_2(-4|-2)$
$P_3(x_3 = -2, y_3 = 4)$ oder $P_3(-2|4)$

Wertetabelle für die Gleichung: $y = 2x + 3$

x	1	2	3	4	0	-1	-2
y	5	7	9	11	3	1	-1

Koordinatensystem

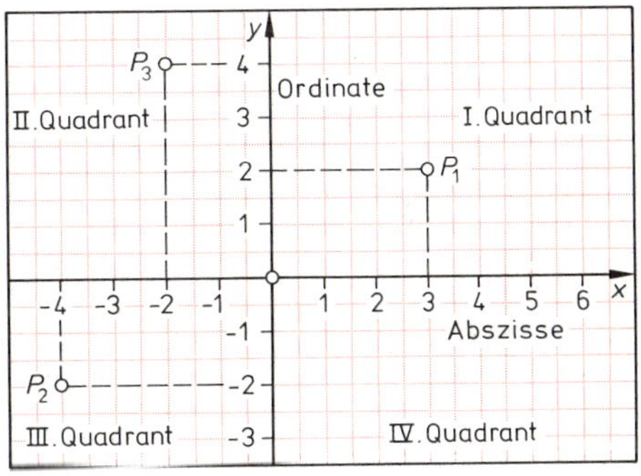

P_1 ► $x_1 = 3$ y_1 — 2
P_2 ► $x_2 = -4$ $y_2 = -2$
P_3 ► $x_3 = -2$ $y_3 = 4$

Aufgabe 265: Stellen Sie die Funktionsgleichung $y = 3x$ graphisch dar.

Lösungsgang:

Man stellt zunächst eine Wertetabelle auf, indem man in die Funktionsgleichung für x beliebige Werte einsetzt und dann den y-Wert ausrechnet. Z. B. $x = 1$

$y = 3 \cdot 1 - 3$

Darauf zeichnet man ein Koordinatensystem und trägt die Einheiten ab. Der Maßstab kann bei beiden Achsen verschieden sein. In dieses Achsenkreuz überträgt man die Werte (Punkte) der Wertetabelle. Wenn man die Punkte verbindet, erhält man die graphische Darstellung (Kurve oder Graph) der Funktion, bei unserem Beispiel eine gerade Linie, die durch den Nullpunkt geht.

Merke: Jede Funktionsgleichung von der Form

$$y = mx$$

stellt graphisch eine gerade Linie dar, die durch den Nullpunkt geht.

x	1	2	—1
y	3	6	—3
	P_1	P_2	P_3

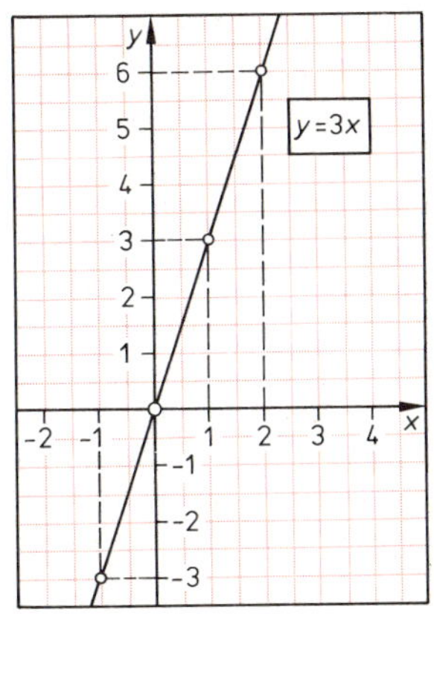

Beispiel 266: Zeichnen Sie die Graphen von $y = mx$ für $m = \frac{1}{2}; 1; 2; -3; -\frac{1}{2}$.

Lösungsgang:

Es hängt nur von der Größe des Faktors m ab, in welcher Richtung die Gerade verläuft, oder anders ausgedrückt: m ist das Maß für die Steigung der Geraden. Man nennt aus diesen Gründen den Faktor m auch den Richtungs- oder *Steigungsfaktor*. Bei positivem Steigungsfaktor geht die Gerade durch den I. und III. Quadranten. Ist der Steigungsfaktor negativ, so geht sie durch den II. und IV. Quadranten.

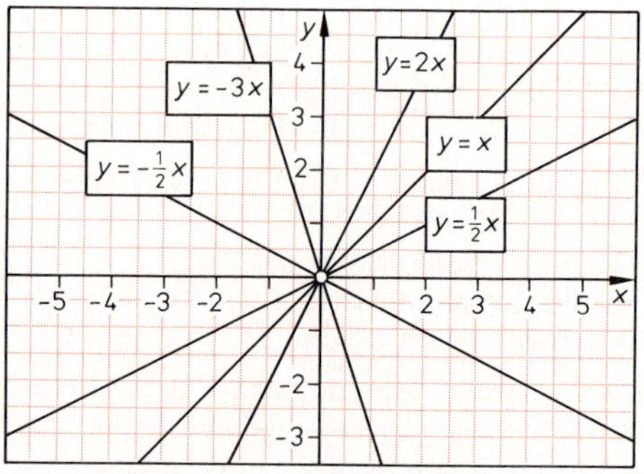

Aufgabe 266/1: Stellen Sie die Funktionsgleichung $y = 2x + 1$ graphisch dar.

Lösungsgang:

Man stellt zunächst eine Zahlentafel auf, indem man in die Funktion für x beliebige Werte einsetzt und dann die y-Werte ausrechnet.

x	0	1	2	3	—1	—2
y	1	3	5	7	—1	—3
	P_1	P_2	P_3	P_4	P_5	P_6

Z. B. $x = 2$

$y = 2 \cdot 2 + 1 = 5$ (ergibt Punkt P_3)

Darauf zeichnet man ein Koordinatensystem und trägt die Einheiten auf. *Der Maßstab kann bei beiden Achsen verschieden sein.*

In dieses Achsenkreuz überträgt man die Werte (*Punkte*) der Zahlentafel. Wenn man die Punkte verbindet, erhält man die *graphische Darstellung* (*Kurve*) der Funktion, bei unserem Beispiel eine gerade Linie, die nicht durch den Nullpunkt geht.

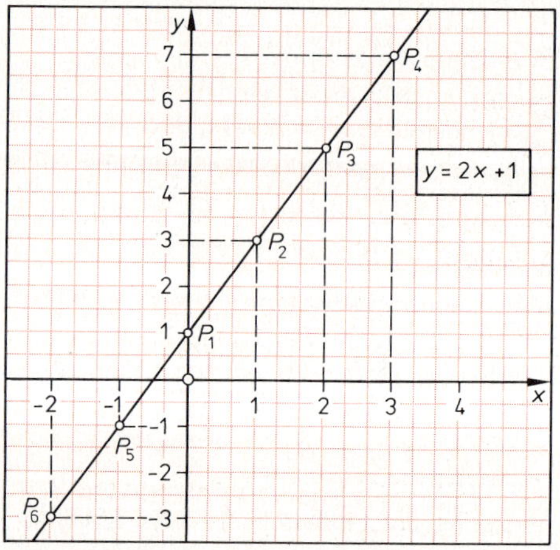

Merke: Jede Funktionsgleichung von der Form

$y = mx + b$ *Normalform*

ist graphisch dargestellt eine gerade Linie, die beliebig im Koordinatensystem liegen kann (lineare Funktion).

Aufgabe 266/2: Zeichnen Sie die Graphen von folgenden Funktionsgleichungen in ein Koordinatensystem: a) $y = 2x + 1$
b) $y = 2x - 2$

Lösungsgang:

Man stellt zunächst für jede Funktion eine Zahlentafel auf und berechnet drei Punkte. Darauf zeichnet man ein Koordinatensystem und überträgt in dieses die errechneten Punkte.

a)

x	0	1	2
y	1	3	5
	P_1	P_2	P_3

b)

x	0	1	3
y	-2	0	4
	P_1	P_2	P_3

Erkenntnis:

Beide Geraden verlaufen parallel. Die Gerade $y = 2x + 1$ schneidet an der Stelle $+1$ die y-Achse, die Gerade $y = 2x - 2$ schneidet an der Stelle -2 die y-Achse.

Merke: 1. *Haben lineare Funktionen den gleichen Steigungsfaktor, so verlaufen sie parallel zueinander.*

2. *Das Glied b der Normalform $y = mx + b$ gibt an, an welcher Stelle die Gerade die y-Achse schneidet.*

3. *Lineare Funktionen, bei denen das Glied b fehlt, gehen durch den Nullpunkt.*

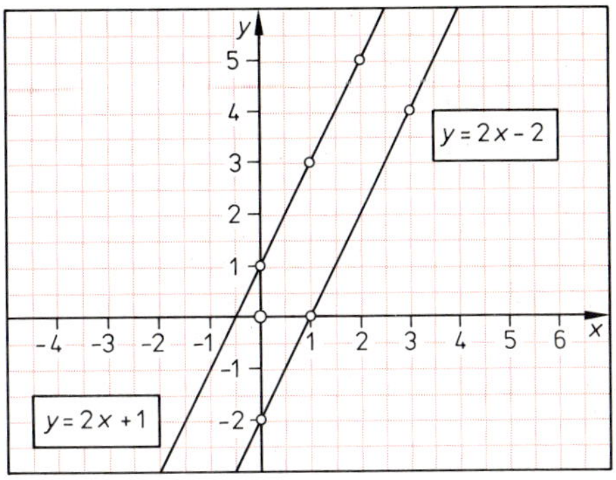

Beispiel 267: Von einer Geraden sind zwei Punkte bekannt: $P_1\,(4\,|\,2)$ und $P_2\,(10\,|\,5)$. Zeichnen Sie die Gerade, und bestimmen Sie 1. den Steigungsfaktor m,
2. die Funktionsgleichung.

Erklärung:

Die Steigung der Strecke $\overline{P_1P_2}$ wird ausgedrückt durch das Verhältnis der Seiten $y_2 - y_1$ und $x_2 - x_1$. Der Steigungsfaktor hat also den Wert:

$$m = \frac{y_2 - y_1}{x_2 - x_1} \qquad x_2 + x_1$$

Lösungsgang:

1. Durch Einsetzen der x- und y-Werte erhält man den Steigungsfaktor der Geraden

$$m = \frac{y_2 - y_1}{x_2 - x_1} = \frac{5 - 2}{10 - 4} = \frac{3}{6} = \underline{\underline{\frac{1}{2}}}$$

2. Da die Gerade durch den Nullpunkt geht, ist das Glied b der Funktionsgleichung $y = mx + b$ gleich Null. Für die gezeichnete Gerade lautet dann die Funktionsgleichung:

$$\underline{\underline{y = \frac{1}{2}x}}$$

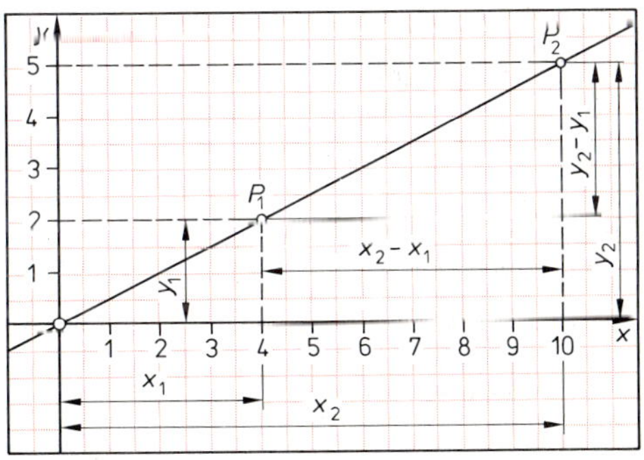

Beispiel 268: Von einer Geraden sind zwei Punkte bekannt: $P_1(-8 \mid -3)$ und $P_2(4 \mid 6)$.

Zeichnen Sie die Gerade und bestimmen Sie:

1. ihren Steigungsfaktor m,
2. ihren Schnittpunkt P_3 mit der y-Achse,
3. die Funktionsgleichung,
4. ihren Schnittpunkt P_4 mit der x-Achse.

Lösungsgang:

1. $m = \dfrac{y_2 - y_1}{x_2 - x_1} = \dfrac{6-(-3)}{4-(-8)}$

$= \dfrac{6+3}{4+8} = \dfrac{9}{12} = \underline{\underline{\dfrac{3}{4}}}$

2. Die Gerade schneidet die y-Achse im Punkt P_3. Dieser Punkt hat die Koordinaten $P_3(0 \mid y)$. Die Gleichung für den Steigungsfaktor m, auf die beiden Punkte P_2 und P_3 angewendet, lautet:

$$m = \frac{y_2 - y_3}{x_2 - x_3}$$

Setzt man die bekannten Werte ein, so erhält man:

$$\frac{3}{4} = \frac{6-y_3}{4-0}\;; \quad y_3 = 6 - 3 = 3$$

Es ist also $\underline{\underline{P_3(0 \mid 3)}}$.

3. Das Glied b der Normalform $y = mx + b$ gibt an, an welcher Stelle die Gerade die y-Achse schneidet.

$y = mx + b$

$\underline{\underline{y = \frac{3}{4}x + 3}}$ Funktionsgleichung

4. An der Stelle, an der die Gerade die x-Achse schneidet, ist in der Funktionsgleichung der y-Wert gleich Null.

$$0 = \frac{3}{4}x + 3$$

$$x_4 = -\frac{3 \cdot 4}{3} = -4$$

Der Schnittpunkt mit der x-Achse hat die Koordinaten:

$P_4(-4 \mid 0)$

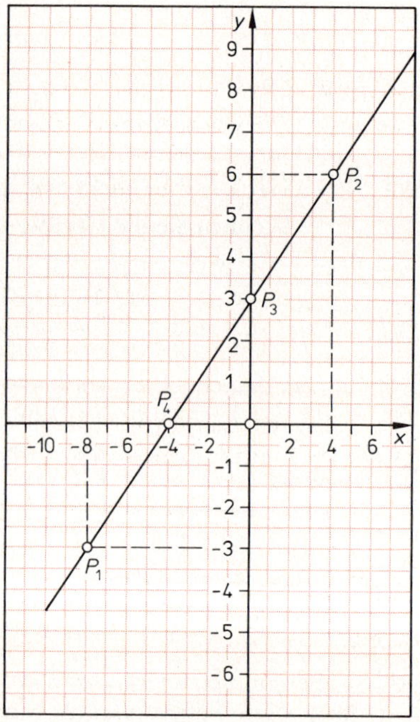

$$y = \frac{3}{4}x + 3$$

Beispiel 269/1: Zeichnen Sie folgende Sonderfälle: $y = x$; $y = 0$; $y = 1$; $x = 0$; $x = -2$

Lösungsgang:

$y = x$ Alle Punkte der Geraden haben die gleichen Werte für x und y.

$y = 0$ Alle Punkte der Geraden haben für y den Wert Null, d. h. die Gerade verläuft auf der x-Achse.

$y = 1$ Alle Punkte der Geraden haben für y den Wert 1, d. h. die Gerade ist eine Parallele zur x-Achse im Abstand 1.

$x = 0$ Gerade liegt auf der y-Achse.

$x = -2$ Gerade verläuft parallel zur y- Achse.

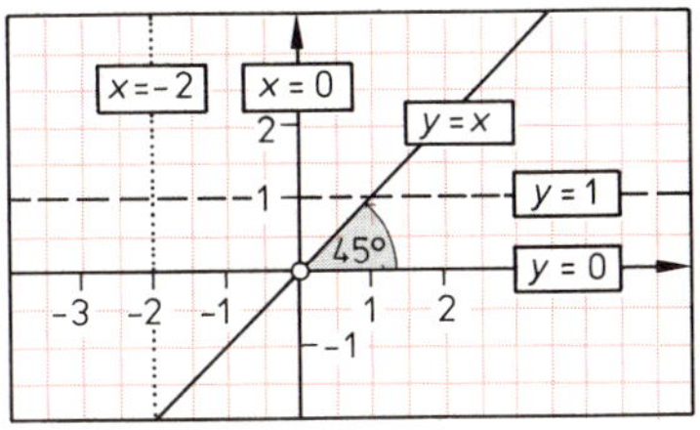

Beispiel 269/2: Zwischen der Stromstärke (I in Ampere), der Spannung (U in Volt) und dem Widerstand (R in Ohm) besteht in einem elektrischen Stromkreis für Gleichstrom das Ohmsche Gesetz $U = R \cdot I$.

Gegeben: 4 Stromkreise mit den Widerständen $R_1 = 10$ Ohm, $R_2 = 15$ Ohm, $R_3 = 20$ Ohm, $R_4 = 25$ Ohm.

Gesucht:
1. Die 4 zugehörigen Schaulinien $a_1 \ldots a_4$ bis $U = 30$ Volt,
2. die Stromstärken bei einer Spannung von 20 Volt,
3. die Spannungen bei einer Stromstärke von 0,6 Ampere.

Lösungsgang:

1. Da beim Ohmschen Gesetz für jede Schaulinie R konstant ist, besteht nur ein Abhängigkeitsverhältnis von U und I. Die Gleichung $U = R \cdot I$ entspricht also der Geradengleichung $y = mx$, wobei $m = R$ ist. Da die Gerade durch den Nullpunkt geht, genügt die Berechnung eines Punktes, z. B.

   $P_1 - U = R \cdot I = 10 \cdot 3 = 30$ Volt.

2. Die Waagerechte durch $U = 20$ Volt schneidet die vier Schaulinien. Die dazugehörigen Stromstärken sind:

   $I_1 = 2$ A $I_3 = 1$ A
   $I_2 = 1{,}33$ A $I_4 = 0{,}8$ A

3. Die Senkrechte durch $I = 0{,}6$ A schneidet die vier Schaulinien. Die dazugehörigen Spannungen sind:

   $U_1 = 6$ V $U_3 = 12$ V
   $U_2 = 9$ V $U_4 = 15$ V

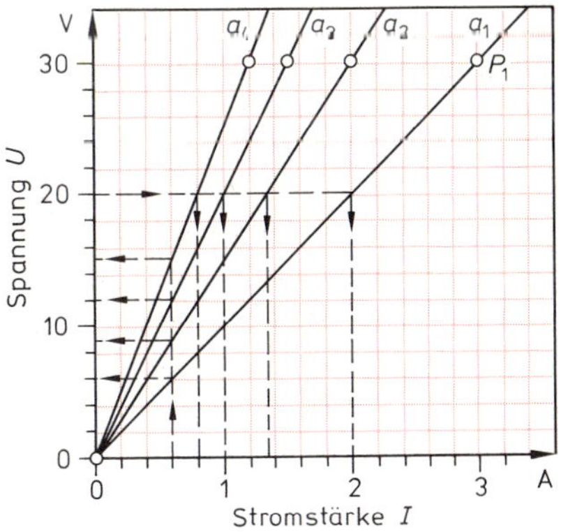

15.3. Graphische Lösung von linearen Gleichungen mit einer Variablen

Will man eine Bestimmungsgleichung graphisch lösen, so muß man sie zunächst in eine Funktionsgleichung umwandeln, die man graphisch darstellen kann.

Das Umwandeln der Bestimmungsgleichung in eine Funktionsgleichung geschieht in zwei Stufen:

1. alle Glieder der Gleichung auf eine Seite bringen;

2. an Stelle der Null die Variable y setzen.

Die erhaltene Funktionsgleichung läßt sich zeichnen.

Da die Gleichung eine Gerade darstellt, genügt es, wenn man 2 Punkte ausrechnet und in das Koordinatensystem einträgt. Aus der Zeichnung kann man ersehen, daß die Gerade im Punkt $\frac{2}{3}$ die x-Achse schneidet. Nur an dieser Stelle ist $y = 0$. Der Schnittpunkt der Geraden mit der x-Achse ergibt also die Lösung der Bestimmungsgleichung

$$\left(x = \frac{2}{3}\right).$$

Die Ausrechnung ergibt den gleichen Wert.

Allgemein kann man sagen: Soll eine Bestimmungsgleichung mit einer Variablen ($b = ax$) graphisch gelöst werden, so bringt man sie zunächst auf die Normalform ($0 = ax - b$) und setzt für $0 = y$ ein. Es entsteht eine Funktionsgleichung ($y = ax - b$), die eine Gerade darstellt. Der Schnittpunkt der gezeichneten Geraden mit der x-Achse ergibt den *Lösungswert* der Gleichung.

$$\boxed{4x - 12 = x - 10}$$ *Bestimmungsgleichung*

$$4x - x - 12 + 10 = 0$$
$$3x - 2 = 0$$
$$3x - 2 = y$$

$$\boxed{y = 3x - 2}$$ *Funktionsgleichung*

x	0	1	2	3	·
y	−2	1	4	7	·

Es genügen 2 Punkte

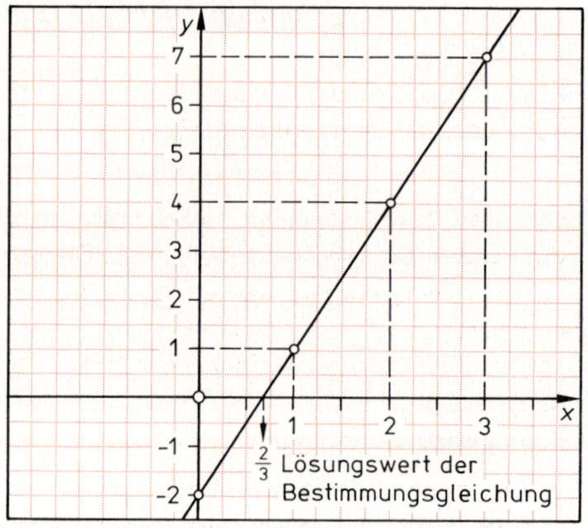

Ausrechnung:
$$4x - 12 = x - 10$$
$$4x - x = -10 + 12$$
$$3x = 2$$
$$x = \frac{2}{3}$$

$b = ax$ *Bestimmungsgleichung*

$0 = ax - b$ *Normalform*

$y = ax - b$ *Funktionsgleichung*

Beispiel 270: Lösen Sie die Gleichung $\frac{5}{8}x = 3$ graphisch.

Lösungsgang:

Die Gleichung wird in eine Funktionsgleichung umgewandelt und mit Hilfe einer Wertetabelle graphisch dargestellt.

x	0	4	−2
y	3	$\frac{1}{2}$	$4\frac{1}{4}$

Wertetabelle für $y = -\frac{5}{8}x + 3$

Solche Zahlengleichungen werden seltener graphisch gelöst, weil die Rechnung meist einfacher ist. Das Hauptanwendungsgebiet liegt bei den Bewegungsaufgaben (Textaufgaben), die sich meist zeichnerisch leichter lösen lassen. Es folgen einige Beispiele.

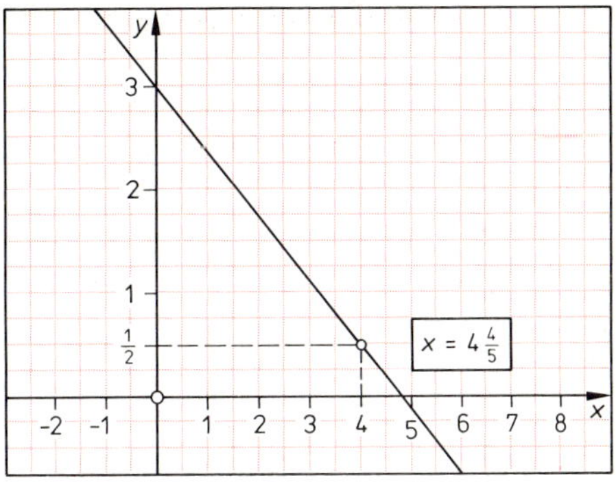

Beispiel 271/1: Ein Fußgänger legt stündlich 5 km zurück; stellen Sie die Bewegung graphisch dar.

Lösungsgang:

Der Weg ist von der Zeit abhängig, der Weg ist also eine Funktion der Zeit.

Weg = Geschwindigkeit · Zeit

$s = 5 \cdot t$

Die unabhängige Größe t (Zeit) wird auf der Zeitachse (x-Achse), die abhängige Größe s (Weg) auf der Wegachse (y-Achse) abgetragen. Nach 4 Stunden hat der Fußgänger z. B. 20 km zurückgelegt. Die Zeit-Weg-Gerade ist bei gleichförmiger Bewegung eine Gerade.

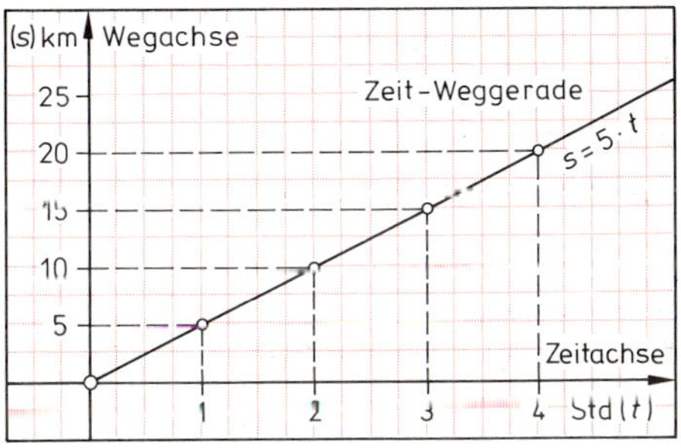

Beispiel 271/2: Zwei Radfahrer wohnen in den Orten A und B, 60 km entfernt. Sie brechen gleichzeitig um 8 Uhr auf und fahren einander entgegen. Der erste würde für den ganzen Weg 4 Stunden, der zweite 6 Stunden brauchen. Um wieviel Uhr begegnen sie einander, und wieviel km hat jeder dann zurückgelegt? Wie groß ist die Stundengeschwindigkeit eines jeden?

Lösungsgang:

Die Entfernung der Orte (60 km) wird auf der Wegachse abgetragen. Radfahrer von Ort A ist in 4 Stunden, also um 12 Uhr, in Ort B. Radfahrer von Ort B ist in 6 Stunden, also um 14 Uhr, in Ort A. Beide Zeit-Weg-Geraden schneiden sich im Punkt C (Treffpunkt).

Man kann nun ablesen, daß sie sich nach 2,4 Stunden, also um 10.24 Uhr, treffen. Radfahrer von Ort A hat dann 36 km zurückgelegt, Radfahrer von Ort B 24 km.

Die Geschwindigkeiten (Wege in einer Stunde) betragen:

A: 15 km/Std.

B: 10 km/Std.

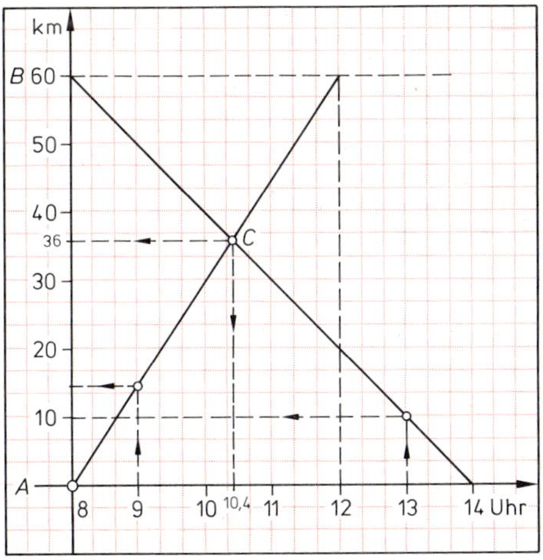

Beispiel 272/1: Ein Motorradfahrer fährt um 11 Uhr von einem Ort ab und legt in der Stunde 40 km zurück. $1\frac{1}{2}$ Stunden später fährt ein Auto den gleichen Weg und legt dabei in der Stunde 60 km zurück. Wann werden sie sich treffen? Wieviel km hat dann jeder zurückgelegt?

Lösungsgang:

Die Zeit-Weg-Gerade M stellt den Motorradfahrer dar, A ist die Zeit-Weg-Gerade des Autofahrers. Sie schneiden sich in C (Treffpunkt). Es ist $15\frac{1}{2}$ (15.30) Uhr; jeder hat dann 180 km zurückgelegt.

Man kann auch andere Werte ablesen, z. B. um $14\frac{1}{2}$ (14.30) Uhr hat A 120 km zurückgelegt, M 140 km. Sie sind also 20 km voneinander entfernt (graphischer Fahrplan).

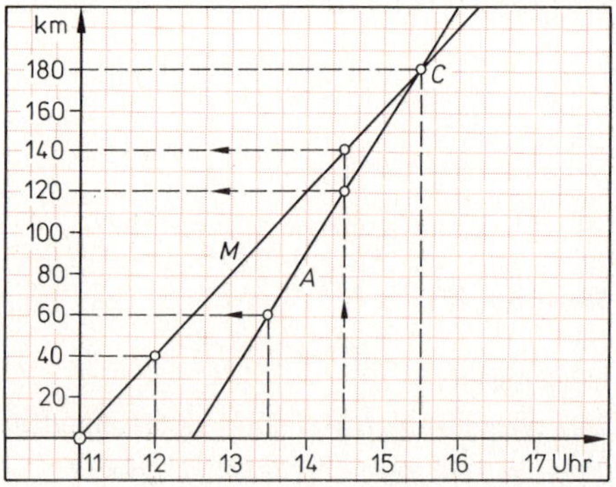

Beispiel 272/2: Ein Wasserbehälter kann durch Pumpe A in 50 Minuten geleert werden, durch Pumpe B in 30 Minuten. In welcher Zeit wird er geleert, wenn beide Pumpen gleichzeitig arbeiten?

Lösungsgang:

Die Größe des Behälters sei durch die Parallele x---x zur Zeit-Achse angedeutet.

$\overline{0A}$ und $\overline{0B}$ stellen die Leistungsgeraden der Pumpen dar. Die Einzelleistungen beider Pumpen im Zeitpunkt 30 Minuten werden durch die Ordinaten $\overline{DB}$ und $\overline{DC}$ dargestellt. Die Gesamtleistung ist also die Summe beider Strecken ($\overline{DB}+\overline{DC}=\overline{DE}$). $\overline{0E}$ ist dann die Leistungsgerade beider Pumpen. Beide Pumpen leeren den Behälter in 18,7 Minuten.

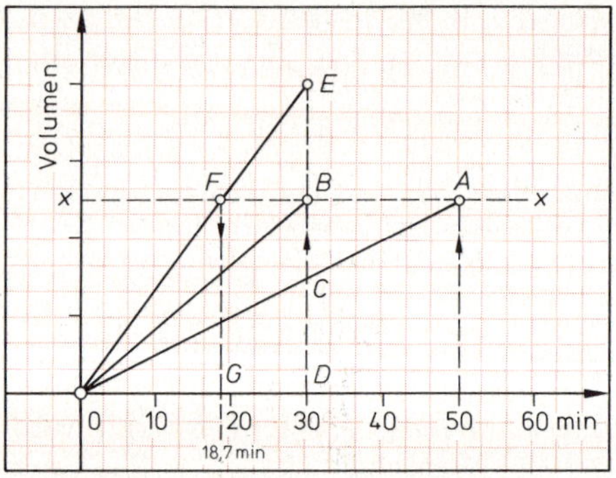

15.4. Graphische Lösung von linearen Gleichungen mit zwei Variablen

Lösungsgang:

1. Beide Bestimmungsgleichungen in die Form $y = ax + b$ umwandeln (Funktionsgleichungen).
2. Für die Funktionsgleichungen Wertetabellen aufstellen.
3. Die Tabellenwerte in ein Koordinatensystem übertragen und die Punkte verbinden. Es entstehen zwei Geraden, die sich schneiden.

Beispiel:

Lösen Sie folgende Gleichungen graphisch:

I. $4x + 4 = 4y$ *Bestimmungs-*
II. $5y - 10x = -5$ *gleichungen*

I. $y = x + 1$ *Funktions-*
II. $y = 2x - 1$ *gleichungen*

I.

x	0	1	3
y	1	2	4

II.

x	0	1	3
y	−1	1	5

Die Koordinaten des Schnittpunktes S $(2 \mid 3)$ sind die einzigen Werte von x und y, die beide Geraden (Gleichungen) gemeinsam haben. Sie stellen die Lösung beider Gleichungen dar; man sagt auch: Sie allein erfüllen beide Gleichungen.

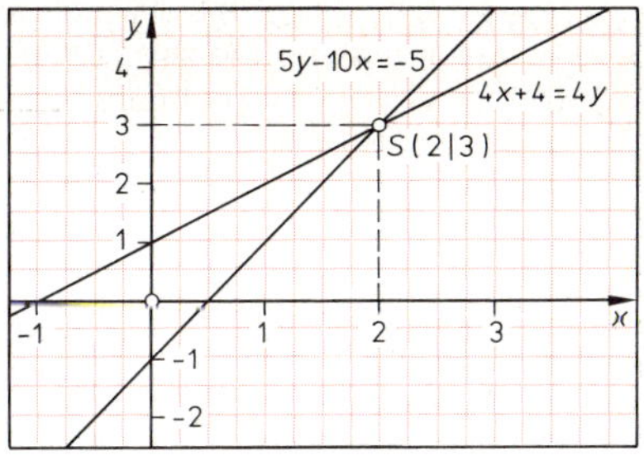

So wie dieses Beispiel werden alle Bestimmungsgleichungen mit zwei Variablen behandelt.

Lösung: $\underline{\underline{x = 2}}$ $\underline{\underline{y = 3}}$

Probe: I.

$$4x + 4 = 4y$$
$$4 \cdot 2 + 4 = 4 \cdot 3$$
$$\underline{\underline{12 = 12}}$$

II.

$$5y - 10x = -5$$
$$5 \cdot 3 - 10 \cdot 2 = -5$$
$$\underline{\underline{-5 = -5}}$$

Nicht lösbare und nicht eindeutig lösbare Gleichungen

Aufgabe 273: Bestimmen Sie aus den Gleichungen

$$2x + 2y = 6$$
$$3x + 3y = 9$$

die Werte x und y a) rechnerisch, b) zeichnerisch.

Lösungsgang:

a) Beide Variablen lassen sich nicht eindeutig berechnen, weil beide Gleichungen zu derselben Form führen. Lösungen der Gleichungen sind z. B.: $x_1 = 0$, $y_1 = 3$; $x_2 = 1$, $y_2 = 2$; $x_3 = 2$, $y_3 = 1$ usw.

$$2x + 2y = 6 \quad | \cdot 3$$
$$3x + 3y = 9 \quad | \cdot 2$$
$$6x + 6y = 18$$
$$6x + 6y = 18$$

b) I. $2x + 2y = 6$ | $y = \dfrac{6 - 2x}{2}$

II. $3x + 3y = 9$ | $y = \dfrac{9 - 3x}{3}$

I.

x	0	2
y	3	1

II.

x	0	2
y	3	1

Beide Funktionsgleichungen führen zu derselben Geraden.

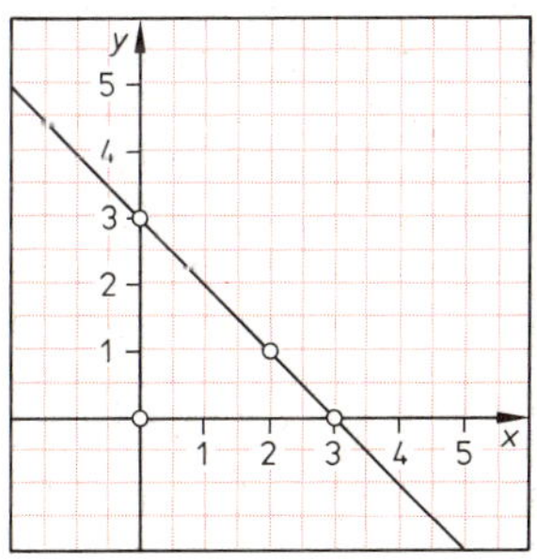

Merke: Führen zwei Bestimmungsgleichungen mit zwei Variablen zu derselben Funktionsgleichung, so haben ihre Graphen keinen Schnittpunkt und die Gleichungen damit keine eindeutige Lösung.

Aufgabe 274: Bestimmen Sie aus den Gleichungen

$$3x + 8y = 32$$
$$6x + 16y = 32$$

die Werte x und y
a) rechnerisch,
b) zeichnerisch.

Lösungsgang:

a) Beide Gleichungen führen zu einem Widerspruch, d. h., sie haben keine Lösung.

$$\begin{array}{rl} 3x + 8y = 32 & \mid \cdot (-2) \\ 6x + 16y = 32 & \\ \hline -6x - 16y = -64 & \\ 6x + 16y = 32 & \\ \hline 0 = -32 & \end{array}$$

b)

I. $3x + 8y = 32$	$y = -\frac{3}{8}x + 4$
II. $6x + 16y = 32$	$y = -\frac{3}{8}x + 2$

I.

x	0	4
y	4	2,5

II.

x	0	4
y	2	0,5

Merke: *Gleichungen mit zwei Variablen, die sich widersprechen, haben graphisch als Geraden dargestellt keinen Schnittpunkt und damit keine Lösung. Da die Funktionsgleichungen den gleichen Steigungsfaktor haben, verlaufen die Geraden parallel.*

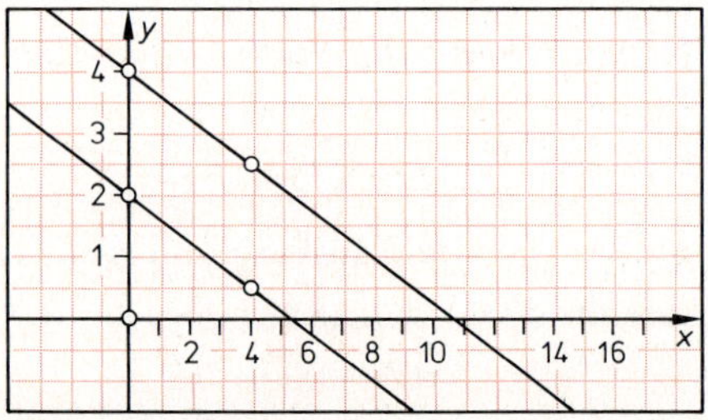

15.5. Graphische Darstellung von Potenzfunktionen

Hat die unabhängige veränderliche Variable x der Funktionsgleichung $y = x$ einen Exponenten, so spricht man von einer Potenzfunktion $y = x^n$. Man sagt auch $y = x^n$ heißt *Potenzfunktion n-ten Grades*. Das Bild der Funktion $y = x^n$ ist in erster Linie abhängig vom Wert n. Man unterscheidet:

1. Parabeln
   Der Exponent n ist positiv und ganzzahlig.
   ($y = x^4$ ⏤ Parabel 4. Ordnung)

   $y = x^n$ $\quad (n = 2; 3; 4; 5; \ldots)$

2. Hyperbeln
   Der Exponent n ist negativ und ganzzahlig.
   ($y = x^{-3}$ ⏤ Hyperbel 3. Ordnung)

   $y = x^{-n}$ $\quad (n = 1; 2; 3; 4; 5; \ldots)$

3. Wurzelfunktionen
   Der Exponent n ist ein Bruch.

   $y = x^{\frac{m}{n}}$ $\quad \left(\frac{m}{n} \text{ z. B.} = -\frac{1}{2}; \frac{1}{4}; \frac{2}{3}; \frac{3}{2}; \ldots\right)$

15.5.1. Graphische Darstellung von Parabeln

Aufgabe 275/1: Stellen Sie die Funktionsgleichung $y = x^2$ graphisch dar.

Lösungsgang:
Beim Aufstellen der Wertetabelle ist darauf zu achten, daß positive und negative x-Werte den gleichen y-Wert ergeben.

Man nennt diese symmetrische Kurve Normalparabel. Der Scheitelpunkt (tiefster Punkt) liegt im Mittelpunkt des Koordinatenkreuzes, ihre Achse ist die y-Achse (achsensymmetrisch). An der fertigen Kurve kann man alle Zwischenwerte, sowohl für x als auch für y, ablesen.

Merke: Jede Funktionsgleichung von der Form

$$y = x^2$$

ist graphisch dargestellt eine Normalparabel, deren Scheitelpunkt im Nullpunkt liegt.

x	0	±1	±2	±3	±4	—	—
y	0	1	4	9	16	—	—

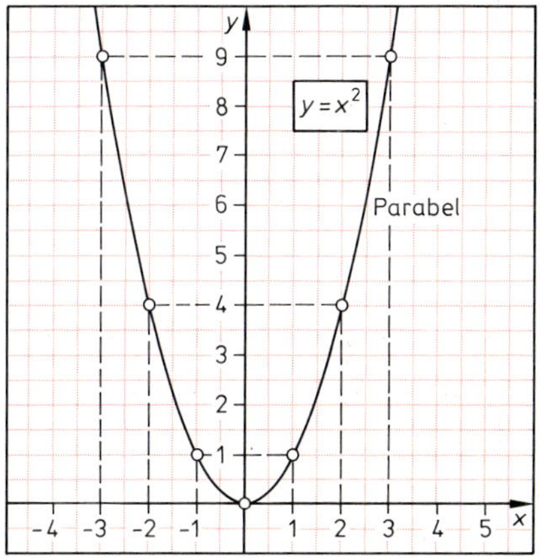

Normalparabel

Aufgabe 275/2: Zeichnen Sie die Graphen von $y = mx^2$ für $m = 1; 2; \frac{1}{2}; -1$.

Lösungsgang:
Die Graphen sind Parabeln.

Die Form der Parabeln hängt vom Wert des Faktors m ab. Ist der Faktor m negativ, so sind alle y-Werte negativ, die Parabel öffnet sich dann nach unten; sie ist an der x-Achse gespiegelt.

$0 < m < 1$ Parabel in y-Richtung gestaucht
$m > 1$ Parabel in y-Richtung gestreckt
$m < 0$ Parabel öffnet sich nach unten

Merke: Jede Funktionsgleichung von der Form

$$y = mx^2 \qquad m \neq 0$$

ist graphisch dargestellt für $m > 1$ eine gestreckte und für $0 < m < 1$ eine in y-Richtung gestauchte Normalparabel. Für $m < 0$ öffnet sich die Parabel nach unten; sie ist an der x-Achse gespiegelt.

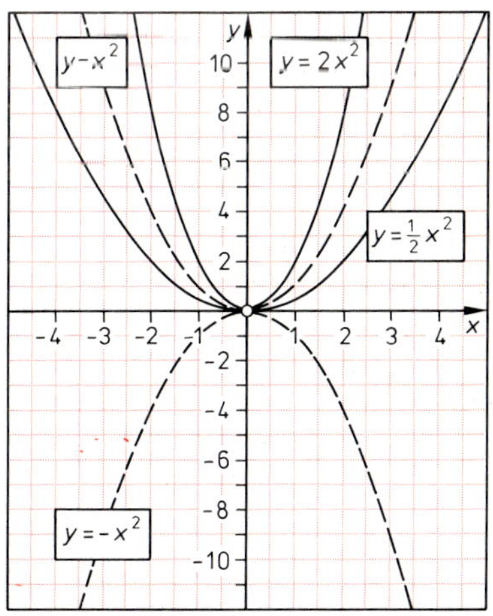

Aufgabe 276/1: Stellen Sie die Funktionsgleichung $y = x^2 + 2$ graphisch dar, und vergleichen Sie sie mit der Funktion $y = x^2$.

Lösungsgang:

Beim Aufstellen der Wertetabelle erkennt man, daß der y-Wert (Ordinate) der Funktion $y = x^2 + 2$ bei gleichem x-Wert um zwei Einheiten größer ist als bei der Funktion $y = x^2$. Der Scheitelpunkt S der Parabel hat also die Koordinaten $S\,(0\,|\,2)$.

x	0	±1	±2	±3	±4	
y	2	3	6	11	18	$y = x^2 + 2$
y	0	1	4	9	16	$y = x^2$

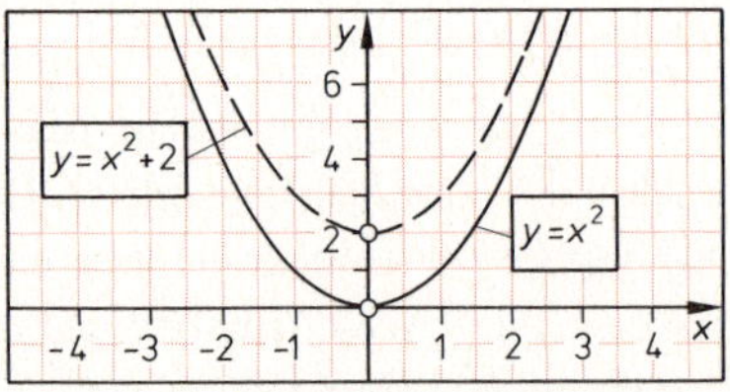

Merke: Jede Funktionsgleichung von der Form

$$y = x^2 + b$$

ist graphisch dargestellt eine Normalparabel, die um b-Einheiten gegenüber der Parabel $y = x^2$ verschoben ist. Die Verschiebung erfolgt längs der y-Achse. Das Vorzeichen von b bestimmt die Richtung der Verschiebung ($b > 0$ nach oben, $b < 0$ nach unten). Der Scheitelpunkt S hat die Koordinaten $S\,(0\,|\,b)$.

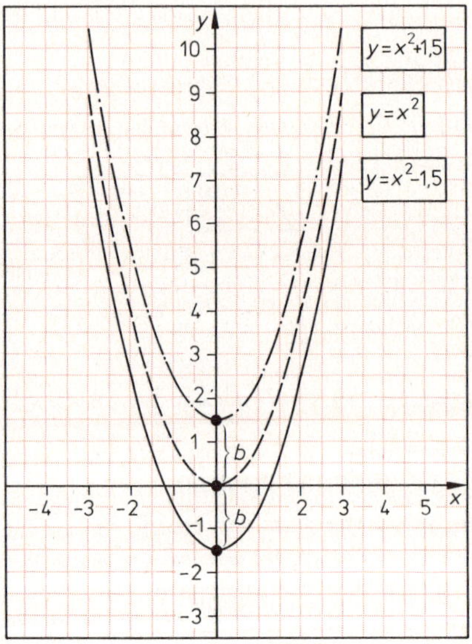

Aufgabe 276/2: Stellen Sie die Funktionsgleichung $y = (x - 2)^2$ graphisch dar, und vergleichen Sie sie mit der Funktionsgleichung $y = x^2$.

Lösungsgang:

Beim Vergleich der Graphen ist zu erkennen, daß für gleiche y-Werte (z. B. 4 und 9) die zugehörigen x-Werte bei der Funktionsgleichung $y = (x - 2)^2$ stets um zwei Einheiten größer sind als bei der Funktion $y = x^2$. Die graphische Darstellung der Funktionsgleichung $y = (x - 2)^2$ zeigt, daß es sich um eine Normalparabel handelt, die um zwei Einheiten nach rechts verschoben ist.

x	0	1	—1	2	3	4	
y	4	1	9	0	1	4	$y = (x - 2)^2$
y	0	1	1	4	9	16	$y = x^2$

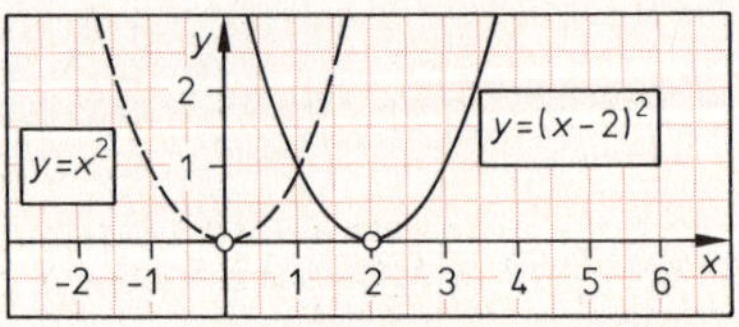

Merke: Jede Funktionsgleichung von der Form

$$y = (x + a)^2$$

ist graphisch dargestellt eine Normalparabel, die um a-Einheiten gegenüber dem Graphen von $y = x^2$ verschoben ist. Die Verschiebung erfolgt längs der x-Achse. Das Vorzeichen von a bestimmt die Richtung der Verschiebung ($a < 0$ nach rechts, $a > 0$ nach links). Der Scheitelpunkt S hat die Koordinaten S ($x = -a \mid y = 0$).

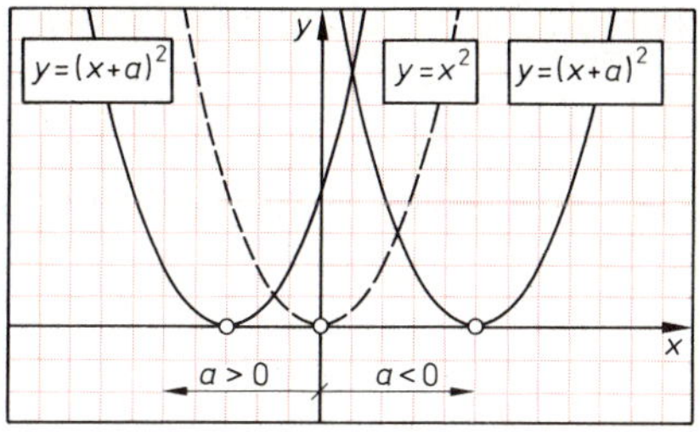

Aufgabe 277: Zeichnen Sie den Graphen der Funktionsgleichung $y = (x - 2)^2 - 1 = x^2 - 4x + 3$, und vergleichen Sie ihn mit den Graphen von den Funktionsgleichungen $y = x^2$ und $y = (x - 2)^2$.

Lösungsgang:

Beim Aufstellen der Wertetabelle kann man erkennen, daß für alle x-Werte die zugehörigen y-Werte der Funktion $y = (x - 2)^2 - 1$ immer um 1 kleiner sind als bei der Funktion $y = (x - 2)^2$. Die Parabel ist also um eine Einheit (durch —1) nach unten verschoben. Der Scheitelpunkt der Parabel liegt damit beliebig im Koordinatensystem.

Merke: Liegt der Scheitelpunkt einer Normalparabel zwischen den Achsen, so haben diese Parabeln die Funktionsgleichung:

$$y = (x + a)^2 + b$$

Zusammenfassung:

Bei der Funktionsgleichung $y = (x + a)^2 + b$ bewirken die Werte a und b eine Verschiebung der Normalparabel $y = x^2$ im Koordinatensystem. Man unterscheidet folgende Möglichkeiten:

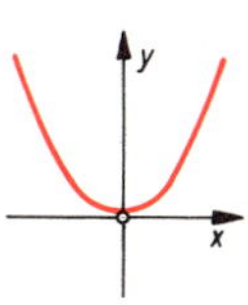

1. $S(0|0)$

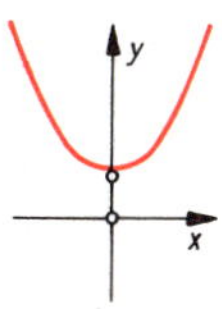

2. $S(0|b)$

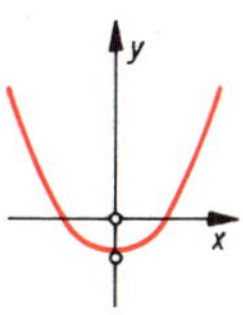

3. $S(0|-b)$

x	0	1	—1	2	—2	3	4	
y	3	0	8	—1	15	0	3	$y = (x - 2)^2 - 1$
y	4	1	9	0	16	1	4	$y = (x - 2)^2$
y	0	1	1	+4	4	9	16	$y = x^2$

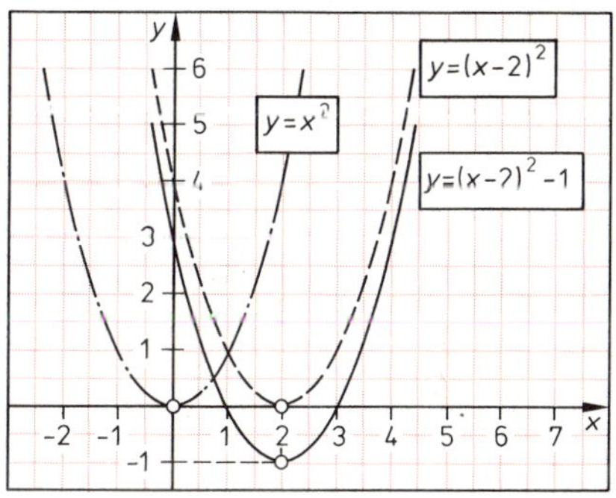

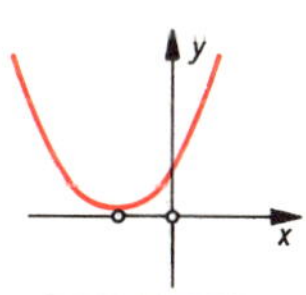

4. $S(-a|0)$

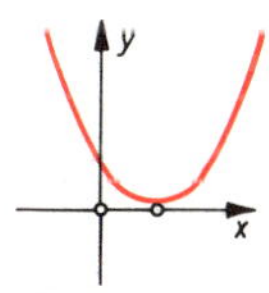

5. $S(a|0)$

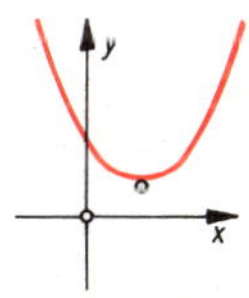

6. $S(a|b)$

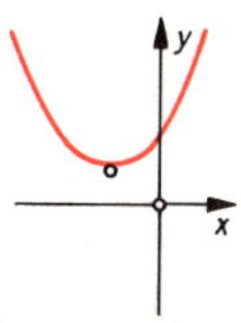

7. $S(-a|b)$

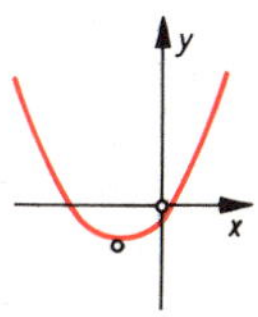

8. $S(-a|-b)$

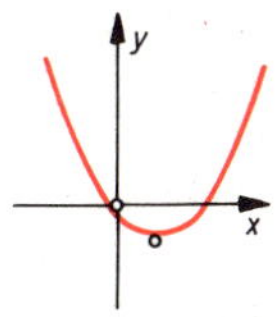

9. $S(a|-b)$

Folgerung:

Neben der Verschiebung der Parabel ist auch noch eine Stauchung oder Streckung möglich. In diesem Fall hat die Variable x^2 einen Faktor m ($m \neq 0$). Ist der Faktor m negativ, so öffnet sich die Parabel nach unten.

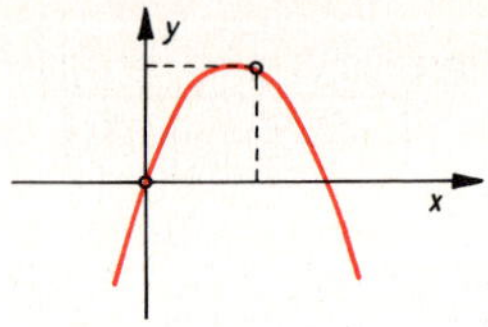

$$y = -m(x + a)^2 + b \qquad m, b > 0, a < 0$$

Die Parabel ist eine Funktion II. Grades. Ihre allgemeinste Form lautet:

$$y = a_2x^2 + a_1x + a_0 \qquad \textit{Funktion II. Grades}$$

Jede Funktionsgleichung II. Grades läßt sich mit Hilfe einer Wertetabelle graphisch darstellen, wozu aber viele Punkte notwendig sind. Die Zeichnung wird wesentlich einfacher, wenn man die allgemeinste Form in die *Scheitelform* $y = m(x + a)^2 + b$ umwandelt.

$$y = m(x + a)^2 + b \qquad \textit{Scheitelform}$$

Beispiel 278: Wandeln Sie die Funktionsgleichung $y = 3x^2 + 2x - 5$ in die Scheitelform um. Skizzieren Sie die Parabel anhand der Scheitelpunktkoordinaten.

1. Auf der rechten Seite der Funktionsgleichung den Faktor von x^2 (3) ausklammern.

$$y = 3\left(x^2 + \frac{2}{3}x - \frac{5}{3}\right)$$

2. Um das Glied $(x + a)^2$ bilden zu können, addiert und subtrahiert man die quadratische Ergänzung, halber Faktor von x zum Quadrat $= \left(\frac{1}{3}\right)^2$.

$$y = 3\left(\underbrace{x^2 + \frac{2}{3}x + \left(\frac{1}{3}\right)^2} - \left(\frac{1}{3}\right)^2 - \frac{5}{3}\right)$$

$$y = 3\left[\left(x + \frac{1}{3}\right)^2 - \frac{1}{9} - \frac{15}{9}\right]$$

3. Gleichung durch Zusammenfassen auf die Scheitelform $y = m(x + a)^2 - b$ bringen.

   $m = 3$; $a = \frac{1}{3}$; $b = -5\frac{1}{3}$

$$\underline{\underline{y = 3\left(x + \frac{1}{3}\right)^2 - 5\frac{1}{3}}}$$

4. Scheitelpunktkoordinaten:

   $S\left(-\frac{1}{3} \,\middle|\, -5\frac{1}{3}\right)$

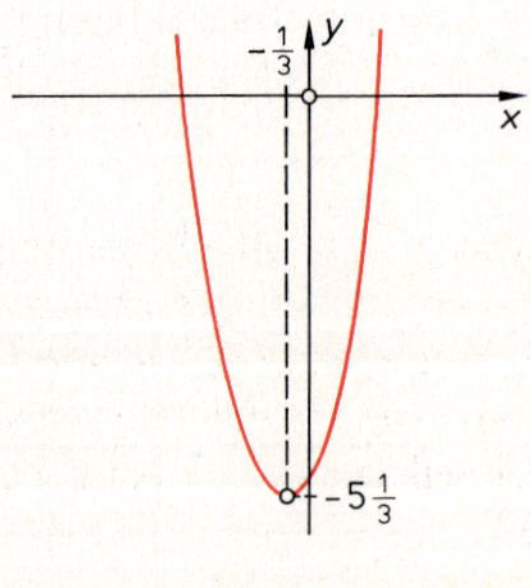

Beispiel 279: Zeichnen Sie den Graphen der Funktionsgleichung $y = x^3$.

Lösungsgang:

Der Graph von $y = x^3$ ist eine Parabel, die punktsymmetrisch zum Nullpunkt des Koordinatensystems liegt. Der Nullpunkt ist Wendepunkt der Parabel, d. h. die Kurve geht von einer Rechtskrümmung in eine Linkskrümmung über. Man nennt diese Kurve Wendeparabel oder kubische Parabel (Parabel 3. Ordnung). Ihre Äste liegen im I. und III. Quadranten.

x	0	1	—1	2	—2	—1,5	1,5
y	0	1	—1	8	—8	—3,375	3,375

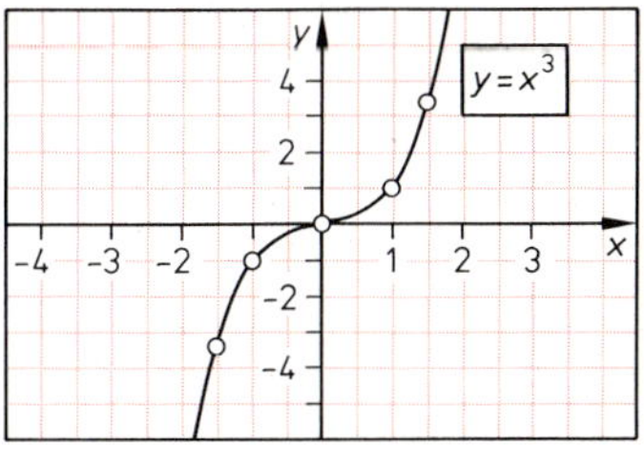

Aufgabe 279/1: Zeichnen Sie die Graphen von $y = x^4$ und $y = x^2$.

Lösungsgang:

Der Graph von $y = x^4$ ist eine achsensymmetrische Parabel, ebenso wie der Graph von $y = x^2$. Man nennt den Graphen von $y = x^4$ Flachparabel oder Parabel 4. Ordnung.

Merke: *Jede Funktionsgleichung von der Form*

$$y = x^{2n} \qquad n = 1; 2; 3; \ldots$$

ist graphisch dargestellt für gerade und positive Exponenten eine Parabel, die achsensymmetrisch zur y-Achse verläuft und deren Scheitelpunkt im Nullpunkt liegt.

x	0	± 1	± 2	$\pm 1{,}5$	
y	0	1	16	5,06	$y = x^4$
y	0	1	4	2,25	$y = x^2$

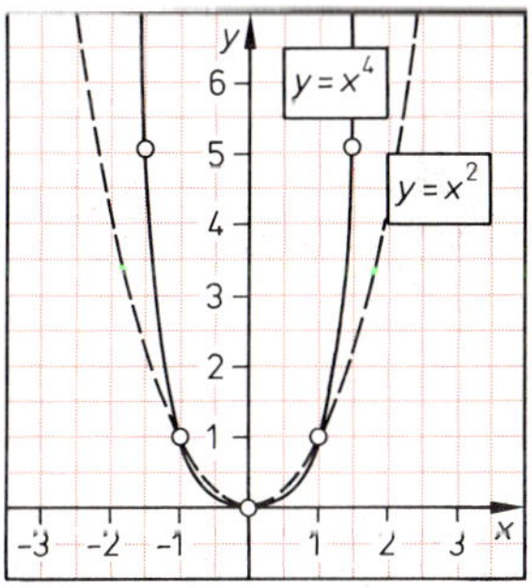

Aufgabe 279/2: Zeichnen Sie die Graphen von $y = x^5$ und $y = x^3$.

Lösungsgang:

Der Graph von $y = x^5$ ist ebenso wie der Graph von $y = x^3$ eine punktsymmetrische Parabel mit einem Wendepunkt im Nullpunkt. Man nennt den Graphen von $y = x^5$ Wendeflachparabel oder Parabel 5. Ordnung.

x	0	1	—1	1,5	—1,5	
y	0	1	—1	7,59	—7,59	$y = x^5$
y	0	1	—1	3,38	—3,38	$y = x^3$

Merke: Jede Funktionsgleichung von der Form

$$y = x^{2n+1} \qquad n = 1; 2; 3; ..$$

ist für ungerade und positive Exponenten eine Parabel. Sie verläuft punktsymmetrisch zum Nullpunkt, der auch Wendepunkt ist.

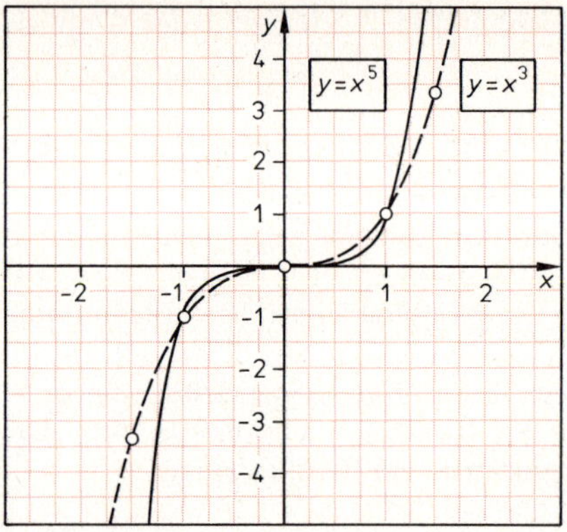

Zusammenfassung:

1. Jede Funktionsgleichung von der Form

   $$y = ax^n \qquad n = 1; 2; 3; ..$$

   ist graphisch dargestellt eine Parabel. Für ganzzahlige und gerade n achsensymmetrisch zur y-Achse, für ganzzahlige und ungerade n punktsymmetrisch zum Nullpunkt.

$$y = ax^{2n} \qquad n = 1; 2; 3; .. \qquad y = ax^{2n+1}$$

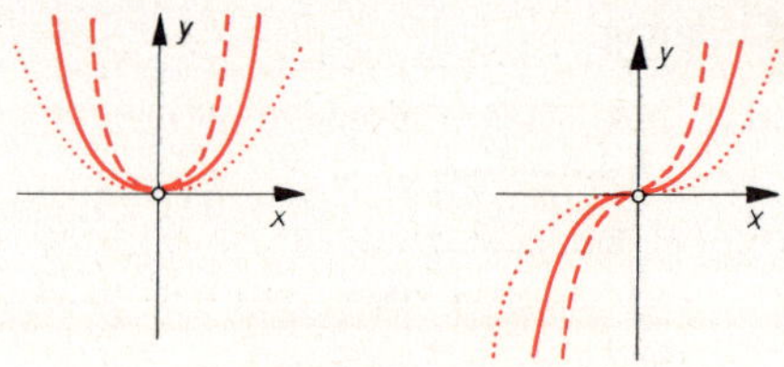

2. Bei $a > 1$ werden die Parabeln in der y-Richtung gestreckt, bei $1 > a > 0$ gestaucht.
   (a liegt zwischen den Werten Null und 1.)

———	$a = 1$
- - -	$a > 1$
······	$1 > a > 0$

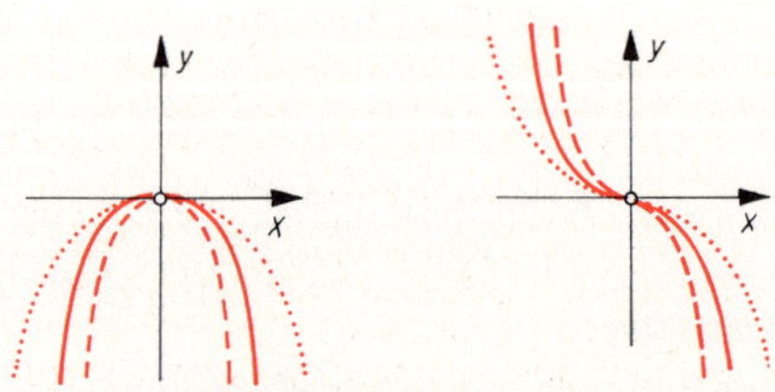

3. Bei negativem a ($a < 0$) tritt noch eine Spiegelung an der x-Achse hinzu.

———	$a = -1$
- - -	$a < -1$
······	$-1 < a < 0$

Beispiel 281/1: Eine Rakete hat eine Beschleunigung von $a = 40\,m/s^2$ ($4\,g$). Zeigen Sie durch eine graphische Darstellung, in welcher Weise ihr zurückgelegter Weg s in Metern von der Zeit t in Sekunden abhängt.

Lösungsgang:
Aus der Physik gilt die Gleichung

$$\boxed{s = \frac{a}{2}\,t^2}$$

mit den gegebenen Werten

$$s = \frac{40}{2}\,t^2 = 20t^2$$

Einheiten-gleichung $\quad m = \frac{m}{s^2} \cdot s^2$

$$\boxed{s = 20t^2} \quad \text{in m}$$

Diese Gleichung entspricht der Parabel $y = 20x^2$. Der Faktor 20 zeigt, daß die Parabel sehr steil verläuft. Zweckmäßig wählt man daher den Maßstab der Wegachse s in km. Es interessiert hierbei nur der im I. Quadranten liegende Ast der Parabel. Wenn man mit Hilfe der Wertetabelle die Kurve gezeichnet hat, kann man auch beliebige Zwischenwerte ablesen,

z. B. nach 70 s ≈ 98 km Weg oder
50 km Weg nach ≈ 50 s.

t in s	5	10	15	20	30	40	60	80	90	100	..
s in km	0,5	2	4,5	8	18	32	72	128	162	200	..

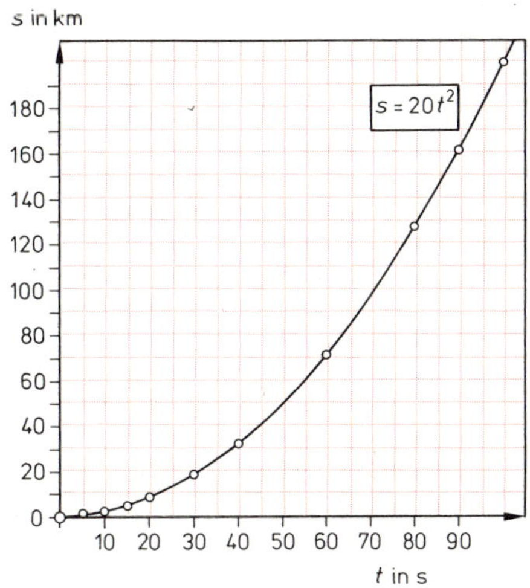

Beispiel 281/2: Ein Kegel ist 15 cm hoch. Zeigen Sie graphisch, in welcher Weise das Volumen V in cm³ vom Durchmesser d in cm abhängt.

Lösungsgang:
Es muß versucht werden, aus dem Text eine Gleichung aufzustellen, die man graphisch darstellen kann.

$$\text{Volumen Kegel} = \frac{\text{Grundfläche} \cdot \text{Höhe}}{3}$$

$$V = \frac{A \cdot h}{3} = \frac{d^2 \cdot \pi \cdot h}{4 \cdot 3}$$

Einheitengleichung $\quad cm^3 = cm^2 \cdot cm$

$$V = \frac{15 \cdot 3{,}14}{4 \cdot 3}\,d^2$$

$$\boxed{V = 3{,}93\,d^2} \quad \text{in cm}^3$$

Diese Gleichung entspricht der Parabel $y = 3{,}93x^2$, die man mit Hilfe einer Wertetabelle zeichnen kann. Auch hierbei ist nur der Ast im I. Quadranten wichtig. Alle Zwischenwerte lassen sich an der fertigen Darstellung ablesen.

d in cm	1	2	3	4	5	6	...
V in cm³	3,9	15,7	35,4	62,9	98,3	141,5	...

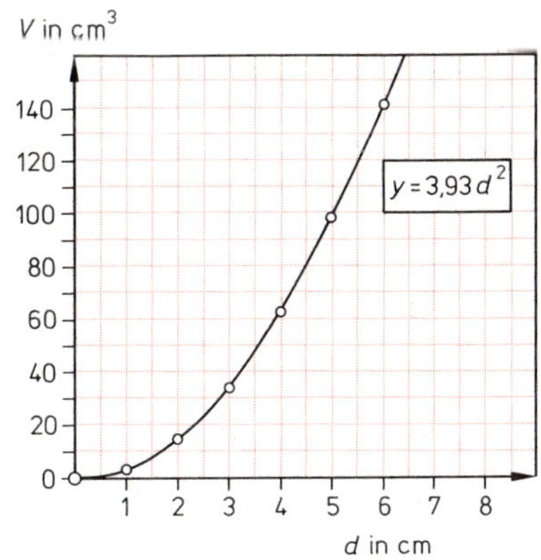

15.5.2. Graphische Darstellung von Hyperbeln

Aufgabe 282: Zeichnen Sie den Graphen von $y = x^{-1} = \frac{1}{x}$.

Lösungsgang:

$\pm\infty \leftarrow$---	± 100	± 10	x	± 3	± 2	± 1	$\pm\frac{1}{2}$	$\pm\frac{1}{4}$	$\pm\frac{1}{10}$	---$\rightarrow 0$
$0 \leftarrow$---	$\pm\frac{1}{100}$	$\pm\frac{1}{10}$	$y = \frac{1}{x}$	$\pm\frac{1}{3}$	$\pm\frac{1}{2}$	± 1	± 2	± 4	± 10	---$\rightarrow \pm\infty$

Der Graph der Funktionsgleichung $y = \frac{1}{x}$ heißt Hyperbel. Der Graph ist punktsymmetrisch zum Nullpunkt und achsensymmetrisch zu den beiden Winkelhalbierenden. Er hat zwei Äste im I. und III. Quadranten, die sich immer mehr den Koordinatenachsen nähern, ohne sie ganz zu erreichen. Man nennt die Koordinatenachsen *Asymptoten* der Hyperbel (asymptotos — *griech.* = nicht zusammenfallend). An der Stelle $x = 0$ existiert kein Funktionswert.

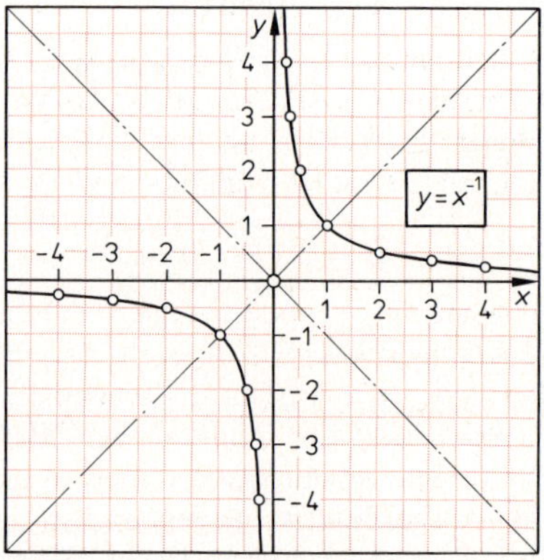

Merke: Der Graph jeder Funktionsgleichung von der Form

$$y = x^{-1} = \frac{1}{x} \qquad x \neq 0$$

heißt Hyperbel. Die Hyperbeläste nähern sich im I. und III. Quadranten den Achsen.

Beispiel 282: Zeichnen Sie die Graphen von $y = ax^{-1} = \frac{a}{x}$; für $a = 1; 2; \frac{1}{2}$.

Lösungsgang:

x	± 4	± 3	± 2	± 1	$\pm\frac{1}{2}$	$\pm\frac{1}{4}$	$\pm\frac{1}{6}$	$\pm\frac{1}{8}$	
y	$\pm\frac{1}{4}$	$\pm\frac{1}{3}$	$\pm\frac{1}{2}$	± 1	± 2	± 4	± 6	± 8	$y = x^{-1}$
y	$\pm\frac{1}{2}$	$\pm\frac{2}{3}$	± 1	± 2	± 4	± 8	± 12	± 16	$y = 2x^{-1}$
y	$\pm\frac{1}{8}$	$\pm\frac{1}{6}$	$\pm\frac{1}{4}$	$\pm\frac{1}{2}$	± 1	± 2	± 3	± 4	$y = \frac{1}{2}x^{-1}$

Die graphische Darstellung zeigt, daß die Form der Hyperbeln vom Faktor a abhängt. Je größer a wird, desto langsamer nähert sich die Kurve den Achsen. Der Faktor a bewirkt einen flacheren bzw. gekrümmteren Verlauf der Hyperbel.

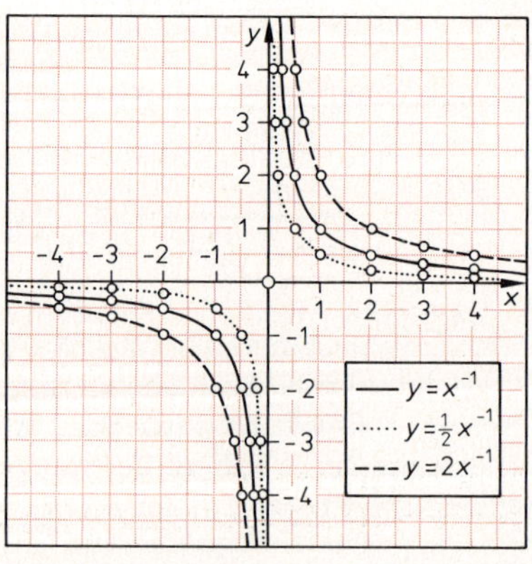

Aufgabe 283/1: Zeichnen Sie die Graphen von $y = ax^{-1} = \frac{a}{x}$ für $a = -1$, also $y = -x^{-1} = -\frac{1}{x}$.

Lösungsgang:

Bei negativem a ($a < 0$) zeigt die Wertetabelle, daß bei positiven x-Werten die y-Werte negativ werden und umgekehrt. Der Graph der Funktion stellt eine Hyperbel dar, die punktsymmetrisch zum Nullpunkt verläuft. Ihre Äste liegen im II. und IV. Quadranten. Durch den negativen Wert a tritt also neben dem flacheren bzw. gekrümmteren Verlauf noch eine Spiegelung an der x-Achse hinzu.

Merke: *Der Graph jeder Funktionsgleichung von der Form*

$$\boxed{y = ax^{-1} = \frac{a}{x}} \qquad x \neq 0$$

ist eine Hyperbel, die vom Faktor a gedehnt oder gestaucht wird. Ist a negativ, so liegen die Hyperbeläste im II. und IV. Quadranten (Spiegelung an der x-Achse).

$\pm\infty \leftarrow \cdots$	± 100	± 10	x	± 4	± 3	± 2	± 1	$\pm\frac{1}{2}$	$\pm\frac{1}{3}$	$\pm\frac{1}{4}$	$\cdots \rightarrow 0$
$0 \leftarrow \cdots$	$\mp\frac{1}{100}$	$\mp\frac{1}{10}$	$y = -\frac{1}{x}$	$\mp\frac{1}{4}$	$\mp\frac{1}{3}$	$\mp\frac{1}{2}$	∓ 1	∓ 2	∓ 3	∓ 4	$\cdots \rightarrow \mp\infty$

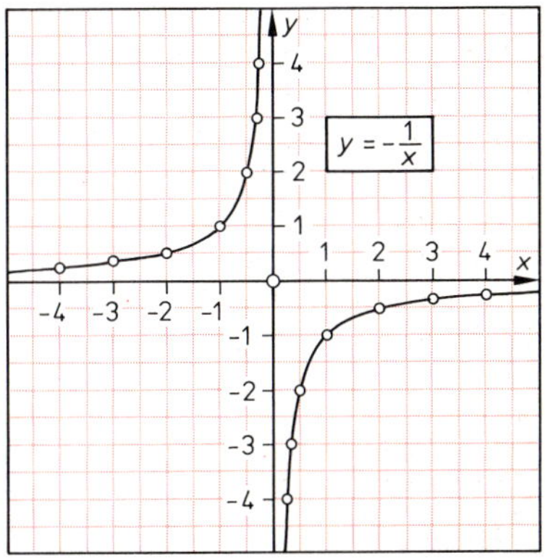

Aufgabe 283/2: Zeichnen Sie die Graphen von $y = x^{-1} = \frac{1}{x}$ und $y = x^{-3} = \frac{1}{x^3}$.

Lösungsgang:

Die Graphen sind Hyperbeln. Die Hyperbel mit der Gleichung $y = x^{-3} = \frac{1}{x^3}$ verläuft ebenso wie die Hyperbel mit der Gleichung $y = x^{-1} = \frac{1}{x}$ punktsymmetrisch zum Nullpunkt im I. u. III. Quadranten. Sie nähert sich asymptotisch schneller der x-Achse als der y-Achse.

Merke: *Der Graph jeder Funktionsgleichung von der Form*

$$\boxed{y = x^{-(2n+1)} = \frac{1}{x^{2n+1}}}$$

$$n = 0; 1; 2; 3; \ldots$$

(Exponent = negativ, ganzzahlig und ungerade) ist eine Hyperbel, die punktsymmetrisch zum Nullpunkt verläuft. Ihre Äste liegen im I. und III. Quadranten.

Für einen Faktor $a \neq 1$ gelten die Überlegungen von Beispiel 282 und Aufgabe 283/1.

$\pm\infty \leftarrow ---$	± 100	± 10	x	± 3	± 2	± 1	$\pm\frac{1}{2}$	$\pm\frac{1}{3}$	$\pm\frac{1}{4}$	$--- \rightarrow 0$
$0 \leftarrow ---$	$\pm\frac{1}{10^2}$	$\pm\frac{1}{10}$	$y = \frac{1}{x}$	$\pm\frac{1}{3}$	$\pm\frac{1}{2}$	± 1	± 2	± 3	± 4	$--- \rightarrow \pm\infty$
$0 \leftarrow ---$	$\pm\frac{1}{10^6}$	$\pm\frac{1}{10^3}$	$y = \frac{1}{x^3}$	$\pm\frac{1}{27}$	$\pm\frac{1}{8}$	± 1	± 8	± 27	± 64	$--- \rightarrow \pm\infty$

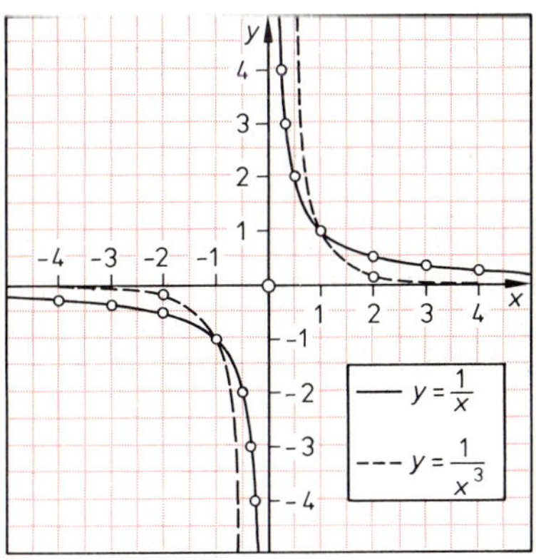

Aufgabe 284: Zeichnen Sie die Graphen von $y = ax^{-2} = \frac{a}{x^2}$ und $y = ax^{-4} = \frac{a}{x^4}$ für $a = 1$.

Lösungsgang:

Die Wertetabelle ergibt für positive und negative x-Werte immer nur positive y-Werte.

Hyperbeln dieser Art sind achsensymmetrisch zur y-Achse. Ihre Äste liegen im I. und II. Quadranten und nähern sich asymptotisch schneller der x-Achse als der y-Achse.

Merke: *Die Graphen jeder Funktionsgleichung von der Form*

$$y = ax^{-2n} = \frac{a}{x^{2n}} \qquad n = 1; 2; 3; \ldots \quad x \neq 0$$

(Exponent = negativ, ganzzahlig und gerade) ist eine Hyperbel, die achsensymmetrisch zur y-Achse verläuft. Ihre Äste liegen im I. und II. Quadranten.

Für einen Faktor $a \neq 1$ gelten die Überlegungen von Beispiel 282.

Zusammenfassung:

1. Die Graphen jeder Funktionsgleichung von der Form

$$y = ax^{-n} = \frac{a}{x^n} \qquad n = 1; 2; 3; \ldots$$

sind *Hyperbeln n-ter Ordnung*. Für ganzzahlige und ungerade n punktsymmetrisch zum Nullpunkt und achsensymmetrisch zu den Winkelhalbierenden, für ganzzahlige und gerade n achsensymmetrisch zur y-Achse.

2. Bei $a > 1$ verlaufen die Hyperbeln flacher, bei $1 > a > 0$ verlaufen sie gekrümmter. (a liegt zwischen den Werten Null und 1.)

$\pm\infty$ ←---	± 100	± 10	x	± 3	± 2	± 1	$\pm\frac{1}{2}$	$\pm\frac{1}{4}$	---→ 0
0 ←---	$\frac{1}{10^4}$	$\frac{1}{10^2}$	$y=\frac{1}{x^2}$	$\frac{1}{9}$	$\frac{1}{4}$	1	4	16	---→ ∞
0 ←---	$\frac{1}{10^8}$	$\frac{1}{10^4}$	$y=\frac{1}{x^4}$	$\frac{1}{81}$	$\frac{1}{16}$	1	16	256	---→ ∞

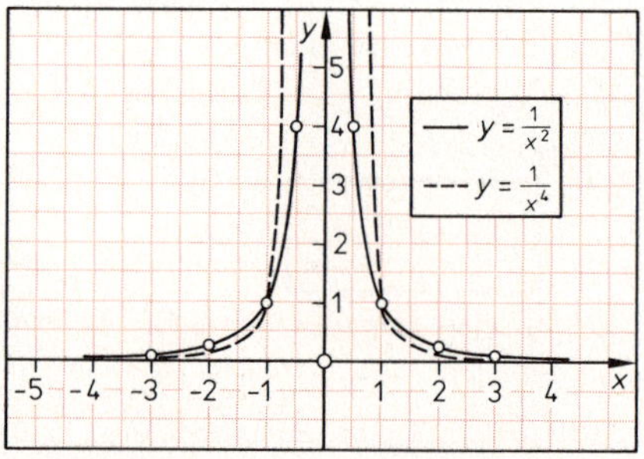

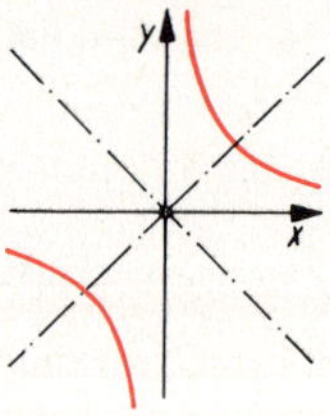

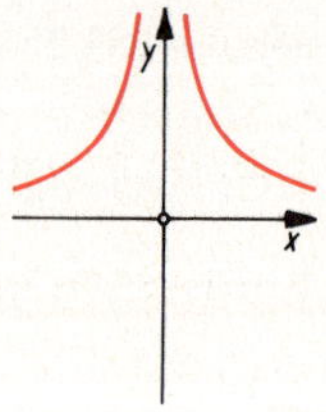

$$y = ax^{-(2n+1)} = \frac{a}{x^{2n+1}}$$

$n = 0; 1; 2; 3; \ldots$

$a > 0$

$$y = ax^{-2n} = \frac{a}{x^{2n}}$$

$n = 1; 2; 3; \ldots$

$a > 0$

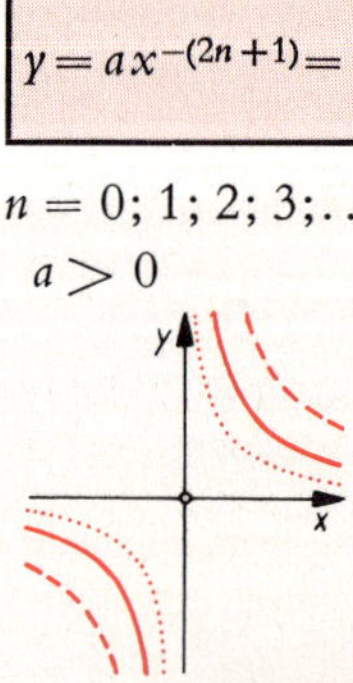

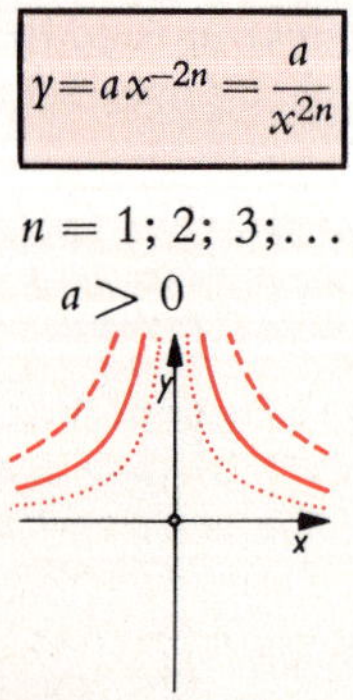

—— $a = 1$
\- - - $a > 1$
.... $1 > a > 0$

3. Bei negativem a ($a < 0$) tritt noch eine Spiegelung an der x-Achse hinzu.

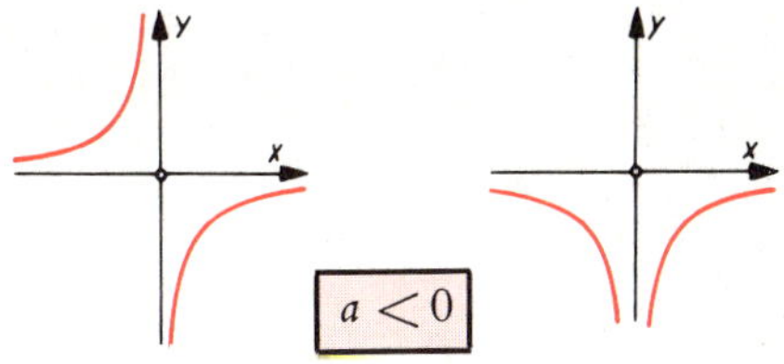

Beispiel 285: Ein Rennwagen durchfährt mehrmals eine 2000 m lange Teststrecke in 20, 22, 26, 28, 32 und 34 Sekunden. Stellen Sie die Abhängigkeit zwischen Geschwindigkeit und Zeit graphisch dar. Lesen Sie am Diagramm ab, welche Durchschnittsgeschwindigkeit der Wagen bei 24, 25 und 30 Sekunden Fahrzeit erreicht.

Lösungsgang:

Aus der Physik gilt die Gleichung

$$v = \frac{s}{t}$$

mit den gegebenen Werten

$$v = \frac{2000\ \text{m}}{t}$$

Einheiten-gleichung $\frac{\text{m}}{\text{s}} = \frac{\text{m}}{\text{s}}$

Die Funktionsgleichung $v = \frac{2000}{t}$ entspricht der Hyperbelgleichung $y = \frac{a}{x}$. Die Funktion interessiert nur für positive t-Werte. Da a sehr groß ist, ist die Hyperbel sehr flach. Man trägt deshalb auf den Achsen nur den in Frage kommenden Bereich ab.

Wertetabelle:

t in s	20	22	26	28	32	34
v in m/s	100	90,90	76,9	71,4	62,5	58,8

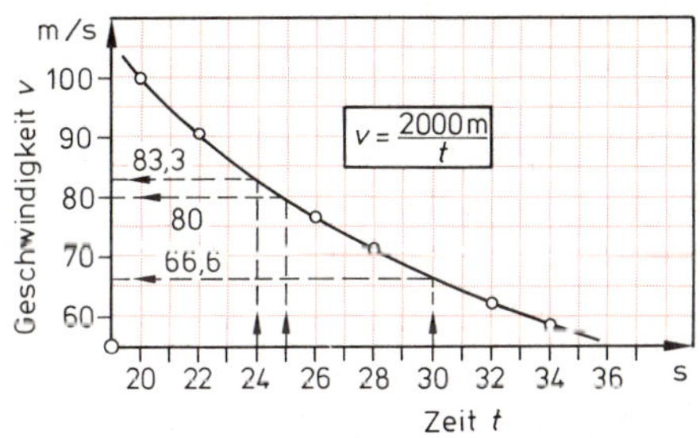

$t_1 = 24\text{s} \ldots v_1 = 83{,}3\ \text{m/s} \cdot 3{,}6 \approx 300\ \text{km/h}$
$t_2 = 25\text{s} \ldots v_2 = 80{,}0\ \text{m/s} \cdot 3{,}6 = 288\ \text{km/h}$
$t_3 = 30\text{s} \ldots v_3 = 66{,}6\ \text{m/s} \cdot 3{,}6 \approx 240\ \text{km/h}$

15.5.3. Graphische Darstellung von Wurzelfunktionen

Erklärung:

Vertauscht man bei einer Potenzfunktion (Stammfunktion) die Variablen und löst die neue Gleichung nach y auf, so entsteht die Umkehrfunktion (inverse Funktion) der Stammfunktion. Man erhält auf diese Weise Potenzfunktionen mit Bruchzahlen als Exponenten (Wurzelfunktionen).

$y = x^n$ *Stammfunktion*

$x = y^n$ *Variablen vertauschen*

$\sqrt[n]{x} = \sqrt[n]{y^n}$ *nach y auflösen*

$\sqrt[n]{x} = y$

$y = \sqrt[n]{x} = x^{\frac{1}{n}}$ *Umkehrfunktion*

$x \geqq 0;\ n = 2; 3; 4; \ldots$

Ob die Umkehrfunktion auch wirklich eine Funktion ist, d. h., ob Eindeutigkeit vorhanden ist, soll an dieser Stelle noch nicht geklärt werden.

Geometrisch bedeutet dieses Vorgehen, daß jeder Punkt P der Stammfunktion durch Spiegelung an der Winkelhalbierenden ($y = x$) zum neuen Punkt P' an der Umkehrfunktion wird.

Merke: *Funktionen, von denen die eine aus der anderen dadurch hervorgeht, daß man die Variablen x und y miteinander vertauscht, heißen Umkehrfunktionen. Die Bilder der Funktionen gehen durch Spiegelung an der Geraden y = x ineinander über.*

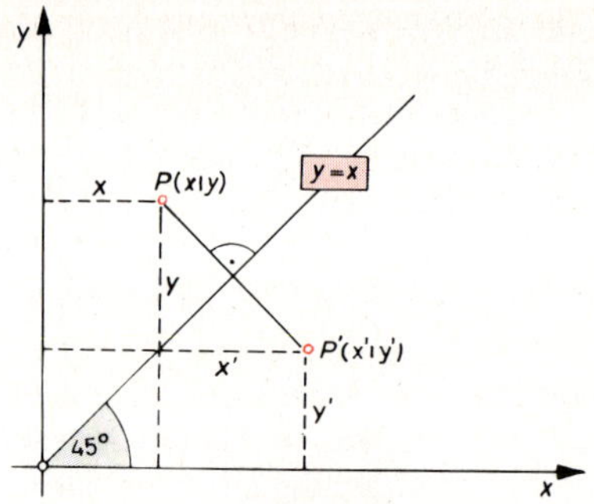

$$x' = y$$
$$y' = x$$

Beispiel 286/1: Zeichnen Sie den Graphen von $y = x^2$ und den Graphen von der Umkehrfunktion.

Lösungsgang:

$y = x^2$ *Stammfunktion*

$x = y^2$
$\sqrt{x} = \sqrt{y^2}$
$\sqrt{x} = |y|$

Variablen vertauschen und nach y auflösen

$y = \pm\sqrt{x} = \pm x^{\frac{1}{2}}$ *Umkehrfunktion*

Die Wurzelfunktion $y = \pm\sqrt{x}$ existiert nur für positive x-Werte, sie ist nicht eindeutig, d. h., zu einem x-Wert gehören zwei y-Werte, je nachdem, ob in der Stammfunktion $x \geq 0$ oder $x \leq 0$ ist. Immer wenn der Wurzelexponent gerade ist, entstehen ähnliche Funktionsbilder (achsensymmetrisch zur x-Achse).

x	0	1	2	3	4	5	6	7
$y = x^2$	0	1	4	9	16	25	36	49
$y = \pm\sqrt{x}$	0	±1	±1,41	±1,73	±2	±2,24	±2,45	±2,65

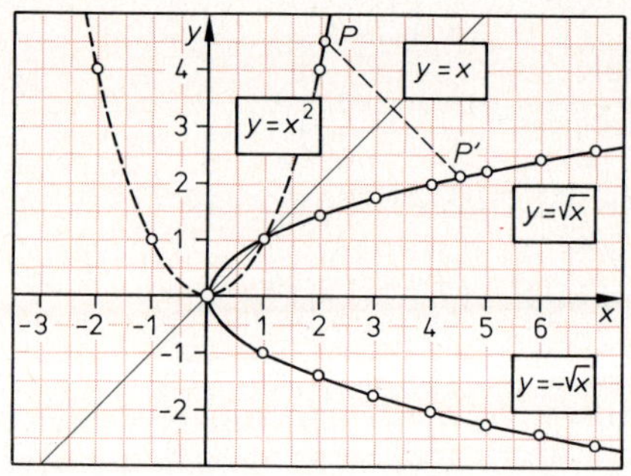

In der modernen Literatur dürfen Funktionen nicht mehrdeutig sein, sie heißen dann Relationen. In diesem Buch wird der traditionelle Funktionsbegriff verwendet.

Beispiel 286/2: Zeichnen Sie den Graphen von $y = x^3$ und den Graphen von der Umkehrfunktion.

Lösungsgang:

$y = x^3$ *Stammfunktion*

$x = y^3$
$\sqrt[3]{x} = \sqrt[3]{y^3}$

Variablen vertauschen und nach y auflösen

$y = \sqrt[3]{x} = x^{\frac{1}{3}}$ *Umkehrfunktion*

–4	–3	–2	–1	x	0	1	2	3	4
–64	–27	–8	–1	$y = x^3$	0	1	8	27	64
–1,59	–1,44	–1,26	–1	$y = \sqrt[3]{x}$	0	1	1,26	1,44	1,59

Auch diese Funktion entsteht durch Spiegelung der Funktion $y = x^3$ an der Geraden $y = x$. Immer wenn der Wurzelexponent ungerade ist, entstehen ähnliche Funktionsbilder (punktsymmetrisch zum Nullpunkt). An der fertigen Kurve kann man angenähert Kubikwurzelwerte ablesen.

$$\sqrt[3]{3{,}6} \approx 1{,}5$$

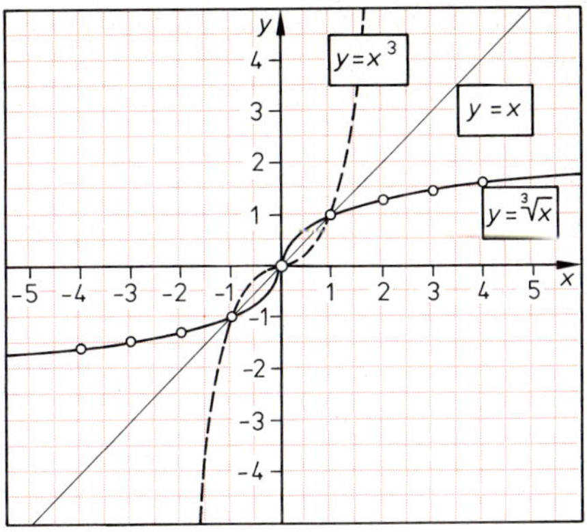

Aufgabe 287: Bilden Sie zu der Funktion $y = x^{\frac{m}{n}}$ die Umkehrfunktion.

Lösungsgang:

Merke: *Ist der Exponent einer Potenzfunktion ein Bruch, z. B. $y = x^{\frac{m}{n}}$, so ist der Exponent der Umkehrfunktion der Kehrwert des Bruches, also $y = x^{\frac{n}{m}}$.*

m ► ganze Zahl
n ► natürliche Zahl

Die Eindeutigkeit muß von Fall zu Fall untersucht werden.

$$y = x^{\frac{m}{n}}$$ *Stammfunktion*

$$x = y^{\frac{m}{n}}$$ *Variablen vertauschen*

$$\sqrt[\frac{m}{n}]{x} = \sqrt[\frac{m}{n}]{y^{\frac{m}{n}}}$$ *nach y auflösen*

$$\sqrt[m]{x^n} = y$$

$$y = x^{\frac{n}{m}}$$ *Umkehrfunktion*

Beispiel 287: Zeichnen Sie den Graphen von $y = x^{\frac{2}{3}}$ und den Graphen von der Umkehrfunktion $y = x^{\frac{3}{2}}$.

Lösungsgang:

Die Funktion $y = x^{\frac{2}{3}} = \sqrt[3]{x^2}$ hat immer einen positiven y-Wert.

x	0	± 0,2	± 0,6	± 1	± 2	± 3	± 4
$y = x^{\frac{2}{3}}$	0	0,34	0,71	1	1,58	2,08	2,52

$$y = x^{\frac{2}{3}}$$ Stammfunktion

$$y = x^{\frac{3}{2}}$$ Der Graph der Umkehrfunktion heißt *Neilsche Parabel*. Diese Beziehung ist nicht eindeutig. Sie entsteht durch Spiegelung von $y = x^{\frac{2}{3}}$ an der Geraden $y = x$. Zu jedem x-Wert gehören zwei y-Werte, je nachdem, ob in der Stammfunktion $x \geq 0$ oder $x \leq 0$ ist.

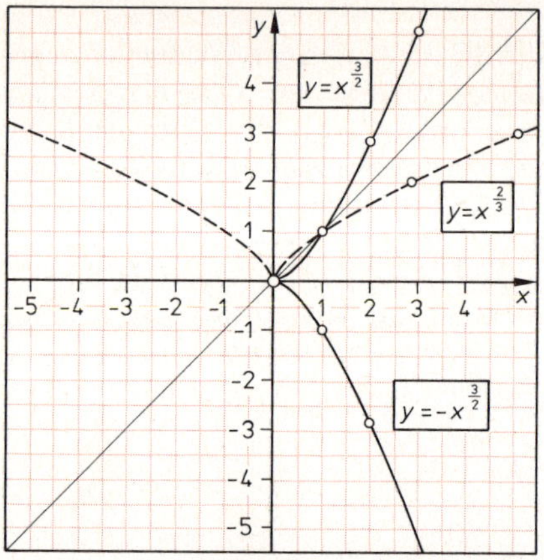

Aufgabe 288: Zeichnen Sie den Graphen von $y = x^{-2}$ und den Graphen von der Umkehrfunktion $y = x^{-\frac{1}{2}}$.

Lösungsgang:

$$y = x^{-2}$$ ist graphisch dargestellt eine Hyperbel mit Ästen im I. und II. Quadranten. Symmetrieachse ist die positive y-Achse.

x	$\pm\frac{1}{4}$	$\pm\frac{1}{2}$	± 1	± 2	± 3	± 4
$y = x^{-2}$	16	4	1	$\frac{1}{4}$	$\frac{1}{9}$	$\frac{1}{16}$

$$y = \pm x^{-\frac{1}{2}}$$ entsteht durch Spiegelung von $y = x^{-2}$ an der Geraden $y = x$. Der Graph ist eine Hyperbel mit Ästen im I. und IV. Quadranten. Symmetrieachse ist die positive x-Achse. Diese Beziehung ist nicht eindeutig und existiert nur für positive x-Werte. Zu jedem x-Wert gehören zwei y-Werte, je nachdem, ob in der Stammfunktion $x \geq 0$ oder $x \leq 0$ ist.

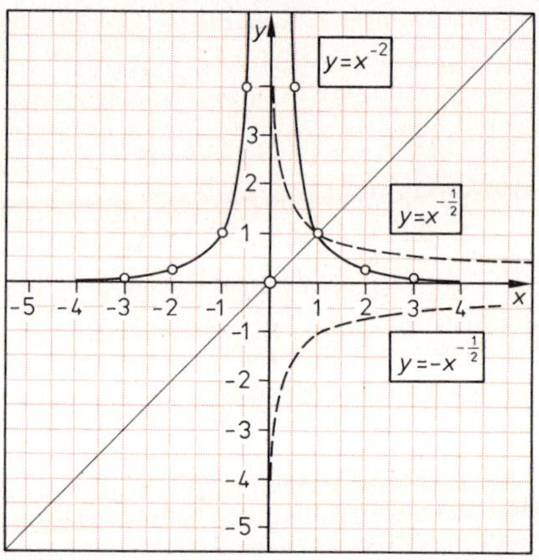

Merke:

1. $$y = x^{-2n}$$ Hyperbel mit gerader Zahl als Exponent

   $$y = x^{-\frac{1}{2n}}$$ Umkehrfunktion

2. $$y = x^{-(2n+1)}$$ Hyperbel mit ungerader Zahl als Exponent

   $$y = x^{-\frac{1}{2n+1}}$$ Umkehrfunktion

Beispiel 288: Zeichnen Sie den Graphen von $y = x^{-\frac{2}{3}}$ und den Graphen von der Umkehrfunktion $y = x^{-\frac{3}{2}}$.

Lösungsgang:

Die Funktion $y = x^{-\frac{2}{3}}$ hat immer einen positiven y-Wert.

x	$\pm 0{,}2$	$\pm 0{,}5$	± 1	± 2	± 3	± 4
$y = x^{-\frac{2}{3}}$	2,9	1,6	1	0,63	0,48	0,4

$$y = x^{-\frac{3}{2}}$$

Der Graph ist eine *Hyperbel* mit Ästen im I. und II. Quadranten. Symmetrieachse ist die positive y-Achse.

$$y = x^{-\frac{2}{3}}$$

Der Graph ist eine *Hyperbel* mit Ästen im I. und IV. Quadranten. Symmetrieachse ist die positive x-Achse. Diese Beziehung ist nicht eindeutig. Sie entsteht durch Spiegelung von $y = x^{-\frac{2}{3}}$ an der Geraden $y = x$. Zu jedem x-Wert gehören zwei y-Werte, je nachdem, ob in der Stammfunktion $x \geq 0$ oder $x \leq 0$ ist.

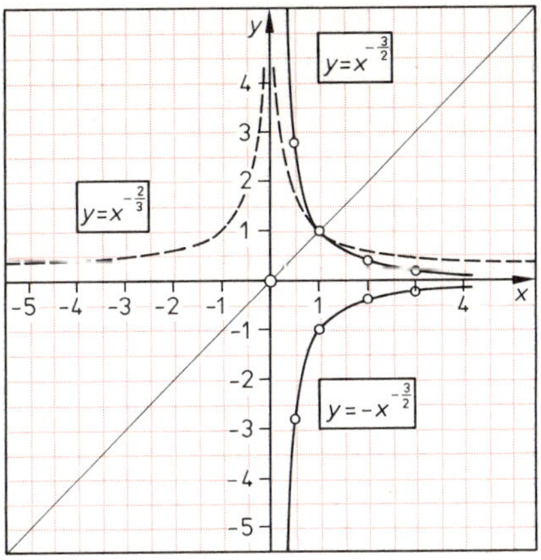

Beispiel 289: Bei einem mathematischen Pendel ist die Schwingungsdauer abhängig von der Fadenlänge und der Fallbeschleunigung. Stellen Sie das Abhängigkeitsverhältnis für eine Fadenlänge von 10 cm bis zu 90 cm graphisch dar.

Lösungsgang:

Aus der Physik gilt die Gleichung:

$$T = 2\pi\sqrt{\frac{l}{g}} = \frac{2\pi}{\sqrt{g}}\sqrt{l}$$

T = Schwingungsdauer in s

g = Fallbeschleunigung in ms^{-2}

l = Fadenlänge in m

Einheitengleichung $\quad s = \sqrt{\frac{m}{ms^{-2}}} = \sqrt{s^2} = s$

Mit den gegebenen Werten:

$$T = \frac{2 \cdot 3{,}14}{\sqrt{9{,}81}} \cdot \sqrt{l} \approx 2\sqrt{l}$$

Die Funktionsgleichung $T = 2\sqrt{l}$ entspricht der Wurzelfunktion $y = a\sqrt{x}$. Die Funktion interessiert nur für positive T-Werte. Aus praktischen Gründen trägt man auf den Achsen nur den verlangten Bereich ab. An der fertigen Kurve kann man auch beliebige Zwischenwerte ablesen, z. B.

50 cm Pendellänge ≙ 1,41 s Schwingungsdauer und umgekehrt.

l in m	0,1	0,2	0,4	0,6	0,8	0,9
T in s	0,63	0,89	1,27	1,55	1,79	1,9

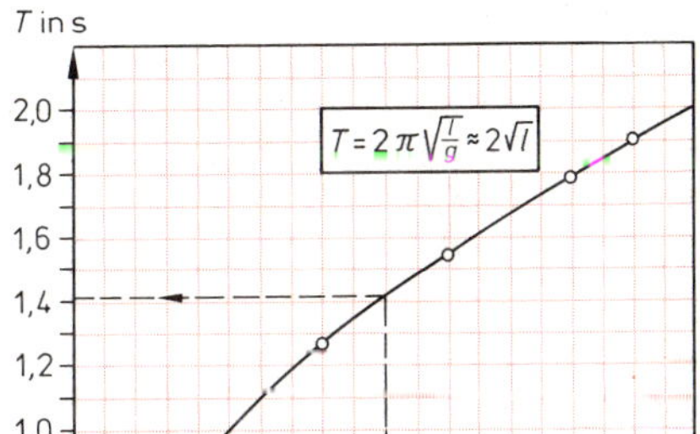

15.6. Graphische Darstellung von Exponentialfunktionen

Erklärung:

Bei der Potenzfunktion $y = x^n$ ist die Basis veränderlich. Ist der Exponent veränderlich, also $y = a^x$, so spricht man von einer Exponentialfunktion. Die Basis a ist immer positiv. Bei negativer Basis a ($a < 0$) kann man die Funktion graphisch nicht darstellen.

$y = x^n$	*Potenzfunktion*
$y = a^x$	*Exponentialfunktion* ($a > 0$)

Beispiel 290: Zeichnen Sie die Graphen der Exponentialfunktionen $y = 2^x$; $y = 3^x$; $y = 10^x$.

Lösungsgang:

Mit Hilfe einer Wertetabelle kann man Punkte der Graphen berechnen.

x	-3	-2	-1	0	1	2	3
$y = 2^x$	$\frac{1}{8}$	$\frac{1}{4}$	$\frac{1}{2}$	1	2	4	8
$y = 3^x$	$\frac{1}{27}$	$\frac{1}{9}$	$\frac{1}{3}$	1	3	9	27
$y = 10^x$	$\frac{1}{1000}$	$\frac{1}{100}$	$\frac{1}{10}$	1	10	100	1000

Die Graphen ($a = 2; 3; 10$) verlaufen oberhalb der x-Achse im I. und II. Quadranten von links nach rechts ansteigend und gehen alle durch den Punkt $P(0|1)$. Mit kleiner werdenden x-Werten ($x < 0$) nähern sich die Graphen asymptotisch der negativen x-Achse.

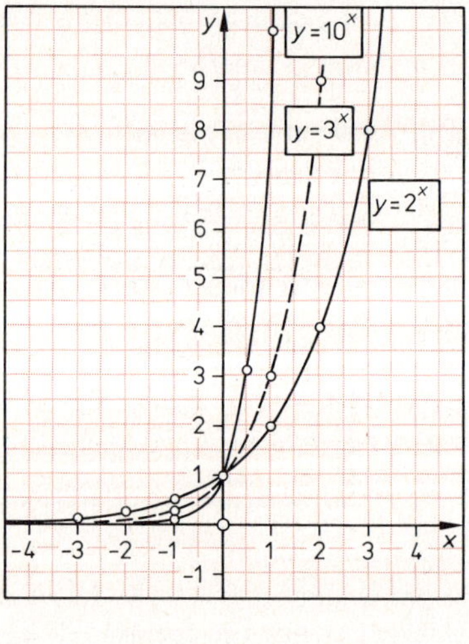

Beispiel 291: Zeichnen Sie die Graphen der Exponentialfunktionen:

$$y = \left(\frac{4}{5}\right)^x; \; y = \left(\frac{2}{3}\right)^x; \; y = \left(\frac{1}{2}\right)^x.$$

Lösungsgang:

Die Graphen $\left(a = \frac{4}{5}; \frac{2}{3}; \frac{1}{2}\right)$ verlaufen oberhalb der x-Achse im I. und II. Quadranten von links nach rechts fallend und gehen alle durch den Punkt $P(0|1)$. Mit größer werdenden x-Werten ($x > 0$) nähern sich die Graphen asymptotisch der positiven x-Achse.

x	4	3	2	1	0	—1	—2	—3
$y = \left(\frac{4}{5}\right)^x$	0,41	0,51	0,64	0,8	1	1,25	1,56	1,95
$y = \left(\frac{2}{3}\right)^x$	0,2	0,3	0,44	0,66	1	1,5	2,25	3,37
$y = \left(\frac{1}{2}\right)^x$	$\frac{1}{16}$	$\frac{1}{8}$	$\frac{1}{4}$	$\frac{1}{2}$	1	2	4	8

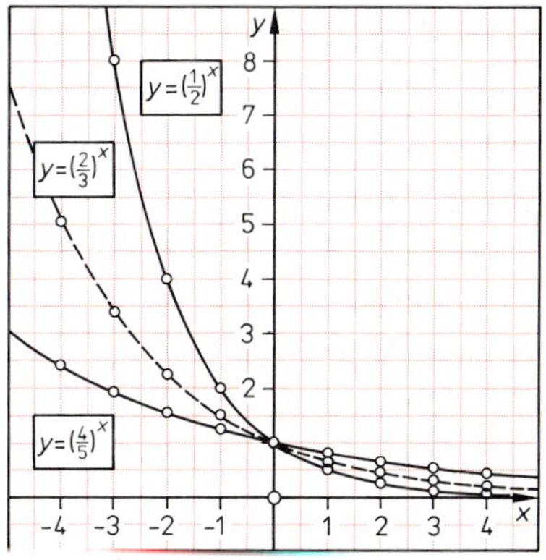

Aufgabe 291: Zeichnen Sie die Graphen der Exponentialfunktionen:

$$y = \left(\frac{3}{2}\right)^{-x} \text{ und } y = \left(\frac{3}{2}\right)^x.$$

Lösungsgang:

$$y = \left(\frac{3}{2}\right)^{-x} \rightarrow y = \left(\frac{2}{3}\right)^x$$

allgemein $$y = a^{-x} = \left(\frac{1}{a}\right)^x$$

x	—4	—3	—2	—1	0	1	2	3	4
$y = \left(\frac{3}{2}\right)^{-x}$	5,05	3,37	2,25	1,5	1	0,66	0,44	0,3	0,2
$y = \left(\frac{3}{2}\right)^x$	0,2	0,3	0,44	0,66	1	1,5	2,25	3,37	5,05

Die Graphen kann man durch Spiegelung an der y-Achse ineinander überführen.

Merke:

1. *Der Graph der Exponentialfunktion $y = a^x$ $(a > 0)$ verläuft oberhalb der x-Achse.*
2. *Für $a > 1$ steigt der Graph mit wachsenden x-Werten. Die negative x-Achse ist Asymptote.*
3. *Für $0 < a < 1$ fällt der Graph mit wachsenden x-Werten. Die positive x-Achse ist Asymptote.*
4. *Die Graphen der Funktionen $y = a^x$ und $y = a^{-x}$ liegen symmetrisch zur y-Achse.*

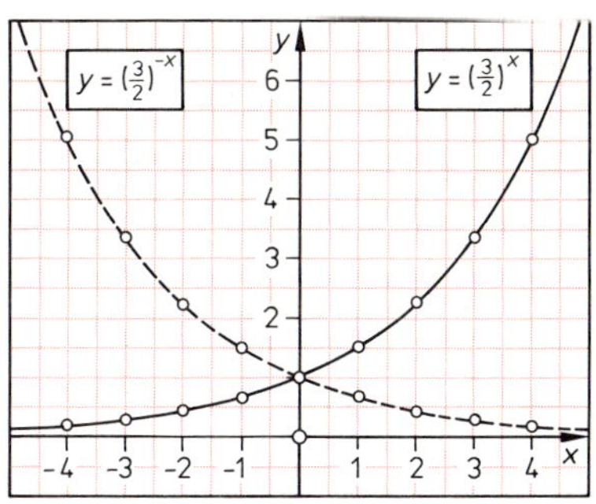

15.7. Graphische Darstellung von logarithmischen Funktionen

Aufgabe 292/1: Berechnen Sie zu der Funktion $y = a^x$ die Umkehrfunktion.

Lösungsgang:

$\boxed{y = a^x}$	*Stammfunktion*
$x = a^y$	*Variablen vertauschen*
$\log_a x = y \cdot \log_a a$	*Gleichung logarithmieren, als Basis a wählen und*
$\log_a x = y \cdot 1$	*nach y auflösen*
$\boxed{y = \log_a x}$	*Umkehrfunktion*

Merke: Die logarithmische Funktion $y = \log_a x$ ist die Umkehrfunktion der Exponentialfunktion $y = a^x$.

Aufgabe 292/2: Zeichnen Sie zu den Exponentialfunktionen $y = 2^x$ und $y = 10^x$ die Umkehrfunktionen.

Lösungsgang:

Die y-Werte der Wertetabelle berechnet man zweckmäßig logarithmisch, z. B.

$$y = \log_2 x.$$

Die ihr gleichwertige Funktion ist

$$x = 2^y$$

$$0{,}2 = 2^y$$

$$\lg 0{,}2 = y \cdot \lg 2$$

$$y = \frac{\lg 0{,}2}{\lg 2} = \frac{0{,}3010 - 1}{0{,}3010}$$

$$= \frac{-0{,}699}{0{,}3010} \approx \underline{\underline{-2{,}32}}$$

x	−1	0	0,2	0,5	1	2	3	4	5	8	10
$y = 2^x$	½	1	1,15	1,41	2	4	8	16	32	256	1024
$y = \log_2 x$	.	.	−2,32	−1	0	1	1,6	2	2,32	3	3,32
$y = 10^x$	$^1/_{10}$	1	1,59	3,16	10	10^2	10^3	10^4	10^5	10^8	10^{10}
$y = \log_{10} x$	.	.	−0,7	−0,3	0	0,3	0,48	0,6	0,7	0,9	1

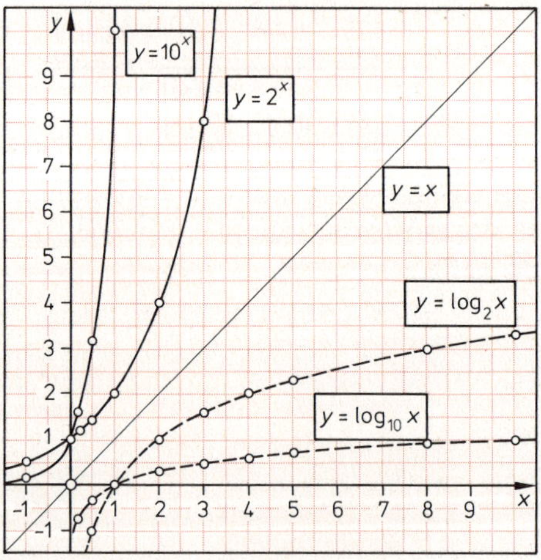

Merke:

1. *Der Graph der logarithmischen Funktion $y = \log_a x$ entsteht durch Spiegelung des Graphen der Exponentialfunktion $y = a^x$ an der Geraden $y = x$.*
2. *Der Graph von $y = \log_a x$ geht durch den Punkt $P(1|0)$ und nähert sich für $a > 1$ asymptotisch der negativen y-Achse.*
3. *Die Funktion $y = \log_a x$ ist für $a > 1$ positiv, wenn $x > 1$ ist, und negativ bei $0 < x < 1$. Es gibt keine reellen Logarithmen für negative Werte von x.*

Übungen

15.1. Zahlentafeln und Schaubilder

1. Veranschaulichen Sie durch ein Streckenschaubild folgende in Phon angegebenen Lautstärken:

Taschenuhrticken	10	Mechanische Werkstatt	60	Motorrad	80
Flüstern	20	Spinnerei	70	Niethämmer	110
Leise Unterhaltung	40	Lauter Straßenlärm	70	Flugmotor	120
Büro	45	Schreien	80	Schmerzender Lärm	130
Sprache	50	Laute Hupe	90		

2. Vergleichen Sie durch ein Streckenschaubild die Höhe einiger Berge:

Zugspitze (Alpen)	2963 m	Mount McKinley (Alaska)	6187 m
Großglockner (Alpen)	3800 m	Aconcagua (Argentinien)	6960 m
Montblanc (Alpen)	4810 m	Mount Everest (Himalaja)	8847 m
Kilimandscharo (Afrika)	5955 m		

3. Vergleichen Sie durch ein Streckenschaubild die Länge einiger Flüsse:

Mosel	545 km	Wolga	3890 km
Elbe	1144 km	Kongo	4370 km
Rhein	1320 km	Nil	6320 km
Donau	2860 km	Amazonas	6520 km

4. Veranschaulichen Sie durch ein Flächenstreifenschaubild die Rohstahlerzeugung in der Bundesrepublik in Millionen Tonnen:

1955	21,3	1966	35,3
1960	34,1	1967	36,7
1962	32,6	1968	41,2
1964	37,7	1969	45,3

5. Vergleichen Sie durch ein Flächenstreifenschaubild die Außenhandelsüberschüsse der BRD in Mrd. DM:

1960	5,2	1965	1,1
1961	6,8	1966	8,0
1962	3,6	1967	17,0
1963	6,1	1968	18,4
1964	6,2	1969	15,8

6. Vergleichen Sie durch ein Flächenstreifenschaubild den Rinderbestand in der BRD. Angaben in 1000 Stück, Stand 1969.

Schleswig-Holstein	1425	Rheinland-Pfalz	753
Niedersachsen	2803	Baden-Württemberg	1912
Nordrhein-Westfalen	1954	Bayern	4372
Hessen	947	Restliche Länder	111

7. Die Produktion von NE-Metallen in der Welt betrug 1968 24,1 Millionen Tonnen:

Aluminium	35,1 %	Blei	14,6%
Kupfer	27,6 %	Nickel	2,1%
Zink	19,6 %	Zinn	1,0%

Vergleichen Sie die Werte durch ein Kreisschaubild.

8. Zeichnen Sie Kreisschaubilder für die Zusammensetzung folgender Legierungen:

	Legierung	Zusammensetzung in %					
		Sn	Zn	Pb	Cu	Ni	Sonstige
a)	Rotguß	5	7	3	85	—	—
b)	Zinnbronze	7	5	—	88	—	—
c)	Alpaka	—	20	—	60	20	—
d)	Nickelin	—	—	—	67	30	3 Mn
e)	Neusilber	—	41	—	47	12	—
f)	Nirosta-Stahl	—	—	—	2	8	20 Cr, 70 Fe

9. Die Erdölförderung in der Welt hatte folgende Werte:

in Millionen Tonnen	1950 522,6	1968 2001,1
Nordamerika	51,9%	29,2%
Lateinamerika	19,8%	13,0%
Ferner Osten	2,1%	2,3%
Naher Osten	16,9%	28,5%
Ostblock	8,5%	17,0%
Afrika	—	9,1%
Westeuropa	0,8%	0,9%

Veranschaulichen Sie beide Jahre durch Kreisdiagramme.

Vergleichen Sie beide Jahre durch Kreisschaubilder.

10. Der Energieverbleib in einem Verbrennungsmotor ergibt folgende Werte:

Kühlwassererwärmung	29%	Triebwerksverluste	8%
Auspuffwärme und Abstrahlung	33%	Wagennutzleistung	23%
Reibungsverluste	7%		

Stellen Sie den Energieverbleib prozentual durch ein Sankey-Diagramm zeichnerisch dar.

11. Veranschaulichen Sie durch ein Körperschaubild (Säule oder Würfel) die Rohstahlerzeugung in der Welt in Millionen Tonnen:

1960 .... 341,2 1966 .... 475 1968 510

12. Veranschaulichen Sie durch ein Körperschaubild (Säule oder Würfel) die Erdölreserven der Welt in Mrd. Tonnen, Stand 1969.

Naher Osten	36,83	Nordamerika	5,71	Ostblock	7,72
Afrika	5,91	Südamerika	3,94	Westeuropa	0,24
				Rest	1,85

13. Vergleichen Sie durch ein Körperschaubild (Säule oder Würfel) die Steinkohlenförderung einiger Länder, Angabe in Millionen Tonnen, Stand 1968.

England	166,7	Polen	128,6	DDR	1,8
BRD	112,0	Frankreich	41,9	ČSSR	26,1

14. Veranschaulichen Sie durch Bilddarstellungen folgende Wirtschaftsdaten eines Monats:

a) PKW-Erzeugung in Stück

USA	540000	Frankreich	94000
UdSSR	11500	Bundesrepublik	153000
Großbritannien	90300		

b) Stahlerzeugung in Mio. t

USA	8,147	Großbritannien	2,368
UdSSR	5,900	Frankreich	1,507
Bundesrepublik	2,802		

c) Steinkohlenförderung in Mio. t

USA	32,69	Großbritannien	14,75
UdSSR	43,30	Frankreich	4,40
Bundesrepublik	12,45		

d) Arbeitslose

USA	4768000	Frankreich	104000
Großbritannien	335000	Bundesrepublik	111000

15. Vergleichen Sie durch Bilddarstellungen die Spareinlagen bei den Geldinstituten im Bundesgebiet in Mrd. DM:

1962	69,9	1967	144,7
1964	94,2	1968	166,1
1966	127,1	1969	186,0

16. Geben Sie an (mit Begründung), welche Schaubildart man wählen wird bei:

a) Körperlängen
b) Wolkenhöhen
c) Wassertiefen
d) LKW-Produktion
e) Landflächen
f) Spannweiten von Brücken
g) Paßhöhen
h) Geschwindigkeiten von Tieren
i) Zusammensetzung von Legierungen
k) Windgeschwindigkeiten
l) Gemeindeausgaben
m) Planetenentfernung von der Sonne
n) Größe von Inseln

17. Veranschaulichen Sie durch ein geeignetes Schaubild die Größe einiger Inseln:

Großbritannien	219800 km²	Borneo	737020 km²
Island	102820 km²	Sumatra	424980 km²
Grönland	2175600 km²	Java	126650 km²
Madagaskar	598700 km²	Neu-Guinea	771900 km²
Kuba	114450 km²	Neuseeland	268690 km²

18. Veranschaulichen Sie durch ein geeignetes Schaubild die Zusammensetzung folgender Brennstoffe:

	Brennstoff	C in %	H_2 in %	O_2 in %	N_2 in %	S in %
a)	Holz	50	6	43,9	0,1	0,0
b)	Torf	56,5	5,5	34,4	3,5	0,1
c)	Braunkohle	68,1	5,2	25,2	1,0	0,5
d)	Fettkohle	88,6	5,0	3,8	1,6	1,0
e)	Magerkohle	91,2	4,0	2,5	1,4	0,9
f)	Anthrazit	91,8	3,8	2,1	1,4	0,9
g)	Zechenkoks	97,0	0,4	0,6	1,0	1,0

19. Veranschaulichen Sie durch ein geeignetes Schaubild den Bundeshaushalt von 1970:

Bezeichnung	Ausgaben Mrd. DM
Sozialausgaben	26,9
Verteidigung	21,2
Finanzwirtschaft	11,7
Landwirtschaft und Ernährung	7,9
Verkehr und Nachrichten	6,4
Verwaltung	6,0
Wirtschaftsunternehmen	4,2
Bildung und Wissenschaft	3,4
Wirtschaftsforschung	2,1
Wohnungswesen	1,6

20. Veranschaulichen Sie durch ein geeignetes Schaubild die Schallgeschwindigkeit in verschiedenen Stoffen:

Stoff	Geschwindigkeit m/s	Stoff	Geschwindigkeit m/s
Luft	333	Blei	1300
Wasserdampf	410	Gold	2100
Leuchtgas	450	Silber	2700
Wasserstoff	1270	Eichenholz	3350
Benzin	1160	Kupfer	3600
Alkohol	1200	Eisen	4900
Wasser (rein)	1450	Tannenholz	5000
Meerwasser	1510	Aluminium	5100
Kork	480	Glas	5100

21. Veranschaulichen Sie durch ein geeignetes Schaubild die Entfernung (Luftlinie) von Berlin nach verschiedenen Städten:

Dresden	161 km	Amsterdam	585 km	Basel	712 km
Hamburg	255 km	Stuttgart	536 km	Paris	984 km
Köln	503 km	München	527 km	Rom	1474 km

15.2. Graphische Darstellung von Funktionen

Stellen Sie folgende Abhängigkeiten auf Millimeterpapier graphisch durch ein Kurvendiagramm dar (Aufgabe 1 ... 4):

1. Bei einem Kranken wurden innerhalb einer Woche folgende Temperaturen gemessen:

Tag	1.		2.		3.		4.		5.		6.	
Temp.	38,5 °C	39,7 °C	39,2 °C	40,7 °C	39,8 °C	40,6 °C	38,6 °C	39,5 °C	38 °C	38,6 °C	37,8 °C	37,6 °C

2. Die mittleren monatlichen Lufttemperaturen für Moskau betragen:

Monat	Jan.	Febr.	März	April	Mai	Juni	Juli	Aug.	Sept.	Okt.	Nov.	Dez.
Temp.	–12 °C	–8 °C	–5 °C	3 °C	12 °C	15 °C	19 °C	15 °C	10 °C	4 °C	–3 °C	–8 °C

3. Am Höhenmesser eines Flugzeuges wurden bei einem halbstündigen Probeflug folgende Werte angezeigt:

Zeit	11.00	11.05	11.10	11.15	11.20	11.25	11.30
Höhe (m)	0	950	1500	1600	3100	2700	0

4. Die Erdölförderung in der Welt ergab folgende Werte in Millionen Tonnen:

1950	1960	1962	1964	1966	1967	1968
522,6	1051,1	1214,4	1408,0	1701,2	1832,2	2001,1

5. Die Rohstahlerzeugung in der Welt ergab folgende Werte:

Jahr	in Mio. t	davon in %	
		USA	UdSSR
1960	341,2	26,9	19,1
1963	388,0	26,1	20,7
1966	475,0	26,3	20,4
1967	498,1	23,8	20,5
1968	510,0	23,7	21,0

Zeichnen Sie die drei Kurven in ein Schaubild.

6. Der Bestand an Kraftfahrzeugen im Bundesgebiet ergab folgendes Bild:

	1955	1960	1965	1969
Personenkraftwagen	1696	4397	9177	12045
Übrige Kraftfahrzeuge	3569	3606	2991	2726

Angaben in Mio. Stück. Zeichnen Sie beide Kurven in ein Schaubild.

7. Die voraussichtliche Bevölkerungsentwicklung in den USA und Indien. Angabe in Millionen.

	1930	1940	1950	1960	1970	1980	1990	2000	2010	2020
USA...........	128	140	163	180	204	230	240	250	260	265
Indien..........	280	320	380	430	500	560	600	640	675	700

Zeichnen Sie beide Kurven in ein Schaubild.

15.2.1. Deutung empirischer Funktionen

Deuten Sie folgende Schaubilder:

1. Gaserzeugungskurve

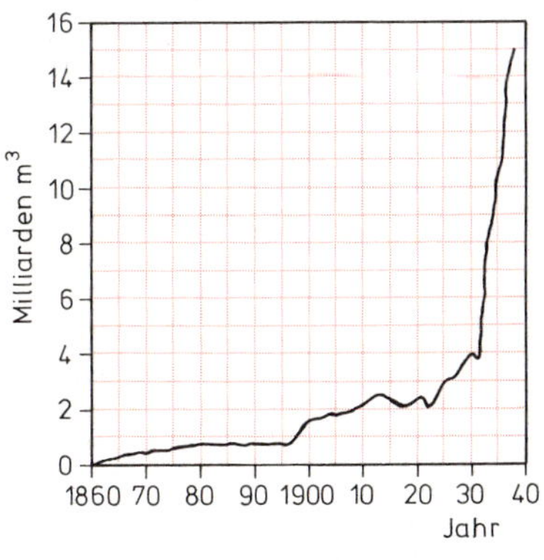

2. Abhängigkeit der Dehnung von der Erwärmung bei Stahl

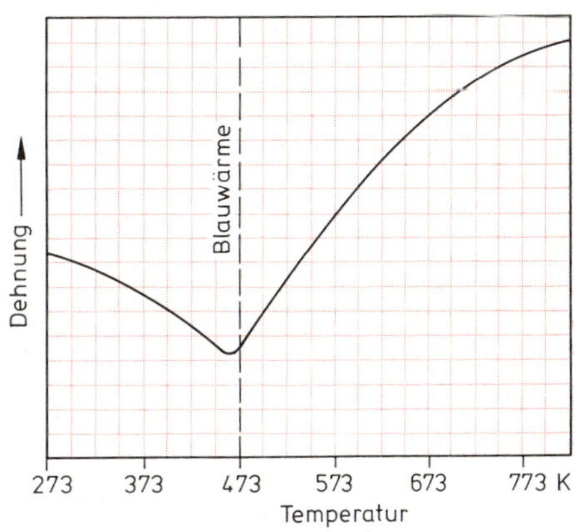

3. Abhängigkeit von Spannung und Dehnung bei Baustahl

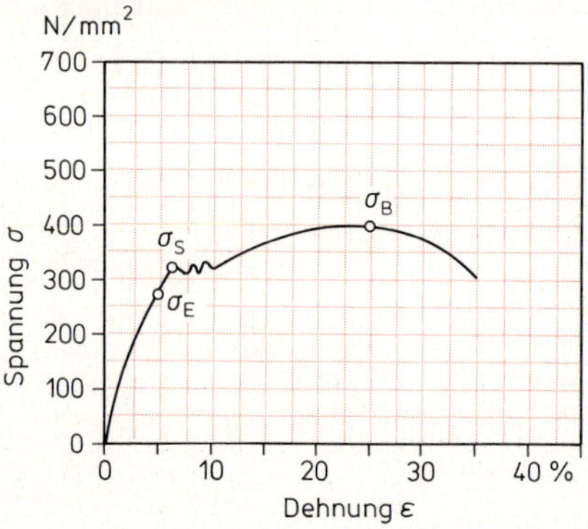

4. Abhängigkeit der Festigkeit und Dehnung vom C-Gehalt

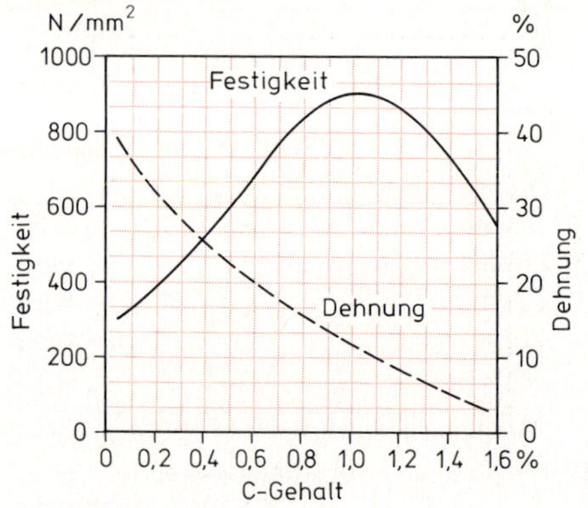

5. Dehnung (Stahl)

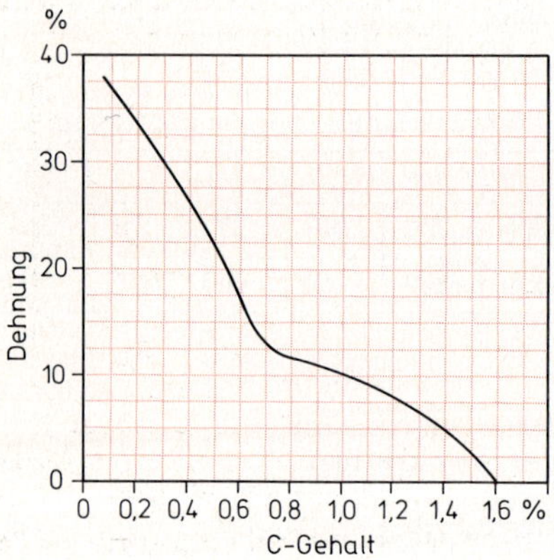

6. Festigkeit (Stahl)

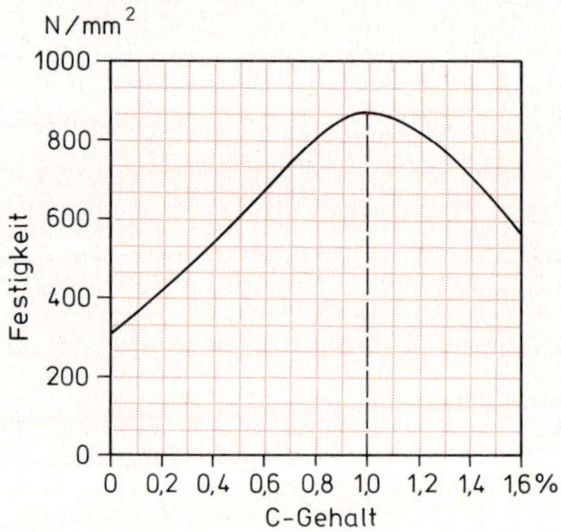

7. Härte (Stahl)

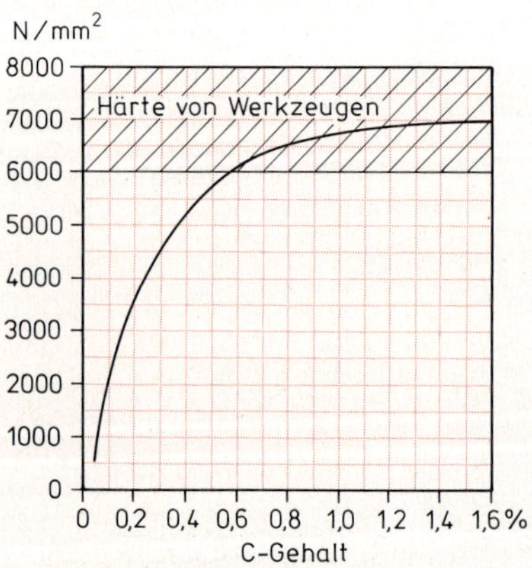

8. Härte (Stahl)

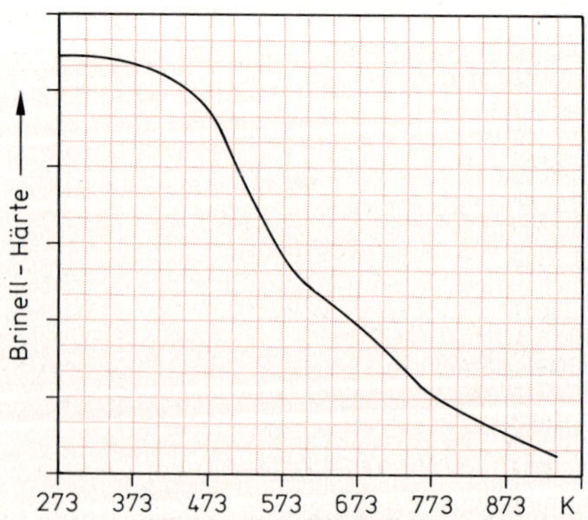

9. Schneidleistung von Schnellstahl

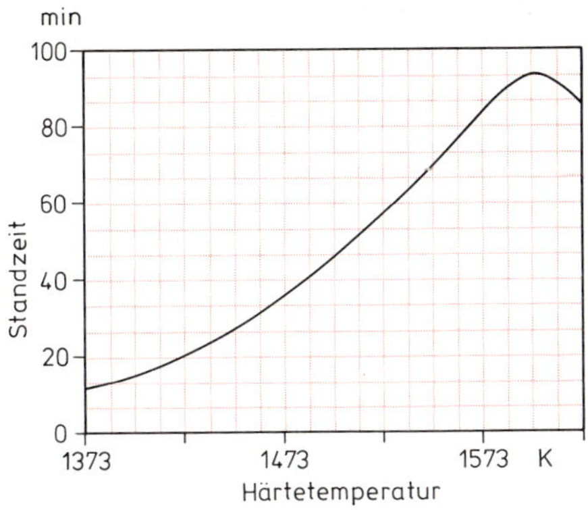

10. Härte in Abhängigkeit von der Anlaßtemperatur

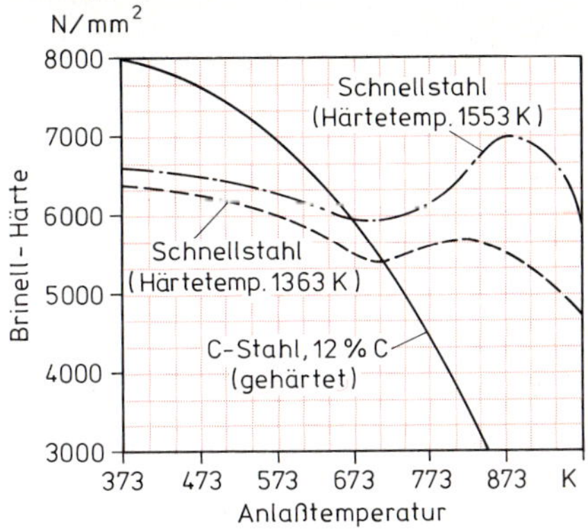

11. Kennlinie einer Metallfadenlampe (*M*) und einer Kohlenfadenlampe (*K*)

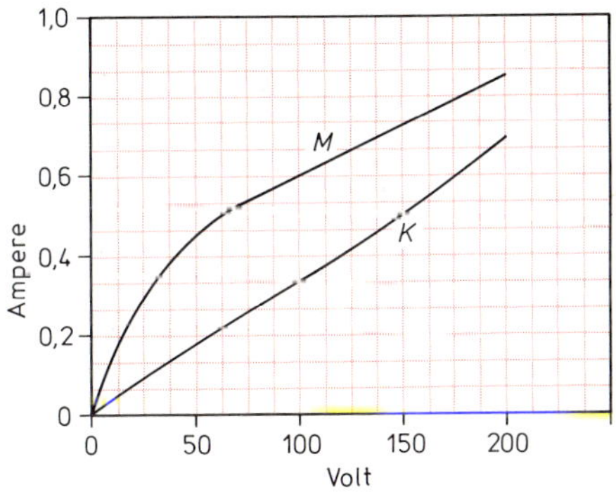

12. I ≙ Fahrleistungsbedarf eines normalen Kraftwagens ($C_w = 0{,}6$) und II eines Kraftwagens der Zukunft, bei dem das Gewicht auf die Hälfte herabgesetzt ist ($C_w = 0{,}15$)

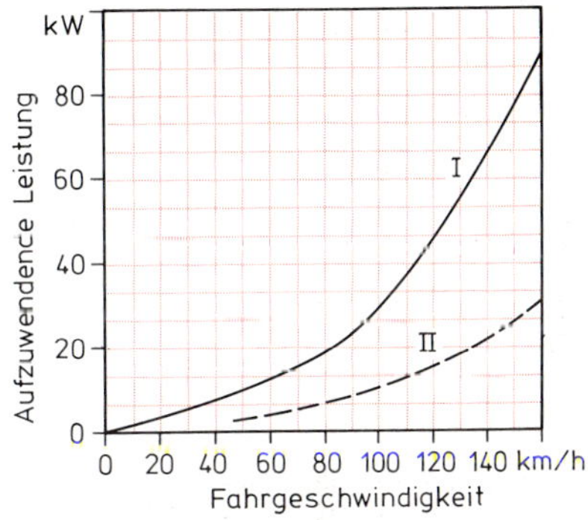

13. Kennlinien eines Achtzylinder-Viertakt-Benzinmotors, Hubraum 3500 cm³

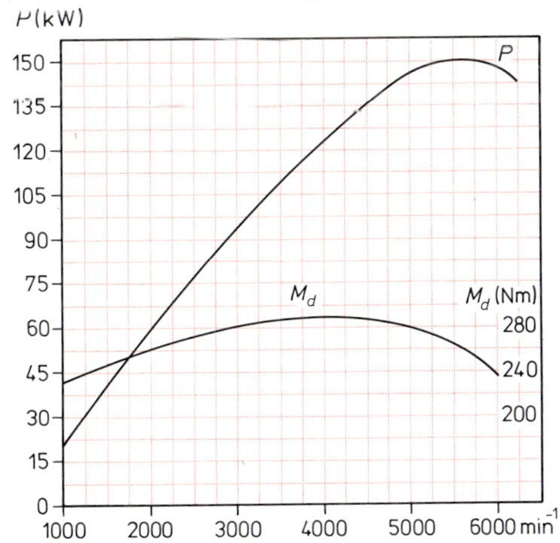

14. Der Einfluß der Lichtbedingungen auf den arbeitenden Menschen

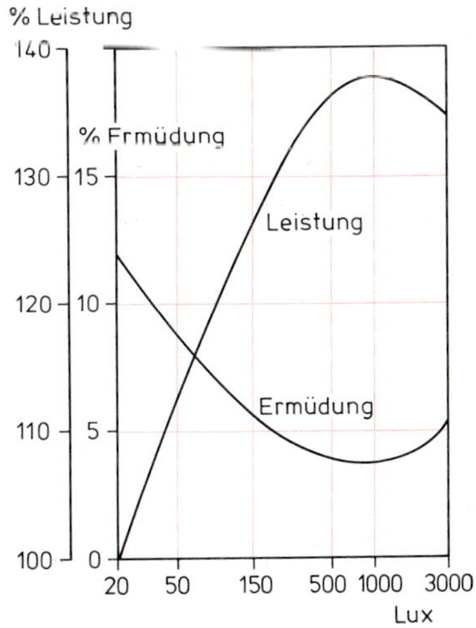

15.2.2. Graphische Darstellung von linearen Funktionen

1. Stellen Sie für nachfolgende Funktionsgleichungen eine Wertetabelle auf.
Wählen Sie dabei für x die Werte: —3, —2, —1, 0, 1, 2, 3, 4.

a) $y = 3x - 1$ **b)** $y = 4x + 7$ **c)** $y = 5x - 3$ **d)** $y = \frac{2}{3}x + 4$

e) $y = 4x - 3$ **f)** $y = x + 2$ **g)** $y = 2x - \frac{1}{2}$ **h)** $y = \frac{x}{2} + 2\frac{1}{2}$

2. Zeichnen Sie auf Millimeterpapier ein Koordinatensystem, und tragen Sie folgende Punkte ein:
$P_1\,(x_1 = 4,\ y_1 = 3)$; $P_2\,(x_2 = -2,\ y_2 = 5)$; $P_3\,(x_3 = -2,\ y_3 = -3)$;
$P_4\left(x_4 = -1\frac{1}{2},\ y_4 = 1\frac{1}{2}\right)$; $P_5\,(-2 \mid -3)$; $P_6\,(8 \mid -5)$; $P_7\left(-1\frac{1}{4} \,\middle|\, -3\frac{3}{4}\right)$.

3. Der Mittelpunkt eines Kreises liegt im Nullpunkt. Der Kreis geht durch den Punkt $P\,(3 \mid 2)$. Berechnen Sie den Radius r.

4. Die Eckpunkte eines Vierecks haben folgende Koordinaten:
$P_1\,(-4 \mid -2)$, $P_2\,(3 \mid -2)$, $P_3\,(3 \mid 2)$, $P_4\,(-4 \mid 2)$.
Berechnen Sie Seiten, Diagonale und Flächeninhalt.

5. Zeichnen Sie folgende Funktionsgleichungen in ein Koordinatensystem:

a) $y = \frac{1}{3}x$ **b)** $y = x$ **c)** $y = 3x$ **d)** $y = -2x$

e) $y = -\frac{2}{3}x$ **f)** $y = -\frac{1}{5}x$ **g)** $y = -\frac{x}{2}$ **h)** $y = \frac{x}{3}$

6. Zeichnen Sie mit Hilfe einer Wertetabelle folgende Funktionsgleichungen:

a) $y = x - 5$ **b)** $y = 2x + 4$ **c)** $y = 4x - 6$ **d)** $y = \frac{x}{2} - 2$

e) $y = \frac{2x}{3} + 3$ **f)** $y = \frac{x}{2} + \frac{7}{2}$ **g)** $y = -2x - 1$ **h)** $y = -3x - 2$

i) $y = -\frac{2}{3}x - \frac{5}{4}$ **k)** $y = \frac{2}{3}x + \frac{5}{4}$ **l)** $y = \frac{2}{3}x - \frac{5}{4}$ **m)** $y = \frac{2}{3}x + \frac{5}{4}$

7. Zeichnen Sie nachfolgende Geraden, von denen zwei Punkte bekannt sind, und bestimmen Sie
1. den Steigungsfaktor m,
2. die Funktionsgleichung.

a) $P_1\,(8 \mid 4)$, $P_2\,(10 \mid 5)$ **b)** $P_1\left(2 \,\middle|\, \frac{2}{3}\right)$, $P_2\left(5 \,\middle|\, 1\frac{2}{3}\right)$ **c)** $P_1\,(1 \mid 3)$, $P_2\,(2 \mid 6)$ **d)** $P_1\,(3 \mid -6)$, $P_2\,(-2 \mid 4)$

8. Zeichnen Sie nachfolgende Geraden, von denen zwei Punkte bekannt sind, und bestimmen Sie
1. den Steigungsfaktor m,
2. den Schnittpunkt mit der y-Achse,
3. die Funktionsgleichung,
4. den Schnittpunkt mit der x-Achse.

a) $P_1 (3 | 4)$, $P_2 (7 | -1)$ **b)** $P_1 (-8 | 1)$, $P_2 (2 | -3)$ **c)** $P_1 (4 | 3)$, $P_2 (-7 | -1)$ **d)** $P_1 (6 | 2)$, $P_2 (-3 | -2)$

9. Für jede Bewegung mit gleichbleibender Geschwindigkeit gilt:

$$\text{Weg} = \text{Geschwindigkeit} \cdot \text{Zeit}$$
$$s = v \cdot t$$

Zeichnen Sie in dasselbe Koordinatensystem das Schaubild der Funktion für die Schallgeschwindigkeit in folgenden Stoffen:

Stoff	Geschwindigkeit m/s	Stoff	Geschwindigkeit m/s
Luft bei 288 K	340	Eichenholz	3350
Wasserstoff	1270	Eisen	4900
Meerwasser	1510	Aluminium	5100

10. Aus der Physik gilt die Beziehung:

$$\text{Gewicht} = \text{Dichte} \cdot \text{Volumen}$$
$$\text{kg} = \text{kg/dm}^3 \cdot \text{dm}^3$$
$$\boxed{G = \varrho \cdot V}$$

Gegeben: die Dichte von Stahl ist $\varrho = 7{,}85$ kg/dm³, von Duraluminium ist $\varrho = 2{,}7$ kg/dm³.
Gesucht: 1. die zugehörigen Schaulinien bis $G = 30$ kg,
2. das Volumen von Eisen und Duraluminium bei einem Gewicht von 18 kg,
3. das Gewicht von Eisen und Duraluminium bei einem Volumen von 2,8 dm³.

11. Für die jährliche Verzinsung gilt die Gleichung:

$$\text{Zinsen} = \frac{\text{Kapital} \cdot \text{Zinssatz}}{100} \qquad \boxed{Z = \frac{K \cdot p}{100}}$$

Gegeben: zwei Zinssatzwerte von 4 % und $5\frac{1}{2}$ %.
Gesucht: 1. die zugehörigen Schaulinien bis $Z = 100$ DM,
2. die zugehörigen Zinsen bei einem Kapital von 1400 DM,
3. das zugehörige Kapital bei jährlichen Zinsen von 40 DM.

12. Für die Ausdehnung einer Schraubenfeder gilt die Gleichung:

$$\text{Ausdehnung} = \text{Federkonstante} \cdot \text{Belastung:}$$
$$\text{cm} = \text{cm/N} \cdot \text{N}$$
$$\boxed{l = a \cdot F}$$

Gegeben: zwei Schraubenfedern mit $a_1 = 3$ und $a_2 = 2$.
Gesucht: 1. die zugehörigen Schaulinien bis $l = 30$ cm,
2. die Belastungen bei einer Ausdehnung von $l = 18$ cm,
3. die Ausdehnungen bei einer Belastung von $F = 60$ N.

15.3. Graphische Lösung von linearen Gleichungen mit einer Variablen

Lösen Sie folgende Gleichungen graphisch:

1. $2x + 6 = 14$

2. $22 = x + 13$

3. $4x + 6 = 3x + 19$

4. $12x = 10x + 8$

5. $12x + 4 + 3x = 24 + 16x$

6. $3\frac{1}{3} + x = 7$

7. $\frac{2}{3}x + \frac{1}{2} = \frac{1}{3}$

8. $-\frac{3}{5}x = 2$

9. Zwei Freunde (*A* und *B*), die 39 km voneinander wohnen, brechen morgens um 8 Uhr auf und gehen einander entgegen. *A* legt in der Stunde 3 km zurück, *B* $3\frac{1}{2}$ km. Wann werden sie sich treffen? Wieviel Kilometer hat dann jeder zurückgelegt?

10. Zwei Reiter (*A* und *B*) sind 60 km voneinander entfernt. Der erste legt stündlich 12 km zurück, der zweite 8 km. Wann werden sie einander begegnen? An welcher Stelle des Weges?

11. Einem Wanderer, der 4 km in der Stunde zurücklegt, wird 5 Stunden später ein Radfahrer nachgeschickt, der in der Stunde 14 km fährt. Nach wieviel Stunden und Kilometern werden sie zusammentreffen?

12. Zwei Orte (*A* und *B*) sind 120 km voneinander entfernt. Um 7 Uhr fährt ein Autofahrer von *A* nach *B*, er legt 45 km je Stunde zurück. Um 7.30 Uhr fährt ein Auto von *B* nach *A* mit einer Geschwindigkeit von 55 km/h. Wann werden sie sich treffen? Wieviel Kilometer hat dann jeder zurückgelegt?

13. Zwei Lastwagen fahren auf der 500 km langen Strecke zwischen Düsseldorf und Nürnberg einander entgegen. Sie treffen sich nach $5\frac{1}{2}$ Stunden 300 km von Nürnberg entfernt. Wieviel km legte jeder in der Stunde zurück?

14. Zwei Wanderer (*A* und *B*) gehen von 2 Orten (*C* und *D*) einander entgegen. *A* legt in der Stunde $4\frac{1}{2}$ km zurück, *B* $3\frac{1}{2}$ km. Sie treffen nach 3 h 15 min zusammen. Wie weit ist *C* von *D* entfernt?

15. Köln ist von Stuttgart 358 km entfernt. Um 7 Uhr verläßt ein Lastkraftwagen Köln in Richtung Stuttgart, er legt in der Stunde 45 km zurück. Um 8 Uhr folgt in gleicher Richtung ein Personenkraftwagen mit einer Geschwindigkeit von 55 km/h. Um 9 Uhr fährt ein Sportwagen mit 65 km je Stunde ebenfalls in gleicher Richtung.

Fragen: a) Wo und wann begegnen die Autofahrer einander?
b) Um wieviel Uhr kommen alle drei in Stuttgart an?
c) Wer trifft zuerst ein?

16. Von München nach Mannheim sind es 360 km. Um 9 Uhr verläßt ein Motorradfahrer München in Richtung Mannheim; er legt in der Stunde 50 km zurück. Um 9.30 Uhr fährt in gleicher Richtung ein Auto von München. Es hat eine Geschwindigkeit von 55 km/h. Um 10 Uhr verläßt ein Lastkraftwagen Mannheim in Richtung München mit einer Stundengeschwindigkeit von 40 km.

Fragen: a) Wann und wo begegnen sich die Wagen?
b) Um wieviel Uhr sind sie am Ziel?
c) Wer ist zuerst da?

17. In welcher Zeit wird ein Behälter von zwei Rohren gefüllt, wenn das erste allein 70 Min., das zweite 50 Min. zur Füllung braucht?

18. Ein Teich kann durch 2 Schleusen geleert werden; die erste allein entleert ihn in $8\frac{1}{2}$ Stunden, die zweite in 6 Stunden. Wann ist der Teich leer, wenn die zweite Schleuse 1 Stunde nach der ersten geöffnet wird?

19. Ein Behälter wird in $3\frac{1}{2}$ Stunden von einem Zuflußhahn gefüllt und in 5 Stunden von einem Abflußhahn entleert. Wann ist er voll, wenn beide Hähne geöffnet sind?

15.4. Graphische Lösung von linearen Gleichungen mit zwei Variablen

Lösen Sie die folgenden Gleichungen graphisch:

1. $6y - 8 = 4x$
$7y - 3x = 2$

2. $2x - 2y = -6$
$2x = -y$

3. $8y + 5x = 16$
$4x - 2y = -10$

4. $4x - 2y = 0$
$3x - 1{,}5y = 6$

5. $9x - y = 15$
$5x - y = 7$

6. $4x + 7y = 27$
$8x + 41 = 5y$

7. $7 = x + y$
$3 = x - y$

8. $1\frac{1}{2}x - 2y = 3$
$2x + y = 3$

9. $3x + \frac{1}{2}y = 2$
$x = \frac{8 + 3y}{2}$

10. Bei einer monatlichen Grundgebühr von 18,— DM kostet 1 m³ Gas 21 Pf, bei einer Grundgebühr von 6,— DM dagegen 30 Pf. Welcher Tarif ist bei einem Verbrauch von 80 m³ günstiger? Bei welchem Verbrauch pro Monat sind beide Tarife gleich günstig?

11. Bei einer monatlichen Grundgebühr von 7,— DM kostet 1 kWh Strom 10 Pf, bei einer Grundgebühr von 27,— DM dagegen nur 6 Pf. Welcher Tarif ist bei einem Verbrauch von 240 kWh günstiger? Bei welchem Verbrauch je Monat sind beide Tarife gleich günstig?

15.5 Graphische Darstellung von Potenzfunktionen

15.5.1. Graphische Darstellung von Parabeln

1. Zeichnen Sie folgende Funktionsgleichungen:

a) $y = x^2$; **b)** $y = 2x^2$; **c)** $y = 3x^2$; **d)** $y = \frac{1}{2}x^2$; **e)** $y = \frac{x^2}{4}$;

f) $y = -x^2$; **g)** $y = -\frac{x^2}{2}$; **h)** $y = -3x^2$; **i)** $y = \frac{3}{2}x^2$; **k)** $y = -\frac{2}{3}x^2$

2. Stellen Sie folgende Funktionsgleichungen graphisch dar:

a) $y = x^2 + 1$; **b)** $y = x^2 - 3$; **c)** $y = -x^2 + 2$; **d)** $y = -x^2 - 1$;

e) $y = 2x^2 + 2$; **f)** $y = 3x^2 - 2$; **g)** $y = -\frac{x^2}{2} + 1$; **h)** $y = -\frac{3}{2}x^2 - 2$

3. Zeichnen Sie folgende Funktionsgleichungen:

a) $y = (x - 2)^2$; **b)** $y = (x + 1{,}5)^2$; **c)** $y = (x - 1{,}5)^2$; **d)** $y = (x + 3)^2$;

e) $y = -(x - 1)^2$, **f)** $y = \quad (x + 2)^2$; **g)** $y = -3(x - 2)^2$; **h)** $y = -\frac{1}{2}(x + 1)^2$

4. Stellen Sie folgende Funktionsgleichungen graphisch dar:

a) $y = (x-1)^2 - 1$; **b)** $y = (x-3)^2 + 2$; **c)** $y = (x+2)^2 - 3$; **d)** $y = (x-1)^2 + 2$;

e) $y = 2(x-2)^2 + 1$; **f)** $y = \frac{1}{2}(x+3)^2 - 1$; **g)** $y = -3(x-2)^2 + 1$; **h)** $y = -\frac{1}{3}(x-1)^2 - 2$

5. Wandeln Sie folgende Funktionen II. Grades in die Scheitelform um, und stellen Sie sie graphisch dar:

a) $y = x^2 + 2x + 3$; **b)** $y = x^2 - 6x + 8$; **c)** $y = x^2 - 4x + 9$;
d) $y = x^2 + 6x + 4$; **e)** $y = 2x^2 - 8x + 9$; **f)** $y = -3x^2 + 12x - 9$

6. Zeichnen Sie folgende Funktionsgleichungen:

a) $y = x^3$; **b)** $y = 2x^3$; **c)** $y = x^5$; **d)** $y = -x^3$; **e)** $y = -\frac{1}{2}x^3$;

f) $y = x^4$; **g)** $y = -x^4$; **h)** $y = \frac{x^6}{100}$; **i)** $y = -\frac{x^4}{5}$; **k)** $y = \frac{x^4}{3}$

7. Die Fläche A eines Quadrates ist abhängig von der Seite a.
1. Stellen Sie das Abhängigkeitsverhältnis graphisch dar.
2. Welche Fläche hat ein Quadrat mit der Seite $a = 1{,}9$ cm?
3. Welche Seite a gehört zu der Fläche 12,25 cm²?

8. Für den Weg, den ein frei fallender Körper zurücklegt, gilt die Formel $s = \frac{g}{2}t^2$ ($g = 9{,}8$ m/s²). Stellen Sie das Abhängigkeitsverhältnis zwischen s und t graphisch dar.

9. Stellen Sie folgende Abhängigkeitsverhältnisse graphisch dar (d = bis 20 cm):

a) Kreisfläche $A = \frac{d^2 \cdot \pi}{4}$ **b)** Kugeloberfläche $O = d^2 \cdot \pi$ **c)** Volumen Kugel $V = \frac{d^3 \cdot \pi}{6}$

15.5.2. Graphische Darstellung von Hyperbeln

1. Zeichnen Sie mit Hilfe von Wertetabellen nachfolgende Funktionsgleichungen:

a) $y = x^{-1}$; **b)** $y = 3x^{-1}$; **c)** $y = \frac{1}{2}x^{-1}$; **d)** $y = -x^{-1}$; **e)** $y = -\frac{1}{3}x^{-1}$;

f) $y = -2x^{-1}$; **g)** $y = -\frac{4}{x}$; **h)** $y = -\frac{2}{x}$; **i)** $y = -\frac{1}{2x}$; **k)** $y = -\frac{1}{4x}$

2. Stellen Sie mit Hilfe von Wertetabellen nachfolgende Funktionsgleichungen graphisch dar:

a) $y = x^{-3}$; **b)** $y = 2x^{-3}$; **c)** $y = \frac{1}{3}x^{-3}$; **d)** $y = -x^{-3}$; **e)** $y = -\frac{1}{2}x^{-3}$;

f) $y = x^{-2}$; **g)** $y = \frac{x^{-2}}{10}$; **h)** $y = x^{-4}$; **i)** $y = -\frac{1}{2}x^{-4}$; **k)** $y = -\frac{1}{5x^4}$

3. Um einen Graben auszuschachten, braucht ein Arbeiter 20 Tage. Welches Abhängigkeitsverhältnis besteht zwischen der Arbeitsdauer in Tagen (T) und der Anzahl der Arbeiter (A), wenn gleiche Arbeitsleistung angenommen wird? Stellen Sie diese Beziehung graphisch dar.

4. Ein Rechteck hat den Flächeninhalt $A = 20$ cm². Stellen Sie das Abhängigkeitsverhältnis zwischen den Seiten a und b graphisch dar, wenn b nacheinander die Werte 1, 2, 3, . . ., 8 cm annimmt.

5. Ein Kapital $K = 500$ DM bringt zu p% in n Jahren 40 DM Zinsen.
Gesucht: 1. Veranschaulichen Sie die Abhängigkeit zwischen n und p durch eine Kurve.
2. Lesen Sie einige Werte von p und n ab.

6. Ein Würfel hat ein Gewicht von $G = 10$ kg. Stellen Sie das Abhängigkeitsverhältnis zwischen dem Volumen $V = a^3$ des Würfels und der Dichte ϱ graphisch dar (a bis 20 cm; 1 ≙ 5 mm).

7. Ein Behälter von 2 dm³ Inhalt hat ein regelmäßiges Sechseck als Grundfläche.
Gesucht: 1. Veranschaulichen Sie die Abhängigkeit zwischen der Höhe h des Behälters und der Sechseckseite s.
2. Lesen Sie den Wert für h ab, wenn $s = 5$ cm lang ist.

15.5.3. Graphische Darstellung von Wurzelfunktionen

1. Berechnen Sie die Umkehrfunktion von:

a) $y = 2x^2$; **b)** $y = \frac{1}{2}x^2$; **c)** $y = \frac{1}{4}x^3$; **d)** $y = \sqrt[4]{2x}$; **e)** $y = \sqrt[4]{x^3}$.

2. Zeichnen Sie die Funktion $y = \sqrt[3]{x}$, und entnehmen Sie der Zeichnung folgende Wurzelwerte:

$\sqrt[3]{2}$; $\sqrt[3]{3}$; $\sqrt[3]{4}$; $\sqrt[3]{1{,}5}$; $\sqrt[3]{2{,}2}$; $\sqrt[3]{3{,}7}$; $\sqrt[3]{\frac{1}{4}}$; $\sqrt[3]{\frac{1}{5}}$

3. Zeichnen Sie Funktion und Umkehrfunktion von

a) $y = 2x^2$; **b)** $y = \frac{1}{2}x^2$; **c)** $y = 4x^3$; **d)** $y = \frac{1}{3}x^3$;

e) $y = 2x^{-\frac{1}{2}}$; **f)** $y = \frac{1}{2}x^{-\frac{1}{3}}$; **g)** $y = \frac{4}{3}x^{-\frac{3}{2}}$; **h)** $y = \frac{1}{2}x^{-\frac{2}{3}}$

4. Ein Quadrat hat die Fläche A. Veranschaulichen Sie die Abhängigkeit zwischen der Seite a und der Fläche A durch eine Kurve (A bis 64 cm²), und bestimmen Sie durch Ablesen die Länge der Seite a bei den Flächen $A_1 = 20$ cm², $A_2 = 35$ cm², $A_3 = 45$ cm², $A_4 = 50$ cm², $A_5 = 60$ cm².

5. Ein Würfel hat ein Gewicht von 20 kg. Stellen Sie das Abhängigkeitsverhältnis zwischen der Seite a des Würfels (abhängige Variable) und der Dichte ϱ graphisch dar (ϱ bis 9 kg/dm³).

6. Mit angenäherter Genauigkeit läßt sich die Länge des Bremsweges eines Autos für trockene, ebene Straßen nach folgender Formel errechnen:

$$s = \frac{v^2}{2a}$$

s = Bremsweg in m,
v = Fahrgeschwindigkeit in m/s,
a = Verzögerung = 5 m/s².

Stellen Sie das Abhängigkeitsverhältnis zwischen s (unabhängige Variable) und v graphisch dar (s bis 120 m). Mit welcher Geschwindigkeit ist ein Kraftfahrzeug gefahren, wenn der Bremsvorgang 45 m betragen hat?

15.6. Graphische Darstellung von Exponentialfunktionen

1. Zeichnen Sie die Bilder der Funktionen:

a) $y = 0{,}5^x$; **b)** $y = 1{,}5^x$; **c)** $y = \left(\frac{4}{5}\right)^x$; **d)** $y = \left(\frac{4}{5}\right)^{-x}$; **e)** $y = \left(\frac{1}{2}\right)^{-x}$

2. Zeichnen Sie die Funktion $y = 2^x$, und bestimmen Sie angenähert den Potenzwert y von:

a) $2^{1,5}$; **b)** $2^{0,4}$; **c)** $2^{-3,2}$; **d)** $2^{\frac{3}{2}}$; **e)** $2^{1\frac{2}{5}}$; **f)** $2^{-1\frac{3}{4}}$;

g) $\sqrt[5]{2}$; **h)** $\sqrt[5]{4}$; **i)** $\sqrt[4]{128}$; **k)** $\frac{1}{\sqrt[5]{2}}$; **l)** $\frac{1}{\sqrt[4]{8}}$; **m)** $\frac{1}{\sqrt[12]{2^{18}}}$

3. Zeichnen Sie $y = 2^x$, und lösen Sie folgende Gleichungen:

a) $2^x = 1{,}5$; **b)** $2^x = 3{,}4$; **c)** $10^x = 0{,}2$; **d)** $\left(\frac{3}{2}\right)^x = 3$

15.7. Graphische Darstellung von logarithmischen Funktionen

1. Berechnen Sie die Umkehrfunktion von:

a) $y = 3^x$; **b)** $y = 0{,}5^x$; **c)** $y = 1{,}5^x$; **d)** $y = \left(\frac{4}{5}\right)^x$; **e)** $y = \left(\frac{1}{2}\right)^{-x}$

2. Zeichnen Sie Funktion und Umkehrfunktion von:

a) $y = 3^x$; **b)** $y = 0{,}5^x$; **c)** $y = 10^x$; **d)** $y = \left(\frac{1}{2}\right)^{-x}$

3. Zeichnen Sie $y = 10^x$, und lösen Sie folgende Gleichungen:

a) $0{,}2 = \lg x$; **b)** $0{,}5 = \lg x$; **c)** $0{,}8 = \lg x$; **d)** $0{,}65 = \lg x$

Wiederholungsfragen über 15.

1. *Welche Aufgabe haben Wertetabellen und Schaubilder?*
2. *Nennen Sie einige Schaubilderarten.*
3. *Wann ist das Kreisschaubild zu empfehlen?*
4. *Was stellt eine Funktion dar?*
5. *Auf welche Weise kann man funktionelle Beziehungen darstellen? Bewerten Sie die einzelnen Arten.*
6. *Was sind empirische Kurven? Nennen Sie Beispiele.*
7. *Erklären Sie den Begriff der Funktionsgleichung.*
8. *Beschreiben Sie ein Koordinatensystem.*
9. *Auf welche Weise kann man eine Funktion graphisch darstellen?*
10. *Welche Gestalt haben die Graphen der Funktionen $y = mx$ und $y = mx + b$?*
11. *Wovon ist der Graph der Potenzfunktion $y = x^n$ abhängig?*
12. *Nennen Sie die allgemeine und die Scheitelform von der Funktionsgleichung 2. Grades.*
13. *Welchen Einfluß haben a und n auf den Graph der Hyperbelgleichung $y = ax^{-n}$?*
14. *Auf welche Weise entsteht aus der Stammfunktion die Umkehrfunktion? Erklären Sie den Vorgang geometrisch. Nennen Sie Beispiele.*
15. *Welchen Einfluß hat a auf den Graph der Exponentialfunktion $y = a^x$?*
16. *Welche Beziehung besteht zwischen der Exponentialfunktion und der logarithmischen Funktion?*
17. *Welchen Einfluß hat a auf den Graph der logarithmischen Funktion $y = \log_a x$?*

16. Wurzelgleichungen

Steht die Variable *x* einer Gleichung unter einem Wurzelzeichen, d. h., enthält die Gleichung einen Wurzelterm, so nennt man diese Gleichung *Wurzelgleichung*.

$$\left.\begin{array}{l} \frac{1}{2}\sqrt{x} + 1 = 4 \\ \frac{6}{\sqrt{x-7}} = \frac{8}{\sqrt{x-4}} \end{array}\right\} \textit{Wurzelgleichungen}$$

Lösungsgang:
Durch Quadrieren und Umformen der Gleichung versucht man die Wurzeln zu beseitigen.

Dabei ist aber zu beachten, daß durch das Quadrieren einer Gleichung Lösungen hinzukommen können. Die ursprüngliche Gleichung hat die Lösung 3. Die quadrierte Gleichung hat die Lösungen 3 und —3.

Gleichung: $\boxed{x = 3}$

Lösung: 3

Probe: $\underline{\underline{3 = 3}}$

Quadrierte Gleichung: $\boxed{x^2 = 9}$

Lösungen: 3 und —3

Probe: $3^2 = 9$ und $(-3)^2 = 9$
$\underline{\underline{9 = 9}}$ $\underline{\underline{9 = 9}}$

Merke: *Bei Wurzelgleichungen ist die Probe unerläßlich.*

Beispiele:

1. Durch Quadrieren der Gleichung fällt die Wurzel weg.

1. $\sqrt{x} = 4$
$(\sqrt{x})^2 = 4^2$
$\underline{\underline{x = 16}}$

Probe: $\sqrt{16} = 4$
$\underline{\underline{4 = 4}}$

2. Steht in der Gleichung nur eine Wurzel, so muß sie allein stehen, ehe man die Gleichung quadriert, weil sonst eine neue Wurzel entstehen würde.

Lösungsgang:

1. Wurzel isolieren
2. Gleichung quadrieren
3. x isolieren
4. Probe durchführen, sie ist immer erforderlich

2. $18 - 2\sqrt{x} = 4$

$$-2\sqrt{x} = 4 - 18 = -14$$
$$(-2\sqrt{x})^2 = (-14)^2$$
$$4 \cdot x = 196$$
$$x = \frac{196}{4}$$
$$\underline{\underline{x = 49}}$$

Probe: $18 - 2\sqrt{49} = 4$

$18 - 14 = 4$

3. *Lösungsgang:*

   1. Gleichung ordnen
   2. Glieder zusammenfassen und Gleichung quadrieren
   3. x isolieren

3. $3 + \frac{1}{8}\sqrt{5x-4} = 2\frac{1}{2} + \frac{1}{4}\sqrt{5x-4}$

$$3 - 2\frac{1}{2} = \frac{1}{4}\sqrt{5x-4} - \frac{1}{8}\sqrt{5x-4}$$
$$\left(\frac{1}{2}\right)^2 = \left(\frac{1}{8}\sqrt{5x-4}\right)^2$$
$$\frac{1}{4} = \frac{1}{64}(5x-4)$$
$$\frac{64}{4} = 5x - 4$$
$$16 + 4 = 5x$$
$$20 = 5x; \quad \underline{\underline{x = 4}}$$

4. *Lösungsgang:*

   1. Nenner beseitigen
   2. Beide Seiten quadrieren; dadurch fallen die Wurzeln weg
   3. Gleichung weiter wie gewöhnlich lösen

4. $\sqrt{4x-15} = \frac{6x-20}{\sqrt{9x-26}}$

$$\sqrt{4x-15} \cdot \sqrt{9x-26} = 6x - 20$$
$$(\sqrt{4x-15} \cdot \sqrt{9x-26})^2 - (6x-20)^2$$
$$(4x-15) \cdot (9x-26) = 36x^2 - 240x + 400$$
$$36x^2 - 239x + 390 = 36x^2 - 240x + 400$$
$$-239x + 240x = 400 - 390$$
$$\underline{\underline{x = 10}}$$

5. *Lösungsgang:*

   1. Beide Seiten quadrieren
   2. Quadrate ausrechnen
   3. Noch verbleibende Wurzel isolieren
   4. Gleichung noch einmal quadrieren
   5. Quadrate und x ausrechnen

5. $\sqrt{x+104} = \sqrt{x} + 8$

$$(\sqrt{x+104})^2 = (\sqrt{x}+8)^2$$
$$x + 104 = x + 16\sqrt{x} + 64$$
$$\sqrt{x} = \frac{40}{16} = \frac{5}{2}$$
$$(\sqrt{x})^2 = \left(\frac{5}{2}\right)^2; \quad \underline{\underline{x = \frac{25}{4}}}$$

6. *Wurzelgleichungen mit 2 Variablen* werden ebenso gelöst. Entweder man beseitigt zuerst durch Quadrieren die Wurzeln und rechnet dann weiter, oder man bildet aus den 2 Gleichungen zunächst eine neue Gleichung und beseitigt dann die Wurzeln.

Merke: Lösungen von Wurzelgleichungen müssen stets durch die Probe überprüft werden.

6.

$$\sqrt{5x} + 4\sqrt{y} = 21$$
$$4\sqrt{5x} + 4\sqrt{y} = 36 \quad | \cdot (-1)$$

$$\sqrt{5x} + 4\sqrt{y} = 21$$
$$-4\sqrt{5x} - 4\sqrt{y} = -36 \quad | +$$
$$-3\sqrt{5x} = -15 \quad | \cdot (-1)$$
$$(\sqrt{5x})^2 = 5^2$$
$$5x = 25 \qquad x = 5$$

$$\sqrt{5 \cdot 5} + 4\sqrt{y} = 21$$
$$4\sqrt{y} = 21 - 5 = 16$$
$$(\sqrt{y})^2 = 4^2 \qquad y = 16$$

7. *Lösungsgang:*

7.

$$x - y = 56$$
$$\sqrt{x} + \sqrt{y} = 14$$

1. Neue Variablen $a = \sqrt{x}$ und $b = \sqrt{y}$ einführen

1. $a = \sqrt{x} \blacktriangleright a^2 = x$
   $b = \sqrt{y} \blacktriangleright b^2 = y$

2. Gleichung mit Hilfe der neuen Variablen umformen

2. $a^2 - b^2 = 56$
   $a + b = 14$

3. $a^2 - b^2 = (a + b)(a - b)$

3. $(a + b)(a - b) = 56$
   $a + b = 14 \blacktriangleright a = 14 - b$

4. Die Beziehung $a + b = 14$ anwenden und Gleichung durch 14 dividieren

4. $14(a - b) = 56$
   $a - b = 4$

5. Für $a = 14 - b$ einsetzen

5. $14 - b - b = 4$
   $14 - 2b = 4$
   $-2b = -10$
   $b = 5$
   $a = 14 - b$
   $= 14 - 5$
   $a = 9$

6. Die Variablen x und y aus a und b berechnen

6. $x = a^2 = 9^2 = 81$
   $y = b^2 = 5^2 = 25$

Übungen

16. Wurzelgleichungen

1. $\sqrt{x} = 6$
   $(\sqrt{x})^2 = 6^2$
   $x = 36$

2. $\sqrt{x} = 1{,}5$

3. $\sqrt{x} = \frac{1}{2}$

4. $\sqrt{x} = a$

5. $\sqrt{x} = 5b$

6. $\sqrt{x} = \frac{c}{3}$

7. $\sqrt{x} = a + b$

8. $\sqrt{x} = 1 + a$

9. $\sqrt{x} = \frac{a}{2} + \frac{b}{3}$

10. $\sqrt{x} = \frac{c}{2} - 4$

11. $17 - 2\sqrt{x} = 7$
    $-2\sqrt{x} = 7 - 17$
    $-2\sqrt{x} = -10$
    $(\sqrt{x})^2 = 5^2$
    $x = 25$

12. $\sqrt{x} + 1 = 5$

13. $\sqrt{2x} + 3 = 7$

14. $\sqrt{15 - x} = \sqrt{3 + x}$

15. $\sqrt{4x - 5} = 11$

16. $\sqrt{4x - 12} = 4$

17. $\sqrt{8x - 12} = 10$

18. $\sqrt[3]{32x + 56} = 6$

19. $\sqrt[3]{c^3 - x} = d$

20. $2\sqrt[4]{x - 2a^2} = \sqrt{2a}$

21. $\sqrt{11x - 21} = \sqrt{9x + 9}$

22. $a\sqrt{x + n} = n$

23. $5b + 3b = b\sqrt{x}$

24. $4 = 40 - 6\sqrt{x}$

25. $4 + 10\sqrt[3]{x} = 24$

26. $21 = 6 + 3\sqrt{-x}$

27. $8\sqrt{2x} - 36 = -4$

28. $2 + 2\sqrt[3]{\frac{25}{x}} = 12$

29. $7\sqrt{3x} + 54\sqrt{3x} - 14 = 55 - 8\sqrt{3x}$

30. $\frac{14\sqrt{x} - 6}{2\sqrt{x} + 2} = 5$

31. $x + 24 = 144 + x - 24\sqrt{x}$

32. $\sqrt{x + 1} - 2 = \sqrt{x - 11}$

33. $\frac{1}{4} = \frac{1}{\sqrt{5x + 1}}$

34. $\sqrt{x + 4} \cdot \sqrt{x - 4} = \sqrt{3x - 31 + x^2}$

35. $\frac{4\sqrt{x} + 7}{\sqrt{9x} + 9} = 1$

36. $4\sqrt{x} - 3 = 7\sqrt{x} - 9$

37. $(3n + \sqrt{x}) \cdot (\sqrt{x} - 2n) = x - n^2$

38. $6\frac{1}{2} - \sqrt{1 + 4x} = \frac{3}{2}$

39. $x + \sqrt{x^2 + 6x + 9} = 7$

40. $\sqrt{x^2 - 4x + 6} = x + 2$

41. $\sqrt{x^2 + 9} = x + 9$

42. $\sqrt{x^2 - 5x + 2} = x - 3$

43. $6 + 4\sqrt{x + 7} = 22$

44. $\sqrt[3]{28 - \sqrt{2x - 3}} = 3$

45. $\sqrt{19 + 2\sqrt{\frac{4x + 4}{x - 4}}} = 5$

46. $\frac{\sqrt{2x + 1}}{\sqrt{129 - 2x}} = \frac{3}{11}$

47. $\frac{c + d}{\sqrt{2d + \sqrt{x - 2cd}}} = \sqrt{c + d}$

48. $\sqrt[3]{4\sqrt{4x - 1} - 3} = \sqrt[3]{\sqrt{4x - 1} + 6}$

49. $\sqrt{9x - 63} + \sqrt{x + 25} = \sqrt{16x - 32}$

50. $\dfrac{\sqrt{2x}}{\sqrt{4x-8}} = \dfrac{\sqrt{180-2x}}{\sqrt{328-4x}}$

51. $\dfrac{\sqrt{8x-\frac{7}{4}}}{\sqrt{\frac{3}{4}-x}} = \dfrac{\sqrt{34+4x}}{\sqrt{4\frac{1}{4}-\frac{x}{2}}}$

52. $\dfrac{\sqrt{7b+x}}{7} + \dfrac{\sqrt{x}}{7} = \dfrac{4b}{\sqrt{7b+x}}$

53. $3\sqrt{x^2+3x+8} + 3x = 30$

54. $\sqrt{x+8} + \sqrt{x-1} = 9$

55. $\dfrac{2\sqrt{x}-10}{8} - \dfrac{284-\sqrt{x}}{5} = -6\sqrt{x}$

56. $\dfrac{\sqrt{4x}-2}{7} + \dfrac{8+2\sqrt{x}}{4} = 14 - \dfrac{46-2\sqrt{x}}{5}$

57. $\sqrt{4x+20} = \sqrt{4x+48} - 2$

58. $\sqrt{4x+64} = 4 + \sqrt{4x}$

59. $\sqrt{x+16} = 2 + \sqrt{x}$

60. $\sqrt{60+4x} + 2\sqrt{x} = 30$

61. $\sqrt{20-\sqrt{34-2x}} = 4$

62. $\sqrt[3]{40+16\sqrt{4x+5}} = \sqrt[3]{24\sqrt{4x+5}}$

63. $\sqrt{4a^2+4x} - 2\sqrt{x} = 8a$

64. $156\sqrt{2x+7} - 369 = 33\sqrt{2x+7}$

65. $(\sqrt{x}+2)\cdot(\sqrt{x}-2) = a^2 - \sqrt{2\cdot 8}$

66. $\sqrt{4x} - 3 = \dfrac{2x-17}{\sqrt{x}-1}$

67. $\dfrac{14\sqrt{x}-4}{2\sqrt{x}+8} = \sqrt{8}\cdot\sqrt{\dfrac{1}{2}}$

68. $\sqrt{7b+x} + \sqrt{x} = \dfrac{56b}{2\sqrt{7b+x}}$

69. $\sqrt{4x-12} + \sqrt{8+4x} = \sqrt{16x-12}$

70. $\sqrt{4x+4mn-n^2} = \sqrt{x-mn} + \sqrt{3mn+x}$

71. $\sqrt{4x-40} - \sqrt{4x-8} + \sqrt{4x+20} = \sqrt{4x-28}$

72.
$$\begin{aligned} 9\sqrt{12y} + \tfrac{2}{3}\sqrt{8x} &= 170 \quad \Big| \cdot \tfrac{5}{2} \\ -\tfrac{5}{2}\sqrt{12y} + 11\sqrt{8x} &= 87 \quad \Big| \cdot 9 \end{aligned}$$

$$\begin{aligned} \tfrac{45}{2}\sqrt{12y} + \tfrac{5}{3}\sqrt{8x} &= 425 \quad \Big| + \\ -\tfrac{45}{2}\sqrt{12y} + 99\sqrt{8x} &= 783 \end{aligned}$$

$$\frac{302}{3}\sqrt{8x} = 1208$$

$$(\sqrt{8x})^2 = \frac{1208\cdot 3}{302} = (12)^2$$

$$8x = 144$$

$$x = 18$$

$$9\sqrt{12y} + \frac{2}{3}\sqrt{8\cdot 18} = 170$$

$$9\sqrt{12y} + 8 = 170$$

$$(\sqrt{12y})^2 = \left(\frac{170-8}{9}\right)^2 = 18^2$$

$$12y = 324$$

$$y = 27$$

73. $2\sqrt{x} - 2\sqrt{y} = 4$
$\sqrt{x} + \sqrt{y} = 12$

74. $5\sqrt{x} - 2\sqrt{y} = 1$
$13\sqrt{x} + 4\sqrt{y} = 21$

75. $3\sqrt{4y+5} + 7\sqrt{7x+2} = 43$
$3\sqrt{7x+2} - \sqrt{4y+5} = 7$

76. $34 - \dfrac{2}{\sqrt{x}} = \dfrac{10}{\sqrt{y}}$
$\dfrac{1}{16\sqrt{x}} - 6\dfrac{1}{8} = -\dfrac{2}{\sqrt{y}}$

77. $\dfrac{3\sqrt{y}}{a-b} + \dfrac{3\sqrt{x}}{a+b} = 6$
$\sqrt{x}\,(a+b) - 4ab = \sqrt{y}\,(a-b)$

78. $\sqrt{20+4y} + \sqrt{4x} = 24$
$\sqrt{\dfrac{y}{4}-\dfrac{3}{4}} - \sqrt{\dfrac{x}{4}} = -1$

79. $\sqrt{\dfrac{1}{3}x-1} = \sqrt{\dfrac{1}{3}y}$
$\sqrt{3x-11} - 8 = -\sqrt{3y}$

80. $\sqrt{4x} - \sqrt{4y} = 2$
$2\sqrt{x-9} - 2\sqrt{y-12} = 4$

Wiederholungsfragen über 16.

1. Was versteht man unter einer Wurzelgleichung?

2. Wie wird eine Wurzelgleichung mit einer Variablen grundsätzlich gelöst?

3. Worauf ist zu achten, wenn in einer Gleichung nur eine Wurzel steht?

4. Wie werden Wurzelgleichungen mit zwei Variablen gelöst?

17. Gleichungen II. Grades mit einer Variablen

17.1. Zahlengleichungen II. Grades mit einer Variablen

Tritt die Variable einer Gleichung in der zweiten Potenz auf, so heißt die Gleichung:

Gleichung II. Grades oder quadratische Gleichung.

Kommt die Variable x nur im Quadrat vor, so ist die Gleichung *reinquadratisch.* Ist außerdem ein lineares Glied (x-Glied ohne Exponent) von x dabei, so ist sie *gemischtquadratisch.*

$$\left.\begin{array}{l} x^2 - \frac{3}{40}x = \frac{1}{40} \\ x^2 + ax = b \end{array}\right\} \text{Gleichungen II. Grades}$$

Reinquadratisch

$$ax^2 - b = 0$$

Gemischtquadratisch

$$ax^2 + bx + c = 0$$

$$x^2 + px + q = 0 \quad \textit{Normalform}$$

Beispiele:

1. Eine reinquadratische Gleichung läßt sich leicht lösen; man isoliert zunächst das Glied x^2 und radiziert dann beide Seiten.

   Eine reinquadratische Gleichung hat immer zwei einander entgegengesetzte Lösungen.

   Die Probe zeigt, daß beide Lösungen zu einer wahren Aussage führen.

1.

$$2x^2 = 32$$
$$x^2 = 16$$
$$x_1 = \sqrt{16}\,;\; x_2 = -\sqrt{16}$$
$$\underline{\underline{x_1 = 4}}\,;\; \underline{\underline{x_2 = -4}}$$

Probe: $2x^2 = 32$

$$2 \cdot 4^2 = 32 \qquad\Big|\qquad 2 \cdot (-4)^2 = 32$$
$$\underline{\underline{32 = 32}} \qquad\Big|\qquad \underline{\underline{32 = 32}}$$

2. Zunächst die Wurzel durch Quadrieren beseitigen, danach zusammenfassen und radizieren.

2.

$$x + 4 = \sqrt{8x + 32}$$
$$(x + 4)^2 = \left(\sqrt{8x + 32}\right)^2$$
$$x^2 + 8x + 16 = 8x + 32$$
$$x^2 = 16$$
$$\underline{\underline{x_1 = 4}};\; \underline{\underline{x_2 = -4}}$$

3. Diese gemischtquadratische Gleichung hat nur x-Glieder. Bei allen Gleichungen der Form $ax^2 + bx = 0$ klammert man x aus. Die entstehende Gleichung wird erfüllt, wenn der eine oder der andere Faktor 0 ist.

   Man erhält also als Wurzelwert (Lösungswerte) $x_1 = 0$ und $x_2 = 2$.

3.

$$3x^2 - 6x = 0$$
$$\underbrace{x}_{0} \cdot \underbrace{(3x - 6)}_{0} = 0$$
$$\underline{\underline{x_1 = 0}};\; 3x - 6 = 0$$
$$\underline{\underline{x_2 = 2}}$$

4. Ein Ausklammern von x

$$x \cdot (x + 2) = -1$$

führt nicht zum Ziel. Man kann aber die linke Seite vereinfachen, indem man eine Klammer setzt und diese quadriert, weil die Summe ein vollständiges Quadrat ist. Die Faktoren sind gleich und ergeben daher, wenn man sie Null setzt, zwei gleiche Lösungen.

4.

$$x^2 + 2x + 1 = 0$$

$$(x + 1)^2 = 0$$

$$\underbrace{(x + 1)}_{0} \cdot \underbrace{(x + 1)}_{0} = 0$$

$$x_1 = -1 \; ; \quad x_2 = -1$$

5. Bei dieser Gleichung ist kein vollständiges Quadrat vorhanden; man muß es erst herstellen.

Lösungsgang:

1. Das Glied ohne x kommt auf die rechte Seite.
2. Man bildet *die quadratische Ergänzung*, um ein vollständiges Quadrat zu erhalten. Diese *ist positiv und gleich dem halben Faktor von x zum Quadrat*, bei unserem Beispiel $(^8/_2)^2 = 4^2$. Die quadratische Ergänzung wird auf beiden Seiten addiert.
3. Man formt das vollständige Quadrat in eine Klammer um und vereinfacht die rechte Seite.
4. Beide Seiten werden radiziert.
5. Wegen $|x + 4| = 3$ erhält man zwei Ergebnisse (siehe 9.1.).

Die Probe liefert den Beweis, daß die Ergebnisse richtig waren.

5.

$$x^2 + 8x + 7 = 0$$

$$x^2 + 8x = -7$$

$$x^2 + 8x + 4^2 = -7 + 4^2$$

$$(x + 4)^2 = 9$$

$$\sqrt{(x + 4)^2} = \sqrt{9}$$

$$|x + 4| = 3$$

$$x + 4 = 3 \quad \textit{oder} \quad -(x + 4) = 3$$

$$x = -1 \quad \textit{oder} \quad x = -7$$

$$x_1 = -1 \quad \textit{und} \quad x_2 = -7$$

Probe:

$$x_1: (-1)^2 + 8 \cdot (-1) + 7 = 0$$

$$+1 \quad -8 \quad +7 = 0$$

$$0 = 0$$

$$x_2: (-7)^2 + 8 \cdot (-7) + 7 = 0$$

$$49 \quad -56 \quad +7 = 0$$

$$0 = 0$$

6. *Lösungsgang:*

1. Gleichung zunächst auf die Form $ax^2 - bx + c = 0$ bringen.
2. Gleichung auf die Normalform $x^2 - px + q = 0$ bringen.

6.

$$13x^2 - 17x + 20 = 18 + 10x^2 - 10x$$

$$13x^2 - 10x^2 - 17x + 10x + 20 - 18 = 0$$

$$3x^2 - 7x + 2 = 0$$

$$x^2 - \frac{7}{3}x + \frac{2}{3} = 0$$

3. Quadratische Ergänzung bilden

$$x^2 - \frac{7}{3}x + \left(\frac{7}{6}\right)^2 = -\frac{2}{3} + \left(\frac{7}{6}\right)^2$$

4. Klammer setzen

$$\left(x - \frac{7}{6}\right)^2 = -\frac{24}{36} + \frac{49}{36}$$

5. Gleichung radizieren

$$\left|x - \frac{7}{6}\right| = \sqrt{\frac{25}{36}} = \frac{5}{6}$$

6. Wurzeln (Lösungswerte) ausrechnen

$$x_1 = \frac{5}{6} + \frac{7}{6} = \underline{\underline{2}} \; ; \; x_2 = -\frac{5}{6} + \frac{7}{6} = \underline{\underline{\frac{1}{3}}}$$

7. Bei dieser Aufgabe ist der Lösungsgang mit Variablen durchgeführt.

7. $\boxed{x^2 + px + q = 0}$

$$x^2 + px + \left(\frac{p}{2}\right)^2 = -q + \left(\frac{p}{2}\right)^2$$

$$\left(x + \frac{p}{2}\right)^2 = \left(\frac{p}{2}\right)^2 - q$$

$$\left|x + \frac{p}{2}\right| = \sqrt{\left(\frac{p}{2}\right)^2 - q}$$

$$x + \frac{p}{2} = \sqrt{\left(\frac{p}{2}\right)^2 - q} \text{ oder } -\left(x + \frac{p}{2}\right) = \sqrt{\left(\frac{p}{2}\right)^2 - q}$$

Die *Lösungsformel* gilt für jede Normalform der Art $x^2 + px + q = 0$. Die Vorzeichen der Glieder $\frac{p}{2}$ und q sind bei der Lösungsformel immer umgekehrt wie bei der Normalform. Der Wurzelradikand muß immer positiv sein, sonst gibt es komplexe Lösungen (Kapitel 25.).

$$x_1 = -\frac{p}{2} + \sqrt{\left(\frac{p}{2}\right)^2 - q}$$

$$x_2 = -\frac{p}{2} - \sqrt{\left(\frac{p}{2}\right)^2 - q}$$

Der Satz von Viëta erlaubt es, das Ergebnis schnell nachzuprüfen.

$$x_1 + x_2 = -p$$
$$x_1 \cdot x_2 = q$$

Satz von Viëta

Beweis:

$x_1 + x_2$: Durch Zusammenfassen der Glieder in den Klammern erhält man $-p$.

$$x_1 + x_2 = \left(-\frac{p}{2} + \sqrt{\left(\frac{p}{2}\right)^2 - q}\right) + \left(-\frac{p}{2} - \sqrt{\left(\frac{p}{2}\right)^2 - q}\right) = -\frac{p}{2} - \frac{p}{2} = \underline{\underline{-p}}$$

$x_1 \cdot x_2$: Das Produkt der Klammern entspricht dem Ausdruck $(a + b) \cdot (a - b) = a^2 - b^2$, der ausgerechnet q ergibt.

$$x_1 \cdot x_2 = \left(-\frac{p}{2} + \sqrt{\left(\frac{p}{2}\right)^2 - q}\right) \cdot \left(-\frac{p}{2} - \sqrt{\left(\frac{p}{2}\right)^2 - q}\right)$$
$$= \left(-\frac{p}{2}\right)^2 - \left(\sqrt{\left(\frac{p}{2}\right)^2 - q}\right)^2$$
$$= \left(\frac{p}{2}\right)^2 - \left(\frac{p}{2}\right)^2 + q = \underline{\underline{q}}$$

8. *Lösungsgang:*

1. Bestimmung von p durch Einsetzen in die Formel $x_1 + x_2 = -p$
2. Bestimmung von q durch Einsetzen in die Formel $x_1 \cdot x_2 = q$
3. Einsetzen der Werte in die Normalform

9. *Lösungsgang:*

1. Gleichung durch Quadrieren von den Wurzeln befreien (siehe 16.)
2. Gleichung auf die Normalform bringen
3. Lösungswerte mit Hilfe der Lösungsformeln bestimmen
4. Werte mit Hilfe der Probe überprüfen

Mit dem Satz von Viëta kann man nicht nur das Ergebnis nachprüfen, sondern auch wieder die Normalform der quadratischen Gleichung bilden.

Auf Grund der Lösungsformel kann man erkennen, daß die quadratische Gleichung zwei Lösungen besitzt: x_1 und x_2. Der unter der Wurzel stehende Radikand $\left(\frac{p}{2}\right)^2 - q$ heißt Diskriminante (D).

Von der Größe der Diskriminante hängt es ab, wie die Lösungen (Wurzeln) der Gleichungen lauten (siehe Kapitel 25.)

8. Bilden Sie die quadratische Gleichung, deren Wurzelwerte folgende Zahlen sind:

$x_1 = -3;\; x_2 = 4$

$$\begin{array}{r|r} x_1 + x_2 = -p & x_1 \cdot x_2 = q \\ -3 + 4 = -p & -3 \cdot 4 = q \\ 1 = -p & -12 = q \\ p = -1 & q = -12 \end{array}$$

$$x^2 + px + q = 0 \qquad \underline{\underline{x^2 - x - 12 = 0}}$$

9. $\sqrt{x + 19 - \sqrt{15 \cdot (x - 8)}} = 3\sqrt{3}$

$$\left(\sqrt{x + 19 - \sqrt{15\,(x - 8)}}\right)^2 = \left(3\sqrt{3}\right)^2$$

$$x + 19 - \sqrt{15\,(x - 8)} = 9 \cdot 3$$

$$\left(-\sqrt{15x - 120}\right)^2 = (8 - x)^2$$

$$15x - 120 = x^2 - 16x + 64$$

$$-x^2 + 16x + 15x = 64 + 120$$

$$-x^2 + 31x = 184$$

$$x^2 - 31x + 184 = 0 \text{ \textit{(Normalform)}}$$

$$x_1 = \frac{31}{2} + \sqrt{\left(\frac{31}{2}\right)^2 - 184}$$

$$= \frac{31}{2} + \frac{15}{2} = \underline{\underline{23}}$$

$$x_2 = \frac{31}{2} - \sqrt{\left(\frac{31}{2}\right)^2 - 184}$$

$$= \frac{31}{2} - \frac{15}{2} = \underline{\underline{8}}$$

Probe:

$$\begin{array}{r|r} x_1 + x_2 = -p & x_1 \cdot x_2 = q \\ 23 + 8 = -p & 23 \cdot 8 = q \\ p = -31 & q = 184 \end{array}$$

$$x^2 + px + q = 0$$

$$\underline{\underline{x^2 - 31x + 184 = 0}}$$

$$x^2 + px + q = 0$$

$$x_{1;2} = -\frac{p}{2} \pm \sqrt{\left(\frac{p}{2}\right)^2 - q}$$

$D = \left(\frac{p}{2}\right)^2 - q$ ► *Diskriminante*

$D > 0$ *ergibt* x_1 u. x_2 *reell und verschieden*

$D = 0$ *ergibt* x_1 u. x_2 *reell und gleich*

$D < 0$ *ergibt* x_1 u. x_2 *konjungiert-komplex*

Konjugiert-komplexe Zahlen sind komplexe Zahlen, die sich nur durch das Vorzeichen des imaginären Teiles unterscheiden.

3 ➘ reelle Zahl

3i ➘ imaginäre Zahl

2 + 3i ➘ komplexe Zahl

$\left.\begin{matrix} 2 + 3i \\ 2 - 3i \end{matrix}\right\}$ konjugiert-komplexe Zahlen

10. $D > 0$

$x^2 - x - 2 = 0;$

$x_{1;2} = \frac{1}{2} \mp \sqrt{\frac{1}{4} + 2};\quad \underline{\underline{x_1 = 2}}$

$\underline{\underline{x_2 = -1}}$

11. $D = 0$

$x^2 - 6x + 9 = 0;$

$x_{1;2} = 3 \pm \sqrt{3^2 - 9};\quad \underline{\underline{x_{1;2} = 3}}$

12. $D < 0$

$x^2 - 4x + 13 = 0;$

$x_{1;2} = 2 \pm \sqrt{2^2 - 13};\quad \underline{\underline{x_1 = 2 + 3i}}$

$\underline{\underline{x_2 = 2 - 3i}}$

13. *Lösungsgang:*

(Wurzelgleichung II. Grades)

1. Gleichung quadrieren, um die Wurzeln zu beseitigen
2. Klammer ausrechnen
3. Glieder ordnen und Gleichung durch 2 dividieren
4. Gleichung erneut quadrieren, um die Wurzeln zu beseitigen
5. Klammern ausrechnen
6. Glieder ordnen
7. Gleichung mit —1 multiplizieren, um die Normalform zu erhalten
8. Zur Berechnung der x-Werte Lösungsformel anwenden

13. $\sqrt{x - 6} + \sqrt{9 - x} = \sqrt{3}$

$\left(\sqrt{x - 6} + \sqrt{9 - x}\right)^2 = 3$

$x - 6 + 2\sqrt{x - 6} \cdot \sqrt{9 - x} + 9 - x = 3$

$2\sqrt{x - 6} \cdot \sqrt{9 - x} = 3 + 6 - 9 = 0$

$\left(\sqrt{x - 6} \cdot \sqrt{9 - x}\right)^2 = 0$

$(x - 6)(9 - x) = 0$

$9x - x^2 - 54 + 6x = 0$

$-x^2 + 15x - 54 = 0 \quad | \cdot (-1)$

$x^2 - 15x + 54 = 0$

$x_1 = \frac{15}{2} + \sqrt{\left(\frac{15}{2}\right)^2 - 54} = \frac{15}{2} + \frac{3}{2} = \underline{\underline{9}}$

$x_2 = \frac{15}{2} - \frac{3}{2} = \underline{\underline{6}}$

14. *Lösungsgang:*

Bei Gleichungen höheren Grades muß man versuchen, durch Einführung einer neuen Variablen ($y = x^2$) eine Gleichung II. Grades zu erhalten, die man wie üblich löst. Die Ergebnisse setzt man in die Gleichung mit der neuen Variablen ein und erhält bei einer Gleichung IV. Grades vier Lösungen, $x_1 \ldots x_4$.

14. $x^4 - 13x^2 + 36 = 0$

$y = x^2$

$y^2 - 13y + 36 = 0$

$y_1 = \frac{13}{2} + \sqrt{\left(\frac{13}{2}\right)^2 - 36} = \frac{13}{2} + \frac{5}{2} = \underline{\underline{9}}$

$y_2 = \frac{13}{2} - \frac{5}{2} = \underline{\underline{4}}$

$$\left.\begin{aligned} x_1 &= +\sqrt{y_1} = \sqrt{9} = \underline{\underline{3}} \\ x_2 &= -\sqrt{y_1} = -\sqrt{9} = \underline{\underline{-3}} \\ x_3 &= +\sqrt{y_2} = \sqrt{4} = \underline{\underline{2}} \\ x_4 &= -\sqrt{y_2} = -\sqrt{4} = \underline{\underline{-2}} \end{aligned}\right\} \text{für } y = x^2$$

17.2. Graphische Lösung von Zahlengleichungen II. Grades mit einer Variablen

Die Normalform der Gleichung II. Grades kann auch als Funktion aufgefaßt werden, wenn man annimmt, daß der Wert x veränderlich ist. In diesem Falle ist $x^2 + px + q$ eine Funktion von x, die man mit y bezeichnet (siehe 15.5.1.). Die x-Werte in der Funktionsgleichung, bei denen $y = 0$ wird, sind die Lösungswerte der gegebenen Bestimmungsgleichung. Mit Hilfe einer Wertetabelle kann man diese Werte leicht feststellen.

$x^2 + px + q = 0$ *Normalform Gleichung II. Grades*

$x^2 + px + q = y$ *Funktionsgleichung II. Grades*

Beispiele:

1. Wandeln Sie die Bestimmungsgleichung $x^2 - x = 2$ in eine Funktionsgleichung um, und bestimmen Sie mit Hilfe einer Wertetabelle die Lösungswerte der Bestimmungsgleichung.

Lösung:

$$x^2 - x = 2$$
$$x^2 - x - 2 = 0$$
$$x^2 - x - 2 = y$$

x	−2	−1	0	1	2	3
y	4	0	−2	−2	0	4

$x_1 = -1$

$x_2 = 2$

2. Verwandeln Sie die Bestimmungsgleichung $4x^2 - 4x = 3$ in eine Funktionsgleichung, und stellen Sie die Funktion mit Hilfe einer Wertetabelle graphisch dar.

2. *Lösungsgang:*

1. Umwandlung der Bestimmungsgleichung in die Form:

$$4x^2 - 4x = 3$$
$$4x^2 - 4x - 3 = 0$$

2. Umwandlung in die Normalform:

$$x^2 - x - \frac{3}{4} = 0$$

3. Umwandlung in eine Funktionsgleichung:

$$x^2 - x - \frac{3}{4} = y$$

4. Aufstellen der Zahlentafel
5. Eintragen der Punkte in das Koordinatensystem; es entsteht eine Parabel
6. Ablesen der Werte $x_1 = -0{,}5$ und $x_2 = 1{,}5$

Wertetabelle

x	−2	−1	$-\frac{1}{2}$	0	$\frac{1}{2}$	1	$1\frac{1}{2}$	2	3
y	$5\frac{1}{4}$	$1\frac{1}{4}$	0	$-\frac{3}{4}$	−1	$-\frac{3}{4}$	0	$1\frac{1}{4}$	$5\frac{1}{4}$

$x_1 = -\frac{1}{2}$

$x_2 = 1\frac{1}{2}$

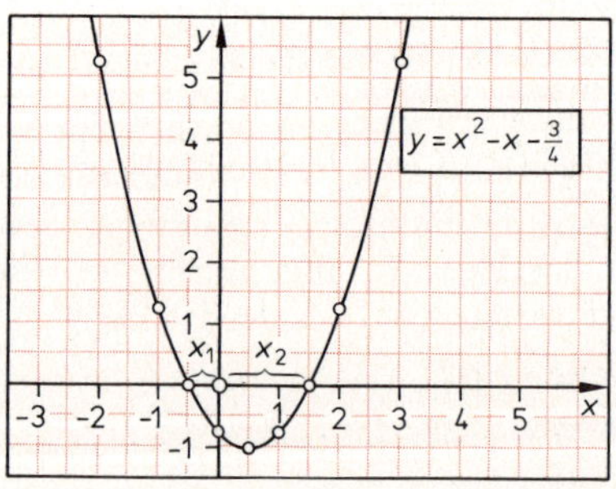

Merke: 1. *Die graphische Darstellung einer Gleichung II. Grades ergibt eine Parabel. Schneidet die Parabel die x-Achse, so ergeben die x-Werte (Abszissen = Nullstellen) die reellen Lösungswerte der gegebenen Bestimmungsgleichung.*

2. *Die Diskriminante ist in diesem Falle größer als Null.*

Verwandelt man die Funktionsgleichung in die Scheitelform der Parabel, so braucht man keine Wertetabelle, sondern nur eine Schablone der Grundparabel, weil man den Scheitelpunkt kennt.

3. *Lösungsgang:*

$$2x^2 + 8 = 8x$$
$$x^2 + 4 = 4x$$
$$x^2 - 4x + 4 = 0$$
$$\boxed{x^2 - 4x + 4 = y}$$ *Funktionsgleichung*

Die Zeichnung ergibt, daß die Parabel die x-Achse nicht schneidet, sondern nur berührt.

Merke: 1. *Berührt die Parabel die x-Achse, so ist der x-Wert des Berührungspunktes der reelle Lösungswert der gegebenen Bestimmungsgleichung II. Grades.*

2. *Die Diskriminante ist in diesem Falle gleich Null.*

Bestimmung der Diskriminante:

$$D = \left(\frac{p}{2}\right)^2 - q = \left(\frac{4}{2}\right)^2 - 4 = \underline{\underline{0}}$$

Bestimmung der Scheitelgleichung:

$$y = x^2 - 4x + 4$$
$$= x^2 - 4x + 2^2 - 2^2 + 4$$
$$= (x - 2)^2 - 4 + 4$$
$$\boxed{y = (x - 2)^2}$$ *Scheitelgleichung* $S(2 \mid 0)$

Bestimmung der Diskriminante:

$$D = \left(\frac{p}{2}\right)^2 - q = \left(\frac{1}{2}\right)^2 + \frac{3}{4} = \underline{\underline{1}}. \quad D > 0$$

Bestimmung der Scheitelgleichung:

$$y = x^2 - x - \frac{3}{4}$$
$$= x^2 - x + \left(\frac{1}{2}\right)^2 - \left(\frac{1}{2}\right)^2 - \frac{3}{4}$$
$$\boxed{y = \left(x - \frac{1}{2}\right)^2 - 1}$$ *Scheitelgleichung* $S\left(\frac{1}{2} \mid -1\right)$

3. Verwandeln Sie die Bestimmungsgleichung $2x^2 + 8 = 8x$ in eine Funktionsgleichung, und stellen Sie die Funktion mit Hilfe einer Wertetabelle graphisch dar.

Wertetabelle

x	−1	0	1	2	3	4
y	9	4	1	0	1	4

$\underline{\underline{x_{1,2} = 2}}$

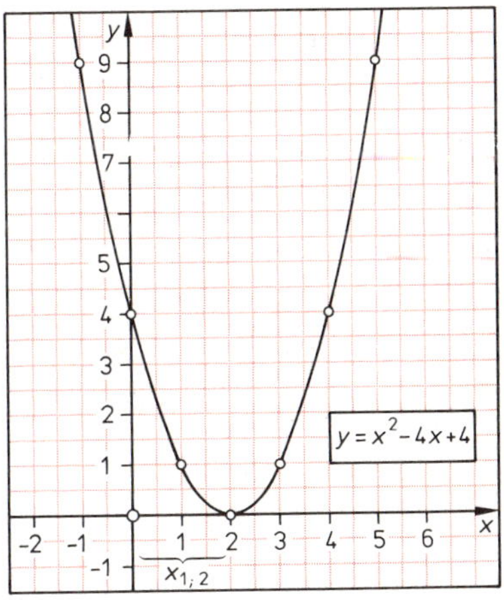

4. *Lösungsgang:*

$$4x^2 + 11 = 12x$$

$$4x^2 - 12x + 11 = 0$$

$$x^2 - 3x + \frac{11}{4} = 0 \qquad \textit{Normalform}$$

$$x^2 - 3x + \frac{11}{4} = y \qquad \textit{Funktionsgleichung}$$

$$x^2 - 3x + \left(\frac{3}{2}\right)^2 - \left(\frac{3}{2}\right)^2 + \frac{11}{4} = y$$

$$\left(x - \frac{3}{2}\right)^2 + \frac{1}{2} = y \qquad \textit{Scheitelgleichung}$$

Die Zeichnung ergibt, daß die Parabel die x-Achse nicht schneidet.

Merke: 1. *Schneidet die Parabel die x-Achse nicht, so hat die gegebene Bestimmungsgleichung keine reellen Lösungen.*

2. *Die Diskriminante ist dann kleiner als Null.*

$$D = \left(\frac{p}{2}\right)^2 - q = \left(\frac{3}{2}\right)^2 - \frac{11}{4} = \frac{9}{4} - \frac{11}{4} = -\frac{1}{2};$$

Zusammenfassung:

1. Die graphische Darstellung einer Gleichung II. Grades ergibt eine Parabel.
2. Schneidet die Parabel die x-Achse, so hat die Gleichung zwei reelle Lösungen ($D > 0$).
3. Berührt die Parabel die x-Achse, so hat die Gleichung eine reelle Lösung ($D = 0$).
4. Liegt die Parabel oberhalb der x-Achse, so sind keine Schnittpunkte und damit auch keine reellen Lösungen vorhanden ($D < 0$).

4. Verwandeln Sie die Bestimmungsgleichung $4x^2 + 11 = 12x$ in eine Funktionsgleichung, und stellen Sie die Funktion mit Hilfe einer Wertetabelle und der Scheitelgleichung graphisch dar.

Wertetabelle

x	-1	0	1	$\frac{3}{2}$	2	3
y	$6\frac{3}{4}$	$2\frac{3}{4}$	$\frac{3}{4}$	$\frac{1}{2}$	$\frac{3}{4}$	$2\frac{3}{4}$

$S\left(\frac{3}{2}\middle|\frac{1}{2}\right)$

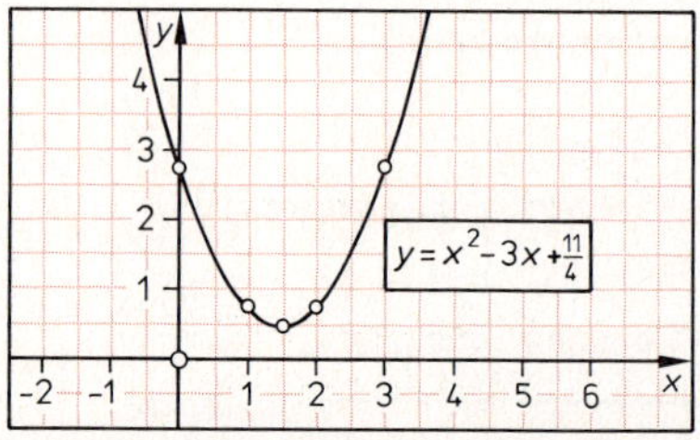

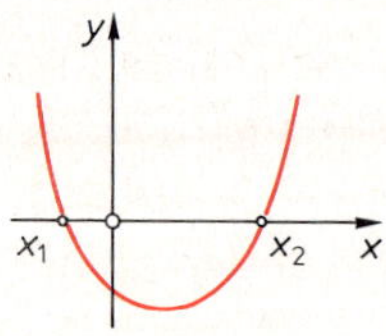

$D > 0$

2 Schnittpunkte
(x_1 und x_2)
2 reelle Lösungen

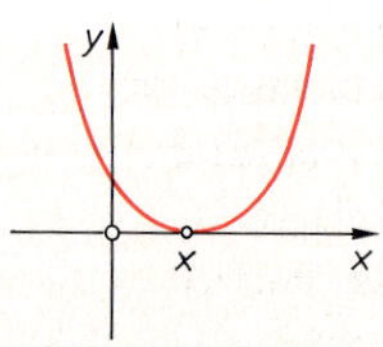

$D = 0$

1 Berührungspunkt
(x)
1 reelle Lösung

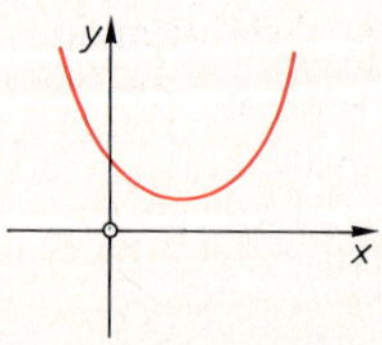

$D < 0$

Keine Schnittpunkte
Keine reellen Lösungen

Es gibt noch eine andere Möglichkeit, die Lösungswerte einer Gleichung II. Grades graphisch zu finden. Man bringt die quadratische Gleichung auf die Form $x^2 = px + q$. Diese Gleichung kann man sich aus einem Gleichungssystem mit zwei Variablen durch Anwendung der Einsetzungsmethode entstanden denken. Der Graph von $y = x^2$ ist eine Normalparabel, der Graph von $y = px + q$ eine Gerade.

$x^2 - px - q = 0$ *Quadratische Gleichung*

$\underbrace{x^2}_{y} = \underbrace{px + q}_{y}$ *nach x^2 auflösen und beide Seiten $= y$ setzen*

$y = x^2$ *Normalparabel*

$y = px + q$ *Gerade*

$x^2 = px + q$

Die x-Werte der Schnittpunkte der Graphen von $y = x^2$ (Normalparabel) und $y = px + q$ (Gerade) sind die Lösungen der quadratischen Gleichung.

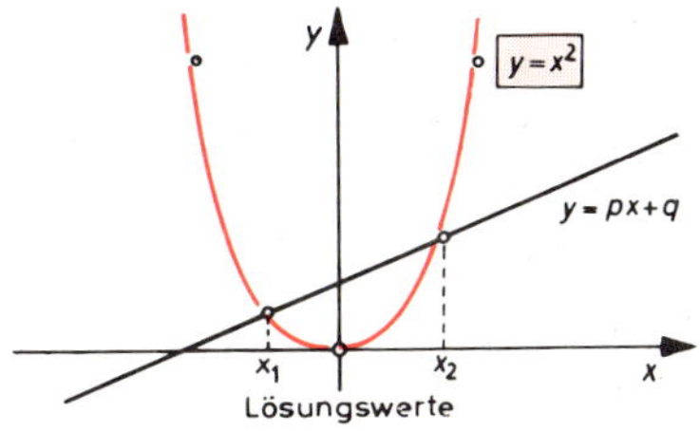

Folgerung:

Bei der Lösung müssen drei Fälle beachtet werden:

1. Gerade schneidet die Parabel (Gleichung hat zwei reelle Lösungen).
   $D > 0$
2. Gerade berührt die Parabel (Gleichung hat eine reelle Lösung).
   $D = 0$
3. Gerade verläuft außerhalb der Parabel (Gleichung hat keine reellen Lösungen).
   $D < 0$

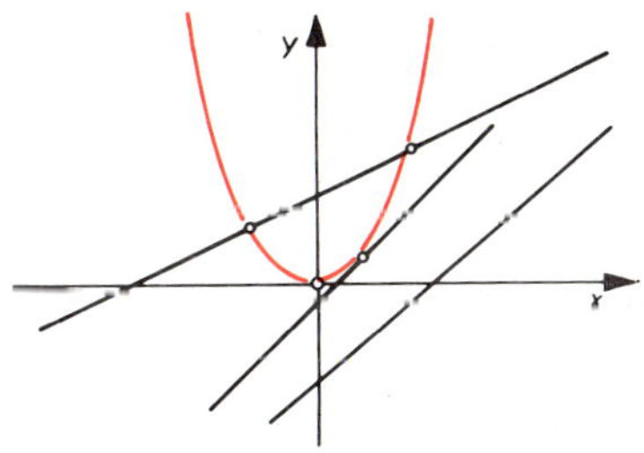

5. *Lösungsgang:*

   1. Quadratische Gleichung in zwei Funktionsgleichungen umwandeln
      Man erhält eine Normalparabel und eine Gerade
   2. Beide Funktionsgleichungen graphisch in einem Koordinatensystem darstellen
   3. Die Graphen schneiden sich zweimal; die x-Koordinaten der Schnittpunkte sind die gesuchten Lösungswerte
      $x_1 = -1;\ x_2 = 3.$

5. Lösen Sie die Gleichung $x^2 - 2x = 3$ graphisch.

$x^2 - 2x - 3 = 0$

$\underbrace{x^2}_{y} = \underbrace{2x + 3}_{y}$

1. $\underbrace{y = x^2}$ *Normalparabel*

2. $\underbrace{y = 2x + 3}$ *Gerade*

1.

x	0	±1	±2	±3
y	0	1	4	9

2.

x	0	1	−2
y	3	5	−1

Die Zeichnung liefert natürlich nur Näherungswerte, deren Genauigkeit von der Zeichnung abhängt

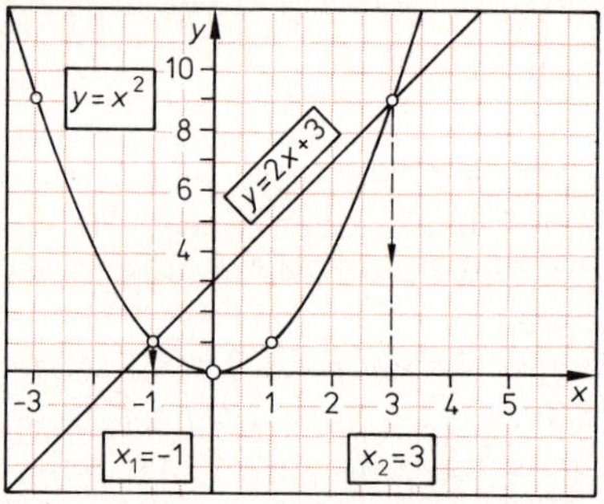

Rechnerische Kontrolle:

$x^2 - 2x - 3 = 0$

$x_1 = 1 + \sqrt{1^2 + 3} = 1 + 2 = \underline{\underline{3}}$

$x_2 = 1 - \sqrt{1 + 3} = 1 - 2 = \underline{\underline{-1}}$

6. Lösen Sie die Gleichung $2x^2 - 4x = -2$ graphisch.

$2x^2 - 4x + 2 = 0$

$x^2 - 2x + 1 = 0$

$x^2 = 2x - 1$

$y = x^2$ *Normalparabel*

$y = 2x - 1$ *Gerade*

Wertetabelle

x	-2	-1	0	1	2
$y = x^2$	4	1	0	1	4
$y = 2x - 1$	-5	-3	-1	1	3

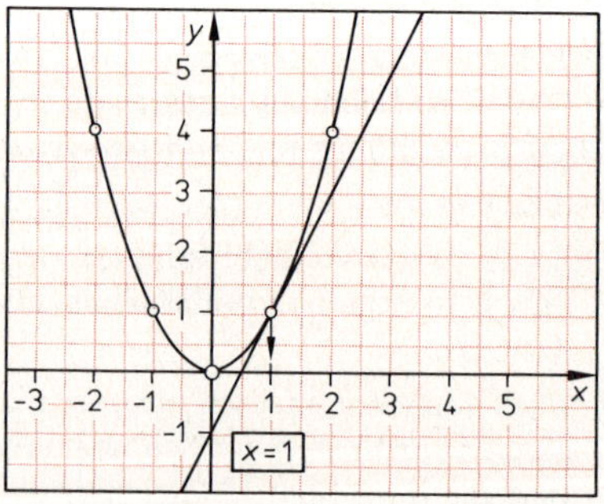

6. *Lösungsgang:*

1. Gleichung in zwei Funktionsgleichungen umwandeln.

   Man erhält eine Normalparabel und eine Gerade.
2. Für beide Funktionsgleichungen eine Wertetabelle aufstellen. Aus der Wertetabelle kann man ablesen, daß für den Wert $x = 1$ beide Gleichungen den gleichen Wert $y = 1$ haben (Lösungswert der Gleichung).
3. Die Graphen der Funktionsgleichungen in ein Koordinatensystem einzeichnen.
4. Die Gerade berührt die Parabel im Lösungswert $x = 1$, die Gleichung hat also nur eine reelle Lösung.

Bei Kurvenberührung ist der Lösungswert sehr ungenau.

Rechnerische Kontrolle:

$x^2 - 2x + 1 = 0$

$x = 1 \pm \sqrt{1^2 - 1} = 1 \pm 0 = \underline{\underline{1}}$

7. *Lösungsgang:*

1. Gleichung in zwei Funktionsgleichungen umwandeln

   Man erhält eine Normalparabel und eine Gerade
2. Mit Hilfe einer Wertetabelle beide Funktionsgleichungen graphisch darstellen.

Die Zeichnung ergibt, daß die Gerade die Parabel nicht schneidet. Die Gleichung hat demnach keine reellen Lösungen

Rechnerische Kontrolle:

$$x^2 + \frac{x}{2} + \frac{1}{2} = 0$$

$$x_{1;2} = -\frac{1}{4} \pm \sqrt{\left(\frac{1}{4}\right)^2 - \frac{1}{2}}$$

$$x_1 = -\frac{1}{4} + \sqrt{-\frac{7}{16}} = \underline{\underline{-\frac{1}{4} + \frac{i}{4}\sqrt{7}}}$$

$$x_2 = \underline{\underline{-\frac{1}{4} - \frac{i}{4}\sqrt{7}}}$$ (Kapitel 25.)

7. Lösen Sie die Gleichung $2x^2 + x = -1$ graphisch.

$$2x^2 + x + 1 = 0$$

$$x^2 + \frac{x}{2} + \frac{1}{2} = 0$$

$$x^2 = -\frac{x}{2} - \frac{1}{2}$$

$y = x^2$ *Normalparabel*

$y = -\frac{x}{2} - \frac{1}{2}$ *Gerade*

Wertetabelle

x	-2	-1	0	1	2
$y = x^2$	4	1	0	1	4
$y = -\frac{x}{2} - \frac{1}{2}$	$\frac{1}{2}$	0	$-\frac{1}{2}$	-1	$-1\frac{1}{2}$

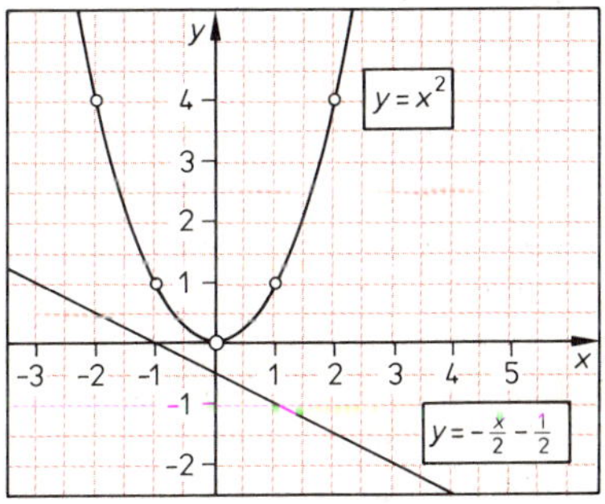

17.3. Textgleichungen II. Grades mit einer Variablen

Auch bei diesen Aufgaben muß versucht werden, aus dem Text eine Gleichung zu bilden, die dann entweder rechnerisch oder zeichnerisch gelöst wird.

Beispiel 321: Aus Brettern soll eine Tischplatte hergestellt werden, deren Länge das Eineinhalbfache der Breite sein soll. Wie lang und wie breit muß der Tisch sein, wenn die Fläche 0,96 m² werden soll?

Lösungsgang:

Die Breite ist x m, die Länge $1\frac{1}{2}x$ m.

Die ganze Fläche ist 0,96 m².

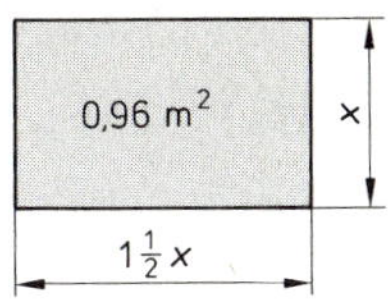

A = Länge × Breite

$$0{,}96 = x \cdot 1\frac{1}{2}x$$

Es entsteht eine reinquadratische Gleichung.	$0{,}96 = \frac{3}{2}x^2 \qquad x^2 = \frac{2 \cdot 0{,}96}{3} = 0{,}64$
	$x = \sqrt{0{,}64} = 0{,}8$
Die Tischplatte hat die Abmessungen 1,2 m × 0,8 m	Breite = $\underline{\underline{0{,}8\text{ m}}}$ Länge = $\underline{\underline{1{,}2\text{ m}}}$

Beispiel 322/1: Zwei Zuflußrohre *A* und *B* füllen einen Wasserbehälter in 12 min. *A* braucht 10 min länger, um ihn zu füllen, als *B*. In welcher Zeit können *A* und *B* allein den Behälter füllen?

Lösungsgang: *B* braucht, um ihn zu füllen:	x min
A braucht, um ihn zu füllen:	$x + 10$ min
A und *B* brauchen zusammen:	12 min
in 1 min füllt *B*:	$\frac{1}{x}$ *Behälter*
in 1 min füllt *A*:	$\frac{1}{x+10}$ *Behälter*
in 1 min füllen *A* und *B*:	$\frac{1}{12}$ *Behälter*
Es entsteht dann die Gleichung:	$\frac{1}{x} + \frac{1}{x+10} = \frac{1}{12}$
1. Nenner beseitigen	H: $12 \cdot x \cdot (x + 10)$
2. Quadratische Gleichung auf die Normalform bringen	$12x + 120 + 12x = x^2 + 10x$
	$24x - 10x - x^2 = -120$
	$x^2 - 14x - 120 = 0$
3. Lösungsformel anwenden; der x_2-Wert ist unbrauchbar, weil er negativ ist	$x_1 = \frac{14}{2} + \sqrt{\left(\frac{14}{2}\right)^2 + 120}$
Ergebnis: *A* braucht 30 min *B* braucht 20 min	$x_1 = \frac{14}{2} + \frac{26}{2} = \underline{\underline{20}}$

Beispiel 322/2: Ein Kaufmann verkaufte für 168 DM Ware und gewann dabei den dritten Teil des Einkaufspreises in Prozent. Wie hoch war dieser?

Lösungsgang: Der Einkaufspreis betrug:	x DM
der Prozentsatz betrug:	$\frac{1}{3}$ *x Prozent*
der Gewinn betrug:	$\frac{x \cdot \frac{x}{3}}{100}$ DM $\quad \left(\frac{K \cdot p}{100}\right)$
der Verkaufspreis betrug:	168 DM
Verkaufspr. = Einkaufspr. + Gewinn	$168 = x + \frac{x \cdot \frac{x}{3}}{100}$
	$168 = x + \frac{x^2}{300}$

Die entstehende quadratische Gleichung wird wie üblich gelöst. Der Wert x_3 ist nicht brauchbar, weil er negativ ist.

$$x^2 + 300x - 300 \cdot 168 = 0$$

$$x_1 = -\frac{300}{2} + \sqrt{\left(\frac{300}{2}\right)^2 + 50400}$$

$$x_1 = -\frac{300}{2} + \frac{540}{2} = \underline{\underline{120}}$$

Ergebnis:

Der Einkaufspreis betrug 120 DM,

der Prozentsatz betrug $\frac{120}{3} = 40\%$.

Beispiel 323: Eine quadratische Blechplatte wird in der Mitte quadratisch ausgestanzt. Berechnen Sie die Stegbreite x bei einer verbleibenden Blechfläche A_R.

Auf Grund der Aufgabenstellung ist eine Lösung mit allgemeinen Zahlen verlangt.

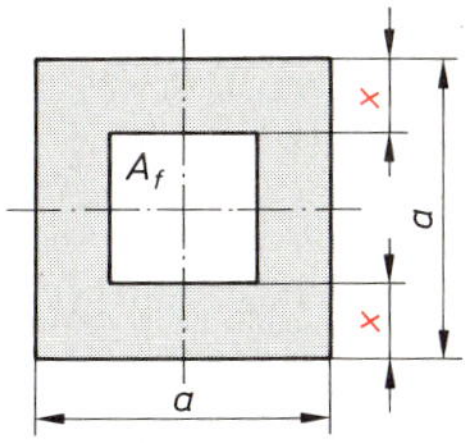

Lösungsgang:

Die ganze Fläche A der Blechplatte beträgt

$$A = a \cdot a = a^2$$

Die ausgestanzte Fläche A_f beträgt

$$A_f = (a - 2x) \cdot (a - 2x) = (a - 2x)^2$$

Die verbleibende Restfläche A_R beträgt

$$A_R = A - A_f = a^2 - (a - 2x)^2$$

$$A_R = a^2 - a^2 + 4ax - 4x^2$$

Es entsteht eine quadratische Gleichung, die zunächst auf die Normalform gebracht werden muß.

$$A_R = 4ax - 4x^2$$

$$x^2 - ax + \frac{A_R}{4} = 0$$

Mit Hilfe der Lösungsformel kann man die Stegbreite x ausrechnen. In diesem Falle ist nur die negative Wurzel brauchbar, da durch die positive Wurzel $x > \frac{a}{2}$ wird.

$$x = \frac{a}{2} \pm \sqrt{\left(\frac{a}{2}\right)^2 - \frac{A_R}{4}}$$

$$\underline{\underline{x = \frac{1}{2}\left(a - \sqrt{a^2 - A_R}\right)}}$$

Übungen

17.1. Zahlengleichungen II. Grades mit einer Variablen

1. $3x^2 = 48$

   $x^2 = \frac{48}{3}$

   $\sqrt{x^2} = \sqrt{16}$

   $\underline{\underline{x_1 = 4}}$; $\underline{\underline{x_2 = -4}}$

2. $\frac{2x^2}{18} = 576$

3. $\frac{8}{9}x^2 = \frac{72}{169}$

4. $\frac{x^2 - 3}{3} = 1770$

5. $\frac{2}{3}x^2 = 1536$

6. $\frac{3}{5} = \frac{15}{x^2}$

7. $\frac{14}{16}x^2 = \frac{7}{8}$

8. $\frac{45}{x} = \frac{x}{5}$

9. $\frac{7x}{3} = \frac{1050}{2x}$

10. $\frac{9}{16} + 2x^2 = 3x^2 + \frac{1}{2}$

11. $x\left(6-\frac{4}{x}\right)=x(6-x)$

12. $\frac{6}{x}+\frac{3x}{5}=\frac{42}{2x}$

13. $\frac{2-x}{x+2}=\frac{x-8}{x+8}$

14. $\frac{6-4x}{4x-2}=\frac{2x+1}{2x+3}$

15. $(2x+2\sqrt{2})(x-\sqrt{2})=4$

16. $\frac{2x}{7}-\frac{15}{x}=\frac{27}{x}$

17. $\frac{52-7x}{x-36}=\frac{13x-28}{4-9x}$

18. $\frac{2a-x+b}{b+x+2a}=\frac{x-a}{a+x}$

19. $\sqrt{52+4x}+\sqrt{52-4x}=12$

20. $(a^2-b^2)\cdot(a-b)=ax^2+bx^2$

21. $(x-5)^2=144$

$|x-5|=\sqrt{144}$

$x_1=12+5$

$=\underline{\underline{17}}$

$-(x_2-5)=12$

$\underline{\underline{x_2=-7}}$

22. $(x-4)^2=0$

23. $(x+3)^2=121$

24. $(x-4)^2=81$

25. $(2x+7)^2=169$

26. $(3x+4)^2=121$

27. $(9x-4)^2=(7x-2)^2$

28. $(ax+b)^2=(bx+a)^2$

29. $x^2+8x+16=25$

30. $9x^2+30x+25=25$

31. $8x^2=\frac{2x}{3}$

$8x^2-\frac{2}{3}x=0$

$x\left(8x-\frac{2}{3}\right)=0$

$\underline{\underline{x_1=0}}$

$8x-\frac{2}{3}=0$

$\underline{\underline{x_2=\frac{1}{12}}}$

32. $3x^2-6x=0$

33. $x^2=8x$

34. $x^2-\frac{1}{3}x=0$

35. $16x^2+10x=0$

36. $\frac{3}{2}x^2+\frac{5}{3}x=0$

37. $\frac{n}{p}x^2+\frac{a}{b}x=0$

38. $6ax^2+10bx=0$

39. $2ax^2-2bx=0$

40. $6x^2=\frac{2x}{5}$

41. $(x-a)\cdot(x-b)=0$

$\underline{\underline{x_1=a}}$ $\underline{\underline{x_2=b}}$

Probe: $(a-a)\cdot(a-b)=0$

$0\cdot(a-b)=0$

$0\equiv 0$

$(b-a)\cdot(b-b)=0$

$(b-a)\cdot 0=0$

$0\equiv 0$

42. $(x+9)\cdot(x+7)=0$

43. $(x-3)\cdot(x+3)=0$

44. $\left(x-\frac{1}{2}\right)\cdot\left(x-\frac{2}{3}\right)=0$

45. $(x+3b)\cdot(x-2a)=0$

46. $(x-b)\cdot(x-\sqrt{b})=0$

47. $\left(x-\frac{2a}{7}\right)\left(x+\frac{4b}{3}\right)=0$

48. $(x+2a-\sqrt{4a-b})\cdot(x+2a-\sqrt{4a-b})=0$

49. $(x+3-\sqrt{21})\cdot(x+3+\sqrt{21})=0$

50. $\left(x-\frac{2ab}{5}\right)\cdot\left(x-\frac{3ab}{7}\right)=0$

51. $24x^2-4x=4$

$24x^2-4x-4=0$

$x^2-\frac{4x}{24}-\frac{4}{24}=0$

$x^2-\frac{1}{6}x-\frac{1}{6}=0$

$x_{1;2}=\frac{1}{12}\pm\sqrt{\left(\frac{1}{12}\right)^2+\frac{1}{6}}$

$x_1=\frac{1}{12}+\sqrt{\frac{1}{144}+\frac{24}{144}}=\frac{1}{12}+\frac{5}{12}=\underline{\underline{\frac{1}{2}}}$

$x_2=\frac{1}{12}-\frac{5}{12}=\underline{\underline{-\frac{1}{3}}}$

52. $x^2-7x=-6$

53. $x^2-4x-1=0$

54. $x^2-14x=-33$

55. $x^2-17x-60=0$

56. $x^2+6x=13$

57. $x^2-8x=-16$

58. $x^2-3x=10$

59. $x^2-56=-x$

60. $x^2+14-9x=0$

61. $x^2-6x-7=0$

62. $x^2+2ax=b^2-a^2$

63. $3x^2-25x+8=0$

64. $2x^2 - 11x - 6 = 0$

65. $5x^2 = 11x - 2$

66. $-3x^2 + 33x = 90$

67. $-7x^2 - 81x = 44$

68. $\frac{x^2}{4} + \frac{x}{3} - 11 = 0$

69. $3(10 - x) \cdot (2x - 15) = x$

70. $5x^2 + 0{,}4x = 17{,}29$

71. $(x + 1)^2 + (x - 1)^2 = 7x + 4$

72. $2x^2 - 6x - 20 = 0$

73. $3x^2 - 6x - 9 = 0$

74. $8x^2 + 20x + 12 = 0$

75. $18x^2 - 6x - 4 = 0$

76. $10x^2 - 17x = -7$

77. $-30x^2 + 14x + 44 = 0$

78. $4x - 4x^2 = -3$

79. $8x^2 - 10 = -2x$

80. $\frac{2}{x} - 2x = 3$

81. $12x - \frac{42 - 3x}{x + 1} = 42$

82. $(x - 1)^2 + \frac{x - 1}{2} = 18$

83. $2x^3 = 128x$

84. $x + 1 = \frac{2}{x}$

85. $\frac{1}{2} + \frac{14}{x^2} = \frac{11}{2x}$

86. $\frac{5}{2}x - 4 = \frac{21}{2x}$

87. $\frac{3x^2 - 4}{2x + 4} = x + \frac{1}{2}$

88. $\frac{2x - 2}{2x + 2} + \frac{x + 1}{x - 1} = 3$

89. $3x^2 - 15x = -18$

90. $\frac{22}{2x - 6} + 3 = x + \frac{10}{6 - 2x}$

91. $\frac{x + 7}{13 - 3x} = \frac{1 + 7x}{13x - 3}$

92. $\frac{7 + 5x}{9 - 8x} = \frac{5 + 7x}{9x - 8}$

93. $(2x - 4) \cdot (2x - 3) = (6x - 14) \cdot (2x - 9) - (2x - 12) \cdot (5x - 12)$

94. $4x - 6 = \frac{3{,}5 + x}{3} + \frac{4}{x - 0{,}5}$

95. $x(2{,}5x - 2) - \frac{x}{4}(x$ [illegible] $8) - (x - 1)^2 \cdot 2 + (1{,}5x - 8)^2$

96. $(x + 2)^2 = (2x - 6)^2$ [illegible] $5x - 2$

97. $(x + 1)^2 + (x + 3)^2 = (3x - 5)^2$

98. $\frac{16 - x}{2} - \frac{4(x - 11)}{x - 6} = \frac{x - 4}{6}$

99. $\frac{3}{2x - 4} + \frac{1}{x - 3} = \frac{1}{2x - 8} + \frac{2}{x - 1}$

100. $\frac{2x + 5}{x - 2} = \frac{7x - 15}{2x - 6}$

101. $\frac{3x - 12}{x - 4} + 3 = -\frac{378}{3x - 75}$

102. $\frac{6x + 8}{8x + 14} - \frac{2x + 3}{16x^2 - 49} = \frac{6}{5} - \frac{4x - 6}{8x - 14}$

103. $\frac{10x - 6}{12x - 4} + \frac{9x - 7}{3 + 9x} = \frac{11}{12} + \frac{26x + 2}{18x^2 - 2}$

104. $\frac{x + 5}{12} - \frac{4}{x + 1} = \frac{1}{2}$

105. $\frac{2x + 6}{x + 9} = -\frac{2x - 8}{x - 1}$

106. $\frac{x + 5}{2} - \frac{6}{x - 1} = 2$

107. $15 + \frac{4}{x} = \frac{36}{x + 1}$

108. $\frac{3}{x - 2} + \frac{4}{x - 3} + \frac{6}{x - 7} = 0$

109. $\frac{11}{4x} = \frac{2}{2x + 2} + \frac{2}{2x - 3}$

110. $(x^2 - 1) \cdot x = (x - 1)^3$

111. $\frac{4x^2 - 10}{18} - \frac{6x + 20}{30} = \frac{1 - 3x}{3}$

112. $\frac{10x}{3x + 7} + \frac{4}{x + 3} = 2$

113. $\frac{2 + \frac{1}{5}x}{15 + x} + \frac{1}{4x} = \frac{x}{5x - 75}$

114. $\frac{\frac{5x}{4} + 1}{\frac{x}{2} + 1} = \frac{x + \frac{1}{4}}{\frac{5x}{2} - 2}$

115. $\frac{ab}{a - x} = b + \frac{b}{ax - 1}$

116. $\frac{2x + 4}{5x + 15} + \frac{2x - 4}{4(x - 3)} = \frac{x^2 + 21}{10(x^2 - 9)}$

117. $\frac{2a^2 - 1}{ax + x^2} + \frac{x - 2a}{a + x} = \frac{x^2}{ax + x^2} - \frac{x - a}{x}$

118. $\frac{2x + 2}{2x + 4} + \frac{x - 1}{x + 10} = \frac{2x + 1}{x + 4}$

119. $\frac{3x+1}{x-5} - \frac{37}{10} = \frac{6x-21}{2x-8}$

120. $\dfrac{\frac{4a+2x}{3b}+\frac{2}{3}}{\frac{a-x}{a}+1} = -\dfrac{\frac{4x+2b}{3b}+\frac{2}{3}}{\frac{3x+b}{2a}-3}$

121.

$$\sqrt{x+2} + \sqrt{x-3} = \sqrt{3x+4}$$
$$(\sqrt{x+2} + \sqrt{x-3})^2 = (\sqrt{3x+4})^2$$
$$x + 2 + 2\sqrt{(x+2)\cdot(x-3)} + x - 3 = 3x + 4$$
$$(2\sqrt{(x+2)\cdot(x-3)})^2 = (x+5)^2$$
$$4(x+2)\cdot(x-3) = x^2 + 10x + 25$$
$$4x^2 - 12x + 8x - 24 = x^2 + 10x + 25$$
$$3x^2 - 14x - 49 = 0$$
$$x^2 - \frac{14}{3}x - \frac{49}{3} = 0$$
$$x_1 = \frac{14}{6} + \sqrt{\left(\frac{14}{6}\right)^2 + \frac{49}{3}} = \frac{14}{6} + \sqrt{\frac{784}{36}} = \frac{14}{6} + \frac{28}{6} = \underline{\underline{7}}$$
$$x_2 = \frac{14}{6} - \frac{28}{6} = -2\frac{1}{3} \text{ (keine Lösung)}$$

Probe zu 121:

$(x_1 = 7)$: $\sqrt{7+2} + \sqrt{7-3} = \sqrt{21+4}$

$3 + 2 = 5$

$\underline{\underline{5 = 5}}$

$\left(x_2 = -2\frac{1}{3}\right)$: $\sqrt{-2\frac{1}{3}+2} + \sqrt{-2\frac{1}{3}-3} = \sqrt{-7+4}$

$\sqrt{-\frac{1}{3}} + \sqrt{-5\frac{1}{3}} = \sqrt{-3}$

$x = -2\frac{1}{3}$ erfüllt nicht die Gleichung, ist also keine Lösung.

122. $-\sqrt{9x^2 + 5x - 3} = -11$

123. $\sqrt{5x-56} = \sqrt{x+12} - \frac{10}{\sqrt{x+12}}$

124. $\sqrt{n+x} + \sqrt{n-x} = \sqrt{2n}$

125. $2\sqrt{5-x} = \sqrt{5+x} - \sqrt{25-3x}$

126. $\sqrt{3x^2+2x+9} - x = 3$

127. $\sqrt{12x-8} - 2 = 2\sqrt{4x-7}$

128. $\sqrt{2x+5} - \sqrt{4x-4} = -1$

129. $4\sqrt{4x+25} + \sqrt{8(7x+30)} = 2\sqrt{60x+316}$

130. $\frac{1}{2}\sqrt{(a+b)\cdot x} - x = -\frac{a+b}{2}$

131. $\sqrt{40x+44} - 16 = \sqrt{16x+20}$

132. $\sqrt{12x-20} + \sqrt{20x-4} = \sqrt{28x+8}$

133. $\sqrt{\frac{4x-32}{x-1}} = \sqrt{4x-58}$

134. $\sqrt{\frac{6x-3}{9x-33}} = \sqrt{\frac{2x+8}{2x-2}}$

135. $\sqrt{8x+4-8\sqrt{2x+3}} = 2$

136. $\frac{3x+\sqrt{x+5}}{5} = \frac{27}{3x-\sqrt{x+5}}$

137. $\sqrt{m-x} - 2\sqrt{m} = -\sqrt{x+m}$

138. $\sqrt{\frac{6a^2}{x^2}+3} + a = \sqrt{\frac{6a^2}{x^2}+a^2-6} + 3$

139. $2\sqrt{56-5\sqrt[3]{7x-6}} = 12$

140. $\sqrt[3]{27+\sqrt{3x^2-2x}} = 3$

141. $\sqrt{\frac{x+b}{4}} - \sqrt{\frac{5x-3b}{4}} = \frac{4b}{5\sqrt{x+b}}$

142. $\frac{(2x-8a)\cdot\sqrt{3x-12a} + (2x-2a-6b)\sqrt{3x-3a-9b}}{6\sqrt{3x-12a} + 3\sqrt{12x-12a-36b}} = a - b$

143.

$$2x^2 + 12 = 2\sqrt{41x^2 - 64}$$
$$(x^2+6)^2 = \left(\sqrt{41x^2-64}\right)^2$$
$$x^4 + 12x^2 + 36 = 41x^2 - 64$$
$$x^4 - 29x^2 + 100 = 0$$
$$x^2 = z$$
$$z^2 - 29z + 100 = 0$$
$$z_{1,2} = \frac{29}{2} \pm \sqrt{\left(\frac{29}{2}\right)^2 - 100}$$
$$z_1 = \frac{29}{2} + \sqrt{\frac{841}{4} - \frac{400}{4}} = \frac{29}{2} + \frac{21}{2}$$
$$z_1 = 25$$
$$z_2 = \frac{29}{2} - \frac{21}{2} = 4$$
$$x^2 = z$$
$$|x| = \sqrt{z_1};\ \underline{\underline{x_1 = 5}} \text{ und } \underline{\underline{x_2 = -5}}$$
$$|x| = \sqrt{z_2};\ \underline{\underline{x_3 = 2}} \text{ und } \underline{\underline{x_4 = -2}}$$

144. $3(x^2 - 2) = \sqrt{x^2 + 32}$

145. $(2x^2 + 4)(x^2 - 1) = (4x^2 + 2)(x^2 - 2)$

146. $2x^6 + 26x^3 = 336$

147. $\dfrac{60}{(x - 5)^2} + \dfrac{(x - 5)^2}{2} = 13$

148. $2x^4 + 50 = 52x^2$

149. $x^2(x^2 - 170) + 169 = 0$

150. $2x + 4 = 6\sqrt{x}\,;\quad (\sqrt{x} = z)$

151. $(x^2 + 3)^2 + 84 = 19(x^2 + 3)$

152. $5(x - 2)^2 + 4{,}5 = \dfrac{1}{2}(x - 2)^4$

153. $\left(x + \dfrac{3}{x}\right)^2 - 7\dfrac{1}{2}\left(x + \dfrac{3}{x}\right) + 14 = 0$

154. $\dfrac{1}{x^2 - 1} + \dfrac{8}{3} = x^2 - 1$

155. $2x^2 - 8 = \dfrac{-14}{x^2 - 4x - 4} - 8x$

17.2. Graphische Lösung von Zahlengleichungen II. Grades mit einer Variablen

(Lösung auf Millimeterpapier $1 \mathrel{\hat{=}} 1$ cm)

1. $x^2 + x - 6 = 0$

2. $x^2 - 3x - 4 = 0$

3. $x^2 - 6x + 9 = 0$

4. $x^2 - x - 9 = 0$

5. $x^2 + x - 2 = 0$

6. $x^2 + x - 30 = 0$

7. $4x^2 - 13x + 3 = 0$

8. $5x^2 + 10x - 40 = 0$

9. $x^2 - x - \dfrac{15}{4} = 0$

10. $2x^2 + 4x - 21 = 0$

11. $6x^2 - 42x + 72 = 0$

12. $2x^2 - 2x + 2 + (x + 4)(x - 5) = 0$

13. $\dfrac{1}{2}(x + 4) \cdot (x - 5) + x(x - 1) + 1 = 0$

14. $\dfrac{x + 5}{6} - \dfrac{1}{x} = \dfrac{x}{3}$

15. $\dfrac{\sqrt{x}}{2} + 1 = \dfrac{x}{2}$

17.3. Textgleichungen II. Grades mit einer Variablen

1. Multipliziert man den 4. Teil einer Zahl mit dem 3. Teil derselben, so erhält man $\frac{4}{3}$. Wie heißt die Zahl?

2. Subtrahiert man vom Produkt zweier aufeinanderfolgender Zahlen 9, so erhält man die kleinere der beiden Zahlen. Wie heißt diese Zahl?

3. Ein Bauplatz hat eine Fläche von 243 m^2, die Breite beträgt $\frac{3}{4}$ der Länge. Wie sind die Abmessungen des Platzes?

4. Ein quadratisches Stahlblech, dessen Seiten 60 cm lang sind, wird an der einen Seite um soviel verlängert, wie die andere Seite verkürzt wird. Der Flächeninhalt des neuen Bleches beträgt 3575 cm^2. Wie groß sind die Maße des Bleches?

5. Ein Meister kauft für 60,— DM eine Anzahl Schrauben, ein anderes Mal erhält er für die gleiche Summe 100 Schrauben mehr, und so kommt ihn das zweite Mal jede Schraube 10 Pf billiger als das erste Mal. Wieviel Schrauben kaufte er das erste Mal?

6. Zwei Autofahrer fahren von zwei Orten, A und B (30 km), einander entgegen und treffen sich nach 18 min. A braucht für den ganzen Weg 15 min mehr als B. Wieviel Minuten braucht A für den ganzen Weg?

7. Ein Lastwagen legt in jeder Stunde 10 km weniger zurück als ein Sportwagen. Um 150 km zu durchfahren, braucht der letztere $\frac{1}{2}$ Stunde weniger als der erstere. Wieviel Kilometer legt der Sportwagen stündlich zurück?

8. Ein Haus steht so auf einem Bauplatz, daß die Kanten des Hauses von den Kanten des Bauplatzes überall den gleichen Abstand haben. Wie groß ist der Abstand, wenn die Maße des Hauses 15 m $\times$ 12 m sind und die Fläche des Hauses $\frac{9}{68}$ von der Fläche des Bauplatzes beträgt?

9. Um einen Graben herzustellen, braucht der eine Arbeiter 15 Stunden mehr als der andere. Zusammen benötigen sie 18 Stunden. In welcher Zeit sind sie einzeln mit der Arbeit fertig?

10. Zwei Wanderer (A und B) legen zusammen 3,2 km zurück. Die Schrittlänge von A ist um 20 cm länger als die von B. B macht auf dem ganzen Weg 800 Schritte mehr als A. Welche Schrittlängen haben A und B?

11. Ein Flugzeug fliegt von Leipzig nach Wien (660 km) und kommt in Wien 6 min früher an, da es Rückenwind von 60 km/h hatte. Wie hoch ist die Eigengeschwindigkeit des Flugzeuges?

12. Wenn man den Radius eines Kreises um 50 cm verlängert, so wird die alte Kreisfläche verdreifacht. Wie lang war der ursprüngliche Durchmesser?

13. Eine Kreissehne ist 4 cm lang. Um wieviel Zentimeter muß man sie verlängern, wenn die von ihrem Endpunkt an den Kreis gelegte Tangente 7 cm lang ist?

14. Ein Wasserbehälter ist 2 m hoch, hat die Form eines Kegelstumpfes und faßt 400 m^3 Wasser. Wie groß sind beide Durchmesser, wenn die Seitenfläche eine Neigung von 45° besitzt?

15. Zwei Pumpen füllen einen Behälter in 32 min mit Wasser. Wenn beide Pumpen einzeln arbeiten, braucht die eine Pumpe 15 min mehr als die andere. Berechnen Sie die einzelnen Füllzeiten.

16. Zwei Drähte haben, parallel geschaltet, einen Widerstand von 2 Ω. Die Einzelwiderstände unterscheiden sich um 3 Ω. Wie groß sind sie?

17. Ein Laufkran bewegt sich in einer Montagehalle mit 0,5 m/s. Seine Laufkatze fährt mit einer Geschwindigkeit von 0,8 m/s gleichzeitig rechtwinklig dazu. Berechnen Sie die Geschwindigkeit der Last.

18. Ein Hammer hat ein Gewicht von 200 N. Wie hoch ist seine Geschwindigkeit, wenn er eine kinetische Energie von 1200 Nm erhalten soll?

19. Um die Tiefe eines Schachtes zu messen, läßt man einen Stein hineinfallen. 6 Sekunden nach dem Beginn des Fallens hört man den Aufprall. Wie tief ist der Schacht?

20. Zwei Arbeiter prüfen mit einer Meßuhr die Genauigkeit einer großen Anzahl von Laufbüchsen. Sie beenden die Arbeit in 20 Tagen. Der zweite Arbeiter allein würde zur Durchprüfung 9 Tage länger brauchen als der erste. Wieviel Tage braucht jeder allein für diese Arbeit?

21. Zwei gleich große Kräfte wirken unter 90° auf einen Punkt. Die Resultierende und eine Kraft ergeben zusammen 1000 N. Wie groß sind Kraft und Resultierende?

22. Eine Rakete startet mit einer Beschleunigung von 1 g. Kurze Zeit danach wird ihr eine zweite Rakete mit gleicher Beschleunigung nachgeschickt. 8 Sekunden nach dem Start der ersten sind beide 137,2 m voneinander entfernt. Um wieviel Sekunden unterscheiden sich die Startzeiten?

23. Ein Behälter ist mit Wasser gefüllt und kann durch zwei Ventile in 540 Sekunden entleert werden. Das eine Ventil allein entleert den Behälter 450 Sekunden schneller als das andere Ventil. Berechnen Sie die Entleerungszeiten beider Ventile.

24. Bei einem Rückenwind von 24 km/h braucht ein Reiseflugzeug für die Strecke Köln—Berlin (480 km) 300 Sekunden weniger als bei Windstille. Wie groß ist die Eigengeschwindigkeit des Flugzeuges?

25. Zwei Kreise haben zusammen einen Flächeninhalt von 1276,272 m^2. Die Summe ihrer Durchmesser beträgt 55 m. Wie groß ist jeder Durchmesser?

Wiederholungsfragen über 17.

1. *Was ist eine quadratische Gleichung?*
2. *Erklären Sie die Begriffe „reinquadratisch“ und „gemischtquadratisch“.*
3. *Erklären Sie den Begriff „Normalform“ bei einer quadratischen Gleichung.*
4. *Wie wird eine reinquadratische Gleichung gelöst?*
5. *Wie löst man eine gemischtquadratische Gleichung der Form* $ax^2 + bx = 0$?
6. *Auf welche Weise löst man eine quadratische Gleichung der Form* $x^2 + px + q = 0$?
7. *Wie groß ist immer die quadratische Ergänzung?*
8. *Nennen Sie den Satz von Viëta, und geben Sie seine Bedeutung an.*
9. *Erklären Sie den Begriff „Diskriminante“.*
10. *Welchen Einfluß hat die Diskriminante auf die Lösungen der quadratischen Gleichung?*
11. *Wie werden Wurzelgleichungen II. Grades gelöst?*
12. *Welcher Grundgedanke ist maßgebend für die graphische Lösung von Gleichungen II. Grades mit einer Unbekannten?*
13. *Wann führt die graphische Lösung zu keinen reellen Ergebnissen?*
14. *Was ist beim Lösen von Textgleichungen II. Grades zu beachten?*

18. Gleichungen II. Grades mit zwei Variablen

1. Lösungsgang:

a) Die zwei Gleichungen nach einer der Methoden von 14.1. zu einer neuen Gleichung vereinigen (Einsetzungsmethode)

b) Die entstandene quadratische Gleichung mit einer Variablen mit Hilfe der Lösungsformel von 17.1., Beispiel 7, ausrechnen

c) Wertepaare festlegen:

$x_1 = 5$	$y_1 = 4$
$x_2 = 4$	$y_2 = 5$

Ein Wertepaar genügt hier als Lösung

2. Lösungsgang:

a) Den y-Wert der zweiten Gleichung in die erste Gleichung einsetzen

Beispiele:

1. $x + y = 9$

$x \cdot y = 20$

$y = 9 - x$

$x \cdot (9 - x) = 20$

$9x - x^2 = 20$

$x^2 - 9x + 20 = 0$

$$x_1 = \frac{9}{2} + \underbrace{\sqrt{\left(\frac{9}{2}\right)^2 - 20}} = \underline{\underline{5}}$$

$$x_2 = \frac{9}{2} - \quad \frac{1}{2} \quad = \underline{\underline{4}}$$

$y_1 = 9 - x_1 = 9 - 5 = \underline{\underline{4}}$

$y_2 = 9 - x_2 = 9 - 4 = \underline{\underline{5}}$

2. $$\frac{x^2}{y^2} = \frac{21}{16} - \frac{x}{y}$$

$y - x = 1$

$y = 1 + x$

b) Die entstandene neue Gleichung auf die Normalform bringen und mit Hilfe der Lösungsformeln ausrechnen

$$\frac{x^2}{(1+x)^2} = \frac{21}{16} - \frac{x}{1+x}; \text{H: } 16(1+x)^2$$

$$16x^2 = 21\,(1+x)^2 - 16x\,(1+x)$$

c) Bestimmung der y-Werte durch Einsetzen der x-Werte in die zweite Gleichung

$$x^2 - \frac{26}{11}x - \frac{21}{11} = 0 \quad \textit{Normalform}$$

d) Wertepaare festlegen:

$$x_1 = \frac{26}{22} + \sqrt{\left(\frac{26}{22}\right)^2 + \frac{21}{11}}$$

$x_1 = 3$	$x_2 = -\frac{7}{11}$
$y_1 = 4$	$y_2 = \frac{4}{11}$

Bei den Gleichungen II. Grades mit 2 Variablen erhält man immer zwei Wertepaare

$$x_1 = \frac{13}{11} + \frac{20}{11} = \underline{\underline{3}}$$

$$x_2 = \frac{13}{11} - \frac{20}{11} = \underline{\underline{-\frac{7}{11}}}$$

$$y_1 = 1 + x_1 = 1 + 3 = \underline{\underline{4}}$$

$$y_2 = 1 + x_2 = 1 - \frac{7}{11} = \underline{\underline{\frac{4}{11}}}$$

3. Ein Quader hat eine Höhe von 25 cm, eine Raumdiagonale von 30,822 cm und ein Volumen von 3,75 dm³. Berechnen Sie die Grundkanten.

Gegeben: $V = 3{,}75 \text{ dm}^3 = 3750 \text{ cm}^3$
$h = 25 \text{ cm}$
$D = 30{,}822 \text{ cm}$

Gesucht: a und b

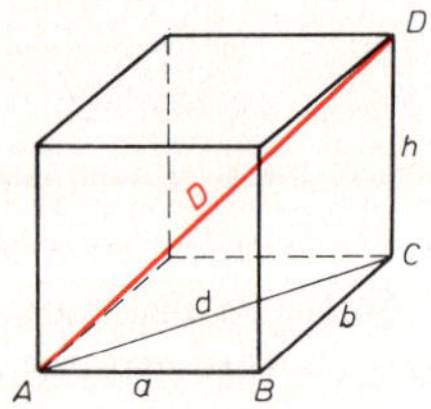

Lösungsgang:

a) Pythagoras im $\triangle ABC$

$$d^2 = a^2 + b^2$$

$$\text{I.}\quad d = \sqrt{a^2 + b^2}$$

b) Pythagoras im $\triangle ACD$

$$\text{II.}\quad D^2 = d^2 + h^2$$

c) Gleichungen I und II vereint

d) Volumengleichung für den Quader

$$\left.\begin{aligned} D^2 &= a^2 + b^2 + h^2 \\ V &= a \cdot b \cdot h \end{aligned}\right\} \text{2 Gleichungen mit 2 Variablen}$$

e) Aus der zweiten Gleichung a isolieren und in die erste Gleichung einsetzen

$$a = \frac{V}{b \cdot h}$$

$$D^2 = \left(\frac{V}{b \cdot h}\right)^2 + b^2 + h^2$$

$$D^2 = \frac{V^2}{b^2 \cdot h^2} + b^2 + h^2$$

f) Gleichung mit b^2 multiplizieren

$$D^2 b^2 = \frac{V^2}{h^2} + b^4 + b^2 h^2$$

g) Zahlen einsetzen

$$950b^2 = \frac{3750^2}{625} + b^4 + 625b^2$$

h) Gleichung auf die Normalform bringen

$$b^4 - 325b^2 + 22500 = 0$$

i) Für $b^2 = x$ einsetzen; es entsteht eine quadratische Gleichung

$$b^2 = x$$

$$x^2 - 325x + 22500 = 0$$

k) Gleichung mit Hilfe der Lösungsformel lösen

$$x_1 = \frac{325}{2} + \sqrt{\left(\frac{325}{2}\right)^2 - 22500}$$

$$x_1 = \frac{325}{2} + \frac{125}{2} = 225$$

l) Über die Gleichung $b^2 = x$ die Grundkanten b_1 und b_2 ausrechnen

$$b_1 = \sqrt{x_1} = \sqrt{225} = \underline{\underline{15}}$$

$$x_2 = \frac{325}{2} - \frac{125}{2} = 100$$

$$b_2 = \sqrt{x_2} = \sqrt{100} = \underline{\underline{10}}$$

m) Berechnung der Grundkanten a_1 und a_2. Die Grundkanten sind 10 cm und 15 cm lang

$$a_1 = \frac{V}{b_1 \cdot h} = \frac{3750}{15 \cdot 25} = \underline{\underline{10}}$$

$$a_2 = \frac{V}{b_2 \cdot h} = \frac{3750}{10 \cdot 25} = \underline{\underline{15}}$$

Übungen

18. Gleichungen II. Grades mit zwei Variablen

1. $\frac{y}{2} = \frac{3}{4}x$; $xy = 54$

2. $x^2 + y^2 = 13$; $y^2 - x^2 = 5$

3. $4y^2 + 5x^2 = 216$; $3x^2 + 3y^2 = 159$

4. $3x^2 + 4y^2 = 16$; $3y^2 + 4x^2 = 19$

5. $5x^2 + 4y^2 = 21$; $6x^2 + 2y^2 = 14$

6. $2x + 2y = 14$; $4x^2 - y^2 = 20$

7. $3x - 3y = 9$; $\frac{x^2}{9} - \frac{y^2}{3} = 1$

8. $xy = 9$; $x^2 + y^2 = 82$

9. $\frac{1}{x} + \frac{1}{y} = \frac{5}{6}$; $2x + 2y = 10$

10. $\frac{x^2}{y^2} + \frac{x}{y} = \frac{10}{9}$; $x \cdot y = 6$

11. $\frac{3}{2}x + 2y = 17$; $\frac{1}{2}xy = 12$

12. $10x - 60y = 38$; $xy = 1$

13. $\frac{x^2}{2} + \frac{y^2}{2} = 149$; $2x + 2y = 40$

14. $18x^2 + 8y^2 = 338$; $6x + 4y = 34$

15. $\frac{x}{2} + \frac{y}{2} = a$; $xy = a^2 - b^2$

16. $abx - aby = a^2 - b^2$; $xy - 1 = 0$

17. $x + 2y = 20$; $x^2 + y^2 = 100$

18. $xy + 41y = 456$; $4y + 2x = 42$

19. $2x^2 - 6xy + 2y^2 = 88$; $xy = 20$

20. $\frac{15}{3x + 9} + \frac{4}{2y - 2} = 2$; $\frac{1}{x} - \frac{3}{4y} = \frac{1}{4}$

21. Ein Rechteck hat eine Fläche von 360 cm². Die Länge der Diagonalen beträgt 41 cm. Berechnen Sie die Seiten.

22. Der Flächeninhalt eines rechtwinkligen Dreiecks beträgt 13,5 cm², die Katheten haben zusammen eine Länge von 10,5 cm. Berechnen Sie den Umfang des Dreiecks.

23. Die Hypotenuse eines rechtwinkligen Dreiecks ist 15 cm lang. Verkürzt man eine Kathete um 4 cm, so verändert sich die Länge der Hypotenuse auf 10 cm. Berechnen Sie die ursprünglichen Längen der Katheten.

24. Das Produkt zweier Zahlen beträgt 21, die Differenz der Quadrate 40. Wie heißen die Zahlen?

25. Aus einer kreisförmigen Blechplatte ($D = 120$ cm) soll ein Rechteck mit dem Umfang von 318,174 cm ausgeschnitten werden. Berechnen Sie die Seitenlängen.

Wiederholungsfragen über 18.

1. *Erklären Sie den Begriff „Gleichung II. Grades mit 2 Variablen".*
2. *Wie werden diese Gleichungen im Prinzip gelöst?*
3. *Wieviel Lösungen existieren, und warum gibt es diese?*

19. Exponentialgleichungen

Steht die Lösungsvariable einer Gleichung im Exponenten, so nennt man die Gleichung *Exponentialgleichung*. Sie läßt sich mit Hilfe der Logarithmenrechnung lösen.

$$a^{nx+b} = c \qquad \textit{Exponentialgleichung}$$

Lösungsgang:

1. Gleichung logarithmieren. Die Lösungsvariable wird dadurch aus dem Exponenten beseitigt
2. Neue Gleichung nach x auflösen und ausrechnen

$$(nx + b) \cdot \lg a = \lg c$$

$$nx + b = \frac{\lg c}{\lg a}$$

$$nx = \frac{\lg c}{\lg a} - b$$

$$x = \frac{1}{n}\left(\frac{\lg c}{\lg a} - b\right)$$

Beispiele:

1. Lösungsgang:

a) Gleichung logarithmieren
b) Logarithmen der Zahlen aufsuchen
c) Die neu entstandene Gleichung wird wie eine gewöhnliche Gleichung behandelt
d) Unbekanntes Glied isolieren
e) Der entstandende Bruch kann logarithmisch ausgerechnet werden

Durch das Logarithmieren wird das Ergebnis meistens nur annähernd genau; die Genauigkeit hängt von der Logarithmentafel ab.

1. $4^{2x} = 256$

$$2x \cdot \lg 4 = \lg 256$$

$$2x \cdot 0{,}6021 = 2{,}4082$$

$$2x = \frac{2{,}4082}{0{,}6021}$$

$$x = \frac{2{,}4082}{2 \cdot 0{,}6021} = \frac{2{,}4082}{1{,}2042}$$

N	lg
2,4082	0,3818
1,2042	0,0808 —
2	0,3010

$$x = \underline{\underline{2}}$$

2. Lösungsgang:

a) Gleichung logarithmieren
b) Logarithmen aufsuchen
c) Logarithmen vereinfachen
d) Klammern ausrechnen
e) x isolieren und ausrechnen

2. $\left(\frac{3}{4}\right)^{5x-14} = 0{,}5625^{x-1}$

$$(5x - 14) \cdot \lg 0{,}75 = (x - 1) \cdot \lg 0{,}5625$$

$$(5x - 14) \cdot \underbrace{0{,}8751 - 1} = (x - 1) \cdot \underbrace{0{,}7501 - 1}$$

$$(5x - 14) \cdot (-0{,}1249) = (x - 1) \cdot (-0{,}25)$$

$$-0{,}6245x + 1{,}7486 = -0{,}25x + 0{,}25$$

$$1{,}7486 - 0{,}25 = 0{,}6245x - 0{,}25x$$

$$1{,}4986 = 0{,}3745x$$

$$x = \frac{1{,}4986}{0{,}3745} = \underline{\underline{4}}$$

3. Lösungsgang:

a) Wurzeln in Potenzen mit Bruchzahlen als Exponenten umwandeln

b) Lehrsatz anwenden: Sind Potenzen mit gleicher Basis gleich, so sind auch ihre Exponenten gleich

3. $\sqrt{a^{x-3}} = \sqrt[3]{a^{x+2}}$

$a^{\frac{x-3}{2}} = a^{\frac{x+2}{3}}$

$\frac{x-3}{2} = \frac{x+2}{3}$

$3x - 9 = 2x + 4$

$\underline{\underline{x = 13}}$

4. Lösungsgang:

a) Gleichung logarithmieren

b) Für $a = \lg x$ einsetzen

c) Entstehende quadratische Gleichung lösen

d) Lösungswerte x_1 und x_2 mit Hilfe der Gleichung $a = \lg x$ ausrechnen

4. $x^{3-\lg x} = 100$

$(3 - \lg x) \cdot \lg x = \lg 100 = 2$

$\lg x = a$

$(3 - a) \cdot a = 2$

$3a - a^2 = 2$

$a^2 - 3a + 2 = 0$

$a_1 = \frac{3}{2} + \sqrt{\left(\frac{3}{2}\right)^2 - 2} = \frac{3}{2} + \frac{1}{2} = 2$

$a_2 = \frac{3}{2} - \frac{1}{2} = 1$

$x_1 = \text{num.} \lg 2 = \underline{\underline{100}}$

$x_2 = \text{num.} \lg 1 = \underline{\underline{10}}$

5. Lösungsgang:

a) Potenzen zerlegen

b) Potenzen ordnen

c) Potenzen durch Ausklammern in Produkte zerlegen

d) Gleichung logarithmieren

e) Glieder mit x auf eine Seite bringen

f) x isolieren

5. $a^{x+1} - b^{2x+1} = b^{2x-1} + a^{x-1}$

$a^x \cdot a - b^{2x} \cdot b = \frac{b^{2x}}{b} + \frac{a^x}{a}$

$a^x \cdot a - \frac{a^x}{a} = \frac{b^{2x}}{b} + b^{2x} \cdot b$

$a^x \left(a - \frac{1}{a}\right) = b^{2x} \left(\frac{1}{b} + b\right)$

$x \lg a + \lg\left(a - \frac{1}{a}\right) = 2x \lg b + \lg\left(\frac{1}{b} + b\right)$

$x \lg a - 2x \lg b = \lg\left(\frac{1}{b} + b\right) - \lg\left(a - \frac{1}{a}\right)$

$x (\lg a - 2 \lg b) = \lg\left(\frac{1}{b} + b\right) - \lg\left(a - \frac{1}{a}\right)$

$$\underline{\underline{x = \frac{\lg\left(\frac{1}{b} + b\right) - \lg\left(a - \frac{1}{a}\right)}{\lg a - 2 \lg b}}}$$

6. *Lösungsgang:*

a) Gleichung logarithmieren

b) Gleichung umformen und Klammern ausrechnen

c) Entstehende quadratische Gleichung mit Hilfe der Lösungsformel ausrechnen

6. $\sqrt[x+2]{a} = b^{2x+1}$

$$\frac{\lg a}{x+2} = (2x+1)\lg b$$

$$\frac{\lg a}{\lg b} = (2x+1)(x+2) = 2x^2 + 5x + 2$$

$$\frac{\lg a}{2\lg b} = x^2 + \frac{5}{2}x + 1$$

$$x^2 + \frac{5}{2}x + 1 - \frac{\lg a}{2\lg b} = 0$$

$$x_{1,2} = -\frac{5}{4} \pm \sqrt{\left(\frac{5}{4}\right)^2 - \left(1 - \frac{\lg a}{2\lg b}\right)}$$

Übungen

19. Exponentialgleichungen

1. $3^{x-1} = 27$
2. $2^{5x-7} = 8$
3. $4^{6x-16} = 16$
4. $\left(\frac{1}{2}\right)^x = 20$
5. $256 \cdot 0{,}5^{5x-4} = 2^x$
6. $\sqrt{16^{2x-2}} = 2^{3x-2}$
7. $11^{x+3} = 7 \cdot 6^{2x}$
8. $3 \cdot 4^{3x-3} = 3 \cdot 8^x$
9. $6^x = 36 \cdot 9{,}75^{x-2}$
10. $\sqrt{3^{4x-4}} = \frac{3^{x+1}}{3}$
11. $1{,}88 \cdot 2{,}9^{3x-2} = 61{,}2 \cdot 1{,}8^{3-x}$
12. $\frac{0{,}826}{125} = \frac{1{,}4^{3x} \cdot 68^{x-3}}{5^{2x-1}}$
13. $\sqrt[4]{b^{x-a}} = \sqrt[5]{b^{x+a}}$
14. $(b^{20x-7})^{9-3x} = (b^{15x-3})^{7-4x}$
15. $\left(\frac{5}{7}\right)^{\frac{11x+9}{x}} = \left(\frac{1}{3}\right)^{\frac{3}{x}}$
16. $81^{\frac{x+2}{x+12}} = \frac{1}{3}$
17. $\sqrt[x-3]{32^{x+17}} = \sqrt[x-7]{(0{,}25 \cdot 128)^{x+5}}$
18. $15 = \frac{1}{2}(8^{x+1} - 8^{x-1})$
19. $4^{2x+1} - 3^{3x+1} = 4^{2x+3} - 3^{3x+2}$
20. $3^{x-1} - 2^{3x-1} = 2^{3x-1} - 3^{x+1}$
21. $29{,}8^{\frac{1}{x-2}} = 3{,}1^x$
22. $(2^{3-x})^{2-x} = 1$
23. $4^y \cdot 3^x = 3888$
    $2x + 2y = 14$
24. $729^{\frac{1}{x}} \cdot 82^{\frac{1}{y}} = 491{,}7$
    $68^{\frac{1}{x}} \cdot 9{,}055^{\frac{1}{y}} = 41{,}32$

Wiederholungsfragen über 19.

1. *Erklären Sie den Begriff „Exponentialgleichung“.*
2. *Wie wird eine Gleichung dieser Art im Prinzip gelöst?*

20. Übersicht über die Arten der Gleichungen

1. *Identische Gleichung* Auf beiden Seiten stehen die gleichen Zahlen, Größen oder Variablen	$a + b = b + a$ $3\,\text{kg} + 5\,\text{kg} = 8\,\text{kg}$ $3a + 7a - 2a = 8a$
2. *Analytische Gleichung* Sie ist auch eine identische Gleichung	$(a - b)^2 = a^2 - 2ab + b^2$
3. *Bestimmungsgleichung* (x = Lösungsvariable)	$ax + b = c$
4. *Gleichung I. Grades mit einer Variablen* Es ist nur die Variable x in der ersten Potenz ($x^1 = x$) vorhanden	$3x + 7 = 19$
5. *Verhältnisgleichung (Proportion)*	$a:b = c:x$
6. *Wurzelgleichung* Die Variable x steht unter einem Wurzelzeichen	$9 - \sqrt{x} = 2$
7. *Gleichungssystem I. Grades mit zwei Variablen* Neben der Variablen x ist noch eine zweite Variable y vorhanden	$\left\| \begin{array}{r} 7x + 8y = 23 \\ 14x - 4y = 6 \end{array} \right\|$
8. *Gleichung II. Grades mit einer Variablen* Die Gleichung enthält mindestens eine Variable in der zweiten Potenz, die oft erst beim Lösen der Gleichung in Erscheinung tritt	$ax^2 + bx + c = 0$
9. *Gleichungssystem II. Grades mit zwei Variablen*	$\left\| \begin{array}{r} 3x^2 + 4y^2 = 91 \\ x + y = 7 \end{array} \right\|$
10. *Exponentialgleichung* Die Lösungsvariable steht im Exponenten	$a^{nx+b} = c$
11. *Funktionsgleichung*	$y = ax + b$

III. REIHENLEHRE

21. Arithmetische Reihe

Zahlen, die nach einem bestimmten Gesetz aufeinanderfolgen, bilden eine *Zahlenfolge*. Die einzelnen Zahlen nennt man Glieder.

$$\left.\begin{array}{l}1;\,2;\,3;\,4;\,5;\,6\\0;\,2;\,4;\,6;\,8;\,10\\5;\,10;\,15;\,20\end{array}\right\}\textit{Zahlenfolgen}$$

Werden die Glieder einer Zahlenfolge addiert, so bilden sie eine *Zahlenreihe*.

$$\left.\begin{array}{l}1+2+3+4+5+6\\5+10+15+20\end{array}\right\}\textit{Reihen}$$

Eine Folge oder Reihe von Zahlen heißt *arithmetisch*, wenn die Differenz d zweier aufeinander folgender Glieder immer gleich groß ist.

$2;\,5;\,8;\,11;\,14 \rightarrow d = 3$

$5 - 2 = \underline{\underline{3}};\; 11 - 8 = \underline{\underline{3}};\; 14 - 11 = \underline{\underline{3}}$

Bei einer aufsteigenden Folge ist die Differenz d positiv.

$3;\,5;\,7;\,9;\,11;\,13 \rightarrow d = 2$

Bei einer abfallenden Folge ist die Differenz negativ.

$13;\,9;\,5;\,1;\,-3;\,-7 \rightarrow d = -4$

a: Anfangsglied

d: Differenz

z: n-tes Glied (letztes Glied)

n: Anzahl der Glieder

s: Summe der arithmetischen Reihe; alle Glieder der Reihe wurden addiert

a;	$a+d$;	$a+2d$;	$a+3d$;	$a+(n-1)\cdot d$
1. Glied	2. Glied	3. Glied	4. Glied	n-tes Glied
				z

$$z = a + (n-1)\cdot d$$

$$s = \frac{n}{2}\left(a+z\right) = \frac{n}{2}\left[2a + (n-1)\cdot d\right]$$

Beweis:

Man schreibt die Reihe zweimal untereinander, jedoch in umgekehrter Reihenfolge der Glieder. Dann addiert man beide Reihen und erhält die doppelte Summe. Durch Umformen erhält man die Summenformel.

Für das Beispiel $a = 3;\ d = 2;\ n = 7$

$$\begin{array}{rl} & s = 3+5+7+9+11+13+15=63\\ + & s = 15+13+11+9+7+5+3\\ \hline & 2s = 18+18+18+18+18+18+18\end{array}$$

$$2s = 7\cdot 18 = 7\cdot(3+15)$$

$$s = \frac{7}{2}\cdot(3+15) = 63$$

$$s = \frac{n}{2}\cdot(a+z)$$

Aus Zweckmäßigkeitsgründen drückt man die Glieder der zweiten Reihe durch das letzte Glied weniger der Differenz d aus.

allgemein:

$$s = a + a + d + a + 2d + \,..\, + a + (n-2)\cdot d + z$$
$$s = z + z - d + z - 2d + \,..\, + z - (n-2)\cdot d + a$$
$$2s = (a+z) + (a+z) + (a+z) + \,..\, + (a+z) + (a+z)$$

$$2s = n \cdot (a + z)$$

$$s = \frac{n}{2} \cdot (a + z)$$

Beispiele:

1. Das Anfangsglied einer Reihe ist 7, die Anzahl der Glieder 6, die Differenz 3. Wie groß ist das letzte Glied und die Summe aller Glieder?

1. $a = 7;\ n = 6;\ d = 3;\ z = ?$
$s = ?$

Lösung:

$$z = a + (n-1)\cdot d = 7 + (6-1)\cdot 3$$
$$z = 7 + 15 = \underline{\underline{22}}$$
$$s = \frac{n}{2}\cdot(a+z) = \frac{6}{2}\cdot(7+22) = \underline{\underline{87}}$$

Letztes Glied = 22, Summe = 87

2. Von der gegebenen Folge kennt man das Anfangsglied (87), das Endglied (—12) und die Differenz (76 — 87 = —11).

2. 87; 76 · · · · —1; —12

$n = ?\quad s = ?$

Lösung:

$$z = a + (n-1)\cdot d$$
$$-12 = 87 + (n-1)\cdot(-11)$$
$$n = \frac{-99}{-11} + 1 = 9 + 1 = \underline{\underline{10}}$$
$$s = \frac{n}{2}(a+z) = 5(87-12) = \underline{\underline{375}}$$

Anzahl der Glieder: $n = 10$

Summe der Glieder: $s = 375$

3. Von der Folge kennt man das Anfangsglied (5), das Endglied (—3) und die Anzahl der Glieder (5). Man kann d berechnen und dann die Folge bilden.

3. Zwischen den Zahlen 5 und —3 sind 3 Glieder einzuschalten, so daß eine arithmetische Folge entsteht.

5 · · · —3

$$z = a + (n-1)\cdot d$$
$$-3 = 5 + (5-1)\cdot d$$
$$d = -\frac{8}{4} = \underline{\underline{-2}}\qquad \underline{\underline{5, 3, 1, -1, -3}}$$

Beispiel 338/1: Es sollen 628 m Papier von der Stärke $t = 0{,}2$ mm auf eine Rolle gewickelt werden, die den Durchmesser $d = 20$ cm hat.

a) Wieviel Lagen ergeben sich?

b) Welchen Durchmesser hat die Rolle nach dem Aufwickeln?

Lösungsgang:

a) Das Anfangsglied ist

$$U = d \cdot \pi = 20 \cdot 3{,}14 = 62{,}8 \text{ cm}$$

Der Dickenunterschied beträgt 0,4 mm. Jede Lage ist also um $0{,}4 \cdot 3{,}14 = 1{,}256$ mm länger. Wenn man die bekannten Werte in die Formel für die Summe der arithmetischen Reihe einsetzt, erhält man eine quadratische Gleichung. Es ergeben sich rund 618 Lagen.

$$a = 62{,}8 \text{ cm}$$

$$d = 0{,}1256 \text{ cm}$$

$$s = 62\,800 \text{ cm}$$

$$s = \frac{n}{2}\,[2a + (n - 1) \cdot d]$$

$$62\,800 = \frac{n}{2}\,[2 \cdot 62{,}8 + (n - 1) \cdot 0{,}1256]$$

$$62\,800 = \frac{2 \cdot 62{,}8 \cdot n}{2} + \frac{0{,}1256}{2}\, n \cdot (n - 1)$$

$$62\,800 = 62{,}8n + \frac{0{,}1256}{2}\, n^2 - \frac{0{,}1256}{2}\, n$$

$$n^2 + 999n - 1\,000\,000 = 0$$

$$\underline{\underline{n \approx 618}}$$

b) Bei jeder Lage wird der Durchmesser um 0,4 mm länger, insgesamt also um 24,72 cm. Die Rolle hat am Schluß einen Durchmesser von 44,72 cm.

$$618 \cdot 0{,}4 \text{ mm} = 247{,}2 \text{ mm}$$

$$= 24{,}72 \text{ cm}$$

$$20 \text{ cm} + 24{,}72 \text{ cm} = \underline{\underline{44{,}72 \text{ cm}}}$$

Beispiel 338/2: Eine Stahlflasche faßt 40 l. Jemand will sie mit einer Pumpe (1 Stoß = 250 cm³) so lange mit Luft füllen, bis der Druck im Innern auf $5 \cdot 10^5$ N/m² angestiegen ist.

Nach wieviel Kolbenstößen ist dieser Druck vorhanden?

Lösungsgang:

Bei 40 l Inhalt ist der Flaschendruck 10^5 N/m².

Bei $5 \cdot 40$ l (200 l) Inhalt ist der Flaschendruck $5 \cdot 10^5$ N/m².

Nach dem 1. Kolbenstoß (Anfangsglied) hat die Stahlflasche 40,25 l Inhalt.

$a = 40{,}25$; $d = 0{,}25$; $z = 200$

Nach 640 Stößen herrschen in der Flasche $5 \cdot 10^5$ N/m² Druck. (Von der Erwärmung ist abgesehen.)

40; 40,25; 40,25; ... ; 200 l

$$z = a + (n - 1) \cdot d$$

$$200 = 40{,}25 + (n - 1) \cdot 0{,}25$$

$$n = \frac{200 - 40}{0{,}25}$$

$$= \underline{\underline{640}}$$

Übungen

21. Arithmetische Reihe

1. Man berechne s und z aus $a = 7$, $n = 15$, $d = 4$.
2. Man berechne s und z aus $a = -3$, $n = 6$, $d = -4$.
3. Man berechne s und z aus $a = 12$, $n = 23$, $d = -2$.
4. Man berechne s und z aus $a = -9$, $n = 5$, $d = 3$.
5. Man berechne s und z aus $a = 1$, $n = 20$, $d = 1$.
6. Man berechne n und s aus $z = 57$, $a = 6$, $d = 3$.
7. Man berechne a und s aus $z = -7$, $n = 6$, $d = -4$.
8. Man berechne a und d aus $n = 7$, $s = 63$, $z = 15$.
9. Die fehlenden Glieder folgender arithmetischer Reihen sind zu berechnen:

	a)	b)	c)	d)	e)	f)
a	5	4	10			—205
d	3	3			5	5
n		30	20	43	57	
z			—85	302	448	
s	440			6665		4250

10. Berechnen Sie die Summe der 35 ersten ungeraden Zahlen.
11. Gegeben sind: d, n, s. Berechnen Sie das Anfangsglied a mit Variablen.
12. Gegeben sind: a, d, s. Berechnen Sie die Anzahl der Glieder n mit Variablen.
13. Berechnen Sie das letzte Glied z, wenn bekannt sind **a)** a, d, n, **b)** a, n, s, **c)** a, d, s, **d)** d, n, n, s.
14. Wieviel aufeinanderfolgende ungerade Zahlen sind zu addieren, wenn das Anfangsglied 1 ist und ihre Summe 1600 ergeben soll?
15. Wieviel aufeinanderfolgende gerade Zahlen sind zu addieren, wenn das Anfangsglied 2 ist und ihre Summe 1640 ergeben soll?
16. Wie groß ist die Summe aller durch 7 teilbaren Zahlen von 14 bis 518?
17. Zwischen 6 und —9 sollen 4 Glieder so eingeschaltet werden, daß eine arithmetische Folge entsteht. Wie heißen diese?
18. Welches ist die Summe aller Zahlen von 1 bis 100?
19. Welches ist die Summe aller ungeraden Zahlen von 7 bis 37?
20. Wieviel Schläge macht eine Turmuhr in 2 Tagen, wenn sie nur ganze Stunden schlägt?
21. Die Summe des 3. und des 11. Gliedes einer arithmetischen Reihe ist gleich 34, die des 7. und 12. Gliedes gleich 44. Welches ist die Summe der ersten 25 Glieder dieser Reihe?
22. Ein Körper hat eine Geschwindigkeit von 600 km/h. Jede Sekunde nimmt diese um 9,8 m ab. Nach wieviel Sekunden ist der Körper in Ruhe?
23. Ein Kupferdraht (2 mm ⌀) wird auf eine zylindrische Trommel von 40 cm Länge und 3 cm Durchmesser gewickelt. Wieviel Lagen ergeben sich, wenn der Draht 180 m lang ist?
24. Wie groß ist die Summe sämtlicher Zahlen zwischen 8 und 498, die, durch 7 dividiert, den Rest 1 ergeben?
25. In einer Glasbläserei werden Flaschen gestapelt. Die unterste Reihe enthält 25 Flaschen. Die nächste Reihe liegt über je zwei Flaschen der unteren Reihe. Wieviel Flaschen liegen in 10 Reihen?
26. Durch Erdbohrungen hat man festgestellt, daß in etwa 30 m Tiefe unter der Erdoberfläche eine durchschnittliche mittlere Jahrestemperatur von 283 K herrscht. Von hier an nimmt die Temperatur um 1 K auf je 33 m Tiefe zu. Wie hoch wird die Temperatur am Grunde eines 3231 m tiefen Bohrloches etwa sein?
27. Ein Techniker erhält ein jährliches Gehalt von 18 000 DM. Nach Ablauf eines jeden Jahres erhält er eine Zulage von 40 DM/Monat. Wie hoch ist sein monatliches Gehalt im 25. Jahr, und wieviel DM hat er im ganzen in 25 Jahren erhalten?

28. Eine aufsteigende Rakete erreicht in 2000 m Höhe ihre Höchstbeschleunigung von 40 m/s². Diese hält sie 160 Sekunden bei, dann ist der gesamte Brennstoff verbraucht. Wie hoch ist ihre Endgeschwindigkeit, wenn die Geschwindigkeit in 2000 m Höhe 280 m/s betrug?

29. Ein Auto fährt im Leerlauf einen Berg abwärts. Sein Weg in der 1. Sekunde beträgt 3 m und in jeder folgenden Sekunde 1,2 m mehr als in der vorhergehenden. Welche Geschwindigkeit (km/h) hat der Wagen nach 21 Sekunden?

30. Bei einem Wettbewerb sollen 6000 DM unter 12 Teilnehmer so aufgeteilt werden, daß jeder folgende 30 DM mehr erhält als der vorhergehende. Wieviel Geld erhält der erste und wieviel der letzte Teilnehmer?

Wiederholungsfragen über 21.

1. *Was versteht man unter einer Zahlenfolge?*
2. *Wie entsteht eine Zahlenreihe?*
3. *Wann heißt eine Folge oder Reihe arithmetisch?*
4. *Wann ist eine Reihe aufsteigend, wann absteigend?*
5. *Wie wird das letzte Glied und die Summe einer arithmetischen Reihe berechnet?*

22. Geometrische Reihe

Eine Folge oder Reihe von Zahlen heißt *geometrisch*, wenn der Quotient zweier aufeinanderfolgender Glieder immer gleich groß ist. Wechseln die Glieder das Vorzeichen, so ist der Quotient negativ.

$1;\ 2;\ 4;\ 8;\ 16 \blacktriangleright q = 2$

$$\frac{2}{1} = \underline{\underline{2}} \qquad \frac{8}{4} = \underline{\underline{2}}$$

$2;\ -6;\ +18;\ -54 \blacktriangleright q = -3$

$$-\frac{6}{2} = \underline{\underline{-3}} \qquad \frac{18}{-6} = \underline{\underline{-3}}$$

Wenn man ein Glied mit dem Quotienten q multipliziert, entsteht das nächste Glied.

a	$a \cdot q$	$a \cdot q^2$	$\ldots\ldots aq^{n-1}$
1. Glied	*2. Glied*	*3. Glied*	*n-tes Glied* (z)

a: Anfangsglied
q: Quotient
n: Anzahl der Glieder
z: n-tes Glied (letztes Glied)
s: Summe der geometrischen Reihe von n Gliedern

$$\boxed{z = a \cdot q^{n-1}}$$

$$\boxed{s = a \cdot \frac{q^n - 1}{q - 1} = a \cdot \frac{1 - q^n}{1 - q}} \qquad q \neq 1$$

Man schreibt zunächst die Reihe nieder. Darauf multipliziert man jedes Glied mit dem Quotienten (2) und schreibt gleiche Glieder untereinander. Nun subtrahiert man von der erweiterten Reihe die nicht erweiterte. Die verbleibenden Glieder löst man nach s auf.

Beweis:

Für das Beispiel $a = 3,\ q = 2,\ n = 5$

$$s = 3 + 3 \cdot 2 + 3 \cdot 2^2 + 3 \cdot 2^3 + 3 \cdot 2^4$$
$$2s = \quad 3 \cdot 2 + 3 \cdot 2^2 + 3 \cdot 2^3 + 3 \cdot 2^4 + 3 \cdot 2^5$$

$$2s - s = 3 \cdot 2^5 - 3$$

$$s(2-1) = 3\,(2^5 - 1)$$

$$\underbrace{s = 3 \cdot \frac{2^5 - 1}{2 - 1}} = 3 \cdot \frac{31}{1} = \underline{\underline{93}}$$

$$s = a \cdot \frac{q^n - 1}{q - 1}$$

Lösungsgang:

1. Alle Glieder der Reihe mit dem Quotienten q multiplizieren.
2. Gleiche Glieder der Reihen untereinanderschreiben und subtrahieren.
3. Die verbleibenden Glieder löst man nach s auf.

allgemein:

$$s = a + aq + aq^2 + aq^3 + \cdots + aq^{n-1}$$

$$qs = \quad aq + aq^2 + aq^3 + \cdots + aq^{n-1} + aq^n$$

$$qs - s = aq^n - a$$

$$s \cdot (q - 1) = a \cdot (q^n - 1)$$

$$s = a\frac{q^n - 1}{q - 1} = a\frac{1 - q^n}{1 - q}$$

Beispiele:

1. Von der gegebenen Folge kennt man das Anfangsglied $a = 27$, das Endglied $z = \frac{1}{81}$ und die Anzahl der Glieder $n = 8$.

1. $27;\ 9;\ 3;\ 1;\ \frac{1}{3};\ \frac{1}{9};\ \frac{1}{27};\ \frac{1}{81}$

$s = ?\quad q = ?$

Lösung:

$$q = \frac{9}{27} = \underline{\underline{\frac{1}{3}}}$$

Es ist ratsam, das Glied $\left(\frac{1}{3}\right)^8$ und auch den dann entstehenden Quotienten logarithmisch auszurechnen.

$$s = a \cdot \frac{1 - q^n}{1 - q} = 27 \cdot \frac{1 - \left(\frac{1}{3}\right)^8}{1 - \frac{1}{3}}$$

$$s \approx 27 \cdot 1{,}5$$

$$\approx \underline{\underline{10{,}5}}$$

2. Von einer geometrischen Reihe kennt man das Anfangsglied (3) und den Quotienten (2); das 6. Glied ist dann 96.

2. $a = 3$, $q = 2$, wie heißt das 6. Glied?

$$z = aq^{n-1} = 3 \cdot 2^5 = 3 \cdot 32 = \underline{\underline{96}}$$

3. Man kennt von der Folge das Anfangsglied (3), das Endglied $\left(\frac{3}{64}\right)$ und die Anzahl der Glieder $(5 + 2 = 7)$.

3. Zwischen 3 und $\frac{3}{64}$ sollen 5 Glieder so eingeschaltet werden, daß eine geometrische Folge entsteht.

Lösung:

$$z = aq^{n-1};\ \frac{3}{64} = 3 \cdot q^6$$

Der Quotient q ist $\frac{1}{2}$.

$$q^6 = \frac{1}{64};\ q = \sqrt[6]{\frac{1}{64}} = \underline{\underline{\frac{1}{2}}}$$

Die 7 Glieder der Folge sind dann

$$3;\ 1\frac{1}{2};\ \frac{3}{4};\ \frac{3}{8};\ \frac{3}{16};\ \frac{3}{32};\ \frac{3}{64}.$$

4. Man kennt von dieser Folge

$a = 2,\ z = 6250$ und $q = \frac{10}{2} = 5$.

Da das unbekannte Glied im Exponenten steht, kann man die Gleichung nur durch Logarithmieren lösen (Exponentialgleichung, vgl. 19.)

4. $2;\ 10;\ \cdots\ 6250 \qquad n = ?$

Lösung:

$z = aq^{n-1};\ 6250 = 2 \cdot 5^{n-1}$

$(n - 1) \cdot \lg 5 = \lg 6250 - \lg 2$

$n - 1 = \frac{3{,}7959 - 0{,}3010}{0{,}6990} = 5$

$\underline{\underline{n = 6}}$

Beispiel 342: Ein Litergefäß Wasser enthält 100 g aufgelösten Zucker. Es wird nun $\frac{1}{2}$ l abgegossen und ebensoviel reines Wasser zugegossen. Dieses Verfahren wird siebenmal angewendet. Wieviel g Zucker befinden sich dann noch in dem Gefäß?

Lösungsgang:

Die verbleibenden Zuckermengen bilden nach jeder Füllung eine geometrische Folge. Das letzte Glied gibt den Zuckergehalt nach der 7. Füllung an; er beträgt noch 0,78 g.

$100\text{ g};\ 50\text{ g};\ 25\text{ g} \cdots n = 8$

$a = 100;\ q = \frac{1}{2};\ n = 8$

$z = a \cdot q^{n-1} = 100 \cdot \left(\frac{1}{2}\right)^7 = \frac{100}{128}$

$\underline{\underline{z = 0{,}78}}$

Übungen

22. Geometrische Reihe

1. Man berechne z und s aus $a = 2,\quad q = 3,\quad n = 6$.
2. Man berechne z und s aus $a = 9,\quad q = \frac{1}{2},\quad n = 9$.
3. Man berechne q und s aus $a = 10,\quad n = 8,\quad z = 2799360$.
4. Man berechne q und s aus $a = 5,\quad n = 7,\quad z = 3645$.

Berechnen Sie für die geometrischen Zahlenfolgen:

5. $4;\ \frac{8}{3};\ \frac{16}{9} \ldots$ das 7. Glied und die Summe der ersten 7 Glieder.
6. $6; 2; \frac{2}{3} \ldots$ das 12. Glied und die Summe der ersten 12 Glieder.
7. $3;\ 4\frac{1}{2};\ 6\frac{3}{4} \ldots$ das 8. Glied und die Summe der ersten 8 Glieder.
8. Zwischen 49 und $\frac{1}{49}$ sollen 3 Glieder so eingeschaltet werden, daß eine geometrische Zahlenfolge entsteht. Wie heißt diese?
9. Berechnen Sie n und s aus $a = 7,\ q = 5,\ z = 21875$.
10. Berechnen Sie n und s aus $a = 1,\ q = 2,\ z = 256$.

11. Die fehlenden Glieder folgender geometrischer Reihen sind zu berechnen:

	a)	b)	c)	d)	e)
a		13		25	230
q	2		3	—4	—3
n	10	9	10		12
z	1536	3328			
s			147620	81925	

12. Es ist a zu berechnen aus: **a)** q, n, s, **b)** q, n, z, **c)** q, z, s.

13. Man erweitere folgende geometrische Reihen um 3 Glieder:

a) $1 - 3 + \dots$ **b)** $\frac{25}{27} + \frac{5}{9} + \dots$

c) $\frac{1}{a} + \frac{1}{b}$ **d)** $a^2b - a^3 + \dots$

14. Die Summe von 3 aufeinanderfolgenden Gliedern einer geometrischen Reihe beträgt 57, das erste dieser Glieder ist 49. Wie groß ist der Quotient dieser Reihe?

15. Der Erfinder des Schachspieles sollte sich eine Belohnung wählen; er wünschte sich vom König auf das erste Feld des Schachbrettes 1 Weizenkorn, auf das zweite Feld 2 Körner, auf das dritte 4 Körner usw.

a) Wieviel Körner sind das im insgesamt?

b) Wieviel Tonnen wiegt die Gesamtmenge, wenn auf 1 kg 20000 Körner kommen?

16. Ein Forscher züchtet auf einem Nährboden Bazillen, die sich durch Spaltung alle Stunden teilen. Wenn er fünf Bazillen auf den Nährboden bringt, wie groß ist die Anzahl nach 12 Stunden?

17. Eine Halbliterflasche mit Wasser enthält 60 g Farbstoff. Jemand gießt die Hälfte ab und gibt ebensoviel reines Wasser hinzu. Wieviel Gramm Farbstoff sind in der Flasche noch enthalten, wenn er diesen Vorgang 12mal ausführt?

18. Drei Zahlen, von denen die zweite um 17 größer ist als die erste, die dritte um 34 größer als die zweite, bilden eine geometrische Folge. Wie heißen die Zahlen?

19. Ein Gefäß enthält 10 l 96 %igen Alkohol. Um den Alkohol zu verdünnen, wird folgender Vorgang mehrfach wiederholt: Man gießt 2 l Wasser hinzu und entnimmt 2 l der Mischung. Wie oft muß dieser Vorgang ausgeführt werden, damit die Flüssigkeit nur noch etwa 5 l 96 %igen Alkohol enthalten soll? Wieviel %ig ist dann die Mischung?

20. Von 120 dm³ Alkohol zu 75% werden 3 dm³ abgelassen und durch Wasser ersetzt. Wieviel %ig ist die Mischung, wenn man dieses Verfahren 30mal ausführt?

21. In 1590 Jahren zerfällt Radium auf die Hälfte (Halbwertszeit). Nach welcher Zeit ist von 2 g Radium nur noch 1 mg übrig?

22. Bei Werkzeugmaschinen haben Getriebe in der Regel geometrische Drehzahlabstufungen. Die Maschine soll zwölf verschiedene Drehzahlen aufweisen: $n_1 = 12 \dots n_{12} = 530$. Wie groß ist der Stufensprung q und $n_2 \dots n_{11}$?

23. Ein Getriebe erhält zehn geometrisch abgestufte Drehzahlen. Der Stufungsfaktor ist $q = 1{,}4$, die Anfangsdrehzahl 8. Welche Drehzahlen hat das Getriebe?

Wiederholungsfragen über 22.

1. *Wann heißt eine Folge oder Reihe geometrisch?*
2. *Wie wird das letzte Glied und die Summe einer geometrischen Reihe berechnet?*

23. Unendliche geometrische Reihe

Addiert man die unendlich vielen Glieder einer unendlichen geometrischen Reihe, bei der q gleich oder größer als 1 ist, so ist die Summe unendlich groß. — Ist $|q|$ kleiner als 1, so ist die Summe aller Glieder nicht unendlich groß, sondern strebt bei unendlich vielen Gliedern einem Grenzwert zu, den man mit nebenstehender Summenformel berechnen kann. *Diese Formel gilt nur, wenn $|q|$ kleiner als 1 ist.*

(vom Betrag her)

Da $|q|$ kleiner als 1 ist, ist ein Glied immer kleiner als das ~~folgende~~ vorher-gehende; auf diese Weise nähert sich der Wert der Glieder dieser Reihe immer mehr dem Werte Null. Geht man unendlich viele Glieder weiter, so kommt man unendlich nahe an Null, d. h. man erreicht die Null. Mathematisch drückt man das folgendermaßen aus:

$$\frac{1}{10^n} \longrightarrow 0 \text{ für } n \longrightarrow \infty$$

Aussprache: $\frac{1}{10^n}$ geht gegen Null,

wenn n gegen Unendlich geht.

oder allgemein

wenn $|q| < 1$ ist, geht $q^n \longrightarrow 0$ für $n \longrightarrow \infty$

1. Man berechnet q und bestimmt dann die Summe der Reihe.

$$3 + 6 + 12 + 24 + \cdots\cdots = \infty \qquad q > 1$$

$$3 + 3 + 3 + 3 + \cdots\cdots = \infty \qquad q = 1$$

$$1 + \frac{1}{2} + \frac{1}{4} + \frac{1}{8} + \cdots\cdots = 2 \qquad q < 1$$

$$\boxed{s = \frac{a}{1-q}} \quad \text{für } |q| < 1$$

Beweis:

Für das Beispiel $a = 1$, $q = \frac{1}{10}$

$$s = 1 + \frac{1}{10} + \frac{1}{10^2} + \frac{1}{10^3} + \cdots \frac{1}{10^\infty}$$

$$s = a \cdot \frac{1-q^n}{1-q} = 1 \cdot \frac{1-\left(\frac{1}{10}\right)^\infty}{1-\frac{1}{10}} = 1 \cdot \frac{1}{1-\frac{1}{10}}$$

$$s = \underbrace{\frac{1}{1-\frac{1}{10}}} = \frac{1}{\frac{9}{10}} = \underline{\underline{1\frac{1}{9}}}$$

$$s = \frac{a}{1-q}$$

allgemein: $|q| < 1$

$$s = a \cdot \frac{1-q^n}{1-q}$$

$q^n \longrightarrow 0$, *wenn* $n \longrightarrow \infty$

$$s = \frac{a}{1-q}$$

Beispiele:

1. Berechnen Sie die Summe der unendlichen geometrischen Reihe

$$4 + 1 + \frac{1}{4} + \frac{1}{16} + \cdots$$

Lösung:

$$q = \frac{1}{4}; \; s = \frac{a}{1-q} = \frac{4}{1-\frac{1}{4}} = \underline{\underline{5\frac{1}{3}}}$$

2. Periodische Dezimalbrüche kann man in eine unendliche Reihe umwandeln. Im nebenstehenden Beispiel ist

$$a = \frac{243}{1000} \text{ und } q = \frac{1}{1000}$$

$$0,\overline{243} = \frac{9}{37}$$

2. Verwandeln Sie $0,\overline{243}\ldots$ in eine echte Bruchzahl.

Lösung:

$$0,\overline{243}\ldots = \frac{243}{1000} + \frac{243}{1000}\cdot\frac{1}{1000} + \frac{243}{1000}\cdot\left(\frac{1}{1000}\right)^2 + \ldots$$

$$s = \frac{a}{1-q} = \frac{\frac{243}{1000}}{1-\frac{1}{1000}}$$

$$= \frac{243}{1000\cdot\frac{999}{1000}} = \frac{243}{999} = \underline{\underline{\frac{9}{37}}}$$

Beispiel 345: In ein Quadrat mit der Seite $a = 10$ cm wird ein 2. Quadrat eingezeichnet, indem man die Mittelpunkte der Seiten miteinander verbindet. In das so entstandene Quadrat wird in gleicher Weise wieder ein Quadrat eingezeichnet usw. Wie groß ist die Summe der Flächeninhalte aller Quadrate?

Lösungsgang:

Die Flächeninhalte der einzelnen Quadrate sind die Glieder einer unendlichen geometrischen Zahlenfolge.

Das erste Glied der Folge ist die Fläche des ersten Quadrates gleich 100 cm²; um das zweite Quadrat zu berechnen, muß man zunächst mit Hilfe des Satzes von Pythagoras die Seite x berechnen. Für q ergibt sich der Wert $^1/_2$.

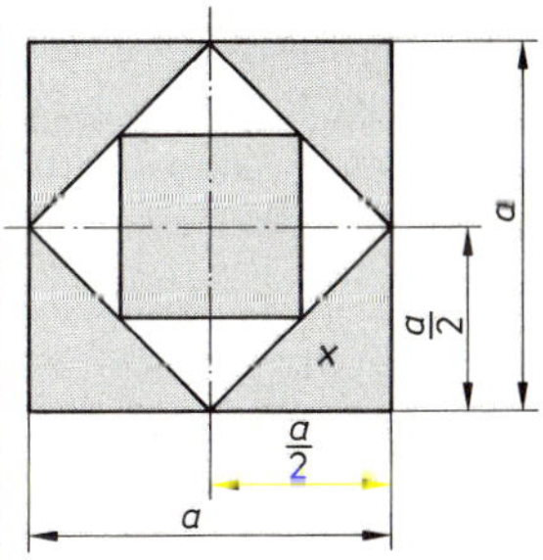

$$x^2 = \left(\frac{a}{2}\right)^2 + \left(\frac{a}{2}\right)^2$$

$$x^2 = \frac{2a^2}{4} = \frac{a^2}{2}$$

$$x = \frac{a}{\sqrt{2}}$$

$$a^2; \frac{a^2}{2}\ldots \textit{ oder } 100; 50\ldots$$

Die Summe der Flächeninhalte aller Quadrate beträgt dann 200 cm².

$$q = \frac{1}{2};\ s = \frac{a}{1-q} = \frac{100}{0,5} = \underline{\underline{200}}$$

Übungen

23. Unendliche geometrische Reihe

Berechnen Sie die Summen der folgenden unendlichen geometrischen Reihen:

1. $2 + \frac{2}{3} + \frac{2}{9} + \ldots$

2. $1 + 0,3 + 0,3^2 + \ldots$

3. $4 + \frac{2}{\sqrt{2}} + \frac{1}{2} + \ldots$

4. $1 - \frac{3}{4} + \frac{9}{16} - \ldots$

5. $\sqrt{2} + 1 + \frac{1}{\sqrt{2}} + \ldots$

6. $1 - 0,6 + 0,36 - \ldots$

7. $2 - \frac{2}{3} + \frac{2}{9} - \ldots$

8. $1 + \frac{1}{2} + \frac{1}{4} + \ldots$

9. $1 + \frac{1}{3} + \frac{1}{9} + \ldots$

Stellen Sie für $|x| > 1$ die Summenformel auf:

10. $1 + \frac{1}{x} + \frac{1}{x^2} + \ldots$ **11.** $\frac{x-2}{x} + \frac{x-2}{x^2} + \frac{x-2}{x^3} + \ldots$

Verwandeln Sie die Dezimalbrüche in echte Bruchzahlen:

12. $0{,}6\overline{6}\ldots$ **13.** $0{,}56\overline{6}\ldots$ **14.** $0{,}08\overline{8}\ldots$ **15.** $0{,}015\overline{15}\ldots$

16. $0{,}4\overline{4}\ldots$ **17.** $0{,}252\overline{424}\ldots$

18. In ein Quadrat mit der Seite $a = 6$ cm wird ein zweites Quadrat eingezeichnet, indem man die Mittelpunkte der Seiten miteinander verbindet. In das so entstandene Quadrat wird in gleicher Weise wieder ein Quadrat eingezeichnet usw. Wie groß ist die Summe der Längen aller Quadratseiten?

19. Mit einem Rechteck ($a = 8$ cm, $b = 4$ cm) ist in gleicher Weise zu verfahren wie in Aufgabe 18. Wie groß ist dann die Flächensumme aller Vierecke?

20. In ein Quadrat mit der Seite $a = 8$ cm wird ein Innenkreis gezeichnet, in diesen wieder ein Quadrat usw. Bestimmen Sie:

a) die Summe aller Inhalte von den Quadraten und Kreisen,
b) die Summe aller Umfänge von den Quadraten und Kreisen.

21. Ein Jäger schießt auf einen Hasen, der 100 m von ihm entfernt davonläuft. Die Kugel verfolgt nun den Hasen mit zwanzigmal so großer Geschwindigkeit. Kommt die Kugel an der Stelle an, wo sich der Hase zu Anfang befand, so ist dieser $^1/_{20}$ des Weges weiter; durchläuft die Kugel diese kleine Strecke, so wird der Hase um $^1/_{400}$ des Weges weiter sein usw. Nach wieviel Metern trifft die Kugel den Hasen?

22. Berechnen Sie die Länge des gesamten Streckenzuges $\sum_{n=1}^{\infty} a_n$.
Gegeben ist die Strecke x.

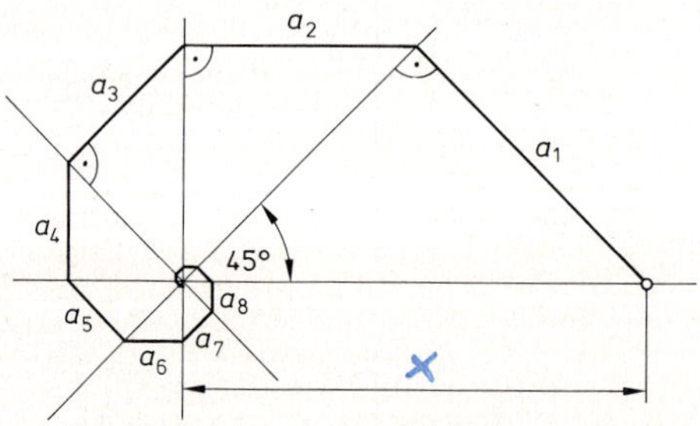

Wiederholungsfragen über 23.

1. *Was versteht man unter einer unendlichen geometrischen Reihe?*
2. *Wie groß ist die Summe einer solchen Reihe, wenn der Quotient gleich 1 oder größer als 1 ist?*
3. *Wie wird die Summe einer solchen Reihe berechnet, wenn der Quotient kleiner als 1 ist?*

24. Zinseszins- und Rentenrechnung

24.1. Zinseszinsrechnung

Werden die Zinsen eines Kapitals regelmäßig nach einer bestimmten Zeit zum Kapital hinzugefügt, so sagt man, das Kapital steht auf *Zinseszinsen*.

Ein Kapital K_0 wächst nach n Jahren bei $p\%$ Zinseszinsen auf das Kapital K_n an.

$$\boxed{K_n = K_0 \cdot q^n} \qquad q = 1 + \frac{p}{100}$$

(Zinsfaktor)

Beweis:

Im 1. Jahr wächst K_0 an auf

$$K_1 = K_0 + \frac{K_0 \cdot p}{100} = K_0 \cdot \overbrace{\left(1 + \frac{p}{100}\right)}^{q} = K_0 \cdot q$$

Im 2. Jahr wächst K_0 an auf

$$K_2 = K_1 + \frac{K_1 \cdot p}{100} = K_1\left(1 + \frac{p}{100}\right) = K_1 \cdot q = K_0 \cdot q^2$$

Im 3. Jahr wächst K_0 an auf

$$K_3 = K_2 + \frac{K_2 \cdot p}{100} = K_2\left(1 + \frac{p}{100}\right) = K_2 \cdot q = K_0 \cdot q^3$$

Im n. Jahr wächst K_0 an auf

$$K_n = K_0 \cdot q^n$$

Beispiel 347/1: Ein Vater legt seiner Tochter bei ihrer Geburt ein Sparbuch mit 150 DM an mit der Bestimmung, daß sie darüber nach 21 Jahren verfügen kann. Zu welcher Summe ist das Kapital dann bei 3% Zinsen angewachsen?

Lösungsgang:

Man kennt das Anfangskapital (150 DM), die Anzahl der Jahre (21) und den Prozentsatz (3%). Die Aufgabe wird am besten logarithmisch gelöst. Da die vierstelligen Logarithmen für die Zinseszinsrechnung nicht genau genug sind, empfiehlt es sich, für den Zinsfuß ($1{,}03^{21}$) siebenstellige Logarithmen zu verwenden und dann auf 5 oder 4 Stellen abzurunden.

Das Kapital wuchs auf 280 DM an.

$$K_n = K_0 \cdot q^n; \quad K_{21} = 150 \cdot \left(1 + \frac{3}{100}\right)^{21}$$

$$K_{21} = 150 \cdot 1{,}03^{21}$$

N	lg
1,03	0,0128372 · 21
	128372
	256744
	0,2695812
150	2,1761
280	2,4457

$$\underline{\underline{K_{21} = 280 \text{ DM}}}$$

Beispiel 347/2: Ein Wald enthält jetzt 17012 m³ Holz. Wie groß war der Holzbestand vor 12 Jahren, wenn der jährliche Zuwachs 3% beträgt?

Lösungsgang:

Bei dieser Aufgabe ist K_0 unbekannt. Der Holzbestand betrug vor 12 Jahren 11 935 m³.

$$K_n = K_0 \cdot q^n; \quad 17012 = K_0 \cdot 1{,}03^{12}$$

$$K_0 = \frac{17012}{1{,}03^{12}} = \frac{17012}{1{,}4258} = \underline{\underline{11935}}$$

Beispiel 348: Ein Kapital von 4000 DM ist mit den Zinseszinsen von 3,5% auf 5642,40 DM angewachsen. Wie lange stand das Kapital?

Lösungsgang:

Da der Exponent unbekannt ist, kann man die Gleichung nur durch Logarithmieren lösen.

$$K_n = K_0 \cdot q^n;$$

$$5642{,}4 = 4000 \cdot 1{,}035^n$$

$$n \cdot \lg 1{,}035 = \lg 5642{,}4 - \lg 4000$$

$$n = \frac{3{,}7515 - 3{,}6021}{0{,}0149}$$

$$\underline{\underline{n = 10}}$$

Das Kapital stand 10 Jahre. Auch der Prozentsatz p kann unbekannt sein. Zunächst wird dann q berechnet und daraus p.

$$\left(q = 1 + \frac{p}{100}\right)$$

24.2. Rentenrechnung

Eine Rente ist eine regelmäßig wiederkehrende Zahlung von gleichbleibender Höhe. Ist eine Rente *vorschüssig*, so zahlt man sie am Anfang des Zeitabschnittes (z. B. Jahres); eine *nachschüssige* Rente zahlt man am Ende des Zeitabschnittes (z. B. Jahres).

Eine Rente r wächst nach n Jahren bei p% Zinseszinsen auf das Kapital K_n an

$$\left(q = 1 + \frac{p}{100}\right)$$

$K_n = r \cdot \frac{q^n - 1}{q - 1}$	*nachschüssig*
$K_n = rq \cdot \frac{q^n - 1}{q - 1}$	*vorschüssig*

Beweis:

Für die nachschüssige Rente

Am Ende des 1. Jahres wächst die Rente an auf

$$K_1 = r$$

Am Ende des 2. Jahres wächst die Rente an auf

$$K_2 = r + \frac{r \cdot p}{100} + r = r\overbrace{\left(1 + \frac{p}{100}\right)}^{q} + r$$

$$= rq + r$$

Am Ende des 3. Jahres wächst die Rente an auf

$$K_3 = rq^2 + rq + r$$

Am Ende des n. Jahres wächst die Rente an auf

$$K_n = rq^{n-1} + rq^{n-2} + \cdots rq + r$$

Es entsteht eine geometrische Reihe, die man mit der Summenformel addieren kann.

$$K_n = r \cdot \frac{q^n - 1}{q - 1} \leftarrow \qquad s = a \cdot \frac{q^n - 1}{q - 1}$$

Ist ein Kapital K_0 schon vorhanden, und werden jährlich r DM hinzugezahlt oder fortgenommen, so wird das Kapital K_0 nach der Zinseszinsformel berechnet und die nach der Rentenformel berechnete Rente r dazugezählt oder abgezogen.

$K_n = K_0 \cdot q^n \pm r\frac{q^n - 1}{q - 1}$	*nachschüssig*
$K_n = K_0 \cdot q^n \pm rq\frac{q^n - 1}{q - 1}$	*vorschüssig*

Beispiel 349/1: Jemand legt 12 Jahre lang am Ende eines Jahres 600 DM zu 3% auf Zinseszinsen. Wie groß ist die Gesamtsumme am Ende des 12. Jahres?

Lösungsgang:

In der Gleichung ist K_n unbekannt.

$$K_n = r \cdot \frac{q^n - 1}{q - 1}$$

$$K_{12} = 600 \cdot \frac{1{,}03^{12} - 1}{1{,}03 - 1} = 600 \cdot \frac{0{,}42576}{0{,}03}$$

Die jährlich eingezahlte Rate ist auf 8515,20 DM angewachsen.

$$K_{12} = 600 \cdot 14{,}192 = 8515{,}2$$

$$K_{12} = \underline{\underline{8515{,}20 \text{ DM}}}$$

Beispiel 349/2: Jemand will für 5000 DM in 5 Jahren ein Auto kaufen. Am Anfang des 1. Jahres zahlt er 1200 DM auf der Bank ein, die $3\frac{1}{2}$% Zinsen gibt. Wie groß sind die Raten, die er am Ende des 1. bis 5. Jahres einzahlen muß, wenn er am Ende des 5. Jahres 5000 DM besitzen will?

Zum Anfangskapital $K_0 = 1200$ DM wird eine jährliche Rate r dazugezahlt (nachschüssig).

$$K_n = K_0 q^n + r \cdot \frac{q^n - 1}{q - 1}$$

Lösungsgang:

1. Die bekannten Größen einsetzen.
2. Gleichung durch Ausrechnen der Potenzen und Brüche vereinfachen.
3. Das unbekannte Glied r isolieren und ausrechnen.

Die jährliche Rate beträgt 666,50 DM.

$$5000 = 1200 \cdot 1{,}035^5 + r \cdot \frac{1{,}035^5 - 1}{1{,}035 - 1}$$

$$5000 = 1425{,}23 \mid r \cdot 5{,}363$$

$$r = \frac{5000 - 1425{,}23}{5{,}363} \approx 666{,}50$$

$$r = \underline{\underline{666{,}50 \text{ DM}}}$$

Übungen

24.1. Zinseszinsrechnung

1. Wie heißt der Zinsfaktor q, wenn die Verzinsung zu **a)** 3%, **b)** 4%, **c)** 6%, **d)** $5\frac{1}{2}$%, **e)** $7\frac{1}{4}$%, **f)** $2\frac{1}{2}$‰, **g)** $4\frac{3}{4}$%, **h)** $5\frac{1}{3}$%, **i)** $6\frac{1}{4}$%, **k)** $3\frac{3}{4}$% erfolgt?

2. Zu welcher Summe wächst ein Kapital von 840,— DM in 8 Jahren mit 3% Zinseszinsen an?

3. Berechnen Sie die Endsumme von

a) 3400,— DM zu 2% in 10 Jahren

b) 4600,— DM zu 5% in 15 Jahren

c) 12500,— DM zu 4% in 21 Jahren

d) 484,50 DM zu $4\frac{1}{2}$% in 7 Jahren

e) 305000,— DM zu $1\frac{1}{2}$% in 4 Jahren

f) 1480,— DM zu $3\frac{3}{4}$% in 25 Jahren

4. Zu welcher Summe wäre 1 Pf angewachsen, wenn er vom Jahre 1 bis 1958 mit 2% verzinst worden wäre? Drücken Sie das in Gold aus, 1 kg Gold = 10000,— DM.

5. Wie groß ist die Einwohnerzahl einer Stadt in 15 Jahren bei 3% Vermehrung, wenn sie heute 70000 Einwohner hat?

6. Der gegenwärtige Bestand eines Waldes wird auf **a)** 12000 m³, **b)** 25000 m³, **c)** 135000 m³ geschätzt. Wie groß war der Bestand vor 12 Jahren, wenn er sich jährlich um $2\frac{1}{2}$% vermehrt?

7. Ein Mann borgt einem anderen 3600,— DM auf 10 Jahre, ohne Zinsen zu fordern, läßt sich jedoch dafür einen Schuldschein von 6502,— DM ausstellen. Wieviel Prozent hat der Mann genommen, wenn man Zinseszinsen rechnet?

8. Ein Kapital von 15670,— DM steht zu $3\frac{1}{2}$% auf Zinseszinsen und ist so auf 19262,40 DM angewachsen. Wie lange wurde es verzinst?

9. Jemand will ein Haus bauen, dessen Kosten auf 200000,- DM veranschlagt sind. Er besitzt schon ein Kapital von 95700,- DM. Wie lange muß dieses Kapital auf Zinseszinsen stehen, wenn die Bank $4\frac{1}{2}$% zahlt?

10. In wieviel Jahren hat sich ein Kapital von 500,— DM verdreifacht, wenn die Bank $2\frac{1}{2}$% Zinsen zahlt?

24.2. Rentenrechnung

1. Jemand legt jährlich am Ende des Jahres **a)** 200,— DM, **b)** 450,— DM, **c)** 1200,— DM, **d)** 600,— DM in einer Bank auf Zinseszinsen. Zu welcher Höhe sind die Einlagen nach 8 Jahren angewachsen, wenn die Bank 3% Zinsen zahlt?

2. Ein Vater legt seiner Tochter ein Sparbuch an und zahlt am Anfang eines jeden Jahres **a)** 120,— DM, **b)** 240,— DM, **c)** 360,— DM ein. Zu welcher Höhe sind die Einlagen nach 21 Jahren angewachsen, wenn die Bank $2\frac{1}{2}$% Zinsen zahlt?

3. Wieviel Geld muß jemand am Ende eines Jahres auf die Sparkasse tragen, die 4% Zinsen gibt, wenn er nach 5 Jahren über eine Summe von 6000,— DM verfügen will?

4. Der Bestand eines Waldes beträgt 70000 m³ Holz, der jährliche Zuwachs beträgt $2\frac{1}{2}$%. Wieviel Kubikmeter sind noch nach 20 Jahren vorhanden, wenn man jährlich 3000 m³ herausschlägt?

5. Zu einem Kapital von **a)** 3500,— DM, **b)** 1200,— DM, **c)** 5000,— DM werden jährlich am Ende des Jahres 150,— DM 25 Jahre lang hinzugefügt. Zu welcher Höhe sind die Kapitalien angewachsen, wenn die Bank $2\frac{1}{2}$% Zinsen gibt?

Wiederholungsfragen über 24.

1. *Wann steht ein Kapital auf Zinseszinsen?*

2. *Wie wird das Endkapital K_n berechnet?*

3. *Erklären Sie die Begriffe nachschüssige und vorschüssige Rente.*

4. *Wie heißen die Rechenformeln für die Zinseszins- und Rentenrechnung?*

IV. ANHANG

25. Komplexe Zahlen

25.1. Imaginäre Zahlen

Die Gleichung $x^2 = -4$ ist nicht lösbar, weil keine reelle Zahl, zum Quadrat erhoben, negativ sein kann.

$x^2 = -4; \quad x = ?$

Um trotzdem Lösungen zu erhalten, führt man neue Zahlen ein, die die Eigenschaft haben, daß ihr Quadrat —1 ergibt. Man nennt diese Zahlen imaginäre Zahlen und bezeichnet ihre Einheit mit i.

$x^2 = 4 \cdot (-1)$

$(-1) = \mathrm{i}^2$

$x^2 = 4 \cdot \mathrm{i}^2$

Die zwei Lösungen der Gleichung $x^2 = -4$ sind dann

$$x_1 = 2\mathrm{i} \text{ und } x_2 = -2\mathrm{i}$$

$x = \pm\sqrt{4 \cdot \mathrm{i}^2}$

$x_1 = 2\mathrm{i}; \quad x_2 = -2\mathrm{i}$

Die Probe zeigt, daß beide Lösungen die Gleichung erfüllen.

Probe:

$$\begin{aligned} x_1 &= 2\mathrm{i} \\ (2\mathrm{i})^2 &= -4 \\ 4\mathrm{i}^2 &= -4 \\ 4 \cdot (-1) &= -4 \\ -4 &= -4 \end{aligned}$$

$$\begin{aligned} x_2 &= -2\mathrm{i} \\ (-2\mathrm{i})^2 &= -4 \\ (-2)^2 \cdot \mathrm{i}^2 &= -4 \\ 4 \cdot \mathrm{i}^2 &= -4 \\ 4 \cdot (-1) &= -4 \\ -4 &= -4 \end{aligned}$$

Definition:

Unter der imaginären Zahleneinheit i versteht man eine Zahl, deren Quadrat —1 ist.

$$\mathrm{i}^2 = -1$$

Nicht nur i, sondern auch —i hat nach den geltenden Rechenregeln das Quadrat —1.

$$\begin{aligned} (-\mathrm{i})^2 &= [(-1) \cdot \mathrm{i}]^2 \\ &= (-1)^2 \cdot \mathrm{i}^2 \\ &= 1 \cdot (-1) \\ &= -1 \end{aligned}$$

Um mit der Zahl i rechnen zu können, wird der Körper der reellen Zahlen um die Zahl i erweitert. Die Rechengesetze werden analog zum Rechnen mit reellen Zahlen festgelegt.

$1;\ -3;\ \frac{1}{5};\ \pi$ ► *reelle Zahlen*

i ► *imaginäre Zahleneinheit*

Weil die Multiplikation uneingeschränkt ausführbar sein muß, entstehen auch Produkte, gebildet aus einer reellen Zahl *b* und der imaginären Einheit i. Diese Produkte nennt man „imaginäre Zahlen“.

reelle Zahl → $b \cdot i$ ← *imaginäre Einheit*

$\underbrace{b \cdot i}$ *imaginäre Zahl*

Beim Addieren und Subtrahieren imaginärer Zahlen sind die Rechengesetze der reellen Zahlen gültig. Es entstehen stets wieder imaginäre Zahlen.

$i + i = \underline{\underline{2i}}$

$3i + 5i = \underline{\underline{8i}}$

$2i - 5i = \underline{\underline{-3i}}$

$0{,}7i - 0{,}4i = \underline{\underline{0{,}3i}}$

$\frac{1}{4}i - \frac{1}{2}i = \underline{\underline{-\frac{1}{4}i}}$

Beim Multiplizieren und Dividieren imaginärer Zahlen ist zu beachten, daß $i^2 = -1$ ist. Es gelten auch hier die Rechengesetze der reellen Zahlen.

1. Das Produkt aus einer reellen Zahl und einer imaginären Zahl ergibt eine imaginäre Zahl.

$2 \cdot 4i = \underline{\underline{8i}}$

$0{,}3i \cdot 4 = \underline{\underline{1{,}2i}}$

2. Das Produkt aus zwei imaginären Zahlen ergibt eine reelle Zahl.

$3i \cdot 4i = 12i^2 = 12 \cdot -1 = \underline{\underline{-12}}$

3. Ein Produkt aus mehreren Faktoren kann je nach Anzahl der imaginären Faktoren sowohl reell als auch imaginär sein.

$2 \cdot 3i \cdot 3 \cdot 2i = 36i^2 = \underline{\underline{-36}}$

$2i \cdot 4i \cdot 3 \cdot 2i = 48i^2 \cdot i = \underline{\underline{-48i}}$

4. Ist bei einer Bruchzahl (Quotient) der Zähler oder der Nenner imaginär, so ist der Quotientwert imaginär.

$\frac{6i}{3} = 2i$

$\frac{4}{2i} = \frac{4 \cdot i}{2i \cdot i} = \frac{4i}{2i^2} = \frac{4i}{-2} = \frac{2i}{-1} = \underline{\underline{-2i}}$

5. Der Quotient zweier imaginärer Zahlen ergibt immer eine reelle Zahl (i kann gekürzt werden).

$\frac{6i}{3i} = \underline{\underline{2}}$

Auch beim Potenzieren gelten, unter Beachtung von $i^2 = -1$, die Rechengesetze der reellen Zahlen.

$i^2 = -1$

Für die Potenzen der imaginären Einheit i ergibt sich

$i^0 = 1$

$i^1 = i$

$i^2 = -1$

$i^3 = i^2 \cdot i = -i$

$i^4 = i^3 \cdot i = -i \cdot i = -(i)^2 = -(-1) = 1$

$i^5 = i^4 \cdot i = 1 \cdot i = i$

$i^6 = i^5 \cdot i = i \cdot i = i^2 = -1$

$i^7 = i^6 \cdot i = -1 \cdot i = -i$

$i^8 = i^7 \cdot i = -i \cdot i = -(i)^2 = -(-1) = 1$

$i^1 = i;\ i^2 = -1;\ i^3 = -i;\ i^4 = 1$

$i^5 = i;\ i^6 = -1;\ i^7 = -i;\ i^8 = 1$

Stellt man die Ergebnisse zusammen, so kann man eine Gesetzmäßigkeit erkennen. Jeder ganze Exponent von i kann in die nebenstehende Form zerlegt werden.

$i^{4n} = 1;$	$i^{4n+2} = -1$
$i^{4n+1} = i;$	$i^{4n+3} = -i$

Auch die imaginären Zahlen mit negativen Exponenten lassen sich nach diesen Regeln berechnen.

$$i^{-1} = \frac{1}{i} = \frac{1 \cdot i}{i \cdot i} = \frac{i}{i^2} = \frac{i}{-1} = -i$$

$$i^{-2} = \frac{1}{i^2} = \frac{1}{-1} = -1$$

$$i^{-3} = i^{-2} \cdot i^{-1} = -1 \cdot -i = i$$

$$i^{-4} = i^{-3} \cdot i^{-1} = i \cdot -i = -i^2 = 1$$

$$i^{-5} = i^{-4} \cdot i^{-1} = 1 \cdot -i = -i$$

Beispiele:

Beim Addieren und Subtrahieren gelten die Gesetze der reellen Zahlen.

1. $\frac{2}{3}i - \frac{5}{6}i = \frac{4}{6}i - \frac{5}{6}i = \underline{\underline{-\frac{1}{6}i}}$

2. $\frac{1}{3} \cdot 6i = \frac{6}{3}i = \underline{\underline{2i}}$

Für die Aufgaben 3...5 gelten, unter Beachtung von $i^2 = -1$, die Rechengesetze der reellen Zahlen.

3. $\frac{2}{3}i : \frac{3}{4}i = \frac{2 \cdot 4 \cdot i}{3 \cdot 3 \cdot i} = \underline{\underline{\frac{8}{9}}}$

4. $\frac{3{,}6}{3i} = \frac{1{,}2}{i} = \frac{1{,}2 \cdot i}{i \cdot i} = \frac{1{,}2i}{i^2} = \underline{\underline{-1{,}2i}}$

5. $2i \cdot -3i \cdot i \cdot 4i = -24i^4 = \underline{\underline{-24}}$

25.2. Komplexe Zahlen

Da in dem neuen Zahlenkörper auch die Addition unbeschränkt ausführbar sein soll, entstehen Summen, die eine reelle Zahl und eine imaginäre Zahl enthalten.

reelle Zahl → 3 + 4i ← *imaginäre Zahl*

komplexe Zahl

Definition:

Summen aus je einer reellen Zahl a und einer imaginären Zahl bi heißen komplexe Zahlen.

$a + bi$ — *komplexe Zahl*

Wird der reelle Teil einer komplexen Zahl Null ($a = 0$), so entsteht eine imaginäre Zahl.

a ► *Realteil* bi ► *Imaginärteil*

$$a + bi = 0 + bi$$
$$= \underline{\underline{bi}}$$ ► *imaginäre Zahl*

Wird der imaginäre Teil einer komplexen Zahl Null ($bi = 0$), so entsteht eine reelle Zahl. Man kann sagen, daß die reellen und imaginären Zahlen nur Sonderfälle der komplexen Zahlen sind.

$$a + bi = a + 0$$
$$= \underline{\underline{a}}$$ ► *reelle Zahl*

Graphisch werden alle komplexen Zahlen in der nach dem Mathematiker Carl Friedrich Gauß benannten Gaußschen Zahlenebene dargestellt. Den reellen Zahlen wird die waagerechte Achse, den imaginären Zahlen die dazu senkrechte Achse zugeordnet. Sämtliche komplexen Zahlen lassen sich als Punkte in den vier Quadranten darstellen.

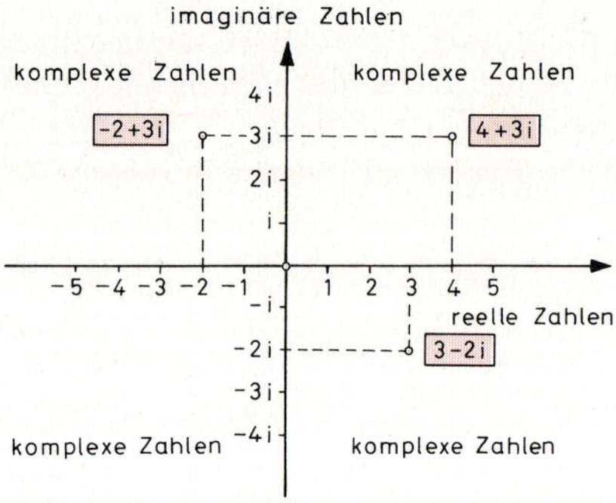

Zwei komplexe Zahlen, die sich nur durch das Vorzeichen ihres imaginären Teiles unterscheiden, heißen konjugiert komplexe Zahlen.

3 + 2i	oder	— 4 + 3i
3 — 2i		— 4 — 3i

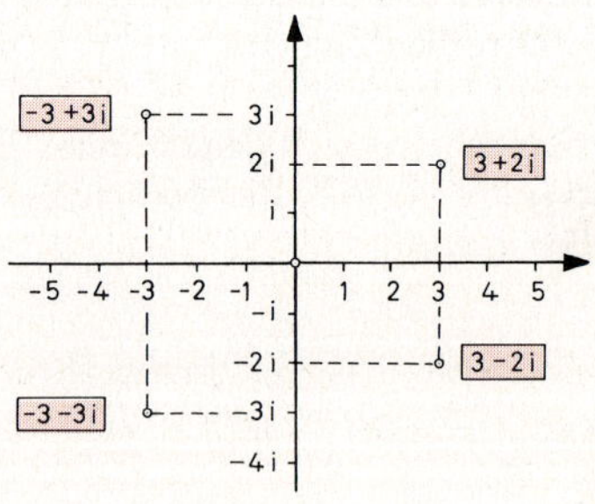

Auf Grund der Lage der komplexen Zahlen in der Ebene ist es nicht möglich, die Zeichen $>$ oder $<$ zu gebrauchen. Man kann auch nicht von positiven oder negativen komplexen Zahlen sprechen. Analog zu den reellen Zahlen definiert man den absoluten Betrag einer komplexen Zahl als den Abstand des Bildpunktes vom Nullpunkt der Zahlenebene.

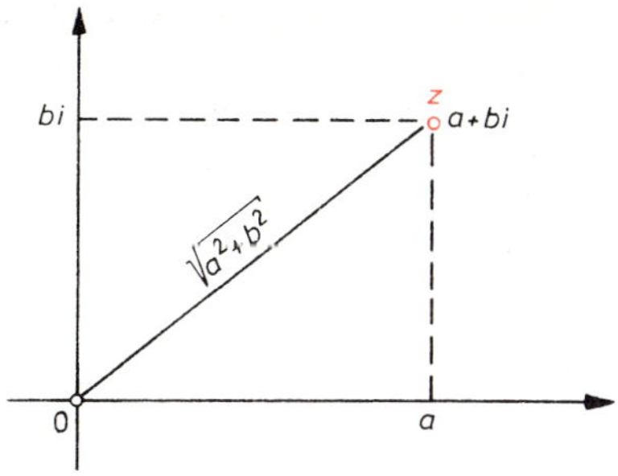

Definition:

Unter dem Betrag $|z|$ der komplexen Zahl $z = a + bi$ versteht man den Wert

$$\sqrt{a^2 + b^2}.$$

$$|z| = \sqrt{a^2 + b^2}$$ *a, b reelle Zahlen*

$|z| \geqq 0$

Beispiele: Berechnen Sie die absoluten Beträge

1. $|4 + 3i|$

$\sqrt{4^2 + 3^2} = \sqrt{16 + 9} = \sqrt{25} = \underline{\underline{5}}$

Das Ergebnis besagt, daß die komplexe Zahl 5 Einheiten vom Nullpunkt entfernt ist.

2. $|-5 + 12i|$ und $|-5 - 12i|$

$\sqrt{(-5)^2 + 12^2} \qquad \sqrt{(-5)^2 + (-12)^2}$

$= \sqrt{169} \qquad = \sqrt{169}$

$= \underline{\underline{13}} \qquad = \underline{\underline{13}}$

Konjugiert komplexe Zahlen haben den gleichen absoluten Betrag, sie haben also den gleichen Abstand vom Nullpunkt.

Der Winkel φ, den die Verbindungsstrecke $\overline{OP}$ mit der positiven Richtung der waagerechten Achse bildet, heißt das Argument der komplexen Zahl. Der Winkel wird von der waagerechten Achse in entgegengesetzter Richtung des Uhrzeigers gemessen.

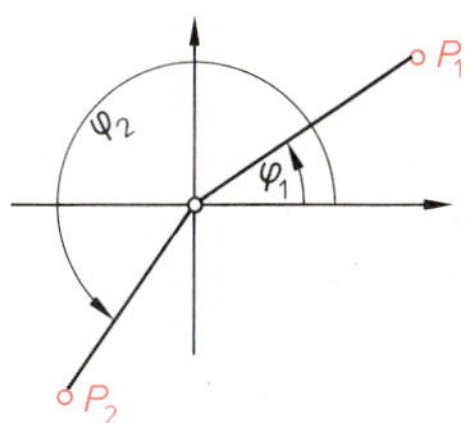

Die Summe der Argumente konjugiert komplexer Zahlen ergibt zusammen immer 360°.

$$\varphi_1 + \varphi_2 = 360°$$

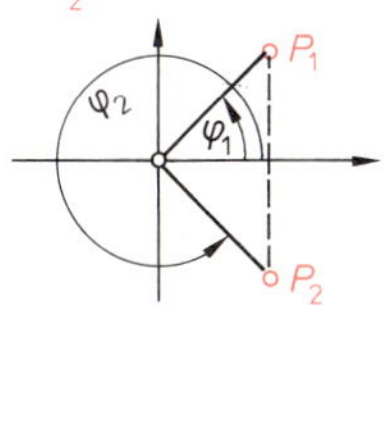

25.2.1. Rechnen mit komplexen Zahlen

1. Den Realteil und den Imaginärteil einer komplexen Zahl kann man nicht weiter zusammenfassen.

$3 + 4i = 3 + 4i$

$$\boxed{a + bi = a + bi}$$

2. Man addiert oder subtrahiert zwei und mehr komplexe Zahlen, indem man ihre Realteile und Imaginärteile getrennt addiert oder subtrahiert.

$(4 + i) + (3 - 2i) = 4 + 3 + i - 2i = \underline{\underline{7 - i}}$

$(5 - 3i) - (2 + 2i) = 5 - 2 - 3i - 2i = \underline{\underline{3 - 5i}}$

$$\boxed{(a + bi) \pm (c + di) = a \pm c + (b \pm d)\, i}$$

3. Die Summe zweier konjugiert komplexer Zahlen ergibt stets eine reelle Zahl.

$(a + bi) + (a - bi) = a + a + bi - bi = \underline{\underline{2a}}$

4. Die Differenz zweier konjugiert komplexer Zahlen ergibt stets eine imaginäre Zahl.

$(a + bi) - (a - bi) = a - a + bi + bi = \underline{\underline{2bi}}$

Beispiele:

Die Realteile und die Imaginärteile werden zusammengefaßt.

1. $(-3 + 5i) + (3 + 5i) = \underline{\underline{10i}}$

2. $(3 - 2i) + (4 + 2i) = \underline{\underline{7}}$

3. $\left(2 + \frac{1}{2}i\right) + \left(6 - \frac{1}{4}i\right) = \underline{\underline{8 + \frac{1}{4}i}}$

4. $(5 - 2i) - (2i - 3) = \underline{\underline{8 - 4i}}$

5. Komplexe Zahlen werden wie reelle Zahlen multipliziert. Man beachte dabei, daß $i^2 = -1$ ist, und versuche, das Ergebnis wieder in die Form einer komplexen Zahl zu bringen.

$(a + bi) \cdot (c + di)$

$= ac + adi + bci + bdi^2$

$= \underline{\underline{(ac - bd) + (ad + bc)\, i}}$

6. Das Produkt zweier konjugiert komplexer Zahlen ergibt eine reelle Zahl; man nennt es ihre „Norm".

$(a + bi) \cdot (a - bi)$

$= a^2 - abi + abi - b^2i^2$

$= \underline{\underline{a^2 + b^2}}$

Beispiele:

Die Ausrechnung erfolgt wie bei den reellen Zahlen unter Beachtung von $i^2 = -1$.

1. $(3 + 4i) \cdot (2 + 3i)$

$= 6 + 9i + 8i + 12i^2$

$= \underline{\underline{-6 + 17i}}$

2. $(4 + 3i) \cdot (4 - 3i)$

$= 16 - 12i + 12i - 9i^2$

$= \underline{\underline{25}}$

3. $(5x + 3i) \cdot (2x - 4i)$

$$= 10x^2 - 20xi + 6xi - 12i^2$$

$$= \underline{\underline{(10x^2 + 12) - 14xi}}$$

7. Komplexe Zahlen werden wie reelle Zahlen dividiert.

$$\frac{4 + 12i}{2} = \frac{4}{2} + \frac{12i}{2} = \underline{\underline{2 + 6i}}$$

Ist der Nenner eine komplexe Zahl, so multipliziert man ihn mit der zum Nenner konjugiert komplexen Zahl, um eine reelle Zahl zu erhalten.

$$\frac{a + bi}{c + di} = \frac{(a + bi) \cdot (c - di)}{(c + di) \cdot (c - di)}$$

$$= \frac{ac - adi + bci - bdi^2}{c^2 + d^2}$$

$$= \underline{\underline{\frac{ac + bd}{c^2 + d^2} + \frac{bc - ad}{c^2 + d^2}i}}$$

8. Unter Anwendung der Regeln für das Multiplizieren komplexer Zahlen lassen sich leicht höhere Potenzen komplexer Zahlen errechnen.

$$(1 + i)^2 = 1 + 2i + i^2 = 1 + 2i - 1 = \underline{\underline{2i}}$$

$$(a + bi)^2 = a^2 + 2abi + b^2i^2$$

$$= a^2 + 2abi - b^2$$

$$= \underline{\underline{(a^2 - b^2) + 2abi}}$$

$$(2 + \sqrt{3} \cdot i)^2 = 4 + 4\sqrt{3} \cdot i + (\sqrt{3})^2 \cdot i^2$$

$$= 4 - 3 + 4\sqrt{3} \cdot i$$

$$= \underline{\underline{1 + 4\sqrt{3} \cdot i}}$$

Beispiele:

1. $\frac{15}{2i} = \frac{15 \cdot i}{2i \cdot i} = \frac{15i}{2i^2} = \frac{15i}{-2} = \underline{\underline{-7{,}5i}}$

2. $\frac{3}{1 + i} = \frac{3 \cdot (1 - i)}{(1 + i) \cdot (1 - i)} = \frac{3 - 3i}{1 - i^2}$

$$= \frac{3 - 3i}{2} = \underline{\underline{1{,}5 - 1{,}5i}}$$

3. $\frac{4 - 2i}{2 + i} = \frac{(4 - 2i)\,(2 - i)}{(2 + i)\,(2 - i)}$

$$= \frac{8 - 4i - 4i + 2i^2}{4 + 1} = \underline{\underline{\frac{6}{5} - \frac{8}{5}i}}$$

4. $(5 - 4i)^2 = 25 - 40i + 16i^2$

$$= 25 - 16 - 40i$$

$$= \underline{\underline{9 - 40i}}$$

Übungen

25.1. Imaginäre Zahlen

1. $2i + 5i$
2. $0{,}3i + 0{,}6i$
3. $4{,}2i + 3{,}1i - 1{,}2i$
4. $6{,}7i - 8{,}9i + 4i$
5. $3{,}6i + 4i - 5{,}6i$
6. $5 \cdot 2i$
7. $3{,}3 \cdot 2{,}2i$
8. $0{,}5 \cdot 3{,}1i$
9. $3i \cdot -4 \cdot -0{,}5i$
10. $-0{,}5i \cdot 3i$
11. $\frac{2}{3}i \cdot -\frac{3}{4}$
12. $3i \cdot 2i \cdot 4i \cdot 0{,}2i$
13. $-2i \cdot 3i \cdot 4i \cdot i$
14. $\sqrt{2} \cdot 3i \cdot 4i \cdot \sqrt{18}$
15. $5i\sqrt{2} \cdot -3i\sqrt{8}$
16. $\sqrt{50} \cdot i\sqrt{\frac{1}{8}}$
17. $(4i + 2i) \cdot 3$
18. $\frac{8i + 4i}{3}$
19. $(3i)^2 = 3^2 \cdot i^2 = 9 \cdot -1 = \underline{\underline{-9}}$
20. i^{11}
21. i^{16}
22. i^{21}
23. $i\sqrt{3} : i\sqrt{2}$
24. i^{-7}
25. i^{-12}
26. $10 : 2{,}5i$
27. $3{,}6 : 6i$
28. $\left(\sqrt[3]{2} \cdot i\right)^3$
29. $(-3xi)^2$
30. $(-4a^3i)^3$

25.2. Komplexe Zahlen

Berechnen Sie den absoluten Betrag M der komplexen Zahlen Nr. 1...10

1. $4 - 3i$

   $M = \sqrt{a^2 + b^2}$
   $= \sqrt{4^2 + (-3)^2}$
   $= \sqrt{16 + 9}$
   $= \sqrt{25}$
   $= \underline{\underline{5}}$
2. $-4 + 3i$
3. $-4 - 3i$
4. $3 + 5i$
5. $7 - 12i$
6. $\sqrt{5} + \sqrt{11}i$
7. $\sqrt{24} - 5i$
8. $7 + \sqrt{15}\,i$
9. $3 - \sqrt{8}\,i$
10. $\sqrt{15} + \sqrt{9}\,i$
11. $(3 + 2i) - (5 + 6i)$

    $3 - 5 + 2i - 6i$
    $\underline{\underline{-2 - 4i}}$
12. $(5 - i) - (4 - 2i)$
13. $(4 + 6i) + (8i - 4)$
14. $(3 - 2i) - (4 - 4i)$
15. $(2 - 5i) - (2 - 7i)$
16. $(15x - 3ai) - (12x - 5ai)$
17. $(2a - 3bi) + (2a + 5bi)$
18. $(a_1 + b_1i) - (a_2 + b_2i)$
19. $(3ax - 2ni) - (5ax + 2ni)$
20. $(a + \sqrt{n}\,i) + (5x - \sqrt{b}\,i)$
21. $(3 + 5i) + (7 + 3i) - (3 - 2i)$

22. $(2+4i)\cdot(3-3i) = 6-6i+12i-12i^2$

$= 6+6i-12\cdot(-1)$

$= \underline{\underline{18+6i}}$

23. $3\,(4+5i)$

24. $a\,(b+ci)$

25. $(3+5i)\cdot(7-i)$

26. $(11+5i)\cdot(6+7i)$

27. $(b+ai)\cdot(3b-ai)$

28. $(2bi+c)\cdot(2b+ci)$

29. $(\sqrt{3}+\sqrt{2}\,i)\cdot(\sqrt{2}-\sqrt{3}\,i)$

30. $\sqrt{1-i}\cdot\sqrt{1+i}$

31. $(2\sqrt{6}+3i\sqrt{18})\cdot(4\sqrt{6}-5i\sqrt{2})$

32. $\dfrac{3+7i}{5+2i} = \dfrac{(3+7i)\cdot(5-2i)}{(5+2i)\cdot(5-2i)}$

$= \dfrac{15-6i+35i-14i^2}{25+4}$

$= \dfrac{29+29i}{29} = \underline{\underline{1+i}}$

33. $\dfrac{1-i}{1+i}$

34. $\dfrac{12}{3+5i}$

35. $\dfrac{7+4i}{2-5i}$

36. $\dfrac{9+2i}{5+4i}$

37. $\dfrac{2a+bi}{a+2bi}$

38. $\dfrac{\sqrt{2}+\sqrt{3}\,i}{\sqrt{2}-\sqrt{3}\,i}$

39. $\dfrac{x}{a+i} - \dfrac{x}{a-i}$

40. $\dfrac{x+bi}{x-bi} + \dfrac{x-bi}{x+bi}$

41. $\dfrac{x+yi}{\sqrt{x}-\sqrt{y}\,i} - \dfrac{y+xi}{\sqrt{y}+\sqrt{x}\,i}$

42. $(2+3i)^2$

43. $(4-6i)^2$

44. $(x+i)^2$

45. $(2xi+b)^2$

46. $(ai-bi)^2$

47. $(3-\sqrt{2}\,i)^2$

48. $(\sqrt{2}\cdot i-\sqrt{8})^2$

49. $\dfrac{1}{(1+i)^2} - \dfrac{1}{(1-i)^2}$

50. $(1+\sqrt{3}\,i)^4$

51. $\left[\dfrac{1}{2}\,(2-\sqrt{3}\,i)\right]^3$

52. $\left(\dfrac{a+i}{\sqrt{3}}\right)^2$

53. $\left(\dfrac{1}{3}\sqrt{3}\,i+\dfrac{1}{2}\sqrt{2}\,i\right)^2$

54. $(1+i)^8$

55. $(6+12i)^2+(7-14i)^2$

56. $(\sqrt{3+2i}+\sqrt{3-2i})^2$

57. $\left(-\dfrac{1}{2}+2i\right)^2 - \left(\dfrac{1}{2}+i\right) - 10$

Stellen Sie das Ergebnis der Aufgaben graphisch dar, und berechnen Sie den absoluten Betrag $|z|$ der komplexen Zahl.

58. $(4 + i) + (1 + i)$

59. $(4 - 2i) - (2 - 2i)$

60. $(7i - 3) + (3 + 5i)$

61. $(3 + 5i) - (-3 + 4i) - (5 - 2i)$

62. $(3 + i) \cdot (0{,}9 + 0{,}7i)$

63. $(2 - i) \cdot (1 + i)$

64. $(1 + i)^3$

65. $\frac{5}{1 + 2i}$

Wiederholungsfragen über 25.

1. *Durch welche Überlegungen kommt man zu den imaginären Zahlen?*
2. *Was versteht man unter der imaginären Zahleneinheit* i*?*
3. *Auf welche Weise entstehen komplexe Zahlen?*
4. *Welche Rechengesetze gelten für die komplexen Zahlen?*
5. *Was versteht man unter dem Betrag einer komplexen Zahl?*
6. *Erklären Sie das Argument einer komplexen Zahl.*

26. Nomographie

Bei der Lösung von Rechenaufgaben unterscheidet man mehrere Möglichkeiten:

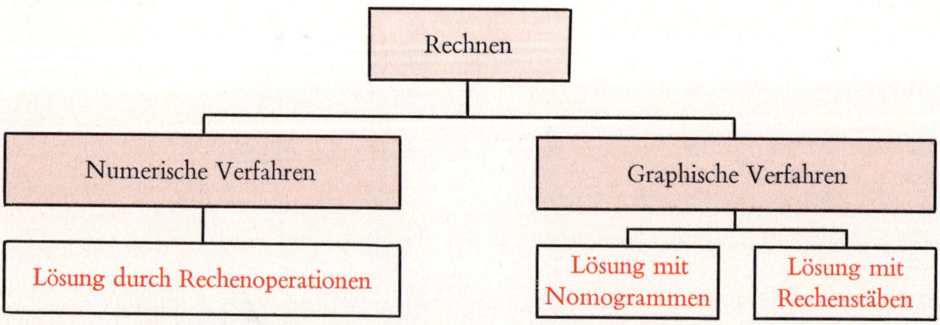

Gegenstand dieses Kapitels sind die Anfangsgründe der Nomographie. Unter Nomographie im weiteren Sinne versteht man die graphische Darstellung von Funktionen in solcher Form, daß eine Benutzung des Bildes als Rechentafel möglich ist. Diese Tafeln sollen es erlauben, häufig wiederkehrende Rechenoperationen rasch und ohne Rechnung abzulesen. Das Gebiet der Nomographie ist sehr umfangreich und vielseitig. Hier werden nur in kurzer Form die Anfangsgründe und Regeln bei der Aufstellung von Nomogrammen behandelt.

Bereits in Kapitel 15 (Einführung in die Funktionenlehre) wurden die verschiedensten Funktionen graphisch dargestellt. Diese graphischen Darstellungen können schon als Rechentafeln angesehen werden, denn für einen bestimmten Wert einer veränderlichen Größe kann der Wert der anderen veränderlichen Größe abgelesen werden.

Aus Kapitel 15 folgt: Die Zeichnung einer linearen Funktion ist sehr einfach, weil ihr Bild im rechtwinkligen Koordinatenkreuz eine Gerade ist. Die graphischen Darstellungen von Potenz-, Exponential- und logarithmischen Funktionen dagegen ergeben immer Kurven. Die genaue Zeichnung dieser Kurven ist nur durch die Berechnung vieler Punkte möglich. Diese Schwierigkeiten kann man umgehen, wenn man die bisher übliche Darstellung verläßt und ein Koordinatenkreuz mit anderen Skalen verwendet. In der Nomographie nennt man diese Skalen meist Leitern.

Erklärung:

Eine Leiter, bei der die einzelnen Einheiten immer den gleichen Abstand voneinander haben, nennt man „arithmetische Leiter“ (z. B. Millimeter- oder Zollteilung).

Eine Leiter, die nicht so aufgebaut ist, bei der die Abstände zwischen den Einheiten verschieden lang sind, nennt man „nichtarithmetische Leiter“ (z.B. Skalen der Rechenstäbe).

26.1. Leitern von Funktionen

Aufgabe 361: Zeichnen Sie die Funktion $y = x^2$ ($x = 0 \ldots 4$). Projizieren Sie die x-Werte der Kurvenpunkte auf die Parallele zur y-Achse durch den Punkt $x = 4$. Zeicheneinheiten: $ZE_x \triangleq 10$ mm, $ZE_y \triangleq 5$ mm.

Lösungsgang:

Bisher haben wir die Kurve einer Funktion in ein Koordinatenkreuz gezeichnet. Die Kurve wurde durch dieses Verfahren in einer Ebene, also zweidimensional, dargestellt. Durch die Projektion auf eine Gerade kann man die Werte einer Funktion auch eindimensional darstellen. Eine derartige Darstellung einer Funktion nennt man eine Funktionsskala, Funktionsleiter oder auch Leiter einer Funktion, in unserem Falle der Funktion $y = x^2$. Man nennt diese Leiter „quadratische Leiter“.

Um Leitern von Funktionen zu erhalten, braucht man nicht erst das Kurvenbild der Funktion zu zeichnen.

x	0	0,5	1	2	3	4
y	0	0,25	1	4	9	16

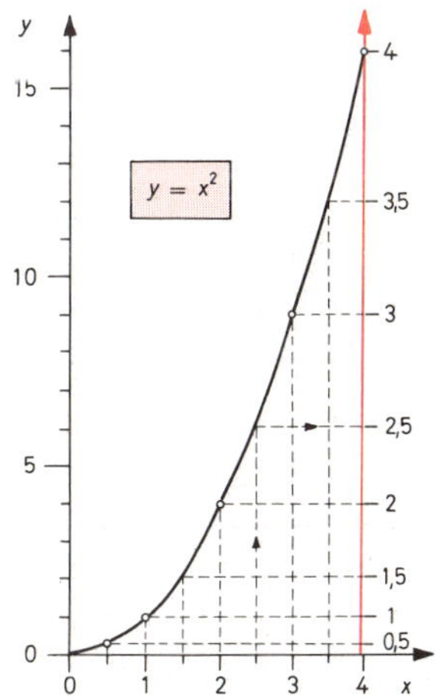

Aufgabe 362: Zeichnen Sie die Leiter der Funktion $y = x^2$ $(x = 0 \ldots 5)$ ohne das Kurvenbild. Zeicheneinheit: ZE $\widehat{=}$ 5 mm.

Losungsgang :

1. Zeichnen Sie eine Tabelle mit den Spalten a, b, und c.

   a = Spalte für die x-Werte der Funktion

   b = Spalte für die y-Werte der Funktion

   c = In dieser Spalte steht das Produkt von den Werten der Spalte b mit der freigewählten Zeicheneinheit ZE $\widehat{=}$ 5 mm

2. Auf einer Geraden werden die Werte der Spalte c (y-Werte) aufgetragen, die Punkte jedoch mit den entsprechenden Werten der Spalte a (x-Werte) bezeichnet.

x	y	$y \cdot$ ZE mm
0	0	0
1	1	5
1,5	2,25	11,25
2	4	20
2,5	6,25	31,25
3	9	45
3,5	12,25	61,25
4	16	80
4,5	20,25	101,25
5	25	125
a	b	c

$y = x^2$

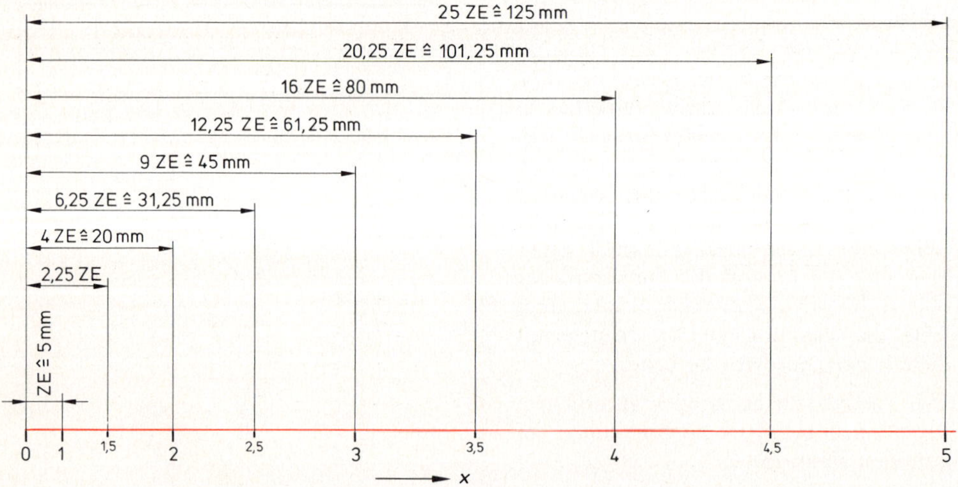

Aufbau einer quadratischen Leiter

Beispiel 363: Zeichnen Sie die Leiter der Funktion $y = 2x^2$ ($x = 0 \ldots 5$) ohne das Kurvenbild. Zeicheneinheit: ZE $\hat{=}$ 2 mm.

Lösungsgang:

1. Zeichnen und berechnen Sie eine Wertetabelle mit den Spalten
   a = Spalte für die verlangten x-Werte,
   b = Spalte für die y-Werte der Funktion $y = 2x^2$,
   c = Spalte für das Produkt von Spalte b mit der Zeicheneinheit ZE $\hat{=}$ 2 mm.
2. Tragen Sie von einem vorher festgelegten Nullpunkt einer Geraden die Werte der Spalte c ab, und benennen Sie die Endpunkte mit den entsprechenden Werten der Spalte a.

x	y	$y \cdot$ ZE mm
0	0	0
$\sqrt{0,5}$	1	2
1	2	4
1,5	4,5	9
2	8	16
2,5	12,5	25
3	18	36
3,5	24,5	49
4	32	64
4,5	40,5	81
5	50	100
a	b	c

$y = 2x^2$

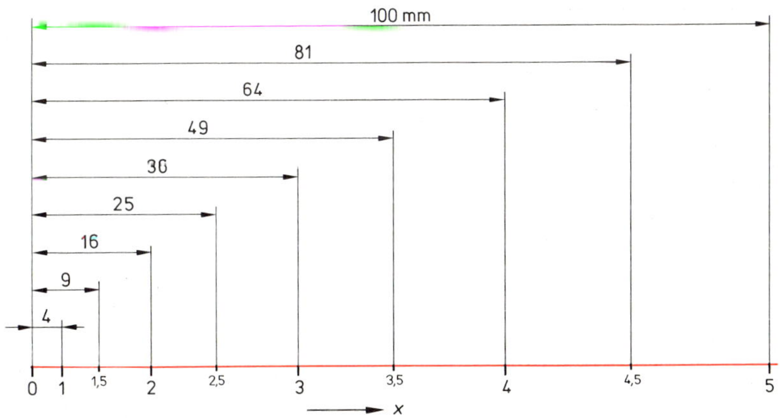

Leiter der Funktion $y = 2x^2$

Beispiel 364: Zeichnen Sie die Leiter der Funktion $y = \frac{1}{x}$ $(x = 1 \ldots \infty)$ ohne das Kurvenbild. Zeicheneinheit: ZE $\widehat{=}$ 110 mm.

Lösungsgang:

1. Zeichnen und berechnen Sie eine Wertetabelle mit den Spalten

   a = Spalte für die verlangten x-Werte,

   b = Spalte für die y-Werte der Funktion $y = \frac{1}{x}$,

   c = Spalte für das Produkt von Spalte b mit der Zeicheneinheit ZE $\widehat{=}$ 110 mm.

2. Tragen Sie auf einer Geraden von einem vorher festgelegten Nullpunkt die Werte der Spalte c ab, und benennen Sie die Endpunkte mit den entsprechenden Werten der Spalte a. Der Nullpunkt erhält hier dem Wertepaar $(\infty; 0)$ entsprechend die Bezifferung ∞. Man nennt diese Funktionsleiter „Kehrwertleiter".

x	y	$\frac{y \cdot \text{ZE}}{\text{mm}}$
1	1	110
2	0,5	55,0
3	0,333	36,6
4	0,250	27,5
5	0,200	22,0
6	0,167	18,3
7	0,143	15,7
8	0,125	13,8
9	0,111	12,2
10	0,100	11,0
.	.	.
.	.	.
.	.	.
∞	0	0
a	b	c

$$y = \frac{1}{x}$$

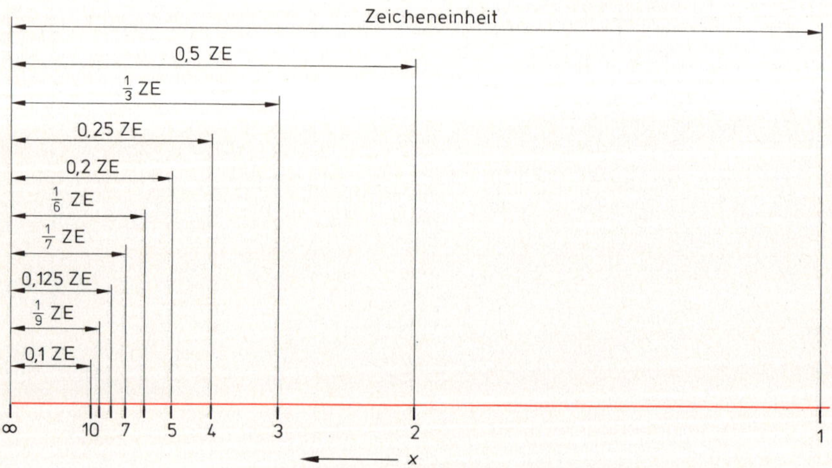

Aufbau einer Kehrwertleiter

Beispiel 365: Zeichnen Sie die Leiter der Funktion $y = \lg x$ ($x = 1 \ldots 10$) ohne das Kurvenbild. Zeicheneinheit: ZE $\mathrel{\widehat{=}}$ 100 mm.

Lösungsgang:

1. Zeichnen und berechnen Sie eine Wertetabelle mit den Spalten
   a = Spalte für die verlangten x-Werte,
   b = Spalte für die y-Werte der Funktion $y = \lg x$,
   c = Spalte für das Produkt von Spalte b mit der Zeicheneinheit ZE $\mathrel{\widehat{=}}$ 100 mm.

2. Tragen Sie auf einer Geraden von einem vorher festgelegten Nullpunkt die Werte der Spalte c ab, und benennen Sie die Endpunkte mit den entsprechenden Werten der Spalte a. Man nennt die Funktionsleiter „Logarithmische Leiter". Soll die Funktionsleiter Zwischenwerte erhalten, so muß die Tabelle entsprechend erweitert werden.

x	y	$y \cdot$ ZE mm
1	0,00000	0,000
2	0,30103	30,103
3	0,47712	47,712
4	0,60206	60,206
5	0,69897	69,897
6	0,77815	77,815
7	0,84510	84,510
8	0,90309	90,309
9	0,95424	95,424
10	1,00000	100,000
a	b	c

$y = \lg x$

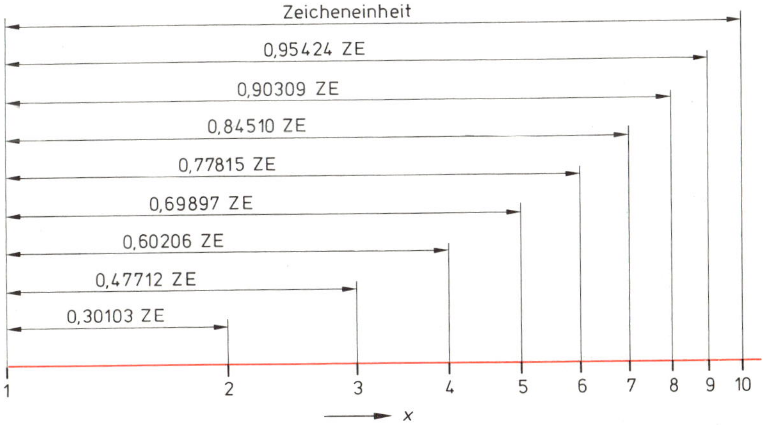

Aufbau einer logarithmischen Leiter

Aufgabe 366/1: Berechnen Sie die Zeicheneinheit ZE, wenn die Quadratzahlen von 3...7, in Zehntel unterteilt, auf einer Leiter von 100 mm Länge dargestellt werden sollen.

Lösungsgang:

1. Berechnung der Anzahl der Einheiten.
2. Berechnung der Länge einer Einheit mit Hilfe der Dreisatzrechnung.

$3^2 = 9 \ldots 7^2 = 49$ ergibt 40 Einheiten

40 Einheiten $\widehat{=}$ 100 mm

$$1 \text{ Einheit} \;\widehat{=}\; \frac{100}{40} \;\widehat{=}\; \underline{\underline{2{,}5 \text{ mm}}}$$

Aufgabe 366/2: Eine gegebene Funktionsleiter A von 40 mm Länge soll graphisch

a) auf die Hälfte verkleinert,

b) auf 50 mm vergrößert werden.

Lösungsgang:

Mit Hilfe der zentrischen Streckung kann man jede Strecke beliebig verkleinern oder vergrößern.

a) Länge der alten Leiter $A = 40$ mm.
Länge der neuen Leiter $B = 20$ mm.
Frei gewählte Entfernung des Punktes Z von der Leiter $a = 50$ mm.

Berechnung von b

Auf Grund des Strahlensatzes ist:

$$\frac{a}{b} = \frac{50}{b} = \frac{40}{20}$$

$$b = \frac{50 \cdot 20}{40} = 25$$

$$\underline{\underline{b = 25 \text{ mm}}}$$

b) Länge der alten Leiter $A = 40$ mm.
Länge der neuen Leiter $C = 50$ mm.
Entfernung $a = 50$ mm.

Berechnung von c

Strahlensatz:

$$\frac{a}{c} = \frac{50}{c} = \frac{40}{50}$$

$$c = \frac{50 \cdot 50}{40} = 62{,}5$$

$$\underline{\underline{c = 62{,}5 \text{ mm}}}$$

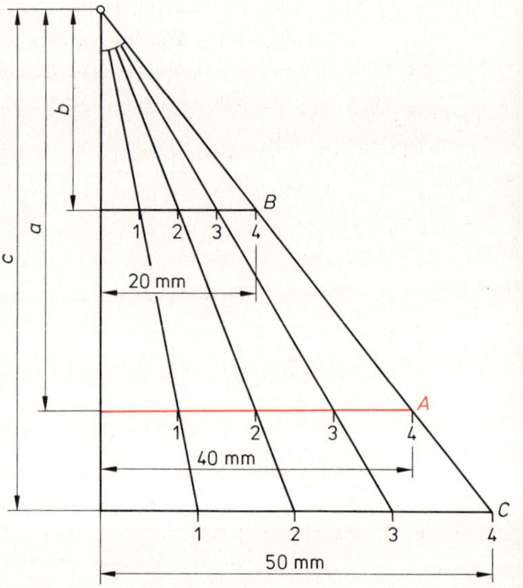

Merke: *Trägt man die Werte einer Funktion auf einer Geraden ab, so entsteht eine Funktionsskala (Funktionsleiter, Leiter einer Funktion).*

Bei der Leiterdarstellung einer Funktion trägt man von einem Nullpunkt auf einer Geraden die y-Werte als Strecken ab und schreibt an die Endpunkte die jeweiligen x-Werte.

Leitern mit gleichmäßiger Einteilung heißen arithmetische Leitern, alle anderen nennt man nichtarithmetische Leitern.

Mit Hilfe der zentrischen Streckung kann man Teilstücke einer Funktionsleiter beliebig vergrößern oder verkleinern.

26.2. Doppelleitern

Die funktionelle Beziehung zwischen zwei voneinander abhängigen Variablen (Größen) kann man durch ein Kurvenbild in einem Koordinatensystem darstellen (siehe Kap. 15). Kommt es bei der funktionellen Beziehung in erster Linie auf die zahlenmäßige Abhängigkeit zwischen den zwei Variablen (Größen) an, so bedient man sich der Methode der „Doppelleitern". Diese unterscheiden sich von den Funktionsleitern dadurch, daß der Leiterträger auf beiden Seiten Teilungen besitzt. Auf der einen Seite wird der Bereich der unabhängigen Variablen (Größe), auf der anderen Seite der Bereich der abhängigen Variablen (Größe [Funktion]) abgetragen. Bei der Herstellung einer Doppelleiter kann man sowohl von der Zahlentafel als auch von der graphischen Darstellung der Funktion ausgehen. Je nach der funktionellen Beziehung, die dargestellt werden soll, gibt es Doppelleitern mit arithmetischer oder mit nichtarithmetischer Teilung.

Aufgabe 367: PS ist nicht mehr gesetzliche Einheit. Zwischen PS und kW besteht die Beziehung ~~1 PS = 1,36 kW~~ (1 kW = 1,36 PS). Stellen Sie zur Umrechnung eine Doppelleiter von 12 cm Länge für den Bereich 1...10 kW her. Lösen Sie die Aufgabe mit Hilfe einer Zahlentafel.

Lösungsgang:

a) Zeicheneinheit für kW

$10\ \text{kW} \mathrel{\hat{=}} 120\ \text{mm}$

$1\ \text{kW} \mathrel{\hat{=}} 12\ \text{mm}$

$ZE_{kW} \mathrel{\hat{=}} 12\ \text{mm}$

b) Zeicheneinheit für PS

$10\ \text{kW} = 13{,}6\ \text{PS}$

$13{,}6\ \text{PS} \mathrel{\hat{=}} 120\ \text{mm}$

$$1\ \text{PS} \mathrel{\hat{=}} \frac{120}{13{,}6}\ \text{mm} \mathrel{\hat{=}} 8{,}8\ \text{mm}$$

$ZE_{PS} \mathrel{\hat{=}} 8{,}8\ \text{mm}$

c) Zeichnung der Doppelleiter

Auf einer Strecke von 120 mm Länge werden auf einer Seite die Strecken der Spalte b abgetragen und mit den Werten der Spalte a bezeichnet. Auf der anderen Seite der Strecke werden die Strecken der Spalte d abgetragen und mit den Werten der Spalte c bezeichnet.

kW	kW · ZE mm	PS	PS · ZE mm
0	0	0	0
1	12	1	8,8
2	24	2	17,6
3	36	3	26,4
4	48	4	35,2
5	60	5	44,0
6	72	6	52,8
7	84	7	61,6
8	96	8	70,4
9	108	9	79,2
10	120	10	88,0
		11	96,8
		12	105,6
		13	114,4
		13,6	120,0
a	b	c	d

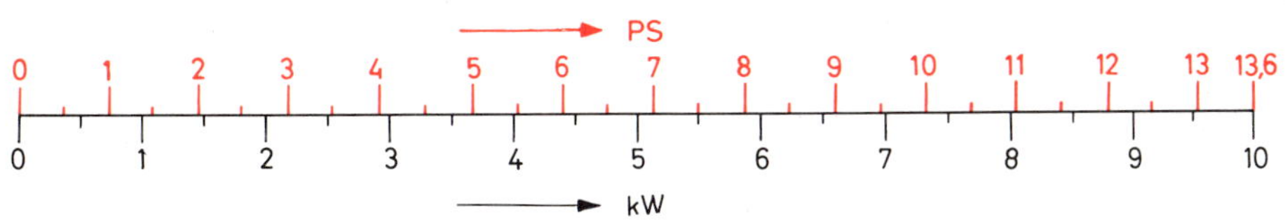

Aufgabe 368: Stellen Sie die funktionelle Beziehung 1 kW = 1,36 PS für den Bereich 1 . . . 10 kW graphisch dar. Gehen Sie bei der Herstellung einer Doppelleiter vom Funktionsbild aus.

Lösungsgang:

Die Beziehung 1 kW = 1,36 PS ist als lineare Funktion im Koordinatensystem eine gerade Linie.

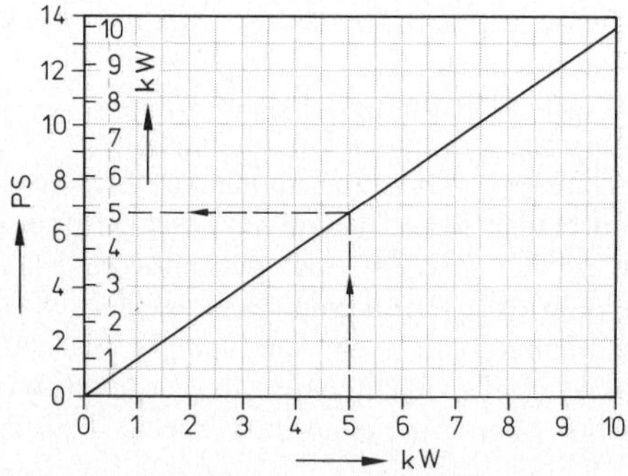

1. Man projiziert die Werte der Abszissenachse über das Funktionsbild auf die Ordinatenachse, die zum Träger der Doppelleiter wird.

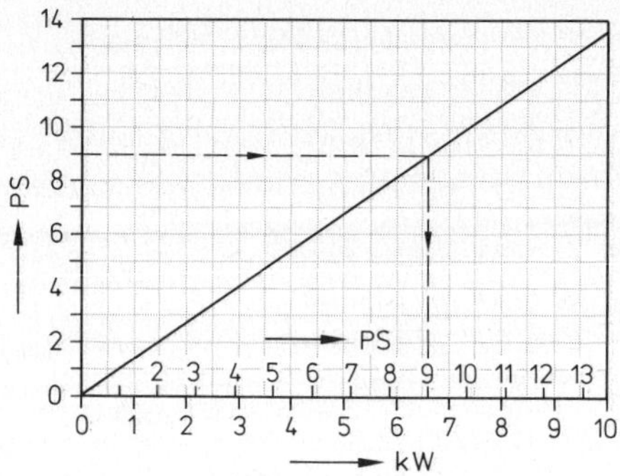

2. Man projiziert die Werte der Ordinatenachse über das Funktionsbild auf die Abszissenachse, die zum Träger der Doppelleiter wird.

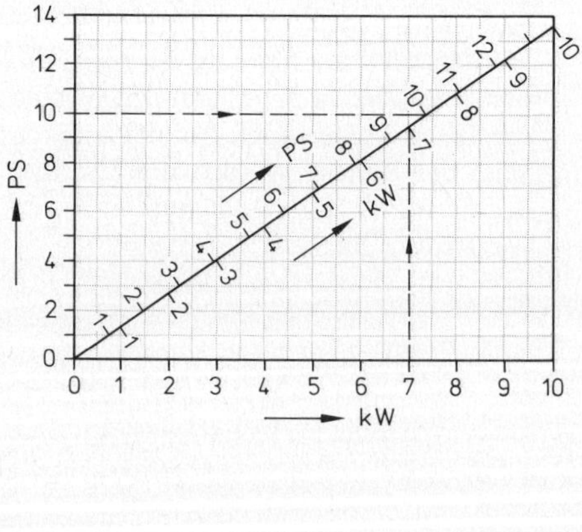

3. Man projiziert die Werte der Ordinaten- und Abszissenachse auf das Funktionsbild, welches selbst zum Träger der Doppelleiter wird. Dieser dritte Weg ist meist vorteilhafter als die beiden anderen, weil die Linienführung des Millimeterpapiers eine genaue Herstellung der Doppelleiter ermöglicht.

Beispiel 369: Die Gleichung für das Gewicht von 1 m Kupferdraht lautet:

$$G = A \cdot l \cdot \rho = \frac{d^2 \pi}{4} \cdot 1 \cdot 8{,}9 = 6{,}99\, d^2 \approx 7\, d^2$$

Stellen Sie für die Ermittlung des Gewichtes eine Doppelleiter von 98 mm Länge her. Die Ordinatenachse der graphischen Darstellung soll Träger der Doppelleiter sein.
Ablesebereich: Durchmesser d von 1...6 mm.

Lösungsgang:

a) Berechnung einer Zahlentafel (d in mm und G in g).

d [mm]	1	1,5	2	3	4	5	6
G [g]	7	15,7	28	63	112	175	252

b) Festlegung des Maßstabes

Abszissenachse:

1 mm...6 mm ≙ 5 Einheiten

5 Einheiten ≙ 50 mm Länge

1 Einheit ≙ 10 mm Länge

Ordinatenachse:

7 g...252 g ≙ 245 Einheiten

245 Einheiten ≙ 98 mm Länge

$$5 \text{ Einheiten} \mathrel{\hat{=}} \frac{98 \cdot 5}{245} \mathrel{\hat{=}} 2 \text{ mm}$$

c) Zeichnung der Kurve

d) Herstellung der Doppelleiter:
Man projiziert die Werte der Abszissenachse über das Funktionsbild auf die Ordinatenachse, die zum Träger der Doppelleiter wird.

Die Teilung auf der rechten Seite der Doppelleiter ist nichtarithmetisch.

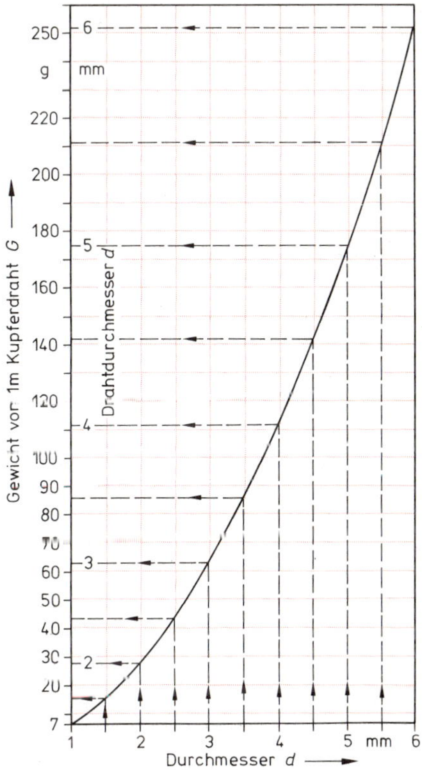

$$G_{Cu} = \frac{\pi}{4} \cdot 8{,}9 \cdot d^2$$

Die funktionellen Beziehungen zwischen zwei Variablen (Größen) kann man mit Hilfe von Doppelleitern auf kleinem Raum darstellen.

Ist das Funktionsbild im doppelt-arithmetischen Netz eine Gerade, so besitzt die entsprechende Doppelleiter auf beiden Seiten eine arithmetische Teilung.

Ist das Funktionsbild im doppelt-arithmetischen Netz eine Kurve, so erhält die Doppelleiter auf einer oder auf beiden Seiten nichtarithmetische Teilungen.

Bei der Herstellung von Doppelleitern kann man von der Funktionsgleichung oder vom Funktionsbild ausgehen.

26.3. Funktionsnetze

Wie schon zu Beginn des Kap. 26 erwähnt wurde, ist die graphische Darstellung einer linearen Funktion im gewöhnlichen Millimeternetz eine gerade Linie, die sich leicht zeichnen läßt. Die graphischen Darstellungen aller übrigen Funktionen ergeben Kurven, die sich nur durch die Berechnung vieler Punkte genau darstellen lassen. Legt man jedoch für die Darstellung einer nichtlinearen Funktion statt der gleichmäßig unterteilten x-Achse eine Leiter dieser Funktion zugrunde, so wird die Kurve der Funktion zu einer Geraden.

Merke: *Netze, bei denen beide Achsen arithmetisch geteilt sind, nennt man doppelt-arithmetische Netze. Alle übrigen Netze heißen „Funktionsnetze".*

Beispiele:

Abszissenteilung	Ordinatenteilung	Netzbezeichnung
quadratische Teilung	arithmetische Teilung	quadratisch-arithm. Netz
„ „	quadratische „	dopp.-quadratisches Netz
Kehrwertteilung	arithmetische „	kehrwert-arithm. Netz
„	Kehrwertteilung	doppeltes Kehrwertnetz
logarithm. Teilung	arithmetische Teilung	logarithm.-arithm. Netz
„ „	logarithm. „	doppelt-logarithm. Netz

In zweckmäßig ausgewählten Funktionsnetzen werden Funktionsgleichungen, deren Bilder im doppelt-arithmetischen Netz Kurven sind, zu geraden Linien gestreckt. Die wichtigsten Funktionsnetze sind käuflich zu erwerben.

Aufgabe 370: Ein Quadrat hat die Fläche A und die Seite a. Welche Abhängigkeit besteht zwischen Fläche und Seite? Stellen Sie die Abhängigkeit graphisch dar:
a) im doppelt-arithmetischen Netz,
b) im quadratisch-arithmetischen Netz.

Lösungsgang:

a) $A = a^2$

Die graphische Darstellung ergibt eine Parabel, die mit Hilfe einer Wertetabelle gezeichnet werden kann.

a	0	1	1,5	2	2,5	3	3,5	4
A	0	1	2,25	4	6,25	9	12,25	16

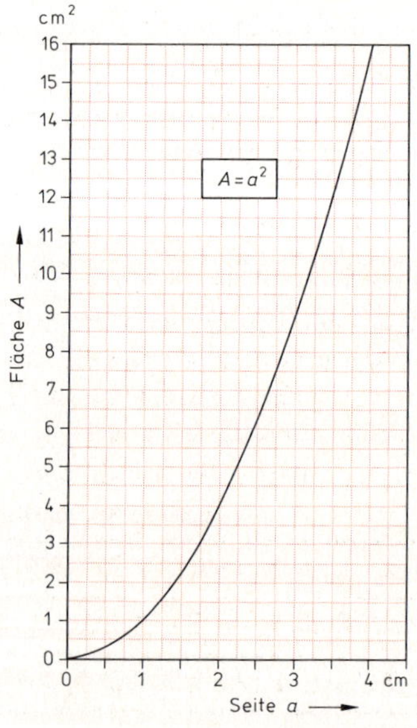

b) Die Abszissenachse ist bei diesem Funktionsnetz quadratisch (Herstellung vgl. 26.1.). Die Gleichung $A = a^2$ wird im quadratisch-arithmetischen Funktionsnetz eine Gerade, die durch zwei Punkte bestimmt ist.

Zeicheneinheiten: $ZE_a \mathrel{\widehat{=}} 3$ mm
$ZE_A \mathrel{\widehat{=}} 5$ mm

a	0	1	1,5	2	2,5	3	3,5	4
A	0	1	2,25	4	6,25	9	12,25	16
$A \cdot ZE_a$	0	3	6,75	12	18,75	27	36,75	48

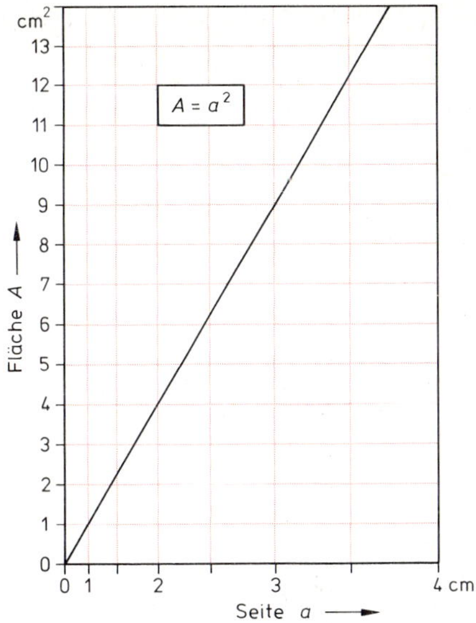

Aufgabe 371: Ein Rechteck hat eine Fläche von 100 cm². Welche Abhängigkeit besteht zwischen den Seiten a und b? Stellen Sie die Abhängigkeit graphisch dar:

a) im doppelt-arithmetischen Netz,
b) im kehrwert-arithmetischen Netz.

Lösungsgang:

a) $a = \dfrac{A}{b} = \dfrac{100}{b}$

Die Gleichung entspricht der Funktion $y = \dfrac{a}{x}$ und ergibt, graphisch dargestellt, eine Hyperbel, die mit Hilfe einer Wertetabelle gezeichnet werden kann.

b	1	2	3	4	5	7	9	10	... ∞
a	100	50	33,3	25	20	14,3	11,1	10	... 0

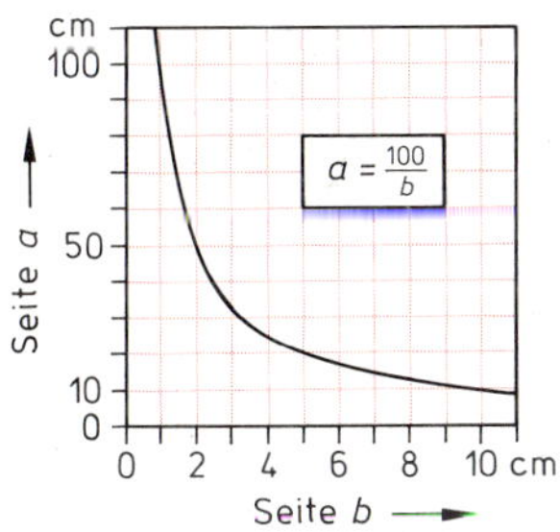

b) Trägt man auf der Abszissenachse die Kehrwertteilung auf, so wird in diesem Funktionsnetz die Hyperbel zur Geraden gestreckt, die sich mit zwei Punkten leicht zeichnen läßt.

Zeicheneinheiten: $ZE_b \mathrel{\widehat{=}} 0{,}5$ mm
$ZE_a \mathrel{\widehat{=}} 0{,}5$ mm

b	1	2	3	4	5	7	9	10	... ∞
a	100	50	33,3	25	20	14,3	11,1	10	... 0
$a \cdot ZE$	50	25	16,7	12,5	10	7,2	5,6	5	... 0

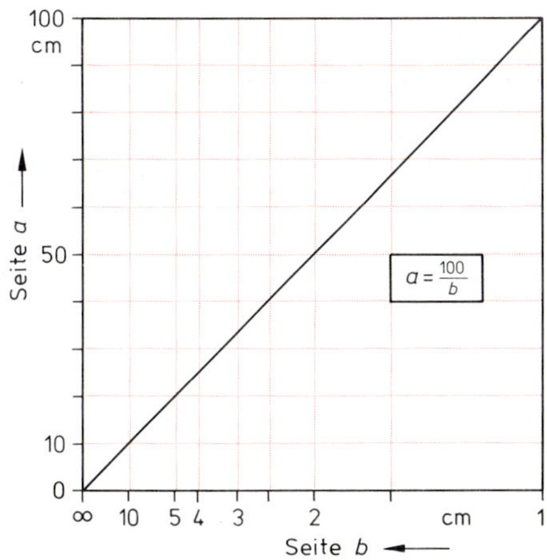

Aufgabe 372: Stellen Sie die Funktionen $y_1 = 2^x$ und $y_2 = 3^x$ $(x = 0 \ldots 5)$ graphisch dar:

a) im doppelt-arithmetischen Netz,

b) im arithmetisch-logarithmischen Netz.

Lösungsgang:

a) Im doppelt-arithmetischen Netz sind die Bilder der Exponentialfunktionen $y_1 = 2^x$ und $y_2 = 3^x$ Kurven, die mit Hilfe einer Wertetabelle gezeichnet werden können.

x	0	1	2	3	4	5
y_1	1	2	4	8	16	32
y_2	1	3	9	27	81	243

b) Logarithmiert man die Gleichungen $y_1 = 2^x$ und $y_2 = 3^x$, so erhält man

$\lg y_1 = x \lg 2 = 0{,}3010 \cdot x$

$\lg y_2 = x \lg 3 = 0{,}4771 \cdot x$

Allgemein: $y = a^x$

$\lg y = x \cdot \lg a$

$Y = Ax$ (Gerade)

Merke: Exponentialfunktionen verlaufen in einem Netz, dessen Abszissenachse arithmetisch und dessen Ordinatenachse logarithmisch geteilt ist, geradlinig.

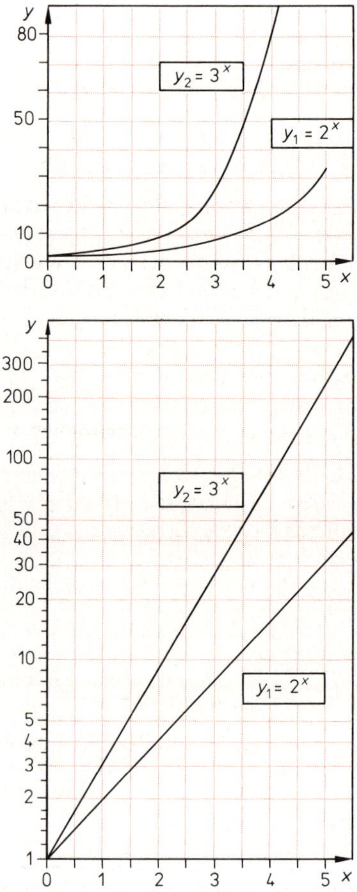

Beispiel 372: Aus Zweckmäßigkeitsgründen werden die Drehzahlen der Arbeitsspindeln von Werkzeugmaschinen geometrisch abgestuft. In einer Reihe mit z verschiedenen Drehzahlen wird die vorhergehende Drehzahl mit dem Faktor φ multipliziert und ergibt so die nächsthöhere. Für den Faktor φ gilt die Formel:

$$\varphi = \sqrt[z-1]{\frac{n_z}{n_1}} \qquad \left.\begin{aligned} n_z &= \text{Enddrehzahl} \\ n_1 &= \text{Anfangsdrehzahl} \end{aligned}\right\} \text{(gemessen in 1/min)}$$

Aus praktischen Gründen sind die Stufensprünge genormt. Eine Drehmaschine soll 8 Drehzahlen $(n_1 \ldots n_8)$ erhalten $(n_1 = 19\ \text{min}^{-1}, n_8 = 474\ \text{min}^{-1}, \varphi = 1{,}58)$.

a) Lösen Sie die Aufgabe in einem zweckmäßigen Funktionsnetz zeichnerisch.

b) Prüfen Sie die Lösung n_7 rechnerisch nach.

Lösungsgang:

a) Die Berechnung der Drehzahl nach der geometrischen Reihe ergibt:

$n_z = n_1 \cdot \varphi^{z-1}$ oder

$\lg n_z = \lg n_1 + (z-1) \cdot \lg \varphi$

Allgemein: $y = a q^x$

$$\lg y = \lg a + x \cdot \lg q$$
$$= \lg q \cdot x + \lg a$$
$$Y = Qx + A \text{ (Gerade)}$$

In einem Funktionsnetz, dessen Abszissenachse arithmetisch und dessen Ordinatenachse logarithmisch geteilt ist, kann die Gleichung als Gerade dargestellt werden. Durch die beiden Drehzahlen n_1 und n_8 ist die Lage der Geraden bekannt. Die Schnittpunkte der Abbildungsgeraden mit den senkrechten Netzlinien $n_2 \ldots n_7$ ergeben die sechs restlichen Drehzahlen auf der Ordinatenachse.

b) Die rechnerische Kontrolle zeigt die Richtigkeit der Zeichnung.

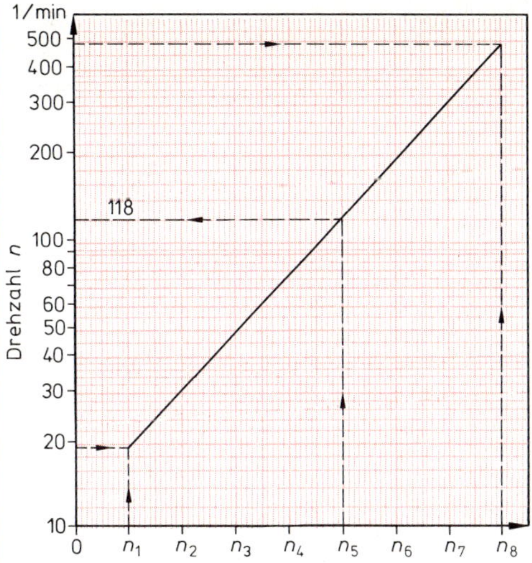

$n_1 = 19{,}0$ 1/min; $n_5 = 118$ 1/min

$n_2 = 30{,}0$ 1/min; $n_6 = 190$ 1/min

$n_3 = 47{,}5$ 1/min; $n_7 = 300$ 1/min

$n_4 = 75{,}0$ 1/min; $n_8 = 474$ 1/min

$$n_7 = n_1 \cdot \varphi^{z-1} = 19 \cdot 1{,}58^6 = \underline{\underline{295{,}6 \text{ 1/min}}}$$

Aufgabe 373: Stellen Sie die Potenzfunktionen $y_1 = x^{\frac{1}{3}}$, $y_2 = x^{\frac{1}{2}}$, $y_3 = x^{\frac{2}{3}}$ $(x = 1 \ldots 10)$ graphisch dar:

a) im doppelt-arithmetischen Netz,

b) im doppelt-logarithmischen Netz.

Lösungsgang:

a) Im doppelt-arithmetischen Netz sind die Bilder von Potenzfunktionen Kurven, die mit Hilfe einer Wertetabelle gezeichnet werden können.

x	1	2	4	6	8	9	10
y_1	1	1,26	1,59	1,82	2	2,08	2,15
y_2	1	1,41	2	2,45	2,83	3	3,16
y_3	1	1,59	2,52	3,3	4	4,33	4,64

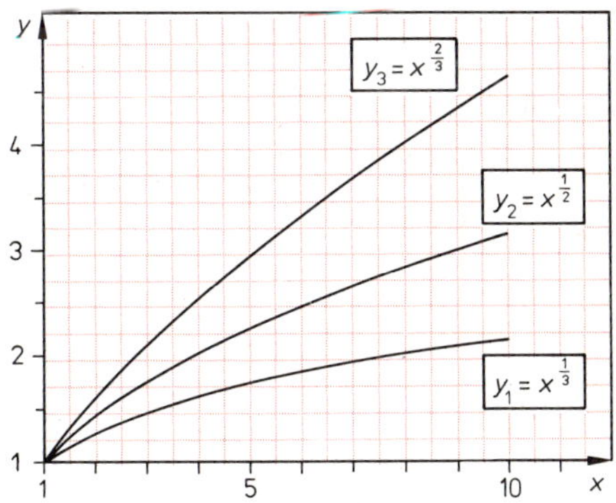

b) Logarithmiert man die drei Potenzfunktionen, so erhält man:

$$\lg y_1 = \frac{1}{3} \lg x$$

$$\lg y_2 = \frac{1}{2} \lg x$$

$$\lg y_3 = \frac{2}{3} \lg x$$

Allgemein: $y = x^a$

$\lg y = a \lg x$ (Gerade)

Merke: In einem Funktionsnetz, in dem auf der x- und y-Achse je eine logarithmische Leiter aufgetragen ist, werden Potenzfunktionen zu geraden Linien.

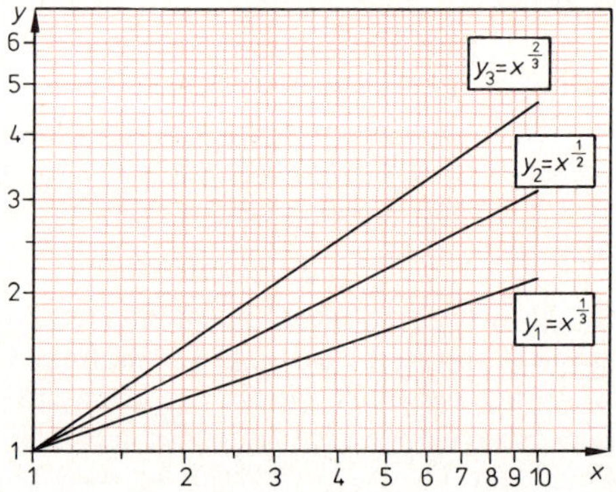

Beispiel 374: Ein Leitersystem liegt an einer Spannung $U = 24$ V.

a) Welche Beziehung besteht in dem Leitersystem zwischen dem Widerstand R und der Stromstärke I?

b) Untersuchen Sie, in welchem Funktionsnetz diese Beziehung als gerade Linie dargestellt werden kann.

c) Zeichnen Sie die graphische Darstellung.

d) Lesen Sie folgende Werte ab und prüfen Sie sie rechnerisch nach:

$I_1 = 3$ A, $R_1 = \ ?\ \Omega$

$I_2 = \ ?$ A, $R_2 = 12\ \Omega$

Lösungsgang:

a) Das Ohmsche Gesetz regelt die Beziehung zwischen Stromstärke, Widerstand und Spannung.

$$I \cdot R = U$$
$$I \cdot R = 24$$

b) Logarithmiert man die Gleichung und setzt $\lg x = X$ (Wert von $\lg x$), $\lg y = Y$ und $\lg c = C$, so erhält man eine Gleichung für eine gerade Linie, wenn auf der x- und y-Achse je eine logarithmische Leiter aufgetragen ist.

$$\lg I + \lg R = \lg 24$$
$$\lg R = -\lg I + \lg 24$$

Allgemein: $x \cdot y = c$

$$\lg x + \lg y = \lg c$$
$$\lg y = -\lg x + \lg c$$
$$Y = -X + C$$

Merke: Im doppelt-logarithmischen Netz werden die Darstellungen der Produkte der Variablen (Größen) geradlinig.

c) Mit Hilfe einer Wertetabelle wird die Gerade in ein doppelt-logarithmisches Netz eingezeichnet.

I	1	24	6
R	24	1	4

d) ① Für $I_1 = 3$ A wird $R_1 = 8\ \Omega$

② Für $R_2 = 12\ \Omega$ wird $I_2 = 2\ I$

Probe: $I_2 = \frac{24}{12} = \underline{\underline{2\ \Omega}}$

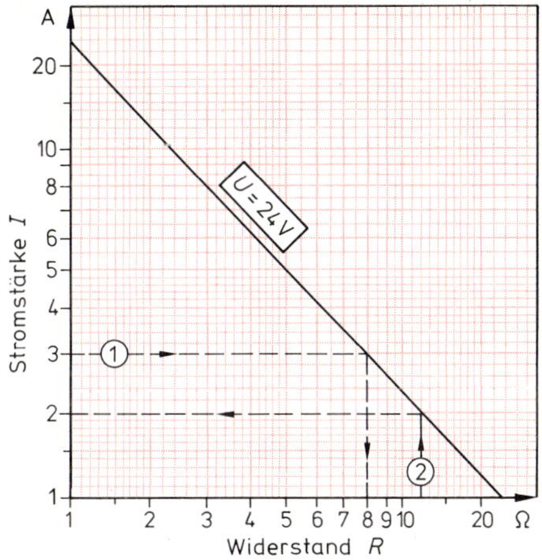

$$U = I \cdot R$$

Merke: Die graphische Darstellung einer Funktion wird zu einer Geraden, wenn man an Stelle der gleichmäßig unterteilten x-Achse eine Leiter dieser Funktion zeichnet. Das entstehende Netz heißt einfaches Funktionsnetz, im Gegensatz zu den doppelten Funktionsnetzen, bei denen auch auf der y-Achse die Leiter einer Funktion aufgetragen ist.

26.4. Netztafeln

Bei den bisher betrachteten Aufgaben und Beispielen wurden Beziehungen zwischen *zwei* Variablen (Größen) behandelt. Beziehungen zwischen *drei* Variablen (Größen) lassen sich durch Netztafeln graphisch darstellen.

Aufgabe 375: Die Gleichung $x + y = c$ soll graphisch dargestellt werden.

a) Welche Form hat die Gleichung im doppelt-arithmetischen Netz?
b) Zeichnen Sie alle Gleichungen für $c = 5;\ 8;\ 13;\ 20;\ 26$.
c) Welche Folgerung kann man aus dem Schaubild ziehen?
d) Benutzen Sie die Tafel für einige Ablesebeispiele.

Lösungsgang:

a) Löst man die Gleichung nach y auf, so kann man erkennen, daß es sich um die Gleichung einer Geraden handelt.

$$x + y = c$$
$$y = -x + c \ (\textit{Gerade})$$

b) Zum Zeichnen einer Geraden sind nur zwei Punkte erforderlich. Alle Geraden verlaufen parallel, weil sie alle den gleichen Richtungsfaktor haben ($m = -1;\ -1 \mathrel{\widehat{=}} 135°$).

c	5		8		13		20		26	
x	0	5	0	8	0	13	0	20	0	26
y	5	0	8	0	13	0	20	0	26	0

c) Alle Geraden mit der allgemeinen Gleichung $x + y = c$ verlaufen parallel zueinander und bilden zusammen eine Netztafel. Jede Gerade schneidet den Abschnitt c auf der y-Achse ab. Weitere Geraden können auf diese Weise leicht in die Netztafel eingezeichnet werden. Man kann erkennen, daß hier eine Möglichkeit besteht, eine graphische Rechentafel zu gewinnen, mit der man zwei sich innerhalb eines gewissen Bereiches ändernde Zahlen x und y addieren kann.

d) Ablesebeispiele.

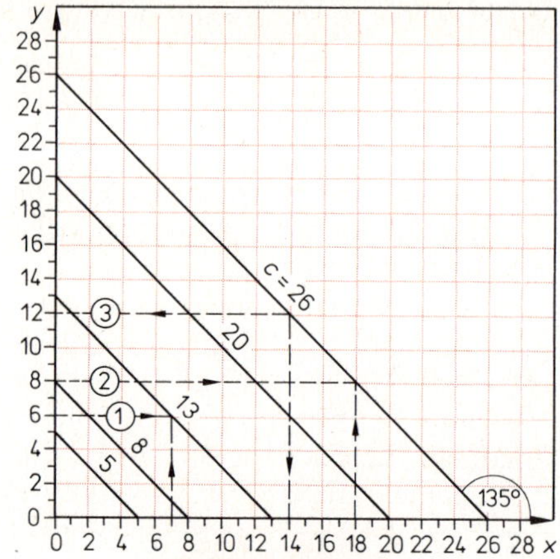

$x + y = c$

① $6 + 7 = 13$

② $8 + 18 = 26$

③ $26 - 12 = 14$ oder $26 - 14 = 12$

Beispiel 376: Ein Rechteck mit den Seiten a und b hat den Umfang $U = 2a + 2b$.

a) Entwerfen Sie eine Netztafel im doppelt-arithmetischen Netz, in der man den Umfang U bis 200 cm (von 10 cm zu 10 cm) ablesen kann.

b) Benutzen Sie die Tafel für einige Ablesebeispiele.

Lösungsgang:

a) Die Gleichung $U = 2a + 2b$ entspricht der Gleichung $c = x + y$ und stellt eine Gerade dar. Die Neigung zur positiven Abszissenachse beträgt 135° ($m = -1$).

Maßstäbe: $ZE_a \mathrel{\hat{=}} 1$ mm

$ZE_b \mathrel{\hat{=}} 1$ mm

$ZE_U \mathrel{\hat{=}} 0{,}5$ mm

Aus Zweckmäßigkeitsgründen werden die Maßzahlen für b am oberen Rand der Netztafel angeschrieben, um Platz für die Umfangsmaße U zu gewinnen.

b) Ablesebeispiele

1. $a = 30$ cm	2. $U = 150$ cm
$b = 15$ cm	$b = 35$ cm
$U = 90$ cm	$a = 40$ cm

$$U = 2a + 2b$$

$$a = -b + \frac{U}{2} \qquad \textit{Geradengleichung}$$

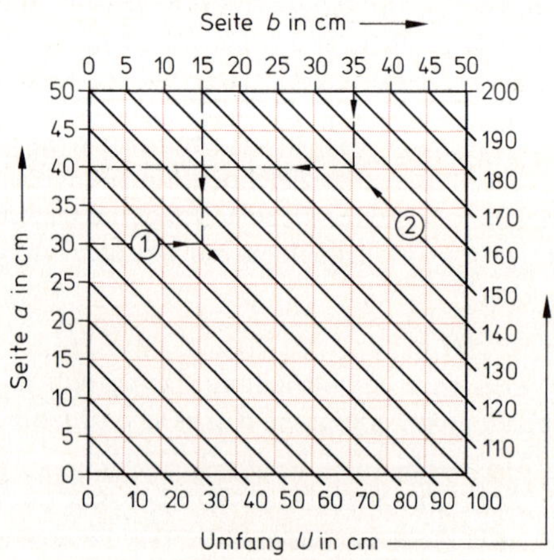

$U = 2a + 2b$

Beispiel 377: Das Gewicht einer Messinglegierung ist von den Volumenanteilen der Metalle Kupfer und Zink abhängig. Es besteht dabei die Beziehung:

$$G_{Ms} = V_{Zn} \cdot \varrho_{Zn} + V_{Cu} \cdot \varrho_{Cu}$$
$$G_{Ms} = V_{Zn} \cdot 7{,}1 + V_{Cu} \cdot 8{,}9$$

Es soll eine Netztafel entworfen werden, die es gestattet, auf Grund der Volumenanteile von Kupfer und Zink das Gewicht der Messinglegierung unmittelbar abzulesen.

Ablesebereich: V_{Cu} von 0 . . . 4 dm³,
V_{Zn} von 0 . . . 3 dm³.

Lösungsgang:

Die gegebene Gleichung entspricht der Geradengleichung $c = x + y$. Durch Umformen erhält man die Form $y = -x + c$. Alle Geraden dieser Form haben den Anstieg $m = -1$, der einem Winkel von 135° entspricht. Dieser Anstieg ist bei Verwendung von Netztafeln am günstigsten, weil die Ablesegenauigkeit der entstehenden Schnittpunkte auf diese Weise am größten ist. Um bei der gegebenen Gleichung den Anstieg $m = -1$ zu erhalten, muß der Maßstab der Achsen entsprechend gewählt werden.

1. Festlegung der Maßstäbe
   Abszissenachse (V_{Zn}):
   $1\ \text{dm}^3 \mathrel{\hat{=}} 7{,}1 \cdot 2{,}25\ \text{mm} \approx 16\ \text{mm}$
   Ordinatenachse (V_{Cu}):
   $1\ \text{dm}^3 \mathrel{\hat{=}} 8{,}9 \cdot 2{,}25\ \text{mm} \approx 20\ \text{mm}$

Nach dem Einsetzen der Maßstäbe und Umformen der Gleichung erhält man die erwünschte Geradenform $y = -x + c$ mit dem Anstieg $m = -1$ und den Maßstab für die Netzgeraden.

Schräge Netzgeraden (G_{Ms}):
$1\ \text{kg} \mathrel{\hat{=}} 2{,}25\ \text{mm}$

Die Maßstäbe von V_{Cu} (y) und V_{Zn} (x) müssen so gewählt werden, daß alle im Zähler stehenden Faktoren fortfallen und ihre Nenner gleich sind.

2. Herstellung der Zeichnung
   Aus Zweckmäßigkeitsgründen werden die Maßzahlen für V_{Zn} am oberen Rand der Netztafel angeschrieben.

$$G_{Ms} = V_{Zn} \cdot 7{,}1 + V_{Cu} \cdot 8{,}9$$
$$c = x + y$$
$$8{,}9 \cdot V_{Cu} = -V_{Zn} \cdot 7{,}1 + G_{Ms}$$
$$y = -x + c$$
$$8{,}9 \cdot V_{Cu} = -7{,}1 \cdot V_{Zn} + G_{Ms}$$
$$\frac{8{,}9 \cdot V_{Cu}}{8{,}9 \cdot 2{,}25\ \text{mm}} = -\frac{7{,}1 \cdot V_{Zn}}{7{,}1 \cdot 2{,}25\ \text{mm}} + G_{Ms}$$
$$\frac{V_{Cu}}{2{,}25\ \text{mm}} = -\frac{V_{Zn}}{2{,}25\ \text{mm}} + G_{Ms}$$
$$V_{Cu} = -V_{Zn} + G_{Ms} \cdot 2{,}25\ \text{mm}$$
$$y = -x + c$$

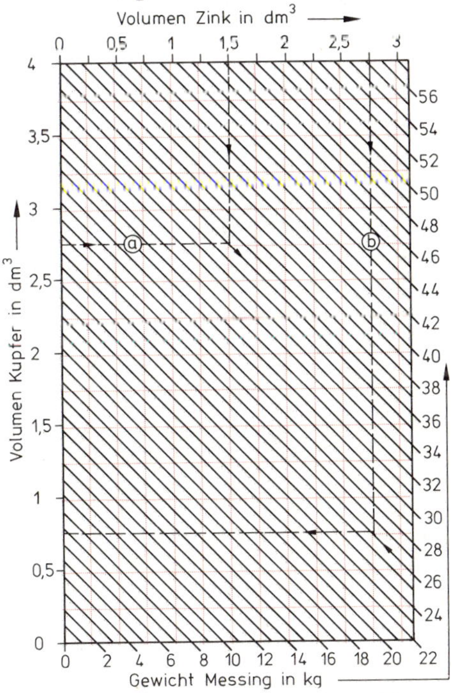

$$G_{Ms} = V_{Zn} \cdot 7{,}1 + V_{Cu} \cdot 8{,}9$$

Ablesebeispiele:

(a) $V_{Cu} = 2{,}75\ dm^3$
$V_{Zn} = 1{,}5\ dm^3$
$G_{Ms} \approx 35\ kg$

(b) $V_{Zn} = 2{,}75\ dm^3$
$G_{Ms} = 26\ kg$
$V_{Cu} \approx 0{,}75\ dm^3$

Aufgabe 378: Die Funktionsgleichung $y = ax$ soll graphisch dargestellt werden.

a) Welche Form hat die Funktionsgleichung?
b) Zeichnen Sie eine Netztafel mit arithmetisch geteilten Achsen für $a = 0{,}1;\ 0{,}5;\ 1;\ 1{,}5;\ 2;\ 4$.
c) Welche Folgerung kann man aus dem Schaubild ziehen?
d) Benutzen Sie die Tafel für einige Ablesebeispiele.

Lösungsgang:

a) Die Gleichung stellt eine Gerade dar, die durch den Nullpunkt geht und den Anstieg a besitzt.
b) Zum Zeichnen einer Nullpunktgeraden ist nur ein Punkt erforderlich.

a	0,1	0,5	1	1,5	2	4
x	5	5	5	4	2	1,5
y	0,5	2,5	5	6	4	6

c) Alle Nullpunktgeraden unterscheiden sich nur durch den Anstieg, d. h. durch den Steigungsfaktor a. Zusammen mit dem doppelt-arithmetischen Netz bilden sie eine Strahlentafel. Man kann erkennen, daß hier eine Möglichkeit besteht, eine graphische Rechentafel zu gewinnen, mit der man zwei sich innerhalb eines gewissen Bereiches ändernde Zahlen x und y multiplizieren und dividieren kann. Die Genauigkeit hängt von der Anzahl der Strahlen ab.

$y = ax$ Multiplizieren

$\left.\begin{array}{l}\dfrac{y}{x} = a \\ \dfrac{y}{a} = x\end{array}\right\}$ Dividieren

$y = ax$ *Nullpunktgerade*

a ► *Steigungsfaktor*

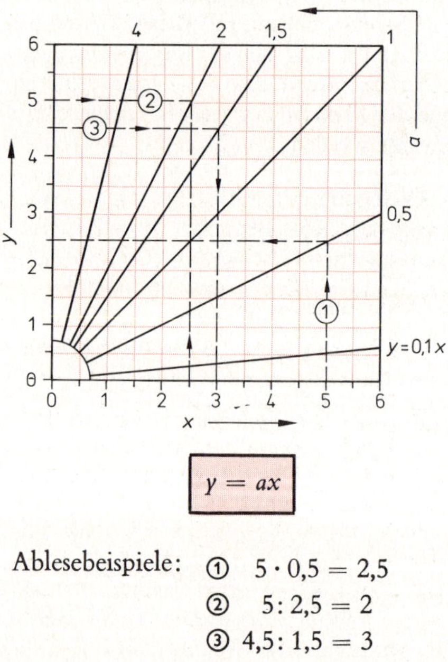

$y = ax$

Ablesebeispiele:
① $5 \cdot 0{,}5 = 2{,}5$
② $5 : 2{,}5 = 2$
③ $4{,}5 : 1{,}5 = 3$

Beispiel 379: In 26.3., Beispiel 372, wurden die acht geometrisch abgestuften Drehzahlen einer Werkzeugmaschine berechnet. Es soll ein Nomogramm für eine Drehmaschine entworfen werden, mit dem man für die Drehzahlen $n_1 \ldots n_8$ zu einem bestimmten Drehdurchmesser d die zugehörigen Schnittgeschwindigkeiten v ablesen kann. Umgekehrt soll man für die bekannten Größen Schnittgeschwindigkeit v und Drehdurchmesser d die zugehörige Drehzahl n unmittelbar ablesen können.

a) Welche Form wird das Nomogramm haben, wenn man arithmetisch geteilte Achsen verwendet?

b) Berechnen Sie die erforderlichen Werte.

c) Welche Maßstäbe müssen gewählt werden, wenn das Nomogramm eine Größe von 50 mm × 80 mm haben soll und der Ablesebereich folgende Werte umfaßt:

d von 0...500 mm, v von 0...160 m/min?

d) Zeichnen Sie das Nomogramm, und erläutern Sie zwei Ablesebeispiele.

Lösungsgang:

a) Für die Geschwindigkeit eines sich drehenden Körpers gilt die Gleichung:

$$v = \frac{d \cdot \pi n}{1000}$$

d in mm
n in 1/min
v in m/min

Für den Durchmesser $d = 100$ mm z. B. entsteht eine Gleichung von der Form $y = ax$ (Nullpunktgerade).

$$v = \frac{100 \cdot 3{,}14}{1000} \cdot n$$

$$v = 0{,}314\, n \quad \rightarrow y = ax$$

Für jede Drehzahl $n_1 \ldots n_8$ kann man nun eine Nullpunktgerade in ein Netz mit arithmetisch geteilten Achsen zeichnen und erhält so eine Strahlentafel.

$n_1 = 19$ 1/min	$n_5 = 118$ 1/min
$n_2 = 30$ 1/min	$n_6 = 190$ 1/min
$n_3 = 47{,}5$ 1/min	$n_7 = 300$ 1/min
$n_4 = 75$ 1/min	$n_8 = 474$ 1/min

b) Zum Zeichnen von Nullpunktgeraden benötigt man jeweils einen Punkt mit den Koordinaten v und d. Setzt man in die Ausgangsformel frei gewählte Werte für d ein, so erhält man die zugehörige Schnittgeschwindigkeit v. Gewählt wurde für $v_1 \ldots v_5$ $d_1 = 400$ mm und für $v_6 \ldots v_8$ $d_2 = 100$ mm. Es entstehen auf diese Weise acht Punkte, die auf den Nullpunktgeraden (Strahlen) liegen.

$$v_1 = \frac{n_1 \cdot \pi \cdot d_1}{1000} = \frac{19 \cdot 3{,}14 \cdot 400}{1000} \approx 23{,}88 \text{ m/min}$$

$$v_2 = \frac{n_2 \cdot \pi \cdot d_1}{1000} = \frac{30 \cdot 3{,}14 \cdot 400}{1000} \approx 37{,}7 \text{ m/min}$$

$$v_3 = \frac{n_3 \cdot \pi \cdot d_1}{1000} = \frac{47{,}5 \cdot 3{,}14 \cdot 400}{1000} \approx 59{,}69 \text{ m/min}$$

$$v_4 = \frac{n_4 \cdot \pi \cdot d_1}{1000} = \frac{75 \cdot 3{,}14 \cdot 400}{1000} \approx 94{,}25 \text{ m/min}$$

$$v_5 = \frac{n_5 \cdot \pi \cdot d_1}{1000} = \frac{118 \cdot 3{,}14 \cdot 400}{1000} \approx 148{,}3 \text{ m/min}$$

$$v_6 = \frac{n_6 \cdot \pi \cdot d_2}{1000} = \frac{190 \cdot 3{,}14 \cdot 100}{1000} \approx 59{,}58 \text{ m/min}$$

$$v_7 = \frac{n_7 \cdot \pi \cdot d_2}{1000} = \frac{300 \cdot 3{,}14 \cdot 100}{1000} \approx 94{,}25 \text{ m/min}$$

$$v_8 = \frac{n_8 \cdot \pi \cdot d_2}{1000} = \frac{474 \cdot 3{,}14 \cdot 100}{1000} \approx 148{,}9 \text{ m/min}$$

c) Maßstäbe

Abszissenachse (d)

50 mm $\widehat{=}$ 500 mm ϕ
2 mm $\widehat{=}$ 20 mm ϕ

Ordinatenachse (v)

80 mm $\widehat{=}$ 160 m/min
2 mm $\widehat{=}$ 4 m/min

d) Ablesebeispiele

① $d = 200$ mm, $v = 120$ m/min $\quad n = \underline{\underline{190\ 1/\text{min}}}$

② $d = 350$ mm, $n = 118$ 1/min $\quad v = \underline{\underline{130\ \text{m/min}}}$

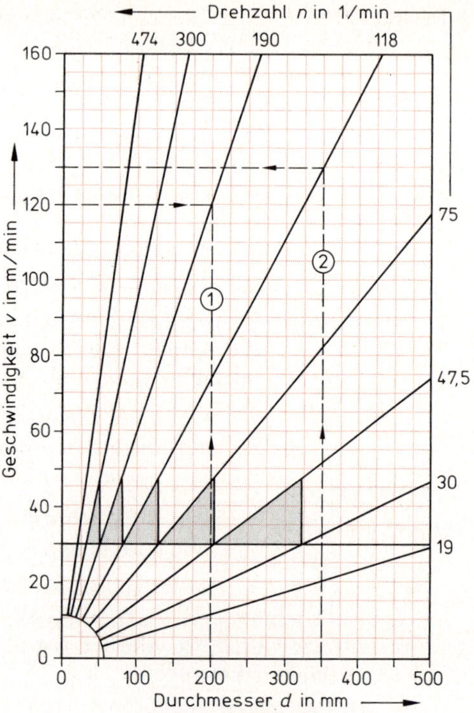

$$v = \frac{d \cdot \pi \cdot n}{1000}$$

Folgerung:

Eine beliebige waagerechte Netzlinie (z. B. $v = 30$ m/min) schneidet alle Drehzahlstrahlen. Die in den Schnittpunkten errichteten Senkrechten schneiden die nächsten Strahlen und bilden Dreiecke (Sägezähne). Sind alle entstehenden Sägezacken gleich hoch, so sind die Drehzahlen geometrisch abgestuft (Sägediagramm).

Aufgabe 380: Die Funktionsgleichung $x \cdot y = c$ oder $y = \frac{c}{x}$ ergibt in einem kehrwert-arithmetischen Netz eine Gerade (siehe Aufg. 371).

a) Welche Form hat die Gleichung im doppelt-logarithmischen Netz?

b) Zeichnen Sie eine Netztafel mit logarithmisch geteilten Achsen für $c = 2; 10; 15; 30; 50; 80$.

c) Welche Folgerung kann man aus dem Schaubild ziehen?

d) Benutzen Sie die Tafel für einige Ablesebeispiele.

Lösungsgang:

a) Logarithmiert man die Gleichung $x \cdot y = c$, so kann man nach dem Umformen erkennen, daß es sich um die Gleichung einer Geraden handelt, wenn man die Achsen des Netzes logarithmisch teilt.

$$x \cdot y = c$$

$$\lg x + \lg y = \lg c$$

$$\lg y = -\lg x + \lg c$$

$$Y = -X + C \quad \textit{Gerade}$$

b) Für die Zeichnung einer Netzgeraden sind jeweils zwei Punkte erforderlich. Da die Geraden parallel sind (wegen $m = -1$), benötigt man für weitere Geraden nur einen Punkt.

c	2		5		10		15		30		50	80
x	1	2	1	5	1	10	3	5	6	3	10	10
y	2	1	5	1	10	1	5	3	5	10	5	8

c) Alle Geraden mit der Gleichung $x \cdot y = c$ verlaufen im doppelt-logarithmischen Netz parallel zueinander und bilden zusammen eine Netztafel. Man kann sofort erkennen, daß man mit solch einer Netztafel leicht graphisch multiplizieren und dividieren kann.

d) Ablesebeispiele.

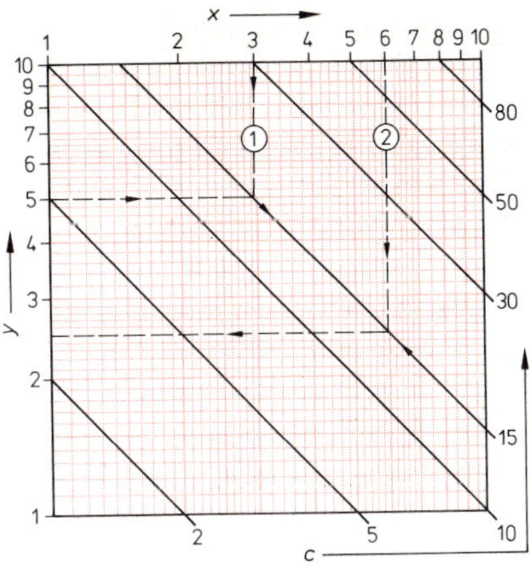

$x \cdot y = c$

① $3 \cdot 5 = \underline{\underline{15}}$ ② $\frac{15}{6} = \underline{\underline{2{,}5}}$

Beispiel 381: Für die geometrisch abgestuften Drehzahlen $n_1 \ldots n_8$ vom Beispiel 379 soll eine v-d-Netztafel mit logarithmisch geteilten Achsen entworfen werden.

Ablesebereich: d von 10...500 mm,
v von 10...160 m/min.

Lösungsgang:

1. Verlauf der Netzgeraden

Für die Geschwindigkeit eines sich drehenden Körpers gilt die Formel

$$v = \frac{d \cdot \pi \cdot n}{1000}$$

d in mm
n in 1/min
v in m/min

Für die Drehzahl $n_1 = 19$ 1/min entsteht nebenstehende Gleichung, die logarithmiert in einem Netz mit logarithmisch geteilten Achsen eine Gerade ergibt, die den Anstieg $m = 1$ hat, also mit der positiven Richtung der Abszissenachse einen Winkel von 45° bildet.

$$v_1 = \frac{n_1 \cdot \pi}{1000} \cdot d = \frac{19 \cdot 3{,}14}{1000} \cdot d$$

$$\lg v_1 = \lg \frac{19 \cdot 3{,}14}{1000} + \lg d = \lg c + \lg d$$

$$\lg v_1 = \lg d + \lg c$$

$$V = D + C \mathrel{\widehat{=}} y = x + c$$

Für jede Drehzahl $n_1 \ldots n_8$ kann man solch eine Gerade in ein Netz mit logarithmisch geteilten Achsen zeichnen und erhält auf diese Weise eine v-d-Netztafel.

$n_1 = 19$ 1/min
$n_2 = 30$ 1/min
$n_3 = 47{,}5$ 1/min
$n_4 = 75$ 1/min
$n_5 = 118$ 1/min
$n_6 = 190$ 1/min
$n_7 = 300$ 1/min
$n_8 = 474$ 1/min

2. Berechnung der Netzgeraden

Für die Zeichnung einer Netzgeraden sind jeweils zwei Punkte erforderlich. Da alle Geraden parallel verlaufen (wegen $m = 1$), benötigt man für weitere Geraden nur einen Punkt.

$$v = \frac{d \cdot \pi \cdot n}{1000}$$

	n_1		n_2	n_3	n_4	n_5	n_6	n_7	n_8
n	19		30	47,5	75	118	190	300	474
d	200	400	200	200	200	100	100	100	100
v	11,9	23,8	18,85	29,8	47,2	37,1	59,6	94,2	149

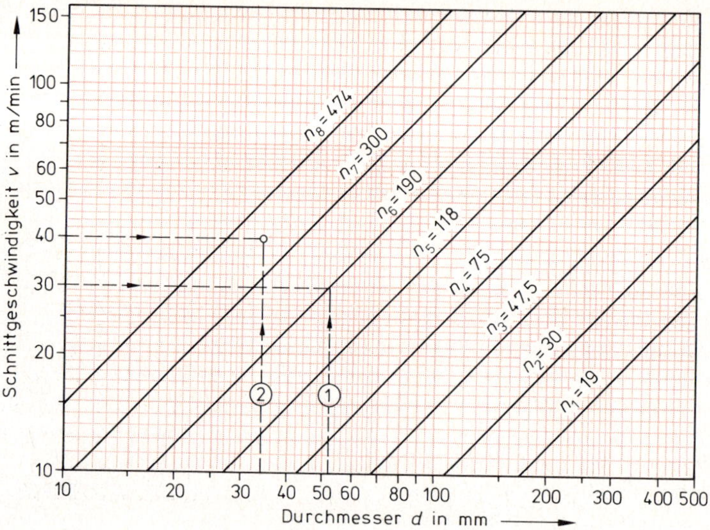

Ablesebeispiele: ① $d = 52$ mm ② $d = 34$ mm

$v = 30$ m/min $v = 40$ m/min

$n_6 = 190$ 1/min $n_7 = 300$ 1/min

(wählen Sie die kleinere Drehzahl)

Merke: *Beziehungen zwischen drei Variablen (Größen) lassen sich durch Netztafeln graphisch darstellen.*

Paralleltafeln mit Netzen, deren Achsen arithmetisch geteilt sind, können zum Addieren und Subtrahieren benutzt werden.

Strahlentafeln mit Netzen, deren Achsen arithmetisch geteilt sind, können zum Multiplizieren und Dividieren benutzt werden.

Paralleltafeln mit Netzen, deren Achsen logarithmisch geteilt sind, können ebenfalls zum Multiplizieren und Dividieren benutzt werden.

26.5. Leitertafeln

Leitertafeln sind sehr übersichtliche graphische Rechentafeln. Sie bestehen aus drei oder mehr Funktionsskalen, die meistens parallel zueinander verlaufen. Mit ihrer Hilfe kann man zu zwei gegebenen Variablen (Größen) die von diesen abhängige dritte Variable (Größe) unmittelbar ablesen.

Aufgabe 382: Zeichnen Sie auf drei zueinander parallelen Geraden *a*, *b* und *c* (Länge = 8 cm), die einen beliebigen, aber gleichen Abstand voneinander haben, die gleiche arithmetisch geteilte Funktionsskala (ZE $\widehat{=}$ 1 cm). Verbinden Sie zwei Punkte der äußeren Leitern *a* und *b* durch eine gestrichelte Linie. Welche Bedingungen erfüllt der Schnittpunkt der Verbindungslinie mit der mittleren Leiter?

Lösungsgang:

Verbindet man z. B. den Punkt 4 der Leiter a mit dem Punkt 6 der Leiter b, so schneidet die Verbindungslinie den Punkt 5 der Leiter c. Man kann leicht erkennen, daß der Wert der Leiter c das arithmetische Mittel der Werte der Leitern a und b ist.

$$c_1 = \frac{a+b}{2} = \frac{4+6}{2} = \underline{\underline{5}}$$

$$c_2 = \frac{8+7}{2} = \underline{\underline{7{,}5}}$$

Beweis:

In dem entstehenden Trapez ist die Länge der Mittellinie gleich dem arithmetischen Mittel aus den Längen der beiden Grundlinien.

In der Praxis verwendet man zum Ablesen ein durchsichtiges Lineal mit eingeritzter Linie.

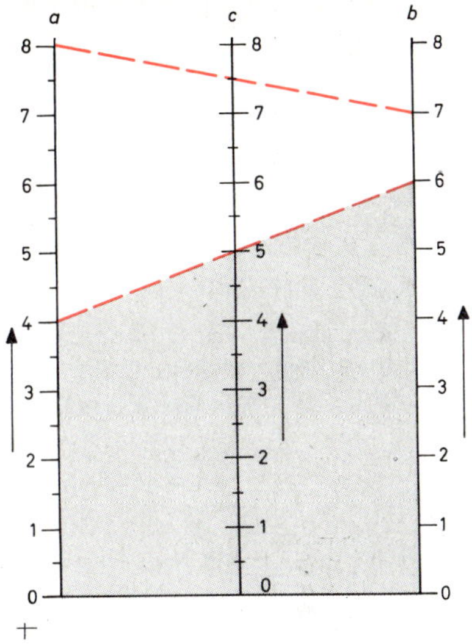

$$c = \frac{a+b}{2}$$

Merke: *Haben drei parallele Leitern den gleichen Abstand und arithmetische Teilungen mit der gleichen Zeicheneinheit, so liest man an der inneren Leiter das arithmetische Mittel zweier Zahlen ab.*

Aufgabe 383: Entwerfen Sie eine Leitertafel, mit der man zwei Zahlen a und b addieren kann.

Lösungsgang:

Wählt man die Zeicheneinheit der mittleren Leiter halb so groß wie diejenige der beiden äußeren Leitern, so liest man auf der mittleren Leiter das doppelte arithmetische Mittel ab, d. h. die Summe beider Zahlen a und b.

$$c = \frac{a+b}{2} \cdot 2 = a + b \qquad \boxed{c = a + b}$$

Wahl der Zeicheneinheiten

Leiter a: ZE $\widehat{=}$ 1 cm

Leiter b: ZE $\widehat{=}$ 1 cm

Leiter c: ZE $\widehat{=}$ 0,5 cm

Ablesebeispiel: $c = a + b = 4 + 6 = \underline{\underline{10}}$

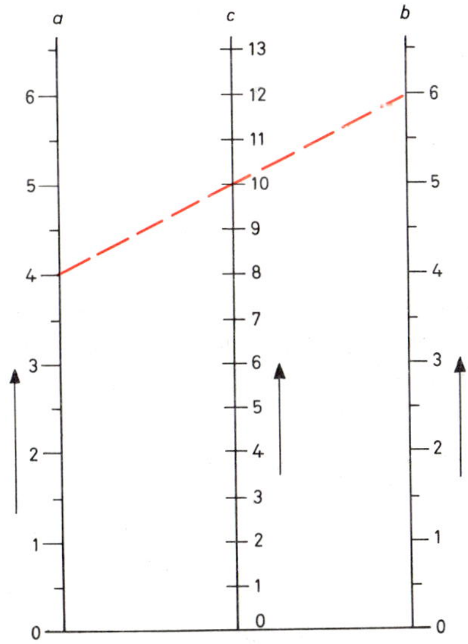

Merke: *Haben drei parallele und arithmetische Leitern den gleichen Abstand, und ist die Zicheneinheit der mittleren Leiter halb so groß wie die Zeicheneinheit der beiden äußeren Leitern, so liest man auf der inneren Leiter die Summe zweier Zahlen ab.*

$$c = a + b$$

Aufgabe 384: Entwerfen Sie eine Leitertafel, mit der man die Differenz zweier Zahlen berechnen kann.

Lösungsgang:

Da die Subtraktion die Umkehrrechenart der Addition ist, verlaufen die beiden äußeren Leitern gegenläufig zueinander.

Wahl der Zeicheneinheiten

Leiter a: ZE $\widehat{=}$ 1 cm

Leiter b: ZE $\widehat{=}$ 1 cm

Leiter c: ZE $\widehat{=}$ 0,5 cm

Ablesebeispiele:

① $c = a - b = 7 - 3 = \underline{\underline{4}}$

② $c = a - b = 5 - 7 = \underline{\underline{-2}}$

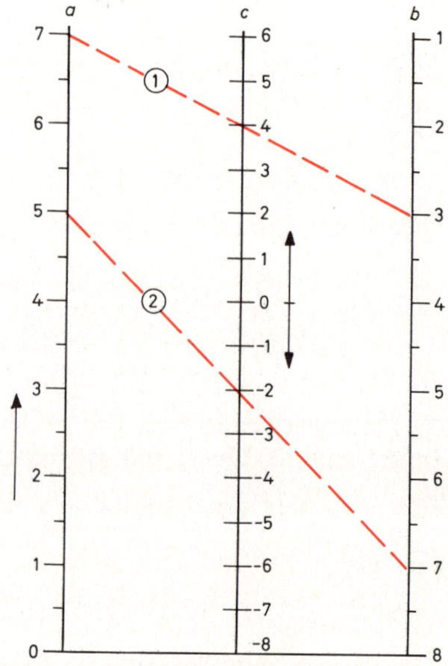

$$c = a - b$$

Merke: *Haben drei parallele und arithmetische Leitern den gleichen Abstand, und verlaufen die beiden äußeren Leitern bei gleicher Zeicheneinheit gegenläufig, so liest man auf der inneren Leiter die Differenz zweier Zahlen ab, wenn die Zeicheneinheit der mittleren Leiter halb so groß ist wie die der beiden äußeren Leitern.*

$$c = a - b$$

Beispiel 384: Das Gewicht einer Messinglegierung ist von den Volumenanteilen der Metalle Kupfer und Zink abhängig. Es besteht dabei die Beziehung:

$$G_{Ms} = V_{Zn} \cdot \varrho_{Zn} + V_{Cu} \cdot \varrho_{Cu}$$

$$G_{Ms} = V_{Zn} \cdot 7{,}1 + V_{Cu} \cdot 8{,}9$$

Es soll eine Leitertafel entworfen werden, die es gestattet, auf Grund der Volumenanteile von Kupfer und Zink das Gewicht der Messinglegierung unmittelbar abzulesen.

Ablesebereich: V_{Cu} von 0...3 dm³,
V_{Zn} von 0...4 dm³.

Lösungsgang:

Die gegebene Gleichung entspricht der Summenformel $c = 7{,}1a + 8{,}9b$. Mit Hilfe von drei parallelen Leitern, bei denen die Zeicheneinheit der mittleren Leiter halb so groß ist wie die Zeicheneinheit der beiden äußeren Leitern, kann diese Aufgabe gelöst werden. Nach der Gleichung

$$c = 7{,}1a + 8{,}9b$$

sind nicht die einfachen Zahlenwerte von a und b zu addieren, sondern ihr 7,1- bzw. 8,9-faches.

Berechnung der Leiterskalen

Gewählte Zeicheneinheit für alle Leitern

ZE $\triangleq$ 3 mm.

ZE für $V_{Cu} \triangleq 8{,}9 \cdot 3\,\text{mm} \triangleq 26{,}7\,\text{mm}$

$1\,\text{dm}^3\,\text{Cu} \triangleq 26{,}7\,\text{mm}$

ZE für $V_{Zn} \triangleq 7{,}1 \cdot 3\,\text{mm} \triangleq 21{,}3\,\text{mm}$

$1\,\text{dm}^3\,\text{Zn} \triangleq 21{,}3\,\text{mm}$

ZE für Ms $\triangleq \frac{1}{2} \cdot 3\,\text{mm} \triangleq 1{,}5\,\text{mm}$

$1\,\text{kg Ms} \triangleq 1{,}5\,\text{mm}$

Ablesebeispiele:

① 1,5 dm Cu + 2,5 dm³ Zn ≈ 31,0 kg Ms

② 2,8 dm³ Cu + 3,2 dm³ Zn ≈ 47,5 kg Ms

$$G_{Ms} = V_{Zn} \cdot 7{,}1 + V_{Cu} \cdot 8{,}9$$

$$c = 7{,}1a + 8{,}9b$$

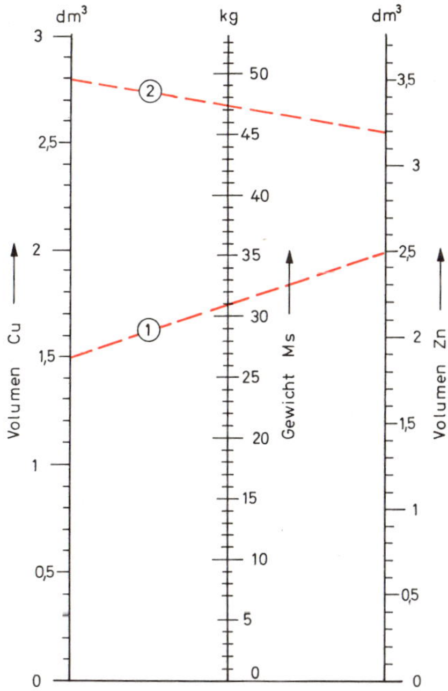

$$G_{Ms} = V_{Zn} \cdot 7{,}1 + V_{Cu} \cdot 8{,}9$$

Beispiel 385: Entwerfen Sie eine Leitertafel, mit der man die Länge der Diagonale im Rechteck aus den beiden Rechteckseiten a und b bestimmen kann.

Ablesebereich: Seite a und b von 0 . . . 6 cm.

Lösungsgang:

Haben in einer normalen Leitertafel die drei Leitern die gleiche arithmetische Teilung, so kann man auf der mittleren Leiter das arithmetische Mittel ablesen.

$$c = \frac{a + b}{2} \quad \textit{arithmetisches Mittel}$$

Haben die beiden äußeren Leitern die gleiche quadratische Teilung, so kann man auf der mittleren Leiter die halbe Summe der Quadrate ablesen.

$$c = \frac{a^2 + b^2}{2} \quad \textit{halbe Summe der Quadrate}$$

Hat auch die mittlere Leiter die gleiche quadratische Teilung, so kann man auf ihr die Wurzel aus der halben Summe der Quadrate ablesen (siehe 26.1.).

$$c = \sqrt{\frac{a^2 + b^2}{2}} \quad \textit{Wurzel aus der halben Summe der Quadrate}$$

Wählt man die Zeicheneinheit der mittleren Leiter halb so groß wie diejenige der äußeren Leitern, so kann man auf ihr die Wurzel aus der Summe der Quadrate (= Diagonale im Rechteck) ablesen.

$c = \sqrt{a^2 + b^2}$

$d = \sqrt{a^2 + b^2}$ *Diagonale im Rechteck*

Wahl der Zeicheneinheiten:

Leiter a: ZE = 2 mm $\widehat{=}$ 1 cm
Leiter b: ZE = 2 mm $\widehat{=}$ 1 cm
Leiter d: ZE = 1 mm $\widehat{=}$ 1 cm

Herstellung der Zeichnung

Man zeichnet drei parallele Geraden in gleichem Abstand und trägt auf ihnen quadratische Leitern unter Beachtung der Zeicheneinheit auf (siehe 26.1.).

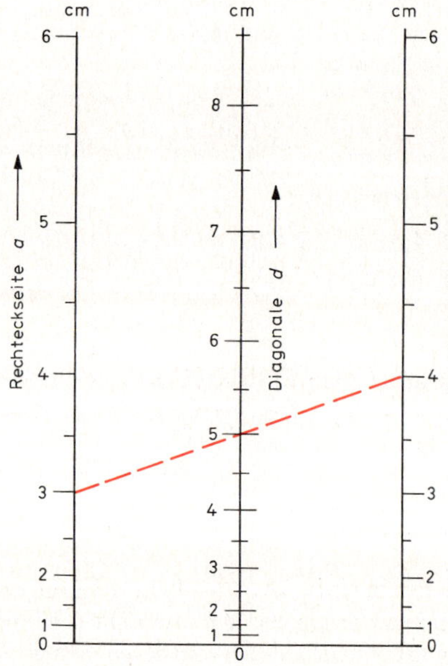

Ablesebeispiel:

$a = 3$ cm Probe: $d = \sqrt{9 + 16}$
$b = 4$ cm $= \sqrt{25}$
$d = \underline{\underline{5 \text{ cm}}}$ $= \underline{\underline{5 \text{ cm}}}$

$$d = \sqrt{a^2 + b^2}$$

Aufgabe 387/1: Der Höhensatz im rechtwinkligen Dreieck lautet:

$$h = \sqrt{p \cdot q}$$

Entwerfen Sie für diese Beziehung eine Leitertafel bis zu einem Ablesebereich von 10 cm.

Lösungsgang:

Die Höhe im rechtwinkligen Dreieck ist das geometrische Mittel aus den Hypotenusenabschnitten. Logarithmiert man die Gleichung, so erhält man eine Form, die äußerlich dem arithmetischen Mittel entspricht. Ersetzt man bei einer Leitertafel die arithmetischen Leitern durch logarithmische, so kann man auf der mittleren Leiter das geometrische Mittel ablesen.

Ablesebeispiel:

$p = 8$ cm $\qquad h = \underline{\underline{4 \text{ cm}}}$
$q = 2$ cm

Merke: *Haben drei parallele Leitern logarithmische Teilungen, so liest man bei gleicher Zeicheneinheit auf der mittleren Leiter das geometrische Mittel ab.*

$$\boxed{c = \sqrt{a \cdot b}}$$

$$h = \sqrt{p \cdot q}$$

$$\lg h = \frac{\lg p + \lg q}{2} \quad \widehat{=} \quad c = \frac{a + b}{2}$$

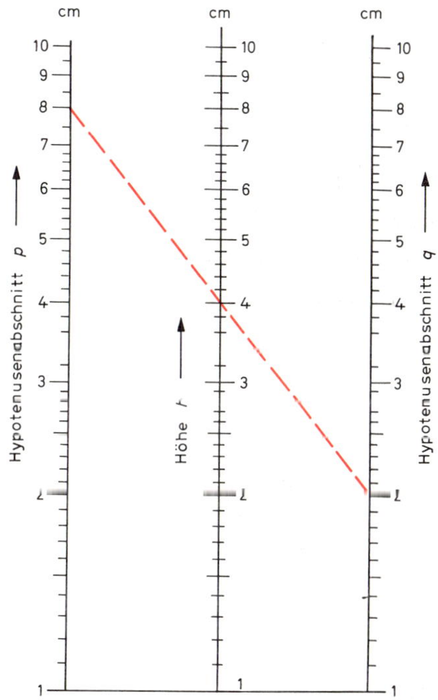

$$\boxed{h = \sqrt{p \cdot q}}$$

Aufgabe 387/2: Entwerfen Sie eine Leitertafel, mit der man die Fläche A eines Rechtecks aus den beiden Seiten a und b bestimmen kann.

Ablesebereich: a und b bis 10 cm.

Lösungsgang:

Logarithmiert man die Flächenformel für ein Rechteck, so erhält man eine Form, die äußerlich dem doppelten arithmetischen Mittel (Aufg. 383) entspricht. Halbiert man bei drei logarithmischen Leitern die Zeicheneinheit der mittleren Leiter, so kann man auf ihr das Produkt zweier Zahlen ablesen.

Ablesebeispiel:

$a = 7$ cm $\qquad A = \underline{\underline{14\ \text{cm}^2}}$
$b = 2$ cm

Merke: *Haben drei parallele und logarithmische Leitern den gleichen Abstand, und ist die Zeicheneinheit der mittleren Leiter halb so groß wie die Zeicheneinheit der beiden äußeren Leitern, so liest man auf der mittleren Leiter das Produkt zweier Zahlen ab.*

$$c = a \cdot b$$

$$A = a \cdot b$$
$$\lg A = \lg a + \lg b \mathrel{\widehat{=}} c = a + b$$

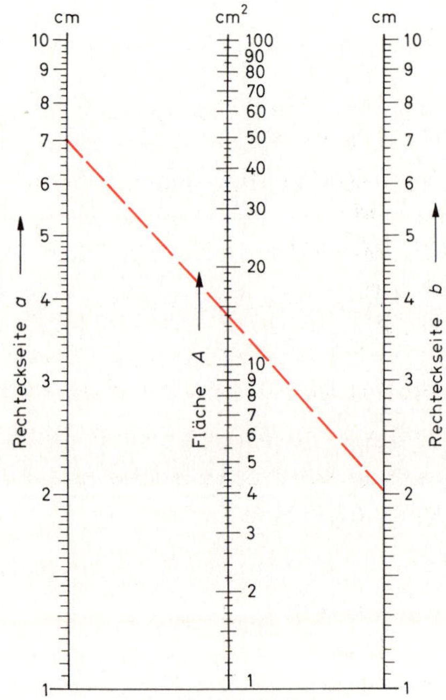

$$A = a \cdot b$$

Beispiel 388: Entwerfen Sie eine Leitertafel, mit der man die Fläche A einer Ellipse aus den beiden Durchmessern D und d bestimmen kann.

Ablesebereich: Durchmesser D und d bis 10 cm.

Lösungsgang:

Logarithmiert man die Flächenformel der Ellipse, so erhält man eine Gleichung von der Form $c = a + b$. Die Werte der mittleren Leiter sind lediglich um den konstanten Betrag $\lg \frac{\pi}{4}$ nach unten verschoben.

Den Anfang $\left(\frac{\pi}{4}\right)$ der mittleren Leiter kann man auch erhalten, indem man in der Flächenformel $\left(A = \frac{D \cdot d \cdot \pi}{4}\right)$ für die Durchmesser D und d den Wert 1 einsetzt. Verbindet man die Werte 1 der beiden Außenleitern, so schneidet diese Verbindungslinie an der Stelle $\pi/4 = 0{,}7854$ die mittlere Leiter, deren Zeicheneinheit halb so groß ist.

Ablesebeispiel:

$D = 6$ cm

$d = 4$ cm $\qquad A \approx \underline{\underline{19 \text{ cm}^2}}$

Probe: $A = \frac{D \cdot d \cdot \pi}{4}$

$= \frac{6 \cdot \not{4} \cdot 3{,}14}{\not{4}}$

$= \underline{\underline{18{,}84 \text{ cm}^2}}$

$$A = \frac{D \cdot d \cdot \pi}{4} = \frac{\pi}{4} \cdot D \cdot d$$

$$\lg A = \lg \frac{\pi}{4} + \lg D + \lg d$$

$$\lg A - \lg \frac{\pi}{4} = \lg D + \lg d$$

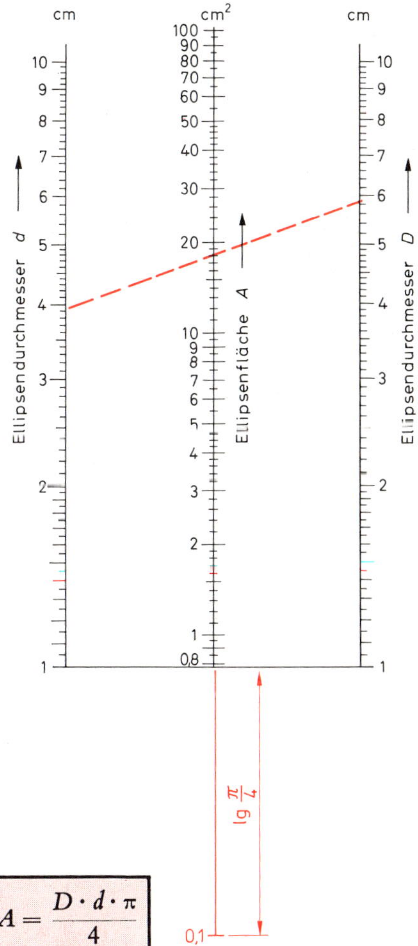

$$A = \frac{D \cdot d \cdot \pi}{4}$$

Beispiel 389: Entwerfen Sie für das Ohmsche Gesetz $I = \frac{U}{R}$ eine Leitertafel.

Ablesebereich: Stromstärke I bis 10 A
Spannung U bis 10 V
Widerstand R bis 10 Ω

Lösungsgang:

Logarithmiert man das Ohmsche Gesetz, so erhält man eine Gleichung von der Form $c = a - b$. Da die Subtraktion die Umkehrrechenart der Addition ist, verlaufen die beiden äußeren logarithmischen Leitern gegenläufig zueinander. Die Zeicheneinheit der mittleren Leiter ist halb so groß wie die der beiden äußeren Leitern.

$$I = \frac{U}{R}$$

$$\lg I = \lg U - \lg R \rightarrow c = a - b$$

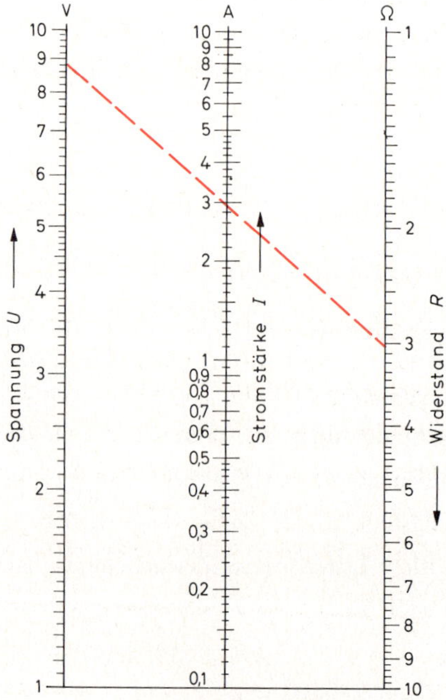

$$I = \frac{U}{R}$$

Ablesebeispiel:

$U = 9\,\text{V}$

$R = 3\,\Omega$

$I = \underline{\underline{3\,\text{A}}}$

Probe: $I = \frac{U}{R} = \frac{9}{3} = \underline{\underline{3\,\text{A}}}$

Folgerung: Sollen Leitertafeln für mehr als drei veränderliche Größen entworfen werden, so muß man in der Regel die darzustellende Funktion vorher in zwei oder mehrere Teilfunktionen zerlegen. Für diese Teilfunktionen werden gesonderte Leitertafeln hergestellt. Durch Aneinanderlegen dieser gesonderten Leitertafeln erhält man ein einheitliches Nomogramm für die Urfunktion.

Beispiel 390: Für die Arbeitszeit beim Drehen $t = \frac{d \cdot \pi}{s \cdot v \cdot 100}$ (für 10 mm Drehlänge soll eine Leitertafel entworfen werden. Gegebene Werte:

d = Durchmesser von 10...500 mm

n = Drehzahl in 1/min

$n_1 = 19$ 1/min　　$n_5 = 118$ 1/min
$n_2 = 30$ 1/min　　$n_6 = 190$ 1/min
$n_3 = 47{,}5$ 1/min　　$n_7 = 300$ 1/min
$n_4 = 75$ 1/min　　$n_8 = 474$ 1/min

s = Vorschub in mm pro Umdrehung

$s_1 = 0{,}42$ mm　　$s_5 = 1{,}61$ mm
$s_2 = 0{,}59$ mm　　$s_6 = 2{,}25$ mm
$s_3 = 0{,}82$ mm　　$s_7 = 3.16$ mm
$s_4 = 1{,}15$ mm　　$s_8 = 4{,}42$ mm

v = Schnittgeschwindigkeit in m/min

t = Drehzeit für 10 mm Drehlänge in min

Lösungsgang:

Die Gleichung für die Drehzeit kann man in zwei Teilgleichungen zerlegen. Beide Teilgleichungen enthalten genauso wie die Urgleichung fünf veränderliche Größen. Für die Leitertafel sind somit fünf Achsen vorzusehen.

$$t = \frac{d \cdot \pi}{s \cdot v \cdot 100} \text{ min für 10 mm}$$

❶ $v = \frac{d \cdot \pi \cdot n}{1000}$ m/min

❷ $t = \frac{10}{s \cdot n}$ min für 10 mm

1. Teilnomogramm

Logarithmiert man die erste Teilgleichung, so kann man erkennen, daß die drei Leitern logarithmische Teilungen haben müssen. Die Zeicheneinheit der mittleren Leiter ist halb so groß wie die Zeicheneinheit der beiden äußeren Leitern. Die Werte der mittleren Leiter sind außerdem um den Betrag $\lg \frac{\pi}{1000}$ nach unten verschoben (die Länge der Leiterstrecke ist nur von den Ziffern 314 abhängig). Die Lage der mittleren Leiterskala legt man zweckmäßig durch ein Beispiel fest.

❶ $v = \frac{d \cdot \pi \cdot n}{1000} = \frac{\pi}{1000} \cdot d \cdot n$

$$\lg v = \lg \frac{\pi}{1000} + \lg d + \lg n$$

$$\lg v - \lg \frac{\pi}{1000} = \lg d + \lg n$$

$d = 100$ mm

$n = 100$ 1/min

$$v = \frac{100 \cdot 100 \cdot 3{,}14}{1000} = \underline{\underline{31{,}4 \text{ m/min}}}$$

Ablesebeispiel:

$d = 40$ mm

$n = 190$ 1/min

$v \approx \underline{\underline{24 \text{ m/min}}}$

Probe:

$$v = \frac{40 \cdot 190 \cdot 3{,}14}{1000} = \underline{\underline{23{,}86 \text{ m/min}}}$$

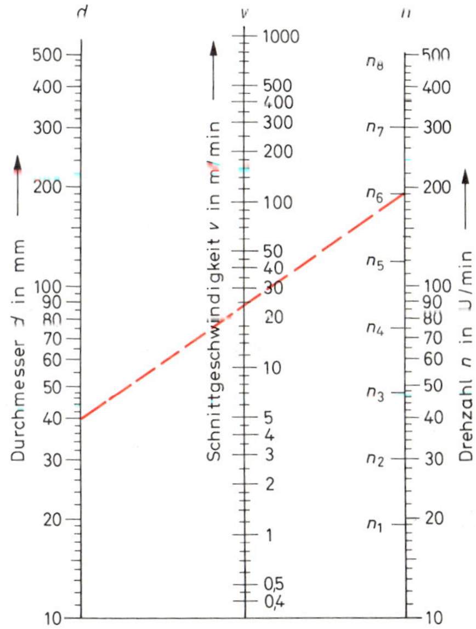

$$v = \frac{d \cdot \pi \cdot n}{1000}$$

2. Teilnomogramm

Nach dem Umformen und Logarithmieren der zweiten Teilgleichung kann man erkennen, daß die drei Leitern logarithmische Teilungen haben müssen. Die Zeicheneinheit der mittleren t-Leiter ist halb so groß und wegen des negativen Vorzeichens nach unten gerichtet. Außerdem erscheint die t-Leiter wegen lg 10 mit ihrem Anfangspunkt gegenüber den anderen Achsen verschoben. Weil von $\lg t$ der konstante Betrag lg 10 subtrahiert wird, erfolgt die Verschiebung der t-Leiter nach oben, entgegengesetzt der Leiterrichtung. In der Praxis wird der Teilungsbereich der Leiter durch ein Beispiel festgelegt.

$n = 10 \ \ 1/\text{min}$

$s = 0{,}1 \text{ mm}$

$$t = \frac{10}{s \cdot n} = \frac{10}{0{,}1 \cdot 10} = \underline{\underline{10 \text{ min}}} \text{ für } 10 \text{ mm}$$

Ablesebeispiel:

$n = 190 \ \ 1/\text{min}$

$s = 0{,}59 \text{ mm}$

$t \approx \underline{\underline{0{,}09 \text{ min}}}$

Probe:

$$t = \frac{10}{190 \cdot 0{,}59} = \underline{\underline{0{,}089 \text{ min}}}$$

2

$$t = \frac{10}{s \cdot n}$$

$$s \cdot n = \frac{10}{t}$$

$$\lg s + \lg n = \lg 10 - \lg t = -(\lg t - \lg 10)$$

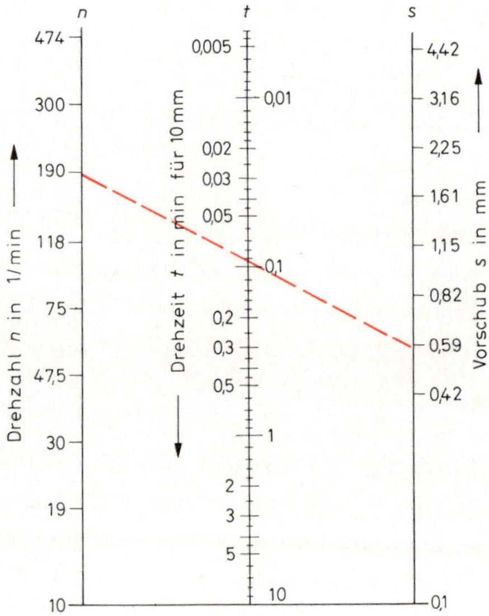

$$t = \frac{10}{s \cdot n}$$

Durch Aneinanderlegen der Leitertafeln für die Teilfunktionen erhält man eine Leitertafel für die Urfunktion. Die Leitern für die Drehzahl n der Teilfunktionen fallen beim Aneinanderlegen zusammen.

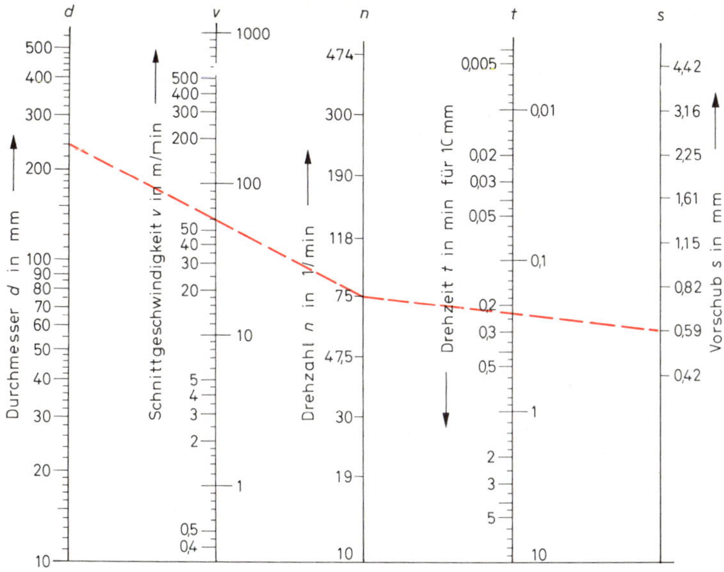

$$t = \frac{d \cdot \pi}{v \cdot s \cdot 100}$$

Ablesebeispiel:

Gegeben: $d = 240$ mm, $s = 0{,}59$ mm pro Umdrehung; eine Schnittgeschwindigkeit von $v = 60$ m/min soll nicht überschritten werden.

Gesucht: Laufzeit t der Drehmaschine in min für 10 mm Drehlänge.

Lösung: Verbindet man $d = 240$ mit $n = 75\ \text{min}^{-1}$, so kann man erkennen, daß $v = 60$ m/min nicht überschritten wird. Die Linie $n = 75\ \text{min}^{-1}$ und $s = 0{,}59$ mm schneidet die t-Leiter im Punkt $t = 0{,}23$ min.

Der Entwurf solcher Nomogramme ist zwar in vielen Fällen eine zeitraubende Arbeit, sie lohnt sich aber immer dann, wenn öfter wiederkehrende Berechnungen mit veränderlichen Werten durchzuführen sind.

Übungen

26.1. Leitern von Funktionen

1. Zeichnen Sie die Leiter der Funktion $y = x^2$ ($x = 0 \ldots +5$) mit Hilfe eines Kurvenbildes der Funktion.
Zeicheneinheiten: $ZE_x \triangleq 20$ mm; $ZE_y \triangleq 5$ mm.

2. Zeichnen Sie die Leiter der Funktion $y = x^2$ ($x = 0 \ldots +5$) ohne das Kurvenbild.
Zeicheneinheit: $ZE \triangleq 5$ mm.

3. Zeichnen Sie die Leiter der Funktion $y = \frac{1}{2}x^2$ ($x = 0 \ldots +6$) ohne das Kurvenbild.
Zeicheneinheit: $ZE \triangleq 8$ mm.

4. Zeichnen Sie die Leiter der Funktion $y = \frac{1}{x}$ ($x = 1 \ldots 10$) mit Hilfe eines Kurvenbildes der Funktion.
Zeicheneinheiten: $ZE_x \triangleq 10$ mm; $ZE_y \triangleq 100$ mm.

5. Entwerfen Sie eine Leiter für die Funktion $y = \frac{1}{x}$ ($x = 1 \ldots 10$) ohne das Kurvenbild.
Zeicheneinheit: $ZE \triangleq 150$ mm.

6. Zeichnen Sie die Leiter der Funktion $y = \lg x$ ($x = 1 \ldots 10$) ohne das Kurvenbild.
Zeicheneinheit: $ZE \triangleq 150$ mm.

7. Berechnen Sie die Zeicheneinheit ZE, wenn die Quadratzahlen von 2...8, in Zehntel unterteilt, auf einer Leiter von 150 mm Gesamtlänge dargestellt werden sollen. Zeichnen Sie nach der Berechnung der Zeicheneinheit diese Leiter.

8. Entwerfen Sie eine Leiter für die Funktion $y = \sqrt{x}$ ($x = 0 \ldots 8$) ohne das Kurvenbild. Die fertige Leiter soll eine Länge von 128 mm haben.

9. Entwerfen Sie eine Leiter für die Funktion:

a) $y = \lg x^2$ **b)** $y = \lg \frac{1}{x}$

Zeicheneinheit: $ZE \triangleq 250$ mm.

10. Zeichnen Sie eine logarithmische Leiter für den Argumentbereich 0,1...100. Die Gesamtlänge der Leiter soll 150 mm betragen.
Vergrößern Sie den Argumentbereich 1...10 durch zentrische Streckung auf das $2\frac{1}{2}$-fache. Tragen Sie in die vergrößerte Leiter das Feingefüge ein.

Teilstrich	Argumentschritt
1...3	0,1
3...5	0,2
5...10	0,5

26.2. Doppelleitern

1. Stellen Sie für die Funktion $y = \frac{2}{3}x$ ($x = 0 \ldots 15$) mit Hilfe einer Zahlentafel eine Doppelleiter von 150 mm Länge her.

2. Stellen Sie für die Kreisformel $U = d \cdot \pi$ ($d = 0 \ldots 5$) mit Hilfe einer Zahlentafel eine Doppelleiter her.
Zeicheneinheit: $ZE_d \triangleq 25$ mm.

3. In einem regelmäßigen Sechseck besteht zwischen der Seite s und dem Eckmaß e die Beziehung $e = \frac{2}{3}\sqrt{3} \cdot s$. Zeichnen Sie eine Doppelleiter für $s = 1 \ldots 10$ bei einer Zeicheneinheit $ZE_s \triangleq 10$ mm.

4. Zwischen Celsius und Fahrenheit besteht die Beziehung $t_F = 1{,}8 \cdot t_C + 32°$.
Zeichnen Sie für diese funktionelle Beziehung eine Doppelleiter von 100 mm Länge für den Bereich $t_C = 0° \ldots 100°$.

5. Entwerfen Sie eine Doppelleiter für die Quadratzahlen von 2...8. Die Länge der Leiter soll 130 mm nicht überschreiten.

6. Zwischen der Weglänge s in Meter und der Zeit t in Sekunde besteht folgende funktionelle Beziehung: $s = \frac{g}{2} t^2$ ($g = 9{,}81$ m/s²). Entwerfen Sie eine Doppelleiter für den Bereich $t = 0 \ldots 5$ s bei einer Zeicheneinheit $ZE_t \mathrel{\widehat{=}} 25$ mm.

7. Zeichnen Sie für folgende Funktionen Doppelleitern von nicht mehr als 150 mm Länge. Lösen Sie die Aufgaben mit Hilfe einer Zahlentafel.

a) $y = \frac{1}{x}$	$(x = 1 \ldots 10)$	**e)** $y = \sqrt{x+1}$	$(x = 0 \ldots 99)$
b) $y = 2x^2$	$(x = 0 \ldots 5)$	**f)** $y = \lg x$	$(x = 1 \ldots 10)$
c) $y = \sqrt{x}$	$(x = 0 \ldots 100)$	**g)** $y = \sqrt[5]{x^2}$	$(x = 0 \ldots 16)$
d) $y = \sqrt[3]{x}$	$(x = 0 \ldots 125)$	**h)** $y = 2{,}5\,x + 3$	$(x = 0 \ldots 10)$

8. Zeichnen Sie für folgende Formeln Doppelleitern von nicht mehr als 150 mm Länge. Gehen Sie bei der Herstellung der Doppelleiter vom Funktionsbild aus, und benutzen Sie eine der beiden Achsen als Doppelleiter.

a) $D = a\sqrt{3}$	$(a = 1 \ldots 10$ cm)	Diagonale Würfel
b) $v = g \cdot t$	$(t = 0 \ldots 20$ s)	Geschwindigkeit nach t s
c) $A = 6\,a^2$	$(a = 1 \ldots 10$ cm)	Oberfläche Würfel
d) $A = \frac{3}{2}\sqrt{3} \cdot s^2$	$(s = 0 \ldots 10$ cm)	Fläche Sechseck
e) $V = a^3$	$(a = 1 \ldots 50$ mm)	Volumen Würfel
f) $A = d^2 \cdot \pi$	$(d = 1 \ldots 100$ mm)	Oberfläche Kugel
g) $A = \frac{d^2 \cdot \pi}{4}$	$(d = 1 \ldots 100$ mm)	Fläche Kreis
h) $V = \frac{d^2 \cdot \pi}{6}$	$(d = 1 \ldots 50$ mm)	Volumen Kugel

26.3. Funktionsnetze

1. Stellen Sie folgende Funktionen graphisch dar. Wählen Sie geeignete Funktionsnetze, damit die einzelnen Funktionen geradlinig verlaufen. Lesen Sie an der fertigen Kurve drei beliebige Werte ab, und überpüfen Sie die Ergebnisse rechnerisch.

a) $y = x^2$	**g)** $y = 5^x$	**m)** $y = \sqrt{x}$
b) $y = 2x^2$	**h)** $y = 2{,}5^x$	**n)** $y = \sqrt[3]{x}$
c) $y = \frac{x^2}{3}$	**i)** $y = 2 \cdot 2{,}5^x$	**o)** $y = x^{\frac{2}{3}}$
d) $y = \frac{1}{x}$	**j)** $y = \lg x$	**p)** $y = x^{\frac{3}{5}}$
e) $y = \frac{4}{x}$	**k)** $y = \frac{1}{2} \lg x$	**q)** $y = 2 \cdot x^{\frac{1}{2}}$
f) $y = 2^x$	**l)** $y = \frac{2}{3} \lg x$	**r)** $y = 3 \cdot x^{\frac{2}{3}}$

2. Stellen Sie folgende Formeln graphisch dar. Wählen Sie geeignete Funktionsnetze, damit die einzelnen graphischen Darstellungen geradlinig verlaufen. Lesen Sie an der fertigen Zeichnung drei beliebige Werte ab, und überprüfen Sie die Ergebnisse rechnerisch. Zeichnen Sie nur den Ausschnitt des Funktionsnetzes, in dem die Gerade verläuft.

a) $A = 6\,a^2$	$(a = 0\ldots10\text{ cm})$	Oberfläche Würfel
b) $A = \frac{3}{2}\sqrt{3}\cdot s^2$	$(s = 0\ldots10\text{ cm})$	Fläche Sechseck
c) $A = d^2\,\pi$	$(d = 1\ldots100\text{ mm})$	Oberfläche Kugel
d) $t = \sqrt{\frac{2\,s}{g}}$	$(s = 5\ldots500\text{ m})$	Freier Fall
e) $v = \sqrt{2\,g\,h}$	$(h = 1\ldots100\text{ m})$	Freier Fall
f) $T = 2\,\pi\sqrt{\frac{l}{g}}$	$(l = 10\ldots120\text{ cm})$	Schwingungsdauer (mathem. Pendel)

26.4. Netztafeln

1. Entwerfen Sie eine Netztafel zum Addieren von ganzen Zahlen bis zur Summe 30.

2. Ein Facharbeiter arbeitet teilweise im Zeit-, teilweise im Akkordlohn. Im Zeitlohn erhält er 14,40 DM/Std., im Akkordlohn 21,60 DM/Std. Entwerfen Sie eine Netztafel, an der man den Gesamtlohn, abgerundet auf volle DM, bis zu 44 Stunden ablesen kann.

3. Entwerfen Sie eine Strahlentafel mit einem Netz, dessen Achsen arithmetisch geteilt sind, als Rechenhilfe für Multiplikationen und Divisionen.
Zeicheneinheiten: $ZE_x \mathrel{\widehat{=}} 5$ mm; $ZE_y \mathrel{\widehat{=}} 5$ mm.
Strahlenabstände: 0,1; 0,2;...; 1,0; 1,2; 1,4; 1,6; 1,8; 2; 2,5; 3; 4; 6.

4. Eine Drehmaschine hat acht geometrisch abgestufte Drehzahlen:

$n_1 = 26$ 1/min	$n_5 = 210$ 1/min
$n_2 = 44$ 1/min	$n_6 = 350$ 1/min
$n_3 = 75$ 1/min	$n_7 = 600$ 1/min
$n_4 = 125$ 1/min	$n_8 = 1000$ 1/min

Entwerfen Sie ein Sägediagramm.

Ablesebereich: d von 0...500 mm,
v von 0...200 m/min.

$$K = a \cdot q^n$$

K: Kapital in DM
a: Anfangskapital in DM
q: $1 + \frac{p}{100}$; Zinsfaktor
p: Prozentsatz
n: Anzahl der Jahre

Entwerfen Sie mit Hilfe eines logarithmisch-arithmetischen Funktionsnetzes eine Netztafel.

Gegeben: a: 1 DM
p: 1, 2, 3,...,10, 15%
n: 0, 1, 2,...,40 Jahre

6. Entwerfen Sie eine Paralleltafel mit logarithmisch geteilten Achsen als Rechenhilfe für Multiplikationen und Divisionen mit ganzzahligen Ergebnissen bis zum Produkt $10 \cdot 10$.

7. Lösen Sie die Aufgabe 4 mit Hilfe eines doppelt-logarithmischen Netzes.

26.5. Leitertafeln

1. Zeichnen Sie eine Leitertafel, mit der man die Mittellinie eines Trapezes, bis zum Wert $m = 15$, berechnen kann.

2. Entwerfen Sie eine Leitertafel, mit der man zwei Zahlen bis zur Summe 30 addieren kann.

3. Für die Berechnung des Umfangs eines Rechtecks soll eine Leitertafel entworfen werden. Ablesebereich: U von 0...300 cm.

4. Entwerfen Sie eine Leitertafel von 150 mm Länge, bei der man auf der mittleren Leiter die Differenz der Zahlen der beiden äußeren Leitern (linke Leiter minus rechte Leiter) ablesen kann.

5. Ein Arbeiter arbeitet teilweise im Zeit-, teilweise im Akkordlohn. Im Zeitlohn erhält er 16,— DM/Std., im Akkordlohn 24,— DM/Std. Entwerfen Sie eine Leitertafel, die es gestattet, den Gesamtlohn bis zur 40-Stunden-Arbeitszeit abzulesen.

6. Das Gewicht einer bestimmten Menge Zinnlotes ist von den Volumenanteilen der Metalle Zinn ($\varrho = 7{,}1$ kg/dm³) und Blei ($\varrho = 11{,}3$ kg/dm³) abhängig. Es soll eine Leitertafel entworfen werden, die es gestattet, auf Grund der Volumenanteile von Zinn und Blei das Gewicht des Lotes bis 50 kg unmittelbar abzulesen.

7. Entwerfen Sie eine Leitertafel, mit der man die Länge der Hypotenuse c im rechtwinkligen Dreieck aus den beiden Katheten a und b bestimmen kann.
Ablesebereich: c bis 10 cm.

8. Entwerfen Sie eine Leitertafel zur Berechnung des geometrischen Mittels.
Ablesebereich: m_g bis 10.

9. Entwerfen Sie für das Ohmsche Gesetz $U = I \cdot R$ eine Leitertafel.
Ablesebereich: U bis 220 V.

10. Für die Berechnung des Mantels eines Zylinders ($M = d \cdot \pi \cdot h$) soll eine Leitertafel entworfen werden.
Ablesebereich: M bis 500 cm².

11. Für die Berechnung des Flächeninhalts einer Ellipse $\left(A = \frac{D \cdot d \cdot \pi}{4}\right)$ soll eine Leitertafel entworfen werden.

Ablesebereich: A bis 200 cm².

12. Entwerfen Sie für die Berechnung des Flächeninhalts A eines Kreisausschnittes $\left(A = \frac{b \cdot d}{4}\right)$ eine Leitertafel. Ablesebereich: A bis 200 cm².

13. Für die Drehzahlermittlung beim Bohren soll eine Leitertafel entworfen werden.
Ablesebereich: Bohrerdurchmesser d von 2...100 mm.
Drehzahl n von 10...10 000 1/min,
Schnittgeschwindigkeit v von 2...100 m/min.

14. Lösen Sie die Aufgabe 4 von Kapitel 26.4., Seite 396, mit Hilfe einer Leitertafel.

Wiederholungsfragen über 26.

1. *Erklären Sie die Aufgabe der Nomographie.*
2. *Wie nennt man die Skalen der Nomogramme?*
3. *Unterscheiden Sie arithmetische Leitern und nichtarithmetische Leitern.*
4. *Auf welche Weise kann man die Leiter einer Funktion herstellen?*
5. *Beschreiben Sie die Herstellung der quadratischen Leiter.*
6. *Wie nennt man die Leiter der Funktion* $y = \frac{1}{x}$*?*

7. *Mit Hilfe welcher Methode kann man die Länge der Leiter graphisch vergrößern oder verkleinern?*
8. *Was sind Doppelleitern, und wann werden sie benutzt?*
9. *Wie geht man bei der Herstellung von Doppelleitern vor?*
10. *Nennen Sie einige Funktionsnetze.*
11. *Welche Bedeutung haben Funktionsnetze?*
12. *Welche Funktionsnetze verwendet man:*
    a) *zur Darstellung von Exponentialfunktionen,*
    b) *zur Darstellung von Potenzfunktionen?*
13. *Wann verwendet man Netztafeln?*
14. *Welche Netztafelarten eignen sich zum Multiplizieren und Dividieren von zwei veränderlichen Größen?*
15. *Erklären Sie den Aufbau einer Leitertafel.*
16. *Erklären Sie den Aufbau von Leitertafeln für folgende Gleichungen:*

a) $c = \frac{a+b}{2}$ **b)** $c = a + b$ **c)** $c = a - b$

d) $c = \frac{a^2+b^2}{2}$ **e)** $c = \sqrt{\frac{a^2+b^2}{2}}$ **f)** $c = \sqrt{a^2+b^2}$

g) $c = \sqrt{a \cdot b}$ **h)** $c = a \cdot b$ **i)** $c = \frac{a}{b}$

17. *Welchen Weg beschreitet man, um Leitertafeln für mehr als drei veränderliche Größen zu entwerfen?*

Vermischte Aufgaben zur Wiederholung

I. Rechenarten

1. $9{,}6a - [2a + (a - 1{,}6a)] + [a - (1{,}6a + 2a)]$

2. $49y + [3y - (113y - 38y)] - [y - (38y - 113y)] + 100y$

3. $x - (y + z) - (x - y) + (z - x)$

4. $39a - [22b - (3c - 4a)] + [b - (33c - 22a)] - (a - c + b)$

5. $[(1{,}5b - 2{,}6y) - (3{,}4a - 4{,}2x)] - [(3{,}6a + 1{,}4y) - (4{,}5b - 2{,}8x)]$

6. $(3 + a) \cdot (b + c) - (2 - b) \cdot (4 - a) - (4 - c) \cdot (a + b)$

7. $7a\,(4x + 3y - 5z) - 3a\,(5x - 4y + 6z)$

8. $(7b - 2a) \cdot (5y + 6x) + (3x + 8a) \cdot (2y - 5b)$

9. $(3x + 1) \cdot 5b \cdot (2y - 1) \cdot (4a - 1)$

10. $(a + 8) \cdot (a - 4) - (a - 3) \cdot (a + 6) + (a - 3) \cdot (a - 5)$

11. $(x^2 + 4) \cdot (x^3 - 3) - (x + 5) \cdot (x^4 - 6) - (x^3 - 2)\,(x + 7)$

12. $(a + b + 3) \cdot [(2a - b + 4) - (2a - b + 2)]$

13. $[3a^4 + (2a^3 - a^2 + a - 4)] \cdot (2a - 3) - (2a^2 + 5a - 3) \cdot [a^3 - (a^2 + a - 4)]$

14. $(3x - y) \cdot \left(\frac{4}{3}x - \frac{1}{2}z\right) \cdot \left(\frac{2}{5}y - \frac{5}{6}x - \frac{2}{3}z\right)$

15. $(2a + 1) \cdot [4a\,(a - 2) - (a - 4)\,(a + 2)]$

16. $(4x - 6y)\,(4x + 6y)\,[(4x + 6y)^2 - (4x - 6y)^2]$

17. $(2x - y + 9) \cdot [(8x - 4y - 1) - (7y + 3x - 5)]$

18. $(4a^2 - 3b^2 - 6) \cdot [(2a^2 + 4b^2 - 3) + (6a^2 - 5b^2 - 7)]$

19. $(2x - 3)\,[3x^4 + (2x^3 - x^2 + x - 4)] - [x^3 - (x^2 + x - 4)] \cdot (x^2 + 4x - 3)$

20. $\left(\frac{8x}{6}+\frac{8b}{3}\right)\cdot\left(\frac{3a}{4}-\frac{3y}{8}\right)$

21. $\left(\frac{3x}{4y}-\frac{7x}{2c}\right)\cdot 3cy$

22. $18ab\cdot\left(\frac{5}{12a}-\frac{9}{10b}+\frac{4}{15}\right)$

23. $60abc\cdot\left(\frac{3x}{5a}-\frac{x}{2b}+\frac{5x}{3c}\right)$

24. $\left(\frac{x}{2}-\frac{2y}{3}\right)\cdot\left(\frac{2x}{5}+\frac{y}{4}+\frac{3}{2}\right)$

25. $\left(\frac{a}{5}-1\right)\cdot\left(\frac{a}{5}+1\right)$

26. $\frac{2b-1}{b+2}-\frac{2b-5}{10b+20}-\frac{8b-7}{6b+12}$

27. $\frac{8(3x+1)}{10}-\frac{2(7x-5)}{3}+\frac{5(2x-3)}{4}$

28. $\frac{a-1}{12}-\frac{3a+5-4b}{8}+\frac{4-3b+2a}{6}$

29. $\frac{11x-5y}{12}-\frac{3x-5y}{6}+\frac{10x-14y}{8}$

30. $\left(\frac{4x-11}{11x^2}+\frac{9x+3}{9x}\right)-\left(\frac{x-2}{2x^2}+\frac{3(12x-1)}{22x}\right)$

31. $\frac{2}{3a}+\frac{3}{4(a-b)}-\frac{1\frac{1}{3}}{a+b}-\frac{3\frac{2}{3}}{a^2-b^2}$

32. $\frac{x}{x+y}+\frac{1}{x}+\frac{2y}{2x-2y}-\frac{x^2}{x^2-y^2}$

33. $\frac{6}{4a}-\frac{4}{3a-3b}-\frac{4}{3a-3b}-\frac{8a}{3a^2-3b^2}$

34. $\frac{6-4x}{2x^2+14x+24}-\frac{x-4}{x+4}+\frac{x-3}{3+x}$

35. $\frac{6}{2a+2\frac{1}{2}}+\frac{8}{16a^2+25+40a}+\frac{16}{5+4a}$

36. $\left(\frac{a}{4}-\frac{b}{2}\right)\cdot\left(\frac{4}{a}+\frac{2}{b}\right)$

37. $\frac{(1+a)^2}{(a+1)^2}+\frac{(a-1)^2}{(1-a)^2}$

38. $\frac{20a-2}{8a^2-2}-\frac{1+2a}{2a-1}+\frac{2a-1}{2a+1}$

39. $\frac{3a^2-ax}{3x^2-3a^2}-\frac{x-a}{3x+3a}+\frac{2x-a}{2(x-a)}$

40. $\frac{10x-15y}{5x-4y}-\frac{4x^2-23xy-15y^2}{25x^2-16y^2}-\frac{8x+12y}{5x+4y}$

41. $\frac{7xy+x^2}{3x-4y}\cdot\frac{3}{5}-\frac{10x-28y}{60}-\frac{xy}{3x-4y}-\frac{10xy+8y^2}{12x-16y}$

42. $\frac{2x-8}{4x-2}-\frac{5x^2-20}{6x^2-x-1}-\frac{5+2x}{1+3x}$

43. $\frac{b+2a}{4(2a-b)}-\frac{2a-b}{3(b+2a)}-\frac{2ab}{4a^2-b^2}$

44. $\frac{8a-26}{4a^2-4a}-\frac{a-3}{a^2-1}-\frac{2a-2}{2a^2+2a}$

45. $\frac{x^2+3xy}{x^2y-y^3}-\frac{x-y}{xy+y^2}+\frac{x+y}{x^2-xy}$

46. $\frac{1}{x}\cdot\frac{xyz}{x-y}\cdot\frac{x-y}{yz}$

47. $\frac{a+b}{5x+5y}\cdot\frac{4x+4y}{a-b}\cdot 20$

48. $(4x^2-9y^2)\cdot\frac{2x+3y}{2x-3y}$

49. $28(a+b)^2\cdot\frac{10(a-b)}{14(a+b)}$

50. $42x^2y^2\cdot\left(\frac{4z}{7x^2y}+\frac{3z}{2xy^2}-\frac{11z}{6xy}\right)$

51. $48a^2\cdot\left(\frac{7b^2}{12a^2}-\frac{11b}{18a}-2\right)$

52. $6(18a^2-8b^2)\cdot\left(\frac{2}{9a-6b}-\frac{2}{12a-8b}-\frac{3}{3a+2b}\right)$

53. $\left(\frac{a}{4a-4b}-\frac{b}{3a-3b}+\frac{6}{(a+b)\cdot(a-b)}\right)\cdot 12(a^2-b^2)$

54. $\frac{2x+4}{6y+3}\cdot\frac{6x-12}{8x+4}\cdot\frac{10y+5}{x^2-4}$

55. $\frac{a^3b+ab^3}{a+3}\cdot\frac{2a^3-18a}{2a^4b+2a^2b^3}$

56. $\left(\frac{4x}{2a}-\frac{y}{3b}\right)\cdot\left(\frac{4x}{2a}+\frac{y}{3b}\right)+\left(\frac{5x}{a}-\frac{y}{3b}\right)^2$

57. $\frac{49a^2b^2}{a^2-b^2}\cdot\left[\left(\frac{x}{2a}+\frac{y}{3b}\right)^2-\left(\frac{x}{2b}+\frac{y}{3a}\right)^2\right]$

58. $(3x+2)\cdot\left(\frac{5x-1}{3x+2}+\frac{3x-4}{3-2x}-\frac{5x^2+8x-20}{6x^2-5x-6}\right)$

59. $(a-b)\cdot\left(\frac{3a+2b}{4a-4b}-\frac{2b-3a}{5a+5b}-\frac{0{,}25b^2+2{,}25ab}{b^2-a^2}\right)$

60. $\frac{36x^2y-30xy^2}{x-y}:6xy$

61. $\frac{5a^2-4ab}{9x}:\frac{4b-5a}{-a}$

62. $\frac{a^2-b^2}{a-b}:(a^2+2ab+b^2)$

63. $\frac{16x^2-49y^2}{4x-7y}:(4x+7y)^2$

64. $\left(\frac{7x}{5y}+\frac{12x}{4y}\right):22xy$

65. $(a^2-9):\frac{a^2+3a}{a^2-3a}$

66. $\frac{2a^2-4a+2}{3a^2+3a-6}:\frac{9a^2+18a+9}{2a^2-2a-4}$

67. $\left(\frac{2a^2-a}{2a^2+4a}\cdot\frac{a^2-4}{a^2-1}\right):\frac{2a^2+4a+2}{2a^2-8a+8}$

68. $\dfrac{\frac{2b}{2a-2b}+\frac{a}{a+b}}{\frac{a}{a-b}-\frac{b}{a+b}}$

69. $\frac{240x^2(x+y)^2}{22(xy-y^2)}:5(x^2+xy)$

70. $\left(\frac{9x^2-4y^2}{16x^2-24xy+9y^2}:\frac{3x-2y}{4x-3y}\right):\frac{3x+2y}{8x-6y}$

71. $\frac{a^2+a-12}{a^2+2a-8}:\frac{a^2+3a-10}{(a+5)^2}$

72. $\frac{-6x-4}{9x^2-4}:\frac{30y-15a}{5a^2x-20xy^2}$

73. $\left(\frac{28a^2b^2}{50xy}+\frac{4a^4b^3}{3x^4y}-\frac{12a^3b^4}{10xy^4}\right):\frac{8a^2b^2}{10xy}$

74. $\frac{30xz+40yz+36ax+48ay}{6x+8y}$

75. $(8ab+16ac+12bx+24cx):(2b+4c)$

76. $\left(\frac{12c}{x}+\frac{12bc}{ay}-\frac{6ad}{b}-\frac{6dx}{y}\right):\left(\frac{6a}{2b}+\frac{3x}{y}\right)$

77. $\left(\frac{5z}{3}-\frac{175mnxy}{36acd}+\frac{12acdz}{5xy}-7mn\right):\left(\frac{25xy}{9a}+\frac{8acd}{2a}\right)$

78. $\left[\frac{80(a^2-9b^2)}{ab}+\frac{64(a+3b)}{9a}-\frac{32(a-3b)}{5b}\right]:16(a^2-9b^2)$

79. $\frac{3}{4}x^3y^5z^6\cdot\frac{1}{3}x^3y^4z^2$

80. $\frac{c^3d^5}{x^4y^2}\cdot\frac{x^2y^4}{c^4d}$

81. $(x^4-x)\cdot(x^2+x^5)$

82. $x^{6a}\cdot x^{9a}$

83. $x^{a+b}\cdot x^{a-b}$

84. $a^{6x+7y}\cdot a^{7x-3y}$

85. $(x+y)^{2x-3}\cdot(x+y)^{4x+6}$

86. $a^{x+a}\cdot 2a^{3x-2a}+3n^{2x-3y}\cdot 5n^{3x+y}$

87. $2b^3c^4\cdot(4x-6x^2y+7x^4y)$

88. $(4x^4+2ab^2)\cdot(4x^4-2ab^2)$

89. $\frac{4x^4}{7a^4}\cdot\frac{7x^2}{9a^4}\cdot\frac{3x^5}{4a^3}$

90. $\dfrac{y^n \cdot x^{n+2}}{x^n \cdot y^{n-2}}$

91. $\dfrac{a^{2x+y} \cdot b^{x-2y} \cdot c^{3x-2y}}{a^{2x} \cdot b^x \cdot c^{2y}}$

92. $\dfrac{a^4 b^8}{a^3 c^2} : b^5 c^3$

93. $\dfrac{y^8 z^2}{y^6 z^4} : \dfrac{y^3 z^5}{y^6 z^2}$

94. $\dfrac{x^{a+1}\, y^{2a-3}}{x^{a-1}\, y^3} : x^3\, y^a$

95. $\dfrac{4d^{-2}\, b^{-6}}{a^{-2}\, c^{-4}} : \dfrac{12d^{-3}\, b^{-8}}{a^{-3}\, c^3}$

96. $\left(\dfrac{13b^7}{10x^5} : \dfrac{13b^4}{15x^8}\right) - \left(\dfrac{24b^3c}{13cx^4} : \dfrac{4}{13x^7}\right)$

97. $\dfrac{(x+n)^2}{(n+x)^{-3}} \cdot \dfrac{(a+b)^{-4}}{(b+a)^{-8}}$

98. $\left[\left(\dfrac{(4x)^{-8} \cdot y^{-8}}{(4xy)^{-4}} \cdot \dfrac{a^5 \cdot 2x^2}{3(ax)^2}\right) : \dfrac{5a^3x^{-4}}{16y^4}\right]^{-2}$

99. $\dfrac{24x^{n+x} + 28x^x y^x - 36x^n y^c - 42y^{x+c}}{6x^n + 7y^x}$

100. a) $(x^2y^7)^3 \cdot 4$ b) $\left[(x^{2n})^n\right]^{-2}$ c) $\left[\left[(-a)^5\right]^3\right]^3$

101. $(c^{2x+3b})^{2x-3b}$

102. $\left(\dfrac{3x^{-2}y^{-3}}{5a^{-2}b^{-3}}\right)^3 : \left(\dfrac{3ax^{-2}}{5b^{-2}y^2}\right)^3$

103. $\dfrac{40x^{3a+7} \cdot y^{4b+3}}{4x^{3a+3} \cdot y^{4b}} - \dfrac{250x^{a+3} \cdot y^{8b+5}}{10x^{a+1} \cdot y^{6b+1}}$

104. $2^2(b^3)^5 - 2(b^5)^3$

105. $\left(\dfrac{2b^{-5}}{3a^{-4}}\right)^3 \cdot \left(\dfrac{a^{-2}}{b^{-2}}\right)^2 : \left(\dfrac{2a}{3b}\right)^3$

106. $\dfrac{[(5n)^{3b}]^x}{(5n)^{2bx} \cdot (4c)^{bx}}$

107. $\dfrac{2a}{x^4} \cdot \left(\dfrac{x^{-3}}{a^{-2}}\right)^{-2} \cdot \left(\dfrac{2a^{-3}}{5x^{-2}}\right)^{-1}$

108. $\left(\dfrac{17{,}352x^{-2n}}{5{,}71abc^2}\right)^0 : 3\left(\dfrac{x^{-\frac{1}{2}}\, a^7c^6}{bx^5}\right)^0$

109. $\left[\dfrac{(x+y)^2}{c^2-d^2}\right]^3 \cdot \left(\dfrac{c+d}{x+y}\right)^3 \cdot \left(\dfrac{c-d}{x+y}\right)^3$

110. $\dfrac{\left(\dfrac{5}{3}\right)^{-5} \cdot \left(\dfrac{25}{27}\right)^5}{\left(\dfrac{18}{35}\right)^{-5} \cdot 7^{-5}}$

111. $(5^3)^3 \cdot 2^3 \cdot 4^3$

112. $3^5 \cdot 6^5 \cdot \left(\dfrac{1}{18}\right)^5$

113. $\left(\dfrac{3}{4}xy + \dfrac{1}{3}ab\right)^2$

114. $(3x+4y)^3$

115. $\left[\dfrac{(a-b)^{3-x}}{(a+b)^{3-x}}\right]^3$

116. $(2a^3c^4 - 3a^4c^3)^2 - (3a^3c^4 - 2a^4c^3)^2$

117. $\left(\dfrac{3b^{-3}}{a^{-3}} - \dfrac{5b^{-5}}{a^{-5}}\right)^3$

118. $(a^6 - 1) : (a - 1)$

119. $(y^{4a} - x^{4b}) : (y^a + x^b)$

120. $(x^{2a+1} + x^{2a}y) : (x + y)$

121. $\left(\dfrac{2}{5}x^{-4}y^3 + \dfrac{3}{4}x^6y^{-2}\right)^2 - \left(\dfrac{5}{2}x^3y^{-4} - \dfrac{1}{3}x^{-2}y^6\right)^2$

122. $\left[\dfrac{24\,(c^0x^{-2})^5}{70b^{-5}\,(y^3)^{-5}} \cdot \dfrac{14\,(a^{-3}n^0)^{-1}}{15x^8\,(y^4)^3}\right] : \dfrac{(5a^2x^3)^{-2}}{(2b^3y^2)^{-3}}$

123. $\dfrac{2x-6y}{2x^2-2y^2} \cdot \dfrac{x+y}{x} + \dfrac{3xy-y^2}{x^2+y^2-2xy} : \left[\dfrac{2y^2}{2x-2y} \cdot \left(\dfrac{a^2y^3}{(a-b)^{10}}\right)^0\right]$

124. $\left[\dfrac{(6b^3x^2)^{-3}}{(15b^0y^{-2})^5} \cdot \dfrac{(2ax^3)^4}{(25a^{-2}y^4)^{-2}}\right] : \dfrac{(5a^{-1}c^0)^{-3}}{(9x^2y^{-2})^4}$

125. $\dfrac{x^{2a-b}\;\; b^{-2b+a}}{x^{3a+2b}\;\; b^{-3a+b}} : \dfrac{x^{2b-3a}\; b^{-2a+3b+5}}{x^{-2a-10}\; b^{2b+2a+3}}$

Zerlegen Sie in Faktoren, und kürzen Sie die Bruchzahlen (Nr. 126...130):

126. $\frac{(3a^3 + 3b^3) \cdot (a + b)}{(2a^2 - 2ab + 2b^2) \cdot (a^2 - b^2)} : \frac{a + b}{a - b}$

127. $\frac{a^5x^2 - ab^4x^2}{a^2x^2 - abx^2}$

128. $\frac{a^6b + a(b^2)^3}{a^2b + ab^2}$

129. $\frac{4a^2 - 18ab^2 + 8(b^2)^2}{2a - 8b^2}$

130. $\frac{2x^2 - 4x + 2}{3x^2 + 3x - 6} : \frac{9x^2 + 18x + 9}{2x^2 - 2x - 4}$

Fassen Sie die Bruchzahlen zusammen:

131. $\left(\frac{3}{x^2 - 4x + 3} + \frac{2}{x^2 - 3x + 2} - \frac{5}{x^2 - 5x + 6}\right) : \frac{-7x}{x^2 - 4x + 3}$

132. $\frac{1}{b^{x-2}} + \frac{1}{b^x} - \frac{b}{b_{x+2}}$

133. $\frac{4a^{n+1}\,b^n + 6a^6\,b^n + 4a^5\,b^n + b^n}{4a^{n+2}\,b^n} - \frac{2a^{n-4} + 3}{3a^{n-3}} - \frac{2a^{n-5} + 9}{6a^{n-4}}$

134. $\frac{2a^{n-1}}{(a + b)^{n-1}} + \frac{a^{n+1}}{a(a + b)^n} - \frac{a \cdot a^{n-3}}{(a + b)^{n-2}}$

135. $\frac{a^{-4x} - b^{-4x}}{a^{-x} - b^{-x}} - \frac{1}{a^{2x}b^x} - \frac{1}{a^x b^{2x}}$

136. **a)** $\sqrt{762129}$ **b)** $\sqrt{35721}$ **c)** $\sqrt{506944}$ **d)** $\sqrt{271441}$

137. **a)** $\sqrt{2227{,}84}$ **b)** $\sqrt{8064{,}04}$ **c)** $\sqrt{9721{,}96}$ **d)** $\sqrt{0{,}081796}$

138. **a)** $\sqrt{753}$ **b)** $\sqrt{430{,}83}$ **c)** $\sqrt{2}$ **d)** $\sqrt{3}$

139. $\sqrt[10]{2304} \cdot \sqrt[5]{\sqrt[3]{1600} - \sqrt[3]{320} + \sqrt[3]{64}} \cdot \sqrt[5]{\sqrt[3]{40} + \sqrt[3]{8}}$

140. **a)** $\left(\frac{49}{25}\right)^{\frac{3}{2}}$ **b)** $8 \cdot 2^{\frac{1}{3}} \cdot 32^{\frac{1}{3}}$ **c)** $6 \cdot 5^{\frac{1}{3}} \cdot 9 \cdot 9^{\frac{1}{3}}$

141. $2x\sqrt[3]{a} - 4b\sqrt{a} + 7c\sqrt[3]{a} + 5b\sqrt{a} - 6c\sqrt[3]{a} + 2x\sqrt[3]{a}$

142. $\frac{3}{4}\sqrt{3} - \frac{2}{5}\sqrt{2} - \sqrt[3]{3} - \left[\frac{1}{2}\sqrt[3]{3} - \left(\sqrt{2} - \frac{1}{2}\sqrt{3}\right) + \frac{1}{4}\sqrt{2}\right]$

143. $6\sqrt{32ab^2} + 3\sqrt[3]{40a^3b} - \frac{2}{ab}\sqrt{72a^3b^4} + 8a\sqrt[3]{5000b}$

144. $(a^2 + b^2) \cdot \sqrt[3]{a^6 + 3a^2b^4 - 3a^4b^2 - b^6} + (a^2 - b^2) \cdot \sqrt{a^4 + 2a^2b^2 + b^4}$

145. $(4 + 8a^2)^{\frac{1}{2}} + (9 + 18a^2)^{\frac{1}{2}} + (x^2 + 2a^2x^2)^{\frac{1}{2}} - 5\,(1 + 2a^2)^{\frac{1}{2}}$

146. $[(x + y)^2a]^{\frac{1}{2}} + [(1 + x)^2 \cdot a]^{\frac{1}{2}} + [(x - y)^2 \cdot a]^{\frac{1}{2}} - (ax^2)^{\frac{1}{2}} - a^{\frac{1}{2}}$

147. $\sqrt[3]{125\cdot(-64)}$

148. $\sqrt{36a^2b^4c^6}$

149. $\sqrt[5]{32x^{10}y^{20}}$

150. $\sqrt[a]{x^{am}\,b^{an}}$

151. $\sqrt[2x-1]{a^{2x-1}\,b^{4x-2}}$

152. $\sqrt[3]{16x^5y^3}\cdot\sqrt[3]{4x^6}$

153. $\sqrt[3]{x^{2\frac{1}{2}}\,y^{5\frac{3}{5}}}\cdot\sqrt[3]{x^{3\frac{1}{2}}\,y^{3\frac{2}{5}}}$

154. $\sqrt[5]{a^{18}\cdot b^{-7}}\cdot\sqrt[5]{a^{-3}\cdot b^{-3}}$

155. $\sqrt[3]{a^4b^2c^5}\cdot\sqrt{ab^3c}\cdot\sqrt{ab}$

156. $(\sqrt{x}+\sqrt{y})^2$

157. $(\sqrt{x}-\sqrt{y})\cdot(\sqrt{x}+\sqrt{y})$

158. $(\sqrt{2-a}+\sqrt{2+a})^2$

159. $\left(1-\sqrt{\frac{a}{2}}\right)^2$

160. $\dfrac{\sqrt{16x^2-36y^2}}{\sqrt{4x-6y}}$

161. $\sqrt[x]{a^{x+1}}:\sqrt[x]{a}$

162. $\sqrt[x]{a^{5x+1}}:\sqrt[x]{a^{2x-1}}$

163. $\sqrt[12]{\dfrac{ab}{x^4y^5}}:\sqrt[8]{\dfrac{2ab}{xy}}$

164. $\left(\sqrt[x]{b^4}-\sqrt[a]{b^3}-\sqrt[c]{b^2}\right):\sqrt[xc]{b}$

165. $\sqrt[3]{\dfrac{7a^2b^3c^4}{15xy^2z^5}}:\sqrt[3]{56a^5b^7c}$

166. $\left(\sqrt[5]{9a^4b^3}\cdot\sqrt[5]{81a^2b^4}\right):\sqrt[5]{2ab^2}$

167. $\sqrt[3]{\dfrac{2401\,xy}{875z^2}:\dfrac{54z^7}{16x^2y^2}}$

168. a) $\left(3b-\sqrt[3]{36b^2c^2}+\sqrt[3]{6bc}-2c\right):\left(\sqrt[3]{3b}-\sqrt[3]{4c^2}\right)$ **b)** $(a+b):\left(\sqrt[3]{a}+\sqrt[3]{b}\right)$

169. $\left(12a-9\sqrt[3]{36a^2\,b}-8\sqrt[3]{6ab^2}+36b\right):\left(3\sqrt[3]{2a^2}-2\sqrt[3]{12b^2}\right)$

Beseitigen Sie die Wurzel im Nenner (Nr. 170…175):

170. a) $\dfrac{x}{\sqrt{x}}$ **b)** $\dfrac{a}{\sqrt{x}}$ **c)** $\dfrac{a}{b+\sqrt{x}}$ **d)** $\dfrac{\sqrt{x}-\sqrt{y}}{\sqrt{x}+\sqrt{y}}$

171. $\dfrac{1}{\sqrt{x}+\sqrt{y}}$

172. $\dfrac{2x}{4\sqrt{a}-\sqrt{3b}}$

173. $\dfrac{6\sqrt{7}-10\sqrt{3}}{10\sqrt{7}-6\sqrt{3}}$

174. $\dfrac{\sqrt{a^2-b^2}}{\sqrt{a+b}}$

175. $\dfrac{5b+3a}{4\sqrt{a}-3\sqrt{4b+a}}$

176. $\sqrt[4]{\sqrt[3]{x^2}}\cdot\sqrt[6]{\sqrt{x^{10}}}+\sqrt[9]{y^6\sqrt[4]{y^{12}}}$

177. a) $\sqrt[3]{\sqrt{a^3}}$ **b)** $3\sqrt[4]{\sqrt[3]{a^6}}+\sqrt[5]{\sqrt{a^5}}$ **c)** $\sqrt{n^3\sqrt{n^3}}$

178. a) $\sqrt[\frac{2}{3}]{\sqrt[\frac{1}{2}]{x^2}}$ **b)** $\sqrt[-\frac{1}{2}]{\sqrt[\frac{3}{8}]{\sqrt[\frac{2}{3}]{a^{-\frac{3}{4}}}}}$ **c)** $\sqrt[\frac{1}{2}]{\sqrt[-1\frac{1}{9}]{81^{-\frac{5}{9}}}}$

179. a) $\sqrt[3]{\sqrt{x^{18}}}$ b) $\sqrt{\sqrt{\sqrt[3]{a^{15}b^{9}c^{12}}}}$ c) $a\sqrt{\frac{1}{a}\cdot\sqrt{a^{-1}}}$

180. $\sqrt{2\sqrt[4]{64^{\frac{2}{3}}}+9x^{-1\frac{1}{5}}\cdot\sqrt[5]{a^{6}}}$

181. $\sqrt[x]{bx^{x-1}\sqrt[x-1]{cx^{3x}y^{2x+1}}}\cdot\sqrt[x]{bx^{x+2}\sqrt[x-1]{cx^{x-2}y^{x-1}}}$

182. $\left(\sqrt[x]{a}\right)^{2x}\cdot\left(\sqrt[x]{a}\right)^{3x}\cdot\left(\sqrt[x]{a}\right)^{x}$

183. a) $\sqrt[12]{x^{24}y^{16}}$ b) $\sqrt[4x]{n^{4}}$ c) $\sqrt[3]{x^{-6}}$ d) $\sqrt[2x]{(a^{x})^{2}}$

184. a) $\sqrt{\sqrt{625}}$ b) $\sqrt[3]{\sqrt{10^{6}}}$ c) $\sqrt[5]{\sqrt[3]{3^{-5}}}$

185. $\sqrt[x+1]{\sqrt[x-1]{a^{x}}}+\sqrt[x-1]{\sqrt[x+1]{a^{x}}}$

186. $\sqrt[5]{\sqrt[4]{6561\,x^{16}}}+\sqrt[5]{2^{5}\cdot 3^{2}x^{4}}$

187. Beseitigen Sie den negativen Wurzelexponenten:

a) $\sqrt[-2]{x}$ b) $\sqrt[-3]{x^{n}}$ c) $\frac{1}{\sqrt[-3]{x^{n}}}$ d) $\sqrt[-n]{\frac{b^{-y}}{a^{x}}}$

188. a) $\frac{1}{\sqrt[-3]{x^{3}}}$ b) $\frac{1}{\sqrt[-x]{a^{x}\cdot b^{2x}}}$ c) $\frac{\sqrt{6y^{-5}}}{\sqrt[-2]{3a^{5}y^{3}}\cdot\sqrt[-2]{98a}}$

189. a) $\sqrt{\frac{x}{y}}\cdot\sqrt{x\cdot y}$ b) $\sqrt[3]{a^{2}b^{-4}xy^{-2}}\cdot\sqrt[3]{a^{4}bx^{-4}y^{-1}}$

190. a) $\sqrt[5]{\frac{bx^{-2}}{a^{-4}y^{6}}}\cdot\sqrt[5]{\frac{bx^{4}}{a^{-2}y^{6}}}:\sqrt[-5]{\frac{bx^{4}}{a^{-2}y^{6}}}$ b) $\sqrt[x]{\frac{b^{x-2n}}{a^{n}\cdot x^{-2x}}}:\sqrt[-x]{\frac{a^{x+n}}{b^{-2n}\cdot x^{x}}}+\sqrt[x]{a^{x}b^{x}x^{x}}$

191. a) $\sqrt[4]{x^{6}}$ b) $\sqrt[x]{a^{x+1}}$ c) $\sqrt[n]{x^{3n+a}}$ d) $\sqrt{48a^{3}b^{3}}$

192. $\sqrt[3]{128}+4\sqrt[3]{54}-\sqrt[3]{432}-5\sqrt[3]{250}$

193. $\frac{1}{\sqrt[-3]{2}}\cdot\left(\sqrt[3]{500}+\frac{1}{\sqrt[-3]{4}}-\sqrt[3]{32}-\frac{1}{\sqrt[-3]{108}}\right)$

194. $\left(\sqrt[3]{128}-3\sqrt[3]{250}+\sqrt[3]{54}+4\sqrt[3]{16}\right)\cdot\sqrt[3]{\sqrt[5]{3^{-7}}}$

195. $(\sqrt{3x} - \sqrt{5xy}) \cdot (\sqrt{3x} + \sqrt{5xy})$

196. a) $\left(\sqrt[3]{a^2b} - \sqrt[3]{ab^2}\right)^2$ b) $\sqrt[3]{b^2\sqrt{y^5}} \cdot \sqrt[3]{b\sqrt{y}}$ c) $\sqrt[8]{b^4c^7\sqrt[3]{c^2d^7}} \cdot \sqrt[8]{b^5d^5\sqrt[3]{c^7d^2}}$

197. a) $\sqrt{x^6 - 4x^3s^4 + 4s^8}$ b) $\sqrt{25a^{10}b^2 - 30a^6b^6 + 9a^2b^{10}}$

198. $\sqrt{25a^4 - 70a^3 + 69a^2 - 28a + 4}$

199. $\sqrt{25x^8 + 30x^7 + 69x^6 + 26x^5 + 20x^4 - 18x^3 - 11x^2 + 2x + 1}$

200. a) $\sqrt[y]{\sqrt[x]{b^2} : \sqrt[xy]{b}}$ b) $2a^{-\frac{5}{6}} : a^{-\frac{4}{3}} + a^{\frac{2}{3}} \cdot \sqrt[-3]{a}$

201. a) $n^{1,3} : n^{0,3}$ b) $a^{-\frac{3}{4}} : a^{\frac{2}{5}}$

202. a) $\left(x^{\frac{3}{4}}\right)^{\frac{2}{3}}$ b) $\left(a^{-\frac{9}{16}}\right)^{\frac{3}{8}}$

203. a) $\sqrt[\frac{2}{3}]{x}$ b) $\sqrt[0,5]{a^4}$ c) $\sqrt[-\frac{1}{4}]{\frac{1}{9}}$ d) $\sqrt[-\frac{a}{b}]{\frac{x}{n}}$

204. a) $\left(1^{\frac{9}{16}}\right)^{\frac{1}{2}}$ b) $a^{\frac{2}{3}} : a^{-\frac{2}{3}}$ c) $x^{\frac{5}{18}} : \left(x^{\frac{1}{2}} \cdot x^{\frac{4}{5}} \cdot x^{\frac{7}{10}}\right)$

205. $x^{\frac{2}{3}} \cdot \sqrt[-3]{x} + \dfrac{3x^{\frac{3}{4}}}{x^{\frac{5}{6}}}$

206. $b^{\frac{1}{c+d}} \cdot b^{\frac{1}{c-d}} \cdot b^{\frac{-2c}{c^2-d^2}}$

207. $\left(-a^{-\frac{2}{3}}\right)^{\frac{1}{2}} \cdot \left(b^{\frac{3}{4}}\right)^{\frac{2}{3}}$

208. $\left(6^{\frac{1}{2}}\right)^{\frac{2}{5}} \cdot \left(5^{\frac{3}{5}}\right)^{\frac{1}{3}} \cdot \left[\left(\frac{16}{15}\right)^{\frac{1}{4}}\right]^{\frac{4}{5}}$

209. $\dfrac{(x^2 + 2xy + y^2)^{-\frac{3}{5}}}{(x + y)^{-\frac{3}{5}}}$

210. $\left(\dfrac{3a^{-2}}{4b^{-3}} - \dfrac{4b^{-3}}{3a^{-2}}\right)^{-2}$

211. $\left(\dfrac{5x^{-0,5}}{3y^{-1,3}} - \dfrac{3y^{-1,3}}{5x^{-0,5}}\right) \cdot \left(\dfrac{3y^{-1,3}}{5x^{-0,5}} + \dfrac{5x^{-0,5}}{3y^{-1,3}}\right)$

212. $\left(\dfrac{x^{\frac{14}{24}}}{\sqrt{x^{-1,5}}} + x^{\frac{4}{3}}\right) \cdot \left(\dfrac{1}{x^{-\frac{1,5}{2}}}\right)^2$

Berechnen Sie folgende Aufgaben logarithmisch:

213. a) $\dfrac{2130^4 \cdot 15^4 \cdot 10^6}{8^7 \cdot 243^3 \cdot 66^5}$ b) $\dfrac{26,4 \cdot 3,25^4 \cdot 1,12^{16}}{0,14^8 \cdot 4,3^2 \cdot 10^6}$

214. $\sqrt[5]{\dfrac{(42,3 \cdot 467)^3}{(25 \cdot 289)^4} \cdot \dfrac{0,9578^2 \cdot 10^3}{4,253^2}}$

215. $\sqrt{\dfrac{5,94^{-2} \cdot \sqrt[-4]{0,465} \cdot 0,536^7}{0,84^2 \cdot \sqrt[-3]{75,8} \cdot \sqrt[-2]{750}}}$

216. $\dfrac{\sqrt[3]{5376^2} \cdot \sqrt{0,4592}}{\sqrt[5]{6712^4} \cdot \sqrt{0,6321}}$

217. $\sqrt[7]{\dfrac{4 \cdot 175^{\frac{1}{3}} + 9 \cdot 2180^{\frac{1}{3}}}{3 \cdot 0,856^{\frac{1}{2}} - 2 \cdot 0,642^{\frac{1}{2}}}}$

II. Gleichungen

Gleichungen mit einer Variablen

1. $3x + 30 - (28 - x) = 3x - 2x + 4$

2. $3(x + 29) + 16 - 5(3 - x) = 2(4 - x)$

3. $5{,}8x + 16(3{,}6x + 4) = 135{,}76 + 32{,}2x$

4. $8(x + 2) = 16x - 2[3x + (4 - x)]$

5. $8 - [7x - 5(x - 6)] = -122$

6. $x(4x - 9) = 3(2x - 5) \cdot (x - 1)$

7. $\frac{1}{2}(x + b)^2 + \frac{1}{2}(x - b)^2 = x(x + b)$

8. $[4(x + 3)]^2 = [5(x + 2)]^2 - (3x - 2)^2$

9. $10x - 4[3x - (5x - 30)] = 24$

10. $1 + (16 - x) \cdot (10 - x) = (x - 15) \cdot (x - 12)$

11. $\frac{6x - 18}{28} - \frac{3x - 75}{10} = 10{,}5 - \frac{3 + 1{,}5x}{4}$

12. $\frac{2(8x - 1)}{5} + \frac{12x - 9}{4} = 2x + \frac{1}{2}$

13. $\frac{3x}{4} + 0{,}05 = \frac{x}{2} + \frac{10x - 0{,}6}{14}$

14. $\frac{5(x - 7)}{2} - 8 = \frac{8x - 22}{3} - 20$

15. $3x - 1 - \frac{7x + 1}{3} = \frac{8x + 7}{6} - \frac{5x + 30}{12}$

16. $\frac{4}{x} - \frac{1}{2} = \frac{7}{2x} - \frac{1}{4}$

17. $\frac{10}{x} - \frac{2x - 14}{x} + 2 = \frac{2(10 + 2x)}{x}$

18. $\frac{3x - 6}{x - 3} + \frac{4x - 30}{3x - 9} = \frac{2x + 12}{x - 3}$

19. $\frac{3}{2x + 2} - \frac{3}{x^2 - 1} = \frac{1}{2x - 2}$

20. $\frac{1}{x - 1{,}5} - \frac{3}{6x - 9} = \frac{x}{4x^2 - 12x + 9}$

21. $\left(\frac{x}{2} - \frac{2}{3}\right) \cdot \left(\frac{x}{3} + \frac{1}{2}\right) = \frac{x - 1}{3} \cdot \frac{x + 1}{2}$

22. $a(a - x) + \frac{x}{2}(a - b) = a^2 + b^2$

23. $b(2a - 2x) + 2(2bx - 2a) = 2b(a - x)$

24. $\frac{2x + 4b}{a} + 4(a - b) = \frac{4a - 2x}{b} + 2x$

25. $\frac{4x}{2(a + b)} + \frac{b^2 + x}{a + b} - \frac{a^2}{a - b} = \frac{2ab(a + 2b)}{a^2 - b^2}$

26. $\frac{2ax}{b} + \frac{bx}{b} + a + 5b = \frac{12a^2}{2b} + \frac{b}{a}(x + 2b)$

27. $\frac{6}{x} + \frac{6x}{a + 2b} = \frac{6x + 10}{a + 2b} + \frac{4}{x}$

28. $\frac{6b - 2a - 4x}{3a - b} + \frac{6x - 4a - 2b}{2b + a} = 0$

29. $2\sqrt{x} + 8 = 7\sqrt{x} - 2$

30. $1{,}5\sqrt{x} + 7 = 2{,}5\sqrt{x} - 2$

31. $\frac{8}{\sqrt{4x} - 8} = \frac{3}{\sqrt{x} - 7}$

32. $\frac{a + b}{a - b} = \frac{a^2 - b^2}{\sqrt{x}}$

33. $\sqrt{28a + 4x} + \sqrt{4x} = \frac{56a}{\sqrt{7a + x}}$

34. $\frac{4\sqrt{3x} + 18}{3\sqrt{3x}} = \frac{\sqrt{48x} + 4}{3(\sqrt{3x} - 2)}$

35. $7 + \sqrt[4]{4 \cdot \left(1 + \sqrt[3]{5x - 3}\right)} = 9$

36. $2x + \sqrt{4x^2 + 4a^2 + 4b^2} = 2a + 2\sqrt{2ab} + 2b$

37. $\sqrt{\frac{x}{4} + 6\frac{3}{4}} = 1{,}5 + \frac{1}{2}\sqrt{x}$

38. $\sqrt{6\frac{1}{4} - \frac{x}{4}} - \sqrt{\frac{x}{4} + 4} = \sqrt{1\frac{3}{4} + \frac{x}{4} + \frac{1}{2}\sqrt{34 - x}}$

39. $\sqrt{\frac{ax}{2} - \frac{a^2}{4}} - \frac{1}{2}\sqrt{ax} = \sqrt{\frac{ax}{2} + \frac{a^2}{2} - \frac{1}{2}\sqrt{ax + 3a^2}}$

40. $\sqrt[4]{79 + \sqrt[3]{3\sqrt{x+1} - 1}} = 3$

41. $14\sqrt{x} - 4 = \sqrt{8} \cdot \sqrt{2} \cdot (\sqrt{x} + 8)$

42. $\sqrt{7b + x} + \sqrt{x} = \frac{28b}{\sqrt{7b + x}}$

43. $\sqrt{x} + \sqrt{x + 2c} = \sqrt{x + 8c} + \sqrt{x - 2c}$

Gleichungen mit mehreren Variablen

44. $\frac{5}{2}x - 1{,}5y = 22$

$x = 5y$

45. $\frac{2}{3}x + y = 36$

$\frac{x}{5} - \frac{y}{13} = 1$

46. $3x - 2 - \frac{8 + 5y}{2} = 0$

$\frac{2x + 5}{6} + \frac{7 - 2y}{14} = 2$

47. $3x + 5y - 2 = 2x - \frac{2}{3}$

$2 - \frac{6x + 15y}{10} = 12{,}5y - 1$

48. $\frac{3}{2x} - \frac{1}{2y} = \frac{5}{14}$

$\frac{12}{5x} + \frac{7}{2y} = \frac{9}{5}$

49. $\frac{14 - 2x}{13 - y} = \frac{10 - 2x}{9 - y}$

$\frac{1 - x}{22 - 2y} = \frac{4 - x}{4 - 2y}$

50. $\frac{7y - x}{4} - \frac{6x - 4y + 2}{7} = \frac{3x + 1}{14} + \frac{4x + 6y + 6}{21}$

$\frac{3x + 3}{5} + \frac{2x + y + 2}{3} = \frac{9y - 2x}{15} + \frac{5x + 2y + 1}{5}$

51. $\frac{c}{x} + \frac{c^2 d}{y} = 2$

$\frac{d}{x} + \frac{c}{y} = \frac{d^2 + 1}{cd}$

52. $\frac{ax}{2} + \frac{y}{2a + 2b} = a - b$

$\frac{ay}{a - b} - abx = a^2 + b^2$

53. $\sqrt{x} - \frac{1}{2}\sqrt{y} = 2{,}5$

$\frac{\sqrt{x}}{5} + \frac{2\sqrt{y}}{5} = 4$

54. $\frac{1}{c\sqrt{x}} + \frac{1}{c\sqrt{y}} = c$

$\frac{1}{m\sqrt{x}} - \frac{1}{n\sqrt{y}} = d$

55. $\sqrt{x^2 - \frac{7}{4} y - \frac{1}{4}} = x - 1$

$\sqrt{y^2 - \frac{4}{3} x + \frac{4}{9}} = y - \frac{2}{3}$

56. $x - \frac{5}{3} y = 7$

$\frac{5}{4} y + z = -5$

$x - \frac{4}{3} z = 13\frac{2}{3}$

57. $\frac{11}{8x + 6y} = \frac{1}{4(2x - y)}$

$y - \frac{x}{2} = \frac{z}{2} - \frac{1}{2}$

$x + \frac{3}{2} y - \frac{1}{2} z = 11$

58. $\sqrt{4x} + 2\sqrt{y} - \sqrt{4z} = 8$

$\sqrt{x} - \sqrt{y} + \sqrt{z} = 6$

$\sqrt{x} - \sqrt{y} - \sqrt{z} = -8$

59. $60x + 60y + 60z = 47$

$10x + 10z + 10a = 7$

$60y + 60z + 60a = 37$

$4x + 4y + 4a = 3$

60. $\frac{x}{a} + \frac{y}{b} + \frac{z}{c} = ab + c(a + b)$

$\frac{x}{b} + \frac{y}{c} + \frac{z}{a} = a^2 + b^2 + c^2$

$\frac{x}{ab} + \frac{y}{bc} - \frac{z}{ac} = a + b - c$

Quadratische Gleichungen

61. $(x - 4) \cdot (x + 14) = 10x + 8$

62. $\frac{2}{4 - x} - \frac{2x}{46 - x} = \frac{1}{5}$

63. $(ax + d)^2 - d(ax + d) = a(dx + a^6 c)$

64. $\frac{5}{x} + \frac{18}{2x - 1} = \frac{13}{2}$

65. $\frac{15}{x + 3} - \frac{13}{2x + 2} = \frac{8}{x + 4}$

66. $\frac{c}{x - 2c} - \frac{5c}{x + 6c} = -\frac{4}{3}$

67. $\frac{6x - 4c}{5a} + \frac{2x}{x - c} = \frac{12x + 4a}{5a}$

68. $\frac{\frac{2x - 3}{2} + \frac{2}{3}}{\frac{3x - 1}{2}} = \frac{\frac{2x + 2}{3} - \frac{1}{6}}{4x + 3}$

69. $\sqrt{8x - 28} + 10 = 6(x - 2)$

70. $\sqrt{2x + 13 - 2\sqrt{6x + 87}} = \frac{3}{\sqrt{3}}$

71. $\frac{\sqrt{2a - x} + \sqrt{2a + x}}{2} = \frac{2a - x}{\sqrt{2a + x}}$

72. $1{,}5x^2 + 2y^2 = 8$

$4x^2 + 3y^2 = 19$

73. $\frac{x^2}{3} - y^2 = 3$

$x - y = 3$

74. $\frac{x - y}{3\sqrt{x} - 3\sqrt{y}} = 3$

$\sqrt{\frac{xy}{4}} = 10$

75. $x^2 + y^2 + z^2 = 14$

$2x + 2y = 6$

$\frac{x}{4} + \frac{z}{4} = 1$

76. $3\sqrt[4]{x} - 3 + \frac{5}{\sqrt[4]{x}} = 2\sqrt[4]{x} + \frac{3}{\sqrt[4]{x}}$

Exponentialgleichungen

77. $64^x = 16$

78. $\frac{1}{2} = 16^x$

79. $c^{4+x} = c^5$

80. $15^{3x-7} = \sqrt{225^{x-1}}$

81. $\sqrt[5]{\left(\frac{3}{4}\right)^{2x+1}} : \sqrt[-3]{\left(\frac{16}{15}\right)^{x+1}} = \sqrt{\left(\frac{4}{5}\right)^x}$

82. Stellen Sie folgende Gleichungen graphisch dar:

a) $2x - y = 3$ **b)** $6 + 4y = 5x$ **c)** $3x - 5y + 4 = 0$

d) $\frac{y-5}{x+2} = 7$ **e)** $\frac{x}{2} - \frac{y}{5} = 1$ **f)** $y = 2x^2$

g) $y = \frac{x^2}{2} - 2$ **h)** $y = -5x^2 + 2$ **i)** $y = x^2 - 4x + 3$

83. Lösen Sie folgende Gleichungen graphisch:

a) $x^2 - 2x = -1$ **b)** $(x - 5)(x + 7) = 0$ **c)** $\frac{1}{7-x} - \frac{1}{3x} = \frac{1}{(7-x)(8-x)}$

84. Ein Mann gibt von seinen 30 Zigaretten einem anderen eine gewisse Anzahl mit und behält noch 4mal soviel, wie er verschenkt hatte. Wie viele Zigaretten hat er fortgegeben?

85. Ein Vater ist 66 Jahre und sein Sohn halb so alt. Vor wieviel Jahren war der Vater 4mal so alt wie sein Sohn?

86. Zwei Orte liegen 152 km voneinander entfernt. Von A nach B fährt ein Auto und gleichzeitig ein Auto von B nach A, das aber gleichmäßig 10 m in der Sekunde mehr zurücklegt. Welche Geschwindigkeiten in m/s haben beide Kraftfahrzeuge, wenn sie sich nach 66 Minuten und 40 Sekunden treffen?

87. Die Metall-Legierung für das Gießen von Glocken besteht in der Regel aus 74% Kupfer, 21,5% Zinn, 2,5% Nickel und 2% Blei. Wieviel Kilogramm eines jeden Metalls befinden sich in einer Glocke von 2000 kg Gewicht?

88. Ein Kaufmann verkauft seine Ware zu 24,— DM und hat dabei 4% verloren. Wie hoch war der Einkaufspreis?

89. Der Mietpreis eines Lagerplatzes, der früher 450,— DM betrug, ist jetzt auf 500,— DM festgesetzt worden. Wieviel Prozent beträgt die Steigerung?

90. Ein Behälter wird durch die erste von 3 Pumpen in 30, durch die zweite in 40, durch die dritte in 50 Minuten vollgepumpt. In welcher Zeit wird er gefüllt, wenn alle Pumpen gleichzeitig arbeiten?

91. Die Inhalte zweier Korbflaschen, die 25 l 84prozentigen bzw. 24 l 65prozentigen Alkohol enthalten, werden zusammengegossen. Wieviel Liter Wasser muß man hinzufügen, damit 61prozentiger Alkohol entsteht?

92. Durch eine Rohrleitung werden 0,2 kg Wasserdampf von 373 K in 2,3 kg Wasser von 285 K geleitet. Welche Temperatur nimmt das Wasser an? Um 1 kg Wasser von 373 K in 1 kg Dampf von 373 K umzuwandeln, benötigt man 2261 kJ.

93. In 100 kg Wasser von 323 K werden 30 kg Eis von 273 K geworfen. Schmelzwärme des Eises = 335 kJ/kg. Welche Temperatur nimmt das Wasser an?

94. Man zerlege die Zahl 136 in drei Summanden, die sich zueinander verhalten wie 3 zu 6 zu 8.

95. Ein Hund verfolgt einen Hasen. Dieser hat 60 Sprünge voraus. Sooft der Hund 6 Sprünge macht, macht der Hase 7 Sprünge. 3 Hundesprünge sind gleich $4^1/_2$ Hasensprünge. Wieviel Sprünge kann der Hase noch machen?

96. Zwei Orte (A und B) sind 540 km voneinander entfernt. Zwei Kraftfahrzeuge fahren von beiden Orten einander entgegen und treffen sich nach 4,5 Stunden. Nachdem nun das Kraftfahrzeug von B noch $^3/_4$ Stunden in seiner ursprünglichen Richtung weitergefahren ist, kehrt es um und holt, von diesem Zeitpunkt an gerechnet, das erste nach 6 Stunden wieder ein. Wieviel km/h legen beide Kraftfahrzeuge zurück?

97. Drei Arbeiter (A, B und C) sollen einen Graben ausschachten. A und B zusammen benötigen 4,8 Stunden, B und C zusammen $3^3/_7$ Stunden, A und C schaffen es in 4 Stunden. Wie lange würde jeder von ihnen allein zu der Arbeit gebrauchen?

98. Ein Auto legt in der Stunde 15 km mehr zurück als ein Motorrad. Um 200 km zu durchfahren, braucht das Motorrad $1^1/_9$ Stunden mehr als das Auto. Welche Durchschnittsgeschwindigkeit in km/h hat das Auto?

99. Eine Granate verläßt das Kanonenrohr mit einer Anfangsgeschwindigkeit von 433 m/s und fliegt senkrecht in die Höhe. Während des Aufsteigens platzt sie, und man hört den Knall 11 Sekunden nach dem Abschuß (Schallgeschwindigkeit = 333 m/s). In welcher Höhe ist sie explodiert? (Ohne Luftwiderstand.)

100. Ein Kapital liegt auf der Bank und wächst nach 3 Jahren durch seine Zinsen auf 13800 DM an. In derselben Zeit ist ein um 1000 DM größeres Kapital, das zu 1% mehr verzinst wird, auf 15340 DM angewachsen. Wie groß ist das erste Kapital, und zu wieviel Prozent war es verzinst?

III. Reihenlehre

1. Für die Herstellung einer Erdbohrung zahlt man 50,— DM für das erste Meter. Mit zunehmender Tiefe steigt der Preis von Meter zu Meter um je 5,— DM. Wie teuer ist ein Bohrloch von 461 m Tiefe?

2. Wie groß ist die Summe der 20 ersten ungeraden Zahlen?

3. Für das Ausschachten eines Brunnens wurden im ganzen 2160 DM bezahlt. Das erste Meter kostete 60,— DM, jedes folgende 12,— DM mehr als das vorhergehende. Wie tief war der Brunnen?

4. Ein Körper hat eine Geschwindigkeit von 15 m/s. Nach wieviel Sekunden hat er einen Weg von 210 m zurückgelegt, wenn die Geschwindigkeit in jeder Sekunde um 5 m zunimmt?

5. Wie groß ist die Summe aller Zahlen zwischen 14 und 502, die, durch 7 dividiert, den Rest 2 ergeben?

6. Drei Zahlen, von denen die zweite um 12 größer ist als die erste, die dritte um 36 größer als die zweite, bilden eine geometrische Reihe. Wie heißen die Zahlen?

7. Ein Arbeiter soll einen Brunnen von 32 m Tiefe ausheben. Er verlangt für das erste Meter 1 Pf, dann aber soll der Preis von Meter zu Meter um je 50% gesteigert werden. Der Auftraggeber ist damit einverstanden. Welche Summe muß er zahlen?

8. Das Anfangsglied einer geometrischen Reihe ist 1, das Endglied 15625. Aus wieviel Gliedern besteht die Reihe, wenn jedes Glied 5mal größer ist als das vorhergehende?

9. In ein Quadrat mit der Seite x wird ein zweites Quadrat eingezeichnet, indem man die Mittelpunkte der Seiten miteinander verbindet. In das so entstandene Quadrat wird in gleicher Weise wieder ein Quadrat eingezeichnet usw. Wie groß ist die Summe aller Quadratseiten?

10. In einen Kreis mit dem Radius r ist ein regelmäßiges Sechseck mit der Seite a eingezeichnet. Verbinden Sie den Mittelpunkt mit den Ecken, und fällen Sie von einer Ecke auf den benachbarten Radius das Lot. Vom Fußpunkt des Lotes fällen Sie ein weiteres Lot auf den folgenden Radius usw. Wie lang ist die entstehende spiralförmige Linie? (Setzen Sie für die Rechnung $r = a$.)

11. Ein Wald enthält jetzt 17012 m^3 Holz. Der jährliche Zuwachs beträgt 2,5%. Wieviel m^3 Holz enthielt der Wald vor 12 Jahren?

12. Ein Waldbestand von 450000 m^3 Holz hat einen jährlichen Zuwachs von 2%. Wie lange kann man den Wald nutzen, wenn jährlich 15000 m^3 Holz entnommen werden?

13. Ein Vater legt seiner Tochter ein Sparbuch an und zahlt am Anfang eines jeden Jahres 120,— DM ein. Wann erhält die Tochter 3344,— DM ausgezahlt, wenn die Bank 3,5% Zinsen zahlt?

14. Ein Kapital von 2899,— DM wächst bei 4,5% in einer bestimmten Anzahl von Jahren zu einer bestimmten Summe an. Die gleiche Summe würde man erhalten, wenn man am Ende eines jeden Jahres 200,— DM bei der gleichen Anzahl von Jahren zu demselben Prozentsatz bei der Bank einzahlte. Wieviel Jahre würde es dauern?

Prüfungsbeispiele

Die Bearbeitungszeit beträgt für jedes Beispiel 90 Minuten.

1. Beispiel

1. $(35a^2 + 24ab - 15ac + 4b^2 - 6bc) : (5a + 2b)$

2. Beseitigen Sie die Wurzeln aus dem Nenner:

$$\frac{4\sqrt{10} - 7\sqrt{3}}{\sqrt{10} - \sqrt{3}}$$

3. $4[2x - (2x - 3)] = 46 - [3(7 - 2x) - 5(7x + 22)]$

4. $\dfrac{3x + 4}{3y + 5} = 2; \qquad \dfrac{4x + 3}{3y + 2} = 3$

5. $\dfrac{8}{x - 4} + \dfrac{5}{x - 3} - 3 = 0$

6. Ein Vater legt seinem Sohn bei seiner Geburt ein Sparbuch mit 500,— DM an, mit der Bestimmung, daß er darüber nach 21 Jahren verfügen kann. Zu welcher Summe ist das Kapital bei 4,5% Zinsen angewachsen?

2. Beispiel

1. Zerlegen Sie den mehrgliedrigen Ausdruck in Faktoren und vereinfachen Sie ihn:

$$\frac{a^3 + 1}{a^2 - 1}$$

2. $\dfrac{6x + 8}{x + 4} = 10 - \dfrac{4x - 10}{x - 3}$

3.
$$\begin{aligned} x + y - 2z &= 8 \\ 2x - y - z &= 10 \\ 3x - 2y - 2z &= 9 \end{aligned}$$

4. $\sqrt{9x - 17} - \sqrt{3x - 4} = 1$

5. $\sqrt[3]{\dfrac{689{,}7 \cdot 0{,}08273}{1{,}374^2}}$

(log. Berechnung)

6. Wie groß ist die Seite eines Quadrates, dessen Inhalt um das $^9/_{16}$fache der ursprünglichen Fläche zunimmt, wenn man die Seiten des Quadrates um 3 m verlängert?

3. Beispiel

1. $\dfrac{34x^2 - 2x - 133}{12x^2 - 16x + 5} + \dfrac{4x + 25}{6x - 5} = \dfrac{7x - 19}{2x - 1}$

2. $\dfrac{x}{m + n} + \dfrac{y}{m - n} = \dfrac{1}{m - n}$

$\dfrac{x}{m + n} - \dfrac{y}{m - n} = \dfrac{1}{m + n}$

3. $4\sqrt{x + 5} + 6\sqrt{x - 7} = 2\sqrt{25x - 79}$

4. $\left(\dfrac{d^{-8}\,e^{-9}}{a^{-5}b^2c^{-7}}\right)^{10} : (a^2b^4c^5d^6)^{12}$

5. $\dfrac{3{,}407 \cdot \sqrt[4]{0{,}3312}}{73{,}25}$ (log. Lösung)

6. Ein Rechteck mit den Seiten $a = 34$ m und $b = 26$ m ist von einem überall gleich breiten Streifen vom Flächeninhalt $A = 1036\ \text{m}^2$ umgeben. Wie breit ist dieser?

7. Zeichnen Sie das Bild der Funktion $y = \sqrt[3]{x}$.

4. Beispiel

1. $\sqrt{10x^{\frac{1}{3}} \cdot \sqrt[3]{\frac{1}{x}} - y^{-\frac{1}{2}} \cdot \sqrt{y}}$

2. Berechnen Sie den Druck p des gesättigten Wasserdampfes bei der Temperatur $T = 505$ K.

$$\left[p = 10{,}33\left(\frac{T - 198}{175}\right)^6 \text{N cm}^{-2}\right]$$

3. Wieviel kg Kupfer ($\varrho = 8{,}9\ \text{kg/dm}^3$) und wieviel kg Silber ($\varrho = 10{,}5\ \text{kg/dm}^3$) benötigt man für 12 kg einer Legierung mit der Dichte $\varrho = 10\ \text{kg/dm}^3$?

4. Drei Zahnräder eines Getriebes haben zusammen 85 Zähne. Während das erste Rad 5 Umdrehungen macht, dreht sich das zweite 9mal und das dritte 15mal. Wieviel Zähne hat jedes Rad?

5. $\sqrt[3]{8 + 16x + 8\sqrt{3x^2 - x - 1}} = 4$

6. Berechnen Sie von den Zahlen $3\frac{1}{2}$ und $4\frac{2}{5}$ die drei Mittelwerte m_a, m_g und m_h.

7. Verlängert man die Kante eines Würfels um 3 cm, so vergrößert sich der Rauminhalt um 279 cm³. Wie lang ist die ursprüngliche Kante?

5. Beispiel

1. $\dfrac{x - a}{2b} + \dfrac{x - b}{2a} = 1$

2. $\dfrac{14x - 21}{3y - 4} = \dfrac{15}{2}$

$\dfrac{16x + 12}{9y - 2} = 3$

3. $\sqrt{12x + 64} = 2x + 4$

4. $\dfrac{\sqrt[3]{76{,}2} \cdot 5{,}07}{\sqrt[4]{15{,}3} \cdot 12{,}8^2}$ (log. Lösung)

5. $x^2 + x = 5$ (graph. Lösung)

6. $2^{12x - 32} = 16$

7. Ein Teich kann durch 2 Abflüsse geleert werden. Öffnet man den ersten Abfluß 4 Stunden und den zweiten 3 Stunden, so enthält der Teich nur noch $^2/_5$ seiner Wassermenge. Um den Rest abzulassen, muß der erste Abfluß noch 3 Stunden und der zweite $1^1/_2$ Stunden geöffnet sein. In welcher Zeit könnte jeder Abfluß allein den Teich leeren?

8. Auf welchen Betrag ist ein Kapital von 20000,— DM nach 20 Jahren bei 3,5% Verzinsung angewachsen?

6. Beispiel

1. $\sqrt{4x + 20} - \sqrt{4x - 8} = \sqrt{4x - 28} - \sqrt{4x - 40}$

2. $\frac{6 + 14x}{x + 1} + 12 - \frac{30 + 16x - 8x^2}{1 - x^2} = \frac{8 - 18x}{1 - x}$

3. $\frac{3x}{2m} + \frac{2y}{n} = 1; \qquad \frac{2x}{m} + \frac{4y}{n} = 4$

4. $\left(\frac{x^{\frac{1}{2}}}{\sqrt{a^2 - x^2}} + (a^2 - x^2)^{-0,5} \cdot \frac{1}{\sqrt{x}}\right) \cdot (a^2 - x^2)$

5. Beim senkrechten Wurf nach oben gilt für die nach t Sekunden erreichte Höhe h die Gleichung:

$$h = v_0 t - \frac{g}{2} t^2.$$

   a) Zeichnen Sie das Weg-Zeit-Diagramm für $v_0 = 30$ m/s und $g = 10$ m/s².

   b) Lesen Sie ab: größte Höhe und nach wieviel Sekunden?

6. In einem Quadrat sind Seite und Diagonale zusammen 50 cm lang. Berechnen Sie die Quadratfläche.

Tafel der vierstelligen Mantissen der Briggsschen Logarithmen

Zahl	0	1	2	3	4	5	6	7	8	9	D
10	0000	0043	0086	0128	0170	0212	0253	0294	0334	0374	40
11	0414	0453	0492	0531	0569	0607	0645	0682	0719	0755	37
12	0792	0828	0864	0899	0934	0969	1004	1038	1072	1106	33
13	1139	1173	1206	1239	1271	1303	1335	1367	1399	1430	31
14	1461	1492	1523	1553	1584	1614	1644	1673	1703	1732	29
15	1761	1790	1818	1847	1875	1903	1931	1959	1987	2014	27
16	2041	2068	2095	2122	2148	2175	2201	2227	2253	2279	25
17	2304	2330	2355	2380	2405	2430	2455	2480	2504	2529	24
18	2553	2577	2601	2625	2648	2672	2695	2718	2742	2765	23
19	2788	2810	2833	2856	2878	2900	2923	2945	2967	2989	21
20	3010	3032	3054	3075	3096	3118	3139	3160	3181	3201	21
21	3222	3243	3263	3284	3304	3324	3345	3365	3385	3404	20
22	3424	3444	3464	3483	3502	3522	3541	3560	3579	3598	19
23	3617	3636	3655	3674	3692	3711	3729	3747	3766	3784	18
24	3802	3820	3838	3856	3874	3892	3909	3927	3945	3962	17
25	3979	3997	4014	4031	4048	4065	4082	4099	4116	4133	17
26	4150	4166	4183	4200	4216	4232	4249	4265	4281	4298	16
27	4314	4330	4346	4362	4378	4393	4409	4425	4440	4456	16
28	4472	4487	4502	4518	4533	4548	4564	4579	4594	4609	15
29	4624	4639	4654	4669	4683	4698	4713	4728	4742	4757	14
30	4771	4786	4800	4814	4829	4843	4857	4871	4886	4900	14
31	4914	4928	4942	4955	4969	4983	4997	5011	5024	5038	13
32	5051	5065	5079	5092	5105	5119	5132	5145	5159	5172	13
33	5185	5198	5211	5224	5237	5250	5263	5276	5289	5302	13
34	5315	5328	5340	5353	5366	5378	5391	5403	5416	5428	13
35	5441	5453	5465	5478	5490	5502	5514	5527	5539	5551	12
36	5563	5575	5587	5599	5611	5623	5635	5647	5658	5670	12
37	5682	5694	5705	5717	5729	5740	5752	5763	5775	5786	12
38	5798	5809	5821	5832	5843	5855	5866	5877	5888	5899	12
39	5911	5922	5933	5944	5955	5966	5977	5988	5999	6010	11
40	6021	6031	6042	6053	6064	6075	6085	6096	6107	6117	11
41	6128	6138	6149	6160	6170	6180	6191	6201	6212	6222	10
42	6232	6243	6253	6263	6274	6284	6294	6304	6314	6325	10
43	6335	6345	6355	6365	6375	6385	6395	6405	6415	6425	10
44	6435	6444	6454	6464	6474	6484	6493	6503	6513	6522	10
45	6532	6542	6551	6561	6571	6580	6590	6599	6609	6618	10
46	6628	6637	6646	6656	6665	6675	6684	6693	6702	6712	9
47	6721	6730	6739	6749	6758	6767	6776	6785	6794	6803	9
48	6812	6821	6830	6839	6848	6857	6866	6875	6884	6893	9
49	6902	6911	6920	6928	6937	6946	6955	6964	6972	6981	9
50	6990	6998	7007	7016	7024	7033	7042	7050	7059	7067	9
51	7076	7084	7093	7101	7110	7118	7126	7135	7143	7152	8
52	7160	7168	7177	7185	7193	7202	7210	7218	7226	7235	8
53	7243	7251	7259	7267	7275	7284	7292	7300	7308	7316	8
54	7324	7332	7340	7348	7356	7364	7372	7380	7388	7396	8

Anmerkung: Die Spalte D gibt die Differenz zweier benachbarter Mantissen an.

Tafel der vierstelligen Mantissen der Briggsschen Logarithmen

Zahl	0	1	2	3	4	5	6	7	8	9	D
55	7404	7412	7419	7427	7435	7443	7451	7459	7466	7474	8
56	7482	7490	7497	7505	7513	7520	7528	7536	7543	7551	8
57	7559	7566	7574	7582	7589	7597	7604	7612	7619	7627	7
58	7634	7642	7649	7657	7664	7672	7679	7686	7694	7701	8
59	7709	7716	7723	7731	7738	7745	7752	7760	7767	7774	8
60	7782	7789	7796	7803	7810	7818	7825	7832	7839	7846	7
61	7853	7860	7868	7875	7882	7889	7896	7903	7910	7917	7
62	7924	7931	7938	7945	7952	7959	7966	7973	7980	7987	6
63	7993	8000	8007	8014	8021	8028	8035	8041	8048	8055	7
64	8062	8069	8075	8082	8089	8096	8102	8109	8116	8122	7
65	8129	8136	8142	8149	8156	8162	8169	8176	8182	8189	6
66	8195	8202	8209	8215	8222	8228	8235	8241	8248	8254	7
67	8261	8267	8274	8280	8287	8293	8299	8306	8312	8319	6
68	8325	8331	8338	8344	8351	8357	8363	8370	8376	8382	6
69	8388	8395	8401	8407	8414	8420	8426	8432	8439	8445	6
70	8451	8457	8463	8470	8476	8482	8488	8494	8500	8506	7
71	8513	8519	8525	8531	8537	8543	8549	8555	8561	8567	6
72	8573	8579	8585	8591	8597	8603	8609	8615	8621	8627	6
73	8633	8639	8645	8651	8657	8663	8669	8675	8681	8686	6
74	8692	8698	8704	8710	8716	8722	8727	8733	8739	8745	6
75	8751	8756	8762	8768	8774	8779	8785	8791	8797	8802	6
76	8808	8814	8820	8825	8831	8837	8842	8848	8854	8859	6
77	8865	8871	8876	8882	8887	8893	8899	8904	8910	8915	6
78	8921	8927	8932	8938	8943	8949	8954	8960	8965	8971	5
79	8976	8982	8987	8993	8998	9004	9009	9015	9020	9025	6
80	9031	9036	9042	9047	9053	9058	9063	9069	9074	9079	6
81	9085	9090	9096	9101	9106	9112	9117	9122	9128	9133	5
82	9138	9143	9149	9154	9159	9165	9170	9175	9180	9186	5
83	9191	9196	9201	9206	9212	9217	9222	9227	9232	9238	5
84	9243	9248	9253	9258	9263	9269	9274	9279	9284	9289	5
85	9294	9299	9304	9309	9315	9320	9325	9330	9335	9340	5
86	9345	9350	9355	9360	9365	9370	9375	9380	9385	9390	5
87	9395	9400	9405	9410	9415	9420	9425	9430	9435	9440	5
88	9445	9450	9455	9460	9465	9469	9474	9479	9484	9489	5
89	9494	9499	9504	9509	9513	9518	9523	9528	9533	9538	4
90	9542	9547	9552	9557	9562	9566	9571	9576	9581	9586	4
91	9590	9595	9600	9605	9609	9614	9619	9624	9628	9633	5
92	9638	9643	9647	9652	9657	9661	9666	9671	9675	9680	5
93	9685	9689	9694	9699	9703	9708	9713	9717	9722	9727	4
94	9731	9736	9741	9745	9750	9754	9759	9763	9768	9773	4
95	9777	9782	9786	9791	9795	9800	9805	9809	9814	9818	5
96	9823	9827	9832	9836	9841	9845	9850	9854	9859	9863	5
97	9868	9872	9877	9881	9886	9890	9894	9899	9903	9908	4
98	9912	9917	9921	9926	9930	9934	9939	9943	9948	9952	4
99	9956	9961	9965	9969	9974	9978	9983	9987	9991	9996	4

Siebenstellige Logarithmen der Zinsfaktoren

N	0	1	2	3	4	5	6	7	8	9
100	00 00000	04341	08677	13009	17337	21661	25980	30295	34605	38912
101	00 43214	47512	51805	56094	60380	64660	68937	73210	77478	81742
102	86002	90257	94509	98756	*03000	*07239	*11474	*15704	*19931	*24154
103	01 28372	32587	36797	41003	45205	49403	53598	57788	61974	66155
104	70333	74507	78677	82843	87005	91163	95317	99467	*03613	*07755
105	02 11893	16027	20157	24284	28406	32525	36639	40750	44857	48960
106	53059	57154	61245	65333	69416	73496	77572	81644	85713	89777
107	93838	97895	*01948	*05997	*10043	*14085	*18123	*22157	*26188	*30214
108	03 34238	38257	42273	46285	50293	54297	58298	62295	66289	70279
109	74265	78248	82226	86202	90173	94141	98106	*02066	*06023	*09977
110	04 13927	17873	21816	25755	29691	33623	37551	41476	45398	49315
N	0	1	2	3	4	5	6	7	8	9

Interpolieren

In unserer Logarithmentafel sind nur die Logarithmen von Zahlen mit 3 Ziffern aufgeführt. Hat eine Zahl 4 Ziffern, so muß man den Logarithmus durch Zwischenschaltung *(Interpolation)* bestimmen.

1. Beispiel: Wie groß ist lg 35,46?

35,46 liegt zwischen 35,40 und 35,50; der Logarithmus von 35,46 muß daher zwischen den Logarithmen von 35,40 = 1,5490 und 35,50 = 1,5502 liegen.

Wächst der Numerus um 10 Einheiten, so wächst der Logarithmus um 12 Einheiten (5502 — 5490 = 12).

Wächst der Numerus um 6 Einheiten (35,40 bis 35,46), so wächst der Logarithmus um

$$\frac{12 \cdot 6}{10} \approx 7 \text{ Einheiten, also } \lg 35{,}46 = \begin{array}{r} 1{,}5490 \\ +\quad 7 \\ \hline \underline{\underline{1{,}5497}} \end{array}$$

2. Beispiel: Wie groß ist N, wenn lg N = 0,4220 ist?

4220 liegt zwischen den Mantissen 4216 und 4232. Wächst also der Logarithmus um 16 Einheiten, so wächst der Numerus um 10 Einheiten. Wächst der Logarithmus um 4 Einheiten (4220 — 4216), so wächst der Numerus um

$$\frac{10 \cdot 4}{16} \approx 3 \text{ Einheiten, also}$$

$$N = \begin{array}{r} 2{,}64 \\ +\quad 3 \\ \hline \underline{\underline{2{,}643}} \end{array}$$

STICHWORTVERZEICHNIS

T

U

V

W

Z